Découvrez l'histoire par les archives de presse

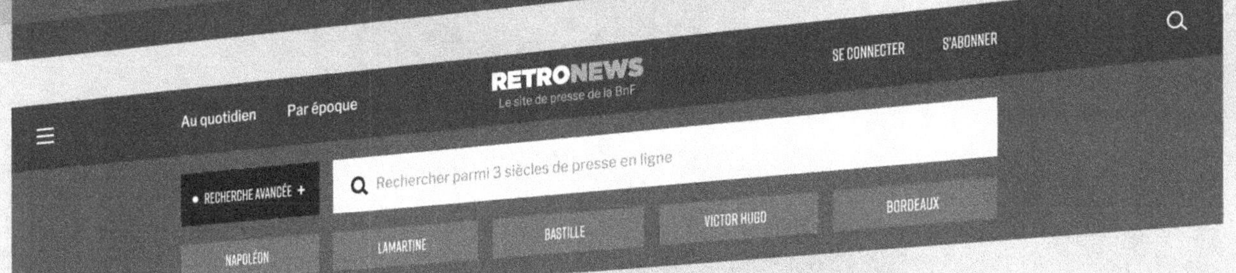

RETRONEWS

Le site de presse de la BnF

www.retronews.fr

1re Année. Octobre 1888. N° 1.

Le Bulletin parait le 15 de chaque mois.

BULLETIN AGRICOLE
DE L'OUEST

Organe de l'Union des Syndicats Agricoles
des départements du Finistère, des Côtes-du-Nord,
du Morbihan, de la Loire-Inférieure, d'Ille-et-Vilaine, de la
Manche, de la Mayenne, de Maine-et-Loire, de la Sarthe,
de l'Orne, du Calvados, de l'Eure, d'Eure-et-Loir
et de la Seine-Inférieure.

Publié sous la direction de :

H. LÉIZOUR

Professeur départemental d'Agriculture de la Mayenne,
Directeur du Laboratoire agronomique,
Président du Syndicat des Agriculteurs de la Mayenne,

GAROLA, ✠ M. A.

Professeur départemental d'Agriculture d'Eure-et-Loir,
Directeur de la Station agronomique de Chartres.

ABONNEMENTS

Pour les membres des syndicats : Pour les étrangers aux syndicats :
4 fr. par an. 6 fr. par an.

ANNONCES

De 1 à 4 annonces. » 50° la ligne. De 8 à 12 annonces » 30° la ligne
De 4 à 8 — » 40° — Au-delà de 12. » 20° —

Le bulletin publiera gratuitement les offres et demandes
des Syndicats abonnés.

AVIS. — Tout ce qui concerne la rédaction, les Annonces et les Abon-
nements, doit être adressé à M. LÉIZOUR, rue de la Filature, 1, à Laval.

AVIS

Le **BULLETIN AGRICOLE DE L'OUEST** insérera toutes les annonces que voudront bien lui adresser **MM.** les industriels, constructeurs, fabricants et négociants.

Comme il s'adresse exclusivement à des agriculteurs, on peut être certain que les annonces qu'il publiera ne manqueront pas leur but et qu'elles parviendront à ceux en vue desquels elles seront spécialement faites.

Les annonces, offres et demandes des syndicats adhérents et des agriculteurs abonnés, seront insérées gratuitement.

Nous engageons vivement les agriculteurs à user largement de cette faveur, objet principal du bulletin et nous leur prédisons à ce compte un large débouché pour les divers produits de leur exploitation.

L'administration du **BULLETIN AGRICOLE DE L'OUEST** insérera les annonces qu'on lui enverra, mais ne prendra aucune responsabilité en ce qui les concernera. Ces annonces devant amener des transactions surtout entre agriculteurs, nous invitons nos lecteurs à faire les livraisons avec la plus scrupuleuse loyauté.

C'est parce que les intermédiaires n'ont pas toujours agi de cette façon qu'ils ont perdu la confiance et que les syndicats ont été institués pour permettre à chacun de s'en passer. Si des réclamations parvenaient à l'administration du bulletin contre des livraisons mal faites, elle se réserverait le droit de refuser l'insertion de nouvelles annonces pour celui dont on aurait eu à se plaindre.

☞ Le **BULLETIN AGRICOLE DE L'OUEST** sera servi, au même prix qu'aux membres des syndicats, aux fermiers et métayers des propriétaires syndiqués lorsque ceux-ci en feront la demande et le droit de ces abonnés aux annonces gratuites sera le même.

BULLETIN AGRICOLE DE L'OUEST

L'Union des Syndicats agricoles de l'Ouest.

Son but et son organisation.

Aussitôt que les premières applications agricoles de la loi du 21 mars 1884 ont été faites, chacun a pu se rendre compte des nombreuses difficultés auxquelles se sont butés les organisateurs des syndicats d'agriculteurs.

Sans compter la force d'inertie que leur opposaient les hommes à l'avantage desquels ces nouvelles institutions ont été réalisées, on s'est trouvé en présence de vues différentes, de buts différents à atteindre, si bien que, dans beaucoup de cas, ce n'est qu'après des efforts plus ou moins considérables qu'on est arrivé à quelque chose.

D'un autre côté, il y avait à craindre que toute la catégorie des intermédiaires, profitant de ces difficultés et de l'influence considérable dont ils jouissaient, grâce précisément à leurs réunions, associations, syndicats, etc., ne cherchassent à tirer parti de cette école que faisaient les agriculteurs désireux de les imiter, et n'arrivassent à étouffer dans son berceau ce splendide mouvement en avant de toute l'agriculture française.

C'est en raison des difficultés que nous éprouvâmes à la fin de l'année 1884, dans l'organisation du syndicat des agriculteurs de la Mayenne, et de l'incertitude dans laquelle nous nous trouvions, en tant que direction à imprimer à cette institution, que l'idée nous vint de provoquer une entente entre les bureaux des divers syndicats de la région. C'était, pensions-nous, le moment propice pour mettre en pratique le vieil adage « l'Union fait la force. »

4

Après avoir exposé nos vues à M. de Lapparent, alors inspecteur général de l'agriculture de la région, qui voulut bien promettre à l'œuvre son haut et bienveillant appui, il fut décidé qu'une réunion de MM. les Présidents des syndicats des quatorze départements composant les régions Bretonne et Normande, se tiendrait à Chartres, le 13 juin 1885, à l'occasion du concours régional agricole.

C'est à cette réunion que fut fondé le premier groupe de syndicats agricoles, sous la désignation d'« *Union des syndicats agricoles de l'Ouest* », mais ce n'est qu'un an plus tard, lors du concours régional agricole d'Evreux, que les statuts de l'association, que nous reproduisons ci-après, furent définitivement élaborés et adoptés, dans une réunion que présidait M. Randoing, le nouvel inspecteur général de la région.

Le but de l'Union des syndicats agricoles de l'Ouest est d'entretenir des relations entre les agriculteurs et de leur faciliter l'échange des produits de leur industrie.

Il est résulté des réunions déjà nombreuses qui ont eu lieu, un grand bien pour le fonctionnement des syndicats unis, chacun y donnant les renseignements les plus précis sur la marche de son syndicat et bénéficiant des discussions éclairées auxquelles les différentes méthodes employées y ont donné lieu.

Quelques agriculteurs ont également profité de cette association qui leur a déjà permis d'écouler une partie de leurs produits sans avoir recours au commerce, mais dans ce sens, le but à atteindre est encore fort éloigné.

Tous les syndicats ont eu pour but, tout d'abord, l'achat en commun des matières utiles à leurs membres ; exceptionnellement seulement, ils s'occupent du placement des produits agricoles.

En achetant en commun, c'est-à-dire par grandes quantités à la fois, les matières premières, engrais, semences, tourteaux, etc., dont ils ont besoin, les agriculteurs syndiqués s'adressent directement aux producteurs, les obtiennent de meilleure qualité et à meilleur marché, tout

simplement parce qu'ils évitent les intermédiaires, les détaillants, dont le bénéfice est parfois considérable et la loyauté souvent suspecte.

Or, si la suppression des intermédiaires pour les achats a produit d'excellents résultats, il n'y a aucune raison de supposer qu'en agissant de même pour les ventes, on ne réussirait pas tout aussi bien. Et dans cet ordre d'idées, les premières éliminations à faire sont celles qui concernent les intermédiaires entre agriculteurs, ceux qui achètent aux cultivateurs d'une contrée, les produits de leurs exploitations, pour les revendre, sous la même forme, à ceux d'une autre contrée, souvent peu éloignée.

On divise souvent la population en deux parties distinctes, les producteurs et les consommateurs, et l'on place dans la première les agriculteurs, tandis que les habitants des villes sont placés dans la seconde. Si cette distinction, établie le plus souvent pour les besoins d'une cause, peut être plus ou moins justifiée en ce qui concerne la deuxième partie, il est évident qu'elle ne saurait l'être en ce qui concerne les agriculteurs. Les principaux consommateurs sont aussi les agriculteurs, pour cette raison bien simple qu'ils sont beaucoup plus nombreux que les autres. Dès lors, il paraît rationnel que si l'on admet l'utilité et la possibilité de supprimer l'intermédiaire entre le producteur et le consommateur, ce que personne ne conteste, il faudrait commencer par celui qui s'interpose entre les agriculteurs eux-mêmes.

Dans l'état actuel des choses, cette suppression n'est pas possible à cause de l'isolement dans lequel vit le cultivateur. Il ne sait pas, le plus souvent, dans quelle contrée est récolté le produit dont il a besoin et par conséquent il lui est impossible de s'adresser directement au producteur qui, de son côté, ignore aussi la direction que le négociant avec lequel il traite fait prendre aux denrées qu'il lui a vendues.

Il appartient aux syndicats de modifier cet état de choses en éclairant leurs membres, en les maintenant en relations constantes à la suite desquelles les échanges se feront tout naturellement. Pour arriver à ce résultat, il ne faut pas que chaque syndicat agisse isolément ; son rayon d'action est beaucoup trop restreint et les produits obtenus par ses membres trop peu variés.

Mais ce que chaque syndicat isolé est incapable de réaliser devient facile à une union de syndicats, moyennant un petit effort que nous tentons aujourd'hui, par la publication du *Bulletin agricole de l'Ouest*.

Devant publier surtout les offres et les demandes des membres des syndicats auxquels il est destiné, et s'étendre sur un rayon déjà vaste, il leur permettra de s'adresser directement l'un à l'autre pour vendre ou acheter leurs produits. D'autres associations analogues étant en voie de formation dans les autres régions, il sera sans doute facile, un jour prochain, de mettre en rapport les principaux producteurs français, qui auront dès lors la satisfaction de traiter leurs affaires entre eux et d'économiser le lourd tribut qu'ils paient aujourd'hui au commerce qui, en échange, ne leur offre trop souvent, hélas ! que des produits inférieurs, surannés ou fraudés.

Le prix modique de l'abonnement permettra à chaque syndicat de le faire servir à ses membres, sans grever son budget outre mesure. Le *Bulletin agricole de l'Ouest* n'est pas une entreprise financière, il sera rédigé gratuitement, par un grand nombre d'hommes de bonne volonté et dévoués aux progrès agricoles ; ce qui permettra de le servir à un prix extrêmement réduit aux membres des syndicats adhérents.

Il contiendra surtout les offres et demandes de ses abonnés qui, nous en avons la conviction, tireront de cette publication les avantages les plus sérieux. Nous n'en voulons comme assurance que ce qui s'est déjà passé, à la suite des circulaires qui ont précédé le bulletin. Les offres qui y ont été faites ont, en effet, dépassé toutes les espérances. À peine ces circulaires avaient-elles paru, que les denrées offertes étaient achetées par les agriculteurs qui les avaient reçues.

Il suffira, d'ailleurs, de comparer les offres de grains de semence qu'on trouvera dans ce numéro, aux prétentions des négociants qui ont l'habitude de fournir aux cultivateurs ce produit essentiellement agricole. On verra qu'en partageant la différence, les agriculteurs, acheteur et vendeur, y trouveraient encore très largement leur compte. Il en sera de même pour tous les produits de la ferme, destinés à être employés, sans aucune transformation, par la culture.

Nous savons qu'on fera à notre manière de voir une objection en apparence très grave. On dira qu'un cultivateur qui récoltera une très grande quantité de grains ou de tout autre produit, préférera vendre à un courtier ou négociant quelconque, la totalité de sa récolte, plutôt que d'attendre des *membres* des syndicats unis, leurs commandes, souvent minimes et par conséquent très nombreuses. Mais ce disant, on oubliera précisément le but principal des syndicats, qui est de grouper les commandes. Il feront tout aussi facilement une grosse commande de produits agricoles, qu'ils font déjà de grosses commandes d'engrais et l'économie qui en résultera ne sera pas de mince importance.

Nous savons qu'on a essayé d'organiser des associations du même genre, destinées à se substituer aux courtiers, et faisant elles-mêmes les marchés. L'Union des Syndicats agricoles de l'Ouest ne veut pas entrer dans cette voie, qui la conduirait, comme cela est arrivé à d'autres, à faire concurrence aux syndicats dont elle est composée. Elle ne verrait, dans une telle concurrence, aucun bénéfice pour personne et craindrait en l'établissant de discréditer plus ou moins, aux yeux des cultivateurs qu'elle a à cœur de servir, les syndicats eux mêmes.

Notre rôle commercial consistera exclusivement à provoquer des offres et à donner les adresses des agriculteurs qui les feront. Les marchés se feront ensuite directement par ceux qui désireront acheter ou par l'intermédiaire de leurs syndicats respectifs.

Grâce au concours dévoué qu'un certain nombre de savants, de directeurs de stations agronomique, de professeurs, etc., ont bien voulu nous promettre et dont nous les remercions, nous poursuivrons dans le *Bulletin agricole de l'Ouest*, en dehors de la partie commerciale et simultanément, un autre but plus élevé, l'instruction spéciale du petit cultivateur.

A cet effet, chaque numéro contiendra quelques articles succincts, traitant des principales questions agricoles. Ces articles n'indiqueront, le plus souvent, que des pratiques bien connues du monde savant et des agriculteurs instruits. Leurs rédacteurs ne craindront pas de battre les sentiers connus, de redire ce qui a été dit cent fois déjà peut-être, mais qui n'est point arrivé jusqu'aux cultivateurs confinés au fond de leurs villages et que notre bulletin leur portera régulièrement tous les mois.

Afin d'atteindre plus sûrement ce but, et malgré la modicité de l'abonnement, le BULLETIN AGRICOLE DE L'OUEST *sera servi au même prix qu'aux membres des syndicats, aux fermiers et métayers des propriétaires syndiqués lorsque ceux-ci en feront la demande* et le droit de ces abonnés aux annonces gratuites sera le même.

Avec le concours des hommes dévoués de la contrée, nous espérons donc que le Bulletin, tout en rendant aux agriculteurs des services immédiats, les préparera progressivement à tirer parti des découvertes de la science et les aidera à envisager l'avenir avec plus de confiance.

H. LÉIZOUR.

De l'emploi des engrais.

I. — LES ALIMENTS DES PLANTES. — LOI DE RESTITUTION.

Comme tous les organismes vivants, les plantes ont besoin de tirer du dehors, sous forme d'aliments, tous les corps simples qui constituent leur substance. Leur développement normal et complet ne se produit qu'à cette

condition : et, si un seul de ces éléments vient à faire défaut, l'accroissement régulier s'arrête, et la plante est dans l'impossibilité de parcourir toutes les phases de son évolution vitale.

Recherchons donc d'abord quels sont ces éléments nécessaires à la construction de l'édifice végétal. ces aliments indispensables à la nourriture des plantes. — L'analyse chimique, aidée de l'expérimentation physiologique, en poussant ses investigations sur une quantité innombrable de végétaux, a jeté une vive clarté sur cette question ; elle nous a montré quelles sont les substances simples ou complexes qui entrent dans la constitution des végétaux, et nous a permis de reconnaître quelles sont celles qui sont indispensables à leur vie. Nous trouvons dans les plantes deux grandes catégories de matières ; les unes sont destructibles par le feu, les autres sont fixes. Les premières sont dites substances organiques, et contiennent du charbon, de l'hydrogène, élément fondamental de l'eau, de l'oxygène. gaz indispensable à la respiration de tous les êtres vivants et qui entre pour 1/5 de son volume dans l'air atmosphérique, et enfin de l'azote, autre substance gazeuse qui forme les 4/5 de l'air, et qu'on retrouve toujours dans toute matière vivante.

De ces quatre éléments. les trois premiers sont abondamment fournis aux plantes par l'air atmosphérique et l'eau. Le charbon est absorbé par les feuilles sous forme de gaz carbonique. sous l'influence de la lumière. Le gaz carbonique est celui qui se dégage dans la fermentation du moût de raisin, de l'eau de seltz et du vin mousseux. L'atmosphère en contient toujours une proportion plus que suffisante pour les besoins de la végétation. L'oxygène est puisé en partie directement dans l'air par tous les organes des végétaux pour les besoins de leur respiration. Le surplus est. avec l'hydrogène, tiré de l'eau que les racines absorbent en très grande quantité.

Quant à l'azote, les plantes peuvent bien l'absorber en petite quantité, par leurs organes foliacés, quand il se trouve à l'état de combinaison ammoniacale. dans l'air atmosphérique, mais il n'en est pas de même de l'azote libre de l'air. Celui-ci ne peut entrer directement dans le torrent de la vie. L'expérience démontre, en effet, que le gaz azote ne peut être absorbé ni par les organes aériens, ni par les organes souterrains des plantes.

Pour être assimilable par les végétaux, l'azote, qui est l'élément fondamental de la substance vivante qui les édifie, l'azote doit absolument se présenter sous forme d'ammoniaque ou d'acide nitrique. L'ammoniaque et l'acide nitrique, les sels ammoniacaux ou les nitrates, sont les seuls véritables aliments azotés que les plantes puissent assimiler.

Les plantes, nous venons de le dire, peuvent puiser dans l'air une petite proportion d'azote ammoniacal, au moyen de leurs feuilles. Mais dans l'immense majorité des cas, cette quantité est relativement si faible qu'il n'y a pas lieu d'en tenir compte dans la praptique courante, et qu'on doit, dans l'application des engrais azotés, supposer que tout l'azote des végétaux est puisé par leurs racines, dans le sol, à l'état de combinaison nitrique ou ammoniacale.

Toutes les substances azotées, dans le sol, sous l'action des ferments divers qui y pullulent, se résolvent finalement en acide nitrique ou en ammoniaque que les végétaux peuvent assimiler.

En second lieu, viennent les substances fixes, ou principes des cendres, dont les plantes ont besoin en proportions diverses suivant les espèces, mais en proportions toujours déterminées. Si les végétaux ne les trouvent pas dans le sol, à portée de leurs racines, ils s'arrêtent donc dans leur croissance, deviennent chétifs et se fanent, avant la maturité, sans pouvoir produire de semences. Ce sont principalement la potasse, la chaux, le fer, la magnésie, l'acide phosphorique, l'acide sulfurique et le chlore.

Toutes ces substances, ainsi que l'azote, se rencontrent en quantité plus ou moins forte dans les terres arables, et c'est là ce qui les rend plus ou moins productives. On peut même dire que, sauf en ce qui concerne l'acide phosphorique, la potasse et l'azote, tous les sols en contiennent suffisamment pour les besoins de la culture. Il faut faire toutefois exception pour la chaux qui fait défaut dans les sols non calcaires, et qu'on leur fournit par le chaulage et le marnage.

Tout l'azote, toute la potasse, tout l'acide phosphorique des sols ne s'y trouvent pas à l'état directement assimilable par les végétaux. La plus grande quantité de ces substances y est à l'état insoluble et très fortement agrégé, et résiste à l'action absorbante des racines.

La proportion des aliments des plantes qui se trouvent dans le sol directement assimilables est toujours relativement faible à un moment donné. Elle existe toujours toutefois, et on doit la considérer attentivement dans l'étude du sol. — En somme, les éléments minéraux des plantes forment dans la terre deux masses distinctes : la masse immédiatement absorbable par les racines ou directement assimilable, et la réserve qui se transformera peu à peu pour régénérer celle-ci.

La réserve des substances alimentaires est la condition essentielle de la perennité de la production, et la portion qui est annuellement amenée à l'état assimilable est la mesure même de la fertilité actuelle du terrain.

Dans les terres de bonne constitution, la fertilité naturelle est suffisante pour subvenir aux récoltes qu'exige un état de civilisation rudimentaire. Mais dès que la population s'accroît en s'agglomérant davantage, l'homme a l'obligation, pour assurer sa subsistance, d'accroître artificiellement la provision d'aliments que le sol met à la disposition des végétaux par sa désagrégation continuelle et lente.

C'est alors que commence l'emploi des engrais, que l'on doit définir : *toute substance que l'on incorpore au sol pour y augmenter la masse d'aliments utilisables par les végétaux.* Il suit de cette définition que l'engrais est un complément du sol.

De ce que les plantes puisent leur nourriture minérale dans le sol, et de ce que celui-ci ne contient qu'une quantité limitée de principes fertilisants, il découle que la culture continue d'une plante quelconque dans le même terrain finira, à un moment donné, par avoir absorbé presque complètement la réserve primitive d'aliments. Il est clair que si vous exportez de votre champ un certain poids d'azote, de phosphate, de potasse, de chaux, de magnésie, etc., chaque année, par les récoltes que vous y faites, et dont vous vendez les produits au dehors, il faut, pour ne point épuiser la fertilité du sol, et à plus forte raison si l'on veut l'accroître, il faut lui rendre ces substances. C'est ce qu'on appelle la loi de *restitution*.

Les exemples de sols épuisés par la culture continue du blé ne sont pas rares : la campagne romaine, la Sicile, l'ancienne Mauritanie en font foi. — Mais il faut s'entendre au sujet de cette restitution des éléments prélevés sur les réserves du sol. Il n'est pas, en effet, nécessaire de restituer au sol, d'une manière absolue, tout ce que les récoltes enlèvent.

Dans les terrains calcaires, par exemple, il est inutile de restituer la chaux. Nous avons des sols granitiques, riches en feldspath qui se décompose lentement et fournit chaque année une certaine dose de potasse assimilable ; là, nous n'avons pas à nous occuper de la restitution de la potasse. Dans certaines contrées, comme dans les environs de Lille, le sol est naturellement phosphaté ; l'expérience démontre que les superphosphates y sont sans efficacité. Il est par conséquent inutile dans de tels terrains de restituer l'acide phosphorique exporté.

Il est d'autres éléments dont il n'y a jamais non plus à se préoccuper, comme le charbon, l'oxygène, l'hydrogène, car l'atmosphère les fournit sans réserve, ainsi que l'eau. Il arrive parfois que l'eau fait défaut, mais alors l'homme n'est point désarmé ; il a recours à la pratique des irrigations.

En somme, il y a des cas où il faut restituer plus ou moins intégralement telle ou telle substance alimentaire, et d'autres cas, au contraire, où il n'y a pas à se préoccuper de ces matières.

Qu'est-ce qui indiquera ces cas divers à l'agriculteur ?

Qu'est-ce qui lui donnera la mesure des exportations annuelles des principes fertilisants par les récoltes, et la mesure suivant laquelle la restitution en doit être opérée? C'est l'analyse chimique, qui permet à l'agronome de déterminer, d'une part, *ce qu'il y a dans le sol*, et d'autre part, *ce que les récoltes enlèvent à la terre*.

Cela semble simple au premier abord. Mais la difficulté, c'est de déterminer la dose des aliments *assimilables* que renferme la terre. On pourrait y arriver cependant pour la potasse et pour l'acide phosphorique, dans une certaine limite d'exactitude ; mais pour l'azote, si l'on sait bien doser l'azote assimilable à un moment donné, il n'est pas permis d'en conclure à la somme de cet élément qui le deviendra dans le cours d'une année. La science a encore beaucoup à faire pour arriver à la détermination précise de la puissance productive d'un terrain. De plus, à côté de cette recherche de la quantité absolue de principes fertilisants que renferme le sol, se pose la question de savoir combien il faut de substances assimilables dans la terre pour qu'une récolte atteigne le maximum du rendement. — Il nous paraît bien évident qu'il est nécessaire que le sol renferme plus de principes assimilables que la plante n'en prend. On comprendrait à la rigueur que le végétal absorbe à peu près toute la subtance assimilable, quand celle-ci est très soluble, comme c'est le cas pour les nitrates ; mais pour la potasse, qui est fixée sur les particules terreuses, et pour les phosphates, qui se trouvent toujours dans le sol à l'état insoluble dans l'eau, il faut que les racines viennent en contact intime avec les particules terreuses pour qu'elles puissent solubiliser ces corps et les absorber ; et il est bien évident que les racines ne peuvent pas entrer en contact avec toutes les particules terreuses du sol.

Ainsi, il reste là deux questions importantes que la science n'est pas encore arrivée à résoudre directement. Mais la production sera-t-elle arrêtée par ce fait dans sa marche progressive constante? et l'agriculture sera-t-elle obligée d'attendre que la science ait dit son dernier mot?

Je ne le crois pas pour ma part. Nous avons, en effet, à notre disposition un moyen d'expérimentation très facile à mettre en pratique, un moyen qui est à la portée de tous les cultivateurs, et qui permet de résoudre l'important problème qui nous occupe d'une façon presque parfaite, dans chaque cas particulier de la pratique agricole : il faut, suivant l'expression de M. Boussingault, l'illustre agronome de Bechelbroonn, *consulter l'opinion des plantes.*

C'est à l'examen de cette méthode que nous consacrerons notre prochaine étude.

AGRICOLA.

UNION DES SYNDICATS AGRICOLES DE L'OUEST

STATUTS

Art. 1er. — Sous le nom d'*Union des Syndicats agricoles de l'Ouest*, il est constitué une Société comprenant les associations syndicales qui ont pour but l'achat en commun des engrais et matières utiles à l'agriculture, et la vente des produits agricoles. Seront admis à faire partie de la Société les Syndicats existant ou pouvant se créer dans les quatorze départements : Finistère, Morbihan, Côtes-du-Nord, Ille-et-Vilaine, Loire-Inférieure, Maine-et-Loire, Mayenne, Manche, Calvados, Orne, Eure, Seine-Inférieure, Eure-et-Loir et Sarthe.

Art. 2. — Le but de cette association est d'entretenir des rapports constants entre les divers Syndicats de la région et de favoriser le placement direct des produits de l'industrie agricole.

Art. 3. — Le siège de la Société est au domicile du Président.

Sa durée est illimitée.

Art. 4. — Tout Syndicat qui désirera faire partie de la Société devra adresser une copie de ses statuts au Président, qui en rendra compte à la prochaine réunion générale, où sera prononcé le rejet ou l'admission de la demande.

Art. 5. — L'Union des Syndicats agricoles de l'Ouest est administrée par un bureau composée de :

Un Président,

Deux Vice-Présidents,

Un Secrétaire-Trésorier.

Le Secrétaire-Trésorier est désigné par le Président et peut être pris en dehors des Syndicats. Il a voix consultative et peut être rétribué.

Art. 6. — Les membres du bureau sont élus pour cinq ans. Ils sont rééligibles et nommés à la majorité absolue des membres présents.

Art. 7. — Le Président organise les réunions générales et les préside. Il convoque à ces réunions, qui ont lieu au moins une fois par an, à Paris, pendant le concours général, MM. les Présidents des Syndidats adhérents.

Art. 8. — Peuvent être admis aux réunions, MM. les Membres des bureaux des Syndicats adhérents et, à leur défaut, les Membres régulièrement délégués. Chaque association n'a qu'une voix délibérative.

Art. 9. — Toutes discussions politiques et religieuses sont formellement interdites aux réunions de la Société.

Art. 10. — En cas d'urgence, et après s'être entendu avec les autres membres du bureau, le Président peut organiser une réunion générale dans une des villes de la région, ou à Paris.

Art. 11. — Les frais de publication, de correspondance, etc., sont supportés par les Syndicats adhérents et versés au Trésorier le jour de la réunion générale de chaque année. Le montant de ces frais n'excédera pas cinquante francs par an et par Syndicat adhérent.

Art. 12. — En aucun cas, l'Union des Syndicats agricoles de l'Ouest ne sera responsable des renseignements qu'elle aura transmis, ni des placements faits par son intermédiaire.

Art. 13. — Toute demande de modifications aux présents statuts, ou de dissolution de la Société devra être adressée au Président au moins un mois avant la réunion générale, et ne pourra être admise qu'à la majorité des deux tiers des membres présents, qui devront représenter au moins la moitié des associations adhérentes.

En cas de partage des voix, celle du Président est prépondérante.

OFFRES ET DEMANDES

SYNDICAT DE LA MAYENNE

OFFRES

M. Godeau, à Beauvais, commune de Changé, offre : 1° Blé shériff à épis carrés 2° récolte de Beauvais, à 32 francs les 100 ki-

16

los. 2° Blé shériff à épis carrés 1re récolte de Beauvais, à 35
francs les 100 kilos. Livraison dans les sacs du vendeur, à
Beauvais ou sur wagon à Laval, paiement comptant.

M. Boisseau, régisseur, route d'Angers, à Château-Gontier, offre
du blé rouge de Bordeaux à raison de 29 francs les 100 kilos,
sur wagon à Château-Gontier, dans les sacs de l'acheteur.

M. Maignan, à la Rouairie de Saint-Berthevin lès Laval, offre : 1°
Blé hallet's à 31 francs les 100 kilos. 2° Blé shériff à 30 francs
les 100 kilos. 3° Blé kissengland à 30 francs les 100 kilos. 4° Blé
d'Australie à 29 francs les 100 kilos. Livraison dans les sacs de
l'acheteur, à la Rouairie ou sur wagon à Laval, paiement comptant.

M. Jaguelin, rue de l'Huisserie, à Avesnières, offre du blé Dattel à
28 francs les 100 kilos. Livraison dans les sacs de l'acheteur,
sur wagon à Laval.

M. Chrétien, à Bel-Air, Laval, offre du blé Dattel à raison de 26
francs les 100 kilos. Livraison dans les sacs de l'acheteur, sur
wagon à Laval, paiement comptant.

M. Gruau, à Compté, commune de la Cropte par Meslay, offre du
blé shériff à 28 fr. 50 les 100 kilos. Livraison dans les sacs de
l'acheteur, sur wagon à Meslay, paiement comptant.

M. Lelasseux, régisseur de la Compagnie des Polders de l'Ouest,
à Roz-sur-Couesnon (Ille-et-Vilaine), offre :

1° Blé rouge de Bordeaux, inversable. A 32 fr. les 100 kil. pour quantités inférieures à 1.000 kilos.
2° Blé bleu ou de Noé.
3° Blé Poulard d'Australie, à barbe. A 31 fr. les 100 kil. pour quantités de 1.000 kil. et au-dessus.
4° Blé shériff square headed. Plus 1 fr. par toile.
5° Avoine grise d'hiver à 24 fr. les 100 kilos, plus 1 fr. par toile —
Livraison sur wagon à Pontorson.

M. Boisseau, notaire à Ballée, Mayenne, offre du blé Dattel à
22 fr. 50 l'hectolitre.

M. L. Croisé, à Ménil-Erreux, par Essay (Orne), offre du blé rouge
d'Ecosse à 31 fr. les 100 kilos, en gare de Hanterin ou de
Vingthamaps (Orne).

Le Gérant. E. MOREAU.

Laval. Imp. L. Moreau.

Ce Bulletin paraît le 15 de chaque mois.

BULLETIN AGRICOLE

DE L'OUEST

Organe de l'Union des Syndicats Agricoles
des départements du Finistère, des Côtes-du-Nord,
du Morbihan, de la Loire-Inférieure, d'Ille-et-Vilaine, de la
Manche, de la Mayenne, de Maine-et-Loire, de la Sarthe,
de l'Orne, du Calvados, de l'Eure, d'Eure-et-Loir
et de la Seine-Inférieure.

Publié sous la direction de :

H. LÉIZOUR

Professeur départemental d'Agriculture de la Mayenne,
Directeur du Laboratoire agronomique.
Président du Syndicat des Agriculteurs de la Mayenne,

GAROLA, ✝ M. A.

Professeur départemental d'Agriculture d'Eure-et-Loir,
Directeur de la Station agronomique de Chartres.

ABONNEMENTS

Pour les membres des syndicats :   Pour les étrangers aux syndicats :
1 fr. par an.   **6 fr.** par an.

ANNONCES

De 1 à 4 annonces. » 50ᶜ la ligne.   De 8 à 12 annonces » 30ᶜ la ligne
De 4 à 8   —   » 40ᶜ   —   Au-delà de 12.   » 20ᶜ   —

Le bulletin publiera gratuitement les offres et demandes
des Syndicats abonnés.

*AVIS. — Tout ce qui concerne la rédaction, les Annonces et les Abon-
nements, doit être adressé à M. LÉIZOUR, rue de la Filature, 1, à Laval.*

AVIS

Le **BULLETIN AGRICOLE DE L'OUEST** insérera toutes les annonces que voudront bien lui adresser **MM**. les industriels, constructeurs, fabricants et négociants.

Comme il s'adresse exclusivement à des agriculteurs, on peut être certain que les annonces qu'il publiera ne manqueront pas leur but et qu'elles parviendront à ceux en vue desquels elles seront spécialement faites.

———————

Les annonces, offres et demandes des syndicats adhérents et des agriculteurs abonnés, seront insérées gratuitement.

Nous engageons vivement les agriculteurs à user largement de cette faveur, objet principal du bulletin et nous leur prédisons à ce compte un large débouché pour les divers produits de leur exploitation.

———————

L'administration du **BULLETIN AGRICOLE DE L'OUEST** insérera les annonces qu'on lui enverra, mais ne prendra aucune responsabilité en ce qui les concernera. Ces annonces devant amener des transactions surtout entre agriculteurs, nous invitons nos lecteurs à faire les livraisons avec la plus scrupuleuse loyauté.

C'est parce que les intermédiaires n'ont pas toujours agi de cette façon qu'ils ont perdu la confiance et que les syndicats ont été institués pour permettre à chacun de s'en passer. Si des réclamations parvenaient à l'administration du bulletin contre des livraisons mal faites, elle se réserverait le droit de refuser l'insertion de nouvelles annonces pour celui dont on aurait eu à se plaindre.

———————

☞ Le **BULLETIN AGRICOLE DE L'OUEST** sera servi, au même prix qu'aux membres des syndicats, aux fermiers et métayers des propriétaires syndiqués lorsque ceux-ci en feront la demande et le droit de ces abonnés aux annonces gratuites sera le même.

BULLETIN AGRICOLE DE L'OUEST

Administration du Bulletin agricole de l'Ouest

Le premier numéro du Bulletin nous a valu une véritable avalanche de lettres, dont nous n'aurions qu'à nous féliciter, si une question d'administration ne venait se poser devant nous.

La première règle de conduite que se sont tracée les administrateurs des syndicats et par conséquent de l'Union des syndicats agricoles de l'Ouest, c'est la réduction à leur minimum des frais d'administration .Or, lorsque leur travail personnel, qui ne coûte rien, ne suffit pas, il faut qu'ils aient recours à des auxiliaires que les sociétés sont obligées de payer et les frais généraux augmentent.

Pour qu'il soit possible de servir le bulletin au prix fixé, il est indispensable que les *abonnés syndiqués* ne correspondent avec lui que par l'intermédiaire des bureaux de leurs syndicats respectifs. Sans cela les frais de correspondance deviendraient si considérables, qu'il ne resterait rien pour payer les frais de la publication.

Nous prions donc instamment nos lecteurs d'adresser toutes leurs communications à MM. les Secrétaires de leurs syndicats, qui voudront bien les centraliser et nous les envoyer en bloc, dans les premiers jours de chaque mois.

En ce qui concerne le montant des abonnements, ce sont également les bureaux des syndicats adhérents qui doivent s'en charger, et nous ne pouvons considérer comme syndiqués que les agriculteurs qui font partie de ceux-là. Il est d'ailleurs entendu, au moins pour les syndicats qui ont adhéré jusque là à la publication, que les abonnements seront considérés comme frais généraux et que, par suite, leurs membres recevront le bulletin gratuitement. Ils n'ont donc pas à adresser leur abonnement ni aux bureaux de leurs syndicats, ni directement à l'administration du bulletin.

Afin que ce qui s'est produit pour les semences de céréales d'automne, qui ont été offertes tardivement, ne se renouvelle pas pour celles de printemps, nous invitons les agriculteurs qui en auraient à vendre à nous le faire savoir dès maintenant. S'il y a lieu, ces offres pourront être renouvelées.

Nous ne saurions trop répéter, surtout en ce qui concerne les semences, que les vendeurs doivent apporter la plus grande loyauté dans leurs livraisons et nous engageons vivement les acheteurs à ne traiter qu'après avoir demandé un échantillon.

Il reste d'ailleurs entendu que nous ne garantissons aucunement les denrées offertes dans le bulletin.

H. LÉIZOUR.

De l'emploi des engrais.

II. — RECHERCHE DE L'OPINION DES PLANTES.

Consulter l'opinion des plantes, telle est la règle absolue que doit suivre tout agriculteur désireux de tirer de l'emploi des engrais tout le profit qu'il est permis d'en espérer. Cette opinion, il est en réalité facile de l'obtenir, par l'emploi de la méthode expérimentale, méthode qui est à la portée de tous, à cause de sa simplicité, et parce que en peu de temps, chacun peut interpréter sans grande chances d'erreurs les résultats qu'elle fournit. Au point de vue de la pratique, elle est bien supérieure à la méthode chimique pure, qui analyse le sol et les plantes pour en déduire le complément d'aliments nécessaires à une bonne végétation, parce qu'elle tient mieux compte de toutes les conditions de la vie végétale : sol, variété cultivée, climat. J'ajouterai même que c'est à elle, surtout, que nous devons les données les plus précieuses que nous possédions sur l'action des engrais. Toutefois elle a un défaut qu'il faut dès maintenant signaler, c'est qu'il serait imprudent d'en généraliser trop vite les conclusions. On ne peut en effet obtenir par l'emploi de cette méthode des conclusions susceptibles d'une application générale que lorsque les essais ont duré pendant de longues années, et qu'ainsi les alternatives favorables et néfastes des saisons se sont naturellement compensées. Mais il ne faudrait pas s'exagérer l'importance du défaut ; car, s'il est réel au point de vue de l'établissement de la science agronomique, il n'est au point de vue de l'application directe des engrais, dans la localité même où les essais sont tentés, que tout à fait secondaire.

Du reste, pour que l'on puisse tirer de la méthode expérimentale tous les enseignements qu'elle peut donner, il est nécessaire que l'on s'éclaire au préalable de toutes les lumières de la science. C'est seulement dans ces conditions que l'on peut arriver à des résultats incontestables. Mais, en ce qui concerne seulement l'application immédiate des engrais à un sol donné et pour une plante déterminée, elle permet à quiconque la pratique avec soin et discernement d'en tirer des indications précises dans chaque localité.

La méthode expérimentale consiste à faire, sur le terrain même où l'on doit opérer en grand, l'essai de la plante à cultiver et des engrais. Il n'est pas nécessaire que l'expérience soit fort étendue pour qu'on puisse se prononcer sur leurs aptitudes relatives. Quelques ares de terrain, pris dans la partie qui représente le mieux la nature moyenne du sol, sont suffisants. On les prépare comme pour la culture en grand, puis on y trace un certain nombre de divisions d'une égale étendue. On laisse la première parcelle sans engrais. La deuxième parcelle recevra une dose de fumier de ferme égale à la fumure ordinairement pratiquée. La 3ᵉ parcelle recevra 1/3 ou 1/2 de fumier en plus. Puis, dans les parcelles suivantes, on donnera 1° des superphosphates seuls ; 2° des sels de potasse seuls ; 3° du sulfate d'ammoniaque ou de nitrate de soude seuls ; à côté on essayera des mélanges de phosphates et des sels ammoniacaux; dans la parcelle voisine on mettra en outre des sels de potasse, etc.

Les résultats de la récolte, notés avec soin pour chaque parcelle séparée, et comparés entre eux et avec ceux de la parcelle sans engrais, donnent l'influence relative de chaque engrais simple ou composé.

Supposez que, dans le sol où se fait l'expérience, et pour la culture du blé, la parcelle qui a reçu des superphosphates seuls donne un rendement plus grand que celle qui a été cultivée sans aucun engrais. Cela veut dire que le sol est plus appauvri en acide phosphorique qu'en azote, potasse, chaux, magnésie, etc, et qu'en fournissant cet engrais on permet à la plante de tirer du sol, outre l'acide phosphorique qu'on y a introduit, une dose nouvelle d'azote, de potasse, etc. : et l'on en conclura certainement que, dans la pratique, on devra, pour tirer tout le parti possible des ressources du sol, avoir recours à l'emploi des engrais phosphatés.

D'autre part, si la parcelle fumée avec le mélange des sels ammoniacaux ou du nitrate de soude et des super-phosphates donne un rendement plus fort que la parcelle qui vient de nous occuper, nous conclurons que la récolte peut être augmentée encore par l'emploi d'une dose d'azote plus élevée que celle que le sol renferme déjà, à la condition de fournir un appoint d'acide phosphorique.

(*A suivre.*)　　　　　　　　　　　　　　　AGRICOLA.

Des labours profonds ou défoncements

Dans les contrées à culture intensive, où le progrès agricole a le plus profondément pénétré et où l'emploi des engrais chimiques est en honneur, la pratique des labours profonds n'est plus discutée.

Là, au contraire, où la culture conserve des habitudes routinières, cette pratique est méconnue ou n'a pris que peu d'extension.

Voici, croyons-nous, la principale cause qui s'oppose à sa vulgarisation, qui, soit dit en passant, paraît au premier abord justifiée.

C'est avec la charrue *Brabant-double* que les essais de labours profonds sont le plus généralement effectués.

Dans des terres qui n'avaient été remuées, de temps immémorial, qu'à 12 ou 15 centimètres de profondeur, on est allé, sans gradation, à faire des labours de 25 à 30 centimètres. Pour peu que la couche inférieure (le *sous-sol*) soit de nature argileuse, compacte, elle est imperméable à l'air et à l'eau, et frappée par cela même de stérilité.

Or en pratiquant le défoncement par la méthode indiquée, la couche arable (le *sol*) anciennement cultivée, occupe après l'opération les parties profondes du labour et se trouve être inaccessible aux jeunes racines. La plante confiée au sol dans ces conditions, se trouvant dans un milieu presque infertile, n'atteint qu'un faible développement si une forte fumure avec des engrais chimiques, complets et immédiatement solubles, n'a été appliquée.

De ce fait à conclure que les labours profonds sont préjudiciables, il n'y a qu'un pas et ils sont condamnés.

Le résultat serait tout autre si, au lieu de procéder ainsi, on avait recours au *soussolage*. Cette opération consiste à ameublir la couche inférieure à une certaine profondeur, en la laissant en place.

A cet effet, après avoir retourné une bande de labour de moyenne profondeur, on passe au fond de la raie un instrument, dit *fouilleur*, muni de trois pieds recourbés, qui pénètrent à 10, 15 ou 20 centimères, suivant la ténacité de la couche et la profondeur que l'on veut atteindre.

Autrefois le fouilleur était un instrument distinct de la charrue, et la pratique du soussolage nécessitait deux forts attelages, et, par suite, un grand déploiement de force de traction et de personnel. Aujourd'hui il n'en est plus de même. M. Candelier, ingénieur constructeur à Bucquoy (Pas-de-Calais), construit des Brabants sur lesquelles peut s'adapter le fouilleur à la place d'un versoir, ce qui permet d'effectuer l'opération avec un seul attelage.

Pour cela, après avoir tracé une bande de labour, la charrue est retournée comme cela se pratique pour un labour ordinaire, et le fouilleur est engagé dans le fond de la raie. On règle l'instrument suivant la profondeur que l'on veut obtenir, l'attelage est mis en marche et le laboureur, sans fatigue, maintient dans la raie le fouilleur, qui divise et émiette le sous-sol en le laissant en place.

Au bout du rayage on tourne et on reprend une deuxième bande de terre qui recouvre celle qui vient d'être ameublie, et l'on continue ainsi, alternativement, à manœuvrer avec le versoir et le fouilleur.

La manœuvre de l'instrument s'acquiert très vite, nous croyons inutile d'insister sur l'exécution pratique du travail.

Le sol et le sous-sol conservant leurs positions respectives, ce mode de défoncement ne présente aucun des inconvénients du premier, alors qu'il en conserve tous les avantages, avantages que nous allons essayer de développer en donnant sur les défoncements en général quelques explications théoriques, déduites de l'observation.

Pour donner à ces explications toute la clarté désirable, nous allons supposer un terrain argileux, à sous-sol imperméable, dont la couche cultivée présente une faible profondeur, 15 centimètres par exemple, emblavé en automne, froment ou avoine.

Par un hiver pluvieux, cette couche de 15 centimètres sera vite saturée et l'excès d'eau, si l'écoulement est soigné, gagnera les fossés entrainant, en pure perte, une certaine quantité de matières fertilisantes en dissolution. Si l'écoulement est défectueux, l'excès d'eau restera à la surface, empêchera l'aération du sol, les racines des plantes se trouveront soumises à une macération qui ramollira leurs tissus et entravera leur action physiologique.

Si entre-temps des gelées surviennent, la plante sera déchaussée, soulevée, et en pareille occurrence, la récolte peut être anéantie ou fortement compromise.

D'autre part, tous les cultivateurs ont pu remarquer que les premières journées ensoleillées du printemps dessèchent et fendillent d'autant plus vite la surface du sol, qu'elle a été plus mouillée et plus battue par les pluies d'hiver. Le manque de fraîcheur, succédant à un excès d'humidité, au moment où la plante doit former de nouvelles racines, sont des conditions on ne peut plus défavorables à la végétation.

Les labours profonds permettent de pallier, dans une large mesure, ces influences climatériques.

Si dans ce même terrain imperméable, on pratique le défoncement de façon à ameublir une profondeur que nous supposerons égale à la profondeur de la couche cultivée, il est facile de comprendre que les conditions culturales seront tout autres.

Les eaux pluviales, pénétrant dans toute la profondeur de la couche ameublie, c'est-à-dire à 30 centimètres, ne s'écouleront plus au dehors ou s'écouleront dans une proportion bien moindre. Dès lors, peu ou point de déperditions de matières fertilisantes solubles, plus d'eau stagnante à la surface du sol.

Les racines se trouveront pendant l'hiver dans un milieu aéré, les plantes moins exposées à l'action des gelées et, au printemps, sous l'influence des premières journées de chaleur, lorsque l'évaporation deviendra sensible, l'eau profondément emmagasinée, obéissant aux lois de la capillarité, gagnera la surface et y entretiendra la fraîcheur nécessaire au tallage et au développement normal des plantes.

Les labours profonds, en augmentant la masse de la terre arable, permettent, d'autre part, aux racines d'atteindre une plus grande profondeur, et par suite, un plus grand développement. Or, il est reconnu que le développement aérien d'une plante est en raison directe de celui de ses racines.

Là ne se limite cependant pas l'action bienfaisante des labours profonds.

La couche inférieure divisée par cette opération se laissera pénétrer par les agents atmosphériques : *eau*, *air* et *chaleur*, agents dont l'action simultanée produit de profondes modifications chimiques dans les éléments constitutifs du terrain.

C'est ainsi que les éléments minéraux multiples qui entrent dans sa composition, et qui restaient inertes par suite de l'imperméabilité du milieu qui les renferme, deviendront peu à peu solubles et pourront être absorbés par les plantes.

On pourra, dès lors, après le soussolage, en procédant prudemment, graduellement accroître la profondeur du labour.

Nous pouvons ajouter que, dans certains terrains humides, et par cela même peu propres à la culture, un labour profond de 30 à 40 centimètres peut, dans bien des cas, dispenser d'un drainage.

Que de terrains où des plantes à racines pivotantes, luzerne, trèfle, betterave, etc, ne peuvent réussir convenablement, et qu'un énergique labour permettrait de cultiver avec avantage !

Les labours profonds doivent s'effectuer en hiver et au commencement du printemps. Éviter, autant que possible, d'opérer l'hiver qui précède l'ensemencent en blé, car cette céréale demande un terrain rassis.

Ces labours doivent être d'autant plus fréquents que le sol est plus tenace et plus argileux, rarement appliqués dans les terrains sableux et filtrants.

G. PEYRAS.

La fraude dans le commerce des engrais

Pour surmonter les difficultés toujours croissantes en agriculture et pour arriver à la réalisation de quelques bénéfices, il est de la plus haute importance de contrôler toutes les opérations de la ferme et principalement l'achat des engrais.

Combien de cultivateurs sont encore victimes du commerce malhonnête, qui s'ingénie par tous les moyens pour frauder les engrais. Il est encore vendu dans nos campagnes des noirs composés avec de la tourbe tamisée, du goudron minéral, de la chaux et de la poussière de charbon de terre ; on ajoute à ces subtances comme matière fertilisante plus ou moins de poudre d'os. Le tout est chauffé dans des cornues pour acquérir l'aspect du noir.

Le guano ainsi que presque tous les engrais composés, auxquels on donne des noms imaginaires, est très souvent falsifié. On emploie généralement comme auxiliaires, l'eau, la sciure de bois, la craie, le plâtre, la terre jaune, les phosphates fossiles, etc.

Les voyageurs représentant ces industries honteuses parcourent les campagnes quelque temps avant les emblavures de céréales d'automne, ainsi qu'au printemps ; ils se montrent toujours très convenables et présentent des semblants de garanties pour arriver à livrer des engrais parfois au prix de de 25 fr. les 100 k⁰ˢ alors qu'ils ne valent que 5 francs.

Depuis quelques années il y a un ralentissement dans la fraude ; cet état de choses ne pouvait du reste se prolonger aussi impunément. La chimie agricole est heureusement venue jeter une grande lumière sur ces spéculations et a découvert le moyen d'y remédier en indiquant exactement la composition des engrais et par suite leur valeur réelle.

Avant d'indiquer les moyens à employer pour se mettre en garde contre la fraude des engrais, il faut partir de ce principe que *l'engrais est ce qui manque au sol et qui convient à la plante.* Les matières qui manquent au sol, qui sont utiles aux plantes et qui ont par conséquent de la valeur sont : *l'azote, l'acide phosphorique* et *la potasse* ; ce sont les trois éléments qui doivent préoccuper le cultivaleur. Il y a encore la chaux, mais bien qu'elle soit indispensable dans les terres elle n'a pas une valeur assez élevée pour qu'on doive en tenir compte dans l'évaluation d'un engrais.

Etant donné qu'il n'y a que ces trois matières qui constituent la valeur d'un engrais, établissons le prix de chacun d'eux suivant leur état, suivant qu'ils sont plus ou moins promptement assimilables.

Azote. — Le prix actuel du kilog. d'azote à *l'état organique* (dans le fumier, le noir et les engrais d'origine organique) est de 1 fr. à 1 fr. 25.

Le prix du kilog. d'azote à *l'état ammoniacal* (sulfate d'ammoniaque), ainsi que celui de l'azote à *l'état nitrique* (nitrate de soude), est sensiblement le même aujourd'hui, il oscille entre 1 fr. 65 et 1 fr. 70 le kilog. (Ces prix sont calculés pour engrais rendus dans la Mayenne).

Acide phosphorique. — Le prix du kilog. d'acide phosphorique à *l'état insoluble* (phosphates des Ardennes) est de 0 fr. 33 et de 0 fr. 44 pour le noir animal et la poudre d'os. A *l'état soluble au citrate d'ammoniaque* (superphosphate) le prix varie de 0 fr. 45 à 0 fr. 55, suivant la provenance et la perfection du travail de fabrication.

Il ne faut pas confondre acide phosphorique avec *phosphate de chaux*, car un kilog. de phosphate de chaux ne contient que 0^k458 gr. d'acide phosphorique, le reste, soit 0^k542, est de la chaux ; il en résulte que le phosphate de chaux ne vaut pas tout à fait la moitié d'un même poids d'acide phosphorique.

Comme l'acide phosphorique joue un rôle prépondérant dans la vie végétale, les engrais phosphatés sont généralement employés ; il s'en suit que c'est sur ces derniers que la fraude est le plus souvent exercée. Aussi est-il nécessaire de ne jamais perdre de vue que le prix du kilog. d'acide phosphorique peut varier de 0 fr. 33 à 0 fr. 55 suivant son état ; il faut toujours exiger une désignation claire et précise sur la garantie.

Potasse. — La valeur du kilog. de potasse, à *l'état de chlorure*, est de 0 fr. 46 le kilog.

Après l'exposé de la valeur respective des éléments utiles qui entrent dans la composition d'un engrais, il est très simple maintenant d'en trouver le prix.

Prenons un exemple : soit à établir la valeur d'un engrais, qui offre d'après un bulletin d'analyse du laboratoire, ou la garantie d'un marchand, la composition suivante :

	Prix du kilog.		Prix total.	
Azote ammoniacal, 3 0/0, à	1 fr. 70	=	5 fr.	10
Acide phosphorique soluble au citrate d'ammoniaque, 12 0/0, à . . .	0	55	= 6	60
Potasse, 2 0/0, à	0	46	= 0	95
Total.			12 fr.	65

Cette somme de 12 fr. 65 représente la valeur actuelle des 100 kilos de l'engrais. D'un engrais offrant cette composition, on peut dire qu'il est bon, qu'il produira de très bons effets dans la plupart des cas, mais en définitif il ne vaut que 12 fr. 65. Si un cultivateur le paye le double ou le triple, sans s'en rendre compte, comme cela arrive encore trop souvent, l'état des récoltes reste bien le même à fumure égale, mais la situation économique est loin d'être dans les mêmes conditions.

P. MASSERON.
Préparateur au laboratoire départemental
de la Mayenne.

Concours pomologique de Saint-Brieuc

Le concours que l'Association pomologique de l'Ouest vient d'organiser à Saint-Brieuc a été des plus brillants et des mieux réussis. L'exposition des fruits comptait près de 3.000 lots et celle des cidres et des eaux-de-vie plus de trois cents échantillons. Les instruments relatifs à l'industrie cidrière présentaient également un ensemble très complet. On remarquait notamment, dans cette partie du concours, les broyeurs d'un modèle tout nouveau, construits par M. Simon de Cherbourg, et qui n'avaient été jusqu'ici présentés dans aucun concours.

Le congrès a été ouvert le mercredi 24 octobre, sous la présidence de M. Gogon, président du Conseil général des Côtes-du-Nord et en présence de très nombreux délégués représentant les sociétés agricoles et horticoles de la plupart des départements de l'ouest et du nord-ouest de la France.

On s'est d'abord occupé de la destruction des parasites du pommier. M. Léizour a attiré l'attention sur les ravages causés par l'Asteroma Mali, et a proposé pour détruire ce champignon, l'eau céleste. M. Audouard a conseillé, pour le même but, l'emploi de la bouillie bordelaise.

Le Congrès s'accorde ensuite pour préconiser les remèdes suivants contre les insectes parasites du pommier et en particulier contre le Puceron Lanigère : Sulfure de carbone, 1 millième dans une émulsion de savon noir ; les liqueurs connues sous le nom d'Insecticide Fichet et de Klodoline ; ainsi que la formule suivante : Savon noir, 45 gr.; alcool amylique, 60 gr. ; eau, 1 litre.

Il ressort de quelques communications faites au sujet du cidre fabriqué par diffusion, que si la méthode peut être employée utilement dans l'industrie pour fabriquer un cidre de qualité moyenne, elle ne saurait, du moins à l'heure actuelle, rendre des services, à la ferme, les cidres obtenus perdant rapidement leurs qualités premières et se conservant mal.

Le Congrès a adopté les conclusions suivantes du rapport de la Commission chargée d'étudier la question ainsi libellée : conventions à intervenir entre le propriétaire et le fermier, lors d'une plantation d'arbres à fruits à cidre en terres affermées, afin de sauvegarder équitablement tous les intérêts : « Il faut que le propriétaire ayant toutes les charges résultant de l'établissement des plantations, soit absolument maître en ce qui concerne l'achat, la plantation et l'éducation des jeunes arbres pendant la première période de leur végétation. »

La question du choix des porte-greffes ou intermédiaires dans l'élevage du pommier a été, après une très longue discussion, renvoyée au prochain congrès ; toutefois la plus grande partie des membres présents a été d'avis que l'emploi d'une greffe intermédiaire doit être conseillée toutes les fois que dans un temps convenable, c'est-à-dire dans l'espace de 6 à 7 ans, on ne peut avoir un arbre bien établi, l'intermédiaire permettant, dans tous les cas, d'obtenir un bel arbre pendant ce laps de temps.

Une discussion très complexe s'est engagée sur la question de savoir comment toujours mener à bien la fermentation des cidres. Quand ces derniers fermentent mal, on a conseillé de les soutirer, d'y ajouter une certaine quantité de cendres, d'y plonger des charbons incandescents ou de mélanger à la masse une certaine quantité de cidre bouillant. Mais ces différents remèdes ne sont pas toujours efficaces, et la question a été réservée et sera étudiée à nouveau au prochain congrès.

On s'est occupé aussi des meilleurs moyens à employer pour nettoyer les tonneaux : emploi d'une chaîne, flambage à l'alcool, lavages à l'eau de chaux ou à l'eau acidulée d'acide sulfurique. On conseille de toujours défoncer les tonneaux, quand la chose est possible, pour les nettoyer et de les suiffer ensuite à l'intérieur. M. le Dr Haubraye a signalé en effet les bons résultats obtenus pour la conservation des cidres après suiffage des tonneaux, et il a décrit un petit appareil très ingénieux, imaginé par lui, pour obtenir une pression d'acide carbonique dans les fûts en vidange, ce qui a pour résultat de conserver le cidre toujours doux.

M. Legon, dans un remarquable mémoire présenté au nom du Syndicat agricole du Calvados, a montré les fraudes commises par certains marchands qui font transporter des fruits de provenance étrangère dans les gares de la Normandie, et les vendent ensuite comme étant du pays. Il demande que les pommes soient achetées à la densité et que les syndicats jouent un rôle aussi actif que possible dans la vente et l'achat des fruits à cidre.

M. Lechartier a indiqué un procédé pour caractériser rapidement la valeur d'un cidre au moment de l'achat, procédé qui consiste à doser l'alcool, à prendre la densité du cidre et à augmenter cette densité d'un nombre variable de degrés, indiqué par des tables qu'il publiera incessamment.

Le congrès s'est occupé en dernier lieu de l'invasion du marché par des pommes allemandes, hongroises et suisses, et il a émis le vœu que ces fruits qui entrent en France en franchise soient frappés d'un droit d'entrée.

Le concours pomologique de Saint-Brieuc s'est terminé le dimanche 28 octobre et on peut voir, par le rapide résumé qui précède, qu'il a pleinement réussi, et que les séances du congrès ont été des plus intéressantes et des mieux remplies.

Paul ALEXANDRE.

SYNDICAT DES AGRICULTEURS DE L'ARRONDISSEMENT DE DREUX

L'Assemblée générale des membres du Syndicat aura lieu le lundi 26 novembre 1888, à 2 heures de l'après-midi, au Théâtre de Dreux.

L'ordre du jour comprend :
Compte-rendu des opérations depuis la dernière réunion, et de la situation financière : Propositions d'initiative privée.

Le Syndicat agricole de Segonzac (Charente), demande plusieurs wagons de pommes à cidre et invite les syndicats des pays producteurs de pommes à lui faire des offres.

Le Syndicat agricole des cantons de la Roche-Derrien et Tréguier (Côtes-du-Nord), offre franco sur wagon à Lannion ou Guingamp : 1° Excellente avoine noire à 17 fr. les 100 kilos : 2° Blé goldendrop ou blé mélangé à 28 fr. les 100 kilos pour semence ou consommation : 3° Beurre de table à 1 fr. 40 la livre.

Madame BERTHELOT, à Erfroide, commune de la Cropte, par Meslay-du-Maine (Mayenne), offre : **des volailles de pure race** — Houdan, Crève-Cœur, Fléchoise, Bresse-noire, Leghorn blanc, Langshan, Dorking argenté, Nègre soie du Japon, Campine argentée, 1 canard pékin blanc (poids 3 kilos), 2 femelles (poids 2 kilos). — Dindonneaux noirs, (élevage facile). — Grosses pintades grises. — Poulardes façon La Flèche, en gare de Meslay, *très fines* à 1 fr. 60 la livre.

(Mme Berthelot a obtenu au concours général de Paris en 1887 deux premiers prix et un second pour volailles mortes).

Poulets moelleux à 1 fr. 30 la livre.

Pommes à couteau. — Reinettes, Calville blanc, *Pain Menier*, pomme jaune se conservant jusqu'en juillet) de 8 à 10 fr. les 50 kilos, rendus en gare de Meslay.

Poires d'hiver de différentes variétés aux mêmes prix.

Un très beau taureau Ayr, pur sang, est à la disposition des cultivateurs, à Bourg-en Bourg, route d'Entrammes, près Laval. Ce taureau convient particulièrement aux vaches Bretonnes. Prix de la saillie : 5 francs.

M. de VILLEPIN, à Jupilles (Sarthe), offre : un veau mâle, de race Durham pure, au prix de 150 francs, son père Trigolo, sa mère Anémone.

LA PRODUCTION LAITIÈRE

Par C. V. GAROLA, (✠ mérite agricole) professeur départemental d'agriculture, directeur de la station agronomique de Chartres.

Prix 1 fr. 50. — 1 fr. 65, franco, par la poste.

Chez R. SELLERET, libraire-éditeur à Chartres.

L'IMPÉRISSABLE

ROUES FER ET BOIS

(Brevetées S. G. D. G.)

Charrettes, Chariots, Tombereaux, Camions, Tilburys, etc., et en général pour tous véhicules de transport.

Types acceptés par le Ministère de la Guerre et les grandes Administrations.

Champenois-Rambeaux, Constructeur

A Cousances-aux-Forges (Meuse). Catalogue-prix-cour. s' demande.

HENNEQUIN-DENIS ET Cie

Grainiers-Cultivateurs

ANGERS (Maine-et-Loire.)

Graines Potagères, Fourragères. Fleurs, Oignons à Fleurs, Plantes vivaces, etc.

Spécialité de Semences Fourragères pour grande culture, tels que : Betteraves, Carottes, Choux, Navets, etc.

Envoi du Catalogue général sur demande.

Le Gérant. E. MOREAU.

Laval. Imp. L. Moreau.

1re Année. Décembre 1888. N° 3.

Ce Bulletin paraît le 15 de chaque mois.

BULLETIN AGRICOLE
DE L'OUEST

Organe de l'Union des Syndicats Agricoles
des départements du Finistère, des Côtes-du-Nord,
du Morbihan, de la Loire-Inférieure, d'Ille-et-Vilaine, de la
Manche, de la Mayenne, de Maine-et-Loire, de la Sarthe,
de l'Orne, du Calvados, de l'Eure, d'Eure-et-Loir
et de la Seine-Inférieure.

Publié sous la direction de :

H. LÉIZOUR

Professeur départemental d'Agriculture de la Mayenne,
Directeur du Laboratoire agronomique,
Président du Syndicat des Agriculteurs de la Mayenne,

GAROLA, ✝ M. A.

Professeur départemental d'Agriculture d'Eure-et-Loir,
Directeur de la Station agronomique de Chartres.

ABONNEMENTS

Pour les membres des syndicats : | Pour les étrangers aux syndicats :
1 fr. par an. | 6 fr. par an.

ANNONCES

De 1 à 4 annonces. » 50° la ligne. | De 8 à 12 annonces » 30° la ligne
De 4 à 8 — » 40° — | Au-delà de 12. . » 20° —

Le bulletin publiera gratuitement les offres et demandes
des Syndicats abonnés.

AVIS. — Tout ce qui concerne la rédaction, les Annonces et les Abonnements, doit être adressé à M. LÉIZOUR, rue de la Filature, 1, à Laval.

AVIS

Le **BULLETIN AGRICOLE DE L'OUEST** insérera toutes les annonces que voudront bien lui adresser **MM**. les industriels, constructeurs, fabricants et négociants.

Comme il s'adresse exclusivement à des agriculteurs, on peut être certain que les annonces qu'il publiera ne manqueront pas leur but et qu'elles parviendront à ceux en vue desquels elles seront spécialement faites.

Les annonces, offres et demandes des syndicats adhérents et des agriculteurs abonnés, seront insérées gratuitement.

Nous engageons vivement les agriculteurs à user largement de cette faveur, objet principal du bulletin et nous leur prédisons à ce compte un large débouché pour les divers produits de leur exploitation.

L'administration du **BULLETIN AGRICOLE DE L'OUEST** insérera les annonces qu'on lui enverra, mais ne prendra aucune responsabilité en ce qui les concernera. Ces annonces devant amener des transactions surtout entre agriculteurs, nous invitons nos lecteurs à faire les livraisons avec la plus scrupuleuse loyauté.

C'est parce que les intermédiaires n'ont pas toujours agi de cette façon qu'ils ont perdu la confiance et que les syndicats ont été institués pour permettre à chacun de s'en passer. Si des réclamations parvenaient à l'administration du bulletin contre des livraisons mal faites, elle se réserverait le droit de refuser l'insertion de nouvelles annonces pour celui dont on aurait eu à se plaindre.

Le **BULLETIN AGRICOLE DE L'OUEST** sera servi au même prix qu'aux membres des syndicats, aux fermiers et métayers des propriétaires syndiqués lorsque ceux-ci en feront la demande et le droit de ces abonnés aux annonces gratuites sera le même.

BULLETIN AGRICOLE DE L'OUEST

Union des Syndicats agricoles de l'Ouest

AVIS

Le concours général d'animaux gras devant avoir lieu du 21 au 27 février prochain, la réunion générale statutaire de l'Union des Syndicats agricoles de l'Ouest aura lieu le samedi 23.

Nous prions instamment les bureaux des Syndicats qui n'ont pas encore pris de détermination en ce qui concerne le service du *Bulletin Agricole de l'Ouest*, de vouloir bien étudier la question avant cette réunion, afin qu'il soit possible de la régler définitivement.

A en juger par les nombreuses lettres qui nous sont adressées à son sujet, le *Bulletin* paraît devoir rendre de grands services aux cultivateurs qui sont disposés à s'en servir. Et il est hors de doute que plus il s'étendra, plus il aura de lecteurs, et plus ces services pourront avoir d'importance, les offres et les demandes et par conséquent les transactions, devant augmenter avec les lecteurs.

Dès aujourd'hui il est à prévoir que la publication devra paraître deux fois par mois dans un délai très rapproché. Et nous espérons arriver à ce résultat sans élévation du prix des abonnements.

H. LÉIZOUR.

De l'emploi des engrais

II. — RECHERCHE DE L'OPINION DES PLANTES

(Suite)

En variant sur les parcelles diverses la nature et les doses des engrais simples et composés, on arrivera à déterminer *en qualité* et même *en quantité* l'engrais le plus rémunérateur pour chaque situation donnée.

Nous ne pensons pas qu'il soit possible à un agriculteur qui arrive sur un terrain nouveau, et qui veut y faire de bonne agriculture, de se dispenser de faire de pareilles expériences, et même de les continuer pendant plusieurs années. Dépourvu des lumières qu'il peut en obtenir, il marcherait en aveugle, négligeant d'employer des substances qui peuvent décider du succès de ses cultures, ou bien en employant d'autres, à grands frais, qui n'auraient aucune influence sur leur réussite, ou ne produiraient qu'un résultat disproportionné avec la dépense.

Un petit champ d'expérience est une nécessité, dans une culture raisonnée, au même titre que l'alcoomètre dans l'état de distillateur.

L'importance de cette étude expérimentale de l'action des engrais, dans chaque localité bien distincte, sur chacune des plantes que nous cultivons, nous paraît telle que nous croyons devoir appeler sur ce sujet l'attention des Comices agicoles.

Les associations que nous avons en vue sont toutes animées du désir le plus sincère d'aider, selon leurs ressources et leurs moyens d'action, au développement de la prospérité agricole ; elles y ont contribué déjà pour une large part par les récompenses qu'elles décernent annuellement aux animaux les meilleurs, aux fermes les mieux tenues, et aux vieux et fidèles serviteurs de l'agriculture. Chacun de nos nombreux Comices[1] a déjà dans cette voie bien mé-

---

1 Ce que je dis des Comices que je considère comme des sociétés d'études et d'encouragement, je le dis également du Syndicat, dont le but est surtout économique. Les champs de démonstrations, institués par les départements répondent au désir que nous exprimons ici, mais ils ne sont pas assez multipliés. L'initiative privée a besoin de donner sa mesure.

rité de l'agriculture, ce serait injustice des plus criantes que de le méconnaître. Mais, à notre humble avis, il reste encore à ces associations un vaste champ à explorer, où chacun de leurs pas en avant se traduirait par un accroissement considérable de la prospérité rurale. Le jour où, sous leur contrôle et leur autorité, il existera dans chaque espèce de sol bien caractérisée du département un champ d'expériences bien organisé, tous les cultivateurs pourront puiser avec assurance, dans les résultats aussi autorisés que désintéressés que l'on y aurait constatés, des bases sûres pour l'emploi économique et rationnel des engrais. Ce point acquis, par suite des efforts collectifs des associations, bien des écoles coûteuses seront évitées aux cultivateurs qui veulent avec raison sortir de l'ornière, mais qui ne sont pas suffisamment munis soit de connaissances générales, soit de capital. Les services ainsi rendus par les Comices, sans faire pâlir en quoi que ce soit ceux que leurs efforts antérieurs ont procurés à la culture, auraient en peu d'années acquis une importance pour le moins aussi grande, surtout si l'on tient compte du peu de frais que nécessiterait l'établissement de champs d'expériences dans un certain nombre de localités bien choisies.

On trouverait certainement bon nombre d'agriculteurs, amis du progrès, qui n'hésiteraient pas un instant à mettre quelques ares de leur exploitation à la disposition des Comices pour un pareil but : car les produits qui y seraient obtenus les dédommageraient, en partie du moins, de leur noble sacrifice. D'un autre côté, l'association n'aurait à supporter que les frais minimes, pour une étendue restreinte, de l'achat des engrais. On ne manquerait pas non plus de trouver dans un grand nombre d'instituteurs de chaque département des agents zélés et tout à fait à la hauteur de la tâche qui leur serait confiée, pour surveiller le développement des plantes, pour en noter les différentes phases, et aussi pour relater scrupuleusement tous les résultats obtenus. On pourrait, par des récompenses honorifiques, stimuler leur zèle, qui, j'en suis assuré, ne ferait jamais défaut.

D'autre part, pour ce qui concerne les renseignements scientifiques, la direction d'ensemble et les recherches analytiques, les Sociétés ont à leur disposition le laboratoire agricole du département ; de même que le professeur départemental d'agriculture est naturellement désigné pour porter dans tous les cantons la connaissance des résultats pratiques qui seraient obtenus.

Ainsi, tout se trouve réuni à souhait pour qu'en fort peu de temps le problème de l'emploi économique des engrais trouve une solution certaine : la bonne volonté de tous, les moyens d'investigation scientifique et les moyens d'action. C'est pourquoi nous espérons qu'avant peu de nombreux champs d'expérience seront établis ; et, le premier pas fait, chaque partie du pays bien caractérisée au point de vue agricole ne tardera pas à avoir le sien.

La méthode expérimentale pourra donc, dans un avenir prochain, nous renseigner complètement sur la nature des engrais à employer dans chaque région de l'Ouest.

En ce qui concerne la quantité des engrais à employer, la solution s'obtiendra de la même manière que pour ce qui a rapport à la qualité des substances alimentaires indispensables. Mais il faut remarquer que la première précèdera nécessairement la seconde. C'est dans l'ordre naturel des faits ; on déterminera évidemment d'abord si le sol a besoin d'engrais azotés, ou phosphatés, ou potassiques ; ou bien si c'est un mélange de ces éléments qui convient le mieux. Alors seulement on pourra entreprendre de résoudre quelle quantité de chacune des subtances reconnues utiles procure le plus grand bénéfice à la culture.

Dans tous les cas, et à priori, il est clair qu'il y a des limites dans l'apport des principes fertilisants dont nous avons parlé, au point de vue de la restitution. Pour ce qui est de l'acide phosphorique et de la potasse, il n'y a aucun inconvénient à en charger le sol, lorsqu'on n'excède pas des proportions considérables, car il est parfaitement démontré que la terre retient dans son sein, sans les laisser perdre, ni même les laisser pénétrer très profondément dans le sous-sol, ces principes fertilisants. Le seul inconvénient que l'emploi de ces matières à une dose trop forte puisse présenter, est de l'ordre économique. Il faut que l'apport en soit calculé de telle sorte que la dépense qui en résulte soit couverte, et au delà, par l'augmentation de la récolte.

Mais pour l'azote, il n'en est pas tout à fait de même. Il n'y a pas que les règles de l'économie rurale qui viennent imposer une limite aux doses qu'il est prudent d'employer. Il y a bien certainement une limite *maxima* qu'il ne faut pas dépasser, limite qui est la conséquence des propriétés mêmes du sol et des engrais azotés. Cela se comprend sans peine, quand on sait que toute substance azotée dans la terre se transforme en nitrates, et que ceux-ci étant entraînés dans les profondeurs du sol et les rivières par les eaux pluviales, une grande partie en est perdue. La terre n'a pas la propriété de fixer les nitrates comme elle fixe la potasse et les phosphates. Elle est pour l'azote nitrique un véritable crible. Or la perte proportionnelle croît avec le degré de richesse du champ, car on conçoit sans peine que plus le sol est riche en principes azotés, plus intense aussi est la formation des nitrates, et, conséquence naturelle, plus aussi est grand l'entraînement qui en est fait par les eaux pluviales, dont certainement il existe une dose *maxima* d'engrais azotés, qui correspond à un maximum de bénéfice. Chacun doit la rechercher par l'expérimentation, dans les conditions où il se trouve placé. Mais il est bien peu de terrains en France où l'on soit arrivé à ce maximum, et la vérité est que presque partout on peut mettre des engrais azotés sans crainte de dépasser la limite.

AGRICOLA.

Quelques réflexions sur l'alimentation hivernale des animaux de l'espèce bovine.

Parmi les divers produits végétaux utilisés à la nourriture hivernale de l'espèce bovine, la betterave fourragère nous paraît, pour deux raisons, mériter le premier rang :

1° A cause du fort rendement qu'elle est susceptible de donner par une culture bien comprise et l'emploi des engrais chimiques ;

2° Par sa longue et facile conservation, en simples silos, sans nécessiter d'installation préalable.

Son meilleur mode d'emploi consiste à la donner en mélange soit avec des balles de céréales, soit avec des pailles ou des fourrages hachés. La valeur nutritive des balles de blé et d'avoine est deux fois supérieure à celle des pailles de même provenance.

Dans un local affecté à la préparation des aliments, on divise, à cet effet, la betterave, à l'aide d'un *coupe-racines*, en petites lanières, *cossettes*.

On stratifie ces cossettes avec des balles, en disposant une couche de balles de quelques centimètres d'épaisseur, puis une couche de cossettes, et ainsi de suite, alternativement, racines et balles, jusqu'à ce que le tas ait atteint une épaisseur de 80 centimètres à un mètre.

Dans cet état, le mélange ne tarde pas à s'échauffer et à fermenter. Lorsqu'on ne peut plus maintenir la main dans l'intérieur, par suite de l'élévation de température, c'est-à-dire lorsque celle-ci atteint 70 à 75 degrés centigrades, le mélange est à point pour être consommé. Il exhale une odeur vineuse, alcoolique, qui imprègne toute la masse et, sous cet état, est consommé avec avidité par les animaux.

Le temps nécessaire à l'échauffement du tas varie suivant la proportion des substances mélangées et la température du local où le mélange a lieu.

La proportion, en poids, de 1 de balles pour 8 à 10 de racines, nous a paru être celle qui provoquait le plus promptement la fermentation et convenait le mieux sous le rapport de l'alimentation.

Par une température de 10 à 15 degrés centigrades, l'échauffement se produit dans le délai de 24 à 36 heures ; par une température voisine de 0 degré, il faut de 3 à 4 jours, souvent plus. Si la température descend plus bas, il faut chauffer le local ou arroser le mélange avec de l'eau chaude, pour provoquer la fermentation.

Lorsqu'on a des foins mal récoltés, comme le cas se présente cette année, ils peuvent être avantageusement utilisés en mélange avec la betterave après avoir été préalablement hachés. La fermentation contribue à neutraliser leur mauvais goût et l'effet, toujours nuisible, de la poussière qu'ils renferment.

La nourriture ainsi préparée, que l'on emploie en mélange avec la betterave des balles, des pailles ou du foin, comme, du reste, toute nourriture formée exclusivement de fourrages, ne saurait suffire aux animaux que l'on veut activement pousser à l'engraissement, ni aux vaches laitières dont on cherche à obtenir un maximum de produit.

Les matières grasses et les matières azotées ne s'y trouvent pas en proportion suffisante. Il y a lieu de compléter la ration par des farineux ou des tourteaux.

Ces derniers sont plus économiques et en tous points préférables.

On peut les donner aux animaux *concassés* ou en macération dans l'eau, sous forme de boisson. Cette dernière pratique nous a paru préférable pour les vaches laitières et les jeunes élèves.

Les animaux à l'engrais les consomment et les utilisent mieux concassés.

On peut encore employer les tourteaux associés aux racines et aux fourrages hachés ou aux balles. A cet effet, on les fait diluer dans l'eau et l'on obtient ainsi une bouillie, avec laquelle on arrose chaque couche au fur et à mesure qu'on procède au mélange.

Cette méthode est excellente, car le tourteau, pendant l'acte de la fermentation, dégage un arôme particulier, qui pénètre le mélange et lui communique une saveur qui le fait rechercher des animaux. Elle devrait toujours être mise en pratique lorsque la matière sèche est en trop forte proportion, comparativement aux racines, ou lorsqu'on veut utiliser, comme il est dit plus haut, des foins plus ou moins avariés.

La quantité de tourteau à donner par tête d'animal adulte et par jour peut varier de 1 kilo 500 à 4 kilos, suivant le poids de l'animal, la valeur nutritive de la ration fourragère et la période d'engraissement.

Toutes conditions égales d'ailleurs, la quantité de tourteau donnée journellement doit être sensiblement proportionnelle au poids de l'animal.

Plus la ration fourragère sera riche en principes nutritifs, moins la quantité de tourteau devra être élevée.

Pour les animaux d'engrais elle devra augmenter graduellement pour atteindre son maximum vers la fin de l'engraissement.

Règle générale, il y a avantage à élever un peu la ration

42

du tourteau, car la fraction qui n'est pas assimilée, c'est-à-
dire qui n'est pas transformée en viande, graisse ou lait,
va au fumier après avoir subi, pendant l'acte de la digestion, une dissociation qui en rend les éléments plus solubles.

De ce qui précède, nous tirerons cette conclusion :

L'extension de la culture de la betterave, combinée avec
l'emploi des tourteaux, permet :

1° D'augmenter le nombre des animaux, tout en leur
assurant une alimentation plus substantielle ;

2° D'utiliser avantageusement des fourrages de médiocre
qualité ;

3° D'augmenter la production du fumier, quantité et
qualité ;

4° De réduire, par voie de conséquence, l'emploi des engrais chimiques.

G. PEYRAS,

*Agent principal du Syndicat des Agriculteurs
de la Mayenne.*

Sucrage des moûts de cidre

La consommation du cidre a pris une telle extension que
les fruits se vendent à des prix élevés. Aussi est-il nécessaire d'en tirer le meilleur parti. C'est dans ce but que,
depuis quelques années, on pratique le sucrage des moûts
de cidre, soit pour augmenter la production, soit pour
assurer la conservation du cidre, soit enfin pour corriger le
défaut de qualité des fruits.

Quand le moût sortant du pressoir n'a qu'une densité de
3 à 4 degrés Beaumé, soit 3,75 à 5 0/0 d'alcool (un degré
de densité à l'aréomètre Beaumé correspond à 1 lit. 250
d'alcool par hectolitre de cidre), il y a avantage à élever
cette proportion, de même que pour remonter le degré des
cidres de marc, dit *repulés*.

Pour *obtenir un degré d'alcool* par hectolitre de cidre, il
faut ajouter *1 k. 800 de sucre*. Si un moût de marc ne pèse
que 2 degrés, ce qui correspond à 2,50 0/0 d'alcool, et que
pour en assurer la conservation on veuille l'amener au

moins à 5 degrés, il faudra lui additionner (1^{k}800 $\times$ 2^{d}25) soit 4 k. 500 de sucre par hectolitre.

Ce sucre, préalablement dissous dans une petite quantité d'eau bouillante, est versé dans le fût au moment du remplissage.

Dans le but de favoriser le sucrage des vins, cidres et poirés, une loi promulguée il y a trois ans a réduit à 20 fr. par 100 kilos les droits sur les sucres destinés à cet usage.

P. MASSERON,
Préparateur au laboratoire départemental
de la Mayenne.

Hersage des Céréales et des Prairies

Les cultivateurs sont unanimes à reconnaitre que les hersages effectués au printemps sur les céréales d'hiver, donnent, dans la plupart des cas, de bons résultats.

Ce fait pratique étant admis, nous allons entrer dans quelques détails sur le mode d'action, détails dont les cultivateurs exclusivement pratiques ne se rendent pas toujours bien compte.

Les terrains emblavés en automne, principalement les terrains argileux, quel que soit leur degré d'ameublissement au moment des semailles, présentent dans les premières journées de chaleur du printemps, une surface durcie qui provoque la dessiccation du sol et entrave la pénétration de l'air atmosphérique, un des principaux agents de transformation des matières fertilisantes.

Les plantes peuvent se trouver ainsi simultanément privées de la dose d'humidité suffisante et de l'air nécessaire à un bon tallage et à la formation de nouvelles racines.

Un hersage, fait en temps opportun, permet de remédier, dans une large mesure, à ces conditions culturales.

Les hersages, en effet, ont pour but principal d'ameublir la surface du sol à une faible profondeur. La couche ameublie forme écran contre l'action du soleil, comme le ferait un paillé et contribue, par conséquent, à ralentir l'évaporation, tout en favorisant l'accès de l'air dans le sol.

Le résultat est le même que celui obtenu par un binage

donné à propos aux plantes sarclées : betteraves, carottes, pomme-de-terre, etc.

Il n'est pas de cultivateur qui ne se soit trouvé dans le cas d'avoir à différer sur quelques parties d'un champ un binage commencé, et chacun a pu se rendre compte que quelques jours de retard, par un temps sec, contribuaient à rendre la continuation du travail très difficile et quelquefois à compromettre assez sérieusement la récolte sur la partie négligée. Le fait s'explique par l'évaporation énergique produite sur la partie non binée, qui avait provoqué la dessiccation du sol, tandis qu'il restait un degré de fraîcheur très suffisant, qui permettait à la végétation de se poursuivre dans de bonnes conditions, sur la partie travaillée en temps et lieu.

Les hersages, en ameublissant la surface du sol, concourent aussi à la destruction des mauvaises herbes, principalement de celles dont la levée est toute récente et, par conséquent, peu enracinées. Ils permettent, en outre, de mélanger au sol les engrais pulvérulents employés en couverture au printemps et à enterrer les graines fourragères semées dans les céréales.

Ces hersages doivent s'effectuer, si le temps le permet, au moment du réveil de la végétation, fin mars ou dans la première quinzaine d'avril.

Il faut choisir un temps plutôt sec qu'humide, lorsque le sol est bien ressuyé, mais assez frais cependant pour que les dents de l'instrument puissent facilement rompre la couche superficielle.

Si le sol est trop sec, sa surface sera souvent durcie au point que la herse ne pourra l'entamer, et, dans ces conditions, c'est du temps perdu que de chercher à herser ; mieux vaut s'abstenir.

Si le sol est humide, l'instrument, comme on dit vulgairement, traîne, les animaux enfoncent, ce n'est plus seulement du temps perdu, c'est du gâchis, dont les effets ne peuvent être que contraires au but que l'on cherche à atteindre.

La réussite de l'opération dépend, comme on le voit, du choix d'un moment propice pour l'effectuer. Toute autre occupation devrait être laissée de côté lorsque ce moment se présente, car, en agriculture, l'inclémence des saisons, dans bien des années, ne permet pas de ressaisir ce qu'on laisse échapper.

Dans les terrains forts, pour peu que le printemps soit

sec, il est urgent de herser deux fois, à quelques jours d'intervalle. Un bon hersage suffit dans les terrains de consistance moyenne.

Dans ceux trop légers, ou de nature spongieuse, contenant beaucoup de matières organiques et par cela même exposés à être soulevés par les pluies d'hiver et les gelées, on ne doit herser qu'avec beaucoup de discernement. Si la céréale n'est pas envahie par les mauvaises herbes, il est toujours préférable de s'abstenir.

C'est le rouleau plombeur qui doit ici remplacer la herse. Et comme ces terres ne sauraient être trop tassées, on se trouvera toujours bien de les rouler à deux reprises différentes, en suivant pour la deuxième opération une direction perpendiculaire à la première. Si cependant la présence des mauvaises herbes nécessite un hersage, il doit être donné entre les deux coups de rouleau.

Celui-ci ne doit fonctionner que sur un terrain suffisamment ressuyé.

Le poids des herses employées au hersage des céréales doit varier suivant la nature du sol. Plus celui-ci sera argileux, plus l'instrument devra avoir d'énergie, et réciproquement. Dans les terres légères on ne doit utiliser que les herses peu lourdes et armées de courtes dents.

Pour obtenir un travail régulier, les herses articulées doivent être préférées, comme étant susceptibles de s'appliquer avec la même énergie sur toute la surface des champs présentant des ondulations.

Les bons constructeurs de ces herses sont nombreux, on n'a que l'embarras du choix. Nous indiquerons, entre autres, comme remplissant toutes les conditions désirables, la herse dite « Couleuvre », construite par M. Émile Puzenat, à Bourbon-Lancy (Saône-et-Loire).

Ce que nous venons de dire du hersage des céréales nous dispense d'entrer dans de grands développements sur le hersage des prairies.

Ces hersages ont pour but l'aération du sol et la destruction des mousses qui tendent à l'envahir et à se substituer à la bonne herbe.

Ils concourent aussi au nivellement de la surface des prairies, ce qui permet d'employer avantageusement les faucheuses mécaniques, d'obtenir une coupe plus uniforme et plus près du sol.

Comme pour les céréales, on ne doit herser les prairies

que lorsque le sol est bien ressuyé, sans être sec, autant que possible dans le courant de mars. On donne deux hersages consécutifs à quelques jours l'un de l'autre et croisés.

C'est encore les herses articulées qui doivent être préférées pour le hersage des prairies. Celles spécialement affectées à cet usage sont dites *démousseuses,* leur construction est basée sur le même principe que celui des herses articulées ordinaires. Elles diffèrent de celles-ci par la moindre épaisseur du fil des mailles et par leurs dents qui sont plus courtes et plus rapprochées.

La perfection du travail est en rapport avec le poids et la superficie de l'instrument. Les herses trop légères éprouvent pendant la marche des soubresauts qui influent sur l'énergie et la régularité du travail. Mieux vaudrait, cependant, employer une démousseuse légère que les herses d'épines qui n'entament nullement le sol et ne peuvent, par conséquent, contribuer ni à son aération, ni à la destruction des mousses.

Lorsque les hersages des céréales et des prairies sont effectués dans les conditions que nous venons d'indiquer, les frais qu'ils occasionnent sont relativement faibles en comparaison des résultats obtenus.

G. PEYRAS.

SYNDICAT DES AGRICULTEURS DE LA MAYENNE

La réunion générale annuelle des Membres du Syndicat des Agriculteurs de la Mayenne aura lieu le samedi 19 janvier 1889, à 2 heures de l'après-midi. *Elle se tiendra à l'entrepôt central de Laval, situé au n° 48 de la rue Solférino.*

ORDRE DU JOUR :

Compte-rendu, par le Président, des opérations effectuées en 1888.

Exposé de la situation financière de l'Association par le Trésorier.

Élection d'un Président, d'un Secrétaire et de deux Vice-Secrétaires [1].

Admission de nouveaux Membres.

NOTA. — Les membres qui auraient quelques observations à faire sur la marche du Syndicat sont priés de les faire parvenir au bureau avant le 10 janvier, délai de rigueur.

Le Secrétaire,
E. PERROT.

---

1. *Article* 10 *des Statuts.* — Le bureau est élu en Assemblée générale à la majorité des votants. Il est renouvelable par moitié tous les deux ans. Les membres sortants sont rééligibles. Pour commencer le roulement, le Vice-Président et le Trésorier sortiront les premiers.
Les membres dont les pouvoirs expirent sont :
MM. Léizour, professeur départemental d'agriculture, *Président.*
Perrot, propriétaire à Laval, *Secrétaire.*
Pichon, vétérinaire à Château-Gontier, } *Vice-Secrétaires.*
Lambert, Conseiller général à Mayenne, }

Une Conférence agricole à lire

La production du blé en France a fourni à M. Grandeau, le savant directeur de la station agronomique de Nancy, le sujet d'une Conférence des plus intéressantes qu'il a faite le 20 septembre dernier, à l'occasion du dernier Congrès des grains et farines à Paris.

Avec la lucidité qui caractérise toutes ses publications, M. Grandeau y a exposé les causes de l'infériorité de notre agriculture nationale et démontré qu'elle a comme cause l'insuffisance des fumures. Il a donné des indications précises sur la manière d'obtenir des semences de froment de choix et fait voir que le jour où il le voudra, le cultivateur français pourra se dispenser de payer à l'étranger le lourd tribut qu'il lui paie aujourd'hui, pour se procurer des variétés à grand rendement. Il termine par des conseils très pratiques concernant l'achat des engrais complémentaires.

La librairie Hachette et Cie vient de publier cette Conférence en une brochure de 32 pages, que tous nos agriculteurs devraient se procurer et étudier avec la plus grande attention. Elle coûte 0 fr. 50.

M. Grandeau est connu de tous les agriculteurs instruits et ses écrits font loi parmi les agronomes.

SYNDICAT DE CHARTRES

L'adjudication des engrais, pour la fourniture de printemps, aura lieu le Samedi 22 décembre courant, à 4 heures du soir, à la Chambre syndicale 11, rue Régnier.

SYNDICAT DE DREUX

Le 24 décembre, à 2 heures de l'après-midi, le bureau du Syndicat mettra en adjudication les engrais, matières premières et tourteaux qu'il y aura à fournir pour la saison de printemps. Les soumissions devront être adressées avant cette date à M. L. Durantel, secrétaire, 36, rue d'Orisson, à Dreux.

M. DOISNEAU Alfred, à la Selle-Craonnaise (Mayenne, offre un veau mâle, rouge et blanc, Durham inscrit, né le 28 août 1888 ; son père Phénix, taureau appartenant à Madame d'Armaillé ; sa mère Cornélie, fille de Karl, taureau acheté à Corbon par le Comice de Craon.

M. de VILLEPIN, à Jupilles (Sarthe), offre : chiens et chiennes de berger, dressés, à 40 fr. la pièce. — Dindonneaux noirs à 1 fr. les 5 0 gr. — Pommes de jaune à 16 fr. les 100 kilogs.

L'IMPÉRISSABLE

ROUES FER ET BOIS

(Brevetées S. G. D. G.)

Charrettes, Chariots, Tombereaux, Camions, Tilburys, etc., et en général pour tous véhicules de transport.

Types acceptés par le Ministère de la Guerre et les grandes Administrations.

Champenois-Rambeaux, Constructeur

A Cousances-aux-Forges (Meuse). Catalogue-prix-cour. s⟨ʳ⟩ demande.

HENNEQUIN-DENIS ET Cie

Grainiers-Cultivateurs

ANGERS (Maine-et-Loire.)

Graines Potagères, Fourragères, Fleurs, Oignons à Fleurs, Plantes vivaces, etc.

Spécialité de Semences Fourragères pour grande culture, tels que : Betteraves, Carottes, Choux, Navets, etc.

Envoi du Catalogue général sur demande.

Le Gérant, E. MOREAU.

Laval. Imp. L. Moreau.

2ᵉ Année — Janvier 1889. — N° 4.

Ce Bulletin paraît le 15 de chaque mois.

BULLETIN AGRICOLE
DE L'OUEST

Organe de l'Union des Syndicats Agricoles
des départements du Finistère, des Côtes-du-Nord,
du Morbihan, de la Loire-Inférieure, d'Ille-et-Vilaine, de la
Manche, de la Mayenne, de Maine-et-Loire, de la Sarthe,
de l'Orne, du Calvados, de l'Eure, d'Eure-et-Loir
et de la Seine-Inférieure.

Publié sous la direction de :

H. LÉIZOUR

Professeur départemental d'Agriculture de la Mayenne,
Directeur du Laboratoire agronomique.
Président du Syndicat des Agriculteurs de la Mayenne,

GAROLA, ✚ M. A.

Professeur départemental d'Agriculture d'Eure-et-Loir,
Directeur de la Station agronomique de Chartres.

ABONNEMENTS

Pour les membres des syndicats : | Pour les étrangers aux syndicats :
1 fr. par an. | **6 fr.** par an.

ANNONCES

De 1 à 4 annonces. » **50ᶜ** la ligne. | De 8 à 12 annonces » **30ᶜ** la ligne
De 4 à 8 — » **40ᶜ** — | Au-delà de 12. . » **20ᶜ** —

Le bulletin publiera gratuitement les offres et demandes
des Syndicats abonnés.

AVIS. — Tout ce qui concerne la rédaction, les Annonces et les Abonnements, doit être adressé à **M. LÉIZOUR**, *rue de la Filature, 1, à Laval.*

AVIS

Le **BULLETIN AGRICOLE DE L'OUEST** insérera toutes les annonces que voudront bien lui adresser **MM.** les industriels, constructeurs, fabricants et négociants.

Comme il s'adresse exclusivement à des agriculteurs, on peut être certain que les annonces qu'il publiera ne manqueront pas eur but et qu'elles parviendront à ceux en vue desquels elles seront spécialement faites.

Les annonces, offres et demandes des syndicats adhérents et des agriculteurs abonnés, seront insérées gratuitement.

Nous engageons vivement les agriculteurs à user largement de cette faveur, objet principal du bulletin et nous leur prédisons à ce compte un large débouché pour les divers produits de leur exploitation.

L'administration du **BULLETIN AGRICOLE DE L'OUEST** insérera les annonces qu'on lui enverra, mais ne prendra aucune responsabilité en ce qui les concernera. Ces annonces devant amener des transactions surtout entre agriculteurs, nous invitons nos lecteurs à faire les livraisons avec la plus scrupuleuse loyauté.

C'est parce que les intermédiaires n'ont pas toujours agi de cette façon qu'ils ont perdu la confiance et que les syndicats ont été institués pour permettre à chacun de s'en passer. **Si** des réclamations parvenaient à l'administration du bulletin contre des livraisons mal faites, elle se réserverait le droit de refuser l'insertion de nouvelles annonces pour celui dont on aurait eu à se plaindre.

Le **BULLETIN AGRICOLE DE L'OUEST** sera servi, au même prix qu'aux membres des syndicats, aux fermiers et métayers des propriétaires syndiqués lorsque ceux-ci en feront la demande et le droit de ces abonnés aux annonces gratuites sera le même.

BULLETIN AGRICOLE DE L'OUEST

De l'emploi des engrais

III. — RAPPORTS DU SOL ET DES ENGRAIS

Nous avons annoncé précédemment que la terre arable laissait passer facilement dans le sous-sol les engrais d'azote nitrique ; que, au contraire, elle retenait efficacement les phosphates et les sels de potasse. Il est bon de revenir sur ces questions et sur quelques autres de nature analogue, pour avoir des idées nettes sur les rapports du sol et des engrais.

Voyons d'abord ce que deviennent dans le sol les engrais azotés et quelles sont les causes de déperdition auxquels ils sont soumis.

Lorsqu'on confie au sol une matière organique azotée (azote organique), celle-ci, sous l'action de la fermentation putride, peut passer en partie à l'état d'ammoniaque (azote ammoniacal). Mais il y a un ferment spécial, le ferment nitrique, découvert par MM. Schœsing et Muntz, qui, dans les sols aérés et qui contiennent un peu de calcaire, fait passer l'azote organique et l'azote amonical à l'état d'acide nitrique.

Le nitre est la forme ultime de l'azote dans le sol aéré.

Les terres arables sont formées d'un certain nombre de principes immédiats : le sable, le calcaire, l'argile et l'humus. Ces deux dernières substances, au point de vue des engrais, lui communiquent la propriété fort importante de retenir les éléments solubles de ces derniers, de même que la laine retient la couleur quand on la plonge dans une solution colorée : mais cette propriété de fixer les substances solubles ne s'exerce que sur les corps basiques, c'est-à-dire les alcalis et substances analogues : ammoniaque et potasse principalement. C'est ce qu'on appelle le pouvoir absorbant : mais celui-ci ne se manifeste qu'à la condition que le sol puisse fournir une cer-

52

taine dose de chaux pour saturer les acides des bases fixées. C'est surtout en ce qui concerne l'ammoniaque et la potasse que cette propriété est intéressante pour l'agriculteur.

C'est en vertu de ce pouvoir du sol que les sels ammoniacaux sont moins facilement entraînés dans le sous-sol par les eaux pluviales qui le pénètrent que les nitrates, car la terre n'a pour ces derniers aucune affinité ; elle se laisse traverser par eux comme un filtre se laisse traverser par toute substance dissoute.

Par suite du pouvoir absorbant de l'argile et de l'humus du sol, en présence du calcaire, l'azote des engrais s'accumulerait dans la terre, et, après l'enlèvement d'une récolte, on retrouverait dans le terrain tout ce que cette dernière n'en aurait pas extrait, si la nitrification n'intervenait pas, en faisant passer lentement, mais sûrement, une proportion notable de l'azote à l'état de nitrate.

Il suit de là que dans l'emploi des engrais azotés, il faut considérer leur nature et la rapprocher de l'époque où on les emploie. Dans tous les pays où les pluies d'hiver sont abondantes, il faut se garder de répandre sur les semailles d'automne des nitrates en quantité supérieure à celle qui peut être immédiatement employée ; car après l'hiver, les plantes ne retrouveraient plus à leur disposition ce qu'elles n'auraient pas pu consommer avant l'arrêt de la végétation. On emploiera de préférence à cette époque les engrais à azote organique ; les pertes seront moindres ; elles seront moins fortes aussi avec les sels amoniacaux qu'avec les nitrates. Ces derniers doivent être réservés pour le printemps. Leur effet y est, comme nous le démontrerons, plus considérable. Cela tient à ce que la végétation est alors en période de vigueur croissante, et que l'absorption par les racines est très active, et à ce qu'en même temps les pluies pénètrent le sol moins profondément ; chacun sait que, lorsque les nappes souterraines n'ont pas été alimentées par un hiver convenablement humide, les pluies d'été, si abondantes qu'elles soient, sont impuissantes à combler le déficit, tandis que, pendant les mois d'hiver, l'absorption par les racines, si elle n'est pas absolument nulle, est au moins très faible, et qu'en même temps le sol est lessivé méthodiquement.

Ces considérations sont importantes à retenir au point de vue pratique, car l'entraînement des nitrates par les eaux d'infiltration est très notable.

En effet, admettons qu'il tombe par an une hauteur d'eau de 60 centimètres, et que l'infiltration au travers du sol soit, comme les expériences de MM. Rissler, Lawes et Gilbert l'ont montré, de 33 0/0 de la pluie tombée, c'est une quantité de 2.000 mètres cubes d'eau qui traverse le sol pour descendre dans les couches profondes.

Les expériences des agronomes de Rotamsted nous montrent que, dans ces circonstances, un hectare perd par an les quantités suivantes d'azote suivant les engrais employés et leur quantité :

ENGRAIS EMPLOYÉ	KGR. D'AZOTE ENTRAÎNÉS
Pas d'engrais.	7 kgr. 06
35.000 kilogs de fumier par an.	25 — 25
Engrais minéral complet, sans azote. . . .	8 — 56
Sels ammoniacaux, 90 kilos d'azote.	28 — 78
— 45 —	16 — 46
— 137 —	36 — 30
Nitrate de soude 90 —	28 — 80

Ces chiffres montrent que les pertes sont très fortes et de plus quelles sont d'autant plus élevées que le sol est plus enrichi d'azote.

Il est à noter toutefois, et c'est un point fort important, que lorsqu'on ajoute aux sels ammoniacaux employés une proportion suffisante de superphosphates et de sels de potasse, la perte due à l'entraînement par les eaux d'infiltration est réduite au minimum ; dans ces conditions favorables, en effet, la récolte absorbe la plus grande quantité possible de sels ammoniacaux. D'où il suit que le meilleur moyen d'utiliser le mieux possible les engrais azotés, c'est de les employer en même temps que des engrais phosphatés et potassiques en proportions appropriées au sol.

Cela étant et vu la cherté de l'azote, on ne saurait trop recommander d'apporter le plus grand soin dans la distribution de ce principe fertilisant. Dans ces expériences qui sont relatives à la culture du blé, les engrais azotés ont été répandus à la semaille, et les détails des dosages démontrent que les pertes d'azote par infiltration ont toujours été bien plus considérables pendant les mois d'hiver que pendant le printemps et l'été, et en outre que les grandes pluies qui succèdent aux semailles enlèvent beaucoup plus d'azote au sol qui a reçu des nitrates qu'à celui qui a reçu des sels ammoniacaux.

54

Le peu de durée de l'action des sels azotés est ainsi facile à comprendre : considérons, par exemple, une parcelle de Rothamsted qui pendant 30 ans a porté du blé sans cesse, en recevant annuellement 92 kilogrammes d'azote ammoniacal dans l'engrais. La récolte annuelle a prélevé en moyenne 30 kgr. de cet azote ; l'infiltration en a fait passer dans les eaux de drainage 32 kg. 4. Il doit donc rester dans le sol environ 30 kg. d'azote. Mais l'analyse démontre précisément que ces 30 kg. d'azote ne se retrouvent plus dans la première couche du sol jusqu'à 0 m. 50 de profondeur, mais entre 0 m. 50 et 1 m. 50, c'est-à-dire hors de la portée des racines.

Dans les engrais à azote organique, comme le fumier, les tourteaux, etc., la durée de l'action fertilisante est plus longue, parce que la matière organique azotée ne se transforme que lentement en nitrate. Aussi, faut-il deux à trois fois plus d'azote dans le fumier que dans les engrais à azote soluble, pour obtenir le même effet sur la récolte immédiate. Laissant pour le moment de côté l'action du fumier sur les propriétés chimiques et physiques du sol, nous signalons la durée de son action fertilisante, qui est un fait connu de tous. Toutefois en voici une preuve frappante : à Rothamsted, une parcelle de prairie a reçu pendant huit ans de suite 35.000 kilos de fumier à l'hectare ; l'excédent de récolte sur la parcelle sans engrais a été de 2.418 kil. par hectare et par an. Pendant les onze années suivantes, on ne donna plus aucune fumure, et l'excédent de récolte, sur la parcelle sans engrais, y a été annuellement de 2.058 kil. à l'hectare.

Pour ce qui est des engrais potassiques et des phosphates, on peut en charger le sol sans risquer d'en perdre ; le seul inconvénient qu'il y ait à en donner des doses trop fortes, c'est d'immobiliser un capital précieux qui reste plusieurs années improductif.

Le pouvoir absorbant du sol fixe la potasse si bien, qu'il n'y en a pas plus de 1/5 qui puisse dépasser la profondeur de 22 centimètres ; cette fraction se trouve certainement absorbée avant la profondeur de 50 centimètres. Par exemple, en 22 ans, un champ de Rothamsted a reçu 1.133 kil. de potasse dans les engrais, et les récoltes en ont prélevé 369 kil. Il doit en rester dans le sol 764 kil. L'analyse y a retrouvé dans la première couche de 0 m. 22 c. d'épaisseur, 530 kil. de potasse. Il en est donc passé 234 kil. dans le sous-sol en 22 ans, soit 11 kil. par an.

Quant aux phosphates solubles, ils passent très vite dans le sol à l'état insoluble, à cause du fer, de l'alumine, de la chaux qui s'y trouvent toujours. Il n'en passe pas plus de 8 à 10 0/0 dans le sous-sol, au-delà de 0,20 de profondeur. Ainsi, un champ de Rothamsted a reçu en 22 ans 1,386 kil. d'acide phosphorique. Les récoltes en ont pris 344 kil. Il en devait donc rester dans le sol 1.042 kil. L'analyse en a retrouvé dans la première couche de 0 m. 22 d'épaisseur 924. En 22 ans, 118 kil. d'acide phosphorique par hectare se sont donc enfoncés au delà de la première couche ; c'est 5 kil. par an.

Il n'y a donc pas de doute à avoir à ce sujet.

Avant de quitter ces généralités pour entamer l'étude spéciale à l'action des engrais sur nos principales récoltes, nous aurons encore besoin, pour qu'on ne puisse se méprendre sur notre pensée, d'indiquer comment nous comprenons les rôles respectifs que doivent jouer en agriculture le fumier de ferme et les engrais de commerce.

AGRICOLA.

Les races bovines précoces

Il est indiscutable que la précocité des animaux constitue, pour le cultivateur, une source de bénéfices, car si à 3 ans il peut vendre une paire de bœufs ayant le poids que n'atteignaient qu'à 4 ans et plus les produits de son élevage habituel, il gagne à chaque opération 1/4 et le fait se renouvelant assez souvent est certainement avantageux.

Pendant longtemps on a soutenu qu'une seule race avait le privilège de la précocité ; mais depuis plusieurs années il ne peut plus en être ainsi ; quelques-unes de nos races françaises sont, très sensiblement, aussi précoces que la race Durham à laquelle nous faisions allusion ci-dessus.

Nos éleveurs n'ont donc que l'embarras du choix et ceux qui ne sont pas satisfaits des races locales peuvent prendre des Charolais, des Limousins, des Normands, etc. Si dans toutes les exploitations la réussite suivait le changement de race, assurément le cultivateur serait heureux ; mais il n'en est pas ainsi ; au contraire, beaucoup ont été cruellement trompés et notre but, dans ces quelques lignes, est de rechercher pourquoi.

La précocité est-elle naturelle ou bien le résultat de l'art de l'éleveur ?

Dans toutes les races il se trouve des animaux plus fins les uns que les autres, sauf ces exceptions la précocité n'est pas chose naturelle et nous en donnons pour preuve l'obscurité où se trouvait le bétail du comté de Durham avant que les frères Colling, par une sélection admirablement pratiquée, en aient fait la première race précoce. Comment s'y sont-ils pris ? ils ont choisi des animaux tendres, suivant l'expression consacrée, les ont nourris non pas abondamment mais surabondamment et, en plus, leur ont donné toutes les conditions de bien être — habitations salubres, litières abondantes, soins de propreté, gras pâturages, etc., etc.

Or, ces procédés n'étant pas le monopole des fermiers anglais, nos éleveurs français ont pu, en les employant, arriver à rendre précoces certaines de nos vieilles races.

Résumons ce premier point : la précocité est le résultat du bon choix des animaux et des soins qui leur sont donnés. Aucune race ne serait rebelle à un régime parfait.

Que voyons-nous, au contraire, dans de nombreux cantons d'élevage : des animaux sevrés trop jeunes et placés dans des pâturages dont ils ne peuvent profiter puisque les dents leur manquent en partie ; puis, pendant le premier hiver, une ration insuffisante qui arrête presque leur développement ; les premiers mois d'herbe de la deuxième année sont employés à réparer les misères de la mauvaise saison passée ; avec le deuxième hiver nouvelles privations, nouvel arrêt de développement.

Le jeune bœuf arrive à 2 ans, on le soumet au dressage, au travail et après les semailles, de nouveau, diète. Où il est impossible de procéder autrement, soit par l'état des cultures ou pour d'autres causes, nous ne pensons pas qu'on puisse arriver à la précocité — on la perd — et nous pouvons ajouter à nos conclusions : aucune race au monde ne peut se développer régulièrement et donner une production abondante avec une alimentation parcimonieuse.

Dans les concours on nous présente des animaux merveilleux : jeunes, gros et, nous dit-on, ne coûtant rien. Bien souvent des éleveurs ont été séduits par ces bêtes sans pareilles, on les a souvent, même très fortement, encouragés à les produire ; malheureusement les échecs sont survenus et nous croyons avoir indiqué pourquoi, en exposant les deux méthodes opposées d'élevage. Veut-on avoir la preuve convaincante de ce que nous avançons ? Rendons-nous dans un grand marché, celui de la Villette, par exemple, où sont mis en vente des animaux de toutes les races. Nous y voyons d'abord que le poids et la perfection des animaux sont en raison de la fertilité du pâturage et des rations supplémentaires qui ont été distribuées. Ensuite, près des heureux de l'espèce nous rencontrons de prétendus précoces élevés sur des terrains médiocres et à la ration congrue ; ils présentent bien certains caractères d'une origine distinguée — ils sont jeunes, ont les os fins, peu de cornes — mais et leur viande ! la marchandise que le cultivateur cherche à vendre est-elle abondante ? malheureusement non.

Nous avons simplement pour but d'établir qu'on ne fait rien avec rien, que pour produire vîte des animaux lourds il faut de lourdes rations et que sans améliorations dans la culture il y a bien peu à espérer dans le bétail et nous terminons en disant :

Quand les fourrages ou racines ne peuvent pas tous être consommés dans l'année, songeons à élever le poids de notre production, soit en nombre, soit en taille.

Dans des conditions convenables de climat, d'habitation et de nourriture nous pouvons entretenir la race de notre choix ; mais dans des conditions moyennes et à plus forte raison dans les conditions médiocres, ne cherchons pas les races précoces, chez nous elles dépériraient au lieu de profiter ou même de s'entretenir, car il est de science certaine que *l'animal importé doit trouver dans sa nouvelle résidence des conditions au moins égales, sinon supérieures, à celles qui lui étaient faites dans son pays d'origine.*

CHEVALIER.

Professeur départemental d'agriculture, à Vannes.

Destruction des mauvaises herbes

Toute récolte confiée à un terrain envahi par les mauvaises herbes, quel que soit son degré de fertilité, est exposée à être compromise. Les cultivateurs sont bien au courant de cette vérité, la plupart ont fait école et l'ont apprise à leurs dépens. Si quelques-uns cependant sont parvenus, par une culture intelligente à s'affranchir de cette cause d'insuccès, le grand nombre, malheureusement, soit faute de savoir, soit insuffisance de moyens, n'est pas arrivé à résoudre le problème.

En général, toute opération culturale qui a pour but l'ameublissement du sol, contribue à la destruction des mauvaises herbes.

La culture alterne qui consiste à faire succéder les plantes sarclées, dites plantes *nettoyantes*, aux céréales, qui sont par oppositions qualifiées de plantes *salissantes*, permet d'obtenir ce résultat. Mais, pour cela, il faut que le cultivateur effectue les travaux de culture d'une façon intelligente, il faut que chaque opération soit faite en son temps, ce qui n'est pas toujours le cas.

Si le cultivateur se trouve en présence d'un terrain envahi, il doit mettre en œuvre tous les moyens pour arriver à un nettoyage aussi complet que possible. S'il n'agit que superficiellement, s'il n'opère qu'à moitié, il n'aura pas de trève, le travail sera toujours à recommencer

Les mauvaises herbes se multiplient par leurs racines et par leurs graines. Entre autres, le chiendent et l'avoine à chapelet, les deux plantes les plus redoutables, rentrent dans la première catégorie, toutes sans exception se reproduisent par leurs graines.

Suivant que l'on a à combattre celles-ci ou celle-là, les procédés de destruction varient.

La plante contre laquelle le cultivateur a généralement le plus à lutter, c'est le chiendent.

On peut arriver à la destruction de cette graminée par deux procédés différents, suivant que l'on opère au printemps ou en automne.

Dans le premier cas, le moment le plus propice est le commencement d'avril, alors que la végétation commence à bien se manifester. On laboure le champ en billons de deux bandes, que l'on superpose autant que possible, en évitant de laisser de la surface non retournée et on abandonne ainsi le champ jusqu'à ce qu'une série de journées de soleil ait provoqué la dessiccation assez avancée de la terre remuée par la charrue. La disposition du labour favorise cette dessiccation.

On donne alors un hersage en travers des billons suivi

de deux coups de scarificateur, croisés. On herse ensuite énergiquement, en long et en travers. Ces opérations ont pour but de ramener le chiendent à la surface et de l'exposer ainsi à l'action de l'air et du soleil. En ayant soin de soulever fréquemment la herse pour dégager le chiendent accumulé entre les dents de l'instrument, une grande partie se trouve ramassée ; il peut être brûlé sur place, en petits tas, ou transporté et écarté dans la cour de la ferme où il ne tarde pas, sous l'influence de l'humidité, du piétinement des animaux et du passage des véhicules, à être divisé et décomposé. Sous cet état il peut être sans inconvénient incorporé au tas de fumier de la ferme.

Les débris échappés à l'action de la herse et restés à la surface du sol n'ont plus aucune chance de s'enraciner, ce qui s'explique facilement.

Au moment, en effet, où nous effectuons le labour en billons, les vaisseaux de la plante sont gorgés par la présence de la première sève et, sous cet état, l'action du soleil et de l'air, en provoquant une grande évaporation, détruit en peu de jours la vitalité de la plante. Ce résultat serait beaucoup moins sensible, si la même opération était pratiquée alors que la végétation est nulle ou peu active.

Si on arrache un arbre au printemps et qu'on le transplante après l'avoir laissé quelques jours exposé aux rayons du soleil, il ne saurait reprendre vie, tandis que ce même arbre pourrait rester arraché plusieurs jours, alors que la végétation est suspendue, et conserver néanmoins, à la suite d'une replantation soigneusement faite, des chances de reprise.

Un fait identique se produit pour le chiendent par l'opération culturale que nous venons d'indiquer.

Nous sommes parvenu par ce procédé, dans un laps de temps relativement court, à débarrasser de cette graminée, et de la façon la plus complète, des terres qui en étaient restées, après des trèfles et des luzernes, littéralement infestées.

Sur les terres légères, de faible consistance, et c'est le cas le plus fréquent, l'opération s'effectue sans aucune difficulté et la réussite en est assurée si on opère par un temps favorable, c'est-à-dire par un temps sec.

Sur les terrains forts, qui présentent plus de résistance à l'action des instruments, une simple opération, comme nous venons de l'indiquer, peut être insuffisante dans bien des cas. On recommence alors le même travail dans le même ordre : labour en billons, hersage, coups de scarificateur et nouveaux hersages. Si le sol est par trop motteux, le rouleau devra aussi intervenir après le premier hersage.

Il va de soi que pendant la saison d'été le même résultat pourrait être obtenu, quoique souvent d'une façon moins complète. Mais en cette saison les occupations du cultivateur sont pressantes, le temps peu souvent faire défaut, et, chose plus à considérer, l'obligation de faire de la jachère entraînerait la perte d'une récolte. D'un autre côté, les travaux de nettoyages effectués en été, en ameublissant complètement la couche arable, rendent ce terrain impropre à recevoir un blé d'automne, attendu que cette céréale demande, pour bien réussir, un terrain rassis.

Le travail effectué au printemps écarte ces inconvénients. En donnant après les travaux de nettoyage une forte fumure, les récoltes sarclées, betteraves, choux, rutabagas, etc., sont assurées et le sol se trouve en automne dans d'excellentes conditions pour recevoir du blé, après un léger labour.

En automne le procédé de destruction du chiendent est tout autre.

Dans le courant d'octobre, si possible, on donne un labour léger de 10 à 12 centimètres de profondeur, suivi de deux coups de herse, qui ont pour but de rompre les bandes et de préparer le terrain à recevoir un deuxième labour peu de temps après. Ce deuxième labour doit avoir de 25 à 30 centimètres de profondeur et être effectué à plat, avec un fort brabant, armé de razettes, réglées de façon à rejeter toute la couche ameublie au fond de la raie. Le chiendent enterré à cette profondeur se décompose pendant l'hiver et son état de décomposition est en raison directe du degré d'humidité du sol. Au printemps il est de couleur brune, qui rappelle la couleur des débris de vieilles fumures, ce qui ne laisse aucun doute sur son état de décomposition.

Ce que nous venons de dire concernant la destruction du chiendent, s'applique d'une manière générale à toutes les plantes envahissantes à racines traçantes.

L'étude du nettoiement du sol relative aux procédés à appliquer pour favoriser la germination des graines de mauvaises herbes incorporées dans la couche arable, nous entraînerait trop loin aujourd'hui. Nous traiterons le sujet dans un prochain article.

G. PEYRAS.

SYNDICAT DE LA MAYENNE

Prix des engrais achetés par l'intermédiaire du Syndicat, valable jusqu'au 30 juin 1889

Le bureau du Syndicat des agriculteurs de la Mayenne avait traité, à la fin de juin dernier, pour la fourniture des engrais pour une année. En conséquence, les prix portés sur la circulaire n° 18, du 1er septembre dernier sont toujours valables, savoir :

Sulfate d'ammoniaque dosant de 20 à 21 0/0 d'azote.	33 fr.	95
Nitrate de soude (en sacs d'origine, non réglés) 15 à 16 0/0 d'azote	25	05
Superphosphate minéral (Saint-Gobain) à 14 0/0 d'acide phosphorique.	7	75
Phosphate fossile des Ardennes et de la Meuse, dosant au minimum :		
33 0/0 de phosphate de chaux tribasique .	5	25
36 0/0 id.	5	50
39 0/0 id.	5	75
41 0/0 id.	6	»
Phosphate fossile de la Somme, dosant au minimum :		
40 0/0 de phosphate de chaux tribasique .	5	20
Scories phosphatées finement moulues, dosant au minimum 16 0/0 d'acide phosphorique.	5	40
Noir animal, dosant au minimum 70 0/0 de phosphate de chaux tribasique, finement moulu	13	35
Chlorure de potassium, dosant 50 0/0 de potasse	23	20
Guano du Pérou criblé, dosant de 5 à 6 0/0 d'azote et de 17 à 19 0/0 d'acide phosphorique.	22	25
Plâtre cru tamisé fin (sur wagon Argenteuil, non logé).	0	80
Plâtre 1/2 cuit (sur wagon Argenteuil, non logé)	0	90
Plâtre cuit tamisé fin (sur wagon Argenteuil, non logé).	1	10
Sulfate de fer pour engrais.	7	60

Ces prix (à l'exception de celui du plâtre) s'entendent

pour marchandises rendues franco, *par wagon complet de 5.000 kilos au moins,* dans toutes les gares de la Mayenne et celles qui les desservent.

Par suite des fluctuations du marché, le prix du nitrate de soude se trouve sensiblement au-dessous du cours du jour. Aussi prions-nous instamment les membres du Syndicat qui désirent en acheter, de nous transmettre leurs commandes le plus tôt possible, afin que le fournisseur n'ait pas à faire nos grosses livraisons au moment où de toutes parts les demandes abonderont chez lui. Puisqu'il nous fournira à bon marché, nous devons, de notre côté, lui donner toute facilité pour opérer ses livraisons et lui permettre d'être fixé le plus tôt possible sur la quantité exacte qu'il aura à nous fournir.

D'ailleurs les acheteurs de petites quantités trouveront aussi leur bénéfice en faisant leurs commandes de bonne heure, parce que le bureau n'étant pas trop pressé, pourra grouper toutes celles d'une même localité et les faire adresser directement à la gare la plus voisine, évitant ainsi les frais d'entrepôt aux acheteurs.

AVIS

Nous rappelons que la réunion générale des membres du Syndicat des Agriculteurs de la Mayenne aura lieu le *Samedi 19 Janvier*, à 2 heures de l'après-midi, à l'entrepôt central du Syndicat, *48, rue Solférino, à Laval.*

Les membres du Syndicat, dont l'admission a été prononcée par l'une des assemblées générales précédentes et qui n'auraient pas reçu de convocation personnelle, sont priés de considérer le présent avis comme en tenant lieu.

H^{te} LÉIZOUR.

SYNDICAT DE LA MAYENNE

Il y a demande d'orge chevalier et d'avoines de printemps, pour semence.

Orge de la Mayenne nettoyé au boby, 17 fr. 50 les 100 kilogrammes, gare Evron, toiles facturées en plus.

Orge Chevallier, provenance garantie française, passée au boby, 19 fr. 50 les 100 kilogrammes, gare Evron, toiles facturées en plus.

S'adresser à **M. FOUCHER, à Evron (Mayenne)**.

Du même, moyennant commande avant le 7 février prochain, orge Chevallier, provenance garantie anglaise, 22 francs les 100 kilogrammes, gare Evron.

SYNDICAT DE CHARTRES

M. GOUGIS JUSTIN, cultivateur à Poiffonds, commune de Lucé, près Chartres, offre 5.000 kilog. de paille d'orge, ou orgerie à 60 francs les 100 bottes de 11 kilog., livrable gares Chartres ou Saint-Aubin-Saint-Luperce. — Transport à la charge de l'acheteur.

SYNDICAT DE DREUX

L'adjudication des engrais et matières premières qui doivent être fourni au syndicat pour la saison de printemps ayant eu lieu aujourd'hui, nous en donnons ci-dessous le résultat.

Nitrate de soude, dosant 15 à 16 0/0 d'azote,	28 f. 50	les 100 kilos.	
Sel dénaturé à l'absinthe	6	25	—
Sel dénaturé au tourteau.	7	25	—
Tourteau de lin	20	50	—
Tourteau de Sézame.	18	75	—
Tourteau d'arachide décortiquée.	20	50	—

Adjudicataire : LE CRÉDIT AGRICOLE.

Sulfate d'ammoniaque, dosant 20 à 21 0/0 d'azote à 34 fr. 25 les 100 kilos.

Chlorure de potassium, dosant 50 0/0 de potasse, 21 fr. 80 les 100 kilos.

Sang pur desséché, dosant 11 à 13 0/0 d'azote, 1 fr. 95 l'unité.

Engrais composé, dosant 3 0/0 d'azote ammoniacale, 2 0/0 d'azote nitrique, et 10 0/0 d'acide phosphorique soluble à l'eau, 15 fr. 70 les 100 kilos.

Adjudicataire : M. FOUCHER.

Superphosphate d'os pur, dosant 0 à 1 0/0 d'azote, 16 à 18 0/0 d'acide phosphorique dont 2/3 soluble à l'eau et 1/3 au citrate, 0 fr. 685 l'unité.

Superphosphate minéral, soluble à l'eau, dosant 14/16 0/0 d'acide phosphorique, 0 fr. 519 l'unité.

Superphosphate minéral, soluble au citrate, dosant 14 à 16 0/0 d'acide phosphorique à 0 fr. 487 l'unité.

Scories de fer, 4 fr. 95 les 100 kilos.

Phosphate naturel des Ardennes, 5 francs les 100 kilos.

Adjudicataire : **M. LORME**

Le Secrétaire-Rapporteur,
L. DURANTEL.

M. DE VILLEPIN, directeur de la **ferme-école de la Pilletière**, offre pour cent francs un vea mâle pur sang durham, issu de *Sofa*, la plus belle vache de son troupeau, et de *Triflor*, taureau du poids de 1120 kilos, 3ᵐᵉ prix au concours de Paris.

L'IMPÉRISSABLE

ROUES FER ET BOIS

(Brevetées S. G. D. G.)

Charrettes, Chariots, Tombereaux, Camions, Tilburys, etc., et en général pour tous véhicules de transport.

Types acceptés par le Ministère de la Guerre et les grandes Administrations.

Champenois-Rambeaux, Constructeur

A Cousances-aux-Forges (Meuse). Catalogue-prix-cour. sʳ demande.

HENNEQUIN-DENIS ET Cⁱᵉ

Grainiers-Cultivateurs

ANGERS (Maine-et-Loire.)

Graines Potagères, Fourragères, Fleurs, Oignons à Fleurs, Plantes vivaces, etc.

Spécialité de Semences Fourragères pour grande culture, tels que : Betteraves, Carottes, Choux, Navets, etc.

Envoi du Catalogue général sur demande.

Le Gérant, E. MOREAU.

Laval, Imp. L. Moreau.

2e Année. Février 1889. N° 5.

Ce Bulletin paraît le 15 de chaque mois.

BULLETIN AGRICOLE
DE L'OUEST

Organe de l'Union des Syndicats Agricoles
des départements du Finistère, des Côtes-du-Nord,
du Morbihan, de la Loire-Inférieure, d'Ille-et-Vilaine, de la
Manche, de la Mayenne, de Maine-et-Loire, de la Sarthe,
de l'Orne, du Calvados, de l'Eure, d'Eure-et-Loir
et de la Seine-Inférieure.

Publié sous la direction de :

H. LÉIZOUR

Professeur départemental d'Agriculture de la Mayenne,
Directeur du Laboratoire agronomique,
Président du Syndicat des Agriculteurs de la Mayenne,

GAROLA, ✠ M. A.

Professeur départemental d'Agriculture d'Eure-et-Loir,
Directeur de la Station agronomique de Chartres.

ABONNEMENTS

Pour les membres des syndicats :　Pour les étrangers aux syndicats :
1 fr. par an.　**6 fr.** par an.

ANNONCES

De 1 à 4 annonces. » **50°** la ligne.　De 8 à 12 annonces » **30°** la ligne
De 4 à 8 — » **40°** —　Au-delà de 12. . » **20°** —

Le bulletin publiera gratuitement les offres et demandes
des Syndicats abonnés.

AVIS. — Tout ce qui concerne la rédaction, les Annonces et les Abonnements, doit être adressé à M. LÉIZOUR, rue de la Filature, 1, à Laval.

AVIS IMPORTANT

Union des syndicats agricoles de l'Ouest

Sur la demande de quelques intéressés, l'assemblée statutaire de l'Union des syndicats agricoles de l'Ouest, annoncée dans le *Bulletin* de décembre pour le 23 février, *aura lieu à Paris, le* **vendredi 22 février courant,** à 2 heures de l'après-midi.

La réunion se tiendra, comme les années précédentes, dans les bureaux de la Société Nationale d'encouragement à l'agriculture, 5, avenue de l'Opéra.

Ordre du jour :

Compte-rendu des opérations effectuées en 1888.
Situation financière de l'association.
Le *Bulletin Agricole de l'Ouest.*
Etude du groupement des achats de nitrate de soude et de sulfate d'ammoniaque, pour les syndicats unis.
Questions diverses.

BULLETIN AGRICOLE DE L'OUEST

Le commerce des graines et les Syndicats agricoles.

Personne ne conteste l'importance du rôle des engrais commerciaux dans la production agricole et, à l'exception de quelques intéressés, tout le monde reconnait aujourd'hui que les syndicats agricoles, en obligeant le commerce à se modérer dans les prix et surtout en assurant d'une façon absolue la qualité des engrais livrés par leur intermédiaire aux agriculteurs, rendent à ces derniers les plus grands services.

Mais il ne suffit pas de fumer convenablement et économiquement un champ pour en obtenir une bonne récolte. Chacun sait, en effet, que pour récolter, il faut tout d'abord semer et que pour obtenir une bonne récolte il faut semer de bonnes graines. c'est-à-dire des graines de l'espèce qui convient le mieux aux conditions dans lesquelles on se trouve placé, ayant été bien récoltées et bien conservées et exemptes de semences de mauvaises herbes.

Etant donné que chaque plante ne saurait donner son plus grand produit que lorsqu'elle est cultivée dans les conditions de sol et de climat qui lui conviennent le mieux, conditions qui, pour chaque espèce, ne se rencontrent que rarement et que, d'un autre côté, on ne saurait prétendre à une bonne récolte qu'autant que la semence dont on fait usage, provient elle-même d'une récolte ne laissant rien à désirer, il est clair que tous les cultivateurs ne sont pas bien placés pour produire des graines de bon choix.

C'est ce qui fait que cette production est le propre de certaines cultures et que le commerce, jusque là, s'est interposé en maitre à peu près absolu et fort onéreux, entre le cultivateur producteur et le cultivateur acheteur de semences. Il ne pouvait en être autrement pendant que les agriculteurs vivaient isolés, chacun ne produisant ou ne consommant que de petites quantités et, le plus souvent, l'un ignorant l'adresse de l'autre.

Ce qu'est le commerce des graines, chaque cultivateur ne le sait que trop, pour lui avoir payé un tribut parfois très lourd, et il était urgent que l'association vienne mettre, là aussi, un frein à la rapacité de certains commerçants et surtout à la fraude qui trop souvent en est la conséquence.

M. Schribaux, le savant directeur de la station d'essais de semences, qui a été organisée il y a quelques années à l'Institut national agronomique de Paris, a trouvé que sur cent espèces de graines vendues par des commerçants il n'y en a que *vingt-cinq* de passables, les *soixante-quinze* autres étant vendues pour des variétés différentes, ou ne germant pas ou étant mélangées soit à des graines d'autres variétés soit à des graines de mauvaises herbes.

Les recherches que nous avons opérées depuis deux ans au laboratoire de la Mayenne, nous ont donné des résultats à peu près semblables.

Nous avons trouvé surtout un grand nombre d'échantillons de graines de légumineuses(trèfles et luzernes)infestés de graines de cuscute. Dans quelques-uns nous avons pu en compter plus de 500 par kilogrammes. Faut-il s'étonner, après cela, de voir nos champs de trèfle et de luzerne si souvent et si complètement envahis par cette *teigne?*

Pour répondre aux demandes des syndicats formés de toutes parts, un petit nombre de grands commerçants se sont placés sous le contrôle de la station d'essais de semences et offrent aujourd'hui à la culture toutes les garanties, de pureté et de germination désirables. Le jour où les cultivateurs le voudront, grâce à l'association, tous les marchands de graines se trouveront dans l'obligation d'en faire autant.

Mais pour arriver à ce résultat, l'effort à faire sera plus grand que celui qu'il a fallu développer pour moraliser le commerce des engrais.

Jusqu'à nouvel ordre, et bien qu'il ne s'agisse que de produits exclusivement agricoles, il ne semble pas possible d'éviter l'intermédiaire du commerce. Pour en arriver là, il faudrait des relations plus fréquentes entre les syndicats et une entente plus parfaite entre leurs membres. Dès lors ils doivent s'adresser aux maisons qui leur offrent en même temps que les garanties les plus sérieuses, les prix les moins élevés.

Jusque là il ne se présente aucune difficulté sérieuse ; il n'en est pas de même lorsqu'on arrive à la livraison de la marchandise.

Comment arriver à donner aux agriculteurs les graines dont ils ont besoin et au moment où ils en ont besoin?

En ce qui concerne les engrais, l'organisation des entrepôts a permis de résoudre le problème. Mais si l'on peut, sans craindre de le perdre, engager un certain capital dans l'achat d'engrais pouvant rester en magasin d'une saison à l'autre, il n'en est plus ainsi lorsqu'il s'agit de graines. Non seulement ce capital resterait improductif comme dans le cas des engrais, mais il serait entièrement perdu. le plus souvent, les graines ne conservant pas toutes leurs qualités d'une année à l'autre. Toutes celles qui restent invendues à la fin de chaque campagne doivent êtres détruites, sous peine de faire ce que fait le commerce malhonnête, les revendre l'année suivante alors qu'elles n'ont plus de valeur.

Il y a là une difficulté qui ne pourra être tournée que par la volonté et la prévoyance des membres des syndicats. Il faudra que chacun fasse de bonne heure, c'est-à-dire en décembre de chaque année, le relevé, au moins approximatif, des graines dont il aura besoin et le communique au bureau de son association. Ce dernier pourra ainsi traiter avec un fournisseur pour une quantité donnée de chaque nature de graines et faire venir le tout à la fois. De cet'e façon on sera assuré d'obtenir les graines au meilleur marché, de payer le moins de frais de transport, d'avoir les graines à l'époque voulue et le temps de les contrôler avant le moment de leur semis, qui est celui où cesse la garantie du vendeur.

Il y a dans cette manière d'opérer, toute une habitude à prendre qui, nous le craignons, ne viendra pas du jour au lendemain, surtout aux petits cultivateurs de nos contrées, trop habitués à vivre au jour le jour.

Mais s'ils ne peuvent ou ne veulent pas encore se servir des syndicats dans ces conditions, du moins devront-ils à l'avenir, et surtout cette année, n'acheter aucune graine sans *exiger* du vendeur la *garantie écrite* de sa valeur culturale. Ils feront ensuite contrôler la livraison, exactement comme ils font contrôler les engrais qu'ils achètent, en envoyant par la poste, un petit échantillon de chaque semence achetée à **M.** le Directeur de la station d'essais de semences de l'institut agronomique, 21 rue de l'Arbalète à Paris.

Nous rappelons aux agriculteurs du département de la Mayenne que le laboratoire agronomique de Laval, leur fera aussi et *gratuitement*, les essais de semences qu'ils lui demanderont.

Les analyses de graines demandant, pour la plupart, beaucoup plus de temps que les analyses chimiques, il ne faut pas attendre au dernier moment pour faire les achats, si l'on veut avoir les analyses de contrôle avant le semis.

Nous disons qu'il faut n'acheter que des graines garanties, surtout cette année, parce que leur récolte a été très généralement mal faite et que, par suite, il est à prévoir qu'il sera mis en vente une bien plus grande quantité que d'habitude de mauvaises semences.

H^{te} LÉIZOUR.

Champ d'expériences de Malabri, en Saint-Brandan, (Côtes-du-Nord).

En créant un champ d'expériences en Saint-Brandan, nous nous sommes proposé de résoudre un problème en apparence bien simple et dont la portée, cependant, ne doit échapper à personne : En terre légère, n'ayant jamais reçu de forts chaulages, à quel calcaire doit-on donner la préférence ? — Tous produisent de bons effets, mais quel est le meilleur ?

Dans la zone granitique de notre département, nous avons aujourd'hui en concurrence quatre engrais plus ou moins calcaires : 1° le sable coquiller; 2° la vase de mer; 3° la chaux ; 4° les phosphates fossiles. — Nous demandons au moins six années pour résoudre ce problème, qui nous fera connaître : 1° l'action de ces engrais sur les principales cultures de la région, l'assolement suivant étant pris pour base : 1re année, Rutabagas ; 2e année, Blé ; 3e année, Trèfle; 4e année, Blé; 5e année, Blé noir; 6e année, Avoine ; 2° leur influence sur les engrais azotés complémentaires ; 3° enfin, les gains et pertes de fertilité après la rotation précédente. — Encore ce problème ne sera-t-il réellement résolu économiquement que pour les terres se trouvant dans les mêmes conditions que notre champ d'expériences, les transports faisant varier le prix de revient de ces engrais, surtout des deux premiers, qui s'emploient à hautes doses.

Ce champ d'expériences, d'une étendue de 50 ares, est divisé en 5 parcelles égales. Il a reçu trois labours préparatoires de 0^m20 de profondeur au maximum, ne voulant pas nous écarter de la pratique ordinaire du voisinage, et une fumure de 40.000 kilog. de fumier à l'hectare. Les parcelles ont reçu respectivement, en outre, les engrais suivants :

La 1re parcelle, 20 mètres cubes de sable coquiller ;
La 2e   —   36   —   de vase de mer ;
La 3e   —   40 hectolitres de chaux ;
La 4e   —   1,250 kilog. de phosp. fossile des Ardennes ;
La 5e   —   Rien, devant servir de témoin.

Les rutabagas ont été repiqués le 30 juin et le 2 juillet, à raison de 33,333 à l'hectare, les distances étant 0^m60 entre les lignes et 0^m50 sur les lignes. Voici les résultats obtenus :

1º Sable coquiller ..	racines 49,657 ou 8,288 kilog. d'excédent	
	feuilles 8,956 — 4,250	—
2º Vase de mer.....	racines 59,440 — 18,071	—
	feuilles 7,705 — 2,999	—
3º Chaux..........	racines 52,431 — 11,062	—
	feuilles 5,271 — 565	—
4º Phosph. fossiles..	racines 52,974 — 11,605	—
	feuilles 4,353 — 353	de déficit
5º Parcelle témoin..	racines 41,369	
	feuilles 4,706	

Si nous calculons la valeur des racines à 20 francs les 1.000 kilogrammes, sans tenir compte des feuilles, dont la conservation et l'utilisation sont fort difficiles à cette époque de l'année, où les regains sont abondants, nous trouvons que la vase de mer vient en première ligne, pour cette première récolte, avec un excédent, sur les dépenses, de 341 fr. 42 — 80 fr. = 281 fr. 42 ; le phosphate fossile. 232 fr. 10 — 80 fr. = 152 fr. 10 de bénéfice net ; la chaux, 141 fr. 24, et le sable coquiller, 85 fr. 76.

On voit donc immédiatement l'action du calcaire sur la production du rutubaga et les bénéfices réalisés. — Que seront les rendements suivants ? — Laissons parler les récoltes.

E. VALLET,
Professeur départemental d'agriculture.

Application de la loi du 7 février 1888, sur le commerce des engrais

La Gazette des Tribunaux, dans son numéro du 12 Janvier écoulé, relate la première application faite par la dixième chambre du Tribunal correctionnel de Paris, en date du 11 même mois, des articles 1, 3 et 4 de la loi du 7 février 1888, relative à la fraude sur la vente des engrais.

M. Millaud, associé de la maison Samson et Cie, fabricants d'engrais à Paris, était poursuivi par le sieur Lanos, cultivateur au Bois-Jumelle, commune de la Chapelle-Glain (Loire-Inférieure), pour avoir vendu, à ce dernier, un engrais artificiel, désigné sous le nom de *Guano-Compost*. L'analyse a démontré que ce produit ne contenait aucune trace de l'engrais désigné, d'après les usages, sous le nom de *Guano*, infraction qui constitue un délit à l'article 1er de la dite loi.

Bien que le vendeur eût spécifié que l'engrais dosait au minimum 2 0/0 d'azote et 10 0/0 de phosphate seulement et que l'analyse d'expertise ait indiqué un dosage plus élevé, il tombait sous l'application des articles 3 et 4 de cette même loi, pour désignation insuffisante de l'état de combinaison de ces matières fertilisantes, dont rien n'indiquait le degré de solubilité de l'acide phosphorique, ni l'état dans lequel se trouvait l'azote : état organique, nitrique ou ammoniacal, contravention aux articles susdits.

Malgré les efforts de la défense pour établir qu'il n'y avait ni contravention, ni délit, puisque l'engrais avait fourni à l'analyse un dosage supérieur en acide phosphorique et en azote à celui énoncé sur la facture, le tribunal a passé outre, et après de nombreux attendus, qu'il serait trop long de reproduire, a rendu le jugement suivant :

Le tribunal par ces motifs :

« Déclare Millaud coupable d'avoir en 1888, en vendant et livrant un engrais fabriqué par lui au sieur Lanos, trompé celui-ci en employant pour désigner ou qualifier cet engrais un nom qui, d'après l'usage, est donné à une autre substance fertilisante ;

« Déclare également Millaud coupable d'avoir omis d'inscrire sur sa facture, lors de la livraison, la teneur en principes fertilisants de l'engrais par lui vendu et livré à Lanos, exprimée par les poids d'azote, d'acide phosphorique avec indication de la nature ou de l'état de combinaison de ces corps ;

« Lui faisant dès lors l'application des articles 1, 3 et 4 de la loi du 4 février 1888 ;

« Condamne Millaud en 50 fr. d'amende pour le délit et en 11 fr, d'amende pour la contravention ;

« Le condamne en outre en tous les dépens. »

Ainsi, voilà un engrais garanti à 2 0/0 d'azote et 5 0/0 environ d'acide phosphorique, qui est vendu 24 fr. les 100 kilos, sous la fallacieuse qualification de *Guano*. Or, en supposant que ces deux substances fertilisantes se trouvent dans l'engrais sous une forme immédiatement soluble, ce qui est douteux. et en appliquant à ces substances les prix maximum : 2 fr. par kilo d'azote et 0,50 par kilo d'acide phosphorique, cet engrais vaut 6 fr. 50 les 100 kilos.

Si tous les cultivateurs qui achètent journellement des engrais à ces conditions, (car tous les jours des marchés de ce genre sont acceptés), si tous suivaient l'exemple de M. Lanos, et que les tribunaux fassent bonne justice du procédé, les commerçants qui exploitent cette lucrative industrie auraient tôt fait de laisser la place au commerce loyal et honnête, qui n'exploite pas la crédulité des cultivateurs par de pompeuses apparences de bon marché et de garanties.

L'interprétation de l'esprit de la loi du 7 février 1888, par la dixième chambre du tribunal correctionnel de Paris, ne désarmera certainement pas ces industriels, passés maîtres dans l'art de duper.

Elle va simplement les obliger à chercher de nouveaux moyens pour tourner la loi, la faire plier.

Et, en effet, telle que cette loi est conçue, il leur suffira de donner à leurs produits des noms nouveaux, qui ne s'appliquent pas aux engrais naturels bien connus, d'établir sur leurs factures les quantités et l'état de combinaison des matières fertilisantes qu'ils renfermeront, pour être à l'abri de toute atteinte.

Ces mesures de précaution prises, rien ne les empêchera de vendre 10 fr. le kilo d'azote, 2 fr. le kilo d'acide phosphorique, aux naïfs et aux crédules qui se laisseront endoctriner par leurs beaux discours et leurs raisonnements persuasifs. Le tour joué, ils pourront dormir sur leurs deux oreilles et narguer à leur aise l'œuvre élaborée par le législateur.

Aucune loi n'est capable de mettre à l'abri des tromperies, le cultivateur qui achète des engrais sans connaître la valeur réelle des éléments fertilisants qu'ils doivent renfermer. Et malheureusement un très grand nombre d'entre eux ne connaissent pas encore cette valeur et sont réduits à acheter leurs engrais au hasard.

G. Peyras.

Les engrais calcaires et les phosphates fossiles

Depuis un siècle, la chaux est appliquée et même prodiguée dans toute la Mayenne où elle a permis la culture des trèfles, des luzernes et triplé la production animale ; mais à côté de ce tableau éblouissant on constate avec stupéfaction une progression inverse des grains. Le blé produisait 80 et 100 boisseaux au journal et aujourd'hui à peine 50, malgré l'augmentation des fumiers produits dans la ferme.

Il y a trente ans, un agronome du Craonnais, M. Jamet, jetait déjà le cris d'alarme : « Arrêtez vos chaulages. Vos terres ont assez de chaux, achetez des engrais phosphatés et vous aurez plus de blé. »

On riait du savant. Etait-il logique de combattre la chaux après l'avoir propagée ? — Cependant M. Jamet avait raison, les récoltes l'ont prouvé. En vendant nos grains, nous exportons autre chose que la chaux qu'ils contiennent en aussi faible quantité, nous vendons un principe l'acide phosphorique, que nous devons restituer à la terre par les phosphates fossiles.

Encore aujourd'hui, la plupart des cultivateurs de la Mayenne continuent à chauler et toujours chauler.

En Bretagne, l'abus du chaulage n'a pas été constaté, par la bonne raison que l'emploi de la chaux n'est possible que depuis l'ouverture des voies ferrées et que les frais de transport en ont modéré l'application.

Dans les Côtes-du-Nord, comme dans tous les départements maritimes, la chaux a et aura toujours pour concurrents la tangue et les sables coquillers, engrais plus complets qui ne coûtent que l'extraction et le charroi et dont les effets plus lents, n'ont pas, comme la chaux, cette propriété malheureuse de gaspiller la fertilité naturelle du sol.

Aujourd'hui, ces engrais sont de plus en plus employés dans toutes les communes voisines d'une gare de notre département, par suite de l'abaissement du tarif accordé par la Compagnie de l'Ouest à la Compagnie Mordelet, du Légué en Saint-Brieuc. faveur qui permet à cette entreprise de livrer les sables coquillers à un prix abordable. Ainsi, en gare de Quintin, à 20 kilomètres de Saint-Brieuc, ce prix est réduit à 4 fr. les 1.000 kilogr. dosant 80 0/0 de carbonate de chaux, soit 0 fr. 010 le kilogr. de chaux, sans tenir compte des autres éléments fertilisants, parmi lesquels une certaine quantité de phosphates 1 à 2 0/0. — Cette quantité est-elle suffisante pour augmenter la production des grains ? — Evidemment non. — Sans faire intervenir la balance des comptes des dosages respectifs des récoltes, des fumures et des teres, il est facile de s'en rendre compte par ce qui se fait actuellement dans la zone du littoral. La culture des pommes de terre a pris une extension considérable et nos trèfles produisent d'abondantes récoltes grâce aux engrais calcaires marins, mais la production des blés est restée stationnaire. Il faut donc faire intervenir les phosphates si nous voulons augmenter la production des grains, problème déjà résolu en partie dans la zone de la Montagne où les phosphates fossiles en triplent les rendements.

L'agronome E. Jamet avait donc raison : le phosphate est le père du grain.

E. VALLET

Professeur départemental d'agriculture des Côtes-du-Nord.

Syndicat des Agriculteurs de la Mayenne

L'Assemblée annuelle du syndicat des agriculteurs de la Mayenne s'est tenue le samedi 19 janvier 1889, à l'entrepôt central de l'association à Laval.

Après lecture du procès-verbal de la dernière réunion M. Léizour, Président du syndicat. rend compte à l'assemblée des opérations effectuées pendant l'année 1888. Les achats faits pour le compte du syndicat se sont élevés, dit-il à 260.908 fr. répartis de la manière suivante :

Engrais divers 1788 000 kilos ayant coûté.	227.752 fr.
Tourteaux alimentaires 178.80	14.18 fr.
Graines diverses	12.360 fr.
Instruments	6.316 fr.
Total...........................	260.908 fr.

L'exercice 1888 accuse sur 1887 une augmentation de 55.304 francs.

Depuis sa création qui ne date que de 4 années, le syndicat a vu ses opérations suivre une marche ascendante progressive qui se continuera en 1889, si l'on en juge par les adhésions nouvelles qui atteignent 163 pendant l'année 1888.

M. le président engage les membres présents à faire autour d'eux une vive propagande, afin d'attirer à l'association les agriculteurs qui s'en tiennent encore éloignés. C'est dit-il dans les cantons où les membres des syndicats sont nombreux que les syndiqués profitent de tous les avantages de cette institution. Groupés sur un espace relativement restreint, leurs commandes peuvent être réunies de manière à former le chargement de wagons complets à destination de la gare la plus rapprochée des destinataires. Les membres isolés n'ont en général besoin que de petites quantités de marchandises pour lesquelles ils doivent avoir recours à l'entrepôt, intermédiaire onéreux.

M. Léizour explique à l'assemblée le but visé par le bureau du syndicat en établissant l'entrepôt central de Laval : le syndicat dit-il, ne doit pas être une association purement commerciale, il doit aussi encourager les meilleures méthodes de culture et l'emploi des instruments les plus perfectionnés. C'est pour activer la propagation de ces derniers que le bureau a voulu les mettre à la disposition du cultivateur désireux de les essayer ; c'est en vue d'instruire et de conseiller les agriculteurs que le même bureau a adhéré à la publication du *Bulletin agricole de l'Ouest*, organe intersyndical de la région, bulletin qui sera servi gratis à tous les membres du syndicat.

Malgré les frais occasionnés par la création de l'entrepôt central, l'état du budget s'est sensiblement amélioré pendant l'année 1888.

M. le Président rappelle ensuite le vaste programme qu'il traçait, il y a trois ans, à l'activité syndicale ; il constate qu'une partie des œuvres qu'il indiquait alors ont été réalisées par des associations analogues à la nôtre. Le syndicat de la Mayenne ne les a pas encore abordées, parce que son organisation ne les comporte pas. Il faut, dit-il, pour de telles œuvres, posséder un capital important, un Président indépendant et pouvant disposer de beaucoup de temps en faveur de l'association.

Le Capital indispensable à la réussite de telles entreprises ne se créera que progressivement. Quant au Président indépendant et jouissant de loisirs. M. Léizour, dont le mandat a pris fin, invite l'assemblée à le nommer à cette séance. Il rappelle ce qu'il avait dit au moment de la création de cette association : « Mes fonctions de professeur départemental d'agriculture et de directeur du laboratoire agronomique ne se concilient pas avec le rôle de Président du Syndicat. »

La parole est donnée au Trésorier de l'association : les comptes vérifiés par une Commission spéciale, sont approuvés. M. le Président remercie M. Fontaine pour le zèle et pour l'activité qu'il déploie dans l'accomplissement de ses importantes fonctions ; l'assemblée toute entière approuve ces paroles et joint ses remerciements à ceux de son Président.

Suivant l'ordre du jour de la séance, M. Léizour propose de

procéder à l'élection des membres du bureau dont les pouvoirs sont expirés.

M. Bidault, vice-président pour l'arrondissement de Mayenne prend la parole et relève les dernières phrases du discours de M. Léizour.

Si honorable que soit le sentiment qui a dicté ces paroles, il ne faudrait pas qu'il influençât le vote que vous allez émettre ; car j'estime que l'on peut louer le sentiment sans accepter les raisons qui l'inspirent. Je crois être l'écho des membres du bureau et des membres du syndicat en disant que, pour nous tous, les fonctions administratives de notre Président s'allient parfaitement avec l'indépendance qu'il faut apporter et que M. Léizour apporte dans la recherche de ce qui est bon en soi, utile aux cultivateurs ; dans la recherche de ce qui favorise le progrès agricole dans la Mayenne, seul but que notre association a en vue.

Le syndicat des agriculteurs de la Mayenne est, dit-il, l'œuvre de M. Léizour. C'est grâce aux connaissances agricoles de notre Président, à l'autorité morale qu'elles lui donnent, à son travail incessant et à sa persévérance, que cette association a pu naître et se développer.

Je ne doute pas, messieurs, que vous voudrez maintenir à la tête du syndicat M. Léizour ; vous servirez ainsi l'intérêt général et vos intérêts. L'association a besoin de lui, votre vote sera la preuve d'un attachement qu'il a mérité.

M. Léizour remercie M. Bidault des paroles flatteuses qu'il vient de prononcer ; mais il ajoute qu'elles n'infirment en rien l'appréciation qu'il a donnée de sa situation. Il invite les membres présents à procéder au vote pour la nomination du président.

L'assemblée repousse le scrutin secret et acclame à l'unanimité M. Léizour qui, visiblement ému, remercie l'assistance de cette nouvelle marque de sympathie, en présence de laquelle il ne croit pas avoir le droit de refuser son concours à une association ayant pour but le progrès agricole auquel il se doit tout entier.

M. Perrot, secrétaire, MM. Pichon et Lambert, vice-secrétaires, ont été réélus ensuite à l'unanimité.

L'assemblée prononce enfin l'admission des 163 nouveaux membres dont la demande est parvenue au bureau depuis la dernière assemblée générale.

L'ordre du jour étant épuisé, la séance est levée.

LAMBERT
Vice-Secrétaire du Syndicat.

Syndicat des Agriculteurs de la Mayenne

AVIS

Abonnement au Bulletin agricole de l'Ouest

Nous rappelons aux membres du Syndicat des agriculteurs de la Mayenne, que le Bulletin agricole de l'Ouest leur est envoyé *gratuitement*. C'est donc à tort que quelques-uns nous envoient encore le montant de leur abonnement.

Les membres du Syndicat qui désirent faire adresser le Bulletin à leurs fermiers ou métayers doivent seuls nous envoyer un franc pour chaque adresse qu'ils nous donnent.

Location d'instruments perfectionnés

Conformément aux décisions prises par le bureau du Syndicat et l'assemblée générale du 19 janvier 1889, les membres du Syndicat peuvent prendre, à l'essai, les instruments exposés à l'entrepôt central de Laval, moyennant les prix de location ci-après :

Charrue brabant double, avec ou sans fouilleurs	3 fr. par jour.
Herses couleuvre de tous les numéros	1 —
Distributeur d'engrais, (le Hérisson)	5 —
Tarares	2 —
Concasseur de tourteaux	2 —
Semoir système de Lapparent à une et deux lignes pour semis de pépinières	1 —
Le même à huit rangs pour semis de toutes graines	5 —
Houe à cheval	1 —
Rateau à cheval	5 —

En cas de besoin, M. Peyras, agent principal du Syndicat, se rendra chez les agriculteurs pour la mise en marche de ces instruments.

Graines diverses

Comme les années précédentes, on trouvera à l'entrepôt central de Laval, chez MM. Le Broc frères à Mayenne, chez M. Ferré Chauvet à Château-Gontier et chez M. Ravé à Ambrières, un assortiment de graines, jusqu'au *15 avril seulement*.

A partir de cette date les magasins seront vides et les graines qui seront demandées au bureau seront commandées directement au fournisseur. Elles ne parviendront donc aux acheteurs que longtemps après la commande et grevées de frais de transport élevés.

SYNDICAT DE LA MAYENNE

M. MAIGNAN, agriculteur à Saint-Berthevin, près Laval (Mayenne), offre :

Orge Chevalier de M. Richardson, à	17 francs les 100 kilos.
Orge Anglaise, à.	20 — —
Orge de Moravie A.	20 — —
Orge de Moravie B.	20 — —
Orge d'Algérie.	20 — —
Orge nue de Crimée.	20 — —
Orge Chevalier Hallet's.	20 — —

Toiles facturées en plus.

Pommes de terre, Institut de Beauvais, à 15 francs les 100 kilos, sacs perdus. Le tout en gare de Laval, de St.-Berthevin ou du Genest.

M. LELASSEUX, à Roz-sur-Couesnon (Ille-et-Vilaine), offre : avoine noire de Brie, vraie, à 21 francs les 100 kilos, toile perdue, gare départ.

Des foins à 35 francs les 500 kilos, sur wagon, Pontorson.

Des semences de pommes de terre.

Institut de Beauvais, à.	75 francs les 500 kilos.
Roi du Fluck, à.	70 — —
Magnum Bonum, à.	60 — —

M. FOUBERT, à Saint-Germain-d'Anxure (Mayenne), offre :
Cidre de l'année, d'une densité de 10 20, dosant 3.75 o/° d'alcool, 1 gramme de tannin et 4 gr. 37 d'acidité, par litre, contenant en outre 55 grammes de sucre alcoolisable qui donneront après fermentation 2.91 o/° d'alcool, soit un total de 6.66 o/° d'alcool. Prix à débattre.

10.000 kilos de pommes de terre Chardon, à raison de 70 francs les 1,000 kilos, en vrac sur wagon, gares de Martigné ou de Mayenne.

SYNDICAT DE CHARTRES

AVIS

1° MM. les Syndiqués qui n'ont pas encore retourné à M. Mercier, 4, place Saint-Michel, à Chartres, le questionnaire relatif à leur culture et à leur personnel, sont priés de vouloir bien le faire dans le moindre délai possible.

2° **M. ENAULT LEFÈVRE, à Grognault, commune de Saint-Aubin-des-Bois, par Chartres,** offre un wagon de 5000 kilos de paille de blé, battue à la main, sur wagon Saint-Aubin-Saint-Luperce, et ce, au cours du jour.

3° **M. ROUSSEAU GENET, à Champrond-en-Gastine, par la Loupe,** offre 5000 kilos de foin, première qualité, à livrer gare de La Loupe. Il pourrait, au besoin, livrer lui-même avec sa voiture à Chartres ou environs.

M. LEMARIÉ, cultivateur à Bretonville, commune de Saint-Victor-de-Buthon, par la Loupe (Eure-et-Loire), offre :
50 sacs d'avoine grise de Beauce, pour semence, à raison de 15 francs les 76 kilos, en gare de La Loupe, ou à 16 fr. 25, toiles perdues.

Envoi d'échantillon sur demande.

M. COUESNON-BONHOMME, cultivateur à Villiers-Aulnoy, par **Coulommiers** (**Seine-et-Marne**), offre :
Avoine de Brie pour semence, à 24 francs, logée, en gare de Coulommiers et 23 francs pour au moins 500 kilos.

L'IMPÉRISSABLE

ROUES FER ET BOIS

(Brevetées S. G. D. G.)

Charrettes, Chariots, Tombereaux, Camions, Tilburys, etc., et en général pour tous véhicules de transport.

Types acceptés par le Ministère de la Guerre et les grandes Administrations.

Champenois-Rambeaux, Constructeur

A Cousances-aux-Forges (Meuse). Catalogue-prix-cour. s^r demande.

HENNEQUIN-DENIS ET Cie

Grainiers-Cultivateurs

ANGERS (Maine-et-Loire.)

Graines Potagères, Fourragères, Fleurs, Oignons à Fleurs, Plantes vivaces. etc.

Spécialité de Semences Fourragères pour grande culture, tels que : Betteraves, Carottes, Choux, Navets, etc.

Envoi du Catalogue général sur demande.

Maison JACQUET-ROBILLARD, fondée en 1836

J. MARÉCHAL, Constructeur

Rue de Turenne, 4, à Arras.

Fabrique spéciale de Semoirs à socs rigides et à socs articulés

ENVOI FRANCO DU CATALOGUE.

Semoirs à betteraves et engrais et distributeur d'engrais

ENVOI FRANCO DU CATALOGUE.

Près de 400 Médailles — Environ 6000 Semoirs livrés — 1er Prix au dernier Concours spécial de Semoirs, à **Saintes** (Charente-Inférieure), le 25 octobre 1883.

Le Gérant, E. MOREAU.

Laval, Imp. L. Moreau.

Ce Bulletin paraît le 15 de chaque mois.

BULLETIN AGRICOLE
DE L'OUEST

Organe de l'Union des Syndicats Agricoles
des départements du Finistère, des Côtes-du-Nord,
du Morbihan, de la Loire-Inférieure, d'Ille-et-Vilaine, de la
Manche, de la Mayenne, de Maine-et-Loire, de la Sarthe,
de l'Orne, du Calvados, de l'Eure, d'Eure-et-Loir
et de la Seine-Inférieure.

Publié sous la direction de :

H. LÉIZOUR

Professeur départemental d'Agriculture de la Mayenne,
Directeur du Laboratoire agronomique.
Président du Syndicat des Agriculteurs de la Mayenne,

GAROLA, ✝ M. A.

Professeur départemental d'Agriculture d'Eure-et-Loir,
Directeur de la Station agronomique de Chartres.

ABONNEMENTS

Pour les membres des syndicats :   Pour les étrangers aux syndicats :
1 fr. par an.   **6 fr.** par an.

ANNONCES

De 1 à 4 annonces. » **50ᵉ** la ligne.   De 8 à 12 annonces » **30ᵉ** la ligne
De 1 à 8   —   » **40ᵉ**   —   Au-delà de 12.   » **20ᵉ** —

Le bulletin publiera gratuitement les offres et demandes
des Syndicats abonnés.

AVIS. — Tout ce qui concerne la rédaction, les Annonces et les Abonnements, doit être adressé à M. LÉIZOUR, rue de la Filature, 1, à Laval.

SYNDICAT DE LA MAYENNE

Abonnement au Bulletin agricole de l'Ouest

Nous rappelons aux membres du Syndicat des agriculteurs de la Mayenne, que le Bulletin agricole de l'Ouest leur est envoyé *gratuitement*. C'est donc à tort que quelques-uns nous envoient encore le montant de leur abonnement.

Les membres du Syndicat qui désirent faire adresser le Bulletin à leurs fermiers ou métayers doivent seuls nous envoyer un franc pour chaque adresse qu'ils nous donnent.

Location d'instruments perfectionnés

Conformément aux décisions prises par le bureau du Syndicat et l'assemblée générale du 19 janvier 1889, les membres du Syndicat peuvent prendre, à l'essai, les instruments exposés à l'entrepôt central de Laval, moyennant les prix de location ci-après :

Charrue brabant double, avec ou sans fouilleurs . . . . 3 fr. par jour.

Herses couleuvre de tous les numéros. 1 —

Distributeur d'engrais, (le Hérisson) . 5 —

Tarares . . . . , ... 2 —

Concasseur de tourteaux . . . . . 2 —

Semoir système de Lapparent à une et deux lignes pour semis de pépinières. 1 —

Le même à huit rangs pour semis de toutes graines . . . . 5 —

Houe à cheval . . . . 1 —

Rateau à cheval . . . . 5 —

En cas de besoin, M. Peyras, agent principal du Syndicat, se rendra chez les agriculteurs pour la mise en marche de ces instruments.

Graines diverses

Comme les années précédentes, on trouvera à l'entrepôt central de Laval, chez MM. Le Broc frères à Mayenne, chez M. Ferré-Chauvet à Château-Gontier et chez M. Ravé à Ambrières, un assortiment de graines, jusqu'au *15 avril seulement*.

A partir de cette date les magasins seront vides et les graines qui seront demandées au bureau seront commandées directement au fournisseur. Elles ne parviendront donc aux acheteurs que longtemps après la commande et grevées de frais de transport élevés.

BULLETIN AGRICOLE DE L'OUEST

Union des Syndicats agricoles de l'Ouest

RÉUNION GÉNÉRALE DU 22 FÉVRIER 1889

Les délégués des syndicats agricoles de l'Ouest ont tenu leur réunion annuelle le 22 février, dans les salons de la société nationale d'encouragement à l'agriculture, gracieusement mis à leur disposition, et se sont occupés des diverses questions à l'ordre du jour.

Après l'exposé succinct des opérations effectuées pendant l'année 1888, le président indique les conditions dans lesquelles la publication du Bulletin agricole de l'Ouest a été entreprise. Ce bulletin, dont un grand nombre d'agriculteurs paraissent disposés à profiter pour le placement des produits de leurs exploitations, est appelé à rendre de sérieux services aux petits cultivateurs de la région, en les initiant à la marche des associations syndicales et aux procédés perfectionnés de culture.

Une discussion fort intéressante s'engage ensuite sur les progrès réalisés par les syndicats professionnels agricoles et les moyens à mettre en œuvre pour compléter leur action. Il résulte de cette discussion qu'il est vivement à souhaiter que toutes les associations agricoles de la région, s'entendent pour tout ce qui concerne les revendications formulées par la culture, afin de faire disparaître, dans la mesure du possible, les divergences qui se produisent à chaque instant et qui fournissent des armes aux adversaires des mesures réclamées.

En vue d'arriver à cette entente, *l'Union des Syndicats agricoles de l'Ouest,* fait appel aux syndicats, comices agricoles et sociétés d'agriculture des départements qu'elle embrasse et qui ont des intérèts communs. Cette concentration des efforts paraît d'autant plus opportune et urgente, que dans plusieurs autres régions agricoles, dont les intérêts, sur certains points, sont différents des nôtres, de vastes groupements s'opèrent en ce moment.

La réunion examine ensuite les statuts des syndicats qui ont envoyé leur adhésion et prononce leur admission

En ce qui concerne le groupement des achats d'engrais, demandé par quelques syndicats unis, la réunion, tout en admettant qu'il pourrait en résulter une certaine économie, croit qu'il y a lieu de surseoir à toute tentative de cette nature. Pour avoir quelque chance de réussite, il faudrait, en effet que chaque syndicat possédât un capital suffisant pour faire, à un moment donné, l'avance du montant total des achats à effectuer pour le compte de tous les syndicataires, ce qui n'est pas encore le cas.

Les comptes présentés par le Secrétaire-Trésorier sont examinés et approuvés. Il en résulte que la part des dépenses de l'année, afférente à chaque association, est de 5 fr. 20.

Après avoir chargé son président de remercier le bureau de la société nationale d'encouragement à l'agriculture de son gracieux accueil, les délégués se donnent rendez-vous pour l'époque du prochain concours général.

La nouvelle maladie du pommier
(L'ASTEROMA MALI)

Ce n'est pas à proprement parler, d'une nouvelle maladie qu'il est question, car dans tous les pays où la culture du pommier est en honneur, on a remarqué ses atteintes depuis fort longtemps, et la cause du mal, qui n'est autre qu'un petit champignon parasite, l'*Asteroma Mali*, a été décrit dans des traités fort anciens.

Mais ce n'est que depuis quelques années que la maladie a pris une intensité et une extension alarmantes et c'est pour cette raison qu'il semble permis de l'appeler nouvelle.

Selon les contrées, cette maladie est attribuée à des causes diverses.

Dans la Manche, le Calvados et l'Eure, où elle a fait de grands ravages en 1888, on l'a attribuée aux *coups de soleil* qui ont suivi la longue période de pluie qui a marqué le printemps et l'été dernier.

En Bretagne ce sont les éclairs de quelques journées orageuses du mois de juin, qui en ont été rendus responsables.

Dans l'Orne, la Mayenne et la Sarthe, ce sont les vents froids des nuits d'août qui auraient occasionné les dégâts.

Quelles qu'aient été les causes auxquelles on l'a attribué, le mal s'est déclaré partout à la même époque et a été caractérisé par une perte prématurée des feuilles.

Déjà en 1886, sous l'influence de pluies estivales fréquentes, alternant avec des journées de grande chaleur, la maladie avait pris une rapide extension et l'examen microscopique des feuilles atteintes nous avait révélé la présence d'un champignon, dont nous devions continuer l'étude l'année suivante. Mais l'année 1887 avec son été

extrêmement sec n'a pas été favorable à la multiplica-
tions des végétations cryptogamiques et, à part un ou
deux cas, constatés sur les bords de la Mayenne, la maladie du pommier n'a pas été observée.

En revanche, les premières journées de chaleur qui
ont suivi les pluies continuelles de juin, juillet et de la
première quinzaine du mois d'août de l'année dernière,
ont vu le mal se propager d'une façon foudroyante, à tel
point qu'en une semaine, du 19 au 26 août, les quatre
cinquièmes au moins des arbres des environs de Laval en
ont été atteints.

La maladie a attaqué indistinctement les arbres situés
sur les hauteurs comme dans les bas fonds, au loin
comme auprès de la rivière, les vieux comme les jeunes,
les arbres greffés comme les sauvageons.

La seule différence qu'il nous a semblé pouvoir constater, réside dans la résistance un peu plus grande des
variétés dont les feuilles, plus arrondies, ont un parenchyme plus épais.

Les pommiers qui portaient des fruits et qui ont été
atteints par la maladie n'ont donné que des pommes
moins développées et c'est sans doute à l'arrêt brusque
de la végétation qu'est due, au moins en partie, la diminution de la proportion du sucre contenu dans le cidre
cette année.

La maladie aurait donc pour premier résultat, comme
cela a lieu pour le mildew de la vigne, de diminuer la
quantité et la qualité du cidre obtenu. Mais ce n'est là
qu'un de ses moindres effets.

Il parait démontré que les arbres qui ont beaucoup à
souffrir de l'asteroma mali disparaissent à bref délai. On
cite même des vergers dont les pommiers auraient été
tués par une seule attaque. Dans tous les cas, on conçoit
facilement que les bourgeons de l'année, dont la croissance est arrêtée avant le terme normal, ne résistent pas
à l'hiver suivant, et comme ce sont eux qui, l'année suivante, doivent donner naissance à la plupart des feuilles
de l'arbre, celui-ci s'en trouve presque dépourvu.

La culture de notre région est donc sous le coup d'un
immense désastre et chaque possesseur de pommier doit
faire tous ses efforts pour essayer de le conjurer.

Un des plus savants agriculteurs de l'Ouest, a demandé
au Congrès pomologique de Saint-Brieuc, si l'asteroma
mali est une cause ou un effet et, en s'appuyant sur quelques exemples, a voulu démontrer que la maladie qui
nous occupe est due à l'affaiblissement des pommiers,

auxquels on se contente de prendre les produits, sans jamais leur accorder ni soins ni fumures.

Il est certain que l'appauvrissement du sol, en rendant les arbres moins vigoureux, doit les rendre aussi plus accessibles aux maladies. Par suite, une des premières choses à faire, c'est de fumer les plantations, partout où il en est besoin.

Mais des remarques nombreuses que nous avons pu faire en 1888, il résulte qu'on aurait grand tort de se borner exclusivement à cette pratique. Que le point de départ de la maladie soit un ou plusieurs arbres épuisés ; nous ne le contestons pas, mais cela ne l'empêche nullement de maltraiter les arbres les plus vigoureux.

Nous avons vu de jeunes plantations de pommiers fortement éprouvées dans les terres les plus fertiles de la Manche et cependant la vigueur des arbres n'y laissait rien à désirer.

Peut-être si l'entretien de la fertilité du sol n'avait jamais été négligé depuis qu'on exploite le pommier, serait-on arrivé à empêcher l'asteroma mali de naître..... mais aujourd'hui qu'il est là, que ses organes de reproduction se trouvent disséminés à la surface de tout le pays, il est difficile d'admettre qu'on le fera disparaître en rendant plus vigoureuse l'espèce dont il vit.

L'asteroma mali ayant une grande analogie, quant à sa propagation et à ses effets, avec le mildew de la vigne, il est probable qu'en attendant qu'on ait trouvé un remède plus simple, on obtiendra de bons résultats en appliquant au pommier le traitement qui réussit pour la vigne.

Ce traitement, *qui est préventif et non curatif*, consiste à asperger les feuilles à l'aide de la bouillie bordelaise, une, deux ou trois fois, selon les besoins.

Cette bouillie est composée d'une dissolution de 2 kilogrammes de sulfate de cuivre dans 10 litres d'eau chaude, à laquelle on ajoute, après refroidissement, un lait de chaux obtenu en jetant peu à peu 10 litres d'eau sur 3 kilogrammes de chaux vive en pierres. On ajoute ensuite la quantité d'eau nécessaire pour obtenir un hectolitre.

Pour le traitement des vignes et de la pomme de terre (car ce liquide, appliqué en temps opportun, empêche aussi la maladie de la pomme de terre), on projette le liquide sur les feuilles à l'aide d'un instrument spécial appelé pulvérisateur, qui a pour avantage de permettre une aspersion complète avec une très petite quantité de liquide. Pour le pommier, l'usage de cet instrument sera plus difficile, étant donnés la hauteur et le développement de la *tête* des arbres.

Comme le liquide coûtera peu de chose, il y aura sans doute avantage à en employer une plus grande quantité et à se servir de petites pompes aspirantes et foulantes dont la lance sera munie d'un appareil diviseur.

Bien qué le champignon n'attaque que les feuilles, nous engageons vivement les agriculteurs dont les arbres ont souffert l'année dernière, à pratiquer un premier traitement avant l'apparition des feuilles. Ils auront ainsi des chances de détruire les spores (graines) qui se trouvent en grand nombre dans les mousses, les lichens et les fentes des vieilles écorces. Dans tous les cas ils nettoieront ainsi leurs arbres de toutes les végétations cryptogamiques qui les recouvrent généralement, ainsi que de leurs vieilles écorces, qui tomberont peu à peu et laisseront voir une écorce lisse et fraîche, indice d'une plus grande vigueur des arbres.

Il faudra ensuite asperger les feuilles aussitôt qu'elles apparaîtront et renouveler l'opération toutes les fois que des périodes de grandes chaleurs succèderont aux périodes pluvieuses.

La plupart de ceux qui ont observé la maladie ayant constaté son apparition au mois d'août, c'est à partir du 15 juillet surtout, qu'il y aura lieu de multiplier les traitements, afin qu'à partir de cette époque, les feuilles ne soient jamais dépourvues de cuivre.

Il est à prévoir d'ailleurs, que le traitement pourra être simplifié lorsque de nombreuses observations auront été faites sur la date de l'apparition de la maladie et sa marche, ainsi que sur l'efficacité de son traitement.

Chacun sachant que pour amener un verger à la pleine production il faut une trentaine d'années, nous ne doutons pas que tous ceux qui en possèdent feront le possible pour les défendre contre les attaques de l'asteroma mali.

H^{te} LÉIZOUR.

De l'emploi des engrais

IV. — RÔLE DU FUMIER DE FERME ET DES ENGRAIS DE COMMERCE

Il est certain que le fumier de ferme, qui a été bien soigné, est à la fois l'engrais le plus favorable pour toutes les cultures, et celui qui convient le mieux dans la généralité des sols. Mais il serait dangereux de se laisser aller à cette croyance, qu'il est possible d'accroitre facilement et en peu de temps la fertilité du sol par l'emploi exclusif du fumier, surtout si l'on exploite un terrain qui manque de l'un des principes alimentaires que nous avons indiqués, ou qui n'en est que faiblement pourvu. Le fumier de ferme, en effet, n'est que le résidu de la consommation des plantes fouragères, des pailles et des grains produits dans l'exploitation, par les animaux que nous entretenons. Il ne représente qu'une fraction des matières alimentaires qui ont été enlevées au sol par les récoltes, d'abord parce qu'une partie importante de celles-ci est vendue directement, ensuite parce que la totalité de l'azote, des phosphates et de la potasse des aliments consommés par le bétail ne se retrouve pas dans leurs excréments : il y en a une portion plus ou moins considérable qui s'est transformée en chair, os, lait, laine, poils, corne, etc. Il est par suite impossible de restituer à un sol, par l'emploi exclusif du fumier, tout ce que les récoltes lui ont enlevé.

En outre, comme le fumier a pour origine le sol, il ne peut renfermer rien que ne contienne préalablement celui-ci. Si la terre est pauvre en phosphate, le fumier, lui aussi, sera pauvre en cet aliment de première nécessité. *Dans un sol incomplet, le fumier de ferme ne peut donc jamais être un engrais complet.* Et si l'on veut arriver à fournir aux plantes une alimentation suffisante et conforme aux besoins de chacune d'elles, il est nécessaire de rechercher quelles sont les substances qui font défaut au sol, pour les lui fournir, en dehors du fumier, sous une forme qui réponde aux exigences spéciales des végétaux que l'on cultive.

Même dans les terres parfaites au point de vue de la composition minérale, et de l'assimilabilité des substances alimentaires qu'elles contiennent, si l'on peut dire que le fumier est un engrais complet, il faut cependant considérer que cela n'est vrai qu'au point de vue de la qualité des aliments, qu'il fournit, et non pas au point de vue de leur quantité. Car ces proportions relatives des substances alimentaires diverses que les plantes exigent sont variables avec chacune de ces dernières, tandis que la composition du fumier ne varie nullement dans le sens que nécessite une alimentation sagement économique. D'où la conclusion que même dans les sols pourvus qualitativement de tous les principes alimentaires reconnus indispensables, *le fumier peut devenir insuffisant, et a besoin d'être complété pour certaines cultures.*

Aussi pour maintenir l'équilibre de fertilité des bonnes terres, et pour accroitre la fécondité et la richesse de la culture d'une manière générale, il est dans tous les cas nécessaire de compléter les fumures de fumier de ferme avec les matières fertilisantes tirées du dehors ; et cette nécessité est d'autant plus inéluctable que le sol est plus appauvri en une ou plusieurs substances alimentaires.

Cela est vrai dans les conditions les meilleures et à plus forte raison dans l'immense majorité des cas. C'est en effet l'évidence même, que la quantité de fumier de ferme produite par une exploitation qui n'importe rien du dehors est tout à fait insuffisante pour fumer convenablement les récoltes et en obtenir des rendements hautement rémunérateurs. Malgré tous les efforts qu'il puisse faire pour ne rien laisser perdre des substances de toutes sortes qui peuvent augmenter son tas de fumier malgré les soins judicieux et de tous les instants dont il l'entoure, le cultivateur intelligent a bien vite reconnu que la ferme ne peut se suffire à elle-même, aussitôt que l'on veut obtenir du sol une production un peu considérable.

Il suit de ces considérations que ni par sa qualité ni par sa quantité, le fumier de ferme ne saurait nous suffire dans tous les cas. Mais il n'en est pas moins vrai que c'est lui qui doit former la base essentielle des fumures et du maintien de la fertilité du sol. Il y a à cela deux raisons de la plus haute importance. La première est de l'ordre économique, et la seconde de l'ordre physiologique.

Il est incontestable d'abord que le fumier de ferme est le plus économique de tous les engrais. La démonstration de cette vérité est très facile, et il va nous suffire, pour la faire, de rechercher d'abord quelle est la composition moyenne d'un fumier de ferme bien soigné et dans de bonnes conditions d'emploi, puis quelle est, au moment où nous écrivons ces lignes, la valeur commerciale des principes fertilisants que le fumier nous offre.

D'après un grand nombre d'analyses, on peut assigner à un fumier bien conditionné et à point pour être employé, la composition suivante, pour 1,000 kilogr. :

Azote	Soluble...............	3 k.	5.8
	Insoluble	2 k. 8	
Acide phosphorique...........		3 k. 6	
Potasse		5 k. 0	

D'un autre côté l'azote vaut 2 fr. 10 à 2 fr. 65 le kilogr. suivant son état et par grande quantité sur le marché de

Paris, c'est dire que ces prix sont des minima. L'acide phosphorique du fumier vaut celui des superphosphates, pour le moins, soit 0 fr. 80 le kilogr. Quant à la potasse, on peut l'obtenir à 0 fr. 40 ou 0 fr. 60 le kilogr.

La combinaison de ces données nous donne les résultats suivants :

3 k.	Azote soluble à 2,65 le kilogr.........	7.95
2 k. 8	Azote insoluble à 2,10 le kilogr.......	5.88
3 k. 6	Acide phosphorique à 0,80 le kilogr....	2.88
5 k.	Potasse à 0,40.....................	2.00
	Total...........	18.71

Ainsi au cours minimum des engrais de commerce la tonne métrique de fumier vaut 18 fr. 71. Or, il me paraît évident qu'elle revient au cultivateur à un prix beaucoup moins élevé. En effet M. Bella, directeur de Grignon, obtenait le fumier au prix de revient de 12 fr. les mille kilogr., y compris le transport et l'épandage ; et le fumier de Grignon était plus riche que celui que nous avons pris pour type, car il dosait 7 kilog. 2 d'azote pour 1.000. Il suit de là que le prix de revient de l'azote, de l'acide phosphorique et de la potasse fournis par le fumier est inférieur dans une large proportion à celui des mêmes principes fertilisants puisés dans le commerce.

Mais ce n'est pas tout : car si, d'une part, le fumier de ferme agit par les matières assimilables qu'il peut fournir aux plantes, il agit aussi, d'autre part, et d'une manière très énergique, sur les matières minérales alimentaires contenues dans le sol, en les préparant à l'assimilation. Le fumier de ferme joue un rôle très important dans la *cuisine des plantes*. C'est par le terreau qu'il forme en se décomposant, qu'il remplit cette dernière fonction ; terreau ou humus qui se combine aux matières minérales, alimentaires et insolubles du sol, et les amène ainsi dans un état parfait pour être absorbées par les racines. L'humus qui provient de la décomposition du fumier dans le sol n'est pas en réalité absorbé par les racines ; il ne sert que de véhicule aux matières minérales, aux phosphates surtout, pour les mettre à la disposition des racines, et les conserver afin de ne les livrer à celles-ci que suivant leurs besoins. Ce rôle, pour secondaire qu'il soit, n'en a pas moins au point de vue de la fertilité des terres une importance capitale : la fécondité des terres résulte pour une partie importante de la richesse du sol en humus combiné à l'acide phosphorique, à la potasse, à la magnésie, au fer, etc., qui sont les principes essentiels de toute végétation.

Le fumier de ferme ne fournit donc pas seulement aux plantes ce qu'il contient lui-même, mais encore il favorise l'assimilation des minéraux insolubles du sol : c'est un engrais-amendement.

C'est là ce qui fait la nécessité de son emploi ; et toute tentative qui serait faite pour cultiver le sol en le laissant complètement de côté serait couronnée par un insuccès fatal.

Tout ce qui précède nous permet de préciser le rôle du fumier de ferme comparé à celui des engrais de commerce dans l'agriculture moderne.

Le fermier est la base incontestable de la fertilité ; c'est l'agent indispensable pour préparer à l'assimilation les aliments minéraux insolubles du sol ; c'est l'engrais de première nécessité, parce que seul il permet de tirer le meilleur parti des forces productives de l'air et de la terre à la fois, et cela au meilleur marché.

Mais malgré son excellence, le fumier ne répond pas à tous les besoins des sols ni des plantes. Il est nécessaire dans certains cas de le compléter, pour qu'on puisse tirer de la terre et des végétaux tout ce qu'ils sont susceptibles de donner. Dans la question des engrais au point de vue de l'application, tout est essentiellement relatif. Tous les problèmes qui s'y rattachent ne peuvent être résolus qu'en tenant compte de l'avis des plantes et des facultés du sol. En conséquence, suivant la nature des cultures et des terrains, le fumier de ferme devra être complété d'une manière ou d'une autre.

Pour arriver à ce résultat il faut avoir recours à des matières fertilisantes non produites dans la ferme : aux engrais de commerce. — D'après notre manière de voir, ces derniers ne sont donc jamais que des engrais complémentaires du fumier de ferme. C'est en les considérant ainsi que l'agriculture en tirera de grands profits, tandis qu'elle marcherait inévitablement à sa ruine, par la stérilisation du sol, si, au lieu de leur laisser remplir ce rôle secondaire, mais toutefois important, qui seul leur convient, elle voulait leur faire jouer le rôle prépondérant.

Ces considérations préliminaires nous ont paru nécessaires, parce que dans la suite nous aurons à nous occuper d'expériences de cultures avec engrais de commerce, pour la recherche des différentes influences de l'azote, des phosphates, et de la potasse sur la production des principales plantes agricoles. Nous avons voulu prévenir nos bienveillants lecteurs que, si ces engrais sont certainement les réactifs les plus commodes pour l'étude, on ne doit néanmoins les considérer dans la pratique que comme des auxiliaires, précieux il est vrai, mais qui ne sauraient servir de base à l'établissement d'un bon système de culture.

AGRICOLA.

Destruction des mauvaises herbes.

Dans le n° 4 du *Bulletin de l'Ouest* nous avons indiqué les procédés relatifs à la destruction du chiendent et des plantes similaires, ayant la propriété de se reproduire par leurs racines. Comme suite nous allons donner quelques indications sur les moyens les plus pratiques de combattre les plantes parasites dont la présence dans les récoltes est due aux graines incorporées dans le sol.

Lorsque les sarclages ont été négligés, que les mauvaises herbes sont venues à graine, la couche arable se trouve infestée par ces graines qui envahissent les récoltes si le cultivateur n'a pas été assez prévoyant pour provoquer leur germination par des travaux préparatoires.

Favoriser en temps opportun cette germination et prévenir le retour de nouvelles productions de graines, sont les deux questions que nous nous proposons d'étudier aujourd'hui.

Une graine ne germe qu'à la condition d'être soumise à l'action simultanée de trois agents : de l'*humidité*, de la *chaleur* et de l'*air atmosphérique*.

Les graines enfouies à une trop grande profondeur conservent leur faculté germinative presque indéfiniment parce qu'elles sont privées du contact de l'air.

A l'époque des sécheresses elles restent intactes dans le sol faute d'humidité.

Pendant la saison d'hiver, lorsque la température moyenne est inférieure à 4 degrés centigrades, il n'y a pas de germination possible.

Le printemps et l'automne sont les saisons les plus favorables à la germination, car, sauf de rares exceptions, la température et l'humidité nécessaires ne font pas défaut.

Le cultivateur doit faire son profit de ces données physiologiques, pour effectuer en temps et lieux les travaux que comporte le nettoiement des terres.

Règle générale, si on craint l'apparition des mauvaises herbes, il faut éviter d'emblaver sur labour frais. Les labours, en effet, ramènent à la surface une certaine quantité de mauvaises graines, qui, les circonstances étant favorables, ne tardent pas à germer. Or, si un terrain est emblavé aussitôt après le labour, cette germination coïncide avec celle des graines confiées au sol. Des binages minutieux et par suite fort coûteux devront être effectués à propos, si on ne veut s'exposer à voir le jeune plant s'étioler et disparaître.

En préparant d'avance la terre comme nous allons l'indiquer, on peut réduire les frais de binages et de sarclages, assurer la réussite du semis et contribuer d'une façon très efficace au nettoiement du sol pour les cultures ultérieures.

Pour cela après le dernier labour on devra herser pour bien ameublir la surface et donner, comme dernière façon, sitôt le sol bien ressuyé, un léger coup de rouleau. Ce coup de rouleau, en tassant légèrement le sol, contribue à entretenir la fraîcheur à la surface. On laisse ainsi la terre jusqu'à ce que la levée des mauvaises graines ait lieu, ce qui nécessite une période de 10 à 15 jours suivant le degré de la température. Un vigoureux hersage effectué par une belle journée de soleil assure la destruction des jeunes herbes, et on peut procéder au semis. Toutefois, si on n'a pas à craindre un trop grand retard, on peut recommencer la même opération : donner un coup de scarificateur profond, herser et rouler de nouveau et laisser la terre en repos pendant une nouvelle période de 10 à 12 jours. Les graines ramenées à la surface par le scarificateur germeront à leur tour et seront détruites par le coup de herse précédant le semis.

Lorsque la chose sera possible nous conseillons de ne pas hésiter à mettre ce système en pratique pour les plantes sarclées : betteraves, carottes, maïs, etc., etc. L'apparition des mauvaises herbes n'est plus à craindre, et le jeune semis se trouvant dans de meilleures conditions culturales ne tarde pas à gagner les jours de retard occasionnés par les travaux de nettoyage. Les travaux de binage et de sarclage se trouvent fort simplifiés et partant moins coûteux.

Il se présente des cas où les travaux spéciaux que nous venons d'indiquer ne peuvent être effectués, soit pour cause de mauvais temps, soit par la suite de succession immédiate de deux récoltes. Il y a lieu alors de réserver les terres susceptibles de s'enherber aux plantes sarclées que l'on repique sur billons. Les plants repiqués se défendent mieux de l'herbe que les semis, et les binages peuvent être effectués en temps utile.

Lorsqu'on se trouve en présence d'un fait accompli, qu'un semis est envahi par l'herbe, il faut donner le premier binage aussitôt que les lignes sont apparentes, car la mauvaise herbe, toujours plus vigoureuse que le jeune plant, ne tarde pas à avoir le dessus et à l'étioler. On passe entre les lignes une houe à cheval, armée de couteaux qui coupe l'herbe entre deux terres. Une petite herse peut être adaptée à l'instrument, elle ameublit la terre derrière les couteaux et favorise ainsi la dessiccation de l'herbe. Des ouvriers complètent à la main, dans le sens des lignes, les parties que l'instrument n'a pu atteindre. Ce premier binage, on ne saurait trop insister là-dessus, doit être donné sans aucun retard.

Dans les terrains propres, abstraction faite de la façon d'éclaircie, le travail à la main peut être complètement supprimé; de là une économie considérable de main-d'œuvre. Lorsque le sol a été battu par les pluies on passe simplement la houe à cheval entre les lignes, opération peu coûteuse qui assure un degré d'ameublissement suffisant au maintien de la fraîcheur nécessaire à la végétation.

Les binages doivent être effectués par un beau temps, alors que le sol est bien ressuyé sans être sec. Si on opère par un temps humide, la surface est battue au lieu d'être ameublie, et s'il survient des pluies par la suite, l'herbe coupée reprend et le travail est à recommencer. Quelques heures de soleil suffisent, au contraire, pour dessécher l'herbe coupée par un beau temps.

Les travaux préparatoires que nous venons d'indiquer pour le nettoiement du sol destiné aux plantes sarclées, peuvent être appliqués aux emblavures d'automne. Il y aura toutefois lieu d'éviter les semailles tardives, car le résultat serait tout autre que celui obtenu pour les plantes sarclées. Il faudra aussi éviter de trop ameublir et s'en tenir à une seule opération.

Pour les céréales de printemps on pourra agir de même; l'excès d'ameublissement n'est pas à craindre si l'on a soin de bien tasser la surface par un coup de rouleau. Trop de retard dans la semaille serait également préjudiciable. La paille n'en serait souvent que plus abondante, mais au détriment de la quantité et de la qualité du grain.

Dans les années humides principalement, les céréales sont envahies par les mauvaises herbes qui parviennent à maturité et dont les graines tombent à la surface du sol. Aussitôt l'enlèvement de la récolte il faut provoquer la germination de ces graines en les mélangeant à la couche arable par de vigoureux hersages ou encore mieux par un léger coup de scarificateur. Si le sol renferme assez de fraîcheur la germination ne tarde pas avoir lieu. On ne doit jamais labourer les chaumes à une certaine profondeur sans avoir procédé ainsi, car les labours, en plaçant les graines dans un milieu favorable à leur conservation, serait une perpétuelle cause d'envahissement des récoltes par les plantes parasites.

En résumé, favoriser la germination des mauvaises graines par des travaux spéciaux précédant le semis, ainsi qu'après l'enlèvement des céréales ; effectuer soigneusement les binages et les sarclages sur les cultures sarclées, telles sont les mesures à prendre pour parvenir, dans l'espace de quelques années, à débarrasser les terres des plantes qui se reproduisent par leurs graines.

Le cultivateur peut atteindre ce résultat sans s'imposer aucun sacrifice pécuniaire. Il lui suffit d'être méthodique dans l'exécution des travaux et d'appliquer un système de culture rationnel. L'emploi des instruments perfectionnés, simplifie, dans une large mesure, la solution du problème. G. PEYRAS.

SYNDICAT DE LA MAYENNE

M. FOUBERT, à **Saint-Germain-d'Anxure** (Mayenne), offre :
Cidre de l'année, d'une densité de 10 20, dosant 3.75 o/o d'alcool, 1 gramme de tannin et 4 gr. 37 d'acidité, par litre, contenant en outre 55 grammes de sucre alcoolisable qui donneront après fermentation 2.91 o/o d'alcool, soit un total de 6.66 o/o d'alcool. Prix à débattre.

10.000 kilos de pommes de terre Chardon, à raison de 70 francs les 1,000 kilos, en vrac sur wagon, gares de Martigné ou de Mayenne.

SYNDICAT DE CHARTRES

1° **M. MOTTE,** à **Miseray, commune d'Epautrolles, par Illiers,** offre : 10 quintaux de sainfoin à 2 coupes, au prix de 32 francs les 100 kilog., nu, gare Bailleau-le-Pin.

2° **M. GOUSSU,** à **Rozelles, commune de et par Voves,** demande 100 kilog. graine de luzerne d'excellente qualité.

3° **M. MULLOT BOURGET,** à **la Villette, commune de Saint-Prest, par Chartres,** met en vente :
1° Une locomobile à vapeur de la maison Cumming, avec sa batteuse ; 2° Une machine à battre, à chevaux, manège direct, système Gautreau : Ces deux machines avec leurs accessoires en parfait état ; 3° 1000 bottes de sainfoin et de luzerne, 1re qualité.

LA PRODUCTION LAITIÈRE

Par C. V. GAROLA, (✠ mérite agricole) professeur départemental d'agriculture, directeur de la station agronomique de Chartres.

Prix 1 fr. 50. — 1 fr. 65, franco, par la poste.

Chez R. SELLERET, libraire-éditeur à Chartres.

L'IMPÉRISSABLE

ROUES FER ET BOIS

(Brevetées S. G. D. G.)

Charrettes, Chariots, Tombereaux, Camions, Tilburys, etc., et en général pour tous véhicules de transport.

Types acceptés par le Ministère de la Guerre et les grandes Administrations.

Champenois-Rambeaux, Constructeur

A Cousances-aux-Forges (Meuse). Catalogue-prix-cour. s^r demande.

HENNEQUIN-DENIS ET Cie

Grainiers-Cultivateurs

ANGERS (Maine-et-Loire.)

Graines Potagères, Fourragères, Fleurs, Oignons à Fleurs, Plantes vivaces, etc.

Spécialité de Semences Fourragères pour grande culture, tels que : Betteraves, Carottes, Choux, Navets, etc.

Envoi du Catalogue général sur demande.

MAISON JACQUET-ROBILLARD, fondée en 1836

J. MARÉCHAL, CONSTRUCTEUR

Rue de Turenne, 4, à Arras.

Fabrique spéciale de Semoirs à socs rigides et à socs articulés

Semoirs à betteraves et engrais et distributeur d'engrais

ENVOI FRANCO DU CATALOGUE.

ENVOI FRANCO DU CATALOGUE.

Près de 400 Médailles — Environ 6000 Semoirs livrés — 1er **Prix** au dernier Concours spécial de Semoirs, à **Saintes** (Charente-Inférieure), le 25 octobre 1883.

Le Gérant, E. MOREAU.

Laval, Imp. L. Moreau.

2e Année.   Avril 1889.   N° 7

Ce Bulletin paraît le 15 de chaque mois.

BULLETIN AGRICOLE
DE L'OUEST

Organe de l'Union des Syndicats Agricoles
des départements du Finistère, des Côtes-du-Nord,
du Morbihan, de la Loire-Inférieure, d'Ille-et-Vilaine, de la
Manche, de la Mayenne, de Maine-et-Loire, de la Sarthe,
de l'Orne, du Calvados, de l'Eure, d'Eure-et-Loir
et de la Seine-Inférieure.

Publié sous la direction de :

H. LÉIZOUR

Professeur départemental d'Agriculture de la Mayenne,
Directeur du Laboratoire agronomique,
Président du Syndicat des Agriculteurs de la Mayenne,

GAROLA, ✠ M. A.

Professeur départemental d'Agriculture d'Eure-et-Loir,
Directeur de la Station agronomique de Chartres.

ABONNEMENTS

Pour les membres des syndicats :   Pour les étrangers aux syndicats :
1 fr. par an.   **6 fr.** par an.

ANNONCES

De 1 à 4 annonces. » **50°** la ligne.   De 8 à 12 annonces » **30°** la ligne
De 4 à 8   —   » **40°**   —   Au-delà de 12.   » **20°**   —

Le bulletin publiera gratuitement les offres et demandes
des Syndicats abonnés.

SYNDICAT DE LA MAYENNE

Abonnement au Bulletin agricole de l'Ouest.

Nous rappelons aux membres du Syndicat des agriculteurs de la Mayenne. que le Bulletin agricole de l'Ouest leur est envoyé *gratuitement*. C'est donc à tort que quelques-uns nous envoient encore le montant de leur abonnement.

Les membres du Syndicat qui désirent faire adresser le Bulletin à leurs fermiers ou métayers doivent seuls nous envoyer un franc pour chaque adresse qu'ils nous donnent.

Location d'instruments perfectionnés.

Conformément aux décisions prises par le bureau du Syndicat et l'assemblée générale du 19 janvier 1889, les membres du Syndicat peuvent prendre, à l'essai, les instruments exposés à l'entrepôt central de Laval, moyennant les prix de location ci-après :

Charrue brabant double, avec ou sans fouilleurs. 3 fr. par jour.
Herses couleuvre de tous les numéros . . . . 1 —
Distributeur d'engrais, (le Hérisson). . . . . 5 —
Tarares . . . . 2 —
Concasseur de tourteaux. . . . . 2 —
Semoir système de Lapparent à une et deux lignes pour semis de pépinières . . . . . . 1 —
Le même à huit rangs pour semis de toutes graines 5 —
Houe à cheval . . . . 1 —
Rateau à un cheval. . . . . 5 —

En cas de besoin, M. Peyras, agent principal du Syndicat, se rendra chez les agriculteurs pour la mise en marche de ces instruments

Faucheuses.

Prochainement on trouvera également, à l'entrepôt central de Laval, les faucheuses :

La nouvelle Favorite, à deux chevaux.
La Samuelson, à deux chevaux.

Ces deux excellentes faucheuses seront livrées aux membres du Syndicat au prix de 350, 340 ou 325 fr. l'une, selon le nombre qui en sera demandé en même temps. Plus les frais de transport de Paris à Laval.

Nous prions donc ceux qui veulent en acheter, de nous en informer immédiatement, afin que nous puissions les obtenir au prix le plus réduit.

L'appareil à moissonner qui, sur la demande des acheteurs, est envoyé avec ces machines coûtera 85 fr. plus les frais de transport.

SYNDICAT DE CHARTRES

A VENDRE, pour cause de double emploi, une machine à battre, à double secoueur anglais et à manège détaché, à deux ou trois chevaux. Conditions avantageuses. S'adresser à M. Doublet Gustave, à Lucé, près et par Chartres.

De l'emploi des engrais

V. — ACTION DES ENGRAIS SUR LA CONSTITUTION ET LA QUALITÉ DU BLÉ.

La plante de froment, à l'époque de la récolte, est composée de deux parties bien distinctes : le grain et la paille accompagnée des balles. Leurs proportions sont loin d'être toujours les mêmes ; une foule de circonstances les font varier, et parmi celles-ci il faut noter tout spécialement les ressources alimentaires qu'offrent au blé le sol et les engrais. Or, il importe absolument au cultivateur de connaitre quelles tendances font naitre chez la plante qui nous occupe les diverses matières fertilisantes auxquelles on peut recourir pour accroitre la production, car il n'est point du tout indifférent d'augmenter ou de diminuer la proportion du grain à la paille ; les résultats économiques qui en découlent sont toujours d'autant meilleurs que, pour un même poids total de récolte, on a obtenu une plus grande quantité de grain bien constitué.

Les éminents agronomes de Rothamsted, MM. Lawes et Gilbert, ont pendant douze années (1852-63), au moins, poursuivi des expériences nombreuses sur l'action des différents engrais relativement à la proportion du grain et de la paille dans le froment. Nous extrayons des notes que nous possédons à ce sujet quelques-uns des résultats les plus importants qu'ils ont obtenus :

N^{os}	ENGRAIS A L'HECTARE ET PAR AN	GRAIN 0/0 DE PAILLE.
1	35,000 k. de fumier de ferme (20 ans 1844-1863).	57.9
2	Sans engrais pendant 20 ans (1844-1863).	57.8
3	Superphosphate de chaux seul pendant 16 ans (1848-1863)	61.9
4	440 k. de superphosphate, 224 k. sulfate de potasse, 112 k. sulfate de soude, 112 k. sulfate de magnésie	62.0
5	112 k. sels ammoniacaux plus l'engrais minéral.	59.3
6	224 k. id. id.	59.0
7	448 k. id. id.	54.4
8	672 k id. id.	50.4
9	896 k. id. id.	47.3
10	448 k. id. plus superphosphates	57.0
11	336 k. id. avec engrais alcalin et tourteaux	64 4

De ce tableau et des autres expériences, il ressort que

1° La proportion du grain à la paille est très influencée par la nature des engrais, leur quantité, et les proportions relatives des éléments qui les constituent. L'écart maximum (nᵒˢ 11 à 9) est de 64.4 0/0 à 47.3, soit de 17.1.

2° Le fumier de ferme et le champ considéré sans engrais fournissent une même proportion, 57,9 voisine de la moyenne générale qui ressort à 56.4.

3° Les superphosphates ont pour effet d'accroitre très sensiblement la proportion moyenne du grain : 62 au lieu de 56.4 0/0

4° Les engrais purement azotés diminuent la proportion du grain : 49.8 et 54 au lieu de 57.8.

5° Les alcalis augmentent très légèrement la proportion du grain ; de même leur mélange au superphosphate.

6° Le mélange des superphosphates aux sels ammoniacaux augmente la proportion de grain de 54 à 59 0/0.

7° *Avec les mélanges de sels ammoniacaux et de sels minéraux renfermant des superphosphates et des alcalis, la dose des sels minéraux étant constante, la proportion de grain diminue à mesure que la dose d'ammoniaque augmente : 59,3 à 47,3 (Nᵒˢ 5 à 9).*

8° Enfin les tourteaux riches en azote et en phosphates, mélangés aux sels ammoniacaux et aux alcalis, donnent la plus haute proportion : 64.4.

En ce qui concerne la composition du grain et de la paille, l'expérience démontre que les divers engrais exercent une action bien plus sensible sur la quantité que sur la qualité des produits. Les variations climatériques où les saisons agissent d'une façon autrement intense sur la qualité du grain. Il en est de même pour ce qui est du poids de l'hectolitre : il dépend beaucoup plus du caractère général des saisons que de la nature des engrais.

Voici quelques exemples tirés des expériences de Rothamsted pour la période 1852-1871.

NATURE DE L'ENGRAIS	POIDS DE L'HECTOLITRE	
Sans engrais......................	71 k.	72
Fumier (35.000 k.)...............	74	85
Sels ammoniacaux (548 k.)........	71	25
Sels ammoniacaux (448 k.) et superphosphate (440 k.).............	71	56
Engrais minéral complet et sels ammoniacaux..................	74	38
Engrais minéral seul...............	73	45

Le fumier de ferme a donc donné le plus fort poids de l'hectolitre, et les sels ammoniacaux seuls le plus faible. L'engrais minéral mixte mélangé de sels ammoniacaux vient ensuite, avec l'engrais minéral seul.

Mais l'influence de la marche des saisons est plus manifeste. Comparons les années 1844, 1845 et 1846.

ANNÉES	POIDS DE L'HECTOLITRE	
—	Sans engrais	Avec engrais
1844	72 k. 9	75 k. 7
1845	70 5	70 5
1846	79 5	78 5

Or, c'est dans l'année 1845 qu'on a compté le plus grand nombre de jours de pluie et que la température générale a été la plus basse : c'est aussi en 1845 que l'ectolitre de blé a le moindre poids, que le sol soit fumé ou non. D'autre part, c'est aussi cette année qui donne la plus forte proportion de paille.

1844 a été l'année la plus sèche : elle donne le moins de paille.

Enfin la meilleure qualité de grain a été fournie par l'année 1846, qui a joui de l'été le plus chaud.

VI. — Action des engrais sur le rendement du blé

Nous avons indiqué précédemment la méthode générale qui permet de résoudre dans chaque cas particulier la question si complexe de l'emploi économique des engrais pour la production rurale. Il faut, avons-nous dit, consulter l'opinion des plantes, selon l'expression si juste du père de l'Agronomie française, M. Boussingault. C'est précisément cela que MM. Lawes et Gilbert ont fait à Rothamsted pour la culture qui nous occupe ; et ce sont les conclusions qu'ils ont tirées de leurs expériences poursuivies pendant trente années que nous allons résumer ici pour les lecteurs de l'*Union agricole*.

Ils ont démontré qu'on ne peut obtenir de pleines récoltes de blé que s'il y a dans le sol, à la disposition de la plante, des aliments minéraux assimilables en abondance, et si, en même temps, l'*azote* est fourni au sol sous un état convenable. Ils ont recherché de combien, dans un sol ainsi riche en *aliments minéraux*, chaque addition d'*azote assimilable* augmente la récolte, dans les mêmes circonstances météorologiques. Ils ont poursuivi leurs expériences pendant 12 ans au moins, et le tableau suivant en donne un résumé succinct.

N^os	ENGRAIS PAR HECTARE ET PAR AN (Fumure donnée pendant 12 ans)	Quantité d'amonia-que ayant fourni un excédant de ré-colte de 1 h^l de grain, avec sa paille.
(1)	224 k. sels ammoniacaux et engrais minéral mixte. (4) de l'article précédent.	4 k. 998
(2)	448 id.	5 k. 512
(3)	672 id.	7 k. 544
(5)	448 Sels ammoniacaux seuls (19 ans).	22 k. 141
(6)	448 id. seuls (12 ans).	11 k. 496
(7)	448 id. et superphosphates.	8 k. 796
(11)	616 k. nitrate de soude et engrais minéral mixte	5 k. 553
(12)	616 k. Nitrate de soude seul	13 k. 138

Pour établir les données précédentes, le poids de l'hectolitre a été réglé uniformément à 74 k. 85

On peut compter ainsi qu'en moyenne, et lorsqu'on ne dépasse pas les doses convenables, on obtiendra *un hectolitre de blé avec sa paille, en excédent du produit ordinaire dû au sol et à la saison, par chaque cinq kilogr. d'ammoniaque (= 4 kilogr. 1 d'azote) appliqués comme engrais, à la récolte,* dans un sol qui ne manque pas d'éléments minéraux ; car c'est le cas du n° 1 du tableau précédent, où la dose d'ammoniaque employée est de 56 k. et se rapproche de celle généralement adoptée dans la culture.

On voit aussi lorsqu'on double la dose d'ammoniaque, ce qui constitue une fumure trop considérable dans la majorité des cas, que la quantité employée par hectolitre d'excédent monte à 5 k. 5. — En triplant la dose, elle devient 7 k. 5 et en la quadruplant, 9 k. 72. *Donc, quand on a recours à un excès d'ammoniaque, il faut en dépenser beaucoup plus pour produire un excédent de récolte déterminé, que lorsqu'on a recours à des quantités moyennes.* Il faut qu'il y ait un certain état d'équilibre entre les aliments fournis à la plante ; et en outre il faut tenir compte de ce que les déperditions augmentent vite quand la dose d'azote soluble est accrue.

Les résultats sont bien moins favorables par l'emploi des sels ammoniacaux, quand les éléments minéraux manquent au sol. C'est ainsi que le n° 7, qui manquait depuis 20 ans de potasse et de magnésie, a exigé 8 kil. 796 d'ammoniaque par hectolitre d'excédent. Les numéros 6 et 5, où l'épuisement en matières minérales était plus accentué, ont demandé 11 k. 5 et 22 k. d'ammoniaque par excédant de récolte d'un hectolitre.

Avec le nitrate de soude et à quantité d'azote égale, les résultats sont les mêmes (numéros 11 et 12).

Il y a donc une différence très notable pour l'augmentation de produit, dans l'action de l'azote nitrique ou ammoniacal, suivant la proportion de substances minérales disponibles que renferment le sol. Aussi l'agriculteur qui, dans un terrain déjà épuisé en matières minérales, cherche à accroître la production *par l'emploi exclusif des engrais azotés*, diminue non seulement dans une très forte proportion de stock assimilable de ces substances minérales, mais encore *paye l'excédant de récolte qu'il obtient à un prix exorbitant*.

En somme, quand on se place dans les conditions de la pratique ordinaire, c'est-à-dire d'une fumure modérée et d'un sol suffisamment riche en aliments minéraux, 5 k. d'ammoniaque = 4 kilogr. 1 d'azote correspondent à la production de 1 hectolitre de grain avec la paille correspondante.

Enfin, d'une manière plus générale, en ce qui concerne la plante qui nous occupe, les illustres expérimentateurs anglais sont arrivés aux conclusions suivantes :

Sur une terre à blé de moyenne qualité, prise à l'expiration d'un assolement, après cinq récoltes successives sans engrais, on a pu cultiver du blé pendant trente années de suite, avec ou sans engrais. — Sans engrais on a obtenu, la première année, 13 hectolitres de grain à l'hectare ; la dernière année, 15 hectolitres 49, et en moyenne 14 hectolitres 59

Avec le fumier de ferme appliqué chaque année à la dose de 35.000 kilogr., le rendement a été la première année de 18 hectolitres 41, — la dernière, de 39 hectolitres 52, et en moyenne, pendant vingt années, de 29 hectolitres 19.

Avec les engrais artificiels (composés comme il est indiqué V, numéro 4 du tableau) le rendement a été à l'origine de 21 hectolitres 78, — la dernière année de 50 hectolitres 75, et en moyenne, pendant vingt années, de 32 hectolitres 11 ; il a donc été bien supérieur à celui que donne l'assolement ordinaire (Norfolk) et à celui obtenu à l'aide du fumier.

L'engrais minéral, sans azote, employé seul, bien que soluble, n'a que faiblement augmenté le rendement.

Les engrais azotés, employés seuls, ont augmenté le rendement d'une façon très notable, pendant bien des années de suite. Cela prouve que le sol, dans l'état d'épuisement relatif où on l'avait pris, était plus riche en minéraux assimilables qu'en azote. Mais au bout de ce temps, pour une même fumure azotée, les rendements se sont grandement affaiblis, preuve de l'épuisement du stock disponible de phosphate et potasse.

Enfin les plus belles récoltes ont été obtenues par l'emploi simultané du mélange des sels phosphatés, potassiques, et terreux et des sels azotés. C'est par ce mélange exempt de silice et de carbone qu'on a notablement dépassé le rendement dû au fumier.

Nous ferons remarquer que dans les expériences de Rothamsted, les saisons ont exercé la plus remarquable influence sur le rôle de l'azote soluble des engrais. Dans les années favorables, l'utilisation de l'ammoniaque fournie est bien plus complète que dans les mauvaises ; et toutes autres choses étant égales d'ailleurs, elle est d'autant moins parfaite, dans les saisons défavorables, que le sol est plus épuisé d'engrais minéraux.

Nous ajouterons à ce qui précède, avant d'aborder la question de consommation effective des engrais par le blé, quelques mots relativement à l'action des engrais pour combattre les pernicieux effets de la sécheresse.

L'année 1870 a été en Angleterre d'une sécheresse exceptionnelle. MM. Lawes et Gilbert ont comparé le produit total, obtenu en 1870, de chaque parcelle, avec la moyenne (grains et paille) des 19 années antérieures.

	Sans engrais	Fumier.	Engrais minéral et sels ammoniacaux.
Produit moyen à l'h. et par an (19 ans).	2.687 k.	6.743 k.	7.024 k.
Produit en 1870. . .	2.244 k.	5.707 k.	6.541 k.
Déficit en 1870. . . .	443 k.	1.035 k.	483 k.
Déficit 0/0.	16.5	15.3	6.8

Ainsi pour la parcelle sans engrais le déficit a été de 1/6, et il s'est abaissé à 1/15 environ dans la parcelle fumée avec l'engrais artificiel complet.

D'où il résulte que dans un sol fumé, surtout avec des engrais de commerce complets, il faut moins d'eau pour obtenir un même poids de récolte que dans le même terrain sans engrais. Les expériences physiologiques de Sachs ont démontré, de même, que les engrais exercent une action régulatrice sur la consommation de l'eau par les plantes.

Enfin, pour terminer cette étude, recherchons quelle est la proportion de l'azote des engrais que l'on retrouve dans les excédants de récoltes qu'ils ont produits. D'après les expérimentateurs précités, dans les conditions d'un sol riche en engrais minéraux, et pour des doses d'azote comprises entre 46 kilog. d'azote et 184 kilog. on observe que, dans le cas des sels ammoniacaux employés avant l'hiver, pour le blé, il y a 31 à 32 0/0 de l'azote recouvré par l'excédant de récolte et par contre 69 à 68, qui est pour la plus grande partie perdu ou du moins ne se trouve plus à la portée des racines. Nous savons qu'une grande partie de cet azote non recouvré par les récoltes est entraîné par le drainage naturel des eaux pluviales. Le reste se retrouve dans le sous-sol.

(A suivre.) AGRICOLA.

Les achats de graines au syndicat de la Mayenne.

Malgré la note qui a été publiée dans le n° 5, de février dernier, du *Bulletin agricole de l'Ouest*, sous le titre « Le commerce des grains et les Syndicats agricoles » et les avis contenus dans les deux derniers numéros du même *Bulletin*, un grand nombre d'agriculteurs ont attendu au dernier moment pour demander les graines diverses dont ils avaient besoin. Malgré l'approvisionnement important du début, beaucoup de demandeurs ont dû s'en retourner sans graines et fort mécontents.

Nous ne pouvons que leur répéter ce que nous avons déjà dit à ce sujet.

Le syndicat ne pouvant pas revendre ce qu'il a acheté, sous peine de sortir des limites qui lui sont assignées par la loi, ne doit acheter que ce qu'il est assuré de se voir demander par les agriculteurs qui le composent. En ce qui concerne les autres marchandises, engrais, tourteaux et instruments, etc., il peut, sans grand inconvénient, avoir une certaine réserve en magasin, parce qu'il y a des chances de les voir s'écouler un jour ou l'autre sans diminution de valeur appréciable. Il n'y a à prévoir qu'une perte d'intérêts des capitaux ainsi engagés, ce qui ne porte aucun préjudice à personne, ces capitaux étant impersonnels. Mais il ne peut en être de même lorsqu'il s'agit de graines. Celles-ci, en effet, lorsque la saison pendant laquelle on doit les semer est passée n'ont plus de valeur et celles qui resteraient en magasin feraient perdre à l'association non seulement l'intérêt de l'argent qu'elles représenteraient, mais cet argent lui-même.

Quelques-uns nous ont fait remarquer que les commerçants, chez lesquels les graines perdent leur valeur aussi bien que dans les magasins du Syndicat, sont toujours bien pourvus de marchandise.

Le commerçant vend des graines pour gagner de l'argent, contrairement à ce que fait le Syndicat, qui les cède à ses membres au prix qu'elles lui coûtent. En majorant ses prix, ce dont il ne se fait pas faute, le commerçant peut réaliser, sur celles qu'il vend, un bénéfice suffisant pour couvrir la perte qui lui est occasionnée par celles qui lui restent. De plus, il est malheureusement connu que toutes les graines vendues par le commerce ne sont pas de premier choix, que beaucoup sont vieilles et ne germent pas. Ce qui provient de ce que au lieu de les détruire lorsqu'elles ont perdu leurs qualités, les marchands continuent à les vendre, soit seules, soit après les avoir mélangées à d'autres ayant plus de valeur.

Le Syndicat ne peut pas agir ainsi. Son but est de fournir à ses membres des graines aussi parfaites que possible au prix le moins élevé. Il ne peut donc ni vendre de vieilles graines ni les mélanger, l'année suivante, à d'autres graines de bonne qualité.

On nous a aussi reproché le prix élevé de quelques unes des graines achetées par le Syndicat.

Tous les marchés passés par le syndicat sont basés sur les deux mêmes éléments : la concurrence des fournisseurs et la valeur absolue des marchandises achetées. Nous n'acceptons d'offres de graines qu'autant qu'on nous en garantit la pureté et la faculté germinative, c'est-à-dire la valeur culturale. Et nous choisissons parmi les offres qui nous sont faites dans ces conditions, celles dans lesquelles en regard de la valeur la plus élevée se trouve le prix le plus réduit

Il est clair que, puisque nous n'achetons que des graines de première qualité, il ne faut pas comparer nos prix à ceux du commerce, qui vend les graines sans aucune garantie. D'ailleurs, c'est surtout dans le commerce des graines que le bon marché n'est, le plus souvent, qu'illusoire. Lorsqu'on achète de mauvaises graines, non seulement il faut en semer davantage, sous peine de ne garnir qu'imparfaitement la terre, et alors on dépense plus d'argent, tout en payant le kilogramme un peu meilleur marché, mais encore on risque fort de semer des graines de mauvaises herbes, dont on ne peut ensuite se débarrasser qu'à la longue et à force de dépenses en sarclages et binages.

Il faut aussi tenir grand compte de l'identité et de la provenance des graines. Ainsi, cette année, où la graine de minette a été rare et chère, il a été vendu d'énormes quantités de *fausse minette* sur nos places et les amateurs de bon marché qui se sont laissé prendre auront une cruelle déception. De même, il n'est pas indifférent de semer de la graine de trèfle d'une provenance ou d'une autre, et chacun sait que tandis que les bonnes variétés produisent une tige haute et rigide, les autres ne produisent en quelque sorte que des rosettes de feuilles au ras du sol et ne donnent, somme toute, qu'un produit insignifiant.

Si les graines achetées au Syndicat *paraissent* plus chères, elles ont au moins l'avantage de donner une entière sécurité à leurs acheteurs, ce qui semble devoir être à considérer.

Maïs pour semence. — Le bureau du Syndicat s'est assuré la fourniture des maïs pour semence aux conditions suivantes :

Variétés.	Pureté. 0/0	Germination. 0/0	Valeur culturale. 0/0	Prix des 100 kil.
Dent de cheval ou Geant.	99	83	82 17	18 fr.
Blanc des Landes	100	76	76 »	24
Jaune des Landes	100	86	86 »	24

Ces prix s'entendent pour marchandises rendues *franco* en gare de Laval, logées en sacs à rendre ou à facturer en plus.

Pour éviter ce qui vient de se passer pour les autres graines, nous prions les membres du Syndicat qui désirent du maïs pour semence, de nous adresser leurs commandes sans aucun retard.

H. LÉIZOUR.

Ce que vaut la graine de fenil pour la création des prairies naturelles.

Dans la plupart des fermes de notre région, s'il arrive qu'on ait à créer, à ensemencer une prairie naturelle ou permanente, on se contente généralement de se procurer de la fenaste (débris et graines de fenils), soit dans les hôtels ou chez les marchands de fourrages, c'est-à-dire des graines de foins de provenances très diverses, et il n'y a dans cet achat qu'un seul souci, c'est le bon marché.

En présence de ce prétendu bon marché, on néglige toujours les conditions essentielles qui doivent guider l'agriculteur dans ces achats, qui sont : la *pureté des graines*, leur *faculté germinative*, et le *rapport du mélange*.

La première de ces conditions est bien difficile, je dirai même impossible à déterminer de la part d'un cultivateur ; le rapport du mélange des graines est également trop difficile à apprécier par lui. Il en est donc réduit à semer à foison un mélange confus qu'il ne connait pas, il agit en aveugle.

On pourrait peut-être objecter que dans certains cas le foin étant bon, la graine devrait nécessairement être bonne aussi. Dans cette supposition, il n'y a rien de fondé, comme nous allons le voir en examinant les conditions dans lesquelles le foin est récolté.

D'abord toutes les herbes qui composent la flore d'une prairie sont-elles représentées par leurs graines dans le mélange en question ? Evidemment non ! car tout le monde sait que pour obtenir de la graine, il ne faut pas couper la plante pendant sa floraison ! N'est-ce pas ce que l'on fait cependant ? Il faut, en effet, autant que possible, pour obtenir de bon foin, couper les herbes au moment où la majeure partie d'entre elles est en fleur.

En conséquence, il nous reste à remarquer qu'il n'y a généralement que les graines de plantes précoces qui peuvent avoir quelques chances de germer : donc en semant ces graines on voit tout de suite le résultat sur lequel on doit compter.

Mais, ce n'est pas tout, avec ces graines de fourrages provenant des prés comme des champs, il ne faudrait pas toujours être surpris, en voyant après l'ensemencement une prairie fleurie en blanc par la reine marguerite (grande pâquerette), ou de voir croître des plantes analogues que le cultivateur déteste beaucoup et cependant qu'il sème hardiment.

En dehors de ces cas qui ne sont pourtant pas sans exemples, je donne ci-après, une analyse complète de graines de fenils, faite au laboratoire agronomique de la Mayenne et qui permettra de juger de leur valeur.

NOMS DES GRAINES	POIDS des graines ou leurs enveloppes par kil.		POIDS des graines qui germent p. kil.	
Houlque laineuse	130 g.	»	60 g.	»
Ray-grass.	60	»	25	»
Fétuque des prés	70	»	2	»
Plantin lancéolé.	21	»	14	»
Carum verticillé	12	»	2	»
Brome stérile	11	50	5	50
Avoine élevée	2	50	»	»
Brome à grappes	38	»	22	50
Floune odorante	2	»	1	»
Dactyle pelotonné	10	50	»	»
Crételle à crêtes	8	50	0	80
Trèfle blanc	5	»	2	»
Lupuline ou caillette	4	50	1	»
Lotier corniculé.	1	»	»	»
Chardon et scorsonnère	0	50	0	20
Rhinanthe crête de coq	1	20	0	60
Grande oseille	10	»	3	50
Céraiste agglomérée	0	50	0	20
Pissenlit	8	10	2	50
Porcelle enracinée.	1	»	0	25
Renoncule rampante	3	50	0	75
Grande marguerite	0	90	0	30
Sable et poussière	120	»	»	»
Débris de tiges et de feuilles	479	80	»	»
	1.000	»		

En examinant ce tableau, on remarque parmi les plantes qui dominent comme germination : la *Houlque laineuse*, qui est une plante médiocre et molle, le *Brome à grappes*, plante rude, dure et de mauvaise qualité, le *plantain lancéolé*, plante inutile ; on remarque aussi bon nombre de plantes nuisibles qui sont les *Rhinantes*, les *Renoncules*, le *Brome stérile*, le *Carum verticillé*, les *Chardons*, la *Grande Marguerite*, le *Pissenlit*, la *Porcelle*, etc.

Enfin les bonnes espèces ne germent que dans une proportion de 31 gr 80 par 1000 gr et on ne trouve en quantité notable que le *ray-grass vivace* et la *fétuque des près* ; les légumineuses, *trèfle blanc, minette* et *lotiers* ne germent que dans une proportion insignifiante.

Je ne parle pas des 599 ^{gr} 80 de sables, poussières et débris que l'on trouve dans 1 k., car s'il n'y avait que cet inconvénient il serait aisément évité en employant le double ou même le triple de la semence. Mais en présence des nombreuses causes d'insuccès qui viennent d'être développées ci-dessus, il faut forcément conclure qu'il y a lieu de ne jamais employer la fenasse pour ensemencer une prairie. Après avoir préparé convenablement le sol, ne serait-il pas désastreux d'arriver à un aussi piètre résultat !

Que faut-il donc faire pour avoir une bonne prairie et récolter sûrement du foin en quantité et en qualité ? Il n'y a pas à hésiter, c'est d'acheter des graines pures, cultivées et récoltées séparément lorsqu'elles sont arrivées à leur parfaite maturité, comme on le fait pour les ray-grass, dans le département de la Mayenne, et faire un mélange de ces graines, en rapport avec la nature du sol.

Il suffit d'employer 50 kilos de graines pures par hectare, ce qui n'entraine qu'à une dépense d'environ 70 fr., et l'on est assuré du succès. Le laboratoire de chimie agricole de la Mayenne est à la disposition des cultivateurs pour vérifier gratuitement la pureté et la faculté germinative des graines, qui devront toujours être achetées avec garantie.

Voici *deux compositions* indiquées par M. Léizour, et qui ont servi de base pour la création de plusieurs centaines d'hectares de prairies dans le département de la Mayenne qui ont donné pleine satisfaction.

TERRES SAINES FERTILES.		TERRES DE LANDES.	
Fléole des prés,	6 kos	Avoine élevée	5 kos
Avoine élevée,	6	Dactyle pelotonné,	6
Dactyle pelotonné,	3	Fétuque des prés,	6
Fétuque des prés,	7	Pâturin commun,	5
Fétuque élevée,	5	Fétuque ovine,	7
Pâturin des prés,	4	Houlque laineuse,	3
Houlque laineuse,	4	Lotier velu,	5
Ray-grass vivace,	6	Trèfle blanc,	3
Trèfle blanc,	2	Lupuline,	5
Lupuline, minette,	2	Trèfle des prés,	5
Trèfle commun,	5		
		Total.	50 kos
Total.	50 kos		

Ces graines doivent toujours être semées en 2 fois, en raison de leur différence de densité. Il est préférable de pratiquer le semis dans une avoine de printemps un peu claire, de façon à ménager l'air et la lumière aux jeunes herbes et assurer la réussite de la prairie.

P. MASSERON.
*Préparateur au laboratoire départemental
de la Mayenne.*

Pommiers malades

En présence des graves atteintes de l'Asteroma mali dont beaucoup de pommiers ont eu à souffrir dans le département de la Mayenne, en 1888, il paraît urgent de faire des essais de traitement afin d'arriver, dans le délai le plus bref, à déterminer le moyen d'enrayer le nouveau mal qui menace les vergers.

Le professeur départemental d'agriculture, informe les agriculteurs qu'il se tient à leur disposition pour ces essais, dont la dépense sera peu élevée, les instruments étant fournis par lui, il invite ceux dont les pommiers ont été atteints l'année dernière à lui fournir, le plus tôt possible, tous les renseignements utiles afin qu'il puisse prendre les mesures nécessaires pour organiser le traitement.

Il s'agit de la maladie connue généralement sous le nom d'arbres *brimés*, qui perdent leurs feuilles avant l'époque normale, c'est-à-dire dès la fin du mois d'août et même quelquefois plus tôt.

Il est reconnu que la chute prématurée des feuilles est due à un petit champignon qui les tue, et que, dans certains cas, la mort des arbres en est la conséquence.

SYNDICAT DE DREUX

L'assemblée générale des Membres du Syndicat est fixée au lundi 13 mai 1889, à 2 heures, au théâtre de Dreux.

ORDRE DU JOUR :

Compte-rendu des opérations depuis la dernière réunion ;
Exposé de la situation financière ;
Élection de cinq Membres du Bureau, en remplacement de MM. Deshayes, Touraille, Th. Lafond, Ruelle et Alex. Lafond, Membres sortants et rééligibles.
Dépôt d'un projet de formation de Société pour l'achat des Semences et des Instruments agricoles.
Vu l'importance de l'ordre du jour, MM. les Membres du Syndicat sont priés d'assister en grand nombre à cette réunion.

SYNDICAT DE DREUX

Dans sa séance du lundi 18 mars, le bureau du Syndicat a, d'après les analyses faites par les chimistes désignés à cet effet, fixé ainsi qu'il suit les dosages des superphosphates fournis au printemps 1889.

Gares.	Superph. Min. sol. à l'eau.	Superph. Min. sol. au citrate	Superph os
Saint-Germain, Saint-Rémy. .	14 34	16 50	Pour toutes gares 16 445
Verneuil	14 62	16 575	
Tillières	14 80	16 19	
Dreux	14 91	16 445	
Houdan.	14 72	16 70	
Aunay-Tréon.	14 875	» »	
Saint-Sauveur. Ch.	13 92	16 32	
Marchezais.	15 »	16 96	
Yvry-la-Bataille	13 935	16 445	
Theuvy-Achères.	13 37	16 445	
Nogent-le-Roi	13 37	16 64	

Superphosphates belges pulvérulents sol. au citrate.

Gares. Aunay-Tréon . . . . 14 885 d'acide phosph.
—   Marchezais. . . . . 15 61   id.
—   Houdan. . . . . 14 145   id.

Les différents engrais et matières premières autres que les superphosphates ayant été livrées conformes aux cahiers des charges, seront facturées aux prix de l'adjudication.

Le Secrétaire-Rapporteur, L. DURANTEL.

A VENDRE 20.000 k. de foin, dans de bonnes conditions ; s'adresser à M. Desprès, ancien notaire à Villaines-la-Juhel (Mayenne).

Le Gérant, E. MOREAU.

Laval. Imp. L. Moreau.

Ce Bulletin paraît le 15 de chaque mois.

BULLETIN AGRICOLE
DE L'OUEST

Organe de l'Union des Syndicats Agricoles
des départements du Finistère, des Côtes-du-Nord,
du Morbihan, de la Loire-Inférieure, d'Ille-et-Vilaine, de la
Manche, de la Mayenne, de Maine-et-Loire, de la Sarthe,
de l'Orne, du Calvados, de l'Eure, d'Eure-et-Loir
et de la Seine-Inférieure.

Publié sous la direction de :

H. LÉIZOUR

Professeur départemental d'Agriculture de la Mayenne,
Directeur du Laboratoire agronomique,
Président du Syndicat des Agriculteurs de la Mayenne.

GAROLA, ✚ M. A.

Professeur départemental d'Agriculture d'Eure-et-Loir,
Directeur de la Station agronomique de Chartres.

ABONNEMENTS

Pour les membres des syndicats :   Pour les étrangers aux syndicats :
1 fr. par an.   **6 fr.** par an.

ANNONCES

De 1 à 4 annonces. » **50ᶜ** la ligne.   De 8 à 12 annonces » **30ᶜ** la ligne
De 4 à 8   —   » **40ᶜ**   —   Au-delà de 12. . » **20ᶜ**   —

Le bulletin publiera gratuitement les offres et demandes
des Syndicats abonnés.

*AVIS. — Tout ce qui concerne la rédaction, les Annonces et les Abon-
nements, doit être adressé à M. LÉIZOUR, rue de la Filature, 1, à Laval.*

AVIS

Le **BULLETIN AGRICOLE DE L'OUEST** insérera toutes les annonces que voudront bien lui adresser **MM.** les industriels, constructeurs, fabricants et négociants.

Comme il s'adresse exclusivement à des agriculteurs, on peut être certain que les annonces qu'il publiera ne manqueront pas eur but et qu'elles parviendront à ceux en vue desquels elles seront spécialement faites.

Les annonces, offres et demandes des syndicats adhérents et des agriculteurs abonnés, seront insérées gratuitement.

Nous engageons vivement les agriculteurs à user largement de cette faveur, objet principal du bulletin et nous leur prédisons à ce compte un large débouché pour les divers produits de leur exploitation.

L'administration du **BULLETIN AGRICOLE DE L'OUEST** insérera les annonces qu'on lui enverra, mais ne prendra aucune responsabilité en ce qui les concernera. Ces annonces devant amener des transactions surtout entre agriculteurs, nous invitons nos lecteurs à faire les livraisons avec la plus scrupuleuse loyauté.

C'est parce que les intermédiaires n'ont pas toujours agi de cette façon qu'ils ont perdu la confiance et que les syndicats ont été institués pour permettre à chacun de s'en passer. Si des réclamations parvenaient à l'administration du bulletin contre des livraisons mal faites, elle se réserverait le droit de refuser l'insertion de nouvelles annonces pour celui dont on aurait eu à se plaindre.

☞ Le **BULLETIN AGRICOLE DE L'OUEST** sera servi, au même prix qu'aux membres des syndicats, aux fermiers et métayers des propriétaires syndiqués lorsque ceux-ci en feront la demande et le droit de ces abonnés aux annonces gratuites sera le même.

BULLETIN AGRICOLE DE L'OUEST

SYNDICAT DES AGRICULTEURS DE LA MAYENNE

Hannetonnage

AVIS

Les hannetons viennent de faire leur apparition en grand nombre dans quelques communes de la Mayenne.

Étant donnés les résultats obtenus dans le canton de Gorron en 1887, grâce à l'entente générale, nous espérons que le hannetonnage sera régulièrement pratiqué partout où l'insecte apparaîtra.

Le moyen le plus sûr et le plus économique de le détruire consiste à l'introduire dans des fours chauffés à la température de 100 à 200 degrés centigrades et à l'y laisser pendant un quart d'heure. Les sacs ne seront pas endommagés à cette température et tous les hannetons mourront à coup sûr.

En laissant les sacs contenant les hannetons plus longtemps dans le four, c'est-à-dire deux ou trois heures, on arrive à les dessécher suffisamment pour qu'il soit possible ensuite de les conserver sans qu'ils fermentent.

Les communes ou les particuliers qui achèteront des hannetons et qui ne sauraient quel parti en tirer, pourront les adresser à Laval, à l'adresse de M. Peyras, agent principal du Syndicat des Agriculteurs de la Mayenne qui les paiera à raison de 10 fr. les 100 kilos.

Les insectes ne devront pas contenir plus de 12 à 15 0/0 d'eau et le prix sera établi en ramenant à ce taux, le poids de ceux qui arriveraient plus humides.

Les hannetons frais renfermant en moyenne de 67 à 70 0/0 de leur poids d'eau, chacun pourra savoir que ceux qu'il aura pris seront suffisamment desséchés, lorsqu'ils auront perdu de 52 à 55 0/0 de leur poids primitif, c'est-à-dire lorsqu'ils auront diminué d'un peu plus de la moitié.

Les acheteurs de hannetons se trouveront donc remboursés d'environ la moitié de leurs avances puisque le prix ordinairement payé est de 0 fr. 10 le kilogramme de hannetons frais.

Le bureau du Syndicat des Agriculteurs de la Mayenne, en décidant l'achat des hannetons, a voulu encourager la destruction de ce redoutable insecte, dont les ravages et surtout ceux de sa larve, turc ou ver blanc, causent à l'agriculture des dommages incalculables. Il est convaincu que si tous les intéressés s'entendaient pour hannetonner, on arriverait facilement et en peu d'années, à limiter suffisamment la reproduction de l'insecte pour que ses ravages ne soient plus à craindre.

*Le Président du Syndicat des Agricul-
teurs de la Mayenne.*

H. Léizour.

A propos de la création d'une école d'apiculture à Laval

Jacques Bujault disait: si vous voulez du pain, faites du foin. Ne pourrait-on pas dire: Si vous voulez des pommes faites des abeilles ?

M. E. Jobard, dans une brochure que nous recommandons vivement aux agriculteurs, expose d'une façon bien précise l'incomparable utilité du rôle des abeilles dans l'agriculture ; et, joignant le dévouement au savoir, il l'envoie gratuitement sur demande accompagnée d'un timbre de 0,05 pour l'affranchissement (1).

La lecture en est attrayante et elle entraine la conviction. Nous y voyons en effet exposées d'abord les belles et si parfaitement concluantes expériences de Darwin sur la fécondation des plantes par les abeilles. L'illustre savant avait choisi le colza et le trèfle pour sujets de ses études.

Le concours que les abeilles apportent au phénomène de la fécondation est dû au mouvement qu'elles impriment au pollen dans la recherche de leur précieux butin. Elles sont aussi, par la même raison, un ennemi redoutable de *l'anthonome* des fleurs du pommier, insecte si dangereux pour nos vergers, dont elles font tomber l'œuf qu'elles trouvent dans le pollen.

Puis, M. E. Jobard cite les observations répétées de praticiens consciencieux et habiles sur le blé, les prairies artificielles, les arbres fruitiers et surtout les pommiers à

---

(1) Utilité des abeilles par Eug. Jobard, place Darcy, 9, Dijon.

cidre. Il raconte ce qui est arrivé à une commune de Normandie qui, ayant cessé de cultiver les abeilles, cessa en même temps d'avoir des pommes; mais elle ne tarda pas à rétablir ses ruchers, et aussitôt les pommiers recommencèrent à donner des fruits; aussi, ajoute-t-il, nulle part les abeilles ne sont mieux soignées que dans cette localité.

Sous ce rapport spécialement, nous avons un intérêt considérable dans notre Mayenne à cultiver cet insecte si utile. Aussi, je suis heureux d'avoir à annoncer aux Mayennais qu'il s'organise en ce moment, à Laval, dans le beau jardin de l'Ecole normale des garçons, une école d'apiculture.

Je me fais un grand plaisir d'ajouter que la création en est due au zèle éclairé de MM. Léizour et Hagnus.

Espérons que nos concitoyens en profiteront; il y a urgence, car il ne faut pas que nous nous laissions dépasser dans cette voie par les pays rivaux. L'apiculture y est en honneur, et elle y donne de magnifiques produits.

E. PERROT.

De l'emploi des engrais

(Suite)

Pour le nitrate de soude, l'utilisation proportionnelle a été plus grande que pour les sels ammoniacaux; l'azote recouvré par les excédants de récoltes a été de 45 0/0.

Le fumier, au contraire, ne donne qu'une proportion beaucoup plus faible, elle ne dépasse pas dans les expériences précitées 14 à 15 0/0 de l'azote total de la fumure. Mais outre qu'il s'agit dans le cas qui nous occupe de fumures très considérables (35.000 kilog. par an), il faut songer que le fumier voit ses principes fertilisants s'accumuler dans le sol, et qu'ils peuvent plus tard devenir peu à peu disponibles.

En traitant des rapports du sol et des engrais, nous avons déjà fait remarquer cette persistance des effets du fumier au sujet de la prairie. Dans ce cas particulier il y a eu 21 0/0 de l'azote du fumier recouvré par les excédants de récoltes pendant les 8 premières années, durant lesquelles on a appliqué tous les ans au sol 35.000 kilog. de fumier par hectare. Dans les onze années qui ont suivi, aucune fumure n'a été fournie, et cependant les excédants de récoltes, dus à la fertilité accumulée, ont encore fait recouvrer 21 0/0 de l'azote initial du fumier fourni Au total, il y a donc eu 42 0/0 de l'azote de recouvré ; mais il faut ajouter qu'il a fallu 19 ans pour atteindre ce résultat. Sur la proportion de 58 0/0 de l'azote dont n'ont pas bénéficié les récoltes, nous trouvons qu'il y en a environ 56 0/0 qui a été entraîné par le drainage naturel, soit presque la totalité.

Pour compléter ces données, ajoutons que d'après des expériences relatées par M. de Gasparin, il y a eu pour les *tourteaux* employés à la fumure du blé 39 0/0 de l'azote recouvré ; pour le *fumier* 14 0/0 ; pour le *guano du Pérou* 30 0/0.

VII. — Application des engrais aux autres céréales.

Avoine. — L'analyse de la plante entière nous montre que l'avoine a besoin d'engrais alcalins ; mais, en général et surtout pour la plante qui nous occupe, ils ne font pas défaut dans la plupart des sols. La chaux est également indispensable, aussi ne doit-on pas négliger l'emploi des amendements calcaires dans les sols dépourvus de cette substance. Mais, comme pour les autres céréales, les engrais azotés donnent une augmentation de récolte beaucoup plus considérable que les engrais minéraux sans azote, car, dans presque tous les cas, sauf pour les phosphates qui peuvent faire complètement défaut et qui sont indispensables à la formation du grain, le sol est toujours plus épuisé d'azote que des autres principes nutritifs. Enfin, c'est toujours avec le mélange des engrais azotés et des engrais minéraux phosphatés, potassiques et magnésiens, qu'on obtient les plus beaux résultats.

Des expériences poursuivies pendant cinq années consécutives ont donné à MM. Lawes et Gilbert les résultats suivants :

(A) La parcelle sans engrais a donné un rendement moyen de 17 hectol. 84, du poids de 42 kilog. 06, et 1,302 kilog. de paille, le tout par hectare.

(B) L'engrais minéral seul, composé de :

224 kilog. de sulfate de potasse,
112 kilog. de sulfate de magnésie,
440 kilog. de superphosphates,

a donné à l'hectare un rendement de 22 hectol. pesant l'un 43 kilog. 64, avec 1,679 kilog. de paille. C'est en plus 211 kilog. de grains et 377 kilog. de paille. L'engrais n'est pas payé, mais son influence est nette.

(C) Avec les sels ammoniacaux, à la dose de 448 kilog., dosant 91 kilog. 91, d'azote, le rendement *moyen* des 5 années a été de 42 hectol. 21 du poids de 44 kilog. 69, avec 3, 578 kilog. de paille. L'efficacité des sels ammoniacaux est de toute évidence. L'excédent de récolte est, en grains, de 1,135 kilog., et en paille de 2,276 kilog.

(C) Le mélange des sels ammoniacaux avec l'engrais minéral précité, aux doses indiquées plus haut, a donné *52 hectol. 99 de grain pesant 46 kilog. l'hectol.*, et 5,163 kilog. de paille. L'effet est saisissant. On a un excédent de 1,686 kilog. de grains avec 3,861 kilog. de paille par hectare.

(D) Le nitrate de soude a donné des résultats du même ordre. Employé seul à raison de 616 kilog., dosant 92 kilog. d'azote, il a donné à l'hectare un rendement de 42 hectol. 32 de grains pesant l'un 44 kilog. 26, avec 3,452 kilog. de paille. — Employé en mélange avec l'engrais minéral indiqué et aux doses données isolément, il a fourni 51 hectol. 65 de grains du poids de 44 kilog. 57, avec 4,399 kilog. de paille. — Il y aurait, on le voit, un très léger excès en faveur des sels ammoniacaux.

L'azote de la fumure recouvré dans l'excédent de récolte a été de 52 0/0 avec le mélange de sels ammoniacaux et d'engrais minéraux, et de 50,4 0/0 avec les nitrates mélangés de même.

Ces expériences nous amènent à conclure que, *dans un sol suffisamment pourvu d'aliments minéraux, c'est-à-dire de phosphate, potasse, chaux et magnésie, on peut compter sur un excédent de 1 quintal de grain, avec la paille correspondante, sur ce que donnerait le sol sans engrais, par chaque quantité de 4 kilog. 7 d'azote assimilable* que la fumure renferme, quand, bien entendu les conditions atmosphériques ne sont pas trop défavorables. La production de l'hectolitre de grains (45 kilog.), en excédent de récolte, avec sa paille, demanderait 2 kilog. 115 d'azote.

Dans la pratique courante, quand l'avoine suit une plante racine, un mélange par parties égales de nitrate de soude ou de sulfate d'ammoniaque et de superphosphates, est avantageusement employé. 125 kilog. de sulfate d'ammoniaque ou 150 kilog. de nitrate de soude avec 125 kilog. d'un bon superphosphate suffisent pour 1 hectare. On les distribue comme pour le blé.

Quand l'avoine suit une céréale, il faut doubler les doses.

Orge. — Une récolte d'orge de 36 hect. à 64 kil. 85 l'un, avèc les 2,802 kilog. de paille correspondante, enlève au sol les mêmes quantités à peu près de substances alimentaires qu'une récolte de 20 quintaux de blé avec 3,360 kilog. de paille, c'est-à-dire en chiffres ronds :

    50 kilog. d'azote,
    25 kilog. d'acide phosphorique,
    34 kilog. de potasse,
    14 kilog. de chaux,
    7 kilog. de magnésie.

Il y a donc une grande analogie entre l'alimentation de l'orge et celle du blé.

Les expériences entreprises sur la culture de l'orge à Rothamsted sont de même durée que celles relatives au blé. Elles ont eu lieu dans un sol riche en potasse.

(1) La parcelle sans engrais a donné une moyenne de 1,276 kilog. de grain pesant 64 kilog. 85 l'hectolitre, et 1,475 kilog. de paille.

(2) Avec une fumure continue de 35,000 kilog. de fumier de ferme, le rendement moyen obtenu a été de 31 q. 04, le poids de l'hectolitre 67 kilog. 80 ; le poids de la paille a été de 3,546 kilog.

Ainsi dans un sol qui était capable de donner 12 q. 76, soit 18 hectolitres, d'une manière continue et sans aucun engrais, on a pu, par l'emploi du fumier seul distribué tous les ans à la dose de 35 tonnes, élever le rendement moyen de 30 années à 31 q., soit 43 hect.

(3) Avec l'engrais minéral mixte composé de :

    224 kilog. de sulfate de potasse,
    112 kilog   id   magnésie,
    112 kilog.   id.   de soude,
    439 kilog. de superphosphates, auquel on avait ajouté 224 kilog. de sels ammoniacaux pour en faire un engrais complet, on a obtenu presque le même rendement, soit 29 q. 1/2 de grains ou 41 hect. 5, du poids de 67 kilog. 35, et 36 q de paille.

(4) Avec l'engrais minéral, seul, c'est-à-dire l'engrais (3) dont on a supprimé les sels ammoniacaux, le rendement n'est que peu amélioré. Il a passé de 12 q. 76 sans engrais à 17 q. 39 avec l'engrais. En outre le rendement a des tendances à la baisse par suite de l'épuisement de l'azote.

(5) Les engrais azotés seuls, employés d'une manière

continue, ont donné de bien meilleurs résultats que l'engrais minéral seul, car l'épuisement de l'azote est toujours plus rapide et plus complet que celui des autres aliments. A la dose de 224 kilog. de sels ammoniacaux (46 kilog. d'azote), les engrais purement azotés ont donné un rendement moyen de 20 q. 1/2 de grain ou 39 hect. 2 du poids de 65 kilog, l'un, avec 23 q. de paille.

(6) Le mélange des sels ammoniacaux et des superphosphates fournit d'aussi bons résultats que le fumier.

(7) Le nitrate de soude est plus efficace encore que les sels ammoniacaux, surtout par les années de sécheresse.

(8) Les tourteaux de graines oléagineuses (1,120 kil.), avec engrais minéral, donnent aussi de très forts rendements (42 hect. 1/2).

Autrement dit, et comme pour les autres céréales du reste, la matière carbonée des engrais n'a pas d'action immédiate sur le rendement de l'orge — *les engrais minéraux seuls ne permettent pas à la plante de puiser l'azote qui lui manque dans l'air ou dans le sol;* — en présence des sels azotés, les éléments minéraux du sol sont insuffisants pour donner à l'azote toute son efficacité, — puisque dans l'engrais complet, l'efficacité de l'azote est considérablement accrue.

Voyons maintenant qu'elle est l'efficacité de l'azote de l'engrais dans un sol suffisamment pourvu d'aliments minéraux? Avec l'engrais complet, nous avons un excédent de 16 quintaux 66 de grain sur la parcelle sans engrais, excédent qui est dû aux 46 kilog. d'azote contenus dans 224 kilog. de sels ammoniacaux. Chaque quintal de grains, avec la paille correspondante, obtenu en excédent sur ce que le sol peut donner naturellement, a donc nécessité 2 kilog. 8 d'azote. *Quand les conditions varient, on a en moyenne 1 hectolitre d'orge, avec la paille correspondante, par chaque quantité de 1 kilog. 8 d'azote ammoniacal ou nitrique de l'engrais.*

Avec les tourteaux (56 kilog. d'azote à l'hectare), le poids d'azote nécessaire dans la fumure pour produire 1 quintal d'orge, avec sa paille, en excédent sur la récolte du sol sans engrais, est de 3 kilog 2. — Avec le fumier il a fallu 7 kilog. 6 d'azote, mais nous savons qu'avec le fumier la fertilité s'accumule et redevient disponible dans les années suivantes.

Enfin, sous une autre forme, on peut dire que l'orge a recouvré dans les excédents de récolte les proportions suivantes de l'azote des engrais :

```
Fumier .................. 11 0/0
Sels ammoniacaux.. ...... 49 0/0
Tourteaux............... 36 0/0
```

Au point de vue pratique, on fournira l'azote nécessaire soit avec

282 kilog. de nitrate de soude seul,

ou 220 kilog. de sulfate d'ammoniaque seul, soit encore par le mélange des deux à parties égales, de manière à parfaire 45 kilog. d'azote. On doit évidemment donner la préférence à l'engrais qui donne l'azote au meilleur marché, entre les deux que nous venons d'indiquer.

A cela on devrait ajouter 375 à 400 kilog. de bons superphosphates.

Une telle fumure coûtera :

```
45 kilog. d'azote à 2 fr. le kilog. ........  90 fr.
375 kilog. superphosphates à 8 fr.........    30
                              Total............  120 fr.
```

Le rendement atteindra 31 quintaux à 18 fr. l'un, c'est un produit brut de 558 fr Il y a donc de la marge pour le payement des frais de culture.

AGRICOLA.

Récolte des foins. — Fauchage, fanage. — Avantages que présente l'emploi des instruments perfectionnés.

Les foins sont la base de l'alimentation des animaux, des espèces bovine, chevaline et ovine. Nous entendons par foins tous les fourrages desséchés que l'on emmagasine dans les fenils ou que l'on met en meules (barges). à l'air libre, que ces fourrages proviennent de prairies naturelles ou de prairies artificielles : trèfles, luzernes, sainfoins.

En agriculture la question des fourrages est une question capitale. Il faut en produire beaucoup et produire bon, afin d'entretenir de nombreux animaux, de leur assurer une bonne alimentation, et d'obtenir une grande masse de fumier.

Du mode d'opérer pour la coupe des foins et le fanage peut dépendre la plus ou moins bonne qualité des fourrages secs. Le cultivateur ne doit donc rien négliger pour appliquer à la marche de ces deux opérations les meilleurs procédés et les plus économiques.

Abstraction faite de la nature des plantes qui composent un fourrage, sa qualité peut dépendre :

1° Du choix du moment le plus propice à la fauchaison.

2° De la célérité avec laquelle la dessication est obtenue ;

3° Des procédés de fenaisons appliqués.

Règle générale, il est reconnu que les plantes fourragères présentent le maximum de faculté nutritive au moment où elles sont en pleine floraison. C'est donc ce moment qu'il faut choisir pour les faucher et les dessécher. Pour les plantes de prairies artificielles ce moment est très facile à déterminer, la floraison se produisant pour chaque espèce d'une façon régulière et simultanée. Il n'y a qu'une simple remarque à faire, c'est que dans bien des cas ces fourrages sont susceptibles de verser, ce qui les expose à pourrir du pied avant d'avoir atteint la pleine floraison. Il y a alors lieu, pour éviter la détérioration du fourrage, de devancer l'époque de la fauchaison. On s'assure ainsi une deuxième coupe plus précoce et généralement plus abondante.

Pour les prairies naturelles la flore étant très variée et les plantes d'inégale précocité, il faut les faucher au moment où la plus grande partie est en fleur. S'il y a de la verse, agir comme pour les foins artificiels.

Lorsque l'époque la plus propice pour faucher est venue, il faut mener les travaux avec une grande célérité. Les bras dont dispose généralement le cultivateur ne permettent pas, dans les fermes qui ont une certaine étendue de prairies, d'obtenir ce résultat par les procédés ordinaires, c'est-à-dire par le seul emploi de la faux, de la fourche et du rateau à main.

Il faut forcément faire intervenir les instruments à grands rendements de travail, tels que la faucheuse et le rateau à cheval principalement.

La faneuse est moins indispensable. Dans les fermes où les prairies naturelles présentent une certaine étendue; elle peut cependant être avantageusement employée. Dans les foins artificiels elle provoque la séparation des feuilles d'avec les tiges et entraîne ainsi la perte d'une partie des organes les plus nutritifs des plantes.

L'emploi de la faucheuse se généralise de jour en jour. Cet instrument fournit un travail qui ne laisse rien à désirer. Le meilleur ouvrier avec la faulx obtient difficilement la même perfection de coupe, dans les prairies bien nivelées.

Si l'on a soin de relayer les chevaux en temps voulu.

on peut couper, en moyenne, avec une faucheuse, 5 à 6 hectares par jour, c'est-à-dire qu'elle peut fournir le travail de 12 à 15 hommes.

Le rateau à cheval, dont l'emploi se généralise aussi de plus en plus, peut sensiblement remplacer le même nombre d'ouvriers que la faucheuse.

Une faneuse peut effectuer le travail de 10 hommes.

Ces données, qui sont fournies par une longue expérience, permettent d'envisager de suite le côté économique que présente l'emploi des instruments perfectionnés, pour les travaux de fauchage et de fanaison.

Si l'on opère par un temps propice, l'emploi de ces instruments permet d'effectuer dans un temps très court la rentrée des foins. On obtient ainsi le maximum de qualité, sans préjudice de la quantité, en se réservant toutes les chances pour la réussite des deuxièmes coupes.

Lorsque les conditions climatériques sont peu favorables au fanage, leur avantage est encore plus manifeste, parce que ces instruments permettent de profiter des belles journées et d'agir simultanément sur de grandes étendues sans recourir à un nombreux personnel, qui entraine à de grandes dépenses et qu'il est toujours difficile de se procurer.

Si rien ne veut être livré au hasard, les fourrages qui ont subi un commencement de dessiccation doivent être mis en petits tas (meulons) à la fin de la journée. S'ils restent épandus pendant la nuit, ils reprennent de l'humidité et l'effet seul de la rosée altère leur couleur et leur qualité.

D'autre part, il ne faut pas perdre de vue les chances d'un changement de temps qui les expose, étant épandus, à des alternatives de pluie et de soleil, et ces causes prolongées sont de nature à les détériorer complètement. Le fourrage entassé subit au contraire, une légère fermentation qui favorise sa dessiccation et, sous cet état, il est aussi moins exposé aux causes d'altération, s'il survient des temps brumeux ou pluvieux.

Un personnel nombreux est indispensable pour la mise journalière en meulons sans l'emploi du rateau à cheval. Avec cet instrument un homme dispose en andains le fourrage que huit ou dix ouvriers peuvent entasser. Le volume des meulons doit être en raison directe du degré de siccité du fourrage.

Pour les fourrages de prairies artificielles il est bon

de procéder un peu différamment, afin de réduire à son minimum la déperdition des feuilles.

La première journée ne pas défaire les andains, les retourner simplement à la fourche avant le coucher du soleil, de manière à mettre les parties qui ont subi l'action du soleil et de l'air hors de l'atteinte de la rosée. Le fourrage ainsi retourné ne présente à l'action de la rosée que la partie verte non susceptible de se détériorer. Le lendemain il n'y aura qu'à l'entasser, lorsque la chaleur aura sensiblement baissé. Par le fort de la chaleur, les manipulations des foins artificiels dont la dessiccation est avancée, provoquent une grande déperdition de feuilles, c'est la cause pour laquelle il est toujours préférable d'attendre le déclin du jour pour les entasser.

Règle générale pour les fourrages de première coupe, qu'il s'agisse de prairies naturelles ou de prairies artificielles, il faut éviter de pousser trop loin la dessiccation par le fanage. Une trop longue exposition au soleil rend les tiges dures et cassantes, et entraine la perte d'une partie des fleurs, qui représentent ce qu'il y a de plus nutritif dans le fourrage. Il faut mettre celui-ci en meulons alors qu'il conserve encore une certaine verdeur et le laisser ainsi quelques jours avant de le rentrer. Au cours de la fermentation qui se produit dans les tas, la dessiccation se complète et si le cultivateur profite d'une belle journée pour l'engranger, il sera assuré d'obtenir un fourrage de qualité supérieure.

Les meulons devront être bien conditionnés pour éviter l'infiltration des eaux pluviales. C'est un point très essentiel à noter.

Le fanage des regains doit être conduit en observant les mêmes règles, mais il est prudent d'obtenir un degré de siccité plus avancé que pour les foins. La proportion des organes foliacés est bien moindre dans les fourrages de première coupe que dans les regains ; ceux-ci se tassent d'avantage, l'air circule et se renouvelle plus difficilement dans leur masse. Par suite de cette circonstance, la fermentation peut y devenir très active si la dessicca- est insuffisante et la température atteindre un degré assez élevé pour détériorer le fourrage.

Le fait dommageable ne se borne pas toujours à cette détérioration. Dans les années peu favorables au fanage des dernières coupes, la récolte est souvent emmagasinée trop précipitamment et la chaleur produite par la fermentation peut provoquer l'incendie. C'est du moins à cette cause que l'on attribue généralement les incendies assez fréquents qui se déclarent dans les fenils, s'ils se manifestent de douze à vingt jours après la rentrée du fourrage.

En résumé, il ressort de ce qui précède que les questions relatives à la fauchaison et au fanage sont du plus haut intérêt pour le cultivateur. De la façon dont ces opérations sont conduites dépend, pour une large part, la qualité du fourrage, et par suite, la plus ou moins bonne alimentation des animaux pendant une grande période de l'année.

Or, les conséquences qui découlent de la mauvaise alimentation du bétail sont multiples et connues de tous les cultivateurs, ce qui nous dispense d'insister à ce sujet.

G. Peyras.

Destruction de la Moutarde

Au nombre des mauvaises herbes qui envahissent les céréales de printemps et spécialement les avoines, il en est une dont le développement est particulièrement commun et redoutable, c'est la *Moutarde*, communément appelée sanve, russe ou guélot.

Il semblerait à voir sa réapparition périodique, ou même à de longs intervalles, que le sol engendrerait cette mauvaise herbe, et que sa destruction présenterait d'insurmontables difficultés.

Il suffit d'étudier le mode de développement de cette plante pour se rendre compte qu'il n'est pas besoin d'admettre la génération spontanée pour expliquer ces réapparitions, et, qu'avec un peu de bonne volonté, il est facile de lui faire une guerre efficace.

La moutarde, en effet, mûrit ses graines avant la céréale, et chaque pied en produit des quantités énormes.

Au moment de la moisson, les siliques sont déjà ouvertes et les graines répandues sur le sol.

Pour peu qu'on exécute, après l'avoine, un labour de douze à quinze centimètres, les graines enterrées à cette profondeur ne lèveront pas et se conserveront intactes dans le sol pendant de nombreuses années. Les labours suivants en ramèneront bien une certaine partie à la surface, qui seront détruites si elles parviennent à germer.

Mais dans la quantité prodigieuse primitivement enterrée, il en restera toujours un bon nombre qui n'auront pas été en situation de lever, et qui ne rencontreront ces circonstances favorables qu'au moment des labours de février ou de mars, et de l'ensemencement de l'avoine.

Le remède est dès lors tout indiqué.

Puisque la graine enterrée trop profondément ou trop tard ne lève pas et se conserve indéfiniment dans le sol, il faut favoriser son développement avant l'hiver et, pour cela, l'enterrer à bonne profondeur, à six ou huit centimètres, pendant que le sol est encore suffisamment chaud pour que la germination puisse se produire, c'est-à-dire du 15 août à la fin de septembre.

La herse serait, dans la majeure partie des cas, impuissante à rompre le chaume ; le scarificateur ou l'extirpateur rempliront ce but à merveille, et l'opération ne demandera pas un grand temps, car l'instrument actionné par deux ou trois chevaux, peut facilement remuer deux hectares dans une journée.

Les graines enterrées à bonne profondeur germeront aussitôt que la pluie viendra donner la fraîcheur nécessaire aux six ou huit centimètres remués par l'instrument. Il suffira ensuite d'un nouveau coup de scarificateur ou d'un vigoureux hersage pour déraciner les jeunes moutardes et faire lever les graines qui n'auraient pas été enterrées par la première opération.

L'hiver ou un second coup de herse achèveront leur entière destruction.

S'il restait encore des graines provenant des précédentes cultures, le succès ne serait pas aussi complet sans doute et, dans l'avoine suivante, il en lèverait encore. Mais, dans tous les cas, leur nombre serait bien moins grand. Et puis, il y a la ressource de herser l'avoine quinze jours ou trois semaines après sa levée, ainsi que cela se pratique dans bon nombre de cultures. Les jeunes moutardes sont arrachées par la herse, tandis que l'avoine résiste fort bien à son action. Ce hersage, en nettoyant le sol, l'ameublit, l'aère, et la céréale ainsi renchaussée, prend une nouvelle vigueur et peut, à son tour, étouffer les mauvaises herbes.

Hersons donc les avoines après leur levée, et surtout déchaumons cette année toutes nos céréales ; *ce sera faire d'une pierre deux coups.*

Bulletin du Syndicat Agricole de l'Orne.

Le Gérant, E. MOREAU.

Laval, Imp. L. Moreau.

Ce Bulletin paraît le 15 de chaque mois.

BULLETIN AGRICOLE
DE L'OUEST

Organe de l'Union des Syndicats Agricoles
des départements du Finistère, des Côtes-du-Nord,
du Morbihan, de la Loire-Inférieure, d'Ille-et-Vilaine, de la
Manche, de la Mayenne, de Maine-et-Loire, de la Sarthe,
de l'Orne, du Calvados, de l'Eure, d'Eure-et-Loir
et de la Seine-Inférieure.

Publié sous la direction de :

H. LÉIZOUR
Professeur départemental d'Agriculture de la Mayenne,
Directeur du Laboratoire agronomique.
Président du Syndicat des Agriculteurs de la Mayenne,

GAROLA, ✠ M. A.
Professeur départemental d'Agriculture d'Eure-et-Loir,
Directeur de la Station agronomique de Chartres.

ABONNEMENTS

Pour les membres des syndicats :   Pour les étrangers aux syndicats :
1 fr. par an.   **6 fr.** par an.

ANNONCES

De 1 à 4 annonces. » **50ᶜ** la ligne.   De 8 à 12 annonces » **30ᶜ** la ligne
De 4 à 8   —   » **40ᶜ** —   Au-delà de 12. . » **20ᶜ** —

Le bulletin publiera gratuitement les offres et demandes
des Syndicats abonnés.

AVIS. — *Tout ce qui concerne la rédaction, les Annonces et les Abonnements, doit être adressé à* **M. LÉIZOUR,** *rue de la Filature, 1, à Laval.*

AVIS

Le **BULLETIN AGRICOLE DE L'OUEST** insérera toutes les annonces que voudront bien lui adresser **MM**. les industriels, constructeurs, fabricants et négociants.

Comme il s'adresse exclusivement à des agriculteurs, on peut être certain que les annonces qu'il publiera ne manqueront pas eur but et qu'elles parviendront à ceux en vue desquels elles seront spécialement faites.

Les annonces, offres et demandes des syndicats adhérents et des agriculteurs abonnés, seront insérées gratuitement.

Nous engageons vivement les agriculteurs à user largement de cette faveur, objet principal du bulletin et nous leur prédisons à ce compte un large débouché pour les divers produits de leur exploitation.

L'administration du **BULLETIN AGRICOLE DE L'OUEST** insérera les annonces qu'on lui enverra, mais ne prendra aucune responsabilité en ce qui les concernera. Ces annonces devant amener des transactions surtout entre agriculteurs, nous invitons nos lecteurs à faire les livraisons avec la plus scrupuleuse loyauté.

C'est parce que les intermédiaires n'ont pas toujours agi de cette façon qu'ils ont perdu la confiance et que les syndicats ont été institués pour permettre à chacun de s'en passer. Si des réclamations parvenaient à l'administration du bulletin contre des livraisons mal faites, elle se réserverait le droit de refuser l'insertion de nouvelles annonces pour celui dont on aurait eu à se plaindre.

☞ Le **BULLETIN AGRICOLE DE L'OUEST** sera servi, au même prix qu'aux membres des syndicats, aux fermiers et métayers des propriétaires syndiqués lorsque ceux-ci en feront la demande et le droit de ces abonnés aux annonces gratuites sera le même.

BULLETIN AGRICOLE DE L'OUEST

De l'emploi des engrais.

VIII. — APPLICATION DES ENGRAIS AUX LÉGUMINEUSES FARINEUSES.

Les légumineuses à graines farineuses, haricots, fèves, pois, lentilles, vesces, féveroles, sont remarquables par la richesse de leurs graines en azote, en matière azotée assimilable. dite légumine, substance analogue au *caseum* du lait. Elles forment une ressource très importante pour assurer à l'homme et aux animaux une riche alimentation.

Au point de vue de leur composition minérale, leurs graines se distinguent par l'abondance de la potasse et de l'acide phosphorique. Les tiges présentent également les mêmes caractères, et ceux-ci sont communs à toutes les plantes de la famille des légumineuses.

Leur composition indique donc que ces plantes ont besoin pour leur développement d'une grande quantité de principes minéraux (acide phosphorique et potasse) et d'azote.

On doit, par conséquent, se préoccuper de les leur fournir. Mais l'expérience montre que la pluspart d'entre elles laissent le sol dans un état de fertilité très convenable pour les céréales qu'on fait suivre. C'est que, selon toutes probabilités, leurs organes foliacés ont, à un certain degré, la faculté d'assimiler l'ammoniaque aérienne. Les engrais azotés font peu d'effet sur ces plantes, si non dans les premiers temps de leur croissance, pour leur assurer une pousse rapide. D'autre part, les engrais minéraux sont éminemment favorables à leur végétation dans toutes les circonstances, sauf quand on a affaire à des terres très riches.

A l'appui de ces considérations, et comme type de comparaisons, examinons ce qui se passe pour la culture de la féverole, qui est une des légumineuses farineuses les plus importantes pour la grande culture.

Dans leurs expériences, MM. Lawes et Gilbert ont recherché l'influence des engrais sur la production des féveroles et des légumineuses en général, et ils sont arrivés aux conclusions suivantes :

1. Avec la potasse seule, comme engrais, l'accroissement de récolte est considérable.

2. Avec un mélange de potasse de soude et de magnésie, on obtient également un excédent de récolte fort élevé.

3. Les superphosphates de chaux seuls n'augmentent pas le rendement des fèves.

4. Les superphosphates mélangés à la potasse agissent très sensiblement sur les féveroles, mais toutefois moins que la potasse seule. L'action du mélange est très efficace sur le trèfle.

5. Les sels ammoniacaux seuls, d'un effet si énergique sur les *céréales*, plantes relativement peu azotées, exercent au contraire *une action insignifiante* sur les légumineuses, qui sont des plantes très riches en azote.

6. Les superphosphates, mélangés aux sels ammoniacaux, sont sans effet utile. Mais, si l'on y ajoute de la potasse, le résultat est très bon.

7. Enfin, *un mélange de sels ammoniacaux, de superphosphates et d'alcalis ne donne pas d'augmentation de rendement plus forte que l'engrais potassique seul, ou l'engrais minéral complet.*

Il résulte de ces expériences que les légumineuses ont besoin d'engrais minéraux, et principalement d'engrais potassiques. *Ce sont les plantes à potasse.*

Les féveroles, cultivées sans engrais pendant 12 ans, sur le même sol, ont absorbé en moyenne 43 kilog. 5 d'azote par an, alors que le blé, dans les mêmes circonstances, n'en absorbait que 27 kilog. 3. Mais, le rendement en azote des fèves était, dans les 6 premières années, de 78 kilog., tandis qu'en moyenne, dans les six dernières années, il est descendu à 29 kilog. Pour le blé, on n'observe pas cette décroissance. Elle démontre que l'épuisement du sol en matières minérales (potasse surtout) est assez rapide pour la culture continue des légumineuses.

Quand on fume avec des engrais minéraux et surtout potassiques, le prélèvement d'azote est encore bien plus considérable.

Ainsi, une récolte de féveroles contient beaucoup plus d'azote qu'une récolte de céréales. Comment expliquer, après cela, que le sol, venant de produire des fèves, soit propre à donner une bonne récolte de froment, plante qui, comme nous l'avons démontré est sous la dépendance surtout de la richesse en azote du terrain ? Comment expliquer que les engrais azotés soient sans influence sur leur rendement ?

C'est, très probablement, parce que les féveroles p u-
vent absorber l'ammoniaque aérienne en forte proportion.

Ainsi Arthur Young, dans un champ qui produisait
sans engrais 17 hectol. de blé, a semé trois ans de suite
des fèves, et a obtenu un total de 69 hectolitres 4 de
graines. Les trois récoltes ont absorbé en compte rond
496 kil. d'azote. — Nous avons vu que le blé recouvre
30 0/0 de l'azote des engrais ; comme la récolte de 17
hectolitres de blé enlève 31 kil. d'azote, ont peut admettre que le sol contenait en azote disponible (31 kil. azote
$\times$ 100) : 30 = 103 kil. d'azote. Dans une seule année les
féveroles ont consommé, 165 kil. d'azote. Or il est évident que leurs racines n'ont pu prendre tout l'azote disponible du sol ; elles ont ont pris au plus 50 0/0, soit 51
kil. Elles ont donc dû absorber dans l'atmosphère et par
an 165 — 51 = 115 kil. environ d'azote ammoniacal.

Nous n'affirmons pas cette hypothèse d'une manière
absolue, mais nous la croyons très probable. Nous verrons du reste, en nous occupant plus tard des plantes
améliorantes (légumineuses, fourragères), que l'on peut
très bien expliquer cette absorption d'après des faits et
des expériences de la plus grande exactitude.

Quoi qu'il en soit, la *féverole* demande un sol riche. Il
faut qu'elle y trouve l'azote nécessaire à sa première végétation pour développer rapidement son système foliacé.
On devra donc lui fournir une bonne dose de fumier de
ferme complétée par des engrais potassiques. — En Flandre on lui applique 50,000 kil. de fumier, et, après la
récolte, le sol donne un aussi beau produit en céréales
que si celles-ci étaient venues directement sur la fumure,
en supposant qu'elles n'aient pas versé.

Le haricot, par exception, et à l'opposé de la féverole,
doit être considéré comme une plante épuisante. Il lui
faut des engrais potassiques et phosphatés, en même
temps que légèrement azotés. Le fumier de ferme additionné de cendres, le noir animalisé et la poudrette lui
conviennent. Il profite des résidus de vieilles fumures.

Le pois ne supporte pas une fumure en fumier de
ferme d'un poids considérable, comme peuvent le faire
les féveroles et les haricots. Dans un sol trop richement
fumé au point de vue de l'azote, les tiges s'allongent
démesurément, les fleurs se développent mal, et on a peu
de grains. On obtient les meilleurs résultats en les semant
sur une céréale fumée, qui ait donné de bons produits,
car cela implique un sol riche en aliments minéraux.

134

Les lentilles sont traitées comme les pois. Elles n'appauvrissent pas le sol en azote, bien qu'elles ne soient pas aussi améliorantes que les autres légumineuses.

En résumé ces légumineuses à graines farineuses, si riches en azote, se distinguent par leur avidité pour la potasse.

Agricola.

L'Hématurie ou (pissement de sang) des bêtes bovines.

Le département de la Mayenne est peut-être un de ceux ou le pissement de sang a causé et cause encore le plus de ravages dans les troupeaux de bêtes à cornes ; aussi serait-il quelque peu intéressant pour beaucoup de cultivateurs de les entretenir de cette question grave qui jette la désolation dans certaines fermes.

M. Sinoir, vétérinaire très distingué de Laval, publia à ce sujet un excellent rapport à M. le Préfet de la Mayenne en 1864. Bien que les conditions culturales aient subi d'assez grandes et heureuses modifications depuis cette époque, les causes qui déterminent cette affection, n'en restent pas moins les mêmes et je rends hommage à son auteur en lui empruntant une grande partie des éléments de cet article.

Sans entrer dans une longue étude sur l'hématurie, nous nous bornerons à examiner les *causes qui la produisent* et les *moyens de la combattre*.

Disons tout d'abord que la véritable *cause* du pissement de sang provient de la mauvaise nourriture des animaux, et qu'elle repose sur le phénomène de l'appauvrissement du liquide sanguin, que ce sang pauvre se filtre au travers des vaisseaux et principalement des vaisseaux des organes urinaires.

Puisque le sang est le produit direct de l'assimilation des sucs nourriciers des fourrages et autres aliments, sa composition et ses propriétés varient inévitablement avec la disette ou l'abondance, comme aussi avec la qualité de la nourriture.

En effet, d'après l'analyse du sang d'un animal atteint, même au début de l'hématurie, on remarque qu'il contient beaucoup plus d'eau, que la fibrine peut diminuer de presque moitié de la quantité normale, de même que les matières albuminoïdes, ou autrement dit que les matières solides du sang peuvent diminuer dans une proportion de 33 0/0 de la quantité normale, il n'est donc pas étonnant que ce sang pauvre, peu plastique, très fluide et très coulant, filtre à travers les vaisseaux et vienne colorer les urines en rouge.

Remarquons en passant que dans nos campagnes l'opinion presque générale est que le pissement de sang est ·dû à la propriété irritante de certaines plantes, telles seraient les jeunes pousses de chêne, de genets, de bourdaine, d'aulne, etc., ou dans les pâtures les renoncules, les sauges, les menthes, les euphorbes et surtout les carex (raiche ou reuche) etc. La présence de ces dernières plantes dans les prairies ou herbages indique déjà que les fourrages n'y sont ni abondants ni nutritifs et si les animaux consomment ces plantes âcres et astringentes c'est faute de mieux, ce qui nous ramène toujours à conclure que c'est encore là une nourriture trop maigre qui a pour effet l'appauvrissement du sang et pour conséquence générale l'hématurie.

Dans les fermes ou les fourrages secs sont relativement peu abondants pour entretenir les animaux pendant les 180 et quelques jours de la saison hivernale, il n'est pas rare de voir des rations de foin s'abaisser à 1 k. 500 ou 2 k. par tête de gros bétail et la paille fait le reste, comme complément de volume. Avec une telle nourriture bien insuffisante, même comme ration d'entretien, les animaux vivent aux dépens de la graisse précédemment accumulée et dépérissent.

Vers la mi-avril les fourrages secs étant épuisés, ces animaux languissants sont souvent soumis à un changement brusque de regime. Soit à l'étable soit au pâturage, ils consomment des fourrages verts, dont voici la *teneur en eau* :

Seigle.	76 0/0 d'eau
Herbe de pâture en avril.	80 0/0 —
Vesce avant la floraison ,	84 0/0 —
Trèfle rouge id.	83 0/0 —

Ces fourrages verts si aqueux, donnés seuls, ont bien plutôt pour effet de débiliter l'organisme et d'appauvrir encore le sang que de lui donner de la richesse. C'est la raison pour laquelle le pissement de sang se déclare surtout au printemps chez les animaux parcimonieusement nourris pendant l'hiver, car à ce moment l'organisme se trouve gorgé d'une grande quantité de liquide.

La lactation chez la vache, la croissance chez les jeunes animaux, le travail, la marche et la fatigue chez le bœuf sont autant de causes qui concourent à l'épuisement du sang, plus ces productions sont abondantes nécessairement plus la nourriture devrait l'être également pour conserver l'équilibre du liquide vital.

L'hérédité paraît aussi jouer un certain rôle dans le développement de l'hématurie. C'est généralement vers l'âge de 3 ans que les bêtes paraissent atteintes. Alors même que l'affection ne se revèlerait pas avant cette époque, l'animal peut y être prédisposé par suite d'une mauvaise alimentation pendant sa croissance.

On voit aussi, mais assez rarement, des animaux en bon état, d'autres gras, qui sont atteints de l'hématurie ; ce serait là, peut-être, un argument pour ceux qui n'admettraient pas que la mauvaise nourriture en soit la cause directe. Si l'origine de ces animaux leur était bien connue, ils verraient toujours qu'ils ont souffert à une époque plus ou moins reculée et quoiqu'ils aient repris de l'état, le sang n'a pu récupérer sa richesse ni reprendre sa composition normale.

Ce qui milite en faveur de cette manière de voir, c'est que dans les étables où les animaux sont élevés et nourris d'une façon rationnelle il n'y a jamais de cas d'hématurie. Tel est du reste l'avis des principaux éleveurs de la Mayenne. En outre il est à remarquer que le nombre des animaux atteints est pour ainsi dire en raison de la nourriture consommée.

Voici à ce sujet un tableau dressé par M. Sinoir relatant les observations soigneusement faites par lui dans 12 fermes des environs de Laval en 1863.

Ration en foin.	par tête.	Chiffre des animaux atteints du pissement de sang.		pour cent.
1k		14		
1 500	—	22		—
1 400	—	15		—
2	—	23		—
2 700	—	16	60	—
3	—	3	70	—
3 100	—	2	60	—
4	—	10		—
5	—	»		—
5	—	»		—
5 500	—	5		—
7	—	»		—

Il n'y a rien de bien absolu dans cette remarque générale, car il reste à considérer l'intelligence avec laquelle on distribue la nourriture, de même que la qualité des fourrages qui peuvent être très-bons ou être mal récoltés, poussiéreux et de mauvaise composition.

TRAITEMENT

Traitement hygiénique. Connaissant les causes de la maladie par ce qui précède, nous voyons tout de suite que le meilleur traitement, pour des animaux atteints, sans être cependant tombés dans le marasme, c'est une alimentation riche en *matières protéiques* qui a pour but de donner de la consistance au sang, tels que tourteaux de lin ou de maïs, à raison de 1 k. par jour et par tête ; le son et les farineux sont également recommandables. Voilà de l'aveu des gens compétents le meilleur traitement.

Traitement médical. On conseille l'emploi du *Perclorure de fer* ou de *l'eau de Babel,* etc. Mais ces substances seules n'enrayent l'affection que momentanément si l'on agit directement sur le régime alimentaire.

Traitement préventif. Pour faire disparaitre complétement l'hématurie de nos étables, il faut avoir recours à ce dernier traitement qui dépend du système de culture. Les prairies étant la base de l'alimentation des bêtes à cornes, on peut dire telles prairies, tels animaux, améliorer ses prairies c'est améliorer son troupeau, c'est marcher dans la voie du progrès, c'est combattre l'hématurie. N'est-ce pas, en effet, dans les fermes où les prairies laissent à désirer que le pissement de sang règne toujours. La qualité du foin qu'elles produisent varie considérablement ainsi qu'on peut le voir par les deux analyses suivantes, faites au laboratoire agronomique de la Mayenne.

	N° 1.	N° 2.
	Prairie fumée et bien entretenue.	Prairie marécageuse.
Matières protéiques.	8.56 0/0	6.87 0/0.
Matières grasses.	2.10 0/0	1.40 0/0.
Phosphate de chaux.	0.56 0/0	traces.

A part la grande différence qui existe entre la valeur nutritive de ces deux fourrages, il ne faut pas perdre de vue que le bon foin contient ses éléments sous une forme encore beaucoup plus digestible.

Il est donc nécessaire de s'attacher à l'amélioration des prairies, et lorsqu'il y a lieu *l'assainissement* en est le point de départ. Lorsque la flore est composée de plantes rudes, dures, tels sont les joncs, les carex ou raiches, les linaigrettes, etc ; l'emploi des *phosphates fossiles* à l'automne, transforme complètement la nature de l'herbe.

Ces engrais favorisent le développement des légumineuses (caillette ou minette, petits trèfles) etc., qui précisément sont des plantes azotées, riches en protéine et par conséquent aptes à nourrir un bon sang riche et plastique.

Pendant le régime hivernal, une nourriture composée exclusivement de fourrages secs n'est pas rationnelle, l'introduction des racines dans l'alimentation est une chose essentielle pour tenir le ventre libre, favoriser la digestion et par suite l'assimilation de tous les principes nutritifs.

A ce sujet, les lecteurs sont priés de s'en reporter à l'intéressant article de M. Peyras, inséré dans notre *Bulletin agricole* de novembre dernier, page 39, ayant pour titre : « *Quelques réflexions sur l'alimention hivernale des animaux de l'espèce bovine* ».

Grâce à l'emploi judicieux des engrais chimiques, il est possible aujourd'hui de donner plus d'extension à la culture des plantes sarclées, betteraves, carottes, rutabagas, choux, etc., suivant les terrains dont on dispose, ou à la culture du maïs qui se conserve fort bien en silos.

En résumé, l'amélioration des prairies et la culture des plantes fourragères ont pour conséquence d'assurer une bonne nourriture rationnelle et régulière aux animaux, voilà le traitement préventif et le meilleur remède contre l'hématurie.

P. Masseron.

Les vers blancs et le pâturage

Pendant que dans un petit nombre de communes de la Mayenne, les hannetons dévorent les feuilles et les jeunes bourgeons des arbres, les vers blancs ou turcs commencent leurs ravages ailleurs et il est fort à craindre que partout où on ne les a pas détruits l'été dernier, ils anéantissent encore une trop grande partie des récoltes.

Dans les champs de céréales il n'y a rien à faire en ce moment, qu'à attendre l'époque de la moisson pour ramasser ce qu'ils auront épargné, là où ils laisseront quelque chose. Aussitôt après la moisson, tous les cultivateurs devraient s'empresser de passer le scarificateur dans les champs où la présence de la larve aurait été constatée et, soit à l'aide des animaux de basse-cour, soit en les ramassant, de détruire ces terribles ennemis de nos cultures.

En ce qui concerne les prairies naturelles, une idée qui nous parait excellente vient de nous être communiquée et nous nous empressons de la faire connaitre aux intéressés.

Etant donné que les hannetons ne vont déposer leurs œufs que dans les terres saines, il n'y a de turcs que dans les prairies hautes, non humides. Or, là, la végétation est précoce et lorsque les ravages des turcs commencent, il y a déjà de l'herbe très développée. Si on la laisse, elle jaunit, se dessèche et meurt bientôt, le gazon même est souvent détruit et il faut semer à nouveau des graines d'herbes si l'on veut avoir une prairie les années suivantes.

Lorsque l'on voit l'herbe jaunir, c'est que les turcs sont tout près de la surface du sol. On peut, d'ailleurs, s'en rendre compte en grattant légèrement la terre.

C'est le moment d'appliquer l'idée en question en faisant paitre l'herbe qui jaunit par les grands animaux. Plus ceux-ci sont lourds et mieux cela vaudra, car il s'agit non seulement d'utiliser l'herbe de la prairie, mais encore de tuer la larve du hanneton par leur piétinement.

Il semble probable, en effet, que toute larve située à trois ou quatre centimètres de profondeur, prise sous le pied d'un bœuf adulte, doit être écrasée par lui. Pour obtenir tous les résultats désirables, il faut arriver à faire piétiner le sol par les animaux, ce à quoi on arrivera facilement, à l'aide du pâturage au piquet et en ne donnant à chaque animal qu'une bande fraiche très étroite, toutes les fois que l'on changera son piquet de place. Cela n'empêchera d'ailleurs pas de le laisser prendre sa ration complète dans la journée, il faudra simplement un peu plus de surveillance, mais le but à atteindre est assez important pour qu'on puisse faire quelque sacrifice. Si l'opération réussit, on aura évité la perte d'une récolte, d'une part, et d'autre part, ce qui est peut-être plus important encore, on aura conservé le sol gazonné pour les années suivantes.

Une question se présente tout naturellement en guise d'objection à cette pratique. Par quoi remplacer le foin ainsi consommé en herbe ?

D'abord, le foin récolté dans les prairies turquées, n'est ni abondant ni bon, et, par conséquent, il n'est pas difficile à remplacer. D'un autre côté, dans presque toutes les fermes de nos pays, on sème tous les ans, dans l'une ou l'autre des céréales, le plus souvent dans le froment, des graines de minette et de ray-grass, devant fournir un pâturage l'année suivante. Il suffira de laisser venir à foin une partie ou la totalité de ce pâturage temporaire, pour avoir la provision hivernale. Le foin ainsi obtenu ne le cèdera en rien à celui de la prairie naturelle pâturée, à la seule condition de ne pas beaucoup le secouer pendant la fenaison, afin de conserver les feuilles et les extrémités fragiles des tiges qui en sont les parties les plus nutritives.

H. Léizour.

Emploi du sel pour l'alimentation des animaux

Le sel est depuis longtemps employé à l'alimentation des animaux. Il peut leur être donné sous forme de sel gemme, en bloc, que l'on dispose dans les crèches. Les animaux lèchent ces blocs et se rationnent euxmêmes suivant leurs besoins.

Le sel dénaturé au tourteau est aussi employé au même usage, mais sous cet état doit être distribué chaque jour à l'animal, soit séparément, soit mélangé à la ration. La quantité nécessaire par tête d'animal de l'espèce bovine et par jour, peut varier de 50 à 80 grammes, suivant le poids de l'animal et le régime auquel il est soumis.

On mélange aussi aux fourrages du sel dénaturé lors de leur entrée dans les fenils ou de leur mise en *barges*, dans la proportion de 5 à 10 kilos pour 1.000 kilos de foin sec.

Moins le fourrage a de qualité, plus la proportion de sel doit être élevée.

Le sel rend les fourrages plus sapides, plus digestibles et favorise leur conservation.

Ce produit ne paye pas de droit et revient à un prix peu élevé. Toutefois pour bénéficier de l'exemption de l'impôt, le demandeur doit se faire délivrer un certificat par le Maire de sa commune, attestant qu'il est cultivateur et que la quantité de sel demandée est reconnue nécessaire pour assurer la bonne alimentation de son troupeau et la salaison des fourrages.

La formule ci-après est généralement adoptée :

Le Maire de la commune de   canton d   département d   certifie que M.   est agriculteur dans cette commune, qu'il exploite   hectares de terre et   hectares de pré, qu'il nourrit   têtes de bétail et qu'une quantité de   quintaux sel dénaturé lui est nécessaire pour ses bestiaux, la préparation des engrais et l'amendement de ses terres.

Le certificat doit être envoyé au fournisseur en lui transmettant la commande.

Le Syndicat des Agriculteurs de la Mayenne s'est assuré la fourniture de ce sel et est en mesure d'en faire adresser aux associés qui en feront la demande.

A cet effet, les demandes devront parvenir à M. le Président du Syndicat ou à l'agent principal, accompagnées du certificat de la municipalité.

G. PEYRAS.

Les Abeilles

LE RUCHER DE L'ECOLE NORMALE DE LAVAL

L'exploitation des abeilles, qui a été abandonnée par la plupart des agriculteurs de notre région, est susceptible de rendre les plus grands services à la culture. Non seulement par le produit direct qu'il est extrêmement facile d'en obtenir, mais encore par le rôle considérable que ces précieux insectes remplissent dans la fécondation d'un grand nombre de fleurs, en particulier de celles de nos arbres fruitiers, dont le produit est si souvent compromis.

C'est dans le but de propager les procédés perfectionnés de cette exploitation qu'un rucher modèle a été organisé à l'Ecole normale d'instituteurs de Laval, grâce à une subvention accordée par les ministères de l'Agriculture et de l'Instruction publique.

Ce rucher qui est entièrement organisé, peut-être visité dès aujourd'hui, le samedi de préférence, par tous ceux qui s'intéressent aux abeilles. M. Hagnus, directeur de l'Ecole, apiculteur distingué, donnera aux visiteurs, avec son obligeance bien connue, toutes les explications pratiques dont ils pourraient avoir besoin. Il sert, en outre, à l'enseignement de l'apiculture aux élèves-maîtres de l'école, qui deviendront, plus tard, les propagateurs éclairés des procédés apicoles perfectionnés.

Les produits du rucher serviront, d'ailleurs, à l'établissement d'apiers modèles auprès des diverses écoles communales du département, et dans un avenir rapproché, chaque cultivateur pourra, sans déplacement spécial, se rendre compte des moyens simples et pratiques à l'aide desquels on peut prendre aux abeilles, *sans les détruire*, tout le produit dont elles n'ont pas besoin pour l'hiver suivant et rendre ce produit aussi grand que possible.

Le *Bulletin Agricole de l'Ouest* commencera prochainement la publication d'articles d'apiculture pratique, où les intéressés pourront puiser les premières données utiles pour l'établissement de ruchers économiques Il recevra avec reconnaisance et publiera toutes les communications que les observateurs voudront bien lui adresser sur ce sujet. aussi bien que sur les diverses branches de l'industrie agricole.

Le phosphate de chaux dans l'alimentation des poulains.

La *Gazette agricole* fait ressortir l'extrême importance de l'acide phosphorique dans l'alimentation des animaux et insiste, comme nous l'avons fait nous-mêmes, sur la nécessité de suppléer, sous ce rapport, à la pauvreté de certaines nourritures :

« Parmi les sols cultivés, il en existe beaucoup qui ne contiennent pas une dose suffisante de phosphate de chaux ; les récoltes y sont maigres, et les animaux qui se nourrissent des fourrages venus sur des terres de cette nature restent chétifs, leur développement y est aussi plus lent ; leurs os et leurs muscles ne trouvent pas la quantité de phosphate nécessaire à leur constitution normale.

Le cheval, par exemple, mettra, dans ces conditions, six ou sept ans à former son squelette, et n'arrivera jamais à l'ampleur qu'il posséderait au bout de quatre ou cinq ans s'il était nourri d'aliments suffisamment riches en phosphate de chaux.

Pour remédier à ce déficit du sol dans la terre, on emploie avec succès et de longue date déjà, les phosphates fossiles, soit à l'état naturel après pulvérisation, soit à l'état de superphosphates, diversement préparés ; la végétation devient incomparablement plus abondante et plus riche en matière nutritives. Dès lors, se sont dit quelques esprits judicieux, peut-être remédierait-on également à l'insuffisance du phosphate dans les rations des jeunes animaux en leur ajoutant directement ce sel sous la forme d'os réduits en poudre.

Le docteur Guyton, MM. Gayot et Meslay ont pris cette question à cœur, et les résultats obtenus dans l'Orne. la Manche, la Mayenne et jusqu'en Russie, ont donné des résultats aussi satisfaisants qu'il était possible de l'espérer. La méthode a fait ses preuves dans la pratique, contrairement aux idées de quelques esprits chagrins, critiques quand même ou routiniers, il ne reste qu'à la vulgariser : ce n'est plus qu'une affaire de temps.

L'opération est des plus simples ; il suffit de mettre 20 grammes de poudre d'os calcinés (le kilog. vaut 2 fr. au plus), soit dans un mash d'avoine. soit dans un demi-litre de son humecté, soit encore dans un mélange de paille hachée humida et d'avoine.

Cette préparation est servie chaque jour à l'un des repas de l'animal, depuis le sevrage jusqu'au terme de la croissance. »

(Extrait du bulletin du syndicat agricole
de l'arrondissement de Bernay).

SYNDICAT DE LA MAYENNE
Avis

Tous les marchés passés par le bureau du syndicat pour la fourniture des engrais et des tourteaux alimentaires touchant à leur fin, de nouveaux marchés seront passés à la fin de juin.

En ce qui concerne les engrais, dont la production est illimitée, ces marchés sont assez faciles à conclure sans fixation des quantités à livrer. Mais il n'en est pas de même en ce qui concerne les tourteaux qui, n'étant que des résidus d'industries ne sont produits qu'en quantités déterminées. Les industriels, bien qu'ayant le plus grand intérêt à s'assurer l'écoulement complet de leur production ne peuvent pas s'engager à livrer des quantités indéterminées, qui pourraient excéder cette production, et demandent, en conséquence, à être fixés, avant de traiter, sur l'importance, au moins approximative, des fournitures à faire.

Nous prions donc instamment les membres du Syndicat qui désirent acheter des tourteaux, de nous faire savoir, *avant le 20 juin*, la nature et la quantité de ceux qu'ils sont susceptibles de nous demander et l'époque à laquelle ils désirent les recevoir.

Il est bien entendu que les renseignements que nous demandons ne constitueront pas un engagement formel pour les acheteurs, mais le Syndicat ne pouvant pas faire acte de commerce en revendant des tourteaux ou autres marchandises, chacun comprendra que s'il ne possède pas quelques renseignements sur les demandes probables, il est possible qu'il ne traite pas pour les quantités voulues et que, par suite, il pourrait ne pas être en état de satisfaire toutes celles qui se produiraient plus tard.

SEUL CONCOURS OFFICIEL DE FAUCHEUSES, TULLE 1887

1ᵉʳ PRIX. Médaille d'or et 350 fr. de prime pour FAUCHEUSE à 2 chevaux. — 2ᵉ PRIX. Médaille d'argent et 300 fr. de prime pour FAUCHEUSE à 2 chevaux.

Faucheuses

Favorite Française, un cheval. . . . . . 350 f.
— Française, 2 chevaux. 390
Albion Française, un cheval. nᵒ 6. . . . 370
— Française. 2 chevaux, nᵒ 4. . . 400
Bradley Française, 2 chevaux, nᵒ 5. . 390
Johnston Française, 2 chevaux. nᵒ 1. 410
— Française, 2 chevaux, nᵒ 3. . 400
— Française, 2 chevaux, nᵒ 6. 400
— Française, 2 chevaux, nᵒ 7. 400
Osborne Française, 2 chevaux. 380

FAUCHEUSE-MOISSONNEUSE française système Johnston nᵒ 3, nᵒ 7 et et nᵒ 1, dite *MERVEILLEUSE*

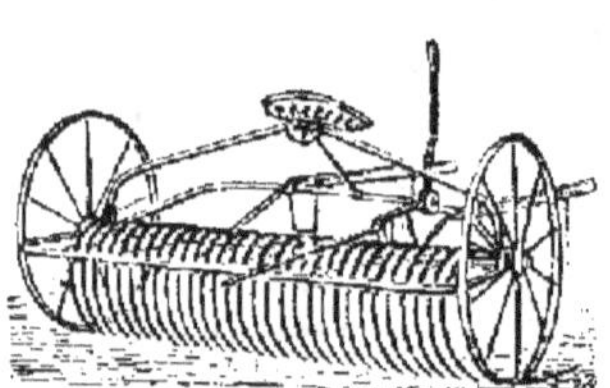

MOISSONNEUSES Françaises simples :
modèle Harwester, 4 et 5 râteaux.
modèle Albion nᵒ 4, 4 et 5 râteaux.
modèle Wood nouvelle, 4 râteaux.

Rateaux automatiques français modèls *Lion, Nicholson* et *Howard.*

Vente avec garantie de supériorité sur les machines étrangères.

CHAMPENOIS-RAMBEAUX FONDEUR-CONSTRUCTEUR, à Cousances aux-Forges (Meuse)

LA PRODUCTION LAITIÈRE

Par C. V. GAROLA, (✠ mérite agricole) professeur départemental d'agriculture, directeur de la station agronomique de Chartres.

Prix 1 fr. 50. — 1 fr. 65, franco, par la poste.

Chez R. SELLERET, libraire-éditeur à Chartres.

Le Gérant, E. MOREAU.

Laval. Imp. L. Moreau.

Ce Bulletin paraît le 15 de chaque mois.

BULLETIN AGRICOLE
DE L'OUEST

Organe de l'Union des Syndicats Agricoles
des départements du Finistère, des Côtes-du-Nord,
du Morbihan, de la Loire-Inférieure, d'Ille-et-Vilaine, de la
Manche, de la Mayenne, de Maine-et-Loire, de la Sarthe,
de l'Orne, du Calvados, de l'Eure, d'Eure-et-Loir
et de la Seine-Inférieure.

Publié sous la direction de :

H. LÉIZOUR

Professeur départemental d'Agriculture de la Mayenne,
Directeur du Laboratoire agronomique.
Président du Syndicat des Agriculteurs de la Mayenne,

GAROLA, ✟ M. A.

Professeur départemental d'Agriculture d'Eure-et-Loir,
Directeur de la Station agronomique de Chartres.

ABONNEMENTS

Pour les membres des syndicats :   Pour les étrangers aux syndicats :
1 fr. par an.   **6 fr.** par an.

ANNONCES

De 1 à 4 annonces. » **50ᶜ** la ligne.   De 8 à 12 annonces » **30ᶜ** la ligne
De 4 à 8   —   » **40ᶜ**   —   Au-delà de 12. . » **20ᶜ**   —

Le bulletin publiera gratuitement les offres et demandes
des Syndicats abonnés.

AVIS. — Tout ce qui concerne la rédaction, les Annonces et les Abonnements, doit être adressé à M. LÉIZOUR, rue de la Filature, 1, à Laval.

AVIS

Le **BULLETIN AGRICOLE DE L'OUEST** insérera toutes les annonces que voudront bien lui adresser **MM**. les industriels, constructeurs, fabricants et négociants.

Comme il s'adresse exclusivement à des agriculteurs, on peut être certain que les annonces qu'il publiera ne manqueront pas eur but et qu'elles parviendront à ceux en vue desquels elles seront spécialement faites.

Les annonces, offres et demandes des syndicats adhérents et des agriculteurs abonnés, seront insérées gratuitement.

Nous engageons vivement les agriculteurs à user largement de cette faveur, objet principal du bulletin et nous leur prédisons à ce compte un large débouché pour les divers produits de leur exploitation.

L'administration du **BULLETIN AGRICOLE DE L'OUEST** insérera les annonces qu'on lui enverra, mais ne prendra aucune responsabilité en ce qui les concernera. Ces annonces devant amener des transactions surtout entre agriculteurs, nous invitons nos lecteurs à faire les livraisons avec la plus scrupuleuse loyauté.

C'est parce que les intermédiaires n'ont pas toujours agi de cette façon qu'ils ont perdu la confiance et que les syndicats ont été institués pour permettre à chacun de s'en passer. Si des réclamations parvenaient à l'administration du bulletin contre des livraisons mal faites, elle se réserverait le droit de refuser l'insertion de nouvelles annonces pour celui dont on aurait eu à se plaindre.

☞ Le **BULLETIN AGRICOLE DE L'OUEST** sera servi, au même prix qu'aux membres des syndicats, aux fermiers et métayers des propriétaires syndiqués lorsque ceux-ci en feront la demande et le droit de ces abonnés aux annonces gratuites sera le même.

BULLETIN AGRICOLE DE L'OUEST

De l'emploi des engrais

IX. — APPLICATION DES ENGRAIS AUX RACINES

Les racines importantes sont les pommes de terre, les carottes, les navets, les rutabagas et les turneps.

Pommes de terre. — Les pommes de terre sont certainement les plus importantes de toutes les racines que nous allons passer en revue, à cause de leur triple rôle de plantes alimentaires pour l'homme, de plantes fourragères et de plantes industrielles (fabrication de l'alcool et de la fécule).

Le rendement maximum que nous ayons obtenu dans des expériences de culture faites sur une certaine étendue a été de 41,000 kil. à l'hectare. Un bon rendement moyen est de 20.000 kil.

De pareilles récoltes puisent dans le sol les quantités suivantes de principes fertilisants :

	rendement de	
	400 q.	200 q.
Azote	183 kil.	92 kil.
Acide phosphorique	65	33
Potasse	253	127

La pomme de terre est donc une plante très exigeante en potasse et en *azote*, et elle demande aussi une notable quantité d'acide phosphorique.

Je ne sais quel agronome professe que les fumures azotées ne sont pas utiles à cette culture, en se basant sur cette hypothèse, à démontrer, que la pomme de terre puise son azote dans l'air; mais pour notre part, et comme nous allons essayer de le faire ressortir très clairement, nous croyons que les engrais azotés ont une influence très sensible sur le rendement en tubercules.

Les expériences de Flemming sur l'emploi des engrais dans la culture des pommes de terre vont nous permettre de placer en vive lumière les actions spéciales des trois éléments fertilisants par excellence.

(1) Le sol sans engrais ayant donné 17.000 kil. de pommes de terre à l'hectare, avec une fumure de 52,000 kil. de fumier de ferme à l'hectare. il a fourni 32,000 kil. de tubercules. L'excédent de récolte dû à la fumure est de 15,000 kil. L'engrais employé renfermant environ 208 kil. d'azote, et l'excédent de récolte 67 kil. 5, il s'en suit qu'il y a eu 32 0/0 de l'azote du fumier de recouvré par la récolte. Les céréales, nous l'avons vu, donnent un chiffre beaucoup moins élevé (14 0/0).

(2) Avec un engrais composé de 52.000 kil. de fumier de ferme et de 190 kil. de sulfate d'ammoniaque, le rendement total a atteint 37,000 kil. à l'hectare. C'est juste 20.000 kil. de tubercules en plus que le sol sans engrais n'en a produit. D'autre part, l'addition de sulfate d'ammo-niaque, sel purement azoté, a produit un accroissement de récolte de 5,000 kil. sur ce qu'avait donné le fumier seul. Il y a là un fait décisif, qui démontre l'utilité des engrais purement azotés. — La fumure de la parcelle qui nous occupe en cet instant dosait, dans le fumier, 208 kil. d'azote, et dans le sulfate d'ammoniaque 40 kil., soit en somme 248 kil. L'excédent de récolte sur la parcelle sans engrais renfermait dans les 200 quintaux obtenus 90 kil. d'azote. Il y a donc eu 36 0/0 de l'azote de la fumure de recouvré par le surcroit de récolte dû à l'en-grais.

Si nous faisons un calcul analogue en comparant le produit de la parcelle fumée avec le fumier seul, à celui de celle qui a reçu en outre du sulfate d'ammoniaque nous reconnaissons que 56 0/0 de l'azote du sulfate d'am moniaque se retrouvent dans les 50 quintaux d'excéden obtenus.

(3) Avec le fumier (52 tonnes) additionné de 190 kil de nitrate de soude, le produit total est de 40.000 kil. de tubercules. Il dépasse de 23.000 kil. le rendement de la parcelle sans engrais, et de 8.000 kil. la récolte obte-nue avec le fumier seul. Des 239 kil. d'azote total de la fumure, il y en a eu 43 0/0 de recouvrés, et l'azote du nitrate de soude parait avoir été complètement absorbé.

(4) Une parcelle a reçu 52,000 kil. de fumier et *190 kil. de nitrate de potasse*. Elle a produit 47.000 kil. de

tubercules à l'hectare, soit 30.000 de plus que la parcelle sans engrais, et 15.000 de plus que la parcelle avec fumier. Il y a eu dans ce cas 57 0/0 de l'azote total de la fumure de recouvré par l'excédent de récolte. L'action bienfaisante de la potasse est ici tout à fait évidente. Elle a procuré un rendement de 7.000 kil. supérieur à celui produit par la parcelle fumée avec fumier et nitrate de soude.

Le remplacement de la soude par la potasse a permis, toutes choses étant égales d'ailleurs, à la *plante-outil* qui nous occupe, d'utiliser 31 kil. 5 d'azote de la fumure en plus : cela correspond à 13 1/2 0/0 de l'azote total de l'engrais et à 23 1/2 0/0 de l'azote total recouvré.

En outre, nous pouvons encore tirer des autres essais du même expérimentateur les enseignements suivants :

(5) L'azote soluble du guano, du sulfate d'ammoniaque et des nitrates, est absorbé dans une proportion bien plus forte que l'azote organique du fumier et des tourteaux.

Exemple :

Sulfate d'ammoniaque . . . . , ...	56 0/0
Nitrates et guano.	100
Fumier (d'après Art. Young. . . . . .)	
de { d'après Fleming 32 et 13 }	23
ferme (d'après de Gasparin . . 30)	
Tourteaux	36
Poudre d'os. . , ...	20

(6) Les cendres ont donné un léger excédent de récolte, 2,000 kil., dû à la potasse qu'elles renferment.

(7) L'acide phosphorique insoluble de la poudre d'os et des tourteaux a eu beaucoup moins d'efficacité pour favoriser, par son absorption, une utilisation plus complète de l'azote de la fumure, que l'acide phosphorique du guano, qui est très facilement assimilable.

En somme, de ces expériences il résulte que, comme Schwerz l'a dit depuis bien longtemps, on ne peut pas fumer trop abondamment la pomme de terre. Le fumier de ferme, mélangé de sulfate d'ammoniaque et de sels de potasse (chlorure ou sulfate de potassium), donnera les meilleurs résultats en général.

AGRICOLA.

L'Asteroma mali

Il n'est plus possible de conserver de doutes sur la gravité de la maladie du pommier. Sans compter qu'un grand nombre d'arbres ont succombé l'année dernière et qu'un nombre encore plus considérable d'autres paraissent souffreteux, sont mal garnis de feuilles chétives, il est malheureusement certain que le temps orageux que nous venons de subir aura favorisé le développement du champignon dévastateur.

Déjà, sur divers points du département de la Mayenne, on aperçoit les feuilles parsemées de taches brunâtres et l'on voit leurs bords se relever. C'est le signe non équivoque de l'apparition de la maladie. Les atteintes du mal vont donc devancer d'un grand mois cette année celles de l'année dernière et il y a tout lieu de croire que leur gravité en sera augmentée.

Il y a donc urgence pour le traitement des arbres et nous ne saurions trop engager tous les amis de la pomme à surveiller de près leurs plantations et, partout où l'opération peut être pratiquée, à projeter sur les feuilles, à l'aide d'une pompe quelconque, soit de la bouillie bordelaise, soit de l'eau céleste, soit simplement une dissolution de sulfate de cuivre au centième.

Ces diverses matières empêchent le développement du mildiew sur les feuilles de la vigne et il est probable qu'elles auront le même effet pour l'*asteroma mali* sur les feuilles du pommier.

Mais il faut se rappeler qu'on n'a trouvé aucun remède capable de guérir les feuilles malades, qu'il faut, pour que les traitements appliqués à la vigne soit efficaces, les pratiquer avant l'apparition de la maladie et qu'il est à peu près certain qu'il en sera de même pour le pommier. Il sera donc prudent d'asperger tous les pommiers aussitôt que dans la localité la présence du mal aura été constatée. Il vaudrait même mieux opérer de suite et recommencer le traitement plus tard si l'on voyait encore apparaître le mal. Les vignerons n'hésitent plus à traiter leurs vignes deux et même trois fois.

Nous rappelons aux cultivateurs de la Mayenne que

le Ministère de l'Agriculture et le Conseil Général ont accordé des crédits, pour l'organisation de ces traitements et que nous sommes à leur disposition pour y procéder.

HTE LÉIZOUR.

Du fumier de ferme

Le fumier de ferme a pour origine des résidus végétaux. Sa composition est par conséquent identique à la composition des plantes et renferme tous les éléments nécessaires à leur nutrition, à leur développement.

Antérieurement à l'emploi des engrais chimiques, qui ne date pas d'un demi siècle, le fumier était le seul engrais dont pouvait disposer le cultivateur. Aujourd'hui c'est encore le fumier qui est l'engrais par excellence, la base de fertilisation. Mais avec les systèmes de culture appliqués de nos jours, qui ne laissent à la terre aucun repos, quelle qu'en soit la quantité produite, elle est malheureusement insuffisante pour assurer des rendements élevés, rémunérateurs. Cette insuffisance est surtout manifeste dans les fermes où, par une coupable négligence, le fumier n'est l'objet d'aucun soin, où sa fabrication est des plus défectueuses.

Si le cultivateur était bien persuadé que ce n'est pas seulement à la quantité qu'il faut viser, mais aussi à la qualité, il n'hésiterait pas à appliquer les bonnes méthodes de traitement, pour éviter les déperditions considérables de matières fertilisantes.

Le fumier de ferme se compose de litières, de déjections animales, solides et liquides.

Les litières sont des matières végétales, plus ou moins spongieuses, destinées à servir de lit aux animaux et à retenir par imbibition les déjections. Les éléments fertilisants qu'elles renferment sont de nature organique, présentent beaucoup de résistance à la décomposition et sont par conséquent, peu exposés à être entraînés. Il n'en est pas de même des déjections, qui contiennent des matières très facilement décomposables les urines principalement.

Nous extrayons des *leçons de chimie agricole* du regretté M. *Bobière*, l'analyse suivante relatives aux déjections d'une vache :

Déjections solides.	Pour 100 parties.
Bile, albumine, mucus.	2.00
Phosphates et substances minérales diverses	1.69
Ligneux, aliments non digérés . . .	10.37
Eau.	85.94
Total. . . .	100.00

Déjections liquides.	
Urée	1.85
Bicarbonate de potasse.	1.61
Sels alcalins et terreux.	4.41
Eau.	92.13
Total.	100.00

Les déjections les divers animaux domestiques contiennent les mêmes principes, mais dans des proportions variables suivant les espèces et le régime alimentaires auquel ils sont soumis. Les remarques que nous allons faire s'appliquent donc, d'une manière générale, aux fumiers de ferme de provenances diverses.

La bile, l'albumine et l'urée, matières essentiellement azotées, sont en dissolution dans l'énorme quantité d'eau que renferment ces déjections. Ces matières, nous l'avons déjà dit, sont très facilement décomposables. Sous l'action d'une fermentation active elles sont transformées en un sel volatil, le carbonate d'ammoniaque, dont une partie se dégage dans l'atmosphère et l'autre partie reste en dissolution dans les liquides contenus dans le fumier.

Les matières salines et alcalines sont aussi, pour la plupart, en dissolution dans ces mêmes liquides.

Ces simples indications permettent de se rendre facilement compte des multiples causes de déperdition auxquelles sont exposés les fumiers dans la majorité des fermes.

Les litières, souvent insuffisantes, n'absorbent qu'une partie des déjections liquides. L'excédent s'écoule par des issues à l'extérieur des étables, dans les cours ou dans des rigoles d'évacuation, au grand détriment de la fortune du cultivateur et de l'hygiène. Les litières, avec les déjections qu'elles ont absorbées, sont entassées en plein air, exposées aux rayons du soleil et des pluies.

La fermentation ne tarde pas à se développer dans le tas et, comme il est dit plus haut, une partie des gaz ammoniacaux, produits par la fermentation, se dégage dans l'atmosphère et le restant, retenu d'abord par la matière organique des litières, se trouve entraîné en dissolution par les eaux pluviales qui traversent la masse du fumier. Les matières salines solubles et les matières alcalines se trouvent également entraînées par ces mêmes eaux.

Le volume du tas de fumier reste sensiblement le même que s'il était bien traité, mais sa composition est bien différente. Il ne renferme plus que la matière première des litières et les substances plus ou moins ligneuses non digérées et rejetées sous forme de déjections, c'est-à-dire les parties les plus inertes.

Le fumier peut perdre ainsi la moitié, les deux tiers même de sa valeur intrinsèque. Mais le cultivateur routinier n'y regarde pas de si près ; il a pour principe d'évaluer l'énergie des fumures à la quantité de fumier employé, et le volume le satisfait. Il ignore, ou feint d'ignorer, qu'il y a fumier et fumier, comme il y a fagot et fagot.

Ces pratiques sont d'autant plus regrettables, qu'elles pourraient être évitées avec un peu de bonne volonté et une bien modique dépense. Il suffirait d'établir une *plate-forme* destinée à recevoir le fumier, près de laquelle on disposerait une citerne où les purins des étables et l'égout des fumiers iraient s'emmagasiner. Cette citerne devrait présenter assez de capacité pour contenir, à l'occasion les premières eaux pluviales provenant du lavage des cours, si ces eaux ne pouvaient être autrement utilisées d'une façon avantageuse.

A l'aide d'une pompe, le fumier serait arrosé tous les deux ou trois jours avec le contenu de la citerne. Le fumier méthodiquement arrosé ne s'échauffe que faiblement, subit une fermentation lente au cours de laquelle les pertes ammoniacales sont nulles ou négligeables.

D'autre part, sous l'influence de cette fermentation, les matières organiques des litières sont attaquées par les principes alcalins des déjections, qui les transforment en une matière brune, humique, facilement décomposable, qui donne à la masse une consistance pâteuse, indice certain d'un bon fumier.

L'excédent du purin qui resterait dans la citerne après l'arrosage du fumier devrait être chargé dans un tonneau et répandu sur les prairies ou les terres en gueret devant être prochainement emblavées. Les principes fertilisants contenus dans le purin sont très solubles et leur action est immédiate. Ceux qui en ont fait l'expérience ne conservent aucun doute à cet égard.

Nous ajouterons, pour compléter les principales instructions sur les soins à donner aux fumiers, qu'il est indispensable pour obtenir les meilleurs résultats, de bien stratifier, sur la même plate-forme, les divers fumiers provenant des étables, des écuries, des bergeries et des porcheries. Ces fumiers ont une composition et des modes d'action assez différents ; leur mélange provoque une homogénéité qui semble le mieux convenir d'une manière générale aux diverses cultures. Nous établirons cependant une exception en faveur du fumier de porc. D'assez nombreuses expériences semblent établir que ce fumier convient d'une façon toute particulière pour la culture de la pomme de terre. Le fait peut théoriquement s'expliquer par la plus grande proportion d'éléments potassiques que ce fumier contient.

Il est admis aujourd'hui qu'il n'y a de culture lucrative possible que par l'obtention de forts rendements ; et, pour obtenir ce résultat, le cultivateur reconnait l'absolue nécessité de recourir à l'emploi des engrais chimiques, malgré les débours auxquels l'achat de ces engrais l'entraine. Il ne semble pas se douter que la perte éprouvée dans les fumiers mal fabriqués peut représenter, et même au delà, la valeur des matières fertilisantes importées dans la ferme par les engrais chimiques. C'est cependant la triste vérité.

Lorsque les intéressés seront bien persuadés de cette vérité, ils n'hésiteront pas à installer des plates-formes et des citernes, ainsi qu'un système de canalisation qui permettra de faire converger tous les purins vers un point central, où ils seront facilement utilisés pour l'arrosage du fumier et leur transport dans les terres.

Un tonneau à purin et une pompe sont le complément indispensable de l'installation.

La solidarité des intérêts des propriétaires et des fermiers, exige que chacun, dans la mesure de ses moyens, concoure à l'exécution de ces travaux d'amélioration.

G. PEYRAS.

Les grains de semence

Les céréales vont arriver bientôt à maturité et il est certain dès aujourd'hui que leur produit sera extrêmement variable.

Dès la fin de mai, dans un grand nombre de localités, le froment était atteint de la rouille et, malgré sa belle apparence, il y a beaucoup à supposer que son grain n'aura là que des qualités médiocres. De plus, les orages du mois de juin ont fort maltraité tous les champs qui donnaient les meilleures espérances, et chacun sait que les blés versés ne donnent pas non plus de grains de bonne qualité.

Les agriculteurs feront donc bien de choisir sur leurs exploitations les pièces susceptibles de produire du grain de semence, de ne les moissonner qu'après complète maturité et d'en mettre le produit à part, tant pour leur propre ensemencé que pour la vente.

Comme les années précédentes, nous serons heureux d'annoncer dans le bulletin, les semences que les agriculteurs pourraient avoir à offrir. Nous les prions, à cet effet, de nous adresser le plus tôt possible leurs conditions de vente, en même temps qu'un échantillon du produit offert et l'indication de la quantité disponible.

Il est hors de doute que les mauvaises conditions dans lesquelles se présentent les récoltes, obligeront un grand nombre d'agriculteurs à se procurer des semences au dehors.

S'ils veulent profiter de l'intermédiaire de leurs syndicats respectifs pour faire ces acquisitions, ils devront, de leur côté, en informer les bureaux en temps opportun.

En agissant ainsi, si le prix d'achat de leur semence ne varie pas toujours, ils réaliseront au moins une économie notable sur les frais de transport, très-élevés pour les petites quantités et ils faciliteront les expéditions aux vendeurs, qui auront à faire de plus grosses livraisons.

Trèfle incarnat. — Les magasins du Syndicat des agriculteurs de la Mayenne ne seront pas pourvus de graine de trèfle incarnat. Les agriculteurs qui voudront s'en procurer par son intermédiaire devront donc s'y prendre à l'avance, de façon à donner le temps au fournisseur de faire ses expéditions. Le prix de cette graine est actuellement de 0 fr. 50 le kilogramme.

Hte LÉIZOUR.

SYNDICAT DES AGRICULTEURS DE LA MAYENNE

Le Syndicat des Agriculteurs de la Mayenne a renouvelé les marchés, pour la fourniture des divers engrais, pendant la prochaine campagne.

Il a obtenu la fourniture de ces engrais aux prix suivants :

Superphosphate minéral, dosant au minimum 14 % d'acide phosphorique, soluble au citrate d'ammoniaque . . . . 8 35 les 100 k.

Nitrate de Soude dosant 15 à 16 % d'azote :

En sacs d'origine . . . . . . 25 » —
Réglés à 100 kilos, sous double enveloppe . . . , ... 26 » —

Phosphates fossiles, Ardennes et Meuse, passant entièrement au tamis n° 100, et dosant :

33 % phosphate tribasique. . . . 5 15 —
36 % — — . . . 5 40 —
39 % — — . . . . 5 65 —
41 % — — . . . . 5 90 —

Noir animal, dosant 70 % de phosphate tribasique, finement moulu. . . 16 » —

Guano du Pérou dosant 5 à 6 % d'azote et 17 à 19 % d'acide phosphorique . . . . 22 75 —

Phosphates de scories, dosant 15/18 % acide phosphorique :
Finement moulus. . . . . . . 5 35 —
Moulus fin, dans la proportion de 65/80 % . . . . , . . . 4 75 —

Phosphates de la Somme, dosant 40/45 % de phosphate tribasique finement moulus . . . . 5 » —

Phosphates de l'Oise, dosant :
14 % d'acide phosphorique. . . . 3 95 —
16 % — . . . . 4 35 —
18 % — . . . . 4 95 –

Phosphate précipité, dosant 38 à 40 d'acide phosphorique, soluble au citrate d'ammoniaque . . . . 24 75 —

Sulfate d'ammoniaque dosant 20 à 21 % d'azote. . . . . 34 70 —

Chlorure de potassium, dosant 50 % 23 »

Sulfate de fer : ⎰ Moulu . . . . 6 85 —
⎱ En cristaux. . . 6 50 —

Tous ces prix s'entendent pour marchandises rendues franco dans toutes les gares de la Mayenne, *par wagons complets de 5.000 kilos, au moins.* Ils seront valables jusqu'au 30 juin 1890 pour tous les engrais, le sulfate d'ammoniaque, les phosphates de scories et ceux de la Somme exceptés. Pour ces trois engrais les marchés expireront le 31 décembre 1890. Paiement à 90 jours net, ou à 30 jours sous deux pour cent d'escompte, excepté pour le nitrate de soude, dont le paiement à 30 jours ne donnera droit qu'à 1 % d'escompte.

Bien que le Syndicat n'ait pas de marché pour la fourniture des engrais non dénommés ci-dessus, son bureau se chargera de procurer aux agriculteurs tous ceux dont ils désireraient faire l'essai.

Il est rappelé aussi aux membres du Syndicat, que

l'entrepôt central de Laval se charge du broyage et du mélange des matières premières pour engrais, moyennant une augmentation de 0 fr. 70 par 100 kilos.

Chacun peut ainsi se procurer un engrais composé ayant une valeur déterminée et prêt à être épandu sur le sol, à un prix bien inférieur à celui auquel le même engrais lui serait livré par le commerce.

Il est à remarquer que le prix du superphosphate est sensiblement plus élevé que l'année dernière. Cela vient de ce que l'usage de cet excellent engrais prend des proportions considérables, et aussi de ce que les étrangers viennent nous prendre d'énormes quantités des phosphates fossiles qui servent à sa fabrication.

Cette hausse de l'acide phosphorique est de nature à faire réfléchir le cultivateur français, dont le sol manque très généralement de cet élément. S'il tarde encore à l'employer à haute dose, il pourrait bien arriver à le payer un prix bien plus élevé que celui d'aujourd'hui. Les gisements de phosphates ne sont pas inépuisables et il arrivera un moment où, devenus plus rares et plus difficiles à exploiter, il faudra payer leurs produits plus cher.

C'est grâce à l'emploi à haute dose des engrais phosphatés, que les Anglais, qui vont les chercher dans toutes les parties du monde, sont arrivés à obtenir les grands rendements que nous leur envions aujourd'hui.

Dans la Mayenne, les phosphates fossiles, dans lesquels l'acide phosphorique coûte beaucoup moins que dans le superphosphate, produisent un effet superbe sur toutes les prairies naturelles. Dans les prairies sèches on ne constate pas toujours une grande augmentation de produits, mais la nature de l'herbe est améliorée au point que les animaux, lors du pâturage du regain, broutent jusqu'à la racine celle qui a été phosphatée, tandis qu'ils ne touchent à l'autre que lorsqu'ils sont poussés par la faim.

Dans les terres cultivées, le phosphate fossile ne paraît pas produire d'effet immédiat, au moins sur toutes les cultures, ce qui provient sans doute de ce que, dans le département, beaucoup de terres ont été fortement chaulées.

Cependant il est possible d'arriver à substituer le phosphate fossile au superphosphate, même dans ces conditions. Il suffit pour celà de le mélanger au fumier, au fur et à mesure qu'on le fabrique. Il va sans dire qu'il faut ensuite éviter de brûler le fumier en le mélangeant à la chaux dans les tombes.

Employé de cette façon, le phosphate agit dans tous les sols, soit parcequ'il est mieux disséminé à la faveur du fumier, soit parceque celui-ci en se décomposant donne naissance à certains produits de nature à en faciliter l'absorption par les plantes.

Une condition à laquelle les acheteurs de phosphates fossiles ne font pas assez attention, est la finesse de leur mouture.

On conçoit aisément cependant, que plus ils sont divisés, mieux ils se disséminent dans la couche arable, plus ils sont à la portée des racines qui les absorbent d'autant mieux qu'elles les rencontrent en particules plus fines.

A côté du dosage en acide phosphorique, qui reste toujours le principal élément de la valeur de l'engrais, l'acheteur de phosphates naturels doit donc exiger de son vendeur une garantie sérieuse concernant la finesse de leur mouture. Cette finesse doit être telle que 95 °/₀ au moins passent au tamis n° 100.

Tourteaux alimentaires

Le Syndicat s'est aussi assuré la fourniture des tourteaux ci-après, jusqu'au 31 décembre 1889 :

Tourteaux de lin à raison de   16 fr. les 100 kilos.
Tourteaux d'Arachide. .   . 14   —
Tourteaux de Coprah. . . 13   —

Ces prix s'entendent pour tourteaux en pains et en vrac, sur wagon en gare de Marseille et pour wagons complets.

Les frais de transport, qui s'élèvent à environ 3 fr. 80 par 100 kilos, sont à la charge de l'acheteur.

Paiement à 30 jours sous deux pour cent d'escompte.

H. LÉIZOUR.

SYNDICAT DE DREUX

L'adjudication des engrais ou matières premières pour la saison d'automne ainsi que celle du nitrate de soude pour la saison de printemps devant avoir lieu à Dreux, le lundi 15 juillet, le Bureau a l'honneur d'informer les personnes qui désireraient soumissionner et qui n'auraient pas reçu le cahier des charges, qu'elles peuvent le demander et prendre les renseignements qui leur seraient nécessaires au secrétariat, 40, rue Saint-Martin.

Les personnes qui désirent faire partie du syndicat peuvent toujours s'y faire inscrire ; mais les commandes transmises après le 5 août, seront susceptibles de recevoir du retard, et par conséquent de ne pas profiter des frais de transport et des prises d'échantillon pour les analyses.

Le Secrétaire-Rapporteur,
L. DURANTEL.

SEUL CONCOURS OFFICIEL DE FAUCHEUSES, TULLE 1887

1ᵉʳ PRIX. Médaille d'or et 350 fr. de prime pour FAUCHEUSE à 2 chevaux. — 2ᵉ PRIX. Médaille d'argent et 300 fr. de prime pour FAUCHEUSE à 2 chevaux.

Faucheuses

Favorite Française, un cheval	350 f.
— Française, 2 chevaux	390
Albion Française, un cheval, n° 6	370
— Française, 2 chevaux, n° 4	400
Bradley Française, 2 chevaux, n° 5	390
Johnston Française, 2 chevaux, n° 1	410
— Française, 2 chevaux, n° 3	400
— Française, 2 chevaux, n° 6	400
— Française, 2 chevaux, n° 7	400
Osborne Française, 2 chevaux	380

FAUCHEUSE-MOISSONNEUSE française système Johnston n° 3, n° 7 et et n° 1, dite *MERVEILLEUSE*

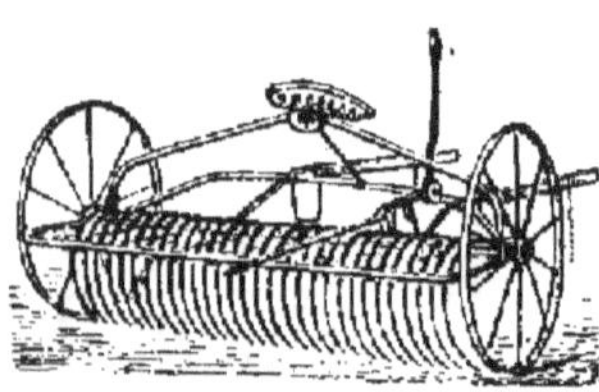

MOISSONNEUSES Françaises simples :
modèle Harwester, 4 et 5 râteaux.
modèle Albion. n° 4, 4 et 5 râteaux.
modèle Wood nouvelle, 4 râteaux.

Rateaux automatiques français modèles *Lion, Nicholson* et *Howard,*
Vente avec garantie de supériorité sur les machines étrangères.

CHAMPENOIS-RAMBEAUX FONDEUR-CONSTRUCTEUR, à Cousances-aux-Forges (Meuse

---

LA PRODUCTION LAITIÈRE

Par C. V. GAROLA, (✠ mérite agricole) professeur départemental d'agriculture, directeur de la station agronomique de Chartres.

Prix 1 fr. 50. — 1 fr. 65, franco, par la poste.
Chez R. SELLERET, libraire-éditeur à Chartres.

Le Gérant, E. MOREAU.

Laval, Imp. L. Moreau.

Ce Bulletin paraît le 15 de chaque mois.

BULLETIN AGRICOLE
DE L'OUEST

Organe de l'Union des Syndicats Agricoles
des départements du Finistère, des Côtes-du-Nord,
du Morbihan, de la Loire-Inférieure, d'Ille-et-Vilaine, de la
Manche, de la Mayenne, de Maine-et-Loire, de la Sarthe,
de l'Orne, du Calvados, de l'Eure, d'Eure-et-Loir
et de la Seine-Inférieure.

Publié sous la direction de :

H. LÉIZOUR

Professeur départemental d'Agriculture de la Mayenne,
Directeur du Laboratoire agronomique,
Président du Syndicat des Agriculteurs de la Mayenne,

GAROLA, ✠ M. A.

Professeur départemental d'Agriculture d'Eure-et-Loir,
Directeur de la Station agronomique de Chartres.

ABONNEMENTS

Pour les membres des syndicats : | Pour les étrangers aux syndicats :
1 fr. par an. | **6 fr.** par an.

ANNONCES

De 1 à 4 annonces. » **50ᶜ** la ligne. | De 8 à 12 annonces » **30ᶜ** la ligne
De 4 à 8 — » **40ᶜ** — | Au-delà de 12. . » **20ᶜ** —

Le bulletin publiera gratuitement les offres et demandes
des Syndicats abonnés.

AVIS. — Tout ce qui concerne la rédaction, les Annonces et les Abonnements, doit être adressé à M. LÉIZOUR, rue de la Filature, 1, à Laval.

AVIS

BULLETIN AGRICOLE DE L'OUEST

De l'emploi des engrais

X. — APPLICATIONS DES ENGRAIS AUX RACINES

Les autres racines que nous avons citées sont certainement moins importantes au point de vue de l'agriculture que les pommes de terre et les betteraves. Toutefois, on les voit cultivées dans certaines parties du département, et dès lors il convient d'en dire un mot.

Les navets, les raves, les rabioules, les navets de Suède ou rutabagas, les turneps des Anglais ont tous les mêmes exigences ou à peu près en ce qui concerne les engrais. Nous ne pouvons mieux faire à leur sujet que de citer textuellement les conclusions que MM. Lawes et Gilbert ont tirées de leurs expériences si bien conduites :

« Tandis que le rendement du blé venu sur une terre sans engrais, à Rothamsted, n'a pas sensiblement varié d'année en année, après 32 années consécutives, le rendement du turneps, dans les mêmes conditions, est tombé après quelques années à zéro.

« Les engrais minéraux seuls, appliqués au blé, n'ont donné pratiquement aucune augmentation de rendement, tandis que, pour le turneps, ils l'ont accru très notablement ; surtout les engrais phosphatés.

« La poudre d'os, non décomposée, est bien moins efficace que lorsqu'elle a été traitée par l'acide sulfurique, et ainsi transformée en superphosphates. Ceux-ci, pour leur part, agissent avec d'autant plus d'efficacité que le sol est plus profondément labouré. — Le superphosphate agit très favorablement sur le développement de la racine en excitant la formation de très nombreuses radicelles ; il améliore leur qualité et avance leur maturité.

« Les engrais azotés seuls, appliqués au blé pendant un grand nombre d'années, ont poussé le rendement jusqu'à sa limite extrême ; pour les turneps, ils ont donné des résultats bien moins significatifs, quoique le turneps profite de l'azote du sol.

« Le turneps est très riche en potasse, mais les engrais potassiques n'ont point d'action sur son développement. *Au contraire l'acide phosphorique est très efficace*, ce que l'on doit attribuer à la constitution même du végétal, au mode de pénétration des racines, aussi bien qu'aux exigences de son développement sur un espace limité et dans une période déterminée.

« Un excès d'azote dans le sol correspond à un excès de feuilles. Or, c'est le produit en racines que l'on recherche, et la formation des racines exige une production considérable de chevelu superficiel que l'acide phosphorique favorise grandement.

« Quand on cultive le turneps pour la graine et l'huile, les conditions de fumure de sol, de saison, se rapprochent beaucoup de celles du blé, et le développement de la plante se modifie en conséquence.

« En somme, on n'a de bonnes récoltes de turneps qu'en apportant au sol *des engrais organiques azotés et des superphosphates à haute dose*. Si le sol est riche en ces premiers éléments, l'emploi exclusif des superphosphates donne de hauts rendements.

« On peut évaluer la composition d'une récolte de turneps à l'hectare de la manière suivante :

Matière organique sèche. . .	3.500 kil.
Potasse	140
Phosphate de chaux	54
Sulfate id.	44

« Le fumier avec les superphosphates, ou les tourteaux pour remplacer le fumier, sont la base de la fumure. Ils fournissent tous les éléments nécessaires. »

Pratique de la fumure. « Lorsque les turneps ordinaires (navets), ou les navets de suède (rutabagas), suivent une céréale qui a reçu du fumier, on pourra se contenter de 315 à 375 kil. de superphosphates (à 15 0|0), à distribuer avec la graine, au semoir. Pour les navets de suède (rutabagas), une addition de 250 à 375 kil. de guano (véritable) sera convenable, si la semaille n'a pas lieu tardivement et si la terre est en bonne condition.

« Lorsque la précédente récolte n'a pas été fumée, on devra appliquer de 17 à 20.000 kil. de fumier par hectare, et distribuer en outre au semoir 300 kil. de superphosphates. — Au cas où le fumier serait trop pauvre, on ajoutera, en le répandant sur les lignes, 250 kil. de guano. » (On remplacera le guano avantageusement par les tourteaux, à raison de 400 kil. à 500 kil. A.)

« A moins de distribuer le superphosphate au semoir, il faudra le répandre à la volée, seul, ou en mélange avec le guano (ou les tourteaux, *Agricola*), après l'épandage du fumier. Ces deux engrais ne réagissent pas l'un sur l'autre quand ils sont mélangés, mais le guano seul peut nuire au jeune plant, et, pour ce motif, quelques centimètres de terre devront être laissés entre la graine et l'engrais.

« Les superphosphates d'os peuvent être utilement mélangés avec les phosphates minéraux.

« La poudre d'os, sur beaucoup de sols n'agit pas assez rapidement.

« Les engrais minéraux phosphatés poussent à la précocité ; les engrais azotés retardent la maturité. Il y a lieu de se préoccuper de ce fait, car les turneps mûris avant les froids supportent moins bien les gelées.

« Donc pour les turneps qui doivent être consommés à l'automne, on sèmera de bonne heure, avec des superphosphates ; pour les turneps à consommer en hiver, on ajoutera à la fumure d'engrais d'étable, du guano (ou des tourteaux, *A*.), si le fumier n'est pas très riche en azote. »

Il serait à désirer que nous eussi ns pour toutes nos plantes agricoles des données aussi précises que celles qui précède. L'agriculture doit une grande reconnaissance aux deux illustres agronomes qui, après avoir consacré leur talent et leur fortune à l'éclairer, sont arrivés à des résultats d'une aussi grande utilité pratique.

Malheureusement, nous n'avons pas sur l'application des engrais à la carotte et au topinambour de renseignements aussi précieux à fournir à nos lecteurs. Mais en considérant ce que nous savons relativement aux autres racines, ils pourront sans risquer beaucoup de se tromper, agir par induction.

Une récolte de 20.000 kil. de carottes à l'hectare enlève au sol :

Azote	107 kil.
Potasse	75
Acide phosphorique	33
Chaux	30

Dans les expériences d'Arthur Young, un hectare fumé à raison de 52.500 kilos de fumier, dosant 210 kilos d'azote, a produit 30.700 kilos de racines, tandis qu'un hectare voisin non fumé n'a donné que 16.700 kilos de carottes.

La fumure considérée a donc donné un excédent de 140 quintaux de racines, qui, avec leurs feuilles, contenaient :

$$14 \times 5,35 = 75 \text{ kilos d'azote.}$$

La proportion de l'azote du fumier recouvré par la récolte est donc de 36 0/0. C'est beaucoup plus que pour les céréales et les prairies. Sous le rapport de la fumure, la carotte est donc exigeante en azote. Comme pour la betterave, les superphosphates sont d'un emploi recommandable.

Avec le fumier, on peut compter, dans les bonnes conditions ordinaires, sur un excédent de récoltes de 269 kilos de racines par tonne de fumier dosant 4 pour 1.000 d'azote, ou de 67 kilos pour un kilo d'azote de l'engrais.

Pour le topinambour, il faut des engrais phosphatés et potassiques. Boussingault leur donnait pour deux ans, dans la culture continue, 45.000 kilos de fumier de ferme et il obtenait en général 26 à 27 tonnes de racines.

AGRICOLA.

Enseignement agricole

A mesure que les difficultés surgissent, que la lutte pour la vie devient plus ardente, grâce aux progrès de la science et à ses multiples applications, on sent de plus en plus la nécessité de l'enseignement professionnel. Les esprits les plus éclairés ne cesse de dire que, dans chaque branche de l'activité humaine, l'avenir appartiendra aux plus instruits, à ceux là qui, possesseurs de connaissances spéciales suffisantes, sauront les premiers mettre à profit les nouvelles découvertes de la science, en les appliquant à la production dont ils s'occupent. Partout on voit s'organiser des établissements d'enseignement technologique approprié aux besoins de l'époque et c'est grâce à cet enseignement spécial, dont disposent les diverses industries et le commerce, que ceux-ci arrivent, en produisant à bon marché, à lutter avec leurs similaires de l'étranger.

L'agriculture, qui est aussi une industrie et une industrie à rouages très multiples et compliqués, n'échappe pas à la loi commune et si elle souffre en ce moment, il est aisé de voir que sa souffrance, qui est générale, a, dans les divers pays du monde, une intensité directement en rapport avec l'ignorance des populations rurales de ces pays. Aussi demande-t-on de tous côtés la diffusion de l'enseignement professionnel agricole. Il est évident d'ailleurs, que cet enseignement n'implique en aucune façon, l'abandon des moyens économiques et légaux de nature à aider la culture à soutenir la lutte. On concevrait difficilement un enseignement spécial ayant pour effet de rendre moins efficaces les efforts tentés par ceux qui le reçoivent pour défendre leurs intérêts.

Depuis quelques années il a été beaucoup fait, en France, pour l'enseignement agricole, mais, à notre avis, le plus grand pas reste à faire. Sans doute les résultats obtenus dans les écoles spéciales, depuis l'Institut national agronomique jusqu'à l'école primaire agricole, passant par les écoles nationales, les écoles pratiques d'agriculture et les fermes-écoles, ont eu et auront encore une très grande portée. Mais il y a lieu de remarquer que, d'une part, tous les jeunes gens qui fréquentent ces écoles se sont déjà voués à la culture et, d'autre part, que ces jeunes gens sont et seront de longtemps encore extrêmement peu nombreux par rapport à la totalité des agriculteurs. Or, tout en accordant la plus large influence sur le progrès aux exploitations dirigées par les anciens élèves de ces établissements, il est évident que ce progrès serait bien plus rapide si tous les agriculteurs en possédaient la notion.

On ne saurait s'imaginer un nombre suffisant d'écoles d'agriculture pour que tous les enfants des cultivateurs puissent y aller passer deux ou trois années. Ils ne s'y rendraient d'ailleurs pas. C'est donc à l'école primaire, où ils font tous au moins un commencement d'études, qu'il faut arriver à leur donner cette notion du progrès agricole. Cette idée n'est pas nouvelle et bien des efforts ont déjà été tentés pour la réaliser, mais les difficultés à vaincre sont multiples et les résultats obtenus jusque-là ne sont pas considérables.

Parmi les difficultés que l'on rencontre, les premières sont, le manque de programmes et de traités élémentaires appropriés à cet enseignement. La plupart des instituteurs, bien qu'ils aient puisé des notions d'agriculture dans les écoles normales, éprouvent de sérieuses difficultés lorsqu'ils veulent aborder cet enseignement et demandent des traités élémentaires d'agriculture, rédigés en vue de cet enseignement et selon un programme déterminé.

C'est pour répondre à ces demandes, que le Comice agricole de Rouen et le Conseil général de la Seine-inférieure, après avoir arrêté un programme, ont mis au concours la rédaction d'un traité élémentaire d'agriculture et d'horticulture pratique. La Commission chargée d'examiner les mémoires présentés a choisi celui de M. Fortier, ancien Président de la société centrale d'agriculture de la Seine-Inférieure, qui vient d'être publié par l'imprimerie Deshays et Cie, 58, rue des Carmes, à Rouen.

Ce volume de 218 pages, vendu deux francs, est rédigé spécialement pour les écoles de garçons et contient un grand nombre de figures qui en rendent la lecture plus attrayante pour les enfants. Bien qu'il ait été écrit plus spécialement pour la Seine-Inférieure, ce petit livre peut servir à l'enseignement agricole dans un très-grand nombre de nos départements français et il est à souhaiter de le voir figurer dans la bibliothèque de toutes nos écoles primaires.

H^{te} LEIZOUR.

Plates-formes, à fumier

Dans le précédent n° du Bulletin, nous avons recommandé la construction de plates-formes, comme étant l'installation qui convient le mieux au traitement des fumiers de ferme.

On entend par plate-forme une surface légèrement inclinée et imperméable, destinée à recevoir les fumiers à leur sortie des étables, des écuries, des bergeries, etc. L'imperméabilité a pour but d'éviter l'infiltration des purins dans le sol; l'inclinaison permet de concentrer ces purins dans une citerne aménagée à cet effet.

Emplacement. — L'emplacement d'une plate-forme devrait remplir les quatre conditions suivantes:

1° Être rapproché le plus possible des étables, écuries et bergeries, pour réduire au minimum les frais d'enlèvement des fumiers;

2° Être situé dans un endroit abrité contre l'action du soleil et des eaux pluviales ;

3° Se trouver suffisamment distant de la maison d'habitation pour simplifier l'entretien de propreté et éloigner les odeurs qui se dégagent des fumiers ;

4° Enfin, être disposé de telle sorte que les voitures de la ferme puissent facilement y aborder.

Nous nous empressons de dire que la disposition des divers bâtiments que l'on rencontre dans la plupart des fermes, ne permettra pas toujours de remplir à la lettre ces quatre conditions. Une disposition étant donnée, chacun devra chercher à déterminer l'emplacement de la plate-forme, de façon à concilier pour le mieux les indications ci-dessus.

Forme. Disposition. — La forme et la disposition des plates-formes, sont très variables, mais elles devront toujours remplir les deux principales conditions énoncées plus haut, à savoir : l'imperméabilité de leur surface et une inclinaison suffisante pour assurer l'écoulement des purins dans la citerne destinée à les centraliser. Elles devront, en outre, être divisées en deux parties, contiguës et symétriques, pour permettre d'y dresser deux tas de fumier, ce qui est de la plus haute importance pour obtenir les meilleures conditions de fabrication.

Le meilleur mode de fabrication consiste, en effet, le tas une fois terminé, a le laisser ainsi, pendant un certain temps, de 40 à 50 jours, en ayant soin de continuer régulièrement à l'arroser pour modérer la fermentation et éviter les déperditions gazeuses. En dressant alternativement les tas de fumier sur chacune des ailes de la plate-forme on peut obtenir ce résultat. Lorsque le tas de fumier est terminé, il est aussi de bonne pratique de le couvrir d'une légère couche de terre, qui forme écran contre l'action du soleil et sert d'absorbant pour la faible quantité de gaz qui pourrait s'en dégager.

Une disposition de plate-forme que l'on adopte généralement, mais que chacun pourra modifier, du reste, suivant ses idées et la disposition de sa ferme, est celle représentée dans la figure ci-après :

A et B. — Ailes de la plate-forme ;

C. — Rigole évasée conduisant le purin à la citerne ;

D. — Orifice grillagé de la citerne ;

E. — Citerne.

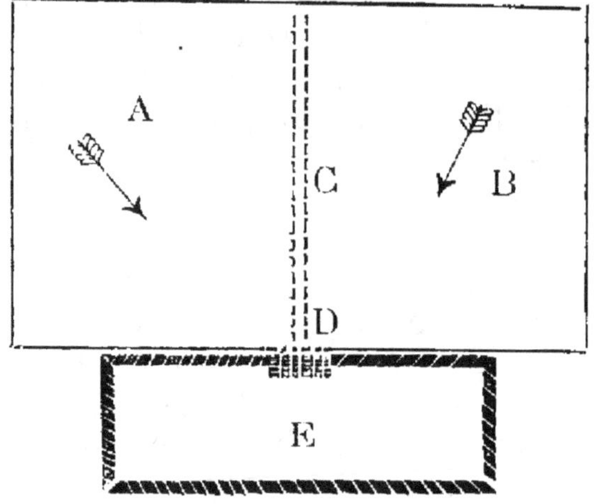

Les flèches indiquent la direction des pentes qui convergent vers le point D, orifice de la citerne. Cet orifice doit être muni d'une grille pour empêcher l'introduction des pailles et autres matières dans la citerne.

Construction. — On construit les plates-formes avec un béton en chaux hydraulique ou avec de la terre glaise énergiquement malaxée.

Celles construites en béton présentent toutes les garanties désirables de durée et d'imperméabilité, mais elles exigent une mise de fonds plus élevée que celles établies en terre glaise. Ces dernières ne sont pas toujours d'une imperméabilité irréprochable et sont assez exposées aux dégradations. Elles ont par contre l'avantage, lorsque l'argile se trouve sur les lieux ou à faible distance, de pouvoir être construites à peu de frais.

Pour la construction des citernes, la maçonnerie en chaux hydraulique, avec enduit en ciment est tout indiquée. Il ne faut rien négliger pour obtenir des citernes bien étanches, car l'effet des infiltrations ne se borne pas toujours à la perte de matières fertilisantes ; ces infiltrations peuvent gagner les puits et rendre les eaux impropres aux usages domestiques.

Dimensions. — Les dimensions des plates-formes devront être en rapport avec l'importance de la production du fumier. Toutes conditions égales d'ailleurs, la quantité de fumier produite dans une ferme varie avec le nombre des animaux, la quantité et la nature des litières employées et le régime alimentaire auquel les animaux sont soumis.

Nous n'entrerons pas dans les détails relatifs aux diverses causes qui peuvent faire varier cette production, cette étude nous entraînerait à des calculs et à présenter des chiffres, en dehors des aperçus pratiques que nous avons en vue.

Nous dirons simplement qu'un animal adulte de l'espèce bovine ou chevaline peut produire en moyenne 15 mètres cubes de fumier par an et que chaque aile de la plate-forme devra présenter une étendue suffisante pour recevoir le fumier produit dans l'espace de deux mois environ.

Lorsque nous aurons ajouté que la hauteur moyenne qu'on donne généralement au tas de fumier varie de 1 m. 50 à 2 mètres, chacun pourra déterminer d'une façon très approximative l'étendue qu'il devra donner à sa plate-forme.

La capacité de la citerne devra être également en rapport avec le nombre d'animaux, avec leur alimentation plus ou moins aqueuse et en raison inverse de la fréquence du transport des purins dans les terres.

G. PEYRAS.

A propos des phosphates

Dans le dernier numéro du *Bulletin agricole de l'Ouest*, au sujet du renouvellement des marchés passés pour la fourniture des engrais au Syndicat des agriculteurs de la Mayenne, le titre ou dosage des phosphates des Ardennes-Meuse et de la Somme a été donné en *phosphate de chaux tribasique*, tandis que celui des phosphates de scories et des phosphates de l'Oise a été donné en acide phosphorique. Ce qui a amené plusieurs cultivateurs à demander des explications au sujet desquelles nous nous empressons de répondre.

Les phosphates de scories contiennent une partie de leur acide phosphorique à l'état de *phosphate de fer*, c'est-à-dire combiné avec le fer, car ce sont des résidus provenant de la déphosphoration de l'acier. D'autres phosphates, tels que ceux de l'Oise, renferment une partie de leur acide phosphorique, en combinaison avec l'alumine dont les proportions sont très variables, ce sont donc des *phosphates d'alumine*, avec ces phosphates à bases variables, il est nécessaire de donner la richesse en acide phosphorique.

Dans les autres phosphates fossiles, offerts par le Syndicat, l'acide phosphorique est toujours combiné à la chaux et se trouve par conséquent à l'état de *phosphate de chaux*, aussi le commerce emploie-t-il toujours cette désignation pour donner leur richesse. Néanmoins on peut indiquer exactement la relation qui existe entre l'acide phosphorique et le phosphate de chaux tribasique dans ces phosphates.

1 kilog. de phosphate de chaux tribasique contient :

0 k. 458 d'acide phosphorique.) 1 k. 000
0 k. 542 de Chaux.)

Partant de ces données, si on veut connaitre la quantité d'acide phosphorique correspondant à un phosphate de 33 0/0 de phosphate de chaux tribasique, par exemple, il n'y a qu'à multiplier 33 par 0,458, ce qui donne 15,114 0/0 d'acide phosphorique.

Si, au contraire, il s'agissait de savoir à combien de phosphate de chaux correspond 15,114 0/0 d'acide phosphorique, il faudrait multiplier 15,114 par 2,183. Ce qui donnerait 32,99, soit 33 0/0 de phosphate de chaux tribasique. Les mêmes coëfficients, 0,458 et 2,183, sont applicables pour tous les engrais phosphatés, Ardennes-Meuse, Somme, Oise, noir animal, guano, etc.

Tableau indiquant la relation qui existe entre le phosphate de chaux tribasique et l'acide phosphorique.

	Phosphate de chaux tribasique		Acide phosphorique
Phosphates fossiles des Ardennes-Meuse.	33 o/°	correspondent à	15,11 %
id	36 »	—	16,48 »
id	39 »	—	17,86 »
id	41 »	—	18,77 »
Phosphate de la Somme.	40/45 »	—	18,32/20,61 »
Noir animal.	70 »	—	32,06 »

Le phosphate des Ardennes, qualité 39 0/0, minimum de phosphate de chaux tribasique, demandé par le Syndicat pendant la dernière campagne, a donné comme dosage moyen, pris sur 78 échantillons analysés, 41,25 0/0 de phosphate de chaux, soit 18,89 0/0 d'acide phosphorique. Au prix de 5 fr. 65 les 100 kilos, ce phosphate fournirait l'acide phosphorique à raison de moins *de 0 fr. 30 le kilog.*

En présence du prix élevé du superphosphate, les cultivateurs auront donc un grand avantage cette année à employer les phosphates fossiles dans le plus de cas possible. Appliqués *avant l'hiver* sur les prairies basses, sur les blés et autres emblavures suivies de trèfles ou de luzernes, ils produiront les meilleurs effets économiques.

P. MASSERON.

Préparateur de chimie au laboratoire de la Mayenne.

Les vergers

Le mois de mai nous annonçait une année favorable pour les pommes et les poires. Malheureusement dans les premiers jours de juin, plusieurs causes ont détruit cette espérance.

L'anthonome du pommier est venu détruire les étamines et les pistils des fleurs. Les *chenilles processionnelles* ont également causé les plus grands ravages, en dévorant les bourgeons, les feuilles naissantes et les fleurs écloses et laissant beaucoup d'arbres presque dénudés.

En outre, à la suite de trop vives chaleurs survenues dans les 1ers jours de juin, la sève a subi un arrêt qui a occasionné la chute des fleurs qui se sont desséchées faute de nourriture; contre ce *brûlain*, il n'est pas de remède.

Mais il n'en est pas de même de l'*échenillage*, car cette opération quoiqu'un peu longue, est loin d'être insurmontable. Dans les pays ou la culture du pommier est en honneur, pendant le mois de mai, on voit les cultivateurs intelligents employer plusieurs personnes à secouer les branches des arbres à l'aide d'une gaule, pour faire tomber les chenilles dans une bâche et les écraser ensuite.

Ce procédé n'est pas aussi long qu'il le parait, on a vite fait de nettoyer un verger de 200 ou 300 arbres, et d'ailleurs, qu'est-ce une dépense d'une trentaine de francs lorsqu'il s'agit de sauvegarder une récolte qui pourra valoir des milliers de francs ?   P. M.

La météorisation

Lorsque les animaux (rhuminants) consomment une nourriture verte, composée de jeunes trèfles ou de luzernes, ils sont assez fréquemment atteints d'une maladie appelée l'*enflure*, et qui n'est autre chose que la météorisation, dont les conséquences sont parfois terribles, l'animal enfle démesurément et ne tarde pas à succomber s'il ne lui est pas porté de prompts secours.

C'est surtout le matin, par la rosée, lorsque les fourrages sont mouillés que la météorisation se produit le plus souvent, ou encore par des aliments trop froids, ou parfois gelées.

Le meilleur remède consiste à faire prendre aux gros animaux une cuillerée à bouche d'*alcali* ou ammoniaque, (substance que le cultivateur doit toujours avoir, dans un flacon bouché à l'émeri). Cette quantité d'alcali est versée dans un litre d'eau que l'on fait avaler à l'animal à l'aide d'une bouteille. Si ce moyen est insuffisant, il faut, sans hésiter, avoir recours à la *ponction* du rhumen, opération qui consiste à percer le flanc gauche de l'animal, à l'aide d'un *trocart*, de manière à donner une issu au gaz, autrement l'animal est perdu.

P. M

AVIS

Les travaux de moisson peuvent être considérés comme terminés dans toute l'étendue du département de la Mayenne. C'est le moment du battage, opération qui s'effectue encore à l'aide de simples machines ne comportant pas d'appareils annexes de nettoyage. Par ce procédé, la séparation des grains d'avec la balle entraine à une deuxième opération qu'il importe de mener à bien à bref délai.

Nous rappelons à ce propos, aux membres associés que le syndicat de la Mayenne tient à leur disposition des tarares qu'ils pourront se procurer aux entrepôts de Laval et de Villaines-la-Juhel.

Trèfle incarnat. — Suivant l'avis inséré dans le précédent numéro, relatif au trèfle incarnat, le Syndicat de la Mayenne s'est aussi assuré la fourniture de graine de trèfle incarnat. Mais l'approvisionnement dans ses magasins étant très limité, les agriculteurs qui voudront s'en procurer par son intermédiaire devront prévenir d'avance pour permettre aux fournisseurs de faire à temps les expéditions.

Le prix de cette graine, en trèfle rouge latif, est de 0 fr. 40 le kilogramme.

SYNDICAT DE DREUX

Fournitures des engrais pour l'automne 1889

RÉSULTATS DE L'ADJUDICATION DU 15 JUILLET

Sulfate d'ammoniaque. . . .	33fr.23	les 100 kil.
Chlorure de potassium, 80 à 85 de pureté.	22 45	id.
Nitrate de soude livrable à l'automne, sacs réglés.	24 20	id.
Nitrate de soude, livrable au printemps, sacs réglés.	24 90	id.
Nitrate de soude, livrable au printemps, sacs origine.	24 40	id.
Engrais composé, dosant 4 0/0 d'azote ammoniacal et 12 0/0 d'acide phosphorique sol. à l'eau. . . .	15 20	id.
Sang pur desséché, dosant 11 à 13 0/0 d'azote	2 059	l'unité.
Superphosphate min. sol. à l'eau	0 558	id.
id. id. au citrate	0 524	id.
id. id. séché et bluté	0 538	id.
id. d'os pur. . . .	0 693	id.
Scories de fer	4 90	les 100 kil.
Phosphate naturel	4 80	id.

Ces engrais, livrables toutes gares désignées par le cahier des charges, du 25 août au 1er octobre, à l'exception du nitrate de soude demandé pour le printemps qui sera livré à une époque qui sera fixée ultérieurement.

Les commandes de nitrate de soude qui parviendront au secrétariat après le 5 août, ne pourront profiter de cette adjudication pour la saison de printemps.

Le Secrétaire-Rapporteur,
L. DURANTEL.

Le Gérant, E. MOREAU.

Laval, Imp. L. Moreau.

Ce Bulletin paraît le 15 de chaque mois.

BULLETIN AGRICOLE
DE L'OUEST

Organe de l'Union des Syndicats Agricoles
des départements du Finistère, des Côtes-du-Nord,
du Morbihan, de la Loire-Inférieure, d'Ille-et-Vilaine, de la
Manche, de la Mayenne, de Maine-et-Loire, de la Sarthe,
de l'Orne, du Calvados, de l'Eure, d'Eure-et-Loir
et de la Seine-Inférieure.

Publié sous la direction de :

H. LÉIZOUR

Professeur départemental d'Agriculture de la Mayenne,
Directeur du Laboratoire agronomique,
Président du Syndicat des Agriculteurs de la Mayenne,

GAROLA, ✝ M. A.

Professeur départemental d'Agriculture d'Eure-et-Loir,
Directeur de la Station agronomique de Chartres.

ABONNEMENTS

Pour les membres des syndicats :   Pour les étrangers aux syndicats :
  1 fr. par an.   **6 fr.** par an.

ANNONCES

De 1 à 4 annonces. » **50**° la ligne.   De 8 à 12 annonces » **30**° la ligne
De 4 à 8   —   » **40**°   —   Au-delà de 12.   . » **20**°   —

Le bulletin publiera gratuitement les offres et demandes
des Syndicats abonnés.

*AVIS. — Tout ce qui concerne la rédaction, les Annonces et les Abonnements, doit être adressé à **M. LÉIZOUR**, rue de la Filature, 1, à Laval.*

AVIS

Le **BULLETIN AGRICOLE DE L'OUEST** insérera toutes les annonces que voudront bien lui adresser **MM.** les industriels, constructeurs, fabricants et négociants.

Comme il s'adresse exclusivement à des agriculteurs, on peut être certain que les annonces qu'il publiera ne manqueront pas leur but et qu'elles parviendront à ceux en vue desquels elles seront spécialement faites.

Les annonces, offres et demandes des syndicats adhérents et des agriculteurs abonnés, seront insérées gratuitement.

Nous engageons vivement les agriculteurs à user largement de cette faveur, objet principal du bulletin et nous leur prédisons à ce compte un large débouché pour les divers produits de leur exploitation.

L'administration du **BULLETIN AGRICOLE DE L'OUEST** insérera les annonces qu'on lui enverra, **mais ne prendra aucune responsabilité** en ce qui les concernera. Ces annonces devant amener des transactions surtout entre agriculteurs, nous invitons nos lecteurs à **faire les livraisons avec la plus scrupuleuse loyauté.**

C'est parce que les intermédiaires n'ont pas toujours agi de cette façon qu'ils ont perdu la confiance et que les syndicats ont été institués pour **permettre à chacun de s'en passer. Si** des réclamations parvenaient à l'administration du bulletin contre des livraisons mal faites, elle se réserverait le droit de refuser l'insertion de nouvelles annonces pour celui dont on aurait eu à se plaindre.

☞ Le **BULLETIN AGRICOLE DE L'OUEST** sera servi, au même prix qu'aux membres des syndicats, aux fermiers et métayers des propriétaires syndiqués lorsque ceux-ci en feront la demande et le droit de ces abonnés aux annonces gratuites sera le même.

BULLETIN AGRICOLE DE L'OUEST

Les emblavures d'automne

Les travaux de la moisson sont à peine terminés et il est déjà temps de se préoccuper des moyens propres à assurer la récolte de l'année prochaine.

Trois points importants sont à examiner : la préparation du sol, la fumure et les variétés de semences à employer.

Préparation du sol. — La préparation du sol pour le froment est très généralement mal faite par nos cultivateurs de l'Ouest, et la raison principale de cette mauvaise pratique réside, pour le plus grand nombre, dans l'ignorance des conditions qui favorisent le développement de cette céréale. Beaucoup d'agriculteurs croient, en effet, que le froment n'émet que des racines superficielles, parce que leur sol n'ayant jamais reçu de façons capables de l'ameublir, de le rendre perméable à une grande profondeur, ne permet pas à ces racines d'y descendre profondément. Or, c'est là une erreur qui a été mise en évidence par de nombreuses expériences. Dans les terres où le froment donne les rendements élevés signalés par tous les écrivains, on a pu suivre ses racines jusqu'à un mètre de profondeur et au-delà.

Il y a sans doute beaucoup de terres dans lesquelles il serait sinon impossible, du moins beaucoup trop coûteux de produire une couche perméable d'une pareille puissance, mais il n'en reste pas moins vrai que si nous voulons augmenter d'une façon sensible nos rendements, nous devons porter nos efforts tout d'abord vers l'approfondissement de la couche perméable. Ce qui ne veut pas dire qu'il faille faire un labour profond ni encore moins un défoncement ou soussolage immédiatement avant la culture de froment. Ce dernier exige, au contraire, une terre rassise, ne craignant plus un trop grand tassement et ne l'exposant pas au déchaussement pendant l'hiver.

Dans nos contrées, on ne doit arriver au labour profond qu'avec beaucoup de circonspection d'ailleurs. Les labours antérieurs ayant toujours été très superficiels, si du jour au lendemain, sans préparation, on ramène à la surface une couche plus ou moins épaisse de terre neuve, on stérilise le sol pour quelques années, au lieu d'en augmenter la productivité. C'est à cela que sont dus la plupart des échecs subis par les cultivateurs, lorsqu'ils veulent remplacer l'ancienne charrue à billons par le Brabant double.

Mais cet instrument permet d'arriver facilement au but cherché, sans risquer d'amoindrir la fertilité du sol. Il suffit pour cela de remplacer un des corps de charrue qui le composent par des griffes de défonceur et de faire pénétrer ces dernières au fond de la raie creusée par l'autre corps de charrue.

De cette façon on ameublit, on rend perméable, la partie inférieure du sol ou le sous-sol, tout en laissant la mauvaise terre au fond de la raie. Cette perméabilité augmentée, c'est dans une certaine mesure, le dessèchement du sol pendant la saison pluvieuse, en même temps que la conservation de sa fraîcheur pendant la saison d'été. C'est aussi la possibilité, pour les plantes cultivées, de développer normalement leur système radiculaire dont le rapport avec la partie aérienne est constant.

La préparation du sol pour le froment doit donc commencer par un fouillage l'année précédente, c'est-à-dire avant une récolte qui ne craint pas une trop grande porosité du sol. Telles sont toutes les plantes fourragères. L'année même du semis, le labour, qui doit être fait longtemps à l'avance, ne doit pas dépasser la profondeur du labour ordinaire, mais il va sans dire que toute la surface doit être ameublie, contrairement à ce qui a lieu dans le labour en billons, encore en usage dans un trop grand nombre de nos fermes de l'Ouest, et dans lequel un tiers au moins de la surface n'est pas attaqué par la charrue.

Fumure. — L'engrais qui convient le mieux au froment est celui que le sol tient en réserve depuis les cultures précédentes, soit qu'il résulte de fortes fumures non épuisées, comme celles qu'on applique aux plantes fourragères et industrielles, soit qu'il provienne des plantes qui ont occupé le sol avant lui, comme cela a lieu après le trèfle, la luzerne et le sainfoin. C'est donc dans une culture alterne que le froment a le plus de chances de réussir, ce sont les plaines du nord de la France, où le froment est cultivé après des betteraves fortement fumées et où on ne lui applique jamais de fumier directement, qui donnent les plus grands rendements. C'est à cette pratique de l'alternance des cultures que tous nos agriculteurs doivent tendre.

Mais il faudra encore longtemps avant d'en arriver là, car malgré l'importance du rôle des animaux dans notre agriculture, les cultivateurs, qui trop souvent ne connaissent pas l'économie d'une alimentation copieuse et de bonne qualité, ne font pas assez de cultures fourragères et, croyant d'un autre côté, que le produit obtenu des céréales est en rapport avec l'étendue emblavée, tandis qu'en réalité il est proportionnel à la somme de matières fertilisantes dont elles disposent, les cultivateurs, disons-nous, ensemencent de trop grandes étendues de céréales et se trouvent, par suite, dans l'obligation d'en cultiver plusieurs successivement sur le même sol. Dans ces conditions, la fumure directe du froment s'impose et il s'agit de la faire telle, qu'elle donne la meilleure récolte possible.

Pour le froment comme pour toutes les cultures, l'emploi du fumier de ferme est tout indiqué. C'est l'engrais qui coûte le moins et celui dont les effets sont les plus assurés. Le cultivateur l'emploiera donc avec avantage toutes les fois qu'il en aura. Mais ici doit se placer une observation très importante sur laquelle nous appelons toute l'attention des cultivateurs désireux d'obtenir de leur terre tout ce qu'elle est susceptible de produire.

Le fumier de ferme a ses qualités et ses défauts. Il représente très exactement dans les exploitations où les animaux ne consomment que des produits de la ferme, la composition chimique du sol, c'est-à-dire que si le sol de la ferme manque d'un élément fertilisant quelconque, azote, acide phosphorique, chaux ou potasse, ou s'il n'en contient qu'une proportion insuffisante, le fumier produit dans la ferme sera lui-même pauvre en cet élément et par conséquent impropre à le restituer au sol. En d'autres termes, le fumier produit sur une exploitation ne permet pas de rétablir l'équilibre entre les éléments fertilisants du sol, équilibre nécessaire cependant pour arriver à une grande production.

Il faut savoir, en effet, que lorsque les matières fertilisantes que nous venons de nommer ne se trouvent pas dans un bon rapport dans le sol, le rendement obtenu est toujours proportionnel à celle de ces matières qui s'y trouvent en moins grande proportion. La plante se trouve alors dans le même cas qu'un maçon auquel on fournirait assez de chaux pour construire son mur, mais auquel on ne fournirait de pierre et de sable que pour en construire la moitié ou les trois quarts.

Or, il résulte des nombreuses analyses de terre qui ont été faites, qu'à de très rares exceptions près, nos terres de l'Ouest manquent toutes d'acide phosphorique, beaucoup ne contiennent pas de chaux et d'autres enfin, ne contiennent qu'une quantité insuffisante de potasse.

Il y a donc lieu de compléter partout la fumure au fumier par un apport d'engrais de commerce, plus ou moins chimique, d'une nature variable avec les circonstances.

Partout on se trouvera bien d'ajouter au fumier une quantité notable de phosphate fossile, de superphosphate ou de scorie de déphosphoration. Dans l'état actuel de nos cultures, il ne faut pas craindre de mettre de 600 à 1.000 kilos de l'un de ces engrais à l'hectare avant l'ensemencement du froment.

L'emploi des sels de potasse, qui est à conseiller dans les terres calcaires et siliceuses, doit se faire également à l'automne. Le mieux, quand on doit employer en même temps les deux engrais, est de les mélanger intimement au moment de leur épandage sur le sol.

Quant à la chaux, son emploi ne semble pas devoir se faire l'année où l'on fait usage du fumier. Un des principaux rôles de la chaux dans le sol étant l'accélération de la décomposition des matières organiques, du fumier en particulier, il est plus logique de l'employer un an ou deux après l'enfouissement de ce dernier L'année de son emploi le fumier se décompose toujours en quantité suffisante pour les besoins de la récolte, toutes les fois que la dose de fumier est quelque peu élevée. Il est donc inutile, sinon mauvais, d'en activer la décomposition par le chaulage, dont les effets, au contraire, seraient précieux les années suivantes, pour amener la décomposition de la matière noire qui reste dans la terre après chaque fumure et qui servirait ainsi à la production des récoltes ultérieures.

Dans tous les cas, si l'on tient à employer la chaux et le fumier la même année, il faut se garder de les mélanger avant de les enterrer. Ce mélange amène la destruction complète des matières organiques du fumier, dont il ne reste que la matière minérale, la cendre, tout son azote, c'est-à-dire la partie qui lui donne la plus grande partie de sa valeur, s'en allant dans l'air sous forme de vapeurs ammoniacales.

Lorsque le fumier fait défaut et que le froment doit être fumé, on nous demande souvent ce qui convient pour le remplacer. Il faut simplement. dans ce cas, ajouter aux engrais phosphatés et potassiques dont il est question plus haut, une quantité d'azote suffisante pour les besoins de la récolte pendant l'hiver, c'est-à-dire 100 kilog. de sulfate d'ammoniaque ou 125 kilog de nitrate de soude, à l'hectare. Même lorsqu'on emploie du sulfate d'ammoniaque comme engrais azoté, il n'est pas prudent d'appliquer toute la fumure à l'automne, car bien que les sels d'ammoniaque ne se laissent pas facilement entraîner par l'eau, il y a à craindre que la nitrification ne se fasse trop rapidement et que par suite l'azote ne soit perdu sous cette forme. Il n'y a d'ailleurs aucun avantage à faire l'avance au sol de la partie de la fumure qui ne doit être utilisée qu'au printemps suivant.

Variétés à semer. — La variété a une influence considérable sur le rendemment de toutes les cultures, mais son choix n'est pas aussi facile qu'on pourrait le croire.

Dans chaque localité, les variétés cultivées depuis longtemps, sont l'expression des conditions générales qui les ont faites, c'est-à-dire de la nature, de la fertilité et de l'état de fraîcheur du sol, de la rigueur de l'hiver, de l'intensité et de la persistance des chaleurs du printemps et de l'été, etc., elles sont acclimatées, j'allais dire habituées à ces conditions et leur produit est aussi assuré que possible.

Lorsqu'on sème des variétés étrangères. qu'elles viennent du nord ou du midi, de l'est ou de l'ouest, il est à peu près certain qu'elles ne rencontrent pas, dans le milieu où on les introduit. les conditions culturales qui les ont produites. La fertilité du sol, en particulier, y est souvent moindre, sans parler du climat qui peut être très différent. Toutes les variétés nouvelles, dites à grand rendement, ont été obtenues sur des terres de grande fertilité.

Or, malgré les données déjà précises que l'on possède sur l'emploi des engrais, il n'est pas possible d'élever la fertilité de toutes les terres. du jour au lendemain, à un degré aussi élevé, et rien ne prouve, dès lors, que ces nouvelles variétés donnent partout un meilleur résultat que celles du pays.

Il ne faudrait pas déduire de ce qui précède toutefois, que nous pensons qu'il n'y ait rien à faire pour changer ou améliorer les variétés cultivées et que ce qui se fait dans la plupart des fermes, sous ce rapport soit parfait. Nous pensons, au contraire, qu'il y a pour le cultivateur un très grand intérêt à essayer, sur une petite échelle d'abord, les variétés qui passent pour donner les plus hauts rendements et à étendre plus tard, l'étendue consacrée à celles qui lui paraîtront meilleures que celles du pays. Mais ce qui nous semble surtout désirable et immédiatement réalisable par tous, c'est l'amélioration des variétés locales. Si chaque cultivateur, ou seulement quelques cultivateurs par localité le voulaient, toutes nos anciennes variétés arriveraient en un temps très court, à rivaliser sûrement avec toutes celles qui nous viennent des autres pays quels qu'en soient les mérites. Il n'y a pour cela qu'à imiter les créateurs de ces variétés étrangères, ce qui ne présente guère de difficultés.

Il est rare que dans chaque ferme il n'y ait pas quelques pièces de terre dans lesquelles le froment réussit relativement bien.

Que les cultivateurs choisissent dans ces pièces, au moment de la moisson, un nombre suffisant des plus beaux épis et les mettent de côté pour les battre à part et en retirer les plus beaux grains. Ces grains semés sur quelques ares de bonne terre bien préparée, donneront dès l'année suivante un grain déjà bien amélioré pour l'ensemencement de toute la ferme. Au moment de la moisson de ces quelques ares, rien ne sera encore plus facile que de prélever les plus beaux épis, comme précédemment, de prendre les plus beaux grains de ces épis pour l'ensemencement de quelques ares, et ainsi de suite

Si la cueillette des épis est faite avec soin, si on ne prend que ceux qui présentent bien le même caractère on peut-être assuré, qu'agissant sur une variété déjà bien acclimatée, on aura, au bout de fort peu d'années, tout le produit sur lequel on peut régulièrement compter. Comme on le voit c'est un procédé bien simple, ne coûtant rien et qui donne des résultats certains. D'ailleurs les créateurs des variétés dites à grand rendement, n'ont pas procédé différemment.

Pour les ensemencés à faire à l'automne prochain, il est maintenant trop ta d pour appliquer ce procédé, et il faut bien faire usage des méthodes ordinaires, c'est-à-dire l'achat de bonnes semences au dehors ou l'ensemencement des grains récoltés à la ferme.

Nous ne dirons rien des achats que chacun réalise au mieux de ses intérêts.

Lorsqu'on doit semer le grain récolté, puisque chacun reconnaît la supériorité des belles semences, il semblerait tout simple que chacun fasse au moins un triage rigoureux et ne sème absolument que le choix des grains de son grenier.

Il n'en est cependant pas ainsi et les trieurs de bonne qualité sont encore bien rares dans nos fermes. Cela s'explique d'autant moins, que le prélèvement de la semence sur toute la récolte n'en amoindrirait pas sensiblement la valeur commerciale des cents kilos. De plus, une semence passée par un bon trieur est débarassée des graines de toutes les mauvaises herbes.

De tous côtés on sent le besoin d'augmenter la production du sol et chacun prône un moyen particulier pour y arriver, mais le cultivateur sait bien on doit savoir que pour arriver à une production régulière et économique il est indispensable de n'oublier aucun des détails ayant une influence quelconque sur cette production. C'est l'ensemble de ces détails bien compris qui constitue la culture économique.

En ce qui concerne le froment, un détail important de sa culture est le mode de semis, mais son étude nous entraînerait trop loin pour aujoud'hui.

Nous en ferons l'objet d'une prochaine causerie.

H. Léizour.

Production de la betterave à sucre et de la betterave fourragère

Végétation. — La betterave dont nous venons d'examiner le rôle, la nature, les caractères spécifiques et la composition, a des besoins spéciaux pour son développement. Sa végétation a des exigences particulières et se manifeste d'une certaine façon.

Climat. — Lorsque la racine qui nous occupe est atteinte par la gelée, aussitôt le dégel elle entre en décomposition.

La graine germe et la végétation commence quand la
température moyenne atteint et dépasse 7° au-dessus de
0°. Le concours de la chaleur et d'une humidité convenable est indispensable à sa végétation. La fertilité du sol
et l'humidité étant supposées constantes, l'accroissement
en poids est proportionnel à la somme de chaleur totale
et de lumière reçues par les betteraves.

Le développement complet de la racine exige une somme de 2,400 à 2,700° de chaleur.

Le développement et la maturation des tiges et des
fruits demandent en plus l'année d'après de 1,500 à 1,800
degrés.

L'évolution totale de la plante nécessite donc de 3,900
à 4,500 degrés en deux années.

Lorsque l'humidité n'est pas suffisante, la croissance
s'arrête presque complètement jusqu'à ce que, le concours nécessaire de l'humidité et de la chaleur étant rétabli, l'accroissement puisse reprendre et se poursuivre.

Quoi qu'il en soit, la betterave donne de très beaux produits sous les climats les plus variés ; elle prospère dans
la moitié septentrionale de la France, en Belgique, en
Allemagne, en Autriche-Hongrie, en Russie. Elle réussit
également en Provence, avec de l'eau.

Sols. — Elle peut être cultivée avec succès dans presque
tous les sols. Cependant un terrain argilo-calcaire, doux
et meuble, une situation découverte et exposée au
soleil, conviennent surtout à sa culture.

Les terrains sablo-calcaires, s'ils contiennent assez
d'humus, fournissent aussi de bonnes betteraves quand
ils sont suffisamment frais.

La profondeur de la terre arable et du sous-sol perméable est une qualité essentiellement favorable.

La trop grande humidité retarde les semis et le développement. Le drainage a rendu propres à la betterave
une foule de terres qui n'en pouvaient porter.

De l'emploi des engrais dans la culture de la betterave

Nous touchons maintenant à l'une des questions les
plus importantes de la production de la betterave, et
principalement de la betterave à sucre : la question de
l'emploi des engrais.

Après nous être occupé du climat et du sol, c'est en effet à la recherche des moyens de fournir à la betterave les *aliments* dont elle a besoin, que nous devons nous consacrer; il faut apporter toute notre attention à l'étude des engrais qui conviennent à cette plante, engrais avec lesquels, en suppléant aux matières fertilisantes qui manquent à la terre, ou qui ne s'y trouvent pas assez abondamment répandues, nous arriverons à assurer une bonne végétation à la plante qui nous intéresse, en même temps que nous obtiendrons, d'une part, avec un rendement à l'hectare élevé pour les variétés sucrières, une grande richesse saccharine et une grande pureté de jus, et, d'autre part, pour les variétés fourragères, une production maxima de matières azotées nutritives par unité de surface.

La solution du problème qui nous arrête en ce moment est tout à fait différente, suivant qu'il s'agit des betteraves fourragères ou des betteraves à sucre; on pourrait presque dire qu'elle est contraire. En examinant successivement les nécessités de l'alimentation de chacun des deux groupes, nos agriculteurs saisiront facilement ces oppositions et ces différences fondamentales, et éviteront ainsi de se fourvoyer en se laissant entraîner par de trompeuses analogies.

De l'application des engrais aux betteraves à sucre

En général, on doit éviter de semer les betteraves à sucre dans un terrain récemment fumé avec du fumier de ferme. Le fumier est plus avantageusement appliqué à la récolte précédente. La betterave à sucre ne doit recevoir directement que des engrais complémentaires appropriés au but que l'on poursuit. — Cela revient à dire que le sol doit être enrichi par une vieille fumure, et être riche en humus.

De la *qualité des engrais* dépend la *qualité de la betterave*. La proportion entre la quantité de sucre et celle des matières étrangères que contient le jus est en raison de la nature de l'engrais.

La betterave exige dans le sol la présence de différents éléments nutritifs assimilables, dans une proportion convenable. Les engrais pour betterave seront donc très variables avec les terrains, car les quantités et les proportions de matières assimilables que ces derniers contiennent varient énormément de l'un à l'autre. On ne trouvera donc pas pour la culture de la betterave à sucre un engrais qui s'applique également bien à tous les pays. Il est nécessaire, dans chaque région agricole de production sucrière, que les fabricants de sucre et les associations agricoles recherchent expérimentalement la formule de fumure qui donne, dans la nature particulière de terrain où se fait la culture, le maximum de sucre à l'hectare et le maximum de bénéfice pour le cultivateur et pour le sucrier.

(A suivre) AGRICOLA.

Quelques remarques sur l'élevage et l'engraissement du porc

A l'exception de certaines contrées de la Mayenne, où l'élevage et l'engraissement du porc ont une certaine extension, la spéculation porcine nous paraît jouer un rôle très secondaire dans ce département.

La Mayenne est cependant un pays d'élevage par excellence, mais c'est principalement les bêtes bovines qui y jouissent d'une grande faveur et sont considérées comme donnant les meilleurs résultats au triple point de vue de l'élevage proprement dit, de l'engraissement et de la production laitière.

Vient au deuxième rang la production chevaline. En dehors des besoins de la culture locale, ce département livre annuellement au commerce de nombreux sujets, principalement de jeunes poulains qui sont pour la plupart exportés vers les grands centres d'élevage.

La production porcine est reléguée au dernier rang. Suivant l'usage généralement adopté dans les campagnes, la viande de porc entre pour une large part dans la ration des travailleurs, et si chaque cultivateur vise à produire dans sa ferme la provision nécessaire à sa nourriture et à celle de son personnel, il considère rarement cette production comme une source possible de bénéfice. Il y a là une question d'habitude, de routine, qui nous paraît très regrettable en présence de la haute valeur incontestée de la race locale, la race craonnaise, qui est considérée a juste titre comme la meilleure de nos races françaises. Aucune autre race, en effet, n'est plus développée, plus rustique, ni susceptible de donner une viande plus estimée.

En nous livrant à une rapide étude sur l'élevage et l'engraissement du porc, nous n'entendons nullement faire le procès aux autres spéculations, ni chercher en quoi que ce soit à diminuer le rôle important qu'elles jouent dans la culture. Au contraire, par l'extension des plantes fourragères, des racines et l'amélioration des prairies, nous voudrions voir modifier le système de culture de façon à accorder à ces spéculations une plus large place, soit par l'augmentation des unités, soit, ce qui vaudrait mieux, par l'accroissement de poids, conséquence d'un régime alimentaire mieux compris. Mais ce que nous voudrions essayer aussi de faire comprendre, c'est que le porc a sa place assignée à côté des autres branches de la production et qu'il en est au point de vue économique le complément indispensable. Qu'il s'agisse d'agriculture, d'industrie ou de commerce, c'est la grande question économique qui doit avoir le dernier mot. Le but à chercher, c'est de produire à bon marché, c'est d'obtenir le bénéfice le plus élevé possible en raison du capital engagé.

Sous ce rapport, dans l'ensemble de la production agricole, le porc a un rôle important à jouer, car c'est l'animal qui utilise le plus avantageusement certains produits de la ferme et l'extension de son élevage entraîne à d'heureuses modifications dans l'assolement, dans le système de culture. Si cependant, suivant une pratique trop souvent admise, le porc devait être élevé en stabulation permanente, logé dans des toits étroits, mal aérés, souvent infects, et si, dans d'aussi déplorables conditions d'hygiène, sa nourriture devait être composée exclusivement de farineux, nous n'hésiterions pas à émettre un avis tout opposé. C'est probablement dans l'application de ce défectueux régime qu'il faut chercher la cause de son délaissement.

La spéculation porcine comprend trois périodes : 1° de la naissance au sevrage ; 2° du sevrage à l'engraissement ; 3° l'engraissement.

Suivant ses ressources alimentaires, le cultivateur peut entretenir des truies mères et vendre les porcelets au sevrage, ou acheter les porcelets au sevrage et les élever jusqu'à l'époque de l'engraissement, ou encore se livrer exclusivement à l'engraissement.

Dans la généralité des cas il y a avantage à avoir des animaux de tous les âges et à mener de front les trois spéculations en faisant prédominer celles qui paraîtront donner momentanément le plus de profit.

Le prix de vente des jeunes animaux au sevrage et de ceux des différents âges qui précèdent la mise à l'engrais, étant très variables, le cultivateur, dont la porcherie est suffisamment pourvue des différentes catégories, peut profiter des fluctuations des marchés en vendant les sujets activement demandés et garder ceux dont les conditions de vente sont moins avantageuses, en attendant un relèvement possible des prix. En agissant ainsi il sera assuré de profiter, relativement aux animaux d'élevage, des moments les plus propices pour la vente.

Pour les porcs gras les cours sont moins variables ; il est généralement avantageux, lorsque l'engraissement est reconnu assez avancé, de s'en débarrasser au cours du jour. L'engraissement prolongé n'est profitable au cultivateur que pour les animaux destinés à être consommés dans la ferme, auxquels on demande une abondante provision de graisse.

Ces remarques faites, nous passons à l'examen du régime alimentaire et du logement des porcs.

(A suivre).   G. PEYRAS.

OFFRES ET DEMANDES

DEMANDES

M. le V⁰ du Roscoat, Secrétaire et Directeur du Syndicat de Guingamp, demande : *Blé Dattel, blé Victoria, b'é d⁰ Bordeaux* et de *l'avoine noire de Belgique,* il prie les cultivateurs qui pourraient fournir ces semences de lui adresser des échantillons, au Château du Bois de la Roche, par Guingamp (Côtes du-Nord).

OFFRES

M. Victor Chrétien, propriétaire à Bel-Air, Laval : offre du blé Dattel pour semence, à raison de 29 fr. 30 les 1 0 kilos (sauf variation), en gare de Laval ou à son domicile, dans les sacs de l'acheteur, payable contre livraison.

M. Jaguelin, propriétaire rue de L'Huisserie, 28, à Laval, offre :
1° Blé Dattel à 29 fr. les 100 kilos.
2° Blé rouge de Bordeaux (inversable) à 27 fr. les 100 kilos (sauf variation).
En gare de Laval ou de Cossé-le-Vivien, dans les sacs de l'acheteur, payable contre livraison.

SYNDICAT DE DREUX

Un concours de Semoirs et Distributeurs d'engrais aura lieu à Dreux sous les auspices du Syndicat, le lundi 23 septembre 1889.
Les instruments qui prendront part au concours devront être exposés à partir de 11 heures, place Saint Gilles, d'où ils partiront à 2 heures pour le champtier du Bléras, où le concours commencera à 3 heures.
Trois médailles (vermeil, argent, bronze) dont une sera offerte par M. le Maire de Dreux, seront mises à la disposition des concurrents et distribuées après le concours.
Adresser toute demande de renseignements à M. L. Durantel, secrétaire, 10, rue Saint-Martin, à Dreux.

SYNDICAT DE CHARTRES

D'après plusieurs avis qui nous sont parvenus, certains syndiqués n'auraient pas compris les renseignements qui leur ont été adressés, concernant les fournitures d'automne.
Nous rappelons que les demandes d'engrais peuvent être faites jusqu'au 1er *octobre prochain*, et nous engageons les intéressés à ne pas attendre au dernier moment, afin d'éviter les retards qui se produisent en fin de saison.

L'Agent comptable,

MERCIER.

M. Truquet, cultivateur à la Crétochère, commune d'Unverre par Brou (Eure-et-Loir), offre :
1° 25 sacs de blé de semence *Noé blanc* ;
2° 50 sacs de blé de semence de *Noé rouge*.

Les membres du Syndicat agricole de l'arrondissement de Châtres, demandent :

1° Des pommes à cidre ;
2° Des avoines d'hiver pour semence.

Les intéressés devront faire parvenir leurs offres et leurs conditions de vente à M. Mercier, Agent-comptable du syndicat, place Saint-Michel à Chartres.

SEUL CONCOURS OFFICIEL DE FAUCHEUSES, TULLE 1887

1ᵉʳ PRIX. Médaille d'or et 350 fr. de prime pour FAUCHEUSE à 2 chevaux. — 2° PRIX. Médaille d'argent et 300 fr, de prime pour FAUCHEUSE à 2 chevaux.

	Faucheuses	
Favorite Française, un cheval.		350 f.
— Française, 2 chevaux.		390
Albion Française, un cheval, n° 6.		370
— Française, 2 chevaux, n° 4.		400
Bradley Française, 2 chevaux, n° 5.		390
Johnston Française, 2 chevaux, n° 1.		410
— Française, 2 chevaux, n° 3.		400
— Française, 2 chevaux, n° 6.		400
— Française, 2 chevaux, n° 7.		400
Osborne Française, 2 chevaux		380

FAUCHEUSE-MOISSONNEUSE française système Johnston n° 3, n° 7 et et n° 1, dite *MERVEILLEUSE*

MOISSONNEUSES Françaises simples :
modèle Harwester, 4 et 5 râteaux.
modèle Albion. n° 4, 4 et 5 râteaux.
modèle Wood nouvelle, 4 râteaux.
Rateaux automatiques français modèles *Lion, Nicholson* et *Howard,*
Vente avec garantie de supériorité sur les machines étrangères.

CHAMPENOIS-RAMBEAUX FONDEUR-CONSTRUCTEUR, à Cousances-aux-Forges (Meuse)

LA PRODUCTION LAITIÈRE

Par C. V. GAROLA, (✠ mérite agricole) professeur départemental d'agriculture, directeur de la station agronomique de Chartres.

Prix 1 fr. 50. — 1 fr. 65, franco, par la poste.
Chez R. SELLERET, libraire-éditeur à Chartres.

Le Gérant, E. MOREAU.

Laval, Imp. L. Moreau.

2ᵉ Année. Octobre 1889. Nº 13

Ce Bulletin paraît le 15 de chaque mois.

BULLETIN AGRICOLE
DE L'OUEST

Organe de l'Union des Syndicats Agricoles
des départements du Finistère, des Côtes-du-Nord,
du Morbihan, de la Loire-Inférieure, d'Ille-et-Vilaine, de la
Manche, de la Mayenne, de Maine-et-Loire, de la Sarthe,
de l'Orne, du Calvados, de l'Eure, d'Eure-et-Loir
et de la Seine-Inférieure.

Publié sous la direction de :

H. LÉIZOUR

Professeur départemental d'Agriculture de la Mayenne,
Directeur du Laboratoire agronomique.
Président du Syndicat des Agriculteurs de la Mayenne,

GAROLA, ✚ M. A.

Professeur départemental d'Agriculture d'Eure-et-Loir,
Directeur de la Station agronomique de Chartres.

ABONNEMENTS

Pour les membres des syndicats : | Pour les étrangers aux syndicats :
1 fr. par an. | **6 fr.** par an.

ANNONCES

De 1 à 4 annonces. » **50ᵉ** la ligne. | De 8 à 12 annonces » **30ᵉ** la ligne
De 4 à 8 — » **40ᵉ** — | Au-delà de 12. . » **20ᵉ** —

Le bulletin publiera gratuitement les offres et demandes
des Syndicats abonnés.

*AVIS. — Tout ce qui concerne la rédaction, les Annonces et les Abon-
nements, doit être adressé à M. LÉIZOUR, rue de la Filature, 1, à Laval.*

AVIS

Le **BULLETIN AGRICOLE DE L'OUEST** insérera toutes les annonces que voudront bien lui adresser MM. les industriels, constructeurs, fabricants et négociants.

Comme il s'adresse exclusivement à des agriculteurs, on peut être certain que les annonces qu'il publiera ne manqueront pas leur but et qu'elles parviendront à ceux en vue desquels elles seront spécialement faites.

Les annonces, offres et demandes des syndicats adhérents et des agriculteurs abonnés, seront insérées gratuitement.

Nous engageons vivement les agriculteurs à user largement de cette faveur, objet principal du bulletin et nous leur prédisons à ce compte un arge débouché pour les divers produits de leur exploitation.

L'administration du **BULLETIN AGRICOLE DE L'OUEST** insérera les annonces qu'on lui enverra, mais ne prendra aucune responsabilité en ce qui les concernera. Ces annonces devant amener des transactions surtout entre agriculteurs, nous invions nos lecteurs à faire les livraisons avec la plus scrupuleuse loyauté.

C'est parce que les intermédiaires n'ont pas toujours agi de cette façon qu'ils ont perdu la confiance et que les syndicats ont été institués pour permettre à chacun de s'en passer. Si des réclamations parvenaient à l'administration du bulletin contre des livraisons mal faites, elle se réserverait le droit de refuser l'insertion de nouvelles annonces pour celui dont on aurait eu à se plaindre.

☞ Le **BULLETIN AGRICOLE DE L'OUEST** sera servi, au même prix qu'aux membres des syndicats, aux fermiers et métayers des propriétaires syndiqués lorsque ceux-ci en feront la demande et le droit de ces abonnés aux annonces gratuites sera le même.

BULLETIN AGRICOLE DE L'OUEST

La maladie des pommiers.

A la suite de la note publiée dans le n° 10 du *Bulletin agricole de l'Ouest*, du 15 juillet dernier, un grand nombre d'agriculteurs nous ont manifesté leurs regrets de n'avoir pas suffisamment remarqué les arbres qui avaient été atteints de la maladie l'année dernière et, par suite, de ne pouvoir les désigner cette année pour l'application du traitement. Le moment et venu de prendre les mesures nécessaires pour que pareille chose ne se renouvelle pas.

Des essais et observations qui ont été faits cette année, il résulte que le traitement d'été n'est guère pratique pour le pommier. En effet, lorsque le moment de l'appliquer est arrivé, les champs sont occupés par des récoltes diverses, dans lesquelles il n'est pas possible de pénétrer avec tout l'attirail indispensable pour le traitement des arbres. Les prairies également portent leur récolte de foin et il n'est pas facile d'y opérer non plus. Il n'y a donc que les arbres situés dans les herbages et les champs en jachère auxquels le traitement d'été puisse être appliqué sans inconvénient sérieux.

Mais il ne faut pas pour cela se croiser les bras en regardant les pommiers disparaître, avec une rapidité dont on a pu se faire une idée au printemps dernier. Il faut, au contraire, s'armer de courage et rechercher activement un traitement applicable pendant l'hiver, alors que toutes les terres permettent de circuler autour des arbres.

La première chose à faire semble devoir être la fumure des plantations. En effet, bien que les arbres les plus vigoureux soient atteints par le mal, comme les plus malingres, il est hors de doute qu'ils lui résisteront plus longtemps que ces derniers. Un des engrais les plus recommandés à cet effet est le purin, appliqué à haute dose. On signale des plantations qui. après plusieurs atteintes de la maladie et paraissant a la veille de disparaître, ont été restaurées d'une année à l'autre par l'emploi de cet engrais.

Dans presque toutes nos fermes de l'ouest ce précieux liquide est perdu et rien ne serait plus facile que de le faire servir à donner de la vigueur aux pommiers dont la végétation laisse à désirer.

Il y aurait lieu d'essayer, en outre, l'emploi du sulfate de fer et quelques engrais actifs. diversement composés.

Le champignon qui cause cette maladie (l'*Asteroma mali*), comme tous les champignons, se reproduit à l'aide de spores, sortes de graines très légères, produites en très grande quantité et qui, après avoir passé l'hiver on ne sait où, se trouvent transportées sur les feuilles au printemps, se développent sur ces feuilles et en dépouillent bientôt les arbres. Il est probable qu'une partie de ces spores reste sur les arbres mêmes, sur leurs branches et leurs rameaux, où elles s'accrochent aux vieilles écorces, aux mousses et aux lichens, et d'où le moindre vent les projette à nouveau sur les feuilles. Si l'on pouvait arriver à détruire cette partie par des traitements d'hiver, peut être arriverait-on aussi à préserver du mal un certain nombre d'arbres. Les spores qui tombent sur le sol sont ou enfouies par les façons culturales, ou emprisonnées dans l'herbe des prairies et ne doivent arriver que difficilement aux feuilles des pommiers l'année d'après. Il y aurait donc lieu de rechercher le moyen de détruire par un traitement d'hiver, celles qui restent sur les arbres.

La matière dont on devra faire usage à cet effet reste à déterminer, mais il est probable que l'eau de chaux. aussi concentrée que possible et projetée en quantité suffisante sur les diverses parties des arbres, rendrait de grands services. Peut-être arrivera-t-on plus sûrement au résultat cherché, en ajoutant un sel quelconque, sulfate de fer, de cuivre, de soude, etc., à la chaux. De nombreux essais pourront seuls indiquer le procédé à suivre.

Mais il importe de ne pas perdre de temps. Il faut se rappeler que des vergers entiers ont disparu après deux atteintes du mal seulement et que pour les reconstituer il faut compter sur une période d'une trentaine d'années. Nous sommes menacés d'un immense désastre et nous devons, dès aujourd'hui, faire tous nos efforts pour le conjurer.

Hᴛᴇ LÉIZOUR.

Production de la betterave à sucre et de la betterave fourragère

(Suite)

On arriverait facilement et en peu d'années à ce résultat désirable, si toutes les bonnes volontés s'unissaient dans un accord commun pour la création et l'entretien de quelques champs d'expériences convenablement choisis.

Les aliments nécessaires à la betterave sont de deux sortes : *atmosphériques* et *terrestres*. Le carbone, l'eau, et une petite partie de l'azote sous forme d'ammoniaque sont fournis par l'atmosphère. Les sels et la plus grande partie de l'azote sont puisés dans le sol. La betterave peut végéter sans engrais, mais elle ne prend alors qu'un développement chétif et incomplet. Pour donner des rendements satisfaisants, elle demande un sol bien garni d'aliments par le cultivateur. — Le fumier de ferme donne par sa décomposition de l'azote assimilable et des sels minéraux qui se mélangent au sol. Ces éléments sont les mêmes que les plantes ont déjà puisés dans la terre, aussi conviennent-ils parfaitement à une bonne végétation, quand la terre ne manque pas d'un principe alimentaire essentiel, auquel cas le fumier qui en provient en manque également. Mais, d'une part, la betterave a besoin d'une plus grande proportion de matières minérales que n'en contient le fumier, en général : d'où la nécessité absolue de recourir aux engrais complémentaires. D'autre part, la plante qui nous occupe a besoin dès le début de sa végétation d'azote et de sels assimilables en grande proportion, pendant qu'à la fin de la saison un excès d'aliments azotés, retardant la maturité, empêche l'élaboration d'un jus riche en sucre et d'une grande pureté. Or le fumier de ferme, employé directement à la culture de la betterave à sucre, présente précisément ce défaut, à cause de sa lente décomposition, de ne pas fournir au début assez d'azote assimilable à la plante, mais d'en mettre trop à sa disposition à la fin de la saison végétative ; d'où ce résultat funeste, qu'il produit, de donner des betteraves tardives, qui ne mûrissent pas ou mûrissent mal, et par suite ne forment pour les usines qui doivent les travailler qu'une matière première détestable, parce qu'elle est pauvre en sucre d'abord et de plus très difficile à travailler.

Ainsi, d'une manière absolue, le fumier appliqué à la betterave à sucre n'est pas un engrais suffisant, parce qu'il ne présente pas une proportion assez forte des sels nutritifs indispensables à une riche élaboration de sucre, et, de plus, il ne doit jamais être appliqué directement à la plante saccharigène au moment du semis, parce que, employé dans ces conditions, il est nuisible à la production que l'on recherche. Nous verrons plus loin à quel moment on peut le répandre au plus tard pour obtenir encore de son emploi des résultats satisfaisants.

La nécessité des engrais complémentaires est ainsi établie dès l'abord comme résultats de l'observation des faits dans la pratique courante. — La composition des cendres de la betterave va nous indiquer quelles substances minérales la plante exige. On y trouve une *forte proportion de potasse, beaucoup d'acide phosphorique,* de la chaux, de la magnésie, etc.

La *potasse* et l'*acide phosphorique* doivent surtout attirer l'attention, car souvent le sol en est trop pauvre, et presque toujours on les emploie avantageusement comme engrais.

On admet généralement qu'une récole de 50,000 kilos à l'hectare contient en moyenne dans les racines et les feuilles :

300 à 400 kilos de potasse,
75 à 100 kilos d'acide phosphorique,
54 à 70 kilos de chaux.

Il faut donc que le sol soit riche en ces trois éléments, surtout en potasse et en acide phosphorique. Mais en même temps il ne faut pas qu'il manque d'azote assimilable, car la récolte en enlève par hectare de 140 à 160 kil.

Un engrais n'est efficace que lorsqu'il apporte à la plante. sous *la forme convenable*, des substances alimentaires qui manquent au sol. Aussi certains engrais, dans différents terrains, peuvent donner et donnent en réalité quelquefois des résultats contradictoires. Le *guano du Pérou*, par exemple, riche en azote et en phosphate d'une assimilation facile, mais relativement pauvre en potasse, ne donnera de bons résultats que dans les sols foncièrement riches en *potasse assimilable*, et non saturés de phosphates. Un engrais potassique sera sans effet, si le terrain manque de phosphate, ou si ce dernier est riche en alcali végétal. Il suit de là que les mélanges fabriqués d'avance par les marchand d'engrais, sous le nom d'engrais pour betteraves, ne vaudront jamais ceux que feront les cultivateurs eux-mêmes, *d'après l'étude expérimentale de leur sol.*

Toutefois, les engrais phosphatés et potassiques sont en général ceux que le cultivateur doit employer le plus souvent pour la plante qui nous occupe, car, tandis que ce sont ceux que les betteraves consomment en plus grande quantité, ce sont ceux aussi qui sont le moins sûrement restitués par le fumier de ferme.

(A suivre)   AGRICOLA.

Quelques remarques sur l'élevage et l'engraissement du porc.

(Suite).

Alimentation. — Nous allons prendre le jeune porcelet à la naissance et le suivre dans toutes les phases de son développement jusqu'à sa vente comme animal de boucherie.

Vers l'âge de trois à cinq semaines, âge variable suivant l'importance de la portée et les qualités lactifères de la mère, le lait de cette dernière ne suffit plus au jeune porcelet. Il devra recevoir par la suite un supplément de lait de vache pur ou moitié écrémé et cela pendant quinze jours ou trois semaines, après quoi le lait pourra être complètement écrémé et additionné d'un peu de farine d'orge et d'une certaine proportion de pommes de terre cuites et bien écrasées. Vers l'âge de deux mois ou deux mois et demi au plus tard on devra procéder au sevrage. Si l'on veut s'assurer deux portées dans la même année, il est urgent de ne pas retarder cette opération, pour éviter un trop grand épuisement de la mère.

Pendant le mois qui suivra le sevrage, le même régime sera continué : lait écrémé, farine d'orge et pommes de terre. Si le temps est favorable le jeune porcelet pourra être mis en liberté dans les champs où il ne tardera pas à pâturer et à trouver dans le pacage un supplément de nourriture qui permettra, vers la fin du troisième mois, de lui supprimer sans inconvénient le laitage.

De l'âge de trois mois, jusqu'au moment de l'engraissement, le porc peut prélever dans le pacage une forte part de sa nourriture.

Les fourrages des prairies artificielles : trèfle violet, trèfle incarnat, luzerne, sont ceux qui lui conviennent le mieux. Dans toute l'étendue de la Mayenne, le trèfle violet et la luzerne occupent une large place dans l'assolement, et, sous ce rapport, les conditions exigées pour l'élevage économique du porc sont acquises. Depuis fin mars jusqu'en novembre, ces fourrages peuvent fournir un pacage abondant, car lorsque les trèfles de l'année sont retournés par la charrue, l'animal peut être conduit, après la moisson, sur les jeunes trèfles et les luzernes.

Le porc ainsi élevé sous le régime semi-pastoral, trouve encore sur son parcours d'autres matières alimentaires que lui seul peut utiliser avantageusement. Il ramasse après la moisson les épis échappés au rateau du moissonneur et aussi les tubercules des pommes et des topinambours restés dans la couche arable après l'arrachage des récoltes.

Les bois et les haies vives de clôture lui fournissent des glands et des racines qu'il trouve en fouillant de son groin la couche superficielle, substances alimentaires qui resteraient non utilisées sans sa présence dans la ferme. Si ce n'est les jeunes semis, les bois n'ont rien a redouter des fouilles faites par le porc, bien au contraire ; en remuant le sol il provoque son aération, ce qui concourt, à l'inverse de l'action des autres animaux domestiques, à l'amélioration des parties boisées.

Nous avons eu l'occasion de faire sur la spéculation porcine des expériences comparatives. A côté de l'élevage du porc soumis au pâturage, nous avons entretenu quelques sujets en stabulation, et cela à différentes reprises. Les résultats étaient concluants, toujours identiques invariablement en faveur des sujets élevés en liberté. Le développement de ces derniers était sensiblement plus rapide ; ils présentaient plus de rusticité et leur prix de revient était bien inférieur à celui des sujets élevés en stabulation.

Mais ce n'est pas à la nourriture qu'il faut exclusivement attribuer ce résultat. L'exercice, le grand air ont aussi leur part d'influence. Pendant la période de l'accroissement, personne n'ignore que chez toutes lés espèces animales, l'exercice est une des conditions indispensables au développement musculaire. Chez le porc cette influence est d'autant plus manifeste, qu'on en est arrivé aujourd'hui, sur certaines races, avec une tendance exagérée à la précocité, à n'obtenir de cet animal, par le régime de la stabulation, qu'une masse de graisse, plus ou moins volumineuse, au milieu de laquelle le système musculaire est réduit à sa plus simple expression, presque atrophié. Les animaux soumis à ce régime, si l'hygiène du logement laisse à désirer, naissent, vivent et meurent anémiques Ils sont de ce chef exposés à toutes les affections particulières à l'espèce : rouget, gouttes, arthrites, etc., maladies qui peuvent occasionner à l'éleveur de grandes pertes.

L'animal soumis au régime pastoral se trouve dans des conditions physiologiques et hygiéniques tout autres. Son système musculaire ainsi que le squelette se développent normalement; il prend, comme on dit vulgairement, de la charpente. Il est rustique, peu exposé par conséquent aux maladies ; il consomme les déchets de peu de valeur, que l'énergie de son appareil digestif lui permet d'assimiler et d'utiliser avec profit.

L'animal ainsi élevé, lorsqu'il atteint l'âge d'être livré à l'engraissement, conserve en stabulation, ces précieuses qualités de rusticité et d'appétence ; les substances volumineuses, telles que pommes de terre et topinambours, peuvent avantageusement additionnées à une certaine proportion de farineux, former jusqu'au milieu de la période de l'engraissement, la base de sa nourriture. Ce n'est que vers la fin de l'engraissement qu'il y a lieu de supprimer presque complètement les substances encombrantes et de faire intervenir dans une forte proportion les farineux.

La boucherie préfère les animaux élevés en liberté et engraissés suivant les indications ci-dessus. Ils fournissent une plus forte proportion de tissu musculaire, c'est-à-dire de viande proprement dite, que ceux élevés en stabulation. D'autre part, leur lard est plus ferme, plus marbré et diminue beaucoup moins par la cuisson.

Les truies mères doivent être soumises au même régime que les élèves. Toutefois elles devront recevoir au toit un supplément de nourriture plus substantiel que ces derniers, principalement pendant les périodes d'allaitement et de gestation. Comme les élèves, les truies soumises au régime pastoral sont plus rustiques et aussi plus prolifiques que celles privées de liberté.

Nous disons plus haut que l'extension de la spéculation porcine permet de modifier heureusement le système de culture. Rien de plus facile à expliquer. La nourriture la plus économique pour le porc, c'est la pomme de terre. L'extension de sa culture devra donc être en rapport avec l'extension de la spéculation porcine.

Si le cultivateur applique pour la conservation de ce précieux tubercule le mode le plus rationnel, il pourra l'utiliser de fin août à fin mai, c'est-à-dire, pendant 9 mois consécutifs. La culture de la pomme de terre est une culture nettoyante, qui laisse le sol dans d'excellentes conditions pour recevoir une céréale d'automne, sans autres frais de préparation qu'un simple labour léger.

Le topinambour est aussi un précieux tubercule pour l'alimentation du porc. Il peut remplacer le pacage pendant la saison d'hiver.

Pendant les mauvais jours on le distribue dans l'intérieur des toits. S'il fait beau, il est préférable que les bêtes le consomment dans la cour ou dans un enclos qui devrait être établi non loin des bâtiments où les animaux seraient mis quelques heures en liberté.

Nous donnerons prochainement quelques détails sur l'installation des porcheries.

G. PEYRAS.

Le cidre en 1890

Année malheureuse, s'il en fût pour l'approvisionnement du cidre. Le prix des pommes n'est pas encore nettement établi, mais il est à prévoir qu'il sera très-élevé, en raison de leur rareté, même dans les pays les mieux plantés et des quels il y a ordinairement une exportation considérable.

Plus que jamais les acheteurs, soumis aux exigences de ceux qui ont été favorisés cette année, devront attacher une importance capitale, s'il est possible, dans le choix de leurs fruits, car l'intention de beaucoup de consommateurs de cidre est de suppléer à la pénurie des fruits, par une plus ou moins grande addition d'eau au moment de la fabrication du cidre. Si les fruits ainsi traités, sont de mauvaise qualité, ils ne donneront qu'une mauvaise boisson fade et insipide, qui ne se conservera pas long-temps.

Lorsqu'on achète des objets quelconques, de la toile, des instruments, enfin des denrées de toute nature, il vient à l'idée de tout le monde de s'assurer si la qualité est bien en rapport avec le prix ! Mais pour les pommes on n'y regarde pas d'aussi près ! pourvu que ce soit des pommes et qu'elles ne soient pas trop acides, on est satis-fait, on les achète sans plus de réflexion. Cependant quelques marchands stipulent sur leurs marchés « *pommes loyales et marchandes* ». C'est encore là une clause bien élastique qui n'offre pas une grande garantie sur la qualité des fruits.

La matière utile que l'on devrait envisager dans les fruits à cidre, est le *sucre* (1). C'est en effet le sucre qui fournit l'alcool par la fermentation, lequel alcool est la matière essentielle du cidre.

A l'achat des fruits, au poids brut, actuellement usité, on devrait donc substituer l'*achat à la valeur réelle*. Pour obtenir ce résultat, il n'y aurait qu'à réduire un poids déterminé de fruits, soit 500 grammes, à l'état de pulpe et en extraire le jus par la pression, à l'aide d'un petit instrument appelé *Densimètre*, il suffirait d'en prendre la densité.

Il y a entre la densité du jus des fruits et leur richesse en sucre, un rapport assez intime, *un degré* du densi-mètre, au-dessus de 1000, donne généralement un rende-ment en sucre oscillant entre 1 gr. 80 et 2 gr. 20, par litre de jus, soit 2 grammes en moyenne ; ainsi un jus d'une densité de 1075 pourra contenir 150 grammes de sucre par litre, un autre n'offrant qu'une densité de 1040, ne contiendra plus que 80 gr. de sucre par litre. Parmi les nombreuses analyses de pommes faites au laboratoire agronomique de la Mayenne, nous avons constaté des écarts pour le sucre allant de 80 gr. à 200 gr. par litre de jus, soit une différence de *1 à 2.50,* c'est-à-

---

(1) Il y a aussi le tannin et l'acidité qui contribuent à la conser-vation du cidre et les essences dues au cru qui en font la saveur et le bouquet.

dire que les plus riches valant 80 francs les 500 kilos, les autres ne vaudraient réellement que 32 francs.

On juge tout de suite combien sont peu précis ces achats au poids brut et par contre avec quelle simplicité on pourrait y remédier.

Une étude sur la fabrication du cidre nous entraînerait un peu loin, aussi pour rester concis, arrêtons-nous à un petit entretien sur le *sucrage des moûts de cidres*. Dans les années de rareté de fruits, principalement, il y a avantage à pratiquer le sucrage en vue de remonter le degré alcoolique des cidres qui auront été mouillés. On doit ajouter le sucre avant la fermentation au moment du remplissage des fûts, après l'avoir fait dissoudre préalablement dans l'eau chaude. On ne doit employer, pour cet usage, que des sucres purs ; le glucose coûte meilleur marché, mais il est susceptible de communiquer au cidre un goût qui le déprécie.

Le sucre *n° 3 dit de Paris,* titrant 98 à 99 0/0 de pureté, est le meilleur pour cette opération.

Pour obtenir *un degré d'alcool* par hectolitre de cidre, il faut ajouter 1 k. 800 de sucre, on ajoutera donc autant de fois 1 k. 800 de sucre qu'on jugera à propos d'élever le nombre de degrés alcooliques du cidre.

Le cidre devant être une boisson inaltérable, saine et hygiénique pendant une année, doit contenir au minimum 5 0/0 d'alcool ; avec des fruits dont le moût accusera 1060 au densimètre, soit en chiffre rond 12 0/0 de sucre, on obtiendrait, après fermentation complète, 6 degrés 66 0/0 d'alcool. Mais si l'on incorpore 50 0/0 d'eau dans le jus il ne dosera plus que 3.33 0/0 d'alcool ; pour le ramener à 5 0/0 d'alcool il faudra sucrer de façon à le relever de 1 degré 67, ce qui demandera (1 k. 67 × 1 k. 800) = 3 kilos de sucre par hectolitre.

Lorsqu'on augmente la richesse du jus en sucre il faudrait aussi, pour obtenir un cidre qui ne se tue pas, y ajouter 2 à 3 gr. de tannin et 10 à 20 gr. d'acide tartrique par hectolitre.

P. Masseron.

Préparateur de chimie au laboratoire
agronomique de la Mayenne.

L'hématurie (pissement de sang) des bêtes à cornes.

Sous ce titre, le *Journal d'agriculture pratique* du 3 octobre courant, publie les lignes suivantes. qui seront lues avec profit par un grand nombre d'agriculteurs de la Mayenne, dont les animaux sont souvent atteints de cette maladie.

Ils verront que si cette maladie est due à des causes multiples, c'est toujours à la mauvaise alimentation des animaux qu'il faut l'attribuer.

Partout où elle sévit il faut donc s'attacher spécialement à améliorer la qualité des fourrages et à les produire en quantité telle que tous les animaux de la ferme puissent être copieusement nourris pendant toute l'année.

Il faut surtout améliorer les prairies naturelles, trop souvent humides et peuplées de mauvaises herbes, en les assainissant, dans la mesure du possible, et surtout en leur appliquant une forte dose de phosphate fossile, dont l'effet sera le changement immédiat de la flore.

« L'hématurie peut atteindre tous les animaux » domestiques, mais elle est surtout fréquente dans l'espèce bovine, parce que le sang de ces animaux est plus riche en albumine, plus pauvre en fibrine, plus aqueux, plus fluide que celui des autres espèces ; parce que l'activité fonctionnelle des reins est très-active et l'irritation de ces organes plus facile.

On observe généralement que l'hématurie est plus fréquente chez les femelles que chez les mâles et qu'elle affecte plus particulièrement les jeunes animaux. Presque toujours l'hématurie est la suite d'un défaut d'hygiène. Avec les progrès de la culture, elle est devenue plus rare elle le deviendra encore davantage. Très commune dans les siècles derniers et au commencement de celui-ci, fréquente dans les contrées boisées et marécageuses, on ne l'observe guère aujourd'hui que dans les endroits où le mode d'entretien se rapproche des habitudes pastorales.

La maladie est très rare avec une stabulation complète. Elle s'observe surtout dans les localités à pâturages communaux ou à vaine pâture. On a encore observé que les fourrages qui l'occasionnent à l'état vert deviennent inoffensifs par la dessiccation.

La cause la plus efficiente de l'hématurie se trouve dans l'alimentation.

L'une des mieux connues est la préhension de substances âcres, résineuses ou astringentes. Diverses plantes peuvent produire l'hématurie. On a souvent accusé les renonculacées, mais ces plantes ne produisent qu'exceptionnellement la maladie qui nous occupe. Très irritantes et aussi narcotiques, elles provoquent des empoisonnements ; tels que les aconits, les hellébores, les renoncules scélérates, la flammette des champs. Les espèces qui amènent l'hématurie sont les anémones, la ficaire, le populage. Parmi les euphorbiacées, on a particulièrement signalé la mercuriale, très commune dans les pays de vignobles. Dans les légumineuses, il faut citer les genêts, très-abondants dans certains pâturages pauvres des contrées méridionales. Pour les amentacées et les conifères, les jeunes pousses, les bourgeons produisent quelquefois l'hématurie, d'où les noms de *mal de brou*, *mal des bois* donnés à cette affection.

Les cryptogames des fourrages occasionnent facilement l'hématurie qui n'est parfois qu'un symptôme de l'ergotisme. Certaines sources très froides, et dont les eaux sont riches en matières organiques peuvent amener le pissement du sang.

Une alimentation riche, succédant à un régime pauvre, prédispose à l'hématurie en provoquant une congestion passive des reins.

Dans les terrains marécageux ne produisant guère que des carex, des joncs, des équisétacées, plantes très-aqueuses et peu nutritives, riches en cryptogames, l'hématurie est fréquente et enzootique. Les animaux faibles et épuisés souvent, sont anémiques toujours, et la fluidité de leur sang, jointe à l'influence délétère des marais, les prédispose à cette affection.

Ordinairement bénigne, l'hématurie disparaît dès que la cause cesse d'agir ; c'est ce que l'on voit surtout pour l'hématurie due à la préhension d'aliments âcres.

La guérison est donc la terminaison habituelle du mal au bout de cinq à dix jours. Chez les sujets anémiques, la maladie peut traîner et se compliquer de cachexie ; dans ce cas, la mort peut survenir en peu de temps.

Le traitement varie suivant la cause à faire disparaître. Lors du mal de brou, il convient de donner des mucilagineux, de la graine de lin ; de même si l'affection est provoquée par des fourrages âcres ou astringents. Il faut des toniques lorsqu'il y a anémie. Si l'hématurie est provoquée par des cryptogames, l'acide phénique est indiqué. Enfin *dans tous les cas*, il est indispensable de modifier le régime, de supprimer les causes premières du mal. »

Actes officiels

LOI SUR LE CODE RURAL (TITRE IV). — LE MÉTAYAGE.

Le *Journal officiel* du 19 juillet a promulgué la loi sur le titre IV du Code rural, relative au bail à colonat partiaire, dont le texte suit :

Article 1er. — Le bail à colonat partiaire du métayage, est le contrat par lequel le possesseur d'un héritage rural le remet pour un certain temps à un preneur qui s'engage à le cultiver sous la condition d'en partager les produits avec le bailleur.

Article. 2. — Les fruits et produits se partagent par moitié, s'il n'y a stipulation ou usage contraire.

Article 3. — Le bailleur est tenu à la délivrance et à la garantie des objets compris au bail. Il doit faire aux bâtiments toutes les réparations qui peuvent devenir nécessaires. Toutefois, les réparations locatives ou de menu entretien qui ne sont occasionnées ni par la vétusté, ni par force majeure, demeurent, à moins de stipulations ou d'usage contraire, à la charge du colon.

(A suivre).

OFFRES ET DEMANDES

OFFRES

SYNDICAT DE LA MAYENNE

Mme Tribert, au château de la Mazure, offre 30 hectolitres de graines de sainfoin à deux coupes, à 19 francs l'hectolitre, en gare de Parné, dans les toiles de l'acheteur.

SYNDICAT DE CHARTRES

M. Lahaye, Ferdinand, cultivateur au Chaudon, près Nogent-le-Roi.

Blé Shireff à 27 francs les 100 kilos, en gare de Nogent-le-Roi, ou à son domicile, dans les sacs de l'acheteur, payable contre livraison.

PHOSPHATES SPÉCIAUX
Destinés à l'emploi direct en Agriculture

A. DELMOTTE
A DOULLENS (Somme)
USINES A DOULLENS ET A BEAUVAL

Ces phosphates remplacent les superphosphates dans tous les sols et coûtent 50 à 60 0/0 moins cher.

Prix et notice sur l'emploi sont envoyés fᵒ sur demande.

SEUL CONCOURS OFFICIEL DE FAUCHEUSES, TULLE 1887

1ᵉʳ *PRIX. Médaille d'or et 350 fr. de prime pour FAUCHEUSE à 2 chevaux.* — 2ᵉ *PRIX. Médaille d'argent et 300 fr. de prime pour FAUCHEUSE à 2 chevaux.*

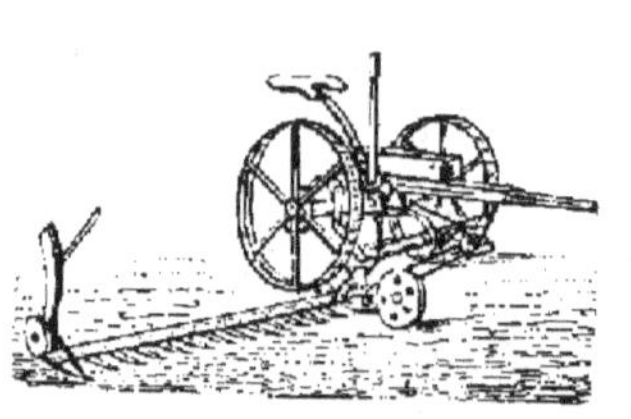

Faucheuses

Favorite Française, un cheval.	350 f.
— Française, 2 chevaux.	390
Albion Française, un cheval, nᵒ 6.	370
— Française, 2 chevaux, nᵒ 4.	400
Bradley Française, 2 chevaux, nᵒ 5.	390
Johnston Française, 2 chevaux, nᵒ 1.	410
— Française, 2 chevaux, nᵒ 3.	400
— Française, 2 chevaux, nᵒ 6.	400
— Française, 2 chevaux, nᵒ 7.	400
Osborne Française, 2 chevaux.	380

FAUCHEUSE-MOISSONNEUSE française système Johnston nᵒ 3, nᵒ 7 et et nᵒ 1, dite *MERVEILLEUSE*

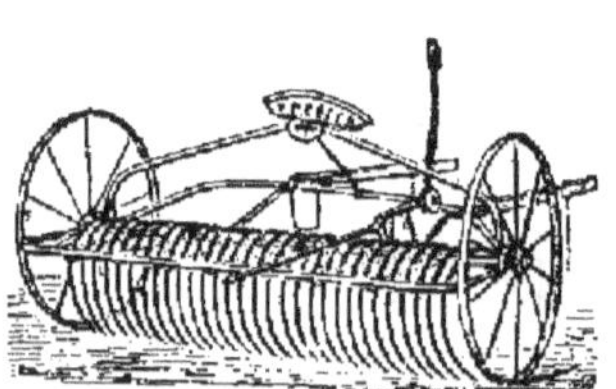

MOISSONNEUSES Françaises simples :
modèle Harwester, 4 et 5 râteaux.
modèle Albion nᵒ 4, 4 et 5 râteaux.
modèle Wood nouvelle, 4 râteaux.

Rateaux automatiques français modèles *Lion, Nicholson* et *Howard.*

Vente avec garantie de supériorité sur les machines étrangères.

CHAMPENOIS-RAMBEAUX FONDEUR-CONSTRUCTEUR, à Cousances-aux-Forges (Meuse

LA PRODUCTION LAITIÈRE

Par C. V. GAROLA, (✠ mérite agricole) professeur départemental d'agriculture, directeur de la station agronomique de Chartres.

Prix 1 fr. 50. — 1 fr 65, franco, par la poste.

Chez R. SELLERET, libraire-éditeur à **Chartres**

Le Gérant, E. MOREAU.

Laval, Imp. L. Moreau.

Ce Bulletin paraît le 15 de chaque mois.

BULLETIN AGRICOLE
DE L'OUEST

Organe de l'Union des Syndicats Agricoles
des départements du Finistère, des Côtes-du-Nord,
du Morbihan, de la Loire-Inférieure, d'Ille-et-Vilaine, de la
Manche, de la Mayenne, de Maine-et-Loire, de la Sarthe,
de l'Orne, du Calvados, de l'Eure, d'Eure-et-Loir
et de la Seine-Inférieure.

Publié sous la direction de :

H. LÉIZOUR

Professeur départemental d'Agriculture de la Mayenne,
Directeur du Laboratoire agronomique,
Président du Syndicat des Agriculteurs de la Mayenne,

GAROLA, ✠ M. A.

Professeur départemental d'Agriculture d'Eure-et-Loir,
Directeur de la Station agronomique de Chartres.

ABONNEMENTS

Pour les membres des syndicats :   Pour les étrangers aux syndicats :
        1 fr. par an.   **6 fr.** par an.

ANNONCES

De 1 à 4 annonces. » **50ᵉ** la ligne.   De 8 à 12 annonces » **30ᵉ** la ligne
De 4 à 8   —   » **40ᵉ**   —   Au-delà de 12. . » **20ᵉ**   —

Le bulletin publiera gratuitement les offres et demandes
des Syndicats abonnés.

*AVIS. — Tout ce qui concerne la rédaction, les Annonces et les Abon-
rements, doit être adressé à M. LÉIZOUR, rue de la Filature, 1, à Laval.*

AVIS

Le **BULLETIN AGRICOLE DE L'OUEST** insérera toutes les annonces que voudront bien lui adresser **MM**. les industriels, constructeurs, fabricants et négociants.

Comme il s'adresse exclusivement à des agriculteurs, on peut être certain que les annonces qu'il publiera ne manqueront pas leur but et qu'elles parviendront à ceux en vue desquels elles seront spécialement faites.

Les annonces, offres et demandes des syndicats adhérents et des agriculteurs abonnés, seront insérées gratuitement.

Nous engageons vivement les agriculteurs à user largement de cette faveur, objet principal du bulletin et nous leur prédisons à ce compte un arge débouché pour les divers produits de leur exploitation.

L'administration du **BULLETIN AGRICOLE DE L'OUEST** insérera les annonces qu'on lui enverra, mais ne prendra aucune responsabilité en ce qui les concernera. Ces annonces devant amener des transactions surtout entre agriculteurs, nous invions nos lecteurs à faire les livraisons avec la plus scrupuleuse loyauté.

C'est parce que les intermédiaires n'ont pas toujours agi de cette façon qu'ils ont perdu la confiance et que les syndicats ont été institués pour permettre à chacun de s'en passer. Si des réclamations parvenaient à l'administration du bulletin contre des livraisons mal faites, elle se réserverait le droit de refuser l'insertion de nouvelles annonces pour celui dont on aurait eu à se plaindre.

☞ Le **BULLETIN AGRICOLE DE L'OUEST** sera servi, au même prix qu'aux membres des syndicats, aux fermiers et métayers des propriétaires syndiqués lorsque ceux-ci en feront a demande et le droit de ces abonnés aux annonces gratuites sera le même.

BULLETIN AGRICOLE DE L'OUEST

Production de la betterave à sucre et de la betterave fourragère

(Suite)

DE L'EMPLOI DES ENGRAIS DANS LA CULTURE DES VARIÉTÉS SUCRIÈRES.

On a dit pendant longtemps, et beaucoup de personnes croient encore aujourd'hui, que la forme sous laquelle l'acide phosphorique est le plus avantageusement employé dans la culture de la betterave est celle qu'il revêt dans les *superphosphates* et les *phosphates précipités*.

Nous avons déjà eu l'occasion, dans notre étude sur l'emploi des engrais, publiée précédemment, et spécialement dans notre article sur les phosphates, de démontrer aux cultivateurs qu'il y avait dans cette manière de voir plus d'imagination que de vérité.

Les expériences de M. L. Grandeau sur l'emploi des divers phosphates dans la culture de la betterave vont mettre en lumière ce résultat, heureux au point de vue économique, de l'équivalence presque complète de l'acide phosphorique des superphosphates, des phosphates précipités, et des *phosphates minéraux réduits en poudre très fine*.

Dans une première série d'expériences, le sol reçut par hectare :

Azote,	45 k.
Acide phosphorique,	100 k.
Potasse,	180 k.

pour chaque parcelle, l'acide phosphorique étant distribuée sous des formes différentes, et l'on obtient des résultats suivants :

Betteraves fourragères

Parcelle.	Engrais à l'hectare.	Rendement.
1°	50.000 k. fumier.	62.200 k.
2°	416 k. nitrate de potasse ; 320 k. *phosphate précipité.*	66.400 k.
3°	116 k. nitrate de potasse ; 460 k. *de superphosphate d'os.*	64.600 k.
5°	416 k. nitrate de potasse : 310 k. *de phosphorite.*	63.800 k.

Ainsi, à égalité d'azote et de potasse dans la fumure, la même quantité d'acide phosphorique a donné des résultats sensiblement identiques, que cet acide phosphorique fût :

1° Soluble dans l'eau (3°)
2° Soluble au nitrate (2°)
3° Insoluble (5°)

Avec les phosphates minéraux réduits en poudre très fine, on a obtenu seulement 2,600 kilog. de betteraves de moins qu'avec les phosphates précipités, et 400 kilog de moins qu'avec les superphosphates d'os. Or, le cultivateur n'ignore pas que l'acide phosphorique des phosphates minéraux vaut 0 fr. 30 le kilog., tandis que celui des phosphates précipités et des superphosphates coûte de 0 fr. 90 à 1 fr., soit trois fois plus. D'où la conséquence que, dans la parcelle n° 5, on a dépensé 30 fr. pour l'acide phosphorique, et 90 fr. au moins dans chacune des deux autres. L'excédent de dépense, 60 fr., est loin d'être couvert par la valeur de l'excédent de récolte que nous considérons comme tout à fait insignifiant.

Dans les parcelles du champ d'expériences de la Station agronomique de l'Est, où les betteraves furent cultivées avec de la potasse et de l'acide phosphorique seulement sans azote dans la fumure, on observe également que les rendements de la plante qui nous occupe ne sont pas ou presque pas influencés par les manipulations coûteuses que l'industrie des engrais de commerce fait subir aux phosphates minéraux pour les rendre *soi-disant plus assimilables*.

Nous sommes donc en droit de conclure que le cultivateur soucieux de ses intérêts doit renoncer *aux superphosphates pour s'en tenir désormais aux phosphates minéraux finement pulvérisés*, qui coûtent trois fois moins à égale richesse en acide phosphorique.

Bien que les expériences que nous venons de relater aient été faites sur des variétés fourragères, notre conclusion n'en est pas moins applicable aux betteraves à sucre. La question que nous venons d'élucider est uniquement en effet, sous la dépendance du mode d'assimilition des racines, et nous hésitons d'autant moins à formuler la solution préindiquée, que les expériences faites sur les céréales, le maïs, le colza, les pommes de terre, ont donné des résultats du même ordre.

Quant à la *potasse*, on peut la fournir à la betterave

sous forme soit de sulfate, soit de chlorure. Ici encore les expériences de M. L. Grandeau nous montrent qu'à égalité de potasse l'un de ces engrais vaut l'autre.

Les taux des cendres et de la matière azotée sont augmentés par certains engrais ; et l'on sait que ces substances, se trouvant alors plus abondantes dans le jus, gênent l'extraction du sucre. Ce sont spécialement les engrais azotés qui jouissent de cette qualité funeste.

Tous ne la possèdent pas au même degré, fort heureusement.

On doit d'abord d'une manière absolue rejeter tout emploi d'engrais azotés pendant la végétation des betteraves à sucre. Il ne faut jamais les répandre qu'avant ou aussitôt après le semis. Si on les employait sur des betteraves en pleine végétation, ils donneraient les mauvais résultats que nous avons signalés pour l'emploi tardif du fumier : la végétation de la racine serait prolongée au-delà de la limite convenable, et la betterave serait pauvre en sucre et riche en substances mélassigènes. C'est là le contraire de ce que l'on cherche à obtenir.

Les engrais azotés sont indispensables pour que l'on obtienne des rendements suffisants. Leur effet se fait sentir d'une manière remarquable ; mais il faut avoir soin de se tenir dans leur emploi entre de sages limites, si l'on ne veut pas obtenir de détestables racines au point de vue de la production du sucre.

Si, dans les expériences de M. L. Grandeau, nous comparons le produit moyen des parcelles qui n'ont reçu que de la potasse et de l'acide phosphorique, à celui des parcelles auxquelles on a distribué une fumure *azotée*, phosphatée et potassique, nous reconnaissons que l'addition de 45 kilog. d'azote a augmenté la récolte de 42 0/0.

En effet le rendement moyen des parcelles à fumure minérale sans azote a été de 37,050 kilog. par hectare, celui des parcelles avec fumure minérale et *azote* a atteint 54,586 kilog. L'excédent de récolte dû à l'emploi de la fumure azotée a été de 27.536 kilog., soit environ les 42 centièmes de la récolte la plus haute.

Pour ce qui est de l'influence des engrais azotés d'origines diverses sur la qualité des betteraves à sucre, elle nous est démontrée par les expériences de MM. Lawes et Gilbert, dont nous allons résumer les conclusions et par les expériences de M. Pagnoul, que nous examinerons ensuite.

« Plus le rendement en racines est abondant, disent les illustres agronomes anglais, moins le taux de la matière sèche 0/0 est élevé ; *plus le taux de sucre est faible,* et plus la proportion *de cendres et d'azote est grande* dans la matière sèche.

» Ces conséquences apparaissent surtout en rapprochant les résultats des parcelles avec engrais minéraux de ceux obtenus l'orsqu'on a ajouté des engrais azotés en couverture. Les engrais minéraux seuls ont fourni en effet un très faible rendement ; mais aussi les proportions de matière sèche et de *sucre dans le jus* y sont les plus élevées, en même temps que les cendres et l'azote dans la matière sèche fournissent des taux moins considérables. Ces mêmes engrais minéraux additionnés de tourteaux et de sels ammoniacaux, ont assuré au contraire le rendement le plus considérable, un rendement triple en betteraves ; mais en même temps le taux le plus faible de matière sèche et de sucre, et le taux le plus élevé de sels et de matière azotée dans la matière sèche.

» *Avec l'addition du nitrate de soude,* les engrais minéraux correspondent à un rendement très abondant, mais aussi à *une réduction notable* de la teneur pour cent en matière sèche et en sucre, ainsi qu'à une *augmentation importante des composés salins et azotés* dans la matière sèche.

» Pour une même quantité d'azote que dans le nitrate de soude, employée à l'état de sels ammoniacaux, le rendement est moins considérable *mais la qualité est en tous points meilleure,* car le taux de la matière sèche et du sucre est plus fort, tandis que celui des sels et de l'azote est plus faible.

» Les résultats obtenus avec le tourteau, au point de vue de la composition de la betterave, se rapprochent beaucoup plus de ceux fournis par les sels ammoniacaux, que de ceux dus au nitrate de soude.

» Par conséquent, l'influence des engrais azotés est très tranchée, aussi bien sur la composition que sur le rendement. »

(A suivre).   AGRICOLA.

L'anthonôme des fleurs du pommier

L'anthonôme des fleurs du pommier (Anthonomus Pomorum) est un petit coléoptère de la tribu des charançons.

A l'état parfait, il a une longueur de 5 à 6 millimètres, y compris le rostre ou bec très long grêle et arqué. Sa couleur est grise plus ou moins brunâtre. A la partie postérieure des élytres se trouve une bande semi-circulaire plus claire et bordée au-dessus et au-dessous de lignes plus foncées. Vif, agile, actif, il marche et vole avec une très grande rapidité; ses ailes peuvent facilement le transporter à d'assez grandes distances.

Les dégâts qu'il exerce sont désastreux.

Dans certaines années, les pommiers paraissent bien préparés, les branches sont couvertes de nombreuses lambourdes. Peu à peu, celles-ci s'entr'ouvent pour donner naissance à des boutons plus nombreux encore.

Le cultivateur est dans la joie; si les vents ou les gelées ne brûlent pas les fleurs, se dit-il, nous aurons une bonne récolte.

Les vents et les gelées, comme les orages ou les brumes, ont beau être cléments, souvent ces belles promesses ne sont pas tenues.

Les boutons cependant continuent à grossir jusqu'à atteindre même leur développement complet, et à se couvrir de leur si gaie et si jolie couleur rosée. Arrivés au maximum de leur développement, ils en restent là; les pétales restent imbriqués les uns sur les autres, se dessèchent peu à peu, prennent une teinte brunâtre.

Le bouton est devenu un très gros clou de girofle.

L'observateur superficiel accuse alors les intempéries. Mais s'il veut sérieusement se rendre compte, qu'il entrouvre l'un de ces boutons; suivant l'âge de celui-ci, il y trouvera une larve plus ou moins forte, blanc jaunâtre, longue, étroite et sans pieds. Sous l'abri protecteur des pétales formant un dôme et lui constituant une chambre bien abritée, elle consomme les organes de reproduction de la fleur, étamines et pistils, détruisant ainsi les chances de fécondation et par suite de fructification. Quand tout est consommé, le moment de la transformation est arrivé. Peu à peu elle se raccourcit, forme une petite nymphe conique et dorée très remuante, très agile, qui peu après se transformera dans le bouton même en insecte parfait.

Celui-ci quittera alors l'abri protecteur qui lui a donné naissance. Que devient-il ensuite? On a émis des opinions variées; nos observations personnelles nous fixeront en partie.

Le fait certain c'est que sa période malfaisante est terminée jusqu'à l'année prochaine, moment où il fera sa ponte.

Pour opérer celle-ci, quand les boutons de pommiers ont atteint un développement suffisant, il perce les pétales avec sa trompe et par l'orifice ainsi pratiqué introduit un œuf.

Quelques jours après, huit jours dit-on, cet œuf donne naissance à la petite larve déjà citée, les dégâts recommencent.

Comment se défendre, car souvent tout est perdu et cette année par exemple on voit de longues branches de pommiers chargées de ces bouquets de fleurs desséchées. Pas une seule n'a porté fruit, et les apparences étaient on ne peut plus belles.

Aucun moyen n'est indiqué nulle part, ou du moins aucun qui soit sérieux, car je ne puis citer comme tel celui qui consiste à cueillir avec les doigts les boutons atteints, ou à les presser pour écraser la larve qu'ils contiennent.

D'abord ce moyen n'est qu'à peine applicable aux arbres d'un jardin, cordons horizontaux, espaliers ou quenouilles; puis quel sera le résultat? La floraison de l'année sera perdue quand même et le nombre des individus ainsi détruits sera bien peu important quand surviendra l'année suivante, avec des insectes qui volent aussi facilement et peuvent se transporter à d'aussi grandes distances.

Dans un article très remarqué, publié l'année dernière par le *Journal d'Agriculture pratique*, reproduit par la plupart des journaux agricoles, M. Croizé après avoir appelé l'attention des agriculteurs sur l'anthonôme et les désastres qu'il cause, disait avoir remarqué que les arbres placés près des routes étaient moins attaqués. Il en concluait l'utilité d'essayer la poussière, cendre, soufre ou autre au moment favorable à la ponte.

Nous verrons plus loin qu'il y a peu de chances de voir cette espérance se réaliser.

Observations faites à la Ferme-École. — Aux débuts de la floraison des nombreuses variétés que contient le Verger d'études de la Ferme-Ecole, je n'observai l'année dernière rien de particulier. Les fleurs des variétés hâtives s'épanouissaient librement et dans les meilleures conditions, quoique soumises à l'action d'un vent d'est assez violent coïncidant avec un ciel très clair et un soleil ardent.

Le 14 mai seulement, je commençai à remarquer d'assez nombreux boutons grillés. N'ayant pas encore eu l'occasion d'étudier l'anthônome, je n'y eusse peut-être pas fait attention si je n'avais lu peu avant, l'article de M. Croizé. Je m'empressai d'entrouvrir les boutons. J'y trouvai les petites larves accomplissant leur œuvre de destruction.

Le lendemain le mal était beaucoup plus grand, en peu de jours je ne vis plus s'épanouir qu'un très petit nombre de boutons.

L'année n'était pas du reste une bonne année, et les arbres greffés seulement depuis 1883 n'avaient que 3, 4 ou 5 ans de greffe. Un certain nombre de variétés n'avaient pas de boutons, les autres étaient médiocrement préparées. Comme pour les arbres en plein rapport du reste elles annonçaient à peine une demi-année.

Le mal fut si grand qu'il me fut bientôt impossible de trouver des bouquets convenables pour les aquarelles de mon album d'observations.

Les observations faites pendant le cours de l'année furent du reste les suivantes :

1° Les variétés les plus hâtives ayant épanoui leurs fleurs, ou une partie de leurs fleurs avant le 14 ou 15 mai eurent peu à souffrir de l'anthonôme ;

2° Les variétés les plus tardives et en particulier le Petit-Doux, variété recueillie en Bretagne, mais peut-être d'origine normande, ont commencé à avoir quelques fleurs s'épanouissant vers le 7 ou 8 juin. Le Petit-Doux dont la floraison se prolonge très longtemps et qui du reste occupe une large part dans les anciens vergers eut surtout un certain nombre de fleurs dans de bonnes conditions ;

(A suivre).   E. HÉRISSANT.

Causes qui influent sur l'intensité de traction dans les labours.

Toutes conditions de travail égales, les causes qui influent sur l'intensité de la traction dans les labours sont multiples, mais nous ne voulons envisager que les trois principales, qui sont :

1° La bonne construction de l'instrument, c'est-à-dire les soins portés dans le choix de la matière première.

dans le fini et le parfait agencement des pièces qui le composent ;

2° Le poids de l'instrument ;

3° La manière d'atteler.

La première rentre dans le domaine de la mécanique proprement dite, que nous ne chercherons pas à approfondir, car son étude comporterait l'examen de chaque pièce en particulier et nous entraînerait à rentrer dans des détails relatifs au rôle que chacune de ses pièces joue dans l'ensemble du travail fourni par l'instrument. Sous ce rapport, le guide le plus sûr pour l'agriculteur, lorsqu'il veut faire l'acquisition d'une charrue, est de se renseigner sur les fabricants les plus en vue et de donner la préférence à celui qui, à qualité de fabrication égale, offre les conditions de vente les plus avantageuses.

Nous ne signalons l'influence du poids de la charrue sur la traction, que pour faire remarquer que cette influence est négligeable. Elle est égale à celle qu'on pourrait constater pour des charrues de poids différents traînées sur le sol.

La cause qui peut influer le plus sur l'effort développé par les animaux de travail est, sans contredit, la façon dont ils sont attelés et conduits.

Dans le département de la Mayenne, les chevaux sont généralement attelés à la file. Ce mode d'atteler est très défectueux au point de vue du travail utile produit, car un sujet paresseux placé au milieu de la file, peut neutraliser, dans une large proportion, l'effort de ceux qui le précèdent.

A un autre point de vue, avec ce mode d'atteler, les chevaux marchent généralement dans le sillon. Pour que la charrue puisse prendre une bande de terre suffisamment large, le crochet du palonnier devra être fixé sur le régulateur à droite ou à gauche du prolongement de l'axe de la charrue, et à une distance de celui-ci proportionnelle à la largeur de la bande de terre retournée. La ligne de traction formera ainsi un angle avec l'axe de la charrue ; l'avant train de l'instrument sera dévié du côté de la terre à labourer, tandis que l'arrière s'infléchira vers le labour, ce qui provoquera un déplacement latéral de la bande de terre retournée.

Dans l'ensemble de ce travail, la force de traction se décompose en deux : l'une favorise la propulsion en avant de l'instrument, c'est le travail utile produit ;

l'autre tend à faire pivoter la charrue sur le centre de gravité de la résistance ; elle provoque le déplacement latéral de la bande de terre que nous venons de signaler ; c'est de la force non seulement perdue, mais négative, car par suite de ce déplacement la bande est mal retournée et le labour défectueux.

Un autre inconvénient non moins grave est la conséquence de cette matière d'atteler et de conduire. Certaines parties de la charrue fatiguent et des ruptures fréquentent se produisent.

Dans une charrue brabant, l'effort de traction porte sur une barre, à l'extrémité antérieure de laquelle est fixé un régulateur de forme variable suivant les constructeurs, mais qui est toujours basé sur le même principe et permet d'obtenir le même résultat. En fixant le crochet du palonnier à l'un des angles, ce régulateur permet de labourer aussi près que possible des haies et des rangées d'arbres. En dehors de ces cas, la volée d'attelage devrait toujours être fixée, dans le prolongement de la barre. Car lorsqu'elle est fixée aux extrémités du régulateur, la traction s'exerce sur un bras de lévier, dont une partie agit perpendiculairement sur la barre et provoque souvent sa rupture. S'il ne s'agit que d'un faible labour, la barre résistera et l'inconvénient appréciable se bornera à celui signalé déjà : d'accroître la traction et d'obtenir un labour défectueux. Mais si un obstacle se présente, une roche ou une forte racine, la rupture pourra se produire en un point quelconque de la barre ou du régulateur. C'est, en effet, ce qui arrive fréquemment.

En attelant les chevaux de front, tous ces inconvénients disparaissent. Cette disposition permettrait de placer exactement la ligne de traction dans le prolongement de l'axe de la charrue ; aucune chance de bris de pièce ne serait à redouter.

D'autre part, le charretier pourrait conduire quatre chevaux en surveillant son brabant et le cultivateur réaliser, de ce chef, l'économie d'un homme.

Nous ajouterons que dans l'attelage de front, la force déployée par chaque animal est indépendante ; si un des chevaux est moins actif, il ne peut neutraliser l'effort des autres et le charretier étant plus à portée, agit, s'il y a lieu, de son fouet sans grand déplacement.

On évite ainsi une perte de force qui pourrait devenir

considérable avec un attelage de file mal assorti, et l'un des chevaux, comme dans ce dernier cas, n'a pas à supporter tout l'effort à chaque bout de raie.

La plus grave objection qui nous a été faite relativement à la disposition des chevaux de front, consiste dans les dimensions des colliers. Ces dimensions, en effet, sont généralement fort exagérées et l'objection est fondée. Il serait fort difficile, en maintenant un écartement normal, que deux chevaux marchent côte à côte sans se gêner.

D'où nous tirons cette conclusion ; il faut réduire les colliers à de justes dimensions ; l'attelage ne perdra rien de son élégance et les chevaux seront dispensés de traîner un poids superflu qui ne peut qu'ajouter à leur fatigue.

G. PEYRAS.

Nouvelle fraude dans le commerce des engrais

La nouvelle loi du 7 février 1888 n'a pas encore désarmé tous les industriels devenus maîtres dans l'art de duper les cultivateurs. A ce sujet voici ce que rapporte M. Gaillot, directeur de la station agronomique de l'Aisne :

« Un petit commerçant du Soissonnais, M. L..... de C..., nous « ayant adressé un échantillon d'un engrais qu'il vient d'acheter, « s'aperçoit après l'analyse, qu'il paye 29 fr. les 100 kilos, un produit « de valeur fertilisante presque nulle, et valant à peine 1 fr. les 100 « kilos comme engrais ; c'était un simple mélange de calcaire et de « résidu goudronneux.

« Mais la matière a été vendue *comme insecticide*, du moins sur « le papier, et le marché est inattaquable.

« Voici comment procèdent ces industriels pour arriver à leur but ; « un commis se présente chez un épicier, un aubergiste, un maré-« chal, etc., ou même chez un petit cultivateur ; il lui montre en « perspective des bénéfices considérables s'il veut s'occuper du pla-« cement de ses engrais, lui fait miroiter un prospectus mensonger, « tout décoré de médailles de toutes sortes, l'homme naïf finit par « accepter la représentation de la maison et pour régulariser le mar-« ché, et lui assurer le monopole de la vente, on lui fait signer un « papier auquel il ne comprend pas grand chose, mais qui *établit un* « *marché en règle* ; le tour est alors joué.

« Le fameux engrais insecticide arrive en gare, la traite le suit, et « on pense alors à s'assurer de la valeur de la marchandise, mais il « est trop tard. »

Comme on le voit, la loi relative au commerce des engrais laisse encore prise à la fraude, car avec des désignations comme *insecticides, germinateurs, régénérateurs,* etc., les escrocs peuvent faire plier la loi et continuer leur commerce déloyal.

Nous avons eu occasion de voir depuis peu dans certaine gare de la Mayenne, un engrais désigné « phospho guano » garanti 2 à 3 0/0 d'azote et 20 0/0 de phosphate facturé 23 fr. les 100 kilos. Cet engrais valait 10 fr. au maximum.

C'est aux cultivateurs de se tenir en garde, et de ne s'adresser qu'aux maisons sérieuses, puis de faire analyser les engrais avant d'en prendre livraison ; sous ce rapport, les syndicats agricoles présentent les plus sérieuses garanties.

P. Masseron.

SYNDICAT DES AGRICULTEURS DE LA MAYENNE

AVIS.

A la fin du mois de décembre, le Syndicat des Agriculteurs de la Mayenne renouvellera ses marchés pour la fourniture des graines pendant l'année 1890.

Les négociants qui désirent prendre part à cette fourniture sont invités à adresser leurs offres, à M. Peyras, agent principal du Syndicat, à Laval, avant le 15 décembre, *délai de rigueur.*

Le cahier des charges, de tous points semblable à celui de l'année dernière, est à leur disposition au bureau du Syndicat.

Actes officiels

Loi sur le code rural (titre IV). — le métayage.

(Suite).

Article 4. — Le preneur est tenu d'user de la chose louée en bon père de famille, en suivant la destination qui a été donnée par le bail ; il est également tenu des obligations spécifiées pour le fermier par les articles 1730, 1731 et 1768 du Code civil.

Il répond de l'incendie, des dégradations et des pertes arrivées, pendant la durée du bail, à moins qu'il ne prouve qu'il a veillé à la garde et à la conservation de la chose en bon père de famille.

Il doit se servir des bâtiments d'exploitation qui existent dans les héritages qui lui sont confiés, et résider dans ceux qui sont affectés à l'habitation.

Article 5. — Le bailleur a la surveillance des travaux et la direction générale de l'exploitation, soit pour le mode de culture, soit pour l'achat et la vente des bestiaux.

L'exercice de ce droit est déterminé, quant à son étendue, par la convention ou, à défaut de convention, par l'usage des lieux.

Les droits de chasse et de pêche restent au propriétaire.

Article 6. — La mort du bailleur de la métairie ne résout pas le bail à colonat.

Ce bail est résolu par la mort du preneur; la jouissance des héritiers cesse à l'époque consacrée par l'usage des lieux pour l'expiration des baux annuels.

Article 7. — S'il a été convenu qu'en cas de vente l'acquéreur pourrait résilier, cette résiliation ne peut avoir lieu qu'à la charge par l'acquéreur de donner congé suivant l'usage des lieux.

Dans ce cas, comme dans celui qui est prévu par le dernier paragraphe de l'article précédent le colon a droit à une indemnité pour les dépenses extraordinaires qu'il a faites, jusqu'à concurrence du profit qu'il aurait pu en tirer pendant la durée de son bail : la résiliation en cas de vente est régie au surplus par les articles 1743, 1749, 1750 et 1751 du code civil.

Article 8. — Si, pendant la durée du bail, les objets qui y sont compris sont détruits en totalité par cas fortuit le bail est résilié de plein droit. S'ils ne sont détruits qu'en partie, le bailleur peut se refuser à faire les réparations et les dépenses nécessaires pour les remplacer ou les rétablir. Le preneur et le bailleur peuvent, dans ce cas, suivant les circonstances, demander la résiliation.

Si la résiliation est prononcée à la requête du bailleur, le juge appréciera l'indemnité qui pourrait être due au preneur, conformément au deuxième paragraphe de l'article 7 de la présente loi.

Article 9. — Si, dans le cours de la jouissance du colon, la totalité ou une partie de la récolte est enlevée par cas fortuit, il n'a pas d'indemnité à réclamer du bailleur. Chacun d'eux supporte sa portion correspondante dans la perte commune.

Article 10. — Le bailleur exerce le privilège de l'article 2102 du code civil sur les meubles, effets, bestiaux et portions de récolte appartenant au colon, pour le paiement du reliquat du compte à rendre par celui-ci.

Article 11. — Chacune des parties peut demander le règlement annuel du compte d'exploitation.

Le juge de paix prononce sur les difficultés relatives aux articles du compte, lorsque les obligations résultant du contrat ne sont pas contestées, sans appel lorsque l'objet de la contestation ne dépasse pas le taux de sa compétence générale en dernier ressort, et à charge d'appel à quelque somme qu'il puisse s'élever.

Le juge statue sur le vu des registres des parties ; il peut même admettre la preuve testimoniale s'il le juge convenable.

Article 12. — Toute action résultant du bail à colonat partiaire se prescrit par cinq ans, à partir de la sortie du colon.

Article 13. — Les dispositions de la section première du titre du louage contenues dans l'article 1718 et dans les articles 1736 à 1741 inclusivement et celles de la section 3 du même titre, contenues dans les articles 1766, 1777 et 1778, sont applicables aux baux à colonat partiaire. Ces baux sont en outre régis, pour le surplus, par l'usage des lieux.

OFFRES ET DEMANDES

OFFRES
SYNDICAT DE LA MAYENNE

M. F. Lahais, pépiniériste, route de Nantes, à Laval, offre : un assortiment de très beaux pommiers et poiriers du pays, choix extra, à 2 fr., 2 fr. 50 et 3 fr. ; ainsi qu'un beau choix de toutes espèces d'arbres fruitiers, forestiers et d'ornement, à des prix très modérés.

M. Toisnon, cultivateur à Argenton (Mayenne), offre : 1.000 plants de pommiers de 6 ans, de 0m08 à 0m13 de circonférence, à 2 fr. l'un.

M. Lenain, propriétaire au château de Clermont, commune d'Ollivet (Mayenne) : offre de l'avoine jaune de Flandre pour semence, prix à débattre ; cette avoine a rendu 82 hectolitres à l'hectare.

SYNDICAT DE CHARTRES

A VENDRE 75.000 kilos de Betteraves jaune ovoïde des Barres, à 18 fr. les 1.000 kilos sur wagon Illiers, s'adresser à **M. Bousteau**, à Rabestan, commune de Saint-Avit, par Illiers.

Ce Bulletin paraît le 15 de chaque mois.

BULLETIN AGRICOLE
DE L'OUEST

Organe de l'Union des Syndicats Agricoles
des départements du Finistère, des Côtes-du-Nord,
du Morbihan, de la Loire-Inférieure, d'Ille-et-Vilaine, de la
Manche, de la Mayenne, de Maine-et-Loire, de la Sarthe,
de l'Orne, du Calvados, de l'Eure, d'Eure-et-Loir
et de la Seine-Inférieure.

Publié sous la direction de :

H. LÉIZOUR

Professeur départemental d'Agriculture de la Mayenne,
Directeur du Laboratoire agronomique,
Président du Syndicat des Agriculteurs de la Mayenne,

GAROLA, ✝ M. A.

Professeur départemental d'Agriculture d'Eure-et-Loir,
Directeur de la Station agronomique de Chartres.

ABONNEMENTS

Pour les membres des syndicats :　　Pour les étrangers aux syndicats :
1 fr. par an.　　6 fr. par an.

ANNONCES

De 1 à 4 annonces. » 50ᶜ la ligne.　　De 8 à 12 annonces » 30ᶜ la ligne
De 4 à 8 — » 40ᶜ —　　Au-delà de 12. . » 20ᶜ —

Le bulletin publiera gratuitement les offres et demandes
des Syndicats abonnés.

AVIS. — Tout ce qui concerne la rédaction, les Annonces et les Abonnements, doit être adressé à M. LÉIZOUR, rue de la Filature, 1, à Laval.

SYNDICAT DE LA MAYENNE

M. F. Lahais, pépiniériste, route de Nantes, à Laval, offre : un assortiment de très beaux pommiers et poiriers du pays, choix extra, à 2 fr., 2 fr. 50 et 3 fr. ; ainsi qu'un beau choix de toutes espèces d'arbres fruitiers, forestiers et d'ornement, à des prix très modérés.

AU PROGRÈS

MAISON MOTTE

TAILLEUR CIVIL ET MILITAIRE

12, rue du Grand-Faubourg, 12

À L'ENTRÉE DE LA PLACE DES ÉPARS

CHARTRES

Spécialité de Dolmans pour Officiers, de Tuniques et Livrées pour Pensions et Maisons particulières. — Grand choix de Draperie Française et Anglaise. — Complet confection depuis 20 fr. — Complet sur mesure depuis 55 fr.

Il sera délivré à tout acheteur de costume complet UN SUPERBE PLASTRON.

Remise de 10 % à tout membre du Syndicat agricole, et sur la présentation de sa carte de syndiqué.

BULLETIN AGRICOLE DE L'OUEST

Production de la betterave à sucre et de la betterave fourragère

(Suite)

DE L'EMPLOI DES ENGRAIS DANS LA PRODUCTION DE LA
BETTERAVE A SUCRE

Parmi les nombreuses expériences de M. Pagnoul, nous en relaterons une fort intéressante sur les mauvais effets produits par les fumures azotées tardives.

La parcelle considérée a reçu comme fumure du fumier et du sulfate d'ammoniaque ainsi qu'il suit :

Fumier avant l'hiver . . . . 40,000 k.

Sulfate d'ammoniaque avant le semis . . 500 k.

Sulfate d'ammoniaque en arrosage à la fin de juillet . . . . 300 k.

Azote total fourni . . . . 300 k.

On a obtenu les résultats suivants :

Rendement à l'hectare. . . . . 48,500 k.

Poids moyen des betteraves . . . . . 1,750 g.

Densité du jus. . . . . 3°5

Sucre pour 100 de betteraves. 5,4

Sels id. 8,827

Sels pour 100 de sucre. 15,3

Ainsi par l'exagération de la fumure azotée et *par son emploi tardif*, on est arrivé à produire une betterave absolument mauvaise. — Cette expérience justifie ce que nous avons avancé sur les mauvais effets du fumier *employé tardivement*, en démontrant combien est grande l'influence dépressive de la distribution en juillet d'engrais fortement azotés, sur la valeur industrielle de la racine.

Pour ce qui concerne l'action spéciale de la *Potasse et de l'acide phosphorique,* les expériences de Peterman et de Kolrausch nous montrent que :

1° Les fumures progressives de phosphate et de carbonate de potasse produisent une augmentation correspondante de sucre dans les betteraves ;

2° Que les betteraves à engrais phosphaté (sans potasse) ont été plus riches en matière sèche et en azote ;

3º Que le taux des cendres n'a pas été accru par les fumures progressives phospho-potassiques ;

4º Que l'augmentation de l'engrais potassique a accru le taux de potasse et de chlore dans les cendres ;

5º Que le phosphate de potasse a presque complètement arrêté l'absorption de la soude.

Ces dernières expériences comme celles de Lawes et Gilbert démontrent les bons effets sur la richesse de la betterave des engrais phosphatés et potassiques.

Il suit de tout ce qui vient d'être dit, que la production de la betterave à sucre est assurée dans de bonnes conditions de *qualité* et de *rendement* par des fumures riches en acide phosphorique et en potasse, et qui ne renferment qu'une dose modérée d'azote.

Les mélanges de phosphates minéraux, ou de superphosphates, ou de phosphates précipités, avec du sulfate d'ammoniaque ou des tourteaux et du chlorure de potassium ; ceux de poudre d'os ou de noir animal et de purin avec des salins de betteraves ; le guano additionné de potasse, etc., peuvent être employés avec avantage comme engrais complémentaires.

Les cultivateurs doivent recueillir avec soin tous les résidus de distillerie ou de sucrerie : vinasses ou écumes de défécation.

On fait avantageusement absorber les vinasses par de la tourbe ou du terreau qu'on répand ensuite sur les terres.

Ce que nous avons dit sur l'application de la fumure de fumier de ferme, au plus tard à l'automne qui précède la semaille, n'est pas observé généralement en France, au grand préjudice de la qualité de la betterave.

Quand il s'agit de betteraves sucrières cultivées pour la distillation, le mode défectueux de l'emploi du fumier contre lequel nous nous élevons, présente moins d'inconvénients. En effet, dans la distillation, les sels et les matières albuminoïdes, qui sont si nuisibles à la cristallisation du sucre, ne sont pas autant à redouter, car ces substances ne gênent pas la transformation du sucre en alcool par la fermentation. Aussi ne doit-on pas s'étonner de voir, dans de grandes exploitations comme celle d'Assainvilliers, près Montdidier, dans la Somme, où l'on cultive tous les ans de 175 à 180 hectares de betteraves *pour la distillerie* y annexée, appliquer le fumier directement à la racine qui nous occupe à la dose de 60 mètres cubes par hectare. On y ajoute 200 kil. de superphosphates et 200 kil. de nitrate de soude en couverture. Le rendement moyen obtenu est de 45 à 50,000 kil. Nous devons toutefois faire observer que, même pour la betterave à distiller, il est bon d'enterrer le fumier le plus tôt possible si l'on ne veut pas trop nuire à la qualité, qui veut dire ici richesse saccharine.

Pour résumer la question, ce qui nous parait préférable, relativement au mode de fumure de la betterave à sucre, c'est de faire intervenir le fumier de ferme en forte proportion, car c'est l'engrais le plus économique, *mais à la condition de l'appliquer à la récolte précédente pour la plus forte partie, le reste étant enfoui au plus tard avant l'hiver* ; puis de donner directement à la plante saccharifère, un peu avant la semaille, un engrais complémentaire, composé de phosphates, de sels de potasse, de sels ammoniacaux ou de tourteaux.

Le nitrate de soude, bien qu'il donne l'azote à un très bas prix aujourd'hui, et bien que les avis soient partagés à son sujet (expériences récentes de M. Rivière en Seine-et-Oise), doit être proscrit à notre avis, ou pour le moins employé à petite dose, soit à raison de 200 k. par hectare. Ce sel peut être en effet absorbé directement par la racine. De plus les expériences que nous avons citées montrent qu'il nuit sérieusement à la qualité du jus.

En somme, une fumure complète devra contenir :

Acide phosphorique,	100 k.
Potasse,	100 k.
Azote soluble,	de 60 à 80 k.

On obtiendra ces doses de matières fertilisantes en répandant par hectare :

650 kil. de phosphate des Ardennes finement pulvérisés, à 15 0/0 d'acide phosphorique ;

200 kil. de chlorure de potassium à 50 0/0 de potasse ;

400 kil. de sulfate d'ammoniaque à 20 0/0 d'azote.

Mais si on applique à la betterave, avant l'hiver, 30.000 k. de fumier de ferme à l'hectare, on se contentera de donner moitié des quantités préindiquées.

(A suivre).   AGRICOLA.

L'anthonôme des fleurs du pommier

(Suite)

3° Quelques variétés ont paru plus résistantes que la généralité aux attaques de l'anthonôme. Je citerai la

Douce-du-Jariel, très fleurie, dont les trois quarts au moins des boutons produisirent des fleurs du 14 au 29 mai, pendant la période la plus mauvaise, mais surtout la Goupillière, qui fleurit du 17 au 31 mai sans avoir eu peut-être un seul bouton envahi ;

4° L'anthonôme après sa sortie de la fleur (où il a accompli sa transformation dernière) ne se réfugie pas dans la terre, ou du moins tous les individus ne s'y réfugient pas, car nous en avons trouvé un grand nombre sous les écorces ;

5° Les arbres exposés à la poussière de la route n'ont pas été préservés. Un coin d'un de nos vergers, le Grand-Champ, donne sur la route de Saint-Malo très fréquentée. Les vents d'est ont poussé d'abondants nuages de poussière de la route qui se trouve à l'est, et cependant les fleurs furent aussi atteintes dans cette partie que dans le reste du même verger.

J'avais conclu de ces observations publiées dans le bulletin de la Société d'Agriculture d'Ille-et-Vilaine :

1° La nécessité de rechercher si quelques variétés étaient plus résistantes que d'autres ;

2° Le peu d'espoir que les poudres aient une action efficace.

3° La nécessité de suivre l'anthonôme pendant son existence depuis sa sortie du bouton jusqu'à la ponte période pendant laquelle on pouvait espérer le détruire utilement.

1889. — Obligé de m'absenter plusieurs fois tant pour l'exposition de la Ferme-Ecole au quai d'Orsay que pour celles de la Société d'Agriculture, les observations suivantes n'eussent pu être faites sans le concours que m'a donné M. Blanchet, instituteur à la Ferme-Ecole, aidé des élèves qui l'ont secondé dans ses recherches.

1° L'anthonôme a été trouvé en mars en grande quantité réfugié dans les interstices des écorces des pommiers.

La trompe enfoncée dans les jeunes couches du liber paraissait y puiser la sève destinée à sa nourriture.

Encore engourdis en ce moment, quelques individus se montraient plus tard très agiles. Plus tard encore l'engourdissement avait cessé pour tous, et ils quittaient les écorces où ils avaient trouvé le refuge et peut-être l'aliment ;

2° C'est sur les branches de pommiers qu'on les rencontre alors toujours en mouvement par le beau temps, mais s'abritant encore quant il pleut ou quand il fait froid et engourdis tant que la température reste basse. Ils paraissent très sensibles au froid.

Par le beau temps se fait l'accouplement et la ponte qui doit suivre de très près. En effet:

Nous avons remarqué qu'en ce moment on ne trouve pas les anthonômes indifféremment sur tous les pommiers. On les trouve tous réunis sur les arbres où les boutons commencent à se montrer. On ne les trouve pas sur les arbres où la végétation n'est pas encore assez avancée. On ne les trouve plus sur les arbres où la floraison est commencée, où les fleurs sont épanouies.

Les insectes se réunissent alors évidemment sur les arbres propres à la ponte, et l'accouplement ayant lieu à ce moment il est probable qu'il coïncide avec elle.

Quoi qu'il en soit, le fait important de cette observation, c'est le groupement des insectes sur les arbres à un certain moment de leur végétation. J'appelle sur ce fait toute l'attention. Joint au suivant, il a une très grande importance et les deux réunis donnent peut-être les moyens de se défendre efficacement;

3° En secouant les arbres où se trouvent réunis les anthonômes, ceux-ci tombent avec une grande facilité. Après la chute, ils restent assez généralement immobiles pendant un certain laps de temps; quand ils commencent à se remuer le contact les rend encore à l'immobilité;

4° Les boutons, au moment où ils ont l'aspect de clous de girofle, tombent assez facilement par la secousse des branches;

5° La ponte de l'anthonôme ne commence guère que quand la température est devenue douce et assez chaude. Cette année le printemps ayant été froid, la ponte a commencé plus tard que l'année dernière, les variétés les plus précoces ont été à peu près préservées;

6° A partir du 6 au 8 juin, on recommence à voir un certain nombre de fleurs s'épanouir. Sur les variétés les plus tardives, et en particulier le Petit-Doux, on voit même des fleurs en grande quantité. On trouve cependant un certain nombre de boutons desséchés, ce sont les plus hâtifs, les autres n'ont pas été attaqués.

La ponte avait cessé avant que ces derniers aient été assez avancés très probablement. Du reste, les anthonômes ont disparu depuis quelque temps.

7° Peu après, les jeunes insectes commencent à sortir

des fleurs où ils ont pris naissance. On les rencontre en grand nombre sur les branches et les feuilles. On en trouve quelques-uns sous les écorces, et quelques-uns rentrés quelquefois par groupe de 2 ou 3 dans d'anciens boutons desséchés et vides ;

8° Mouillés avec de la benzine, ils se débattent encore pendant un certain temps, languissent près d'un quart-d'heure. La moindre vapeur sulfureuse dans un tube les asphyxie immédiatement ;

9° Les anthonòmes à leur sortie du bouton prennent leur nourriture sur les feuilles du pommier où on les trouve en grand nombre la trompe enfoncée dans le parenchyme. De nombreuses parties claires où le parenchyme a disparu accusent cette consommation.

Pour m'en assurer, le pied d'un bourgeon de pommier portant 5 à 6 feuilles absolument indemnes, est placé dans un flacon enterré jusqu'au goulot dans un pot à fleur. Une feuille de papier est traversée par la tige et repose sur la terre ; sur elle est posée une petite cloche en verre après y avoir introduit une dizaine d'anthonòmes.

Pendant la journée, les insectes cherchent à sortir, quelques-uns réussissent. Le lendemain matin les feuilles portent de nombreux trous et des traces de déjections nombreuses.

L'expérience cesse, la cloche étant tombée et cassée pendant l'observation (*) ;

10° Enfin nous avons constaté que ce destructeur avait son ennemi : une petite larve très longue et très étroite qui pénètre dans la larve d'anthonòme et en dévore l'intérieur ne laissant que la peau raccornie.

J'ai cité toutes ces observations, importantes ou non, pensant qu'elles peuvent avoir parfois des conséquences que je ne soupçonne pas.

Conclusions pour 1889, en leur donnant les mêmes numéros d'ordre qu'aux observations de la même année :

1° Nécessité d'avoir des écorces lisses et nettes ne présentant pas de refuges aux insectes,

---

(*) Recommencée depuis, elle a donné le même résultat pendant longtemps.

Mais depuis un mois environ, si l'on trouve encore les anthonòmes sur les feuilles placées et renouvelées dans la cloche, on ne constate plus qu'ils les mangent. Ils remuent peu et ne mangent plus (28 août).

Pour cela recourir au chaulage des écorces. Mais comme il est impossible de badigeonner toutes les branches d'un pommier, je préférerais l'aspersion par une petite pompe de jardin aspirante et foulante. On perd un peu de liquide, mais il est peu coûteux, fertilise le sol et le travail de main-d'œuvre devient insignifiant. On pourrait terminer par le badigeonnage à la main du tronc et des grosses branches qui n'auraient pas été atteintes par le liquide.

Je dirai tout de suite qu'il y aurait peut-être lieu malgré un prix de revient plus élevé de préférer la bouillie bordelaise qui, aux mêmes avantages, joindrait celui de préserver les arbres des maladies cryptogamiques, tout au moins du chancre qu'elle guérit très bien et peut-être de détruire quelques insectes ;

4° En secouant sur une bâche les branches de pommiers couvertes de boutons desséchés on peut en réunir rapidement une grande quantité et les brûler. Ce moyen détruirait un très grand nombre d'anthonômes sans grande dépense, mais n'aurait peut-être pas une grande efficacité sur la ponte de l'année suivante à moins que ce soit une mesure générale strictement exécutée ;

5° et 6° Greffer surtout les variétés très hâtives ou très tardives, mais il faudrait longtemps avant d'obtenir des résultats et on tomberait peut-être ainsi dans d'autres inconvénients ;

7° et 9° L'anthonôme vivant sur les feuilles du pommier doit être souvent la proie des oiseaux insectivores. Protéger l'existence de ceux-ci, leurs nids et leurs petits, serait l'un des moyens les moins coûteux, les plus efficaces si l'on ne savait que le conseiller, c'est prêcher dans le désert ;

8° Peut-être en brûlant du soufre au pied des pommiers, et assurant l'utilisation de l'acide sulfureux en entourant le pied de l'arbre sur un périmètre moitié moindre que le sien par une toile tendue verticalement, arriverait-on à détruire complètement ces insectes ;

2° et 3° Mais c'est sur les observations 2 et 3 que je croirais pouvoir baser le meilleur mode de défense.

Pour cela, il faudra d'abord placer sous l'arbre une grande bâche fendue de la circonférence au centre, de façon à couvrir toute la superficie dominée par les branches du pommier. Un homme monté dans le pommier secouerait énergiquement les branches pour faire tomber les anthonômes.

Ceux-ci sur la toile, seraient réunis en petits paquets, soit par de petites secousses données à la toile, soit au moyen d'un léger balai de crin. Ils seraient ensuite écrasés ou arrosés de quelques gouttes d'essence de térébenthine, de benzine ou de pétrole que l'on rencontre actuellement partout.

Peut-être serait-il préférable d'arroser de temps en temps le balai de quelques gouttes de l'un de ces liquides.

Cette besogne peut sembler longue et compliquée, en réalité il n'en est rien. Deux hommes, dans une journée, pourraient facilement traiter 20 à 25 pommiers. Si l'on réfléchit que les anthonômes se réunissent sur les arbres au moment du débourrage des boutons seulement, on devrait les trouver tous réunis sur le tiers ou le quart des arbres d'un verger. Le traitement de 25 arbres supposerait les anthonômes de 75 arbres en grande partie détruits.

L'opération devrait être commencée aux variétés hâtives et se continuer tant qu'elle donnerait des résultats, c'est-à-dire tant que l'on trouverait des anthonômes en nombre suffisant.

A ces avantages se joindrait le suivant : les anthonômes étant pris et détruits au moment où ils vont commettre leurs dégâts, les cultivateurs, certains qu'un insecte détruit ce serait une trentaine de boutons sauvés, se livreraient à cette chasse très volontiers.

Ayant traité cette question dans mes dernières conférences, ils y prêtaient la plus vive attention, et les plus intelligents se promettaient d'employer le procédé dès le lendemain.

Malheureusement, en Bretagne, les fermes sont petites, les champs sont mélangés les uns dans les autres ; des mesures partielles donnent des résultats nuls ou presque nuls pour un insecte doué d'aussi grandes facilités de locomotion. Il faudrait une mesure générale.

Laquelle ? la coërcition ne serait jamais appliquée assez sérieusement. Il s'agit d'une mesure d'intérêt général, il faut que la charge se répartisse sur tous.

Pour les hannetons, le système des primes donne de bons résultats ; nous avons vu le syndicat de Gorron détruire en une saison 77.000 kilog. de hannetons, soit 92.400.000 individus.

Le même système, appliqué aux anthonômes, serait encore plus efficace, car il y a au point de vue du cultivateur une très grande différence entre un mal lointain et un mal immédiat

Seulement le prix devrait être beaucoup plus élevé.

J'ai constaté par l'expérience qu'un kilogr. d'anthonômes pesés vivants contient 500.000 individus. En leur appliquant le même prix par individu que l'on attribue le plus souvent aux hannetons, soit 0 fr. 12 par kilogr. ou 1.200 insectes, le prix du kilogramme devrait atteindre 50 fr., ce qui mettrait le mille d'anthonômes à 0 fr. 10.

Si l'on pense que ces 1.000 anthonômes eussent causé la perte d'au moins 20.000 boutons de pommiers, on voit que ce n'est pas trop cher comme utilité produite.

Serait-ce trop cher en ce sens que les personnes s'occupant de cette récolte gagneraient trop ? Je ne le craindrais pas, car le nombre diminuerait rapidement et la chasse deviendrait de moins en moins productive.

La fraude pourrait être à craindre vu le prix accordé ; il appartiendrait à l'administration de prendre des mesures nécessaires pour l'éviter. Ce serait relativement facile. 1 kilog. d'anthonômes tiendrait peu de places, on pourrait exiger qu'ils soient livrés morts, et il n'y aurait guère possibilité qu'il en soit autrement. Le transport en serait alors facile, et la destruction définitive, par incinération par exemple, pourrait en être faite dans des conditions donnant toutes garanties.

Quelle que soit la dépense faite, elle serait au-dessous des résultats immédiats obtenus.

Dans le seul département d'Ille-et-Vilaine, la production moyenne des pommiers est estimée représenter une valeur de 15 à 16 millions de francs. Sans l'anthonôme, cette moyenne serait certes beaucoup plus élevée. Mais, nous basant sur elle, on peut affirmer que dans notre département cette année le préjudice atteindra au moins une valeur de 10 à 12 millions.

Tous les moyens doivent être employés pour défendre des intérêts aussi sérieux ; j'en ai proposé quelques-uns qui donneront, j'en suis convaincu, de bons résultats. En continuant à chercher, en joignant les observations des uns aux observations des autres, nous parviendrons bientôt à protéger cette portion importante de la fortune publique.

E. HÉRISSANT.

Culture de l'Ajonc dans les Côtes-du-Nord.

(ULEX EUROPEUS.)

L'ajonc est la luzerne des terrains pauvres, a dit un agronome. Cette hyperbole n'est en réalité qu'une vérité agricole trop souvent méconnue.

En effet, ces deux légumineuses produisent sensiblement les mêmes résultats économiques au point de vue de l'amélioration du sol et de l'alimentation des animaux, malgré les divergences physiologiques qui les caractérisent. L'ajonc n'est pas une plante du Midi comme la luzerne, mais de l'Ouest de la France, de la Bretagne.

Un sol calcaire le rend ligneux et épineux, un climat trop chaud ou trop froid peut le faire disparaître. En Bretagne, sous notre ciel brumeux, dans nos terres schisteuses et granitiques, il a été possible de transformer cet arbrisseau en plante fourragère en développant son système foliacé, tout en augmentant sa puissance de production et en conservant une rusticité relative qui la rend bien précieuse.

AJONCS DE LANDES.

Les lichens, les mousses, les bruyères, les ajoncs et les fougères caractérisent la valeur progressive d'une lande. On juge de sa profondeur et de la possibilité de sa mise en culture par l'apparition de ces deux dernières plantes. Cependant, chacune de ces plantes présente des variétés qui, à leur tour, précisent d'une façon irrécusable les propriétés physiques et la fertilité de la zône qui leur est assignée. Ainsi, dans les landes humides, l'*ulex nanus* accompagnera l'*erica tetralix* ; dans les parties saines et profondes, l'*ulex europeus* disputera le terrain à l'*erica cinerea* et la fera disparaître s'il n'est pas abrouti par la dent du mouton.

L'ajonc cultivé n'est que cet ajonc (*ulex europeus*) qui couvre nos landes et nos talus, décorant nos champs de véritables ceintures dorées.

ORIGINE DE LA CULTURE.

Plus le sol est pauvre plus l'ajonc a de piquants longs et cornés. Transporté sur nos talus, il a trouvé une terre profonde, favorable à ses racines pivotantes, ses tiges se sont attendries, de petits rameaux latéraux se sont développés, et en hiver les animaux affamés ont trouvé dans l'extrémité de ces jeunes pousses une ressource fourragère que leur refusaient l'étable et la pâture.

Le cultivateur frappé des avantages que présentait cette plante vivace, rustique entre toutes, a compris qu'il pouvait la semer à la fin d'une rotation dans un sol épuisé qu'il laisserait l'année suivante en friche. C'est donc dans ces mauvaises conditions de culture et de fertilité que sont créées le plus souvent nos ajonnaies, sauf dans quelques communes où le sol fertile et la sélection ont produit l'ajonc *queue de renard*.

CULTURE.

Généralement l'ajonc se sème dans une avoine d'hiver ou de printemps, à la fin de la rotation, comme nous l'avons dit plus haut. La semaille se fait en avril et le commerce de la graine a lieu les jours de marchés pendant le mois de mars d'une façon toute particulière :

Le paysan n'aime pas à acheter à la boutique, il sait que la graine d'ajonc qui en provient doit être la récolte des talus et que cette graine, naturellement, ne lui donnera qu'un fourrage dur, épineux, de médiocre qualité. Il ne veut pas payer trop cher, mais il veut de l'ajonc *queue de renard*, de cette bonne variété, dont la tige tendre et touffue, garnie d'une centaine de ramifications, peut être sans inconvénient, saisie et même frictionnée par la main, les piquants s'étant tellement affaiblis et devenus rares qu'on peut considérer cette nouvelle variété comme l'ajonc sans épines.

Voici comment se fait la vente de la graine au centre de production, à L... (C.-du-N.) : des marchands ambulants, à la veste courte et au chapeau garni d'un petit ajonc (de la bonne race disent-ils), se promènent un bissac sur le dos. Ils offrent les 4 ou 5 pots de graines qu'ils prétendent avoir récoltées. Ils en ont peu, la queue de renard donnant si peu de graines !

Aussitôt débarrassés, aussitôt le sac rempli, ils vendent simplement au détail ce qu'ils ont acheté en gros, chez l'épicier du coin. C'est ainsi que les meilleures variétés donnent souvent les plus mauvaises récoltes. Aussi le bon cultivateur récolte-t-il toujours sa semence dans notre région, il a raison.

L'ajonc se sème comme le trèfle dans une céréale et demande un coup de herse ou de rateau pour son recouvrement. La quantité à l'hectare est généralement de 12 kilogr. Cette quantité est bien suffisante si la graine est bonne, le kilogramme nous donnant 155.000 graines, soit 1.860.000 pour un hectare. L'hectolitre pèse 72 à 73 kilogr. — L'ajonc ordinaire vaut 1 fr. 50 et l'ajonc amélioré dit *queue de renard* 5 fr. en moyenne le kilogr.

Il arrive cependant que cette graine lève irrégulièrement et même pas du tout, soit faute de fraîcheur du sol, soit vieillesse de la graine ou saison trop sèche. Le tégument est très épais, il lui faut donc beaucoup de fraîcheur au moment de la semaille, mais il est bien rare que sa faculté germinative ait disparu.

Il est facile, du reste, de la vérifier par un procédé des plus simples, sans avoir recours à la germination entre deux morceaux de drap humectés d'eau tiède, comme on le conseille : Prenez un charbon ardent, posez dessus successivement dix ou vingt graines, les bonnes éclateront commes de petites bombes et les mauvaises brûleront sans explosion. Vous aurez ainsi le coefficient de la faculté germinative. Pour expliquer la valeur de ce procédé empirique, il suffit de savoir que l'explosion ne se produit que par la production, la dilatation du gaz fourni par l'huile essentielle qui entoure le germe sous l'influence de la chaleur intense du charbon. Si cette huile, qui est le principe conservateur de la faculté germinative, s'est transformée, a ranci ou a disparu, il n'a y plus d'explosion et la graine brûle sans pétillement. Ce procédé instantané peut être appliqué également aux dicotylédonnées, trèfles, luzernes, choux, rutabagas, navets.

L'ajonc pousse peu la première année et la faucille passe facilement par dessus sa tête en moissonnant. L'essentiel, avant la première coupe, qui ne se fait que la seconde année, est d'éviter le pâturage que l'on pratique trop souvent faute de nourriture à l'étable. Ce n'est que les années suivantes, pendant l'hiver, après la coupe, qu'il y aura peut-être avantage à faire pâturer cette herbe qui tend à étouffer l'ajonc. Dès la troisisième année toutes les plantes adventices annuelles ou vivaces disparaissent étouffées par l'agrostis rouge, formant désormais un tapis feutré tendant à faire disparaître même l'ajonc aux puissantes racines.

EPOQUE ET MODES DE COUPE

La coupe se fait régulièrement tous les hivers dès la seconde année, depuis novembre jusqu'à avril et même quelquefois fin avril si les fourrages de printemps font défaut. A cette époque les bourgeons partent de la couronne de l'ajonc, si la coupe a été faite rez terre, mais ne dégagent leur tête du gazon rouge pâle violacé de l'agrostis en fleur que fin juillet.

Cette récolte se fait à la faucille accompagnée d'une fourchette de bois, longue de 0^m80, que l'ouvrier manie de la main gauche pour servir de point d'apui aux touffes d'ajoncs qui tombent sous les coups de la faucille, les rassembler et en faire de grosses bourrées.

La coupe se fait ras ou en laissant des sicots, en coupant à 0^m15. Les avis sont partagés sur les avantages et les inconvénients de ces deux modes.

Il est bon de couper haut à la première coupe si le sol est fortement enherbé, pour que les jeunes bourgeons ne souffrent pas de l'envahissement de l'herbe ; la tige est tendre, les bourgeons latéraux repoussent facilement et le pied est sauvé ; mais, les années suivantes, il est préférable de couper ras, le pied est suffisamment vivace pour résister à l'agrostis, et les bourgeons partent très nombreux de la couronne. Nous avons vu des cultivateurs laisser de longs sicots pour permettre le pâturage de l'ajonnaie jusqu'au premier juin, ces sicots mettant les bourgeons à l'abri de la voracité de la vache, mais si la langue ne peut faire de mal les pieds en font et la récolte suivante est diminuée. Le pâturage doit même être évité dans les terres argileuses, car le piétinement dans la boue perd l'ajonnaie.

DURÉE ET PRODUCTION

La durée de cette culture varie avec les soins qu'on lui accorde, les années normales ou de sécheresse qu'elle traverse et surtout avec la profondeur du sol. Il n'est que trop commun de voir des ajonnaies ne donner que des produits insignifiants au bout de cinq ou six ans, mais, nous le répétons, c'est q'ualors l'ajonc est placé dans des conditions telles q'uaucune autre culture ne saurait réussir.

L'ajonc a des racines pivotantes, il demande donc un sol profond, perméable. Si l'on veut un fourrage tendre, abondant, une ajonnaie de longue durée, on le placera en terre défoncée depuis peu en le semant dans un blé noir et non dans une avoine envahie déjà par les mauvaises herbes.

L'ajonnaie est en plein rapport de la 3e à la 6e année.

AJONC QUEUE DE RENARD

Si le fleuriste n'a pu obtenir de roses sans épines, l'agriculteur jusqu'à ce jour n'a pu créer l'ajonc sans

240

piquants. Cependant, par la sélection on est arrivé à un résultat suffisant pour que le cultivateur progressiste profite de ce travail de longue haleine

Depuis plus d'un demi siècle quelques fermiers de Hénanbihen (Côtes-du-Nord) en terre douce, profonde et riche, ont sélectionné leurs graines en laissant dans l'ajonnaie, pour porte-graines, de distance en distance, les pieds les plus vigoureux, les plus tendres, présentant un plumeau, une *queue de renard*, que la main peut caresser sans inconvénient.

L'ajonc queue de renard présente deux graves défauts pour beaucoup d'agriculteurs : 1° Il ne réussit bien qu'en bonne terre, comme le Durham dans une bonne étable, ceci est logique, et il faut s'en rappeler à l'occasion ; 2° La graine coûte fort cher.

Plus la plante s'améliore au point de vue herbacé, plus elle s'éloigne du tipe primitif et moins elle donne de graines, les fleurs sont moins abondantes et plus sujettes à avorter, c'est ce qui arrive pour l'ajonc queue de renard.

RÉCOLTE DE LA GRAINE

La graine doit se récolter sur des porte-graines de première coupe âgés de 3 ou 4 ans. La gousse mûre, qui est déhiscente, s'ouvre sous l'action des rayons solaires en produisant un pétillement sec. Lorsque la majeure partie des gousses passe du jaune au brun on coupe l'ajonc par le pied et on le laisse javeler quelques jours la tête en bas avant de rentrer sous hangar. L'époque habituelle de cette coupe est fin juin. On attend quelques belles journées pour étaler cette récolte sur l'aire, bien balayée, pour que le soleil se charge du battage. Toute la graine récoltée ainsi est excellente, celle qui a résisté à l'action du soleil, et qu'on bat à la fourche, est inférieure.

Ce système primitif de récolte semble détestable, car on détruit la mère pour avoir les enfants. Il paraitrait plus rationel de couper simplement les rameaux chargés de gousses ou mieux encore de récolter sur une bâche et en frappant légèrement sur les gousses. Cependant, au point de vue de la sélection, il est préférable de faire disparaitre le pied mère pour ne récolter la graine que sur de jeunes pieds, car plus l'ajonc vieillit plus ses piquants tendent à reparaitre, plus il dégénère.

En récoltant sur l'aire à battre, la graine est loin d'être propre, elle est toujours mélangée de terre ou de sable. Pour la débarrasser de ces impuretés et qu'elle soit vendable on la lave : la différence de densité de la graine et du sable, en facilite la séparation, et immédiatement après on étend la graine au soleil sur un drap. Le cultivateur n'opère ce lavage que la veille ou peu de temps avant la vente, car il ne contribue pas à sa conservation.

VALEUR D'UNE AJONNAIE

Le produit par hectare est très variable. Lorsque l'ajonnaie est bien fournie, en terre douce et profonde, la coupe qui atteint de 1ᵐ à 1ᵐ20 donne de 30 à 40.000 kilog. Or tous les agriculteurs sont d'accord pour reconnaître que 2 kilogr. d'ajonc remplacent avantageusement chez le cheval de ferme 1 kilogr. de foin, c'est donc par hectare un équivalent de 15 à 20.000 kilogr. de foin. Il n'est donc pas surprenant de voir l'ajonc coté par les experts lors des sorties de ferme aux prix élevés de 3, 4 et 5 fr. l'are.

AJONNAIE TROP CLAIRE OU TROP DRUE.

Il arrive souvent que la levée est trop claire, la semaille, comme nous l'avons dit, ayant lieu dans de détestables conditions ; il ne faut pas désespérer cependant ; on peut la garnir par marcottage en couchant toutes les tiges rampantes de la souche.

Si l'ajonnaie est trop drue, il faut en profiter, dès le premier hiver, pour en extraire le plant nécessaire pour bien garnir les haies de la ferme. Nous avons même vu, en terres argileuses, quelques ajonnaies provenant de la transplantation. On plante sur le haut du billon en écartant les plants à 0ᵐ30, et l'ajonc, dont le pivot est détruit, réussit dans ces mauvaises conditions.

DURÉE DE L'AJONNAIE.

Une ajonnaie coupée régulièrement tous les ans est vite épuisée, elle se dénude rapidement au bout de 6 ou 8 ans. Les années de sécheresse (comme 1887) l'arrêtent dans son développement et les hivers rigoureux (comme 1879) en font disparaître une bonne partie. L'ajonnaie épuisée est laissée finalement à bois et quelques années plus tard, c'est une forêt vierge où s'abrite impunément le gibier. Son défrichement ne se fait généralement pas d'un seul coup : il est d'usage d'alterner par bandes de deux ou quatre sillons. Les souches s'enlèvent au moyen d'un maret (sorte de houe à lame longue et étroite). Les bandes défrichées fournissent au bétail pendant tout l'hiver une pâture abritée. Cette méthode est précieuse près de la mer où les vents sont violents et le bois de chauffage introuvable. Du reste, l'ajonc, comme l'acacia, malgré son peu de densité, brûle avec une flamme claire et intense. Il sert non seulement à la cuisine pour faire la galette, mais encore pour chauffer le four. Un hectare de vieux ajoncs (de 9 ans) peut produire de 4.500 à 5.000 bourrées. L'ajonc a encore d'autres destinations : on en dépose une bourrée dans chaque fosse, lors de la plantation des pommiers. Dans les terres à sous-sol argileux cet ajonc permet l'aération souterraine et profonde nécessaire aux racines du pommier et plus tard fournit une matière organique favorable à la formation de sa charpente, enfin, c'est une excellente garniture défensive pour le tronc, contre la dent des animaux et les coups de charrue.

AMÉLIORATION DU SOL.

La culture de l'ajonc améliore la surface du sol. La terre se repose, comme l'on dit, tout en produisant cependant ; le gazon devient de plus en plus épais, la couche arable s'enrichit de matières organiques, enfin les mauvaises herbes ont disparu, et les insectes, les parasites cryptogamiques particuliers aux céréales et autres plantes entrant dans l'assolement ont également disparu faute d'aliments. Après l'ajonnaie, un bon défoncement d'hiver suffit pour enfouir l'agrostis, précieux engrais vert pour les cultures suivantes. La culture du blé noir avec un peu de phosphates fossiles (800 k.) laisse un sol propre et riche pour les récoltes suivantes. L'ajonc est donc améliorant.

ALIMENTATION.

L'ajonc se coupe, avons nous dit, de novembre à mai, la provision se fait pour plusieurs jours. A la veillée on passe au coupe-ajoncs (espèce de hache-paille) la quantité destinée au lendemain. Un des coupe-ajoncs les plus recommandables est celui de M. Tauvez, constructeur à Guingamp, coupant à volonté à différentes longueurs. Cette simple préparation suffit même pour l'ajonc ordinaire, l'agrostis récoltée en même temps que l'ajonc fournissant un mélange assez tendre pour le cheval de ferme. Cependant si l'ajonc est trop dur, on doit avoir recours au travail complémentaire du pilon, surtout s'il est destiné aux bêtes à cornes. Aujourd'hui l'ajonc le plus dur, celui de haie par exemple, peut être réduit en véritable son par le coupe-ajoncs-broyeur de M. Texier, de Landerneau. Le travail est parfait mais le prix élevé de l'instrument n'en permet pas la vulgarisation dans nos petites fermes.

RATIONNEMENT.

Le cheval de ferme se trouve très bien de l'ajonc, c'est une nourriture ni trop sèche ni trop aqueuse. Si ce fourrage, un peu volumineux, donne du corps au cheval, ce n'est pas un grave défaut chez le cheval de trait, le travail en hiver étant presque nul. Le plus important, c'est de lui fournir une nourriture très économique pendant cette saison. L'ajonc entretient le cheval toujours en bon état, son poil n'est jamais sec, et tout cheval habitué à cette nourriture la préfère souvent au foin. Un bon hectare d'ajoncs peut fournir les deux tiers de leurs rations à 4 ou 5 chevaux pendant six mois de l'année, l'autre tiers étant fourni par la paille et le foin. Connait-on une prairie quelconque, naturelle ou artificielle pouvant approcher d'un pareil rendement ?

Le secret de la grande production chevaline dans les Côtes-du-Nord, est dans cette culture. Dans nos fermes de 20 à 25 hectares, il n'est pas rare de trouver 4 et 5 juments poulinières. Grâce à l'ajonc, l'entretien de ces poulinières devient économique et nous permet de fournir aux régions du centre de la France de bons poulains qui, sous un climat plus sec, un sol plus sain et une nourriture plus concentrée, se transforment pour créer nos meilleures races de trait.

Une remarque sur la qualité de l'ajonc : à voir simplement un attelage il est facile de savoir si dans la ferme l'ajonc queue de renard a remplacé l'ajonc épineux. Avec ce dernier vous avez des chevaux portant moustaches. Il est d'usage de déposer le soir dans la crèche une très forte ration d'ajoncs que le cheval broute lentement, mais le bout du nez reçoit tellement de piqûres que les papilles pileuses se trouvent surexcitées et produisent d'énormes moustaches, ce qui n'a pas lieu avec l'ajonc amélioré.

Administré aux vaches, qui s'en régalent, cette nourriture donne une crème jaune et un beurre excellent.

On voit donc tous les avantages que procure une pareille culture dès qu'on lui accorde les mêmes préparations de labour de défoncement, de propreté et de soin que l'on prodigue à ses congénères.

ENNEMIS DE L'AJONC.

L'ajonc des terrains incultes est souvent détruit par la cuscute (cuscuta epithymum). On la trouve quelquefois sur nos haies, même dans nos ajonnaies. Elle est plus facile à détruire que les autres variétés dont les ramifications s'étendent si rapidement sur le trèfle et la luzerne. Il suffit de couper les parties attaquées et de ne pas laisser cette cuscute à graines.

En résumé, si cette plante est une source de richesse fourragère hivernale pour les Côtes-du-Nord, nous ne voyons pas pour quelles raisons elle échouerait dans les départements voisins, et même dans une grande partie de la Mayenne. Dans ce département des essais ont été faits depuis seize ans, à Juvigné, par mon ancien collègue de la Ferme-Ecole du Camp, M. Sinner. Il a réussi, qu'on suive son exemple.

E. VALLET,
Professeur départemental d'Agriculture
des Côtes-du-Nord.

SYNDICAT DE LA MAYENNE

Un bon fermier demande une exploitation à ferme ou à colonie partiaire, s'adresser au bureau du Bulletin.

A VENDRE 500 à 600 kilos de Gluis de seigle pour paillassons ou colliers, s'adresser à M. Peyras, agent principal du syndicat des agriculteurs de la Mayenne.

SYNDICAT DE CHARTRES

L'adjudication des fournitures à faire pour le printemps 1890 aux membres du Syndicat agricole de l'arrondissement de Chartres, aura lieu au siège du syndicat, 11, rue Régnier, le samedi 21 décembre, à 4 heures précises du soir.

Les syndiqués sont priés d'adresser leurs commandes le plus tôt possible afin d'obtenir de bonnes conditions et éviter des retards dus à l'encombrement en fin de saison.

Le syndicat peut fournir aux prix ci-dessous, et jusqu'à épuisement, des vins d'Algérie garantis naturels :
1° Vin rouge de Bône à 39 fr. l'hectolitre.
2° Vin blanc de Bône à 45 fr. l'hectolitre.
3° Vin rouge de St Cloud d'Oran à 120 fr. la pièce de 220 litres.
4°   id.   id.   à 65 fr. la 1/2 pièce de 110 litres.
Le tout franco, gare de l'acheteur, fût perdu. Toute demande qui sera faite après le 1er avril sera rigoureusement refusée à cause des chaleurs.

SYNDICAT DE DREUX

Le bureau du syndicat a l'honneur de vous informer que l'adjudication des matières premières en engrais fabriqués, pour la saison de printemps 1890, aura lieu le lundi 23 décembre à deux heures de l'après-midi.

En conséquence, les soumissions devront être adressées au plus tard le 23 décembre, avant midi, chez M. L. Durantel, secrétaire, rue Saint-Martin, 40.

Les livraisous des différents engrais devront être faites à la gare la plus rapprochée du destinataire entre Houdan et Verneuil, Ivry-la-Bataille et Theuvy-Achères, la Loupe et Verneuil, Dreux et Nogent-le-Roi, à des dates qui seront fixées le jour de l'adjudication (janvier et février).

L'adjudication portera sur les matières suivantes :

1° Sulfate d'ammoniaque des vidanges, dosant de 20 à 21 0/0 d'azote ;

2° Nitrate de soude, 90 0/0 de pureté, dosant de 15 à 16 0/0 d'azote;

3° Sang pur desséché, dosant 11 à 13 0/0 d'azote ;

4° Chlorure de potassium, 90 à 95 0/0 de sel potassique ;

5° Sel dénaturé à l'absinthe :

6°   id.   au tourteau :

7° Superphosphate d'os pur, dont 2/3 solubles à l'eau et 1/3 soluble au citrate, dosant 15 à 17 0/0 d'acide phosphorique ;

8° Superphosphate minéral soluble à l'eau, dosant 14 à 16 0/0 d'acide phosphorique :

9° Superphosphate minéral soluble au citrate, dosant 14 à 16 0/0 d'acide phosphorique ;

10° Phosphate naturel des Ardennes ;

11° Tourteau de lin pour bestiaux ;

12° Tourteau de sézame pour bestiaux ;

13° Tourteau d'arachide pour bestiaux ;

14° Scories de fer, dites phosphates Thomas ;

15° Sulfate de cuivre ;

16° Sulfate de fer ;

17° Engrais composé, dosant 2 0/0 d'azote nitrique, 3 0/0 d'azote ammoniacal et 10 0/0 d'acide phosphorique soluble dans l'eau.

Les soumissions devront être envoyées sous pli cacheté avec la mention soumission sur l'enveloppe, et ne seront acceptées que pourvues de la formule : *Le fournisseur s'engage à observer les statuts du syndicat.*

Les livraisons seront faites en bloc pour chaque nature de soumission (1) et, dans chaque wagon, les sacs devront être marqués selon la nature des matières qu'ils contiendront, et équiquetées au nom et à l'adresse du destinataire.

Les conditions de paiement seront à trois mois sans escompte, du jour de la livraison

Des renseignements peuvent toujours être demandés au secrétaire.

---

1. Si la même maison obtient plusieurs adjudications, elle devra livrer en une seule fois les différentes natures d'engrais soumissionnés.

Dans sa réunion du lundi 11 novembre, le Conseil d'administration du Syndicat a fixé ainsi qu'il suit les dosages pour les matières premières livrées en août, septembre et octobre 1889 :

GARES	Sang pur desséché azote organique	SUPERPHOSPHATES		
		D'OS PUR acide phosphorique soluble à l'eau et au citrate	MINÉRAL acide phosphorique soluble au citrate	MINÉRAL acide phosphorique soluble à l'eau
d'Aunay-Tréon.	14 47	—	16 74	16 20
St-Germ.-St-Rémy.	12 55	15 69	18 26	15 81
Dreux.	14 86	15 86	—	15 80
Theuvy-Achères.	14 70	—	17 23	—
Houdan.	14 93	16 81	14 16	15 70
Nogent-le Roi.	13 49	—	13 57	16 29
St-Sauv.-Châteaun.	14 05	16 47	16 47	15 33
Marchezais.	14 76	17 70	—	15 02
Ivry-la-Bataille.	—	16 02	17 17	15 54
La Loupe.	—	16 69	15 61	15 61
Tillières.	—	—	17 54	16 48
Verneuil.	—	—	—	16 59

Engrais composés

Le prix d'adjudication (15 fr. 20), a été maintenu pour toutes les gares. Une exception a été faite pour la livraison qui s'est effectuée à la gare d'Ivry-la-Bataille, à la fin d'octobre, et dont l'analyse des échantillons prélevés n'a pas donné les dosages imposés par le cahier des charges. Cette livraison subira une diminution de 2 fr. par 100 kilos.

Le Secrétaire-Rapporteur,
L. DURANTEL.

Excellent vin de Bordeaux, récolte de 1887, à 125 fr. la pièce de 225 litres, logé et franco sur wagon, gare de départ.
S'adresser à M. GEORGES BORD, secrétaire général du syndicat à Cadillac-sur-Garonne (Gironde).

Les fabricants de fromages et de beurres sont informés que, à l'exposition universelle de 1889, la plus haute récompense (médaille d'or), a été décernée aux **PRÉSURES** et **COLORANTS** de **J. Fabre**, ✠ M. A., Aubervilliers (Seine). Récompenses dans 51 concours agricoles.

ON OFFRE bons vins naturels du Roussillon, avec remise de 3 0/0 à tous les membres du syndicat. Ecrire à **M. Fisqué**, propriétaire à Rivesaltes (Pyrénées-Orientales).

Le Gérant, E. MOREAU.

TABLE DES MATIÈRES

Du mois d'Octobre 1888 en Décembre 1889.

3e Année. — Janvier 1890. — N° 16

Ce Bulletin paraît le 15 de chaque mois.

BULLETIN AGRICOLE DE L'OUEST

Organe de l'Union des Syndicats Agricoles
des départements du Finistère, des Côtes-du-Nord,
du Morbihan, de la Loire-Inférieure, d'Ille-et-Vilaine, de la
Manche, de la Mayenne, de Maine-et-Loire, de la Sarthe,
de l'Orne, du Calvados, de l'Eure, d'Eure-et-Loir
et de la Seine-Inférieure.

Publié sous la direction de :

H. LÉIZOUR

Professeur départemental d'Agriculture de la Mayenne,
Directeur du Laboratoire agronomique,
Président du Syndicat des Agriculteurs de la Mayenne,

GAROLA, ✚ M. A.

Professeur départemental d'Agriculture d'Eure-et-Loir,
Directeur de la Station agronomique de Chartres.

ABONNEMENTS

Pour les membres des syndicats :
1 fr. par an.

Pour les étrangers aux syndicats :
6 fr. par an.

ANNONCES

De 1 à 4 annonces. » **50**e la ligne.

De 4 à 8 — » **40**e —

De 8 à 12 annonces » **30**e la ligne

Au-delà de 12. . » **20**e —

Le bulletin publiera gratuitement les offres et demandes
des Syndicats abonnés.

*AVIS. — Tout ce qui concerne la rédaction, les Annonces et les Abon-
nements, doit être adressé à M. LÉIZOUR, rue de la Filature, 1, à Laval.*

UNION DES SYNDICATS AGRICOLES DE L'OUEST

AVIS

Une réunion des délégués des Syndicats agricoles de l'Ouest aura lieu à Paris, le vendredi 7 février prochain, à 10 heures du matin, au siège de la Société nationale d'encouragement à l'agriculture, 5, avenue de l'Opéra.

Tous les Syndicats de la région sont invités à se faire représenter à cette réunion, dans laquelle on discutera l'attitude à prendre en vue de la prochaine échéance des traités de commerce, et diverses questions d'intérêt régional.

La situation est grave et de tous côtés se tiennent de nombreuses réunions ayant pour but la défense des intérêts locaux. Notre région a les siens propres, et il est urgent de prendre les mesures nécessaires pour les sauvegarder dans les nouvelles dispositions qui devront être prises prochainement pour réglementer nos relations extérieures. Déjà plusieurs autres Unions de Syndicats s'occupent activement et ont formulé des revendications pour l'agriculture de leurs localités respectives et, comme les pouvoirs publics semblent disposés à consulter les intéressés, il est indispensable que les Syndicats de la région de l'Ouest s'entendent pour qu'ils ne soient pas divisés lorsqu'on leur demandera de formuler leurs opinions.

SYNDICAT DE CHARTRES

La lettre ci-dessous a été adressée à tous les membres du Syndicat agricole de l'arrondissement de Chartres :

Chartres, le 29 décembre 1889.

Monsieur,

Le Comice agricole de Chartres ayant invité toutes les associations agricoles du département à une réunion plénière, pour émettre les vœux de l'agriculture beauceronne relativement aux questions du renouvellement des traités de commerce et des tarifs de douane, nous venons vous prier instamment de vous rendre à cette réunion qui aura lieu à Chartres, en la salle Sainte-Foy, le samedi 18 janvier prochain, à 2 heures précises.

Agréez, Monsieur, l'assurance de ma considération la plus distinguée.

Le Secrétaire,

GAROLA.

BULLETIN AGRICOLE DE L'OUEST

Un exemple à suivre.

Le *Bulletin Agricole de l'Ouest* sera servi gratuitement désormais à tous les membres du Comice agricole des deux cantons de Mayenne, comme il l'est déjà à tous les membres du Syndicat, et à MM. les Instituteurs du département de la Mayenne, et aux mêmes conditions. C'est-à-dire moyennant un abonnement de *Un* franc par an et par membre, payé par la caisse du Comice.

Les sociétés d'agriculture et les comices agricoles ont rendu et rendent encore, dans certaines localités, de grands services à l'agriculture, en faisant naitre l'émulation entre leurs membres par les récompenses distribuées annuellement aux plus méritants, aux plus habiles d'entre eux. Toutefois, il n'est pas rare d'entendre dire que le rôle de ces institutions, parfois dévié au point d'en faire de petites églises fermées, est aujourd'hui d'une mince importance, qu'il est grand temps de les remplacer par autre chose de plus moderne, que l'argent qui leur est alloué par l'Etat et les départements serait plus productif s'il était distribué d'une façon différente, etc., etc.

On aime beaucoup à détruire par les temps qui courent et trop souvent on se laisse aller à ce penchant, sans se demander toujours si l'on a quelque chose de meilleur à mettre à la place de ce qu'on va faire disparaitre et sans essayer surtout de perfectionner avant de supprimer.

Dans la période de transformations rapides que nous traversons, ces associations locales pourraient ce nous semble, continuer à rendre à la culture les plus importants services, étant donné la trop grande ignorance du cultivateur et par suite sa routine ou sa prudence forcée, qui l'empêcheront, de longtemps encore, d'ajouter une foi aveugle aux résultats économiques obtenus loin de lui, par l'application raisonnée des nouvelles méthodes. Pendant qu'il n'aura pas *vu*, il aura toujours à objecter que les conditions dans lesquelles on a opéré là-bas ne sont pas celles où il se trouve placé, que la nature du sol, sa profondeur, sa fertilité, etc., ne sont pas les mêmes, et qu'il *ignore* surtout la manière dont il convient de procéder.

Le véritable levier des améliorations agricoles, comme celui de toutes les industries, est et restera toujours l'instruction professionnelle. Ce sont les pays qui, toute proportion gardée, possèdent le plus d'écoles d'agriculture, qui font la meilleure agriculture. Propager l'instruction agricole par tous les moyens, devrait donc être l'objectif de tous les amis de la culture et en particulier des sociétés d'agriculture et des comices agricoles. Donner des encouragements à ceux qui font mieux que leurs voisins est bien, mais apprendre à tous à mieux faire serait préférable.

On ne saurait songer à dire aux cultivateurs d'aller à l'école et les conférences nomades ne sauraient être suffisamment nombreuses pour les instruire d'une façon rapide, mais rien ne semblerait plus facile que d'arriver au résultat cherché par la lecture de quelques bulletins spéciaux, écrits pour eux, pour leur localité, pour leur ferme, en quelque sorte, et qu'ils feuilletteraient en temps perdu.

Nous n'ignorons pas que cette lecture trouvera pendant longtemps des sceptiques ; on ne commence à croire à la science des autres que lorsqu'on a assez étudié pour connaître son ignorance personnelle ; chez la plupart, il en sera de la lecture du bulletin comme de l'audition d'une conférence agricole. Les cultivateurs les plus ignorants connaîtront bien mieux les questions traitées que celui qui les aura écrites, et pour le démontrer il les raisonneront avec leurs voisins. Cela suffira. Amener les agriculteurs à raisonner les questions agricoles, à raisonner ce qu'ils font, ce sera les instruire, car la science agricole est essentiellement une science d'observation et de raisonnement. Le jour, par exemple, où nos cultivateurs de l'Ouest raisonneront la question des engrais, ils ne laisseront plus perdre, sous forme de purin ou de vapeurs ammoniacales, la moitié du fumier produit dans leurs exploitations et n'iront plus, pour remplacer ce qu'ils auront ainsi perdu, chez le marchand du coin, acheter à raison de 25 à 30 fr. les 100 kilos, un engrais soi-disant insecticide, dont la valeur réelle ne dépasse pas toujours vingt sous. Mais pour raisonner engrais, il faut avoir au

moins une idée de ce qui donne une valeur quelconque
aux matières ainsi nommées, il faut *apprendre* à connaître, ne serait-ce que de nom, les matières fertilisantes,
l'azote, l'acide phosphorique, la potasse et la chaux, et
se convaincre que tout le reste est inutile et par conséquent de nulle valeur.

Ainsi des autres questions agricoles. Il faut amener
les cultivateurs à les raisonner et pour cela commencer
par leur apprendre les termes indispensables du raisonnement.

Il y a là une voie nouvelle à suivre, dans laquelle les
sociétés agricoles pourraient rendre de très grands services.

On nous objectera la modicité du budget de la plupart
de ces associations qui est tel qu'il semble impossible d'en
prélever le prix de l'abonnement à un bulletin quelconque Tout budget qui se balance se trouve exactement
dans le même cas, quelle que soit son importance. Les
ressources restant les mêmes pour les comices, il n'y a
qu'un moyen d'arriver à en distraire le nécessaire pour le
paiement des abonnements en question. C'est de diminuer ou de supprimer, au besoin, quelques-unes de leurs
dépenses ordinaires.

Nous ne voulons pas rechercher ici quelles sont les
sommes attribuées plus ou moins régulièrement et utilement par ces associations, nous avons la conviction que
l'administration de chacune d'elles trouverait facilement
le moyen de remanier ses dépenses de façon à arriver au
résultat voulu. Le comice agricole de Mayenne y est arrivé et il n'y a aucune raison pour que les autres n'y arrivent pas.

Les Syndicats agricoles qui se sont constitués partout
en France depuis la promulgation de la loi du 21 mars
1884, ont pour but, tout comme les sociétés d'agriculture
et les comices agricoles, l'amélioration du sort des travailleurs des champs. Ils poursuivent ce but par des
moyens différents, mais à voir ce qui se passe chez eux
on est vite convaincu qu'aux yeux de ceux qui les diri-
gent, ce qui les empêche de rendre, dès les débuts, tous
les services qu'on est en droit d'en attendre, c'est le
manque d'instruction chez la plupart de ceux pour le service desquels ils sont créés. Aussi ont-ils presque tous
une publication périodique, un bulletin quelconque, destiné à éclairer leurs membres, non-seulement sur leur

œuvre commerciale, mais encore sur toutes les questions agricoles locales, qui y sont souvent traitées d'une façon remarquable. Les Syndicats contribuent ainsi, d'une façon très puissante, à la diffusion de l'enseignement agricole et ce ne sera pas là leur moindre titre de gloire.

Nous ne saurions trop engager toutes les associations agricoles de notre région à suivre les Syndicats dans cette voie et c'est pour leur faciliter la tâche, dans la mesure de nos modestes moyens, que l'administration du *Bulletin Agricole de l'Ouest* a décidé que le service de ce bulletin sera fait à tous les membres de ces associations, sur la demande de leurs bureaux, aux mêmes conditions qu'à ceux des Syndicats agricoles de la région, c'est-à-dire moyennant *un franc* par an et par abonnement.

H. LÉIZOUR.

Production de la betterave à sucre et de la betterave fourragère

(Suite)

MODE D'EMPLOI DES ENGRAIS COMPLÉMENTAIRES

Le plus souvent, les engrais complémentaires destinés à la betterave sont répandus sur le champ à la volée, et incorporés à la couche superficielle du sol par un coup de herse ou de scarificateur. Dans bien des cas encore, on les répand sur le sol en couverture, après la semaille. Dans l'un et l'autre cas on espère que les eaux de pluie feront pénétrer les parties solubles des engrais dans les couches ou les racines vont puiser leur nourriture. On craint même dans certaines circonstances, pour les engrais azotés solubles, que l'entraînement au travers du sol jusque dans les couches profondes, au delà du niveau où les racines peuvent s'alimenter, ne soit trop considérable.

Nous avons démontré que pour l'acide phosphorique, si soluble qu'il soit, et pour la potasse, cet entraînement par filtration n'est pas à craindre. Le pouvoir absorbant du sol s'oppose à la descente des substances alimentaires solubles, sauf des nitrates ; mais toutefois, même pour ces derniers, il ne faut pas exagérer la crainte de les voir traverser le terrain sans profit pour la végétation.

Le pouvoir absorbant du sol, en empêchant les principes fertilisants de descendre avec les eaux d'infiltration au travers du sol, n'aurait-il pas pour effet de rendre beaucoup moins efficace l'action des fumures répandues à la surface du sol ? Le simple raisonnement nous conduirait à répondre à cette question par l'affirmative.

Or, nous venons d'avoir connaissance d'expériences fort concluantes, poursuivies depuis trois années déjà dans le champ d'expériences de la station agronomique de Gembloux, en Belgique, par M. Pétermann, sur le problème que nous examinons actuellement.

Le sol du champ est sablo-argileux. Durant les trois années tous les résultats ont été dans le même sens, de sorte que nous nous contentons de donner les résultats obtenus en 1883 avec la betterave *Breslau acclimatée de Vilmorin*. L'engrais employé par hectare se composait de : 650 k. de superphosphate et 500 k. de nitrate de soude.

MODE D'EMPLOI DE LA FUMURE	RENDEMENT PAR HECTARE	EXCÉDENT DE RÉCOLTE	EXCÉDENT 0/0
Pas d'engrais. . .	49.310 k.	»	»
Fumure enterrée à la herse	58.547 k.	9.237 k.	18.71
Fumure enterréc à la bêche à 12 c. de profondeur.	65.726 k.	16.416 k.	33.29
Fumure enterrée à la bêche à 22 c. de profondeur.	69.595 k.	20.283 k.	41.14
Engrais enterré dans les lignes au semoir	61.392 k.	12.082 k.	21.5

On voit qu'il y a grand avantage au point de vue du rendement à enterrer l'engrais complémentaire à une profondeur de 18 à 20 centimètres. On peut le faire facilement dans la pratique en répandant la fumure avant le dernier labour qui précède les semis. — Les avantages de l'enfouissement de l'engrais à la portée des organes absorbants de la betterave sont encore plus frappants, quand on considère le bénéfice ou la perte procurés par la culture.

L'engrais enterré à la herse a donné une perte de 36 francs par hectare ; par l'enfouissement à 12 centimètres, on a au contraire obtenu un bénéfice de 125 francs ; le profit a atteint 195 francs quand l'engrais a été enterré à 22 centimètres.

Aussi M. Pétermann, l'habile directeur de la première station agronomique de Belgique, est-il en droit de poser les conclusions suivantes, qui résument ses recherches et que nous recommandons aux méditations de nos agriculteurs ;

« L'engrais artificiel composé de superphosphate, de chaux et de nitrate de soude, ou de superphosphate, de nitrate de soude, de sulfate d'ammoniaque ou d'azote organique, appliqué au printemps, en terre sablo-argileuse, à la culture de la betterave à sucre, *doit être enterré par un labour profond.* L'enterrement à la herse ou par un labour superficiel est insuffisant pour retirer de l'engrais son maximum d'effet, le pouvoir absorbant du sol sablo-argileux étant trop énergique pour que les éléments nutritifs puissent, même dans les années pluvieuses, descendre dans les couches inférieures du sol arable, où les racines pivotantes puisent leur nourriture.

» Le mode différent d'emploi de l'engrais est sans influence sensible sur l'élaboration du sucre.

» L'application de l'engrais dans les lignes, en même temps que la plantation de la graine, retarde la levée de plusieurs jours, ce qui peut compromettre une récolte, par un printemps sans pluies et à vents desséchants. Des conditions climatériques favorables peuvent faire regagner à la betterave le retard éprouvé, sans qu'elle arrive cependant, d'après mes expériences, au même rendement que les betteraves sur engrais enterré par un labour et n'ayant éprouvé aucun retard dans leur levée. »

Ces expériences de M. Pétermann nous paraissent tout à fait pouvoir servir de guide aux agriculteurs dont le sol est sablo-argileux, comme nous l'ont démontré plusieurs analyses de terrain.

Elles viennent corroborer ce que nous avons dit et démontré déjà en nous occupant des rapports du sol et des engrais, à savoir que l'acide phosphorique, même soluble dans l'eau, et la potasse ne peuvent pénétrer que très difficilement dans les profondeurs du sol. — M. Maerker a également reconnu que si l'on veut répartir dans le sol l'acide phosphorique même celui qui est soluble dans l'eau, il faut beaucoup plus compter sur l'efficacité des moyens mécaniques que le cultivateur a à sa disposition que sur l'entraînement ou la diffusion par voie chimique.

Nous répéterons donc, pour terminer, que dans cette question de l'enfouissement des engrais à une profondeur telle qu'ils se trouvent à la portée des organes absorbants des racines, les faits sont venus confirmer les inductions de la science basées sur les propriétés chimiques fondamentales des sols : et que l'on peut, par suite, affirmer sans crainte de se tromper que la meilleure méthode de tirer partie des matières fertilisantes, c'est de les incorporer dans la couche du sol où les racines des plantes vont puiser leur nourriture au moment de leur plus grande activité vitale.

DE L'EMPLOI DES ENGRAIS DANS LA CULTURE DES BETTERAVES FOURRAGÈRES

Pour les betteraves fourragères, le mode de fumure ne doit pas être absolument identique à celui que nous venons d'indiquer pour les variétés saccharigènes. En effet, il n'y a ici que des avantages à augmenter la richesse des racines en protéïne ou matière azotée alimentaire, et en sels minéraux nutritifs. La richesse saccharine proprement dite nous importe fort peu.

Nous appliquerons donc, dans ce cas, à la betterave cultivée uniquement en vue de la production fourragère une forte dose de fumier de ferme, immédiatement avant la semaille. Nous compléterons le fumier, si cela est nécessaire, par des phosphates fossiles finement pulvérisés, que nous aurons au préalable incorporés au fumier.

Dans le cas d'insuffisance du fumier de ferme disponible, nous suppléerons à ce défaut par du nitrate de soude à raison de 300 ou 600 kil., suivant que l'on pourra donner une demi-fumure en fumier ou bien qu'on sera obligé de le remplacer totalement. Dans ces dernières circonstances, il sera bon de forcer la dose des phosphates minéraux employés, et de fournir de la potasse, à raison d'environ 100 kil. d'acide phosphorique et 100 kil. d'alcali par hectare.

Pour une fumure complète la quantité de fumier de ferme nécessaire est de *50 à 60 mille* kil. La betterave en supporterait même davantage. (1).

(A suivre). Agricola.

---

(1) On peut se demander jusqu'à quel point l'azote des fumures est utilisé par la production des excédents de récolte que l'on constate C'est pourquoi nous allons indiquer ici, comme nous l'avons fait pour

Appel à la Coopération de Production.

La *Revue agricole du Puy-de-Dôme*, organe du syndicat départemental agricole, constatant la mauvaise qualité des beurres vendus sur le marché du département, aborde en ces termes une question qui devrait préoccuper tous les syndicats.

Plusieurs syndiqués de Clermont sont venus nous tenir la conversation suivante :

« Pourquoi, par l'intermédiaire du journal, les syndiqués ne chercheraient-ils pas à vendre le beurre de bonne qualité fabriqué par des adhérents. . . . ., car c'est vraiment trop difficile d'en trouver du bon sur la place de Clermont. »

Au risque de nous attirer les colères de nos fermières et ménagères, nous leur dirons (il est vrai que s'il en est qui nous lisent parfois, nos critiques ne s'adressent pas à celles-là) :

1° Il en est bien peu parmi vous qui apportent tous les soins de propreté voulus pour le nettoyage des ustensiles de laiterie et du local.

2° Il en est bien peu qui aient une quantité suffisante de lait, de crème partant, pour la baratter avant qu'une partie en soit devenue trop acide.

Allons, un bon mouvement, vos maris commencent à

les autres plantes, les proportions pour 100 de l'azote des fumure. recouvré par les accroissements de récoltes.

FUMURE	AZOTE RECOUVRÉ 0/0
1° Nitrate de soude (92 k. d'azote et exgrais minéraux).	79
2° Sulfate d'ammoniaque (92 k. d'azote) et engrais minéraux.	45
3° Tourteaux (112 k. d'azote) et engrais minéraux.	45
4° Fumier de ferme. — Azote recouvré la première année.	45
5° Fumier de ferme appliqué pendant trois ans de suite à la dose de 35,000 k.; azote recouvré pendant ces trois années et les deux suivantes par la culture continue des betteraves.	75
6° Azote des fumures antérieures recouvré par la betterave.	30

(Expérience de Lawes et Gilbert).

s'associer pour l'achat en commun de certains instruments de culture : pourquoi, de votre côté, ne créeriez-vous pas dans vos hameaux une petite fruiterie ? J'entends dire que vous devriez acheter une baratte pouvant traiter, en peu de temps, la crème obtenue la veille de tout le lait de la localité. S'il est difficile de faire du bon beurre dans un ménage où l'on a seulement de 6, 10 à 15 litres de lait, réunissons le lait de 10, 20 et 50 ménages, mesurons-le, pesons-le pour chacun, afin de déterminer sa richesse et d'éliminer le lait fraudé ; fabriquons en commun et attribuons à chacun sa quote-part du produit, en nature ou en argent.

Lorsque le beurre de la fruitière aurait été apprécié, c'est-à-dire reconnu comme étant toujours de bonne qualité, la vente en serait facile et nous pouvons affirmer que le prix s'en trouverait élevé.

Telle est l'idée, aujourd'hui, simplement émise ; nous la reprendrons un jour dans ce journal.

On l'a dit souvent, si nos filles de la campagne prenaient plus de goût à tous les petits travaux d'intérieur de ferme — soins de basse-cour pour l'élevage de la volaille et soins dans la fabrication des produits dérivés du lait — il y aurait plus de bien-être à la campagne et par suite moins d'envie de courir à la ville où beaucoup ne trouvent que la misère.

Syndicat des Agriculteurs de la Mayenne.

La plupart des marchés passés par le Syndicat des Agriculteurs de la Mayenne, en juin 1889, pour la fourniture des engrais, étant valables pour une année, les prix des engrais ci-après ne subiront pas de modification, jusqu'au 30 juin prochain, et restent les mêmes que pendant le deuxième semestre de l'année qui vient de finir.

Ces prix sont les suivants :

Superphosphate minéral, dosant au minimum 14 0/0 d'acide phosphorique, soluble, au citrate d'ammoniaque . . . . 8 f. 35 les 100 kil.

Nitrate de soude, dosant 15 à 16 0/0 d'azote :

En sacs d'origine . . . . . . 25 » —

— réglés à 100 k., sous double enveloppe. . . . 26 » —

Phosphate fossile, Ardennes et Meuse,

passant entièrement au tamis, n° 100,
et dosant :

33 0/0 phosphate tribasique . . .	5 15	les 100 kil.
36 0/0 — . . .	5 40	—
39 0/0 — . . .	5 65	—
41 0/0 — . . .	5 90	—
Noir animal, dosant 70 0/0 de phosphate tribasique finement moulu	16 »	—
Guano du Pérou, dosant de 5 à 6 0/0 d'azote et 17 à 19 d'acide phosphorique.	22 75	—
Phosphate de l'Oise, dosant :		
14 0/0 d'acide phosphorique . . .	3 95	—
16 0/0 — —	4 35	—
18 0/0 — —	4 95	—
Phosphate précipité, dosant 38 à 40 d'acide phosphorique, soluble au citrate d'ammoniaque	21 75	—
Chlorure de potassium, dosant 50 0/0. .	23 »	—
Sulfate de fer { Moulu	6 85	—
{ En cristaux	6 50	—

Ces prix s'entendent pour marchandises rendues franco dans toutes les gares de la Mayenne et celles des départements limitrophes qui desservent le département, *par wagons complets de 5.000 kilos au moins.*

Dans les divers entrepôts, ces prix sont majorés des frais de camionnage, pour la rentrée en magasin et des frais d'entrepôt.

Le marché relatif au sulfate d'ammoniaque, au phosphate de la Somme et aux scories de déphosphoration a pris fin au 31 décembre dernier et n'est pas encore renouvelé.

Le bureau du Syndicat sera cependant en mesure de faire adresser ces engrais, au cours du jour, aux membres qui en feraient la demande.

Il est rappelé aux membres du Syndicat que l'entrepôt central de Laval se charge, comme par le passé, du broyage et du mélange des matières premières pour engrais, moyennant une augmentation de 0 fr. 70 par 100 kilos.

Graines. — Le Syndicat vient de renouveler les marchés pour la fourniture des graines fourragères pendant l'année 1890.

Comme les années précédentes, le bureau n'a examiné que les offres des fournisseurs qui acceptent le contrôle de la station d'essais de semence de l'institut agronomique, c'est-à-dire de ceux qui nous livrent des graines avec de sérieuses garanties de provenance et de valeur culturale.

La valeur effective d'une graine ne peut être déterminée qu'en faisant intervenir deux termes de comparaison : la faculté germinative et le degré de pureté.

Le produit de ces deux facteurs donne ce qu'on a appelé la

valeur culturale, seule base certaine pour déterminer la valeur commerciale.

Une graine qui présenterait 90 0/0 de faculté germinative et 95 0/0 de pureté, aurait comme valeur culturale $\frac{90 \times 95}{100} = 85,5$. — Si la faculté germinative était pour une autre graine de 80 et le degré de pureté de 85, la valeur culturale serait 68. Les deux produits, 85,50 et 68, donnent la valeur relative de chacune de ces deux graines. C'est-à-dire, si la première vaut 0 fr. 855 le kilo, la deuxième ne devra être payée, pour l'obtenir au même prix, que 0 fr. 68.

Pour que la valeur commerciale de deux ou plusieurs lots de graines de même nature soit identique, il ne suffit pas d'obtenir le même poids de chacune d'elles, il faut encore que la garantie de faculté germinative et de pureté soit la même de part et d'autre.

Nous donnons dans le tableau ci-après le prix de soumission obtenu par le Syndicat pour les principales graines et dans lequel la valeur culturale est mise en regard du prix d'adjudication.

Toutes ces graines sont, en outre, garanties exemptes de cuscute (teigne).

NATURE DES GRAINES		VALEUR CULTURALE	PRIX DU KILO
Trèfle violet, gros grains, à grandes tiges,	n° 1.	85.50	1 32
Trèfle blanc, id.	n° 1.	87.40	1 54
Trèfle hybride, id.	n° 1.	76	1 58
Luzerne du pays, id.	n° 1.	83.42	1 90
Luzerne de Provence, id.	n° 1.	80.64	2 05
Minette épurée,	n° 1.	87.30	0 53
Ray-grass d'Italie,	n° 1.	76.61	0 53

Ces prix s'entendent pour marchandises prises sur wagon en gare de départ ; ils seront majorés des frais de transport et de vente au détail.

Le bureau du syndicat s'est aussi assuré comme par le passé, la fourniture des diverses graines pour prairies. Ces graines ne figureront pas dans les magasins des entrepôts, elles seront commandées au fournisseur au fur et à mesure des demandes et directement expédiées aux demandeurs dans les gares qu'ils auront désignées.

Nous engageons Messieurs les membres du Syndicat à nous adresser à l'avance le chiffre approximatif des graines diverses dont ils auront besoin, en vue de nous fixer sur l'importance des approvisionnements.

Les demandes des graines du Syndicat subissent des variations d'une année à l'autre, suivant la plus ou moins grande quantité de graines récoltées dans la région. On ne peut donc se baser sur les ventes des années précédentes pour l'approvisionnement, sans s'exposer à demander trop ou trop peu.

Dans le premier cas les excédents invendus peuvent entraîner des pertes importantes ; dans le deuxième, beaucoup de cultivateurs, qui se présentent sans avoir prévenu, sont exposés à ne pas trouver les graines qu'ils demandent, et s'en vont fort mécontents, comme cela s'est présenté fréquemment l'année dernière.

Avec un peu de bonne volonté ces inconvénients pourraient facilement être évités, car le cultivateur peut prévoir la quantité de chaque nature de graines dont il aura besoin, cette quantité étant en rapport avec l'étendue à ensemencer.

Nous espérons que notre appel sera entendu, et que chaque syndiqué s'empressera de nous fournir ces renseignements ; il s'évitera ainsi des mécomptes possibles et nous facilitera le service relatif à la livraison des graines.

G. PEYRAS.

SYNDICAT DES AGRICULTEURS DE LA MAYENNE

AVIS

La réunion générale des membres du Syndicat des agriculteurs de la Mayenne, aura lieu le samedi 18 janvier 1890, à deux heures de l'après-midi, au siège du Syndicat, 48, rue Solférino, à Laval.

Ordre du jour :

1° Compte-rendu des opérations effectuées en 1889 ;
2° Situation financière de l'association ;
3° Addition d'un article aux statuts ;
4° Élection d'un Vice-Président et d'un Vice-Secrétaire pour l'arrondissement de Château-Gontier.
5° Présentation de nouveaux adhérents.

Les membres du Syndicat qui n'auraient pas reçu la convocation personnelle qui leur a été adressée pour cette réunion, sont priés de considérer le présent avis comme en tenant lieu. Elles peuvent réclamer au bureau la liste des membres du Syndicat, qui leur a été adressée en même temps que la convocation, et sur laquelle les nouveaux adhérents sont désignés par des astérisques placés en avant de leurs noms.

SYNDICAT DE LA MAYENNE

M. Meignan, à La Rouairie de Saint-Berthevin, près Laval offre :
P. D. T. Institut de Beauvais, à raison de 8 fr. 50 les 100 kilos, logées en gare de Laval ou du Genest.

M. H. Guenoust, propriétaire à Saint-Aignan, près Couptrain, offre pour semence, de l'avoine noire de Brie, à raison de 27 francs les 100 kilogrammes, sur wagon gare de départ, dans les toiles de l'acheteur. Paiement par mandat-poste, ou expéditions contre remboursement.

SYNDICAT DE CHARTRES

Le syndicat peut fournir aux prix ci-dessous. et jusqu'à épuisement, des vins d'Algérie garantis naturels :
1° Vin rouge de Bône à 39 fr. l'hectolitre.
2° Vin blanc de Bône à 45 fr. l'hectolitre.
3° Vin rouge de St Cloud d Oran à 121 fr. la pièce de 220 litres.
4°   id.   id.   à 65 fr. la 1/2 pièce de 110 litres.
Le tout franco, gare de l'acheteur, fût perdu. Toute demande qui sera faite après le 1er avril sera rigoureusement refusée à cause des chaleurs.

RATS souris, loirs, mulots, etc... Contre mandat ou 10 timbres-poste de 0 fr. 15, j'adresse franco le moyen infaillible et très pratique de les détruire tous en quelques heures.

LECLERC, à Beaulieu, par Châtellerault (Vienne). — *Envoi gratis et franco du prospectus destruction des taupes.*

Prix cultural. — (Diplôme et médaille d'argent), attribué en 1889 au vignoble de Lagrange.

Excellent vin de Bordeaux (Rouge et Blanc)

GARANTI NATUREL

Expédié directement du propriétaire au consommateur.

S'adresser à G. PERBOYRE, pharmacien, Trésorier ou Syndicat régional agricole de Cadillac Podunac. propriétaire du vignoble de Lagrange, à Cadillac-sur-Garonne, près Bordeaux.

« Le vignoble de Lagrange, situé sur des terrains de première nature, complanté en cépage de choix, produit le meilleur vin de la contrée. » (Ed. Ferret, statistique de la Gironde.)

N. B. — Le vin de Lagrange a obtenu le premier prix, médaille d'argent, à l'Exposition régionale de l'Entre-deux-Mers 1886, et la médaille de bronze à l'Exposition Universelle de Paris 1889.

Excellent vin de Bordeaux, récolte de 1887, à 125 fr. la pièce de 225 litres, logé et franco sur wagon, gare de départ.

S'adresser à M. GEORGES BORD, secrétaire général du syndicat à Cadillac-sur-Garonne (Gironde).

Les fabricants de fromages et de beurres sont informés que, à l'exposition universelle de 1889, la plus haute récompense (médaille d'or), a été décernée aux **PRÉSURES et COLORANTS** de **J. Fabre**, à M. A. Aubervilliers (Seine). Récompenses dans 51 concours agricoles.

ON OFFRE bons vins naturels du Roussillon, avec remise de 3 0/0 à tous les membres du syndicat. Ecrire à **M. Fisqué**, propriétaire à Rivesaltes (Pyrénées-Orientales).

Le Gérant, E. MOREAU.

Laval, Imp. L. Moreau.

Ce Bulletin paraît le 15 de chaque mois.

BULLETIN AGRICOLE
DE L'OUEST

Organe de l'Union des Syndicats Agricoles
des départements du Finistère, des Côtes-du-Nord,
du Morbihan, de la Loire-Inférieure, d'Ille-et-Vilaine, de la
Manche, de la Mayenne, de Maine-et-Loire, de la Sarthe,
de l'Orne, du Calvados, de l'Eure, d'Eure-et-Loir
et de la Seine-Inférieure.

Publié sous la direction de :

H. LÉIZOUR

Professeur départemental d'Agriculture de la Mayenne,
Directeur du Laboratoire agronomique,
Président du Syndicat des Agriculteurs de la Mayenne,

GAROLA, ✠ M. A.

Professeur départemental d'Agriculture d'Eure-et-Loir,
Directeur de la Station agronomique de Chartres.

ABONNEMENTS

Pour les membres des syndicats :   Pour les étrangers aux syndicats :
1 fr. par an.   **6 fr.** par an.

ANNONCES

De 1 à 4 annonces. » **50ᶜ** la ligne.   De 8 à 12 annonces » **30ᶜ** la ligne
De 4 à 8   —   » **40ᶜ**   —   Au-delà de 12. . » **20ᶜ**   —

Le bulletin publiera gratuitement les offres et demandes
des Syndicats abonnés.

AVIS. — Tout ce qui concerne la rédaction, les Annonces et les Abon-
nements, doit être adressé à M. LÉIZOUR, rue de la Filature, 1, à Laval.

M. Guillaumin, à Châteaudun, offre de l'avoine noire pour semence à 28 fr. les 100 kilos, toiles perdues.

Les R. P. trappistes de Thymadeuc, par Rohan (Morbihan), offrent de la graine de trèfle violet ordinaire, garanti sans cuscute. Prix et conditions de livraison à débattre.

BULLETIN AGRICOLE DE L'OUEST

Luzernes d'Amérique

Dangers résultant de leur introduction dans nos cultures.

En 1885 je signalais les inconvénients qui pourraient résulter de l'introduction du trèfle d'Amérique dans nos cultures. J'ai pu, depuis, établir son infériorité par des expériences poursuivies simultanément sur plusieurs point du nord de la France, expériences sur lesquelles je me propose de revenir plus tard. Cette année la récolte du trèfle ayant été excellente dans presque toutes les régions de l'Europe où l'on se livre à sa culture, l'importation du trèfle américain semble devoir être d'une importance assez faible. Les luzernes étrangères au contraire, et particulièrement celle d'Amérique, seront probablement abondantes sur le marché en raison de la mauvaise récolte fournie, surtout dans la région du nord, par nos luzernes indigènes.

J'ai cru de mon devoir d'appeler sur ce point l'attention des agriculteurs.

En 1887, j'ai semé à la ferme expérimentale de Joinville-le-Pont, comparativement avec un certain nombre de variétés européennes, de la luzerne tirée directement d'Amérique. Durant tout le cours de la végétation, elle se distingua des variétés voisines par sa teinte jaunâtre et l'état maladif de ses feuilles occasionné par des champignons, principalement par le *blanc* (état conidial de l'*Erysiphe communis*). On a pu voir, dans l'Exposition de l'Institut national agronomique, un échantillon de cette luzerne d'Amérique mesurant à peine 0^{m}35 du collet aux dernières feuilles et juger de son infériorité en le comparant à l'échantillon voisin, provenant d'une luzerne du Poitou dont la hauteur n'atteignait pas moins de 0^{m}60. Obtenus dans les mêmes conditions de culture les deux échantillons présentaient en outre une différence notable au point de vue du nombre et de la surface des feuilles, différence tout en faveur de la luzerne du Poitou. D'ailleurs, à la récolte, la luzerne d'origine Américaine a fourni, en fourrage vert, le tiers à peine de la quantité produit par la luzerne du Poitou, la moitié seulement de celle obtenue avec la luzerne d'Italie. Il convient toutefois de faire remarquer que les expériences ont porté sur de trop faibles superficies pour qu'il soit possible d'en déduire un rendement à l'hectare.

Ainsi, faible résistance aux maladies, rendement médiocre à l'hectare, tels sont les défauts que l'on peut reprocher à la luzerne d'Amérique. Les analyses de graines effectuées cette année à la station d'essais de semences nous ont permis de constater, en outre, quelle est redoutable par les impuretés qui s'y trouvent et surtout par la présence d'une cuscute dont nous n'avons pu déterminer exactement l'espèce, mais qui paraît être la *Cuscuta suaveolens de Seringe*. La graine de la cuscute ordinaire est noirâtre, son diamètre est souvent inférieur à 1 millimètre, toujours à 1ᵐᵐ 25 ; celle de la cuscute d'Amérique au contraire, est jaune citron, d'une taille beaucoup plus grosse, car son diamètre atteint 1ᵐᵐ 25 et parfois même à 1ᵐᵐ 50. Cette grosseur relativement énorme rend l'épuration des lots infestés impossible lorsqu'on recourt au criblage. Celle-ci ne peut-être efficace que si l'on procède par aspiration, à l'aide de ventilateurs ; encore faut-il, dans ce cas, que la graine de cuscute soit stérile pour qu'on puisse effectuer l'élimination complète. Une maison, placée sous le contrôle de la station d'essais de semences, ayant acheté un lot de plusieurs centaines de balles de luzerne de Provence, à laquelle le vendeur avait ajouté une petite quantité de luzerne d'Amérique, s'est trouvé dans l'obligation de s'en débarrasser, par suite de l'impossibilité absolue, malgré l'outillage perfectionné qu'elle possède, d'en séparer le parasite. Ce n'est d'ailleurs pas le seul lot de cette nature que nous ayons eu à examiner ; nous avons rencontré cette cuscute dans plusieurs des échantillons qui nous ont été soumis.

Pour toutes les raisons que nous venons d'énumérer, nous ne saurions trop insister auprès des cultivateurs pour les engager à se mettre en garde contre la luzerne d'Amérique.

Les graines de cette dernière renferment du *mélilot*, de l'*Ambrosia*, des débris de céréales, enfin des graines blanchâtres, cordiformes, que nous nous proposons de semer pour reconnaître à quelles espèces elles appartiennent. Toutefois, il n'est pas toujours aisé de les distinguer de celle d'autres variétés et surtout de déceler leur présence dans un mélange. Il est bon que les agriculteurs, désireux de se renseigner sur la provenance de semences de luzerne, soient prévenus que pour ces recherches délicates il est nécessaire de disposer d'échantillons assez gros (de 200 gr. au moins), pour être assuré d'y rencontrer de nombreuses impuretés, la nature de celles-ci constituant le meilleur indice de l'origine d'une graine de luzerne.

SCHRIBAUX

Directeur de la Station d'essais de Semences.

A propos d'Abeilles

Nous avons reçu la lettre suivante de M. Pigeon, instituteur à Ampoigné, et nous avons pensé ne pouvoir mieux faire que de la livrer aux méditations des lecteurs du *Bulletin Agricole de l'Ouest*.

Les observations de M. Pigeon corroborent celles qui ont été faites par un grand nombre d'autres personnes et prouvent, une fois de plus, combien il est urgent de faire reprendre à l'abeille la place qu'elle occupait naguère dans toutes nos fermes et qu'on aurait dû lui conserver toujours.

Ampoigné le 21 janvier 1890.

Monsieur,

Me permettez-vous de revenir sur une question que déjà j'avais eu l'honneur de vous soumettre relativement à la destruction de l'anthonome par l'abeille ?

Après avoir lu et relu avec intérêt la remarquable étude de Monsieur E. Hérissant, après avoir examiné les moyens qu'il propose et qu'il appelle à rechercher, je ne puis résister au désir de vous soumettre à mon tour mes observations.

Au moment où l'anthonome commence sa ponte, l'abeille a quitté sa ruche. Elle a une préférence marquée pour les fleurs de nos pommiers et poiriers.

Dès l'apparition des boutons, elle viendra voler autour. Pour elle, ils n'épanouiront pas assez promptement; pressée de recueillir son butin, elle les forcera à s'entr'ouvrir.

Si ces boutons recèlent l'œuf ou la larve de l'anthonome, souvent sinon toujours, ou l'œuf sera écrasé, ou les pattes actives de l'abeille rejetteront la larve hors de son nid parfumé, lui porteront un coup de mort. L'abeille a trop de ténacité pour laisser ainsi la place au premier oc-cupant.

Secondement si, grâce à son travail de pénétration, l'abeille hâte l'épanouissement, l'anthonome ne pourra plus trouver où déposer son œuf, puisqu'il est reconnu que ces insectes ne s'accouplent ni ne pondent sur les arbres dont la floraison est commencée.

Donc, tout bouton visité par l'abeille doit être un bou-ton sauvé, de ce fléau du moins.

J'en ai fait la remarque, et je l'ai fait remarquer l'an dernier. Partout sur Ampoigné, les pommiers et poiriers avoisinant un rucher ont donné des fruits.

Mieux encore, seules, ou à peu d'exceptions près, ces fermes possédant des abeilles ont récolté des pommes.

La propagation de l'abeille n'amènerait-elle point la destruction de l'anthonome ?

Certains agriculteurs ont posé ce problème. Les lec-teurs du *Bulletin Agricole* ne voudraient ils point essa-yer à le résoudre : car, n'est-il pas à craindre que l'antho-nome ne devienne aussi terrible pour les pommiers que le phylloxera pour les vignes ?

Contre un ennemi aussi redoutable, comme le dit fort bien Monsieur E. Hérissant, « Tous les moyens doivent être employés. . . . . »

C'est en continuant à chercher, en joignant les obser-vation des uns aux observations des autres ; que nous parviendrons bientôt à protéger cette portion importante de la fortune publique.

Veuillez, Monsieur le Professeur, m'excuser si je re-viens sur ce sujet, et me croire votre bien respectueux et dévoué.

PIGEON.

Le pansage des bêtes bovines.

— Comment, monsieur, vous faites étriller et brosser vos vaches ! Oh sapristi ! On voit bien que vous n'avez pas besoin d'y regarder de près avec l'argent, et que vos hommes peuvent perdre quelques heures par jour.

— Mais, mon brave Martin, c'est précisément parce que je tiens à l'argent que je fais donner ces soins à mes bêtes. Vous voyez que nous pensons différemment.

— Est-ce que par hasard, cela peut vous rapporter quelque chose?

— Mon ami, vous avez un cheval que vous pensez régulièrement tous les jours, n'est-ce pas?

— C'est vrai, je n'y manque guère que lorsque je suis trop pressé. Dame? c'est la mode. Et puis, on est encore un peu fier; on n'aimerait pas à atteler une haridelle. On veut que Fiston ait le poil luisant. L'étrille, la brosse, l'éponge, on sait manier tout cela, et Fiston ne s'en plaint pas.

— Vous êtes convaincu que cela lui fait du bien?

— Parfaitement convaincu. Cela le débarrasse des poussières qui lui tombent sur le dos et qui, tout en lui donnant mauvaise mine, finiraient peut-être par l'incommoder.

— Ne dites pas peut-être, mon ami; dites sûrement. La propreté entretien sûrement les fonctions de la peau, dont l'exercice est régulier est indispensable à la conservation de la santé. Dans son épaisseur, la peau renferme des ramifications nerveuses, des vaisseaux sanguins et des glandes. Parmi ces glandes, les unes produisent la sueur, les autres, cette matière grasse qui donne de la souplesse à la peau et du lustre au poil.

Or, sur le corps des animaux, il se dépose non seulement des poussières venant du dehors, mais encore des pellicules provenant de l'usure de la peau elle-même.

En outre, les animaux se salissent toujours, soit pendant le travail, soit pendant le repos, en s'étendant sur la terre humide, ou sur une litière trop rarement renouvelée.

Si on ne débarrasse pas la peau de toutes ces ordures, il en résultera l'obstruction des milliers d'ouvertures, des pores amenant à la surface les fluides dont je viens de parler, et, par suite, l'arrêt d'une fonction très importante : la transpiration.

— Vous savez bien, mon ami, que nous éprouvons souvent des malaises, des indispositions qui n'ont d'autres causes que celles-là, et qui disparaissent quand nous provoquons, par un moyen quelconque une transpiration abondante.

— Oui, quand j'ai la grippe ou un fort rhume, je m'en débarrasse en prenant des sudorifiques et en mouillant, comme on dit, une ou deux chemises.

— Eh bien! mon ami, l'arrêt des fonctions de la peau est nuisible aux animaux comme à nous-mêmes.

C'est pour cela qu'il faut accorder au pansage toute l'attention qu'il mérite.

Non seulement il favorise le libre jeu des organes et prévient une foule de maladies, mais, par les frictions répétées qu'il nécessite, il active la circulation du sang et repose les muscles fatigués par un trop long exercice.

Vous semblez croire que c'est inutile d'étriller, brosser, épousseter les vaches. Il ne manque pas de gens, d'ailleurs, qui croient que c'est ridicule. Non, ce n'est pas ridicule, mon ami. Il n'y a que les sots pour juger ridicule un ensemble de soins destinés à assurer la réussite d'une spéculation et à grossir les bénéfices annuels d'une exploitation.

Les bêtes bovines sont d'autant plus dignes de ces soins, que ce sont des animaux de rente qui représentent en outre un capital immédiatement réalisable en argent. Notre intérêt nous commande de les traiter mieux qu'on ne le fait souvent.

Une bonne vache vaut mieux qu'un mauvais cheval. Cependant nous pansons celui-ci et nous avons raison, mais nous négligeons celle-là, en quoi nous avons tort.

Tenez, mon brave Martin, voulez-vous que je vous pose une question ?

— Bien volontiers.

— Combien donnez-vous par an à votre vétérinaire ?

— Une cinquantaine de francs.

— Est-ce votre cheval qui vous coûte cela ?

— Non vraiment. Mon cheval n'est jamais malade.

— Cela ne m'étonne pas, parce qu'il est bien soigné, mes vaches ne sont jamais malades non plus.

Faites comme moi, mon ami. Etrillez les vôtres, brossez-les, pansez-les convenablement, et vous conserverez dans votre bourse l'argent que vous dépensez en honoraires, sans compter que vous verrez vos bêtes profiter davantage et que vous y gagnerez encore de ce côté.

— Monsieur, je suivrai votre conseil. Vous avez raison, et moi, je ne suis qu'un mauvais routinier.

E. DOYEN.

Directeur de l'Ecole primaire agricole
de Ménil-la-Hogne (Meuse).

(Moniteur du Syndicat de la Charente-Inférieure.)

SYNDICAT DES AGRICULTEURS DE LA MAYENNE

L'Assemblée annuelle du Syndicat des agriculteurs de la Mayenne a eu lieu le samedi 18 janvier 1890, à l'entrepôt central de l'association à Laval.

Après lecture du procès-verbal de la dernière réunion, M. Léizour, président du syndicat, annonce la mort de M. Pichon, vice-secrétaire, ainsi que celui de plusieurs autres membres et exprime les regrets que la société éprouve de cette perte, puis il rend compte à l'assemblée des opérations effectuées pour le compte de l'association pendant l'année 1889, elles se sont élevées, dit-il, à la somme de 300.331 fr. 45, répartie de la façon suivante :

Total des engrais et tourteaux 2.721.826 kilos, ayant coûté... 274.653 fr. 65
Graines, pour.. 17.263 fr. 75
Instruments vendus, pour................ 8.414 fr. 05
Total............... 300.331 fr. 45

Dans cette somme, la valeur des engrais phosphatés est représentée par le chiffre énorme de 144.761 fr. 80, tandis que les engrais azotés ne sont représentés que par celui de 90.117 fr. 95. Cette proportion montre qu'en même temps que nos cultivateurs se remettent à l'emploi des engrais du commerce ils apprennent à s'en servir au mieux de leurs intérêts.

Au début du syndicat, les engrais azotés étaient surtout demandés parce que leurs effets étaient immédiatement visibles, aussi leur emploi a donné lieu à quelques mécomptes. Les céréales donnaient plus de paille mais peu de grain et les légumineuses n'accusaient pas d'augmentation sensible.

Grâce à la qualité régulière de tous les engrais livrés par le syndicat, les cultivateurs sont devenus plus patients, ils attendent aujourd'hui la récolte avant de formuler un jugement et les engrais phosphatés à effets plus lents mais tout aussi sûrs, ont gagné du terrain et il est à prévoir que d'ici quelques années ils seront employés sur une échelle suffisante dans le département.

En ce qui concerne les graines, le président invite les cultivateurs à faire parvenir leurs demandes à temps, pour plusieurs raisons, d'abord parce que les vieilles graines devant être détruites, le syndicat ne s'approvisionne qu'avec prudence, il s'en suit que les demandes tardives pourraient ne pas être satisfaites. En outre l'analyse des graines demande un temps relativement long, de sorte que les dernières livraisons pourraient ne pas être contrôlées à temps et les cultivateurs pourraient ainsi semer de mauvaises graines.

La vente des instruments a également suivi une progression considérable, ce qui montre combien sont grands les services que le Syndicat est appelé à rendre à la culture du département.

En terminant, M. le Président fait remarquer que le chiffre des affaires faites dépasse de près de 40.000 fr. celui de l'année précédente, et que l'actif du syndicat s'est sensiblement amélioré. Il estime qu'on doit se féliciter de ce résultat, car une société comme le syndicat a besoin de disposer d'un capital assez important pour lui permettre d'entreprendre les divers services que la culture peut lui demander et que d'ailleurs la constitution de ce capital, vu l'importance des affaires, ne modifie pas sensiblement les prix. Puis il remercie au nom de tous les membres du syndicat, ses collaborateurs — les membres du bureau — pour le zèle qu'ils ne cessent d'apporter dans l'accomplissement de leur tâche, ainsi que les employés du syndicat MM. Peyras et Masseron à l'activité et à l'intelligence desquels nous devons en bonne partie le fonctionnement régulier de nos divers services.

M. le Président donne ensuite la parole à M. le trésorier du syndicat, qui fait un exposé très précis des comptes de l'association.

M. Perrot, secrétaire, lit le rapport de la Commission nommée par le bureau pour la vérification des comptes du trésorier ainsi que la comptabilité de M. Peyras. Cette commission en a reconnu la complète exactitude.

Les comptes sont approuvés à l'unanimité et M. le président remercie M. Fontaine en son nom personnel et au nom de tous les membres du syndicat pour le zèle et le dévouement qu'il apporte dans l'accomplissement de ses importantes fonctions.

Suivant l'ordre du jour, M. le président annonce qu'il y a à élire un vice-président et un vice-secrétaire pour l'arrondissement de Château-Gontier.

Il demande à l'assemblée de vouloir bien lui faire des propositions. M. Doisneau propose M. Rezé, agriculteur à

Grez-en-Bouère, comme vice-président, et M. Anquetil-
Delisle, propriétaire-agriculteur à Cossé-le-Vivien, comme
vice-secrétaire.

L'Assemblée, adoptant ces propositions, nomme à
l'unanimité :

M. Rezé Léon, vice-président.

M. Anquetil-Delisle, fils, vice-secrétaire.

M. le président expose les raisons qui ont amené M.
le Trésorier à demander l'addition d'un article aux
statuts. Il donne lecture de la rédaction de cet article qui
est adopté.

Il propose ensuite à l'assemblée l'admission des 320
nouveaux membres qui ont envoyé leur adhésion. Par
mains levées, l'assemblée prononce leur admission à l'u-
nanimité.

L'ordre du jour étant épuisé, la séance est levée à 4 h.

Le Secrétaire,

E. PERROT.

SYNDICAT DES AGRICULTEURS DE LA MAYENNE

Laval, le 22 janvier 1890.

Monsieur,

Quelques membres du syndicat et quelques instituteurs
du département nous retournent le *Bulletin agricole de
l'Ouest*, pour cause de non abonnement.

Ce bulletin est envoyé **gratuitement** à tous les membres du syndicat, qui peuvent en user *gratuitement aussi*
pour leurs offres et demandes, et à MM. les instituteurs
du département, afin qu'ils en fassent profiter leurs élèves
et les agriculteurs de leurs communes respectives, auxquels le bureau du syndicat serait heureux, en retour,
de les voir signaler les avantages que cette association
peut leur procurer, en les mettant à l'abri des

nombreuses fraudes du commerce des engrais et des semences et en les initiant aux pratiques raisonnées de la culture moderne.

Les membres du syndicat conservent, d'ailleurs, la liberté absolue pour leurs achats et leurs ventes Ils ne s'adressent à lui que s'ils croient y avoir avantage. Le syndicat n'est pas commerçant et il n'est pas jaloux des affaires. Il applaudit toujours à la concurrence qu'on lui fait, à la condition expresse que cette concurrence soit loyale et non simplement apparente, comme elle l'est trop souvent. Il ne suffit pas, en effet, que le premier commerçant venu offre les soi-disant mêmes engrais et semences à un prix inférieur à celui que paie le syndicat, pour que les cultivateurs aient avantage à s'adresser à lui. Il faut, avant de se décider à cela, être sûr que la qualité de la marchandise est égale de part et d'autre.

En ce qui concerne les engrais, quelques commerçants, font concurrence au syndicat en offrant à des prix légèrement inférieurs aux siens, des engrais ayant la même garantie comme composition chimique, mais laissant beaucoup à désirer sous le rapport de la fabrication. Or, il ne suffit pas qu'un engrais contienne des principes fertilisants, il faut en outre que ceux-ci soient dans un état tel que les récoltes puissent en profiter.

D'ailleurs, tous les cultivateurs ont la faculté de se renseigner sur la valeur des engrais ou des graines qu'ils achètent, qu'ils soient membres du syndicat ou non Il leur suffit pour cela, d'envoyer un échantillon de ces engrais ou de ces graines au laboratoire de la Mayenne, qui les renseignera *gratuitement*, ou à tout autre laboratoire qu'ils préféreront.

Quelques membres du syndicat, sous prétexte que les engrais ou les graines qu'ils achètent leur sont procurés par lui, négligent l'envoi de l'échantillon pour l'analyse de contrôle. Lorsque les marchandises sont prises dans les magasins du syndicat, cet envoi est en effet inutile, tout ce qui s'y trouve ayant été analysé à l'arrivée. Mais lorsque les engrais ou les graines leur sont adressés directement par les fournisseurs, il n'en est plus de même. Bien que le syndicat ne s'adresse qu'à des maisons absolument dignes de confiance, comme elles livrent des engrais de même nom à différents titres ou dosages et des graines de qualité un peu variable, il est toujours à craindre qu'une erreur

se produise et il faut toujours faire contrôler la livraison.
Si elle est conforme à la garantie, on en est quitte pour
quelques centimes que l'on paie pour le port de l'échantillon par la poste, si, au contraire, la livraison est mauvaise, ce qui arrive très rarement il est vrai, le syndicat
par ses traités oblige le fournisseur à faire rembourser
la différence.

Le syndicat ne peut combattre la fraude, objet principal de sa création. qu'à la condition expresse de contrôler
rigoureusement toutes les fournitures qui lui sont faites.
Tout en se mettant à l'abri personnellement, chaque syndiqué qui envoie un échantillon de ce qu'il reçoit à l'analyse, fait donc œuvre utile à tous, en permettant à l'association d'atteindre le but qu'elle s'est proposé.

L'analyse pouvant donner lieu à des contestations, il
est *très important* de ne la faire que sur un échantillon
moyen, c'est-à-dire sur un échantillon prélevé avec tous
les soins voulus.

1° L'échantillon doit être prélevé *en gare d'arrivée*,
en présence du vendeur ou de son représentant ou, à
défaut de ceux-ci, en présence de deux témoins (des employés de la gare par exemple).

2° Pour qu'il représente aussi exactement que possible
la composition moyenne de la marchandise. engrais ou
graines d'une même espèce, il faut prendre sur le plus de
sacs possible (au moins 1 sur 10) et au milieu de chaque
sac, quelques poignées du contenu, bien mélanger le tout
sur une feuille de papier ou une planche propre, et sur
cette masse, prélever l'échantillon moyen destiné à l'a-
nalyse.

Si l'engrais n'est pas parfaitement pulvérulent, s'il
présente des mottes, ce qui arrive souvent, avant de prélever l'échantillon de la matière tant pulvérulente qu'ag-
glomérée sortie des sacs, il faut écraser les mottes soigneusement et *mélanger le tout bien intimement*. Il faut
alors prendre de *200 à 300 grammes* de la matière, les
introduire dans un flacon bien sec (envoyé par le syndicat) que l'on bouche immédiatement et, après avoir ap-
posé son cachet sur le bouchon, au moyen de cire à
cacheter, on place le flacon dans une boîte en bois que
l'on adresse au directeur du laboratoire par la poste. (*Ne
jamais oublier de mettre sur la boîte l'adresse de l'en-
voyeur*).

Telles sont les seules précautions à prendre si l'on veut se soustraire à la fraude en s'assurant de la qualité des marchandises achetées.

Qu'on se les procure par l'intermédiaire du syndicat ou non, on ne doit acheter ni engrais ni graines que sur le contrôle de l'analyse, et celle-ci ne peut offrir de garanties sérieuses qu'autant qu'on procède, comme il vient d'être dit, à la prise de l'échantillon.

Nous rappellerons en terminant que la loi défend expressément à tout membre d'un syndicat de céder, même à prix coûtant, les marchandises achetées par l'intermédiaire de l'association, à toute personne n'en faisant pas partie.

H^{le} LÉIZOUR.

Syndicat des Agriculteurs de la Mayenne

Malgré l'avis relatif à l'approvisionnement des graines, inséré dans le précédent numéro du Bulletin, quelques associés seulement nous ont fait connaître les quantités des diverses espèces dont ils pourront avoir besoin.

Nous avons néanmoins adressé une première commande qui nous est déjà parvenue et nous permettra de satisfaire bon nombre de demandes. Mais elle pourra être insuffisante pour certaines catégories de graines et si, dans ce cas, nous ne sommes pas avisé des besoins des intéressés pour compléter l'approvisionnement en temps et lieu, les retardataires qui n'auront pas prévenu seront exposés à trouver les magasins vides.

Remarque importante concernant les vesces de printemps. Cette graine nous est offerte au prix de 28 fr. les 100 kilos, toiles à facturer et frais de transport en sus. En présence de ce prix élevé, il a été décidé que les entrepôts n'en seront pas pourvus et que les demandes qui nous parviendront seront transmises au fournisseur, qui adressera la graine directement aux destinataires, comme cela se pratique pour les graines de prairies.

Environ 15 jours s'écoulent entre la date des commandes et la réception des marchandises.

Engrais. Le syndicat a renouvelé son marché pour la fourniture des scories de déphosphoration, dosant de 15 à 18 %, d'acide phosphorique, aux conditions ci-après :

Produit finement moulu. . . .   5 fr. 35 les 100 kilos
    Id.   sommairement broyé.   4 fr. 85

Ces prix s'entendent pour marchandises, par wagons complets, de 5.000 kilos au moins, rendues franco dans nos gares.

Nous devons faire observer que pour la deuxième catégorie offerte sous la rubrique, *sommairement broyé*, le fournisseur ne donne aucune garantie sur le degré de finesse du broyage.

Nous engageons les personnes qui désireraient employer des scories d'accorder la préférence à la mouture fine qui ne laisse rien à désirer, et dont l'écart dans le prix de facture n'est, somme toute, que de 0 fr. 50 par 100 kilos.

G. PEYRAS.

SYNDICAT DE LA MAYENNE

M. Meignan, à la Rouairie, de Saint-Berthevin, près Laval, offre : Pommes de terre, *institut de Beauvais*, à raison de 8 fr. les 100 kilos dans les toiles de l'acheteur, ou 9 francs logées, en gare de Laval ou du Genest. Cette variété a donné comme rendement *un tiers* de plus que les autres pommes de terre cultivées à la Rouairie.

AVIS

Un petit nombre d'exemplaires de la collection complète du Bulletin agricole de l'Ouest est en vente au bureau du journal au prix de 7 fr. broché.

M Boulay, constructeur, rue de Tours à Laval, prévient les cultivateurs qu'il tient à leur disposition des tonneaux à purin munis d'un robinet épandeur, système Faul.

M. F. Lahais, pépiniériste, route de Nantes, à Laval, offre : un assortiment de très beaux pommiers et poiriers du pays, choix extra, à 2 fr., 2 fr. 50 et 3 fr. ; ainsi qu'un beau choix de toutes espèces d'arbres fruitiers, forestiers et d'ornement, à des prix très modérés.

On demande un ménage présentant de sérieuses références pour exploiter une ferme de 40 hectares à titre de régisseur ou de métayer.

Entrée en jouissance le premier novembre prochain.

S'adresser à M. Peyras, agent principal du Syndicat des agriculteurs de la Mayenne, 48, rue Solférino, Laval.

LA PRODUCTION LAITIÈRE

Par C. V. GAROLA, (✠ mérite agricole) professeur départemental d'agriculture, directeur de la station agronomique de Chartres.

Prix 1 fr. 50. — 1 fr 65, franco, par la poste.

Chez R. SELLERET, libraire-éditeur à Chartres.

RATS souris, loirs, **mulots**, etc... Contre mandat ou 10 timbres-poste de 0 fr. 15, j'adresse franco le moyen infaillible et très pratique de les détruire tous en quelques heures.

LECLERC, à Beaulieu, par Châtellerault (Vienne). — *Envoi gratis et franco du prospectus destruction des taupes.*

Prix cultural. - (*Diplôme et médaille d'argent*), *attribué en 1889 au vignoble de Lagrange.*

Excellent vin de Bordeaux (Rouge et Blanc)

GARANTI NATUREL

Expédié directement du propriétaire au consommateur.

S'adresser à G. PERBOYRE, pharmacien, Trésorier du Syndicat régional agricole de Cadillac Podensac propriétaire du vignoble de Lagrange, à Cadillac-sur-Garonne, près Bordeaux.

« Le vignoble de Lagrange, situé sur des terrains de première nature, complanté en cépage de choix, produit le **meilleur** vin de la contrée » (Ed. Ferret, statistique de la Gironde.)

N. B. — Le vin de Lagrange a obtenu le premier prix, médaille d'argent, à l'Exposition régionale de l'Entre-deux-Mers 1886, et la médaille de bronze à l'Exposition Universelle de Paris 1889.

Excellent vin de Bordeaux, récolte de 1887, à 125 fr. la pièce de 225 litres, logé et franco sur wagon, gare de départ.

S'adresser à M. GEORGES BORD, secrétaire général du syndicat à Cadillac-sur-Garonne (Gironde).

Les fabricants de fromages et de beurres sont informés que, à l'exposition universelle de 1889, la plus haute récompense (médaille d'or), a été décernée aux **PRESURES et COLORANTS** de J. Fabre, à M. A. Aubervilliers (Seine). Récompenses dans 51 concours agricoles.

ON OFFRE bons vins naturels du Roussillon, avec remise de 3 0/0 à tous les membres du syndicat. Ecrire à **M.** Fisqué, propriétaire à Rivesaltes (Pyrénées-Orientales).

Le Gérant, E. MOREAU.

Laval, Imp. L. Moreau.

Ce Bulletin paraît le 15 de chaque mois.

BULLETIN AGRICOLE
DE L'OUEST

Organe de l'Union des Syndicats Agricoles
des départements du Finistère, des Côtes-du-Nord,
du Morbihan, de la Loire-Inférieure, d'Ille-et-Vilaine, de la
Manche, de la Mayenne, de Maine-et-Loire, de la Sarthe,
de l'Orne, du Calvados, de l'Eure, d'Eure-et-Loir
et de la Seine-Inférieure.

Publié sous la direction de :

H. LÉIZOUR

Professeur départemental d'Agriculture de la Mayenne,
Directeur du Laboratoire agronomique,
Président du Syndicat des Agriculteurs de la Mayenne,

GAROLA, ✠ M. A.

Professeur départemental d'Agriculture d'Eure-et-Loir,
Directeur de la Station agronomique de Chartres.

ABONNEMENTS

Pour les membres des syndicats :
1 fr. par an.

Pour les étrangers aux syndicats :
6 fr. par an.

ANNONCES

De 1 à 4 annonces. » **50°** la ligne.
De 4 à 8 — » **40°** —

De 8 à 12 annonces » **30°** la ligne
Au-delà de 12. » **20°** —

Le bulletin publiera gratuitement les offres et demandes
des Syndicats abonnés.

AVIS. — Tout ce qui concerne la rédaction, les Annonces et les Abonnements, doit être adressé à M. LÉIZOUR, rue de la Filature, 1, à Laval.

On demande un ménage présentant de sérieuses références pour exploiter une ferme de 40 hectares à titre de régisseur ou de métayer.

Entrée en jouissance le premier novembre prochain.

S'adresser à M. Peyras, agent principal du Syndicat des agriculteurs de la Mayenne, 48, rue Solférino, Laval.

M. Chrétien, propriétaire à Bel-Air, Laval, offre pour semence de l'orge provenance Chevalier et autre, bonne qualité, à raison de 18 fr. 50 les 100 kilogs, sauf variation, contre livraison, soit à son domicile, soit en gare de Laval ou de Cossé-le-Vivien, dans les toiles de l'acheteur.

M. de Villepin, à Jupilles (Sarthe), offre *orge chevalier*, à 25 fr. les 100 kilogs, logée, en gare de Maçon-Vouvray.

BULLETIN AGRICOLE DE L'OUEST

UNION DES SYNDICATS AGRICOLES DE L'OUEST

Réunion du 7 Février 1890

MM. les délégués des Syndicats agricoles de l'Ouest se sont réunis à Paris, le 7 février, sous la présidence de M. Léizour, président, qui rend compte des résultats obtenus pendant l'année 1889.

La publication du *Bulletin agricole de l'Ouest*, organe de l'Association, a rendu de nombreux services aux membres des Syndicats qui ont adhéré à sa publication, et il n'est pas douteux qu'elle ne contribue aux progrès de l'agriculture en instruisant les cultivateurs.

En l'absence du secrétaire-trésorier, M. Léizour expose le compte financier de l'exercice écoulé d'où il résulte que les recettes se sont élevées à . . . 3.074 38
tandis que les dépenses n'ont atteint que le chiffre de 2.142 48
d'où résulte un boni ou avoir net de l'Association de. 931 90

Le Président met aux voix l'approbation de ces comptes de l'Union des Syndicats et du *Bulletin agricole de l'Ouest* ; ils sont approuvés à l'unanimité.

Des renseignements fournis par le Président, il résulte que le *Bulletin* a favorisé l'écoulement des produits agricoles et en particulier des grains de semence.

M. Vinet, sénateur, Président du Syndicat de Chartres, demande que tous les Syndicats de l'Union servent le *Bulletin agricole de l'Ouest* à leurs membres, car, dit-il, c'est en instruisant les cultivateurs et en leur facilitant l'écoulement de leurs produits qu'on aidera le plus à la réalisation du progrès agricole. Il s'étonne que quelques Syndicats de l'Union aient cru devoir fonder postérieurement des bulletins spéciaux leur coûtant aussi cher et destinés à un nombre trop restreint de lecteurs. Il croit que l'organe inter syndical doit rendre plus de services en mettant en relations les cultivateurs de régions différentes et ayant à écouler des produits plus variés.

M. Garola demande s'il ne serait pas possible, dans le but de favoriser l'écoulement des produits agricoles par la publication répétée des offres et des demandes, de faire paraître le *Bulletin* tous les quinze jours. La publication mensuelle est à trop longue échéance pour satisfaire convenablement les besoins des cultivateurs.

M. Léizour objecte qu'il ne serait pas possible de faire paraître le *Bulletin* deux fois par mois sans doubler le prix des abonnements.

M. Garola dit que le Syndicat de Chartres serait disposé, pour sa part, à faire les frais de ce doublement de tirage.

M. Léizour pense qu'il en serait de même en ce qui concerne le Syndicat de la Mayenne, mais il lui semble qu'avant de trancher la question il serait bon de consulter tous les Syndicats qui ont adhéré à la publication. Il craint, en outre, que les Comices agricoles qui ont abonné tous leurs membres au *Bulletin* ne disposent pas de ressources suffisantes pour doubler le prix de l'abonnement.

M. Garola pense qu'il serait possible de trouver une combinaison permettant de continuer le service du *Bulletin* au prix actuel aux membres des Comices. Il suffirait, pour cela, que les Syndicats adhérents prennent à leur charge le déficit qui en résulterait.

La réunion décide qu'il n'y a pas lieu de modifier le tirage quant à présent, maintient la question à l'étude, et invite les Syndicats adhérents et les Comices abonnés à l'examiner avant la prochaine réunion.

Il est ensuite procédé à la nomination d'un vice-président, en remplacement de M. de Kerjégu, démissionnaire. La réunion, après avoir exprimé tous les regrets que lui cause cette décision, proclame élu, après deux tours de scrutin, M. Vinet, sénateur, président du Syndicat agricole de Chartres.

Pour la question relative à l'achat en commun du nitrate de soude et du sulfate d'ammoniaque, le Président fait observer que M. Langlais, l'auteur de la proposition, étant absent, il est difficile de la discuter. Après une courte discussion, il est décidé que le Président écrira à tous les Syndicats de l'Union pour les prier d'étudier la question.

Le Président aborde alors la question économique et dit que la situation des producteurs de pommes et de cidre est menacée par l'importation des pommes étrangères qui arrivent en quantité d'Allemagne, d'Espagne et d'autres pays voisins. Ces fruits donnent un cidre détestable et il y a à craindre que leur introduction en France n'arrive non seulement à avilir les cours, mais encore à faire perdre la réputation de nos meilleurs cidres. Il propose, en conséquence, que l'assemblée émette le vœu qu'un droit d'entrée de 3 fr. par 100 k. soit établi sur les pommes et un droit de 5 fr. par hectolitre pour le cidre. Ce vœu est adopté à l'unanimité.

Sur la proposition de M. Garola, la réunion adopte un vœu demandant la suppression des traités de commerce, et décide que les deux vœux qu'elle vient d'émettre seront transmis au groupe agricole de la Chambre des députés.

L'anthonôme et ses ennemis

Dans son remarquable travail sur l'Anthonôme du pommier, M. Hérissant propose différents moyens de destruction et dit en même temps un mot des ennemis naturels de ce redoutable coléoptère :

« L'Anthonôme vivant sur les feuilles du pommier, dit-il, doit souvent être la proie des oiseaux insectivores ; protéger l'existence de ceux-ci, leurs nids et leurs petits, serait un des moyens les moins coûteux et les plus efficaces, si l'on ne savait que le conseiller, c'est prêcher dans le désert. »

C'est sur cette destruction de l'Anthonôme par les petits oiseaux que je crois utile d'attirer l'attention, au risque de *prêcher dans le désert*, j'insisterai d'autant plus volontiers sur ce fait, que M. Hérissant l'indique seulement d'une manière dubitative, sans s'y arrêter, ni rapporter d'observations précises.

Je dirai que non seulement les petits oiseaux « doivent » souvent saisir l'Anthonôme *sur les feuilles du pommier*, mais que plusieurs d'entre eux lui font une guerre acharnée à toutes les époques de son existence ; même pendant l'hiver, quand engourdi par le froid, ramassé sur lui-même, la trompe repliée sous son corselet, il attend le retour du printemps ; un de nos plus petits Passereaux, le Grimpereau familier (*Certhia familiaris*) lui fait la chasse en cette saison et sait le trouver dans ses retraites les plus cachées ; on peut en dire autant de la Sitelle bleue (*Sitta cœsiœ*) ou Torche-pot, bien connue dans nos campagnes sous le nom populaire « de Pic-maçon ».

Mais c'est surtout à l'état de larve que l'Anthonòme devient la proie des oiseaux. Deux espèces méritent une mention spéciale, d'autant plus que ce ne sont pas à proprement parler des oiseaux insectivores : je veux parler du Moineau domestique (*Passer domesticus*) et du Pinson (*Fringilla cœlebs*) que l'on voit, du matin au soir, occupés à visiter les fleurs des pommiers, pour y chercher des larves d'*Anthonomus*, dont ils nourrissent leurs petits, comme j'ai eu l'occasion de le signaler, il y a quelques années. (*)

Plus actives encore se montrent les mésanges : la Charbonnière (*Parus major*), la Mésange à tête bleue (*P. cœruleus*), la Nonnette ou petite Mésange à tête noire (*P. palustris*), la « Queue-de-poêle » ou Mésange à longue queue (*Orites caudatus*). Dès le mois d'avril elles inspectent les boutons : et ouvrent ceux qui ont été piqués par l'Anthonòme, pour s'emparer de ses œufs récemment pondus. Plus tard, quand chaque fleur « grillée » abrite une larve, elles continuent leur œuvre avec non moins d'ardeur, car elles ont alors une nombreuse famille à nourrir.

Au mois de mai 1886, un couple de Nonnettes, que j'observai pendant plusieurs jours, portaient à manger à leurs petits toutes les cinq minutes environ, et à chaque fois la becquée de chacune d'elles se composait de larves d'Anthonòmes, au nombre de quatre à six.

Je sais bien qu'à cette époque le mal commis était irréparable, que les fleurs dont les organes de la fécondation avaient été rongés ne devaient pas fructifier ; mais si l'on réfléchit que les 1.200 à 1.500 larves ou nymphes que ces petites mésanges destruisaient chaque jour seraient devenus des insectes parfaits qui l'année

____

(*) Voy. *Bulletin de la Société d'études scientifiques d'Angers*, année 1886, p. 176.

L'espèce d'*Anthonomus* à laquelle M. Hérissant attribue les ravages commis dans notre région est l'*Ant. pomorum*. Mais le genre en renferme plusieurs ayant du reste les mêmes mœurs. En 1886, les nymphes que je recueillis dans le but de connaître l'adulte, me donnèrent une espèce que je crus être l'*Ant. spilotus* très voisin de l'*Ant. pomorum*, mais un peu plus petit et de couleur plus foncée.

suivante auraient propagé leur espèce, on comprendrait facilement l'intérêt que présentait la destruction, même tardive de ces larves.

Se basant sur ce que 1.000 Anthonômes adultes peuvent causer la perte de plus de 20.000 boutons de pommier, M. Hérissant pense que ce ne serait pas en acheter trop cher leur destruction que d'accorder 50 francs par kilogramme d'insectes aux personnes qui voudraient s'occuper de les recueillir.

Or, les petits oiseaux, Mésanges, Pinsons, Moineaux, Grimpereaux, Sitelles, Fauvettes, font la chasse à l'Anthonôme gratuitement, sans rien nous demander que de les laisser en paix. et bien des gens traitent ces oiseaux en ennemis, leur tendent des pièges, enlèvent leurs œufs ou détruisent leurs petits.

Quand donc imiterons-nous les Allemands qui cherchent par tous les moyens possibles à favoriser la multiplication des oiseaux insectivores, dont ils comprennent l'utilité.

Dans les campagnes de la Silésie, d'innombrables boîtes percées d'un trou et appendues aux murailles de toutes les habitations donnent asile à des légions d'Etourneaux, grands destructeurs de vers blancs (turcs). Je ne sais plus en quelle autre contrée de l'Allemagne ou de l'Autriche, le feuillage des arbres fruitiers était autrefois dévoré chaque année par les chenilles. Pour remédier à ce fléau, les habitants cherchèrent à acclimater les Mésanges, qui étaient fort rares en cette région ; elles s'y multiplièrent rapidement grâce à la protection qu'on leur accorda, et aux *nichoirs artificiels* que l'on disposa de tous côtés pour elles, — de vieux sabots attachés aux branches des pommiers. — Les chenilles ont disparu, et chaque année les arbres se couvrent de fruits.

Un Cultivateur.

Culture du peuplier Suisse blanc, dit l'Eucalyptus, comme moyen d'augmenter les revenus des propriétés rurales.

Le peuplier suisse blanc dit l'Eucalyptus, ainsi nommé à cause de sa vigueur extraordinaire et de son port majestueux, se reconnaît facilement, parmi les autres variétés de peupliers suisses, à son écorce lisse et blanche, et à ses feuilles d'un vert foncé et d'un diamètre de 15 à 18 centimètres. A l'âge de 25 à 30 ans, il peut atteindre facilement, dans les terrains qui lui conviennent, une circonférence de deux mètres et une hauteur de 25 à 30 mètres.

Le bois de peuplier suisse blanc s'emploie pour la menuiserie, la charpente et pour faire des caisses d'emballage ; enfin, on l'emploie presque à tous les usages aujourd'hui.

Pour l'empêcher de travailler, on le laisse sous l'écorce jusqu'au mois de novembre ; à cette époque il a fait tous ses efforts.

On plante du 15 novembre au 1er avril, en ayant soin, avant de planter, de couper rez l'arbre toutes les branches de côté, afin de ne pas donner de prise au vent.

Le peuplier suisse blanc vient partout, mais les terres argileuses et surtout les remblais et les terres remuées lui conviennent très bien. On obtient des résultats merveilleux dans les terrains tourbeux, mais à la condition d'être préalablement assainis.

L'assainissement est facile au moyen de fossés d'un mètre de largeur sur un mètre de profondeur et distants les uns des autres, d'après la nature et la disposition des terrains de 20 à 30 mètres.

Ces fossés doivent toujours être à sec, le peuplier aime les terrains humides mais non les terrains où l'eau est stagnante. Le meilleur moyen d'assainissement est l'eau courante dans les fossés. Cette eau courante aspire l'eau des terres.

Le peuplier suisse blanc dit l'Eucalyptus assainit les terrains marécageux et ses nombreuses racines font l'effet de drains. Ainsi donc ce peuplier a le double avantage, d'abord d'assainir des terrains qui la plupart du temps n'étaient que des marais pestilentiels et de donner des revenus de 100 à 150 francs à l'hectare et par an.

On plante de chaque côté des fossés, à 2 mètres, et on espace les peupliers de 4 à 5 mètres les uns des autres ; un hectare de terrain tourbeux ou humide peut facilement porter 150 peupliers. Ces fossés dans les terrains tourbeux sont très faciles à exécuter, on peut trouver des ouvriers pour 10 à 12 centimes le mètre.

Dans les terres arides, il faut toujours planter avec racines dans des trous d'un mètre environ de diamètre sur

60 à 80 centimètres de profondeur; mais le peuplier ne doit pas être planté à plus de 25 à 30 centimètres de profondeur.

Dans les terrains humides ou tourbeux, pour éviter de faire des trous, on peut couper le sujet au-dessus des racines, l'affiler de trois côtés comme une rame de pois, et le planter à une profondeur de 25 à 30 centimètres, en ayant soin de faire un avant-trou avec une barre de fer bien moins grosse que le peuplier. Les branches des vieux peupliers ne sont point bonnes à planter; d'abord elles cassent comme verre au moindre choc des bestiaux, ensuite elles sont presque toujours mal faites ; il n'en réussit pas la moitié, et celles qu'on est obligé de planter en remplacement de celles qui viennent à manquer sont étouffées par les premières plantées et ne font jamais rien. Il n'est pas possible de faire de belles allées avec des branches de vieux peupliers. Les rejetons qu'on voit quelquefois pousser vigoureusement sur les culées de peupliers rasés ne valent jamais rien à planter.

Les peupliers doivent être émondés à l'âge de 4 à 5 ans, mais légèrement la première fois ; les branches doivent être coupées rez l'arbre, cependant il y a une exception. Quelquefois, avant le premier émondage, les peupliers poussent en pommiers, c'est-à-dire en boule, sans apparence de vouloir monter, dans ce cas, on cherche la meilleure branche et on coupe toutes les autres branches latérales à des distances variant de 20 à 40 centimètres du tronc, et alors il ne reste plus que la branche choisie pour former la tige ; il est rare qu'elle ne se développe pas immédiatement d'une manière extraordinaire.

Le premier émondage ne vaut que le temps, mais les suivants, qui doivent se faire tous les trois ans, donnent de petits produits qu'on peut évaluer à 10 ou 15 centimes par an et par peuplier. On doit toujours laisser cinq ou six couronnes.

Pour défendre les jeunes peupliers des bestiaux, il faut planter au pied des jeunes peupliers deux ou trois épines noires qu'on laisse flotter, mais en ayant soin cependant de les retenir au peuplier par une petite hare. Les épines doivent être plantées à une profondeur de 25 à 30 centimètres, en ayant soin de serrer la terre au pied, afin qu'elles ne s'arrachent pas.

Les épines noires sont préférables aux blanches ; les

premières durent deux ou trois ans, jusqu'à ce que le peuplier puisse se défendre, tandis que les épines blanches ne durent qu'une année. Ainsi, avec les épines mises de la manière que j'indique, il n'est nullement besoin de tuteurs, c'est une économie de temps et d'argent d'au moins quinze centimes par peuplier et le résultat est meilleur.

Lorsqu'un peuplier est cassé à fleur de terre et n'est pas tout à fait séparé, il faut le redresser et faire une bonne butée de terre au pied : les racines se développent au-dessus de la cassure et le peuplier ne s'aperçoit plus de rien. Egalement, lorsque des peupliers sont rachitiques et ont du mal à partir, on peut faire des butées de terre au pied ; mais ces butées, qui doivent avoir environ un mètre cinquante de diamètre, sur cinquante centimètres de hauteur, doivent toujours former la cuvette pour recevoir les eaux ; de nouvelles racines se développent dans ces terres remuées, et presque toujours le peuplier reprend sa vigueur.

Les terres basses et les prés sont encore aujourd'hui. dans bien des endroits, entourés sur les ruisseaux de mauvaises haies de saule, d'aune ou autres bois de même nature dont la coupe ne vaut que le temps tous les sept ans ; il serait bien préférable d'y mettre du peuplier, qui, tous les trois ans, donnerait au fermier des émondages bien supérieurs aux mauvaises coupes des haies et rapporterait aux propriétaires en moyenne, dans bien des endroits, au moins un franc par peuplier et par année.

Lorsqu'on plantera sur les ruisseaux ou rivières, il faudra s'éloigner d'un mètre à un mètre cinquante de la rive, à cause des rats d'eau qui font des garennes sous les peupliers et rongent les racines.

Le peuplier suisse blanc dit l'Eucalyptus est appelé à remplacer l'italien qui, depuis plusieurs années, surtout depuis la gelée de 1880, est languissant et finit presque partout par sécher debout ; plus on attendra à le remplacer et plus on perdra, non-seulement il ne pousse plus, mais il pourrit dans le pied, et quand on l'abat on est tout surpris de trouver deux ou trois mètres complétement creux et sans aucune valeur.

On attribue généralement la mortalité du peuplier italien a la gelée de 1880 ; il y a certainement du vrai dans cette croyance, mais ce qu'il y a de certain, c'est que le peuplier italien est atteint en ce moment d'une maladie terrible. Les jeunes comme les vieux sont atteints. Les pépinières d'Italie, faites depuis la gelée, ont poussé les deux premières années, puis la maladie les a prises, il a fallu les arracher.

Les premiers symptômes de la maladie du peuplier d'Italie se manifestent vers le mois de juin sur les feuilles qui roussissent et finissent par tomber, les années suivantes, le mal va en augmentant, et si on abat le peuplier sur lequel on remarque ces symptômes on trouve, dans le pied, le cœur d'un rouge noir et déjà en décomposition.

Le grand avantage du peuplier suisse blanc dit l'Eucalyptus, est de résister au froid ; ainsi la gelée de 1880 ne lui a fait aucun mal.

L'avenir du peuplier suisse blanc dit l'eucalyptus

Le bois blanc subit depuis plusieurs années une dépréciation assez forte qui tient à deux causes principales.

La première, est l'introduction sur une vaste échelle du bois de sapin du Nord.

Et la seconde est la gelée de 1880, suivie de la mortalité presque générale par toute la France du peuplier italien.

En étudiant ces deux causes, on arrive facilement à conclure qu'elles ne sont que momentanées.

(A suivre.)

Bibliographie

« *Tu seras agriculteur* » — Livre de lecture courante, par HENRY MARCHAND, 1890. — Librairie ARMAND COLIN. — 1 fr. 60, cartonné.

Depuis longtemps on prêche l'instruction agricole ; dans ces derniers temps, on a dit et redit que le seul moyen de faire face aux nouvelles conditions économiques dans lesquelles se débattent les cultivateurs, c'est de les instruire. Il y a cependant une question préalable à résoudre, c'est d'apprendre aux enfants des cultivateurs à aimer les champs, c'est de leur faire comprendre, à mesure qu'ils s'instruisent, que le métier des champs, tout comme les autres, plus que beaucoup d'autres, nécessite des connaissances étendues à l'aide desquelles il reste le meilleur de tous.

L'auteur de « *Tu seras agriculteur* » a très bien compris ce rôle, à notre avis, très important, et son ouvrage, en mettant en parallèle la vie large à la campagne et la vie précaire à la ville, ne saurait manquer de diminuer le nombre toujours grossissant des jeunes campagnards qui préfèrent cette dernière.

L'appréciation suivante, d'un homme d'une absolue compétence en matière d'instruction, fixera nos lecteurs sur la valeur de ce livre, qui a sa place marquée dans toutes les fermes, dans toutes les écoles rurales, partout, en un mot, où un livre de lecture doit appeler l'attention sur l'agriculture :

« Non seulement ce livre est destiné à affermir ou à faire naître le goût des choses de l'agriculture, mais c'est encore un très bon livre de morale pratique.

« Au point de vue agricole, les enfants y trouveront de bonnes idées générales, sur la tenue d'une culture, sur la direction à donner à une exploitation, sur les diverses sources de production agricole ; ils y découvriront des horizons nouveaux, y verront les véritables conditions de progrès et de succès ; enfin ils y apprendront, sous le nom de leçons de choses indépendantes du récit principal, une foule de notions utiles qui les prépareront à la profession de cultivateur.

« Au point de vue moral, ce livre est surtout, dans une éloquente simplicité, l'éloge des principales vertus humaines. Tous les devoirs des hommes envers eux-mêmes et envers leurs semblables y sont présentés sous une forme attrayante et agréable. Le travail, l'économie, la prudence, l'amour familial et le dévouement qui l'accompagne, l'attachement réciproque des maitres et des serviteurs, l'honneur, la justice, la probité, la bienveillance, la bienfaisance, le patriotisme, etc., y défilent tour à tour au milieu d'une histoire pleine d'intérêt, très émouvante, très touchante, essentiellement propre à développer les sentiments sympathiques et à faire aimer la vertu et détester le vice.

« En raison de tous ces mérites, il est à désirer que ce livre qui convient surtout au cours moyen de nos écoles, se
répande le plus promptement possible : enfants et parents
le liront avec plaisir et profit. Les parents y verront qu'en
réalité ils ont pour lot la meilleure des professions et ils
ne désireront plus pour leurs enfants le séjour, sédui-
sant peut-être, mais trop souvent précaire des villes. Les
enfants de leur côté, apprécieront davantage la vie cham-
pêtre, si calme, si libre, si sûre et si poétique : »

« Ah ! loin des fiers combats, loin d'un luxe imposteur,
« Heureux l'homme des champs. s'il connaît son bonheur !
« Fidèle à ses besoins, à ses travaux docile,
« La terre lui fournit un aliment facile ;
« Il n'a point tous ces arts qui trompent notre ennui.
« Mais, que lui manque-t-il, la nature est à lui ? »

(DELILLE).

HTE LÉIZOUR.

A bâtons rompus

Avant les foires, il est de mode chez nous d'aller voir
et de mettre à prix les bœufs des voisins.

La semaine dernière, j'étais donc au Pâtis. Après
avoir dégusté un verre de bon cidre — récolte 1888, —
avec le fermier je me dirigeais vers l'étable.

« Six bœufs à vendre à la mi-carême, quand vous en
aviez seulement quatre autrefois, c'est parfait ; il est
vrai que l'année est bonne pour les fourrages. Enfin,
c'est bien, avec du bon bétail, vous aurez de bon fumier,
avec du fumier, du blé.

Beaux bœufs, ma conscience ; la race s'améliore. Nos
durhams-manceaux font de jolies bêtes. Quelle poitrine,
elle descend jusqu'au genoux ; et le dos, c'est comme une
vraie table.

— Mais qu'est-ce qu'il retourne par là ?

Ce sont les vaches qui reviennent au galop de l'abreuvoir. Le palefrenier s'empresse de garnir les crèches
de choux mœlliers coupés et tendres, et cette ration les
attire. Croyez-moi, le métayer, c'est une mauvaise méthode de pansage que vous suivez-là. En donnant du

fourrage sec d'abord, vous voulez forcer vos animaux à boire, mais vous les excitez à prendre plus d'eau qu'il n'est utile pour une bonne digestion. Les choux et les betteraves contiennent au moins quatre cinquièmes d'eau ; si vous en donnez quinze kilos, c'est comme si vous faisiez prendre douze litres d'eau. Et douze litres d'eau par jour suffiraient pour la plus forte de vos bêtes ne mangeant que des fourrages secs.

Servez donc d'abord les racines ou les choux, puis conduisez le bétail à la mare. S'il boit peu ou s'il ne boit pas du tout — ce qui aura lieu lorsque la nourriture verte sera abondante — c'est qu'il ressent peu ou n'éprouve nullement le besoin de boire.

Tiens, *le biquard* qui vient à la rescousse ; il fouette à tour de bras pour faire entrer plus vite. Le chien aussi qui se met de la partie ; il aboie et mord les retardataires. Ces courses sont réellement à craindre pour vos bestiaux quand le terrain est humide comme ce soir, ou verglacé comme à l'hiver, sans compter qu'il n'est jamais bon de faire trotter un animal qui revient de l'abreuvoir.

— Voyez ; les vaches heurtent du flanc contre les jambages de la porte.... Dangereux, très dangereux.

Si des malheurs arrivent de temps à autres, à qui la faute ? Toutes ces causes jointes à celle du refroidissement subit de l'estomac, occasionné par une boisson demiglacée, refroidissement que viennent augmenter les racines crues, doivent amener trop souvent des avortements. (Imité d'Emile Jamet).

Vos mégeyeurs accusent alors l'inoffensif hérisson, animal des plus utile, qui, comme le crapaud, ne se nourrit que de limaces et d'insectes, qui détruit même la vipère, qu'on achète en Angleterre et qu'on martyrise en France.

Jamais, pour votre part, vous n'accepteriez comme vérités de telles balivernes, mais ils sont encore nombreux ceux qui accordent une confiance illimitée aux exorcismes de ces empiriques.

— Allons, le métayer, revenons à vos bœufs ; chaque paire en moyenne fait un poids de 1500 kilos ; vous les vendrez un bon prix.

Au revoir ; et à bientôt, si vous me le permettez ? »

P. François.

SYNDICAT DE LA MAYENNE

Distribution de greffes

Le Syndicat des jardiniers et maraichers de Laval met gratuitement à la disposition de ses adhérents et des membres du Syndicat des agriculteurs de la Mayenne un choix de greffes des meilleures espèces de pommiers du pays et des greffes provenant de La Guerche de Bretagne et de la société d'horticulture de Rouen.

Des dépôts sont établis chez :

MM. Hutin, horticulteur, rue des Hauts-Tuyaux ;
Legendre, jardinier, rue du Gué-d'Orger ;
Houdayer, horticulteur, rue d'Avesnières ;
Accry, jardinier, ruelle des Pavillons ;
Angot, cultivateur à la Jumellière ;
Et Lemonnier, cultivateur à la Morinière.

Houdayer-Collet, rue d'Avesnières, 12, offre bel assortiment de pommiers et poiriers du pays, à prix très réduits, rosiers, fleurs, plantes de toute sorte, bouquets.

P. Trochon, horticulteur-fleuriste, rue Haute Chiffollière, Laval, offre grand choix de plantes et fleurs de serre et de plein air — fleurs de toute sorte. — Beau choix de pêchers vigoureux. — Culture de champignons à domicile.

Denis-Lecoq, horticulteur, rue de Bretagne, 47, offre un assortiment complet de palmiers et plantes décoratives pour appartements et serres, plantes bulbeuses et tubéreuses, geraniums et plantes pour massifs, fleurs.

M. F. Lahais, pépiniériste, route de Nantes, à Laval, offre : un assortiment de très beaux pommiers et poiriers du pays, choix extra, à 2 fr., 2 fr. 50 et 3 fr. ; ainsi qu'un beau choix de toutes espèces d'arbres fruitiers, forestiers et d'ornement, à des prix très modérés.

Fabrique de Briques, Carreaux et Tuyaux de drainage
De toutes dimensions et sur commande

MÉDAILLES ET DIPLOMES D'HONNEUR

 **BOULARD-BILLIARD** 

TUILIER-BRIQUETIER

Aux Agets-Saint-Brice
Par BOUÈRE (Mayenne)

Entrepôt de TUILERIE de BOURGOGNE (Saône-et-Loire)

Le tarif est envoyé *franco* à toute personne qui en fait la demande.

Une Réduction est faite aux Membres du Syndicat

LA PRODUCTION LAITIÈRE

Par C. V. GAROLA, (✠ mérite agricole) professeur départemental d'agriculture, directeur de la station agronomique de Chartres.

Prix 1 fr. 50. — 1 fr. 65, franco, par la poste.

Chez R. SELLERET, libraire-éditeur à Chartres.

RATS souris, loirs, mulots, etc... Contre mandat ou 10 timbres-poste de 0 fr. 15, j'adresse franco le moyen infaillible et très pratique de les détruire tous en quelques heures.

LECLERC, à Beaulieu, par Châtellerault (Vienne). — *Envoi gratis et franco du prospectus destruction des taupes.*

Prix cultural. — (Diplôme et médaille d'argent), attribué en 1889 au vignoble de Lagrange.

Excellent vin de Bordeaux (Rouge et Blanc)

GARANTI NATUREL

Expédié directement du propriétaire au consommateur.

S'adresser à G. PERBOYRE, pharmacien, Trésorier ou Syndicat régional agricole de Cadillac Podensac, propriétaire du vignoble de Lagrange, à Cadillac-sur-Garonne, près Bordeaux.

« Le vignoble de Lagrange, situé sur des terrains de première nature, complanté en cépage de choix, produit le meilleur vin de la contrée » (Ed. Ferret, statistique de la Gironde.)

N. B. — Le vin de Lagrange a obtenu le premier prix, médaille d'argent, à l'Exposition régionale de l'Entre-deux-Mers 1886, et la médaille de bronze à l'Exposition Universelle de Paris 1889.

Excellent vin de Bordeaux, récolte de 1887, à 125 fr. la pièce de 225 litres, logé et franco sur wagon, gare de départ.

S'adresser à M. GEORGES BORD, secrétaire général du syndicat à Cadillac-sur-Garonne (Gironde).

Les fabricants de fromages et de beurres sont informés que, à l'exposition universelle de 1889, la plus haute récompense (médaille d'or), a été décernée aux **PRESURES et COLORANTS de J. Fabre,** M. A. Aubervilliers (Seine). Récompenses dans 51 concours agricoles.

ON OFFRE bons vins naturels du Roussillon, avec remise de 3 0/0 à tous les membres du syndicat. Ecrire à **M. Fisqué,** propriétaire à Rivesaltes (Pyrénées-Orientales).

Le Gérant, E. MOREAU.

Laval, Imp. L. Moreau.

Ce Bulletin paraît le 15 de chaque mois.

BULLETIN AGRICOLE
DE L'OUEST

Organe de l'Union des Syndicats Agricoles
des départements du Finistère, des Côtes-du-Nord,
du Morbihan, de la Loire-Inférieure, d'Ille-et-Vilaine, de la
Manche, de la Mayenne, de Maine-et-Loire, de la Sarthe,
de l'Orne, du Calvados, de l'Eure, d'Eure-et-Loir
et de la Seine-Inférieure.

Publié sous la direction de :

H. LÉIZOUR, ☀ M. A.

Professeur départemental d'Agriculture de la Mayenne. Directeur du Laboratoire
agronomique, Président du Syndicat des Agriculteurs de la Mayenne,

GAROLA, ☀ M. A.

Professeur départemental d'Agriculture d'Eure-et-Loir,
Directeur de la Station agronomique de Chartres.

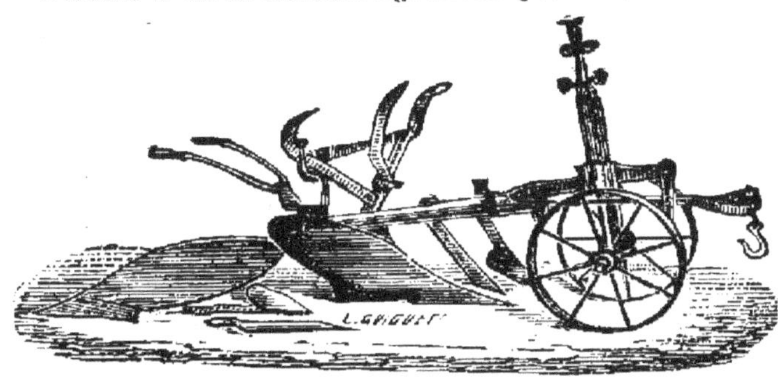

ABONNEMENTS

Les membres des syndicats adhérents sont abonnés gratuitement par leurs
bureaux. — Pour les étrangers aux syndicats : **6 fr.** par an.

ANNONCES

De 1 à 4 annonces. » **50c** la   De 8 à 12 annonces » **30c** la ligne
De 4 à 8   —   » **40c**   i-delà de 12. . » **20c**   —

Le bulletin publie   it les offres et demandes
            de   abonnés.

AVIS. — *Tout ce qui co...   rédaction, les Annonces et les Abon-*
nements, doit être adressé (...IZOUR, rue de la Filature, 1, à Laval.

AVIS

Un petit nombre d'exemplaires de la collection complète du *Bulletin agricole de l'Ouest* est en vente au bureau du journal au prix de 7 francs broché.

M. Boulay, constructeur, rue de Tours, à Laval, prévient les cultivateurs qu'il tient à leur disposition des tonneaux à purin munis d'un robinet épandeur, système Faul, ainsi que des charrettes agricoles en tous genres.

M. Chrétien, propriétaire à Bel-Air. Laval, offre pour semence de l'orge provenance Chevalier et autre, bonne qualité, à raison de 18 fr. 50 les 100 kilogs, sauf variation, contre livraison, soit à son domicile, soit en gare de Laval ou de Cossé-le-Vivien, dans les toiles de l'acheteur.

M. de Villepin, à Jupilles (Sarthe), offre *orge chevalier*, à 25 fr. les 100 kilogs, logée, en gare de Maçon-Vouvray.

BULLETIN AGRICOLE DE L'OUEST

De l'emploi des engrais

XI. — ACTION DES ENGRAIS SUR LES PRAIRIES NATURELLES

MM. Lawes et Gilbert, les éminents agronomes de Rothamsted, ont étudié, d'une manière suivie, l'action des divers engrais sur les prairies permanentes. Ils ont non seulement recherché l'influence de la fumure sur le rendement en poids, mais aussi celle qu'exerce la nature des principes fertilisants sur le développement des diverses espèces de plantes qui composent le gazon des prairies. Nous allons chercher à résumer ici leurs pricipales conclusions.

Nos	NATURE de l'engrais	Rendement moyen annuel de 18 années 1856-1873
	Engrais par hectare	foin sec à l'hectare
(a)	Sans engrais	2.746 kilogs.
(b)	439 kil. superphosphates	2.919 —
(c)	439 kil. superphosphates 448 kil. sels ammoniacaux	4.409 —
(d)	448 kil. sels ammoniacaux	3.452 —
(e)	336 kil. sulfate de potasse 112 — — soude 112 — — magnésie 439 — superphosphate	4.457 —
(f)	Même engrais que (e) plus 448 kil. de sels ammoniacaux	6.544 —
(g)	616 kil. nitrate de soude et engrais miné-ral (e)	7.203 —
(h)	616 kil. nitrate de soude	4.556 —
(k)	308 kil. nitrate de soude et engrais miné-ral (e)	5.979 —
(l)	308 kil. nitrate de soude	4.362 —
(m)	35.000 kil. de fumier de ferme pendant 7 ans.	5.352 —
(n)	35 tonnes de fumier, plus 224 kil. de sels ammoniacaux	6.128 —

Du tableau précédent, nous tirons les enseignements suivants :

52

1° Les superphosphates employés seuls ne donnent qu'un faible excédent de récolte : 2,919 — 2,746 = 173 kil. *(a et b)*.

2° Les sels ammoniacaux seuls donnent un accroissement notable : 706 kil. *(a et d)*, ainsi que le nitrate de soude : 1,710 kil. *(a et h)*.

3° Le mélange de superphosphates et de sels ammoniacaux donne une forte augmentation de produit sur le sol sans engrais, et même sur le sol avec sels ammoniacaux seuls. L'excédent de récolte sur la parcelle sans engrais est de 1,663 kil. *(a et c)* soit de 957 kil. de plus que n'a donné l'ammoniaque seule *(c et d)*.

4° Le mélange d'engrais minéraux seuls *(e)* sans azote a donné un fort excédent : 1,711 kil.

5° Les excédents les plus considérables ont été obtenus avec l'engrais minéral *(e)* renfermant de l'acide phosphorique, de la potasse, de la magnésie, additionné d'azote soluble.

Engrais minéral   et azote   ammoniacal :   3.798 kil.   d'excédent
    —   —   nitrique :   4.457 kil.   —

6° L'influence heureuse de la potasse sur le rendement ressort clairement de la comparaison des lots *(c)* et *(f)*. L'excédent de récolte de la parcelle qui a reçu de la potasse sur l'autre, est de 2,035 kil

7° — Le fumier de ferme, appliqué d'une manière continue, porte le rendement à un niveau élevé, mais moins cependant que l'engrais de commerce complet. Mais il y a des modifications profondes apportées dans la nature de l'herbe de la prairie par la nature de l'engrais.

8° — L'herbe de la parcelle sans engrais renferme o/°.

    74 de graminées,
     7 de légumineuses,
    19 de diverses.

Les fétuques et les avoines prédominent. La récolte est homogène, mais courte, peu fournie en tiges, verte et tardive pour l'époque du fauchage.

9° — *L'engrais minéral mixte (e)* n'augmente pas sensiblement le nombre des graminées ; il diminue leur rendement, et celui des espèces accessoires ; *mais il accroît le produit total à l'hectare et la proportion des légumineuses.* Aucune graminée ne prédomine. La tendance au développement de la tige et de la graine, ainsi que la précocité sont beaucoup plus marquées que sur les parcelles sans engrais.

10° — *Les sels ammoniacaux seuls forcent la propor-tion et le nombre des graminées, à l'exclusion presque complète des légumineuses,* et au détriment des autres plantes dont quelques-unes cependant, comme le Rumex, le Cumin, l'Achillée prennent un grand développement. Les graminées conservent entre elles les mêmes rapports que dans les parcelles sans engrais, sauf que la *Fétuque dure* et *l'Agrostis* dominent. Les feuilles de pied se déve-loppent et la maturité est retardée.

11° — *Le nitrate de soude seul* exerce la même action que les sels ammoniacaux, mais il favorise le *Vulpin des prés.* L'herbe est plus pourvue en feuilles qu'en tiges ; elle est d'un vert foncé et peu mûre. Les légumineuses y sont peut-être un peu plus abondantes, et certaines espèces nuisibles, le *plantain, la centaurée, l'achillée, la renoncule, le pissenlit,* sont luxuriantes.

12° — *La fumure avec les engrais minéraux addi-tionnés d'engrais azotés,* assure le plus fort rendement de même que la plus forte proportion de graminées pour un nombre restreint d'espèces. Les légumineuses et les autres plantes ont pour ainsi dire disparu. La récolte est luxuriante, riche en tige et en feuilles, plus proche de la maturité qu'avec les engrais azotés seuls. Les plantes dominantes sont les plus volumineuses , en première li-gne le dactyle pelotonné et le paturin commun ; en deu-xième ligne, les avoines, l'agrostis, l'ivraie, et la houlque laineuse. Parmi les graminées proscrites, il faut citer les fétuques, le fromental, le vulpin et le brôme.

13°. — *Le fumier* développe activement quelques plantes nuisibles, l'oseille, la renoncule, le cumin, etc., et sacrifie les légumineuses. Il favorise le paturin et le brôme aux dépens des fétuques, des avoines, de l'agros-tis, de l'ivraie et du fromental. La récolte volumineuse a une composition simple, très fournie en feuilles et en tiges, elle laisse beaucoup à désirer comme finesse et homogénéité.

14°. — *Les engrais azotés seuls, ou en mélange,* quoique l'on tienne compte de l'action moins marquée du nitrate, excluent les légumineuses, tandis que l'engrais minéral, contenant de la *potasse* et de *l'acide phospho-rique,* favorise beaucoup les plantes de cette famille.

15°. Quels que soient les engrais employés, le nombre des espèces végétales est réduit, et le développement des plantes nuisibles, sauf quelques exceptions avec le fumier et les engrais azotés, est empêché.

16°. La valeur nutritive des fourrages obtenus sur les diverses parcelles, sous l'influence des différents engrais, ressort du tableau suivant, qui indique le taux pour 100 de foin sec de la matière azotée ou protéïque.

Sans engrais	8,82	0/0 de protéïne
Sels ammoniacaux seuls............	10,39	—
Engrais minéral....	8,82	—
Engrais minéral et sels ammoniacaux.	10,77	—
Fumier et sels ammoniacaux.........	8,00	—
Fumier seul...................... .	7,43	—

17°. Si nous composons la valeur nutritive pour 100 avec le rendement à l'hectare, nous avons les chiffres suivants qui donnent le produit à l'hectare en matière azotée nutritive :

Sans engrais	242	kilos.
Sels ammoniacaux seuls...	359	—
Engrais minéral	365	—
Engrais minéral et sels ammoniacaux..........	705	—
Fumier et sels ammoniacaux.................	490	—
Fumier seul.	398	—

C'est donc l'engrais complet (f) qui a donné à l'hectare la plus grande quantité de matière nutritive.

Passons maintenant aux conclusions pratiques principales à tirer de ce qui précède, après avoir rappelé qu'aucun moyen d'accroître temporairement la fertilité des prairies ne doit faire omettre les ressources permanentes que présentent les amendements calcaires (chaulage et marnage). le drainage et les irrigations.

Comme engrais, on ne saurait recommander l'emploi exclusif des os que dans certaines prairies appauvries.

Les plantes fourragères épuisent les alcalis du sol ; et à cause des prix généralement élevés des sels de potasse, on ne peut que rarement les restituer avec économie par les engrais commerciaux. Sous ce rapport le fumier, l'engrais humain, ont l'avantage de permettre de rendre au sol, en même temps que la potasse et les autres éléments minéraux, des quantités plus ou moins fortes d'azote assimilable.

Le Guano du Pérou constituerait un des meilleurs engrais pour les prairies, parce qu'il apporte des phosphates et de l'azote, tandis que les sels ammoniacaux et les nitrates ne fournissent que de l'azote seul. Mais il est vendu beaucoup trop cher et sans garantie de titre, ce qui doit le faire exclure absolument de la pratique. Un mélange par parties égales de nitrate de soude et de sulfate d'ammoniaque, additionnés de superphosphates, est plus économique.

C'est en somme le fumier de ferme qui assure la restitution la plus complète des éléments enlevés au sol par les récoltes de foin. Il est vrai que son action est plus lente que celle des autres engrais ; mais comme nous l'avons fait voir aussi, elle est de plus longue durée, et finalement l'utilisation de l'azote est aussi considérable. — De plus, l'herbage est plus fourni en espèces et le foin est supérieur en général, dans les conditions de l'emploi économique des engrais. On fumera par exemple tous les 4 ou 5 ans avec du fumier de ferme, et dans les intervalles on emploiera un mélange d'engrais de commerce appropriés : nitrate de soude et sulfate d'ammoniaque, avec superphosphates. La production sera ainsi très sensiblement augmentée, en même temps que la qualité botanique de l'herbe sera sauvegardée. L'emploi des superphosphates accroitra la précocité.

Enfin les circonstances de sécheresse exceptionnelle de l'année 1870, en Angleterre, nous permettent, à l'aide des expériences de Rothamted, de mesurer l'efficacité des engrais pour combattre leurs effets pernicieux. Ainsi la parcelle sans engrais, ayant donné en moyenne dans les années antérieures 2,680 kil. de foin par hectare, n'en produit que 721 kil. en 1870, d'où un déficit, dû à la sécheresse, de 1,959 kil., soit 75 0/0.

Avec le fumier la production moyenne avant 1870 était de 5,160 kil. ; elle n'a été que de 1,744 kil. en 1870 ; le déficit est de 3,416 kil. ou 66 0/0.

L'engrais minéral (e) et les sels ammoniacaux, donnaient en moyenne avant 1870, 6,494 kil. de foin par hectare. La récolte par cette année de sécheresse a baissé à 3,705 kil., en donnant un déficit de 2,705 kil., ou de 40 0/0.

L'engrais minéral (e) et le nitrate de soude donnaient avant 1870 un produit de 7,250 kil. ; ils ont donné 7,000 kil. en 1870 ; déficit 250 kil., soit 3,4 0/0.

Ces résultats démontrent d'une manière certaine que dans une prairie bien fumée il faut moins d'eau pour produire un même poids de récolte que sur un sol sans engrais. Nous avions déjà vu à propos des céréales un fait analogue. Du reste, l'étude de la circulation de l'eau dans les plantes montre que c'est là un fait général.

Nous remarquons aussi que les nitrates ont même en 1870 maintenu leur rendement élevé. C'est un point à considérer avec attention ; car il nous paraît fort important. On pourrait en déduire, en effet, que les nitrates sont les engrais azotés préférables dans les prairies sèches, ou peu fraîches, qui tendent aujourd'hui à se multiplier.

Pour terminer ces renseignements nous donnons le tableau suivant, où se trouve indiquée la proportion de l'azote, de l'engrais recouvré par l'excédent de récolte dans les différents cas de fumure :

	AZOTE RECOUVRÉ
Sels ammoniacaux ou nitrates seuls	32 0/0
Engrais minéral et sels ammoniacaux	46.5
Engrais minéral et nitrate de soude (l) 308 kil.	62.0
Engrais minéral et nitrate de soude (g) 616 kil.	36.0
Fumier	15.0 (1)

En somme les études précédentes nous montrent clairement quelle influence remarquable les engrais exercent sur la production des prairies, et sur la qualité du foin. C'est aux cultivateurs à en profiter dans la mesure où la situation le permet.

Agricola.

Création d'une Luzernière

Si dans la région de l'Ouest les prairies naturelles méritent d'être classées au premier rang de la production fourragère, la luzerne, partout où les conditions relatives à la nature du sol permettent de la cultiver, mérite sans conteste, d'occuper une large place dans cette production. Cette plante, en effet, qu'elle soit consommée en vert ou sous forme de foin, fournit un excellent et abondant fourrage, et sa place est marquée dans tout assolement bien compris.

Aussi croyons nous utile, au moment où le semis des luzernes va s'effectuer, de donner quelques renseignements pratiques sur le choix du terrain et sur les meilleurs

(1) Azote recouvré par les premières récoltes, car dans les années suivantes les excédents en récolte peuvent faire monter la proportion de l'azote total recouvré beaucoup plus haut. Voir n° du 24 mai 1883. — En 19 ans il y a 42 0/0 de l'azote du fumier de recouvré dans les excédents de récolte.

procédés de culture appliqués à la création d'une luzernière.

Nature du sol. — Tous les cultivateurs connaissent la propriété caractéristique de la luzerne de développer des racines puissantes et pivotantes, qui tendent sans cesse à pénétrer dans les couches les plus profondes du sous-sol. Or pour favoriser ce développement des racines indispensable à la réussite, il faut que le sol présente le plus de profondeur possible, qu'il soit perméable, c'est-à-dire qu'il laisse filtrer les eaux de pluie, ce qu'on appelle en un mot, un terrain profond et sain.

Nous n'insistons pas là dessus, car aucun homme des champs, n'ignore que ce serait perdre son temps, sa peine et son argent, que de chercher à établir une bonne luzernière dans des terrains humides ou dans ceux qui n'ont qu'une faible couche de terre cultivée ou susceptible de l'être.

Travaux de culture. — Pendant l'hiver qui précède le semis, dans les terrains forts principalement, un labour de 25 à 30 centimètres de profondeur est indispensable si on veut s'assurer toutes les chances de succès. — Ce labour effectué avec un fort Brabant, armé de razettes, permettra d'enterrer les mauvaises herbes à une profondeur suffisante pour provoquer leur décomposition et les empêcher, au printemps suivant, de reparaître sur le sol.

La terre ramenée à la surface par ce labour subira l'action des gelées, qui contribuera puissamment à son ameublissement. Des labours légers, des hersages des coups de scarificateurs, donnés au printemps, compléteront cet ameublissement et le nettoyage de la couche superficielle.

Epoque du semis. — Les luzernes se sèment généralement au printemps, au mois d'avril, dans une avoine ou une orge, et quelquefois aussi dans une céréale d'automne que l'on herse vigoureusement. Il faut avoir soin de semer clair la céréale et d'éviter l'emploi des engrais azotés, si on ne veut s'exposer à voir le jeune plant de luzerne étouffé ou tout au moins étiolé par le couvert, ce qui arrive fréquemment lorsqu'il survient en juin une période de sécheresse. En effet, plus la céréale a de développement plus elle provoque l'évaporation et contribue à dessécher le sol et à priver la jeune luzerne de la lumière solaire. Or, toute plante a besoin pour végéter, en outre de la chaleur, d'être soumise à l'influence d'un certain degré d'humidité et de lumière. Si ces deux éléments viennent à manquer, la luzerne, dont le jeune plant est très délicat dans le jeune âge, s'étiole et disparaît.

Dans une céréale la réussite du semis n'est jamais assurée : souvent la luzerne est claire, les mauvaises herbes garnissent les vides dès la première année et l'envahissent à tel point, qu'il ne reste d'autre alternative que de recommencer l'opération.

Il existe un autre procédé, dont la mise en pratique ne laisse pas de place à l'insuccès. Nous allons l'indiquer en quelques mots.

Le terrain est préparé comme nous venons de l'indiquer par un labour d'hiver profond. Jusqu'en mars il n'y a pas lieu de donner d'autres façons. Dans le courant de ce mois on profite des premiers jours de beau temps, lorsque le sol est bien ressuyé, pour donner un double hersage suivi d'un coup de scarificateur et d'un nouveau hersage.

Sous l'influence de l'élévation de la température, les mauvaises graines mélangées à la couche superficielle ainsi ameublie ne tardent pas à germer, ce qui permet de les détruire par de nouveaux hersages et, s'il y a lieu, par un second coup de scarificateur. Pendant le mois d'avril et le commencement de mai, si c'est reconnu nécessaire, ces façons peuvent être répétées pour obtenir un nettoyage et un ameublissement complet du sol.

Un dernier labour, peu profond, sera donné fin mai et le semis effectué par un temps favorable, en juin, dans un sarrasin ; comme dernière façon un coup de rouleau. Le sarrasin, qui devra être semé très clair, est destiné à servir d'abri à la jeune luzerne contre les rayons du soleil. Lorsque son couvert devient trop serré, qu'il intercepte la lumière, il doit être coupé et donné en vert aux animaux.

La luzerne mise à découvert a acquis assez de vitalité pour résister aux rayons du soleil, et, d'autre part, le sol, par suite de son complet ameublissement, conserve, quelque temps qu'il fasse, assez de fraicheur pour permettre à la végétation de se poursuivre d'une façon normale.

Nous avons semé, par ce procédé, des luzernes qui atteignaient au mois d'octobre, c'est-à-dire 3 à 4 mois après le semis, 40 centimètres de hauteur, quelquefois plus, et qui, l'année suivante, étaient en plein rapport. On peut affirmer, sans exagération, que les luzernes ainsi établies, prennent une année d'avance sur les mieux réussies dans une céréale, semées la même année.

Nous recommandons tout spécialement cette pratique aux cultivateurs qui éprouvent des difficultés à réussir des luzernières.

Choix des graines. — Une question très importante c'est le choix des graines, considéré au triple point de vue de la valeur culturale, de la garantie sans cuscute et de la provenance. Le cultivateur ne devrait pas hésiter à prendre des graines sérieusement garanties, car celles qui, au premier abord, semblent être obtenues bon marché, sont souvent celles qui coûtent par la suite le plus cher. Nous n'insistons pas sur cette question qui a été étudiée précédemment dans ce Bulletin.

Dans la région de l'ouest, la luzerne du Poitou doit être généralement préférée à celle de Provence. Elle est mieux acclimatée que cette dernière et susceptible d'une plus longue durée. Cependant il peut y avoir des exceptions. Dans les terrains sains et profonds, exposés au midi, la luzerne de Provence donnera un rendement plus élevé que celle du Poitou et sera d'une durée suffisante, si les soins d'entretien ne sont pas négligés.

La quantité de graine à semer par hectare varie suivant le procédé employé. Dans une céréale de printemps il faut de 20 à 25 kilos ; dans une céréale d'automne de 25 à 30. Semée en juin dans un sarrasin, comme nous venons de l'indiquer, 15 à 18 suffisent. Ces quantités s'entendent pour graines de dernière récolte, épurées, sans mélange aucun de graines surannées.

Fumure. — Le fumier de ferme ne devrait jamais être employé pour les luzernières. Ce fumier, en effet, lorsqu'il n'a pas été bien fabriqué, ce qui malheureusement est le cas le plus fréquent, renferme des graines diverses qui sont introduites dans le sol et ne tardent pas à provoquer l'apparition de mauvaises herbes qui envahissent la luzernière. Le fumier contient en outre des principes fertilisants azotés qui favorisent le développement des graminées, sans avoir grande action sur la luzerne. Il faut, en principe, renoncer pour les luzernes à l'emploi des engrais azotés, que ces engrais se présentent sous forme de fumier de ferme, de nitrates, de sulfate d'ammoniaque, de poudrettes, guanos ou autres.

Ce sont les engrais phosphatés et potassiques qui conviennent.

La première année pendant les travaux d'ameublissement qui précèdent le semis, on peut semer et mélanger à la couche superficielle, 1.000 kilos de phosphate fossile ou de scories de déphosphoration à l'hectare. Ces engrais d'une faible solubilité, forment un fond de fertilité qui sera graduellement utilisé par la plante.

La deuxième année et les suivantes, le superphosphate et le chlorure de potassium sont les engrais auxquels il convient de donner la préférence. Ils devront être appliqués en janvier ou février au plus tard, à raison de 4 à 600 kilos de superphosphate et 100 à 150 kilos de chlorure de potassium à l'hectare, suivant la nature et l'état de fertilité du sol.

Le plâtre employé à la dose de 600 kilos, donne souvent d'excellents résultats. Il doit être semé au printemps, le matin à la rosée, lorsque la plante, haute de 8 à 10 centimètres, couvre le sol. Le plâtre n'est pas un engrais par lui-même, et son mode d'action n'est pas encore bien connu. Il doit agir comme stimulant, en provoquant la mise en liberté et l'assimilation de certains principes fertilisants, la potasse entre autres, renfermés dans le sol.

L'action du plâtre n'est, du reste, pas constante. Son emploi pourra être alterné avec la fumure phosphatée et potassique susdite.

Travaux d'entretien. — Les travaux d'entretien se bornent à donner au printemps des hersages, ou encore, s'il y a lieu, des coups de sacrificateurs superficiels, pour détruire les graminées à racines traçantes qui tendraient à envahir la luzernière.

On devra aussi maintenir en bon état d'entretien les rigoles d'assainissement dont l'établissement serait reconnu nécessaire à l'écoulement des eaux pluviales qui seraient exposées à séjourner pendant l'hiver dans les parties basses.

G. PEYRAS.

Destruction des Hannetons

Nous recevons la lettre suivante et nous la livrons aux méditations des nombreux cultivateurs qui, dans quelques jours, devront faire leur possible pour détruire les nuées de hannetons qui vont sortir de leurs champs. Tous les moyens sont bons pour se mettre à l'abri de pareils fléaux,

« Parigné près Mayenne, 9 avril 1890.

« Monsieur,

« Au moment où les hannetons vont sortir de terre,
« je prends la liberté de vous indiquer un procédé
« pour les détruire, peu coûteux, à la portée de tous
« les cultivateurs ; que j'ai employé moi-même il y a
« trois ans et qui m'a parfaitement réussi.

« La plus grande partie des hannetons allant se réfu-
« gier dans les haies, sur les jeunes pousses *précoces* tel
« que le saule, l'aubépine, etc., s'aperçoit facilement et
« se trouve à la portée du cultivateur, qui peut aisément
« faire la chasse à ces coléoptères.

« Voici comment j'ai procédé :
« J'ai acheté un baril de goudron (extrait de houille)
« dont le prix est de 0 fr. 10 le litre ; j'ai fait préparer
« des torches de paille que je plaçais aux doigts de nos
« fourches, je trempais ces torches dans un vase rempli
« de goudron, je mettais le feu à ces torches, que je
« remplaçais successivement, et, de très bonne heure le
« matin, je promenais ces torches le long des haies.

« Les hannetons encore engourdis, venaient se brûler
« les ailes ou tombaient asphyxiés par la fumée.

« Dans cinq matinées, moi et trois hommes, nous
« avons nettoyé les 2 tiers de ma ferme de 30 hectares.
« 30 litres de goudron ont suffi pour cette opération.

« Il n'y a aucun danger de mettre le feu, surtout à
« cette époque de l'année, où le bois est en sève et
« l'herbe verte.

« Le seul inconvénient qu'il y a à signaler serait le
« retard des jeunes pousses, qui se trouvent un peu
« grillées, mais qu'est-ce que ce retard vis-à-vis d'une
« récolte ravagée.

« Les deux années suivantes, j'ai trouvé fort peu de
« vers blancs dans les champs où j'ai fait l'opération :
« les autres en étaient infectés.

« Cette méthode de destruction me paraît surtout très
« praticable dans les pays peu boisés ; elle est à la portée
« de toutes les bourses et très expéditive.

« Je suis content de ma découverte et je vous autorise
« à en faire tel usage qu'il vous plaira.

« Veuillez agréer, . . .

« CHEVALLIER, François. »

SYNDICAT DE CHARTRES

Le Syndicat agricole de Chartres informe ses adhérents qu'il peut fournir aux prix ci-dessous des vins naturels des provenances ci-après :

1° *Vins d'Algérie.*

Les vins de cette provenance sont épuisés.

2° *Vins du Minervois,* (Aude).

La barrique de 220 litres, rendue franco de tous droits à la gare de l'acheteur, 120 francs. Valeur à 30 jours, 2 0/0, ou 90 jours sans escompte.

3° *Vins de Bordeaux.*

Bonnes côtes de Bordeaux, la pièce de 225 à 228 litres, 160 fr., 180 fr., 200 fr.

Côte Saint-Christophe de Saint-Emilion	250 Fr.
Sables de Saint-Emilion	300
Saint Estèphe	350
Saint-Emilion et Haut Pomerol	400
— vieux —	500 et 600.

Le tout franco gare de l'acheteur, fût perdu, valeur à 30 jours 3 0/0 ou 90 jours sans escompte

Par demi pièce et 1/4 de pièce, 5 francs en sus pour logement.

Les commandes doivent être adressées à M. Mercier, Agent-Comptable du Syndicat, 4, Place Saint-Michel, à Chartres.

Prière d'indiquer très clairement l'espèce et la quantité qu'on désire.

Le Syndicat recherche en ce moment le moyen de fournir pour la saison d'été, des vins naturels pour fermes, à des conditions avantageuses. Il espère pouvoir donner les prix au Bulletin de mai.

MM.

Victor Gilbert, pharmacien, aux Quatre-Coins, à Chartres.

Lhuillier, successeur de M. Delacroix, pharmacien, 1, rue Delacroix, à Chartres.

Malenfant, pharmacien, 48, rue du Soleil–d'Or, à Chartres.

Barruet-Jatteau et Jaupitre, pharmacien, 26 et 28, rue de la Clouterie, à Chartres.

Donnent avis qu'ils feront une remise de dix pour cent à tous les membres du Syndicat sur toutes fournitures de pharmacie, et sur la présentation de leur carte de membre de l'Association.

M. Humbert, pharmacien, 17, rue de la Tonnellerie, à Chartres, fait savoir que, sur la présentation de leur carte, il fera à tous les membres du Syndicat une réduction notable sur tous les médicaments qu'ils seront susceptibles d'utiliser pour eux et leur famille.

SYNDICAT DE LA MAYENNE

Distribution de greffes

Le Syndicat des jardiniers et maraîchers de Laval met gratuitement à la disposition de ses adhérents et des membres du Syndicat des agriculteurs de la Mayenne un choix de greffes des meilleures espèces de pommiers du pays et des greffes provenant de la Guerche de Bretagne et de la société d'horticulture de Rouen.

Des dépôts sont établis chez :

MM. Hutin, horticulteur, rue des Hauts-Tuyaux ;
Legendre, jardinier, rue du Gué-d'Orger ;
Houdayer, horticulteur, rue d'Avesnières ;
Accary, jardinier, ruelle des Pavillons ;
Angot, cultivateur à la Jumellière ;
Et Lemonnier, cultivateur à la Morinière.

Houdayer-Collet, rue d'Avesnières, 12, offre bel assortiment de pommiers et poiriers du pays, à prix très réduits, rosiers, fleurs, plantes de toute sorte, bouquets.

P. Trochon, horticulteur-fleuriste, rue Haute-Chiffollière, Laval, offre grand choix de plantes et fleurs de serre et de plein air — fleurs de toute sorte. — Beau choix de pêchers vigoureux. — Culture de champignons à domicile.

Denis-Lecoq, horticulteur, rue de Bretagne, 47, offre un assortiment complet de palmiers et plantes décoratives pour appartements et serres, plantes bulbeuses et tubereuses, geraniums et plantes pour massifs, fleurs.

M. F. Lahais, pépiniériste, route de Nantes, à Laval, offre : un assortiment de très beaux pommiers et poiriers du pays, choix extra, à 2 fr., 2 fr. 50 et 3 fr. ; ainsi qu'un beau choix de toutes espèces d'arbres fruitiers, forestiers et d'ornement, à des prix très modérés.

Fabrique de Briques, Carreaux et Tuyaux de drainage

De toutes dimensions et sur commande

MÉDAILLES ET DIPLOMES D'HONNEUR

BOULARD-BILLIARD

TUILIER-BRIQUETIER

Aux Agets-Saint-Brice
Par BOUÈRE (Mayenne)

Entrepôt de TUILERIE de BOURGOGNE (Saône-et-Loire)

Le tarif est envoyé *franco* à toute personne qui en fait la demande.

Une Réduction est faite aux Membres du Syndicat

Ce Bulletin paraît le 15 de chaque mois.

BULLETIN AGRICOLE
DE L'OUEST

Organe de l'Union des Syndicats Agricoles
des départements du Finistère, des Côtes-du-Nord,
du Morbihan, de la Loire-Inférieure, d'Ille-et-Vilaine, de la
Manche, de la Mayenne, de Maine-et-Loire, de la Sarthe,
de l'Orne, du Calvados, de l'Eure, d'Eure-et-Loir
et de la Seine-Inférieure.

Publié sous la direction de :

H. LÉIZOUR, ✻ M. A.

Professeur départemental d'Agriculture de la Mayenne, Directeur du Laboratoire
agronomique, Président du Syndicat des Agriculteurs de la Mayenne,

GAROLA, ✻ M. A.

Professeur départemental d'Agriculture d'Eure-et-Loir,
Directeur de la Station agronomique de Chartres.

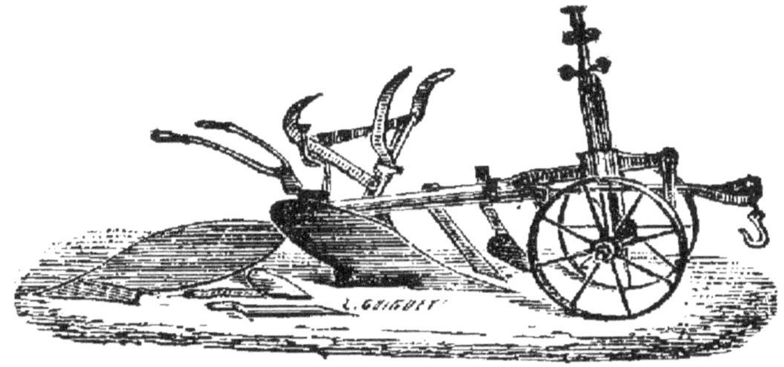

ABONNEMENTS

Les membres des syndicats adhérents sont abonnés gratuitement par leurs
bureaux. — Pour les étrangers aux syndicats : **6 fr.** par an.

ANNONCES

De 1 à 4 annonces. » **50ᵉ** la ligne. { De 8 à 12 annonces » **30ᵉ** la ligne
De 4 à 8 — » **40ᵉ** — { Au-delà de 12. . » **20ᵉ** —

Le bulletin publiera gratuitement les offres et demandes
des Syndicats abonnés.

*AVIS. — Tout ce qui concerne la rédaction, les Annonces et les Abon-
nements, doit être adressé à M. LÉIZOUR, rue de la Filature, 1, à Laval.*

AU PROGRÈS

MAISON MOTTE

TAILLEUR CIVIL ET MILITAIRE

12, rue du Grand-Faubourg, 12

A L'ENTRÉE DE LA PLACE DES EPARS

CHARTRES

Spécialité de Dolmans pour Officiers, de Tuniques et Livrées pour Pensions et Maisons particulières. — Grand choix de Draperie Française et Anglaise. — Complet confection depuis 20 fr. — Complet sur mesure depuis 55 fr.

Il sera délivré à tout acheteur de costume complet UN SUPERBE PLASTRON.

Remise de 10 % à tout membre du Syndicat agricole, et sur la présentation de sa carte de syndiqué.

Fabrique de Briques, Carreaux et Tuyaux de drainage

De toutes dimensions et sur commande

MÉDAILLES ET DIPLOMES D'HONNEUR

BOULARD-BILLIARD

TUILIER-BRIQUETIER

Aux Agets-Saint-Brice

Par BOCÉRE (Mayenne)

Entrepôt de TUILERIE de BOURGOGNE (Saône-et-Loire)

Le tarif est envoyé *franco* à toute personne qui en fait la demande.

Une Réduction est faite aux Membres du Syndicat

LA FONCIÈRE

COMPAGNIE D'ASSURANCES MOBILIÈRES ET IMMOBILIÈRES

CONTRE L'INCENDIE

Siège social : *Place Ventadour*, PARIS

Ensemble des garanties

SOIXANTE-HUIT MILLIONS

Au 31 décembre 1888, les valeurs assurées s'élevaient à 6 milliards 491 millions 394 mille 745 francs. (Le résultat de l'exercice 1889 n'est pas encore connu.)

S'adresser ou écrire à M. Mercier, agent général et comptable du Syndicat agricole, 4, place Saint-Michel, Chartres.

BULLETIN AGRICOLE DE L'OUEST

Les Vergers

A voir l'état de la végétation et en particulier celle des arbres fruitiers, on serait tenté de croire que la nature éprouve le besoin de combler de bonne heure, en 1890, le vide laissé dans les caves par 1889.

Et ce n'est pas une petite promesse que nous font actuellement pommiers et poiriers. Rarement on les a vus aussi bien préparés, aussi abondamment couverts de boutons à fleurs.

Malheureusement il y a loin de cette promesse à la récolte et nombre de pomologistes, se rappelleront les belles dispositions de leurs vergers les années précédentes et l'absence de leurs récoltes, et se demanderont avec anxiété si les circonstances qui ont amené naguères ces cruelles déceptions ne se représenteront pas en 1890.

C'est que, en effet, nous sommes obligés de compter désormais, comme les viticulteurs, avec un certain nombre d'ennemis qui, pour n'avoir commis jusqu'à ces dernières années que des dégâts insignifiants, n'en sont pas moins terribles aujourd'hui.

Tout d'abord l'anthonòme, ce petit insecte à peine visible pour les observateurs superficiels, guette le moment favorable pour aller déposer son œuf dans chaque fleur de pommier, que sa larve détruira ensuite, en la transformant en un énorme clou de girofle, par suite de la destruction de ses organes essentiels.

Comme cet insecte passe l'hiver sous les vieilles écorces, les mousses et les lichens qui recouvrent les pommiers, il y aurait lieu d'essayer sa destruction, par des grattages, des badigeonnages ou des aspersions à l'eau de chaux ou à la bouillie bordelaise, etc. Plus tard, lorsque les larves qui auront détruit les fleurs seront devenues, à leur tour insectes parfaits, il faudrait les détruire en secouant les branches sur les feuilles desquelles on en constaterait la présence, après avoir étendu sous l'arbre, des toiles destinées à les recueillir. Cette opération ne préserverait pas les fleurs de l'année, mais elle aurait pour immense avantage de réduire les ennemis pour les années à venir.

Ensuite il faut compter avec une autre maladie, due à un petit champignon, celle-là, qui s'attaque aux feuilles, les détruit prématurément et par suite empêche le développement et la maturation des fruits échappés aux ravages de l'anthonôme.

En 1889 cette maladie n'a pas fait de grands ravages, mais il n'en avait pas été de même en 1886 et l'an dernier on a pu constater qu'elle avait tué un grand nombre d'arbres en 1888. Il faut donc s'attendre à la voir réapparaître avec une nouvelle intensité en 1890, pour peu que l'été soit favorable au développement du champignon et faire tout le possible pour en combattre les effets.

Bien que le champignon qui occasionne cette maladie ait été moins étudiée que l'anthonôme, il est très probable qu'il passe l'hiver, comme ce dernier, à l'abri des vieilles écorces et des cryptogammes, qui recouvrent les arbres. Le traitement d'hiver qui doit combattre l'un, devra donc être efficace pour combattre l'autre.

De plus, les quelques essais de traitement d'été qui ont été effectués dans la Mayenne l'année dernière ont prouvé que la bouillie bordelaise appliquée en temps opportun, c'est-à-dire avant l'apparition du mal, aura des effets salutaires sur le pommier, comme elle en a sur la vigne, qu'elle préserve du mildew.

Il est certain que jusqu'ici les arbres de nos vergers nous avaient habitués à nous croiser les bras en attendant les récoltes, qui arrivaient avec une grande régularité, et que nous n'avions qu'à enlever lorsqu'elles étaient mûres. Il paraîtra très dur, par suite, de se voir obligé d'accorder à cette récolte, comme à toutes les autres, les soins nécessaires pour maintenir les arbres vigoureux et les préserver des divers ennemis qui les attaquent. Mais il est non moins certain qu'avec les nouvelles conditions qui sont faites aux producteurs de cidre, par suite de l'élévation du prix de ce dernier et des difficultés plus grandes qu'on éprouve à l'obtenir, il est indispensable de s'armer pour la lutte, et que ceux-là seuls seront bien avisés qui auront cherché et trouvé le moyen de conserver leurs arbres. Il faut se rappeler, en effet, qu'il faut de 25 à 30 ans pour obtenir un pommier capable de produire une certaine quantité de pommes, et, en outre, que ce sont les fruits récoltés sur des arbres d'un certain âge qui produisent le meilleur cidre.

Fumer énergiquement les plantations languissantes et débarrasser les arbres âgés de leur vieille écorce, des mousses et des lichens qui les recouvrent et détruire, par des aspersions et des badigeonnages, les insectes et les champignons nuisibles, sont donc les opérations auxquelles tous les cultivateurs de nos contrées doivent avoir recours le plus tôt possible.

H. LÉIZOUR.

Quelques remarques sur l'hygiène des animaux de l'espèce porcine

Dans les n°s 12 et 13 du bulletin, nous nous étions livrés à un travail sommaire sur l'élevage et l'engraissement du porc. Pour compléter cette étude, nous nous proposons aujourd'hui de donner quelques appréciations relatives à l'hygiène et à l'installation des porcheries.

Ces questions sont très importantes, car l'habitation du porc laisse généralement beaucoup à désirer, et la plupart des cultivateurs ignorent, à ce sujet, les principes les plus élémentaires de l'hygiène. Règle générale, les toits à porcs sont étroits, obscurs, mal aérés, et les litières y sont distribuées avec beaucoup de parcimonie. Cet état de choses n'est pas toujours dû à la négligence ; il est la conséquence d'une croyance répandue dans les campagnes, qu'un pareil milieu est en rapport avec les besoins des animaux de l'espèce porcine, auxquels on attribue, bien à tort, des instincts de malpropreté.

Lorsque la température est élevée et que le porc n'a pas d'eau à sa disposition, il n'hésite pas, il est vrai, à se vautrer dans la boue ; c'est ce qui a dû donner naissance à cette croyance. Par suite de sa constitution le porc supporte mal la chaleur ; il n'a pas, comme la plupart des autres animaux domestiques, la faculté de transpirer. Or, chacun sait que le produit de la transpiration, ce qu'on appelle la sueur, provoque, en s'évaporant, un refroidissement à la surface, qui atténue le malaise occasionné par la chaleur extérieure. L'animal se vautre instinctivement pour se procurer de la fraicheur, pour se recouvrir d'une couche humide, d'une sueur artificielle, si l'on peut s'exprimer ainsi, qui produira les mêmes effets que la transpiration. Ce n'est donc pas la malpropreté qui le pousse à se vautrer, c'est un besoin naturel, une nécessité hygiénique. Aucun doute ne saurait subsister à cet égard, si on observe un porc logé dans un toit spacieux. On peut remarquer que la litière est ramassée dans un coin, c'est sa couche ; à l'opposé, dans un autre coin, sont accumulées les déjections, tant solides que liquides. Chaque fois que l'animal a un besoin naturel à satisfaire, il quitte son lit pour gagner le coin opposé.

Le dicton si souvent en usage dans le langage trivial : sale comme un c. . . . n'a donc rien de vrai ; le porc n'est pas plus poussé à la malpropreté que les autres animaux ; le contraire serait plutôt l'expression de la vérité.

Par suite de la nourriture aqueuse qu'il reçoit, les déjections du porc sont très liquides et les litières rapidement imprégnées. Il faut donc lui assurer des toits suffisamment spacieux, bien aérés, et avoir soin de procéder tous les jours à l'enlèvement du fumier et au renouvellement fréquent des litières.

Les nombreuses observations faites dans des exploitations soumises au même système de culture et à des conditions climatériques identiques, nous ont permis de remarquer des différences considérables dans les résultats économiques obtenus sur la spéculation porcine. Ces différences devaient être uniquement attribuées à l'installation des porcheries et aux soins de propreté, car le genre d'alimentation était sensiblement le même de part et d'autre.

Quelques développements sont ici nécessaires pour mettre en évidence les inconvénients qui peuvent résulter d'une installation défectueuse, c'est-à-dire, ce qui peut se présenter dans la plupart des fermes ; car les porcheries bien comprises sont encore des exceptions.

Elles comprennent généralement des petits toits carrés,

de 1 ᵐ 50 de côtés, ou quelque chose d'approchant, dans lesquels la hauteur du plafond peut varier de 1 ᵐ 20 à 2 mètres. L'aération et l'éclairage s'y effectuent par une ou deux petites ouvertures rectangulaires, ayant 20 à 25 centimètres dans un sens, 10 à 15 dans l'autre ; autant dire qu'il n'y existe ni ventilation ni lumière.

Lorsqu'on ouvre la porte d'un de ces réduits, l'été principalement, on constate une obscurité presque complète et le dégagement d'une buée, chaude, fétide, suffocante. L'animal étouffe littéralement dans un pareil milieu, où manquent simultanément la fraîcheur et l'air respirable. Il fouille de son groin le fumier pour chercher un peu de fraîcheur qu'il ne parvient pas à se procurer. Le malaise qu'il éprouve, l'agitation continuelle à laquelle il est condamné, ne lui laissent pas de repos. Ce qui peut arriver de moins fâcheux au cultivateur, c'est un grand retard dans la croissance de l'animal, lorsqu'il n'y a pas arrêt complet ou dépérissement. Il se présente fréquemment que les jeunes sujets sont atteints, soit par les gouttes, les arthrites, le rouget ou autres affections particulières à l'espèce porcine. Une partie peut succomber, et ceux qui réchappent restent, après certaines de ces affections, perclus et presque sans valeur.

Sous ces mêmes influences, les animaux à l'engrais sont affaiblis et prennent peu d'embonpoint. Il arrive que des sujets meurent, sans avoir constaté aucune apparence de maladie. La décomposition cadavérique est très rapide et la mort est généralement attribuée à une affection charbonneuse.

Le fait peut quelquefois se présenter, mais dans la plupart des cas, la cause en est due à l'insalubrité du logement, au manque d'air, en un mot, à une mauvaise hygiène. L'oxigène est insuffisant pour que la vivification du sang s'effectue normalement, sa fluidité diminue, ce qui amène un ralentissement dans la circulation, une congestion, et l'animal succombe à ce qu'on appelle : *un coup de sang.*

Nous ignorons si des cas de ce genre se présentent dans la région de l'ouest ; chacun pourra en juger par l'exposé que nous venons d'en faire. Dans certaines contrées du centre de la France, où la spéculation porcine a beaucoup d'extension, les affections morbides que nous venons de signaler, occasionnent annuellement à la culture des pertes considérables.

D'après ce qui précède le remède est tout indiqué. Il réside dans l'installation de porcheries suffisamment vastes, bien aérées, et dans les soins de propreté, qui consistent à enlever journellement le fumier et à renouveler fréquemment les litières. Jusqu'au moment où ils sont mis à l'engrais, il faut que les jeunes porcs aient la faculté de jouer et gambader, car l'exercice favorise leur développement. Des toits vastes, dans lesquels plusieurs individus peuvent être logés, sont, sous ce rapport, ce qu'il y a de plus recommandable.

Il n'entre pas dans notre pensée de pousser au luxe pour l'installation des porcheries, au contraire. Pour tout ce qui est relatif aux bâtiments de ferme, s'il faut chercher le confortable, il y a lieu d'observer les règles les plus strictes de l'économie.

L'espace, l'éclairage et la ventilation assurés, le point capital pour les porcheries consiste dans la solidité du sol, qui devra autant que possible être bétonné et disposé en pente pour permettre l'écoulement des déjections liquides vers un point où une citerne à purin sera construite.

Le carrelage et le pavage ne fournissent pas toujours une garantie suffisante de durée. Si un carreau ou un pavé vient à être ébranlé, le toit peut ne pas tarder à devenir un vrai cloaque. Pour chercher de la fraîcheur le porc peut de son groin, tout bouleverser dans l'espace de quelques jours.

Les séparations devront avoir de 1 m à 1 m 20 de hauteur. C'est au cultivateur à déterminer, suivant les conditions où il se trouve, quels sont les matériaux les plus avantageux pour l'établissement de ces séparations. Nous ferons toutefois remarquer que les cloisons en madriers, sont moins exposées aux dégradations que les murs.

Pour les porcheries on devra éviter l'exposition du midi.

Nous n'ajouterons qu'un mot pour terminer. Il ne faut pas perdre de vue que la salubrité du logement a autant, et peut-être même plus d'influence sur la santé et le développement des porcs, que la meilleure nourriture.

G. PEYRAS.

La ruine agricole. — Le Hanneton et sa larve.

En parcourant le département de la Mayenne, on remarque que dans une grande quantité de communes, il y a une invasion de hannetons tellement grande que les jeunes branches des arbres, le chêne notamment, fléchissent sous le poids de ces insectes destructeurs, et il faut s'attendre à voir d'autres sorties jusqu'au 15 de ce mois, ce qui viendra encore accroître le nombre des éléments d'un fléau qui jettera la désolation dans nos campagnes, dès l'année prochaine.

Mœurs. — Les hannetons sont trop connus pour qu'il soit nécessaire d'en faire la description. Comme tous les insectes, le ver blanc naît d'un œuf. Cet œuf est déposé par la mère, en groupe de 30 à 50, dans un trou qu'elle a creusé avec ses pattes antérieures sur un terrain choisi par elle pour assurer la conservation et la reproduction de son espèce. Aussi, les terres légères sont elles presque toujours le berceau de prédilection dans lequel elle les confie.

La ponte a lieu, pour la plupart, en mai, après le coucher du soleil. — La mère meurt peu de temps après la ponte, et les larves éclosent au bout d'un mois environ. Elles mettent trois ans, quelquefois quatre, suivant certains observateurs, pour arriver à l'état d'insecte parfait ; c'est pendant cette période que les dégâts sont considérables.

Le hanneton vit 10 à 15 jours seulement, et ce n'est que vers les derniers jours de leur existence que le mâle s'accouple avec la femelle.

Dégats. — L'insecte parfait, le hanneton, ne cause pas de grands préjudices ; les arbres dont il dévore les feuilles perdent cependant une sève, mais ce n'est rien comparativement aux dégâts de sa larve appelée *ver blanc, turc* ou *mans,* suivant les pays ; aussi devrait-on s'efforcer d'en diminuer le nombre par tous les moyens possibles.

Pour se fixer une idée du tort causé par les vers blancs, faisons un petit calcul, et prenons une récolte de blé complètement détruite, comme il n'était pas rare d'en voir, il y a 3 ans, supposons un rendement moyen de 20 hectolitres de grain à l'hectare et la paille correspondante, soit 3.000 kilos. *La valeur brute de cette récolte* détruite serait au cours actuel de . 20 × 17 f. 25 = 355 francs pour le grain et 3,000 × 50 fr. = 150 francs pour la paille, soit en chiffre rond, *500 fr. par hectare*

Combien faut-il d'insectes pour amener ce triste résultat ? il n'y a évidemment rien d'absolu, mais sur des récoltes ainsi détruites, en retournant l'herbe avec le pied comme on retournerait une toison de mouton, j'en ai compté une quarantaine en moyenne sur un mètre carré de surface, acceptant ce chiffre approximatif de 40, il y aurait par hectare 400.000 vers blancs. D'un autre côté, j'ai compté *dans un litre de hannetons,* en moyenne 370 individus, si nous estimons, ce qui est généralement admis, qu'il y a autant de mâles que de femelles, il y aurait, en conséquence, 185 femelles par litres qui donneraient naissance à 5.550 vers blancs au minimum, si on divise $\dfrac{400.000}{\text{par} \quad 5.550}$ on trouve qu'il suffit de 72 litres de hannetons pour dévaster complètement notre hectare de blé et, de ce chef, occasionner un dégât de 500 francs ; donc, en ramassant cette quantité d'insectes on voit combien on est rétribué de son travail.

Ce n'est pas tout, si on laisse multiplier librement et impunément le hanneton de génération en génération, le fléau deviendra tellement grand, qu'il faudra renoncer à la culture de certaines terres légères et choisies par ces terribles insectes, car elles ne pourront plus nourrir leurs hommes.

Pour arriver à enrayer cette invasion d'insectes, il faudrait que tout le monde se mit à l'œuvre pour leur faire une chasse acharnée pendant les quelques jours où ils sont faciles à capturer ; d'abord, les cultivateurs et leur personnel qui sont directement intéressés à sauvegarder leurs récoltes, les enfants des écoles accompagnés de leurs instituteurs, qui montrent beaucoup de zèle dans certaines contrées et qui ont droit à la reconnaissance générale, en un mot, que tout le monde prouve de la bonne volonté, car les efforts isolés resteraient infructueux.

De son côté, l'administration communale et départementale ne resterait certainement pas indifférente et récompenserait équitablement les plus méritants.

Destruction. — A l'état d'insecte parfait, il est facile de le prendre et d'en détruire un grand nombre. Il suffit, pour cela, de secouer les arbres aux feuilles desquels il se fixe le matin après les avoir rongées pendant la nuit. En procédant de bon matin, les hannetons se laissent tomber à la moindre secousse.

Pour les récolter, il suffit de tendre une grande toile maintenue rigide par deux rouleaux de bois, sous les arbres que l'on secoue à l'aide d'une perche munie d'un crochet. Chaque escouade, composée de trois personnes, peut ainsi parcourir un grande longueur de haies, et ramasser beaucoup d'insectes pendant presque toute la journée ; car d'après les remarques faites par M. le Président du Syndicat de Hannetonnage de Gorron, le nombre des insectes qui s'envolent pendant la journée est relativement peu considérable. (Il n'est pas sans importance de signaler que ce Syndicat en a détruit en une saison 77.000 kilos, soit 92.400.000 individus).

Les hannetons sont immédiatement réunis dans des sacs ; mais leur destruction présente encore quelques difficultés, et le moyen le plus expéditif pour les faire périr serait d'avoir recours à la chaleur ; à la température de 75°, ils ne vivent pas plus de 5 minutes. Si l'on possède un vieux four, il suffirait de le chauffer de façon à ne pas brûler les sacs et de les y faire passer les uns après les autres pendant une dizaine de minutes, ou bien encore les plonger dans des bacs d'eau bouillante, ou dans l'eau de chaux, ou enfin dans une dissolution de sulfate de fer, ils peuvent alors être employés comme engrais, car il ne faut pas perdre de vue qu'ils renferment, à l'état sec, 12 à 13 0/0 d'azote, soit une valeur de 15 fr. les 100 kilos.

La destruction de la larve est beaucoup plus difficile que celle du hanneton, aussi est-ce à ce dernier qu'il faut faire la guerre si l'on ne veut pas voir dévorer le fruit de son travail.

P. MASSERON.

La meilleure fumure pour le sarrasin

Partout où la culture du sarrazin a conservé une extension assez importante, la fumure le plus souvent employée est le noir animal, quelquefois aussi le guano.

Le sarrazin, dans beaucoup de fermes est la seul plante fumée avec des engrais commerciaux, car on sait que la durée de sa végétation est très courte et qu'il lui faut des éléments plus promptement assimilables qu'on ne les trouve dans le fumier, qui d'ailleurs est bien frais et peu abondant à cette époque de l'année.

Dans la culture de cette céréale, la fumure qui assurément donnera les meilleures résultats économiques est le *superphosphate* à la dose de 400 kilos à l'hectare, pour le titre de 14 0/0 d'acide phosphorique, avec du *nitrate de soude* à raison de 80 kilos à l'hectare seulement. Ce mélange constitue un engrais immédiatement assimilable, dosant 11 à 11.50 0/0 d'acide phosphorique et 3 0/0 d'azote, proportion qui convient très-bien au sarrazin. Le prix de revient par petites quantités, en faisant le mélange soi-même, serait de 57 *fr. à l'hectare*, soit 28 fr. 50 par journal.

De semblables fumures ont donné d'excellents résultats dans toutes les conditions de culture, aussi sont-elles très-recommandables.

Malgré que le noir animal soit plus généralement employé, sans le critiquer outre mesure, nous ne pouvons lui accorder la même faveur, d'abord, parce qu'il est beaucoup moins actif, par conséquent moins convenable pour assurer un fort rendement, en outre il est généralement vendu trop cher. Sans parler de certains marchands qui vendent 5 fr. la barattée, (50 litres), c'est-à-dire 17 fr. 50 les 100 kilos, du noir qui dose 5.90 0/0 d'acide phosphorique et 0.50 0/0 d'azote, alors qu'il ne vaut que 3 fr. 55 les 100 kilos ou 1 fr. la barattée. Nous avons assez de preuves ! Le noir ne devrait pas être payé plus de 0 fr. 50 par kilogr. d'acide phosphorique.

Le guano donne des effets excellents, mais il est également moins avantageux que le mélange précité, car il fait ressortir le prix des éléments fertilisants à un taux trop élevé. Ainsi le guano du Pérou dosant 5 0/0 d'azote minimum et 17 0/0 d'acide phosphorique est vendu 22 fr. 75 ; par wagons complets, il s'en suit que l'azote revient à 2 fr. le kilog. et l'acide phosphorique à 0 fr.75, tandis que l'azote dans le nitrate à 25 fr. les 100 kilos, ne revient qu'à 1 fr. 60 l'unité et l'acide phosphorique du superphosphate à 8 fr. 35 au Syndicet de la Mayenne, ne revient qu'à 0.60 l'unité.

Enfin le noir n'apporte pas d'azote, car le peu qu'il en contient est à l'état organique et n'est guère à compter dans la culture du sarrazin. Le guano du Pérou au contraire en contient une trop forte proportion.

En agriculture, les bénéfices étant si difficiles à réaliser, il est de la plus haute importance, de compter, de peser intelligemment toutes les opérations que l'on veut entreprendre. Parmi ces opérations, la question du choix et de la qualité des engrais joue un grand rôle. C'est elle, en effet, qui est la clef, le nerf de la culture, le levier avec lequel on pourra vaincre les difficultés qui se présentent en produisant à bon marché.

A chacun d'examiner ces données et d'en tirer des conclusions.

P. MASSERON.

SYNDICAT DE LA MAYENNE

AVIS

Les membres du Syndicat des agriculteurs de la Mayenne, sont informés qu'ils pourront se procurer du maïs Dent-de-cheval et des Landes, dans les entrepôts ci-après :

1° A Laval, 48, rue Solférino ;

2° A Château-Gontier, chez M. Ferré-Chauvet.

Du maïs des Landes seulement, à Mayenne, chez M. Lebroc.

Les prix sont les suivants :

Maïs Dent-de-cheval ou Caragua : 20 fr. les 100 kilos.

Maïs des Landes : 23 fr. 15 les 100 kilos.

Le stock étant fort restreint, les intéressés sont priés de nous transmettre leurs commandes sans aucun retard, pour que nous puissions augmenter, s'il y a lieu, l'approvisionnement.

Il n'y a pas de temps à perdre, le moment de la semaille est venu.

AVIS

Les membres syndiqués du ressort de Craon sont informés que, par suite du décès de M. Granger, notre entrepositaire à Craon, l'entrepôt sera tenu temporairement par M. Rousseau, négociant à Craon, aux mêmes conditions que par le passé.

Syndicat des Agriculteurs de la Mayenne.

AVIS

Nous tenons à la disposition des Syndiqués, une brochure très intéressante, sur l'emploi du nitrate de soude en agriculture par L. Grandeau. Envoi franco sur demande.

En vente au bureau du journal, la série des Bulletins agricoles de l'Ouest parus depuis sa fondation, au prix de 7 fr. broché.

Denis-Lecoq, horticulteur, 47, rue de Bretagne, à Laval, offre un assortiment complet de palmiers et plantes décoratives pour appartements et serres. — Plantes bulbeuses et tubéreuses. — Rosiers et Plantes de toute sorte pour pleine terre. — Joli choix de Chrysanthèmes d'hiver. — Tracés de jardins. — Bouquets et Surtouts. — Décorations d'appartements.

Legendre, jardinier, rue du Gué d'Orger, 46, à Laval, offre Plants et Graines potagères et fourragères. —, *Dépôt de tuiles de Saint-Ilan.* — Tuyaux de drainage. — Briques pleines et creuses. — Poterie de bâtiments. — Toitures en tuiles, nouveau genre breveté, et au crochet, à forfait depuis 2 fr. 50 le mètre.

Aury, jardinier, rue Joinville, ruelle du Pavillon, 4. — Beaux choix de Plantes et Fleurs en tous genres. — Création et entretien de jardins. — Taille d'arbres fruitiers. — Prix très-modérés.

Houdayer-Collet. horticulteur, rue d'Avesnières, 12 bis. — Spécialité de Plants de fleurs annuelles pour corbeilles et massifs. — Belle collection de Chrysanthèmes. — Bouquets. — Couronnes. Corbeilles. — Plantes de serre chaude et tempérées. — Prix très-modérés.

Trochon, horticulteur, rue Haute-Chiffolière, 17. — Plantes de serre en tous genres. — Bouquets. — Couronnes. — Entretien de jardins. — Taille des arbres fruitiers, spécialement du pêcher. — Culture des Champignons à domicile.

SYNDICAT DE CHARTRES

Le Syndicat agricole de Chartres donne avis qu'il peut fournir aux prix ci-dessous des vins naturels des provenances ci-après :

1° VINS ROUGES

1° *Minervois*, (Aude).

La barrique de 220 litres, rendue franco de tous droits à la gare de l'acheteur, 120 francs. Valeur à 30 jours, 2 0/0, ou 90 jours sans escompte.

2° *Montagnac.* (Contenance de la barrique : 215 à 220 litres) N° 1 : 100 fr. — N° 2 : 110 fr. — N° 3 : 120 fr., franco de tous droits, gare de l'acheteur, paiement à 30 jours.

3° *Narbonnais et Roussillon*. (Contenance de la barrique : 220 litres)

1° Montagne,	la barrique	90 fr.	la demi-barrique	50 fr.
2° Mont-Redon	—	100	—	55
3° La Palme	—	110	—	60
4° La Tour de France	—	120	—	65
5° St-Emilien, (grand vin 1884)	140		—	75

franco de tous droits gare de l'acheteur, paiement à 90 jours.

4° *Bordeaux*.

Bonnes côtes de Bordeaux, la pièce de 225 à 228 litres, 160 fr., 180 fr., 200 fr.

Côte Saint-Christophe de Saint-Emilion	250 Fr.
Sables de Saint-Émilion	300
Saint-Estèphe	350
Saint-Émilion et Haut Pomerol	400
— vieux —	500 et 600.

Le tout franco gare de l'acheteur, paiement à 30 jours 3 0/0 ou à 90 jours sans escompte. — Par demi pièce et 1/4 de pièce, 5 fr. en sus pour logement.

2° VINS BLANCS

Bordeaux

Petites Graves, la barrique de 225 à 228 litres,	150 Fr.
Graves (bonnes)	180 et 200
Preignac Sauternes	250 et 300
Barsac-Sauternes	350 et 400
Haut-Sauternes (vieux)	450, 500, 550 et 600

Le tout franco gare de l'acheteur, paiement à 30 jours 3 0/0 ou à 90 jours sans escompte. — Par 1/2 pièce et 1/4 de pièce, 5 fr. en sus pour logement.

Les commandes doivent être adressées à M. Mercier, Agent-Comptable du Syndicat, 4, Place Saint-Michel, à Chartres, en ayant soin d'indiquer très clairement l'espèce et la quantité que l'on désire.

Nota. — Dans toutes les expéditions, le fût reste toujours la propriété de l'acheteur.

Les Membres du Syndicat de Chartres sont informés que les instructions concernant les fournitures de l'automne prochain seront adressées en Juin à tous les adhérents.

Dans le cas où ils connaîtraient des personnes ayant l'intention de s'associer, ils sont priés de vouloir bien les engager à se faire inscrire au plus tôt afin que ces nouveaux membres puissent recevoir en temps utile les dites instructions.

M. Boulay, constructeur, rue de Tours, à Laval, prévient les cultivateurs qu'il tient à leur disposition des tonneaux à purin munis d'un robinet épandeur, système Paul, ainsi que des véhicules agricoles en tous genres.

LA PRODUCTION LAITIÈRE

Par C. V. GAROLA, (✠ mérite agricole) professeur départemental d'agriculture, directeur de la station agronomique de Chartres.

Prix 1 fr. 50. — 1 fr. 65, franco, par la poste.

Chez R. SELLERET, libraire-éditeur à Chartres.

RATS souris, loirs, mulots, etc...
Contre mandat ou 10 timbres-poste de 0 fr. 15, j'adresse franco le moyen infaillible et très pratique de les détruire tous en quelques heures.

LECLERC, à Beaulieu, par Châtellerault (Vienne). — *Envoi gratis et franco du prospectus destruction des taupes.*

Prix cultural. — (Diplôme et médaille d'argent), attribué en 1889 au vignoble de Lagrange.

Excellent vin de Bordeaux (Rouge et Blanc)

GARANTI NATUREL

Expédié directement du propriétaire au consommateur.

S'adresser à G. PERBOYRE, pharmacien, Trésorier ou Syndicat régional agricole de Cadillac Podensac, propriétaire du vignoble de Lagrange, à Cadillac-sur-Garonne, près Bordeaux.

« Le vignoble de Lagrange, situé sur des terrains de première nature, complanté en cépage de choix, produit le meilleur vin de la contrée. » (Ed. Ferret, statistique de la Gironde.)

N. B. — Le vin de Lagrange a obtenu le premier prix, médaille d'argent, à l'Exposition régionale de l'Entre-deux-Mers 1886, et la médaille de bronze à l'Exposition Universelle de Paris 1889.

Excellent vin de Bordeaux, récolte de 1887, à 125 fr. la pièce de 225 litres, logé et franco sur wagon, gare de départ.

S'adresser à M. GEORGES BORD, secrétaire général du syndicat à Cadillac-sur-Garonne (Gironde).

Les fabricants de fromages et de beurres sont informés que, à l'exposition universelle de 1889, la plus haute récompense (médaille d'or), a été décernée aux **PRESURES et COLORANTS** de J. Fabre, à M. A. Aubervilliers (Seine). Récompenses dans 51 concours agricoles.

ON OFFRE bons vins naturels du Roussillon, avec remise de 3 0/0 à tous les membres du syndicat. Écrire à **M. Fisqué**, propriétaire à Rivesaltes (Pyrénées-Orientales).

Le Gérant, E. MOREAU.

Laval, Imp. L. Moreau.

Ce Bulletin paraît le 15 de chaque mois.

BULLETIN AGRICOLE
DE L'OUEST

Organe de l'Union des Syndicats Agricoles
des départements du Finistère, des Côtes-du-Nord,
du Morbihan, de la Loire-Inférieure, d'Ille-et-Vilaine, de la
Manche, de la Mayenne, de Maine-et-Loire, de la Sarthe,
de l'Orne, du Calvados, de l'Eure, d'Eure-et-Loir
et de la Seine-Inférieure.

Publié sous la direction de :

H. LÉIZOUR, ✻ M. A.

Professeur départemental d'Agriculture de la Mayenne, Directeur du Laboratoire
agronomique, Président du Syndicat des Agriculteurs de la Mayenne,

GAROLA, ✻ M. A.

Professeur départemental d'Agriculture d'Eure-et-Loir,
Directeur de la Station agronomique de Chartres.

ABONNEMENTS

Les membres des syndicats adhérents sont abonnés gratuitement par leurs
bureaux. — Pour les étrangers aux syndicats : **6 fr.** par an.

ANNONCES

De 1 à 4 annonces. » **50°** la ligne.　　De 8 à 12 annonces » **30°** la ligne
De 4 à 8　　—　　» **40°**　—　　Au-delà de 12. . » **20°**　—

Le bulletin publiera gratuitement les offres et demandes
des Syndicats abonnés.

*AVIS. — Tout ce qui concerne la rédaction, les Annonces et les Abon-
nements, doit être adressé à M. LÉIZOUR, rue de la Filature, 1, à Laval.*

AU PROGRÈS
Maison MOTTE

TAILLEUR CIVIL ET MILITAIRE

12, rue du Grand-Faubourg, 12

A L'ENTRÉE DE LA PLACE DES EPARS

CHARTRES

Spécialité de Dolmans pour Officiers, de Tuniques et Livrées pour Pensions et Maisons particulières. — Grand choix de Draperie Française et Anglaise. — Complet confection depuis 20 fr. — Complet sur mesure depuis 55 fr.

Il sera délivré à tout acheteur de costume complet UN SUPERBE PLASTRON.

Remise de 10 %, à tout membre du Syndicat agricole, et sur la présentation de sa carte de syndiqué.

Fabrique de Briques, Carreaux et Tuyaux de drainage

De toutes dimensions et sur commande

MÉDAILLES ET DIPLOMES D'HONNEUR

BOULARD-BILLIARD

TUILIER-BRIQUETIER

Aux Agets-Saint-Brice

Par BOUÈRE (Mayenne)

Entrepôt de TUILERIE de BOURGOGNE (Saône-et-Loire)

Le tarif est envoyé *franco* à toute personne qui en fait la demande.

Une Réduction est faite aux Membres du Syndicat

LA FONCIÈRE

COMPAGNIE D'ASSURANCES MOBILIÈRES ET IMMOBILIÈRES

CONTRE L'INCENDIE

Siège social : *Place Ventadour*, PARIS

Ensemble des garanties

SOIXANTE - HUIT MILLIONS

Au 31 décembre 1888, les valeurs assurées s'élevaient à 6 milliards 491 millions 394 mille 745 francs. (Le résultat de l'exercice 1889 n'est pas encore connu.)

S'adresser ou écrire à M. Mercier, agent général et comptable du Syndicat agricole, 4, place Saint-Michel, Chartres.

BULLETIN AGRICOLE DE L'OUEST

L'école pratique d'agriculture de Beauchêne

L'enseignement pratique de l'agriculture va être prochainement rétabli dans le département de la Mayenne. Une école pratique d'agriculture est en voie d'organisation sur la propriété de Beauchêne, située à 3 kilomètres de la gare de Mayenne (ligne de Caen à Laval) et s'ouvrira à l'automne prochain. Le moment nous paraît donc propice pour indiquer aux agriculteurs de notre région, le but poursuivi par l'Etat et le Conseil général du département en instituant cet établissement et les résultats qu'on peut en attendre.

Les écoles pratiques d'agriculture ont pour but de former des agriculteurs *praticiens*, en donnant aux fils de cultivateurs, métayers, fermiers ou propriétaires, et en général aux jeunes gens qui se destinent à la carrière agricole, une *solide instruction professionnelle*.

Nous savons que ce terme « *instruction* », appliqué aux cultivateurs choquera bien des oreilles, ira à l'encontre des idées que se font nombre de personnes, sur ce que doit être le cultivateur et que les détracteurs de la nouvelle école ne seront pas rares.

Lorsqu'à ces personnes, on parle de l'instruction professionnelle agricole, on est assuré de provoquer un sourire d'incrédulité et une tirade sans fin sur l'inutilité de cette instruction, sur les dangers qu'elle présente, voire même sur l'absence de la science agricole.

Pour elles, les hommes élevés au milieu des champs, ayant passé quelques mois à l'école du village, sont seuls capables de cultiver avec profit. Il en est qui admettent une instruction un peu plus étendue mais toujours très limitée. Les faits, cependant, démontrent que les uns et les autres sont dans une erreur profonde.

Grâce aux connaissances plus étendues et aussi aux plus grandes facilités de communications, les agriculteurs de tous les pays du monde peuvent concourir à l'approvisionnement général et ceux-là seuls qui mettent en œuvre les moyens les plus perfectionnés par la science, en les appropriant aux conditions dans lesquelles ils sont placés, n'ont rien à redouter de la concurrence.

Mais pour appliquer à une production quelconque les découvertes de la science, il faut les connaître, il faut que, par une instruction spéciale suffisante, on soit apte à les approprier économiquement au milieu où l'on se trouve.

Le cultivateur qui manque d'instruction est obligé par simple prudence de s'en tenir aux pratiques du passé et aux préjugés de la routine. Si on lui parle de changer son outillage, il répond que celui dont il se sert est le meilleur, et de fait, pour lui, il en est souvent ainsi, parce qu'il n'en connaît pas d'autre ou parce que, ne possédant aucune donnée de mécanique, il est incapable d'établir la différence qui existe entre les instruments dont il se sert et ceux qu'il a vus chez le voisin. Si les circonstances l'obligent à les changer, il ne sait pas se servir convenablement de ceux qui lui sont imposés, et qui, dès lors, deviennent mauvais entre ses mains inhabiles.

Si on demande à ce même cultivateur de changer son système de culture ou son assolement, de faire plus de fourrages, il répond qu'il faudrait restreindre la culture du blé et qu'il aurait, par suite, moins de denrées à vendre, ne se doutant pas qu'il serait souvent facile de récolter plus de grain sur une surface moindre mieux préparée.

A toutes les propositions d'amélioration, il fait la même réponse. Faire ce qu'ont fait ses pères, voilà tout son programme. Et il ne faut pas trop le lui reprocher, car on ne saurait lui demander une opération ou une spéculation qu'il ne connaît pas, lors même qu'il aurait vu cette opération ou cette spéculation chez son voisin, car il en ignore souvent le but, les conséquences et les conditions d'application.

Le défaut d'instruction spéciale est donc le plus grand ennnemi du progrès agricole, de l'augmentation de la fortune du cultivateur, par conséquent, car il n'y a de progrès que là où il y a du profit.

Il semble facile de comprendre d'ailleurs, qu'à mesure que les conditions générales de l'existence changent, il soit indispensable de modifier la production, afin de la maintenir toujours dans les limites hors desquelles elle ne saurait être économique. Et on ne saurait nier que les chemins de fer et la navigation à vapeur ont complètement transformé ces conditions, en modifiant les rapports entre les populations les plus éloignées. Sans doute, chaque peuple, chaque nation peut et doit prendre ses précautions pour que les étrangers ne puissent anéantir sa propre production en inondant ses marchés de produits analogues aux siens, mais cette protection a des limites qu'on ne saurait franchir impunément. On sait que la guerre des tarifs amène souvent l'autre. Mais n'est-il pas évident que quels que soient les tarifs protecteurs, celui-là gagnera le plus d'argent, qui, avec une dépense donnée, obtiendra le plus de produits ? Par conséquent, en tout état de choses, il est nécessaire que le cultivateur améliore sa production, s'il ne veut pas être ruiné soit par ses concurrents étrangers, soit par ses compatriotes plus habiles que lui. Pour cela il faut qu'il s'instruise, car s'il suit scrupuleusement la routine, c'est qu'il ignore comment il pourrait mieux faire, et, comme tous ceux qui manquent d'instruction, il se méfie instinctivement de ceux qui lui prêchent les innovations. S'il veut en faire, il entre nécessairement dans la voie des essais et recherche des résultats qui ont été constatés des milliers de fois, peut-être, avant lui ; il est entrainé ainsi à dépenser son temps et son argent en pure perte.

On dit, d'un autre côté, que ce n'est pas la science qui est utile au cultivateur, mais la pratique. Cela est vrai, si l'on attribue à ces mots *science* et *pratique* leur véritable signification.

La science a pour but de connaitre. La science agricole est une science *technologique* ou *appliquée* reposant sur les faits bien avérés, bien constatés. Elle laisse de côté toutes les conceptions plus ou moins ingénieuses, n'ayant pas pour base des faits certains.

La pratique est l'exécution, l'application des principes formulés par la science.

Ceux qui prétendent que c'est la pratique qui est utile au cultivateur ne l'entendent pas ainsi ; ils appellent pratique l'habileté manuelle, le talent que possède le cultivateur pour exécuter les travaux. Cette pratique est nécessaire, indispensable à l'ouvrier de la ferme.

Le petit cultivateur, qui doit exécuter en partie les travaux de sa ferme, doit aussi la posséder, mais ce n'est pas elle qui servira pour déterminer sa valeur réelle, sa capacité ; celle qu'il lui faut avant tout, pour diriger et administrer son exploitation, est tout intellectuelle.

De même que ce n'est pas au maçon que nous devons

la construction de nos plus beaux édifices, ni au terrassier celle de nos lignes de chemin de fer, ce n'est pas le charretier ignorant qui combinera, à la ferme, les systèmes de culture les plus productifs ; ce sera l'agriculteur véritablement praticien, connaissant suffisamment la science agricole pour l'appliquer. On ne saurait, dès lors, limiter l'instruction à donner au cultivateur, car cela reviendrait à dire que moins il saura, mieux il fera.

Les écoles pratiques d'agriculture, par leur programme et l'emploi du temps des élèves, répondent entièrement aux conditions générales de notre agriculture de l'Ouest de la France. Dans nos contrées, les très grandes exploitations sont exceptionnelles et tous nos cultivateurs doivent prendre part aux travaux manuels de leurs fermes. Or, le temps passé à l'école pratique d'agriculture est consacré par moitié aux études théoriques et à l'exécution des travaux manuels. Les jeunes gens qui en sortiront auront des notions précises sur les diverses branches de la production agricole et une habileté manuelle largement suffisante pour l'exécution de tous les travaux de la ferme.

Le domaine de Beauchêne étant composé de terres de diverses natures et de fertilité variable, permettra, d'ailleurs un enseignement pratique varié, dans lequel les élèves rencontreront de nombreux points de similitude avec les conditions dans lesquelles ils seront appelés à cultiver plus tard.

Nous ne saurions donc trop engager les agriculteurs à envoyer leurs enfants à cet établissement, pour compléter leur instruction primaire et acquérir des connaissances spéciales qui leur vaudront, pendant leur carrière, infiniment plus que les quelques pièces de vingt francs qu'ils pourraient gagner chez eux pendant le même temps.

Hᵀᴱ LÉIZOUR.

Falsification du Nitrate de soude.

De tous les engrais chimiques, le nitrate de soude est un de ceux qui sont le moins falsifiés ; livré par quantités un peu importantes, il titre généralement au moins 15 0/0 d'azote, ne contenant ainsi que 8 à 9 0/0 d'impuretés naturelles, dont les principales sont l'humidité, le chlorure de sodium et le sulfate de soude. Ce titre est parfaitement suffisant pour son emploi agricole et nous avons toujours été un peu étonné de rencontrer quelques cultivateurs, désireux de bien faire assurément, exiger une garantie de 16 0/0. qu'ils obtiennent alors très rarement et pour laquelle ils sont obligés de payer une certaine majoration de prix ; ce sel étant alors recherché pour la fabrication de l'acide nitrique.

Mais quelle que soit la bonne réputation qu'ait acquise cet engrais par la régularité habituelle avec laquelle il est livré, il n'en est pas moins l'objet de fraudes ayant de très fâcheuses conséquences, non seulement à cause de son prix élevé ; mais encore par les pertes très sérieuses qu'il peut occasionner à celui qui l'emploie, par l'absence du surcroit de récolte qu'il était en droit d'espérer.

Ces fraudes ont le plus généralement lieu pour les ventes au détail, ou sur les produits offerts à des prix paraissant très avantageux ; c'est-à-dire presque toujours pour des livraisons destinées aux petits cultivateurs, qui ont le grand tort de se renseigner rarement sur la valeur des produits qu'ils achètent ; c'est pourquoi nous avons cru utile d'attirer leur attention sur une nouvelle falsification que nous venons de découvrir.

Jusqu'alors, la fraude la plus commune dont le nitrate de soude était l'objet, consistait dans son mélange avec de plus ou moins grandes quantités de sulfate de soude ou de sel marin.

C'est ainsi que de temps à autre nous trouvons quelques échantillons contenant de 5 à 50 0/0 de ces sels. (Certains chimistes en ont trouvé jusqu'à 85 0/0). Mais, le plus souvent, cette addition ne dépasse pas 5 à 6 0/0, parce que de cette façon le titré en azote ne s'abaisse pas au-dessous de 14 0/0 et ce produit aura des chances d'être accepté sans observation par les cultivateurs peu exigeants ; ce qui n'empêche qu'ils paient dans ce cas 5 ou 6 0/0 trop cher leur nitrate.

A ces pratiques déloyales vient de s'en ajouter une que nous n'avions pas encore rencontrée ; certains échantillons de nitrate très blanc, en cristaux un peu petits, peut-être, contenaient jusqu'à 50 0/0 de sable très blanc translucide et impalpable, et rien à l'œil ne faisait présumer la présence de ce sable ; de sorte que ce nitrate aurait pu facilement être acheté sans contrôle par un acheteur peu défiant.

Que ce sable ait été ajouté intentionnellement ou, ce qui revient au même, qu'il provienne d'un mauvais raffinage ; comme son aspect ne laissait rien à désirer, il est compréhensible qu'on ait essayé de le faire passer pour bon, ce qui aurait parfaitement réussi si le destinataire n'en avait pas demandé l'analyse, il aurait ainsi perdu simplement 10 à 12 fr. par 100 kilos, soit 600 francs sur la livraison.

Cette somme vaut bien une analyse.

Ce fait que nous venons de signaler, démontre clairement que, même pour les matières qui sont les moins falsifiées, il est toujours prudent et avantageux de faire contrôler leur valeur ; ce contrôle ne fût-il même que préventif.

A. NANTIER,
Directeur de la Station agronomique
de la Somme.

Récolte des foins. — Leur salaison.

Dans quelques jours, les opérations du fauchage et du fanage seront en pleine activité. Comme l'année dernière, à pareille époque, les conditions météorologiques se présentent peu favorables à la bonne exécution de ces travaux, et il est à craindre que cet état de chose se prolonge.

Le cultivateur doit donc se tenir sur ses gardes, prendre des mesures en conséquence : c'est-à-dire s'assurer un personnel et un outillage suffisants, pour mener simultanément et avec célérité les diverses opérations que comporte la récolte des foins (1).

Une opération peu généralisée encore et que nous ne saurions trop recommander, c'est la salaison des foins. Cette opération consiste à saupoudrer d'une certaine quantité de sel de cuisine, pur ou dénaturé, chaque couche de foin au fur et à mesure de sa rentrée dans le fenil ou de sa mise en *barges*. La vapeur d'eau qui se dégage sous l'influence de la fermentation secondaire qui prend naissance dans le tas de foin dissout le sel et le répartit régulièrement dans toute la masse.

Le sel rend les fourrages plus sapides, plus digestibles et favorise leur conservation.

---

(1) Voir le Bulletin de Mai 1889, n° 8, page 122.

Tous les animaux domestiques en général sont friands des substances salées, c'est ce qui explique pourquoi les fourrages saupoudrés de sel sont mieux mangés, mieux utilisés que ceux qui n'ont pas subi cette préparation.

L'expérience a prouvé, d'autre part, que le sel pris en proportion déterminée, favorise la digestion. On a constaté, en effet, que des animaux qui reçoivent journellement une petite ration de sel ou qui ont à leur portée des blocs de sel gemme, mangent avec plus d'appétit et paraissent mieux portants. Comme la bonne santé et l'appétence sont le reflet de la régularité des fonctions de l'appareil digestif, on en a conclu, avec juste raison, que le sel favorisait la digestion des aliments dans lesquels il se trouve mélangé dans des proportions définies.

La propriété qu'a le sel de favoriser la conservation des substances animales et végétales est connue de tous, ce qui rend superflu d'insister sur son rôle relatif à la conservation des fourrages.

L'utilité du sel en agriculture est, du reste, depuis longtemps reconnue ; dans le but d'en favoriser la vulgarisation, le Gouvernement a déclaré exempt de tout impôt le sel employé à la salaison des fourrages et à la nourriture du bétail, après avoir été préalablement dénaturé. Sous cette forme, le cultivateur peut se le procurer à un prix modique.

C'est surtout dans les années humides qui produisent des foins fades, mal desséchés, qu'il est indispensable de recourir à l'emploi du sel pour la salaison des foins et pour l'alimentation des bestiaux.

Suivant la nature de l'herbe qui rentre dans la composition du foin et sa plus ou moins bonne dessication, la quantité de sel varie de 5 à 10 kilos par 1.000 kilos de foin. Pour les foins des prairies basses, acides, comme il s'en présente beaucoup dans la Mayenne, dans la composition desquels les renoncules, les joncs, les scirpes dominent et qui sont susceptibles de devenir très poussiéreux, cette quantité pourra être portée de 12 à 15 kilos sans inconvénient.

Cependant, il ne faut pas oublier que l'excès est nuisible en tout. Si l'utilité du sel est indéniable, on a remarqué que son emploi devait être fait d'une façon judicieuse, sous peine de s'exposer à des mécomptes, de provoquer des troubles digestifs.

Pour les animaux adultes de l'espèce bovine, la ration peut varier de 50 à 80 grammes par tête et par jour, suivant le poids de l'animal. Pour un mouton, le huitième de cette dose suffit.

Le mode d'emploi le plus pratique, qui dispense de s'occuper du rationnement, consiste à disposer, à la portée des animaux, des blocs de sel gemme. Les animaux lèchent ces blocs et prennent ainsi, instinctivement, la dose de sel nécessaire sans la dépasser.

Il est préférable de mélanger le sel dénaturé à la ration que de le donner séparément. Celui dénaturé au tourteau est le seul des sels dénaturés qui convienne pour l'alimentation des animaux et la salaison des fourrages.

Vu les difficultés que présente la mise en entrepôt des sels dénaturés pour saler les foins, les cultivateurs sont invités à nous adresser leurs commandes avant le 20 courant, avec le certificat du maire.

Le prix des sels dénaturés au tourteau est de 6 fr. les 100 kilos, pris au Croisic, en réunissant les commandes les frais de transport seront moins élevés.

G. PEYRAS.

Culture du peuplier Suisse blanc, dit l'Eucalyptus, comme moyen d'augmenter les revenus des propriétés rurales.

(SUITE)

Le sapin du Nord est incontestablement supérieur à nos bois blancs. Il ne faut donc pas s'étonner de le trouver partout, dans la boutique du plus simple menui-ier de village comme dans l'habitation la plus luxueuse ; son prix de revient n'est pas sensiblement supérieur à celui de nos bois blancs. Tant qu'il nous viendra à des prix aussi bas, notre bois de peuplier ne se relèvera pas. Mais chaque chose a une fin dans ce bas monde, les forêts de la Suède et de la Norvège s'épuiseront comme se sont épuisés les gisements de guano du Pérou, et une fois épuisées, nous n'aurons plus à craindre la concurrence du sapin du Nord. Déjà les forêts du littoral sont épuisées, il faut chaque jour s'avancer plus avant dans les terres ; chaque pas augmente le prix de revient. Les forêts ne s'improvisent pas, il faut des siècles pour les créer.

La gelée de 1880 a été un véritable désastre pour notre pays, elle a jeté sur le marché une énorme quantité de sapin et autres bois, mais ce stock est épuisé.

Quant à la mortalité actuelle du peuplier italien, c'est l'affaire de trois ou quatre années ; au bout de ce temps, il n'y en aura plus.

Dans quelques années, selon toutes les probabilités, une hausse forcée se produira sur le bois de sapin du Nord et par contre-coup sur le bois de peuplier.

La concurrence du sapin du pays ne sera point à craindre, c'est à peine si, dans 25 ans, les sapins ensemencés depuis 1880 pourront donner quelques produits bons tout au plus à faire de mauvaises voliges de 15 à 20 centimètres de largeur.

Le peuplier suisse blanc dit l'Eucalyptus, même planté aujourd'hui, par sa rapide croissance arrivera donc à temps pour profiter de la hausse probable.

Il y a tout lieu d'espérer que le produit sera rémunérateur pour les propriétaires et ne fera pas mentir le proverbe qui dit qu'un peuplier rapporte un franc par an.

PAUL MARION,
Propriétaire à Pontvallain.

A bâtons rompus

« C'est toi, Pierre, j'étais loin de compter sur ta visite. Quel vent t'amène ?. . . Minute, tu me parais la figure quelque peu à l'envers, y aurait-il du malheur chez toi ?

— Monsieur devine juste, notre meilleure jument, la mère de notre écurie, une si bonne poulinière. . . .

— Eh bien ?

— Eh bien, Monsieur, elle vient de périr et je m'en vais de ce pas chercher l'équarisseur.

— Chercher l'équarisseur, tu vas céder ta jument pour une pièce de cent sous quand tu pourrais en retirer 40 francs, au bas mot.

— Je prie Monsieur de s'expliquer, car je ne comprends pas.

— Voilà, mon Pierre, tu es un fermier intelligent, avec toi c'est plaisir de raisonner : Va quand même trouver l'équarisseur, tu n'oserais faire son travail, mais au lieu de lui proposer d'acheter ta bête, demande lui combien il te prendrait pour la dépecer à la ferme, tu lui laisserais la peau à emporter.

Ce soir, fais creuser dans le coin d'un champ, une fosse assez profonde ; et demain, au petit jour, l'équarisseur enfouira les morceaux. Tu seras présent ; avec un de tes domestiques, immédiatement tu recouvriras de chaux et de terre.

Tu laisseras le tout jusqu'à ce que la chair n'adhère plus aux os ; un mois ou cinq semaines suffiront si tu n'épargnes pas la chaux. Au bout de ce temps, tu pourras sans danger faire ouvrir la fosse ; et tes hommes qui ont du goût pour les compost, après avoir mis les os à part, mélangeront la matière animale à la terre, dans la proportion de quatre parties de terre chaulée pour une partie de matière animale.

Si tu abandonnes ta tombe un mois encore, et qu'alors tu fasses recouper plusieurs fois de suite le mélange à la *tranche* (1), vers la Saint-Jean pour repiquer tes choux et tes betteraves, tu auras un engrais riche et approprié qui remplacera avantageusement la poudrette ou le guano.

Nous arrivons aux os ; ne t'avise pas de les vendre à vil prix, ni ceux-là, ni d'autres.

Les os qui, une fois calcinés, produisent le noir des raffineries, sont composés surtout de phosphate de chaux et d'une autre matière azotée qui sert à la fabrication de la gélatine ou colle-forte. Et ces principes sont des plus fertilisants.

A l'aide d'un concasseur, broie ces os ; les morceaux trop gros feront bon effet au fond des trous que tu creuseras pour planter tes jeunes pommiers. Quant à ceux qui tomberont en poussière, tu les répandras en couverture sur tes vieux pâturages. L'action de ce poussier sera très efficace et énergique.

M'as-tu compris ?

— Ce que vous me démontrez, Monsieur, doit être bien juste, seulement les voisins.

— Ah ! les voisins. Toujours la crainte du *Qu'en dira-t-on* ! Mais, par exemple, défends-tu à tes voisins de faire comme ils l'entendent ? N'est-il plus permis à quiconque de tirer de ses produits le parti que bon lui semble ? Ne t'inquiète pas des voisins, mon Pierre. Des moqueurs il y en a toujours. Et ce ne sont pas les plus malins, ni souvent les plus riches.

---

(1) *Tranche*, houe à deux dents.

93

Il y a tantôt deux siècles que le meunier du bon La Fontaine disait déjà :

. . . . Est bien fou du cerveau,
Qui prétend contenter tout le monde et son père.

. . . .
Mais que dorénavant, on me blâme, on me loue,
Qu'on dise quelque chose ou qu'on ne dise rien,
J'en veux faire à ma tête. . . . .
Pense et agis de même, va, et bien tu t'en trouveras. »

P. FRANÇOIS.

SYNDICAT DES AGRICULTEURS DE LA MAYENNE

Le Syndicat des agriculteurs de la Mayenne renouvellera ses marchés pour la fourniture des engrais, tourteaux alimentaires et sels dénaturés, qui lui seront demandés par ses adhérents pendant l'automne 1890 et le printemps 1891, le 24 juin courant.

Les négociants qui désireraient prendre part à ces fournitures sont invités à envoyer leurs offres avant le 20 juin, au président du Syndicat à Laval et à lui demander le cahier des charges.

Le Syndicat a acheté les engrais ci-après pendant la campagne 1889-1890 et il y a lieu de prévoir que ses demandes dépasseront ces chiffres pendant la nouvelle campagne :

	Automne 1889	Printemps 1890
Sulfate d'ammoniaque.	5.000 k.	»
Nitrate de soude	5 0 0 k.	229.650 k.
Guano du Pérou.	6.000 k.	85.400 k.
Superphosphates	168.800 k.	1.102.500 k.
Noir animal	»	10.000 k.
Phosphate fossile	596.900 k.	226.000 k.
Phosphate de scories	142 800 k.	46.70) k.
Phosphate de la Somme	23.000 k.	»
Phosphate de l'Oise	15.000 k.	5.000 k
Chlorure de potassium	»	11.500 k.
Plâtre tamisé fin	»	55.000 k.
Sulfate de fer	»	10.000 k.
	962.500 k.	1.781.750 k.

En raison de la grande quantité de superphosphates à fournir, le Syndicat accepterait des offres spécifiant des quantités maximum en lui laissant la faculté de ne pas les épuiser.

Le Président du Syndicat,
HTE LÉIZOUR.

Syndicat des Agriculteurs de la Mayenne.

AVIS

Nous tenons à la disposition des Syndiqués, une brochure très intéressante, sur l'emploi du nitrate de soude en agriculture par L. Grandeau. Envoi franco sur demande.

En vente au bureau du journal, la série des Bulletins agricoles de l'Ouest parus depuis sa fondation, au prix de 7 fr. broché.

SYNDICAT DE CHARTRES

AVIS

1° Dans sa séance du 7 juin, MM. les Membres du Conseil d'administration ont décidé que l'adjudication des fournitures à faire aux membres de l'Association pendant la saison d'automne 1890, aurait lieu à Chartres, au siège du syndicat, rue Régnier, n° 11, le 19 juillet prochain, à 4 heures du soir.

Les personnes qui auraient l'intention de prendre part à cette adjudication, peuvent s'adresser pour avoir des renseignements, à M. Mercier, comptable du syndicat, 4, place Saint-Michel, à Chartres.

Cette Association compte actuellement plus de 1250 membres, et le montant des fournitures d'automne 1889 s'est elevé à plus de 2 millions 600 mille kilogrammes d'engrais ayant une valeur de près de 273.000 francs.

2° A vendre 6.000 kilogrammes de paille de blé, bonne qualité. S'adresser à M. Mercier, 4, place Saint-Michel, à Chartres.

Le Syndicat agricole de Chartres donne avis qu'il peut fournir aux prix ci-dessous des vins naturels des provenances ci-après :

1° VINS ROUGES

1° *Minervois*, (Aude).

La barrique de 220 litres, rendue franco de tous droits à la gare de l'acheteur, 120 francs. Valeur à 30 jours, 2 0/0, ou 90 jours sans escompte.

2° *Montagnac*. (Contenance de la barrique : 215 à 220 litres)
N° 1 : 100 fr. — N° 2 : 110 fr. — N° 3 : 120 fr., franco de tous droits, gare de l'acheteur, paiement à 30 jours.

3° *Narbonnais et Roussillon*. (Contenance de la barrique : 220 litres)

1° Montagne,	la barrique	90 fr.	la demi-barrique	50 fr.
2° Mont-Redon	—	100	—	55
3° La Palme	—	110	—	60
4° La Tour de France	—	120	—	65
5° St-Emilien, (grand vin 1884)		140	—	75

franco de tous droits gare de l'acheteur, paiement à 90 jours.

4º *Bordeaux*.

Bonnes côtes de Bordeaux, la pièce de 225 à 228 litres, 160 fr.,
180 fr., 200 fr:

Côte Saint-Christophe de Saint-Emilion	250 Fr.
Sables de Saint-Emilion	300
Saint-Estèphe	350
Saint-Emilion et Haut Pomerol	400
— vieux —	500 et 600.

Le tout franco gare de l'acheteur, paiement à 30 jours 3 0/0; ou
à 90 jours sans escompte — Par demi pièce et 1/4 de pièce, 5 fr.
en sus pour logement.

2º VINS BLANCS

Bordeaux

Petites Graves, la barrique de 225 à 228 litres,	150 Fr.
Graves (bonnes)	180 et 200
Preignac-Sauternes	250 et 300
Barsac-Sauternes	350 et 400
Haut-Sauternes (vieux)	450, 500, 550 et 600

Le tout franco gare de l'acheteur, paiement à 30 jours 3 0/0 ou à
90 jours sans escompte. — Par 1/2 pièce et 1/4 de pièce, 5 fr. en
sus pour logement.

Les commandes doivent être adressées à M. Mercier, Agent-
Comptable du Syndicat, 4, Place Saint-Michel, à Chartres, en ayant
soin d'indiquer très clairement l'espèce et la quantité que l'on désire.

Nota. — Dans toutes les expéditions, le fût reste toujours la
propriété de l'acheteur.

Les Membres du Syndicat de Chartres sont informés que les
instructions concernant les fournitures de l'automne prochain
seront adressées en Juin à tous les adhérents.

Dans le cas où ils connaîtraient des personnes ayant l'intention
de s'associer, ils sont priés de vouloir bien les engager à se faire
inscrire au plus tôt afin que ces nouveaux membres puissent
recevoir en temps utile les dites instructions.

M. Graziani, fabricant d'engrais de poissons de mer au Croisic (Loire-Inférieure) appelle l'attention des agriculteurs sur
l'emploi des sels marins à différents usages.

Les services qu'ils ont rendus ont déjà été appréciés par nombre de propriétaires, écoles d'agriculture et syndicats agricoles qui
n'hésitent pas à en conseiller l'emploi.

En effet, pour exciter l'appétit des animaux, soit pendant
l'engraissement ou pendant la lactation, *les sels marins dénaturés aux tourteaux* sont indispensables, avec les *sels marins
dénaturés au peroxyde de fer et poudre d'absinthe*, répandus au
moment de la mise au grenier, il n'est plus de foin échauffé ni
poussiéreux, enfin les *sels marins dénaturés à la poudrette ou à
la chaux* assainissent les étables tout en enrichissant les fumiers.

M. Graziani, par sa position spéciale, peut fournir toutes ces
sortes de sels *à la culture, à des prix très modérés.*

LA PRODUCTION LAITIÈRE

Par C. V. GAROLA, (✠ mérite agricole) professeur départemental d'agriculture, directeur de la station agronomique de Chartres.

Prix 1 fr. 50. — 1 fr. 65, franco, par la poste.

Chez R. SELLERET, libraire-éditeur à Chartres.

RATS souris, loirs, mulots, etc... Contre mandat ou 10 timbres-poste de 0 fr. 15, j'adresse franco le moyen infaillible et très pratique de les détruire tous en quelques heures.

LECLERC, à Beaulieu, par Châtellerault (Vienne). — *Envoi gratis et franco du prospectus destruction des taupes.*

Prix cultural. — (Diplôme et médaille d'argent), attribué en 1889 au vignoble de Lagrange.

Excellent vin de Bordeaux (Rouge et Blanc)

GARANTI NATUREL

Expédié directement du propriétaire au consommateur.

S'adresser à G. PERBOYRE, pharmacien, Trésorier ou Syndicat régional agricole de Cadillac Podensac propriétaire du vignoble de Lagrange, à Cadillac sur-Garonne, près Bordeaux.

« Le vignoble de Lagrange, situé sur des terrains de première nature, complanté en cépage de choix, produit le meilleur vin de la contrée. » (Ed. Ferret, statistique de la Gironde.)

N. B. — Le vin de Lagrange a obtenu le premier prix, médaille d'argent, à l'Exposition régionale de l'Entre-deux-Mers 1886, et la médaille de bronze à l'Exposition Universelle de Paris 1889.

Excellent vin de Bordeaux, récolte de 1887, à 125 fr. la pièce de 225 litres, logé et franco sur wagon, gare de départ.

S'adresser à M. GEORGES BORD, secrétaire général du syndicat à Cadillac-sur-Garonne (Gironde).

Les fabricants de fromages et de beurres sont informés que, à l'exposition universelle de 1889, la plus haute récompense (médaille d'or), a été décernée aux **PRESURES et COLORANTS** de **J. Fabre**, ✠ M. A., Aubervilliers (Seine). Récompenses dans 51 concours agricoles.

Le Gérant, E. MOREAU.

Laval, Imp. L. Moreau.

3e Année. — Juillet 1890. — N° 22

Ce Bulletin paraît le 15 de chaque mois.

BULLETIN AGRICOLE
DE L'OUEST

Organe de l'Union des Syndicats Agricoles
des départements du Finistère, des Côtes-du-Nord,
du Morbihan, de la Loire-Inférieure, d'Ille-et-Vilaine, de la
Manche, de la Mayenne, de Maine-et-Loire, de la Sarthe,
de l'Orne, du Calvados, de l'Eure, d'Eure-et-Loir
et de la Seine-Inférieure.

Publié sous la direction de :

H. LÉIZOUR, ✳ M. A.
Professeur départemental d'Agriculture de la Mayenne, Directeur du Laboratoire
agronomique, Président du Syndicat des Agriculteurs de la Mayenne,

GAROLA, ✳ M. A.
Professeur départemental d'Agriculture d'Eure-et-Loir,
Directeur de la Station agronomique de Chartres.

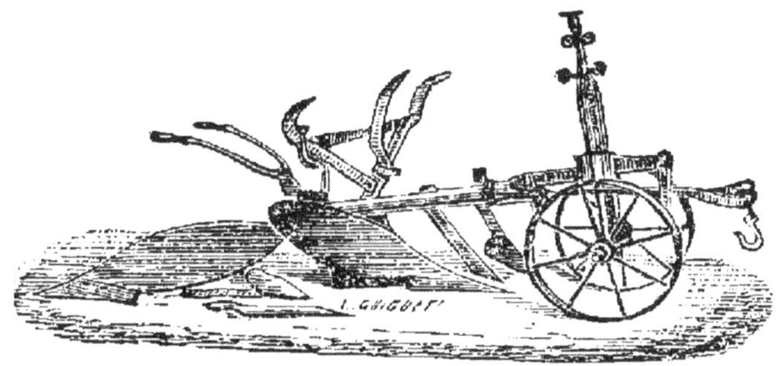

ABONNEMENTS

Les membres des syndicats adhérents sont abonnés gratuitement par leurs
bureaux. — Pour les étrangers aux syndicats : **6 fr.** par an.

ANNONCES

De 1 à 4 annonces. » 50ᶜ la ligne.   De 8 à 12 annonces » 30ᵈ la ligne
De 4 à 8   —   » 40ᶜ   —   Au-delà de 12. . » 20ᵈ   —

Le bulletin publiera gratuitement les offres et demandes
des Syndicats abonnés.

*AVIS. — Tout ce qui concerne la rédaction, les Annonces et les Abon-
nements, doit être adressé à M. LÉIZOUR, rue de la Filature, 1, à Laval.*

BULLETIN AGRICOLE DE L'OUEST

Ecole pratique d'Agriculture de Beauchêne

PROGRAMME

But de l'Établissement. — L'École pratique d'Agriculture de Beauchêne, créée par arrêté ministériel du 31 août 1889, est destinée à former des chefs de culture et à donner une bonne instruction professionnelle aux fils de cultivateurs, propriétaires et fermiers, et en général aux jeunes gens qui se destinent à la carrière agricole.

L'Établissement installé sur le domaine de Beauchêne est situé à 3 kilomètres de Mayenne.

Il se compose : 1° de l'École récemment construite, où rien n'a été ménagé, tant au point de vue de l'hygiène, de la bonne disposition des locaux destinés aux salles d'études, de cours, etc., etc., qu'à celui de la commodité des services et de la surveillance des élèves ; 2° d'une exploitation agricole de 65 hectares avec bâtiments de ferme également de construction récente.

Comité de surveillance et de perfectionnement. Un comité de surveillance et de perfectionnement est chargé de veiller sur la direction, la discipline et l'enseignement de l'École.

Ce comité se compose de :

1° Un inspecteur général de l'Enseignement agricole, Président.

2° Trois membres du Conseil général, délégués tous les ans par cette assemblée.

3° Deux notabilités agricoles du département, nommées par le Ministère, sur la proposition du Préfet.

4° Le professeur départemental d'Agriculture de la Mayenne.

Personnel. — Le personnel administratif et enseignant de l'école se compose de :

Un directeur exploitant le domaine à ses risques et périls, dont l'autorité s'étend sur toutes les parties du service ;

Un professeur d'agriculture ;

Un professeur de physique, de chimie et de technologie ;

Un professeur de sciences naturelles et d'horticulture ;

Un instituteur chargé de l'enseignement des autres matières du programme de l'enseignement primaire et de l'enseignement primaire supérieur ;

L'un des professeurs et l'instituteur sont chargés de la surveillance des élèves dans l'école ; ils portent le titre de professeur-surveillant et de maître-surveillant ;

100

L'instituteur remplit les fonctions de comptable et est en outre
chargé de l'enseignement de la comptabilité agricole ;

Un vétérinaire chargé de l'enseignement de l'extérieur et de l'hygiène des animaux et de la police sanitaire ;

Un chef de pratique agricole ;

Un jardinier, chef de pratique horticole ;

Un instructeur militaire.

Enseignement. — La durée des études est de deux ans.

L'enseignement est à la fois théorique et pratique ;

L'enseignement théorique est donné suivant un programme approuvé par le Ministre. Il comprend les matières ci-après :

1° *Enseignement théorique.* — 1° Cours d'agriculture :

Agriculture générale ; cultures spéciales, en s'attachant particulièrement à celles du département ; génie rural, zootechnie générale,
zootechnie spéciale, économie rurale, législation agricole.

2° Cours de physique et de chimie :

Notions générales, application à l'agriculture ; technologie, étude
spéciale de la laiterie et de la fabrication du cidre ; météorologie ;
prévision du temps.

3° Cours de sciences naturelles et d'horticulture :

Zoologie ; botanique ; géologie et minéralogie dans leurs applications à l'agriculture ; insectes utiles ; apiculture ; insectes nuisibles ;
maladies des plantes ; cultures horticoles et arboricoles ; sélection ;
greffage, etc.

4° Cours de français et mathématiques appliquées :

Instruction primaire supérieure ; langue française, narrations ;
histoire et géographie de la France et principalement du Maine. Instruction morale et civique. Arithmétique, géométrie, notions d'algè-
bre, comptabilité ; dessin linéaire ; arpentage et nivellement.

5° Cours d'extérieur et hygiène des animaux domestiques :

Premiers secours, maladies contagieuses ; bactériologie ; législation sur la police sanitaire des animaux.

6° Exercices militaires.

Les élèves sont, en outre, exercés aux travaux et aux manipulations de laboratoire, à l'observation des instruments et appareils de
météorologie, à l'essai des terres, engrais et amendements ; ils sont
enfin familiarisés avec l'emploi de la loupe et du microscope.

2° *Enseignement pratique.* — L'enseignement pratique comprend
l'exécution de tous les travaux de l'exploitation agricole du jardin,
de la laiterie, de la cidrerie, etc.

Les travaux pratiques sont effectués sous la direction du Directeur
et des professeurs et sous la conduite des chefs de pratique.

L'enseignement pratique est complété au moyen de promenades et
de visites aux marchés et aux meilleures exploitations du pays.

Le temps des élèves est partagé de façon que la moitié de la journée soit consacrée à l'étude, aux leçons, aux exercices de laboratoire,
aux examens, et l'autre moitié aux travaux pratiques de l'exploitation.

A cet effet, les divisions d'élèves alternent aux travaux pratiques et
aux leçons et à l'étude de telle sorte qu'une division soit à l'étude
et aux leçons de midi à midi du jour suivant, tandis que pendant le
même temps, l'autre division est au travail conformément à l'emploi
du temps proposé par le Directeur et arrêté par le Ministre.

Conditions d'admission. — L'École reçoit des élèves internes, des demi-pensionnaires et des élèves externes. Ils doivent être âgés de 14 ans au moins et de 18 ans au plus, à l'époque de leur admission, et être aptes aux travaux des champs.

Les candidats ont à fournir les pièces suivantes :

1° Une demande des parents sur papier timbré ;

2° Un extrait de l'acte de naissance du candidat ;

3° Un certificat de vaccine ;

4° Un certificat de bonne conduite délivré par le chef de l'établissement dans lequel le candidat a accompli sa dernière année d'études, ou à défaut, par le maire de sa dernière résidence ;

5° L'engagement, du père de famille ou d'un correspondant, d'acquitter régulièrement le prix de la pension (sur timbre) ;

6° Des copies certifiées conformes des diplômes ou brevets dont ils sont pourvus.

Les candidats pour lesquels une bourse est demandée doivent joindre aux pièces indiquées ci-dessus un extrait du rôle des contributions et une délibération du Conseil municipal de la commune où réside la famille, constatant l'état de ses ressources et de ses charges.

Toutes les pièces dont il vient d'être parlé doivent être adressées au directeur de l'école au moins quinze jours avant l'ouverture des examens.

Le dossier de chacun des candidats est visé avant l'ouverture des opérations par le comité de surveillance et de perfectionnement.

Examen d'admission. — Les élèves sont reçus après un examen permettant de constater leurs aptitudes et leur degré d'instruction. L'examen a lieu tous les ans au siège de l'école devant le comité de surveillance et de perfectionnement. Il porte sur les matières faisant partie de l'enseignement primaire, savoir :

1° Langue française (orthographe et style) ;

2° Arithmétique, Système métrique ;

3° Histoire et géographie de la France.

Il est tenu compte aux candidats des connaissances qu'ils peuvent posséder en dessin, géométrie, sciences physiques, chimiques et naturelles, langues étrangères, qui ne sont pas exigées pour l'admission.

Les candidats pourvus du certificat d'études primaires sont reçus de droit jusqu'à concurrence du nombre de places disponibles. Toutefois, si le nombre des candidats pourvus de ce certificat dépasse le nombre de places disponibles, un concours est ouvert entre eux. Les candidats aux bourses, quels que soient les titres dont ils sont pourvus, doivent subir l'examen.

L'admission est prononcée par le comité de surveillance et de perfectionnement, sous réserve de l'approbation du Ministre de l'agriculture.

Pension. — L'École reçoit des élèves internes, des demi-pensionnaires et des externes.

Le prix de la pension est de quatre cent cinquante francs par an, celui de la demi-pension de deux cents francs payables d'avance et par dixième en trois versements, savoir : trois dixièmes en entrant, trois dixièmes en janvier et quatre dixièmes en avril.

Les externes paient 50 francs par an exigibles aux mêmes époques.

Indépendamment du prix de la pension, les élèves sont tenus de verser, au commencement de chaque année scolaire, une somme de vingt francs, destinée à garantir le paiement des objets cassés, perdus ou détériorés par leur faute.

Tous les élèves, qu'ils soient boursiers ou payant pension, sont obligés de se procurer les effets du trousseau dont la composition est indiquée ci-après.

Bourses. — Une somme de deux mille sept cents francs est imputée chaque année sur le budget de l'État pour l'entretien d'élèves boursiers.

Ces bourses peuvent être fractionnées, elles sont attribuées en quantité égale chaque année par le Ministre, sur la proposition du comité de surveillance et de perfectionnement, aux jeunes gens qui ont subi avec succès les épreuves de l'examen d'admission, et dont les familles ont justifié de l'insuffisance de leurs ressources pour l'entretien total ou partiel de leurs enfants à l'École. Elles peuvent être retirées si les titulaires viennent à démériter.

Le département de la Mayenne entretiendra de son côté dix boursiers.

Discipline de l'École. — Des règlements spéciaux déterminent l'emploi du temps, l'ordre des travaux et la discipline intérieure de l'École.

Des bulletins trimestriels, constatant le travail et la conduite des élèves sont envoyés aux parents.

Service médical. — En cas de maladie, les élèves sont soignés à l'École par le médecin attaché à l'établissement.

Si la maladie revêt un certain caractère de gravité, les parents en sont aussitôt informés et sont invités à reprendre leurs enfants.

Trousseau. — Chaque élève interne devra apporter le trousseau suivant :

Trois paires de draps longs de trois mètres au moins ;
Douze chemises ;
Douze mouchoirs de poche ;
Douze serviettes (six de table, six de toilette) ;
Douze paires de bas ou chaussettes (six d'été, six d'hiver) ;
Trois tabliers de toile bleue, avec poche en avant ;
Trois blouses d'uniforme ;
Pantalons d'hiver et d'été, en nombre suffisant ;
Gilets d'hiver et d'été, en nombre suffisant ;
Deux paires de guêtres en cuir ;
Deux paires de souliers forts ou brodequins ;
Trois paires de sabots et chaussons ;
Quatre cravates, dont deux en soie noire (uniforme) ;
Objets de toilette : brosse à habits, jeu de brosses à chaussures, peignes, brosses à cheveux, etc., etc. ;
Un sac de toile blanche (0,20 sur 0,25 environ) avec coulisse, pour objets de toilette ;
Un sac de toile grise (0,50 sur 0,75) avec coulisse, pour linge sale.
Un service de table en métal argenté, composé de :
Une cuillère ⎫
Une fourchette ⎬ marqués aux initiales ou du numéro de l'élève indiqué par le
Un gobelet ⎭ Directeur ;
Un couteau de table ;
Un rond de serviette marqué du numéro de l'élève indiqué par le Directeur.

Un vêtement complet d'uniforme comprenant : un pantalon, un gilet et un veston en drap bleu foncé, et une casquette avec initiales dorées ; le collet du veston porte une broderie d'or composée d'un épi et d'une grappe de raisin ; le tout conforme au modèle adopté par le Ministre de l'Agriculture.

Les demi-pensionnaires et externes devront avoir l'uniforme de l'École.

Comme objets de literie, l'École fournit un lit de fer, un sommier, un matelas, un traversin et une couverture.

Tous les objets composant le trousseau doivent être en parfait état et marqués du numéro indiqué par le Directeur le jour des examens d'admission. Aucune autre marque ne devra exister sur les objets.

En outre, chaque élève se fournira les livres et autres objets nécessaires à son instruction et dont le détail sera indiqué par le Directeur.

Moyens de communications. Correspondance. — La station du chemin de fer la plus proche est celle de Mayenne située à trois kilomètres de Beauchêne. On trouve à la gare des voitures pouvant conduire la famille à l'École.

Pour les lettres, l'École est desservie par le bureau de Mayenne.

Les dépêches télégraphiques sont envoyées par le bureau de Mayenne.

Mayenne, le 20 décembre 1889.

Le Directeur,

RIANDIÈRE LA ROCHE.

Vu pour être soumis à l'approbation
de Monsieur le Ministre,

Le Conseiller d'État, Directeur de l'Agriculture.

E. TISSERAND.

Approuvé :

Le Ministre de l'Agriculture.

LÉOPOLD FAYE.

La vaccination des moutons.

Les esprits sont tournés actuellement vers des questions toutes d'actualité : libre échange ou protection, entrée libre ou prohibition, droits protecteurs, tarifs de pénétration, prix rémunérateur et aussi..... limitation des heures de travail. (Pour le travail des champs, quelle aberration !).

Je fais appel au bon vouloir de la presse pour ramener l'attention sur une des grandes découvertes qui ont illustré le nom de M. Pasteur. Il s'agit de celle intéressant plus particulièrement l'agriculture et la médecine vétérinaire, puisqu'elle touche *à la vie même des troupeaux*. Le silence s'est fait, il me semble, momentanément sans doute, sur ce point capital. Je désire qu'il soit remis à l'ordre du jour : le sujet en vaut la peine.

L'infaillibilité de la vaccination des moutons dans le but de combattre la maladie charbonneuse, doit-elle être remise en doute ? Je serais tenté de le supposer : j'étais un croyant convaincu et voilà que je redeviens sceptique.

Depuis une dizaine d'années je faisais vacciner mon troupeau, je m'en trouvais bien, j'étais enchanté : je le dis hautement. Puis tout à coup, amère déception.

J'ai fait inoculer cette année 197 agneaux. La première opération m'a donné entière satisfaction ; à la deuxième, résultat contraire : tous ont été malades, 21 sont morts en moins d'une semaine, cependant aucune atteinte de maladie charbonneuse ne s'était fait sentir dans mon troupeau pendant les trois mois qui ont précédé la première opération.

A quoi attribuer ce contre temps ! Le virus inoculé a été pour ainsi dire un poison, au lieu de vivifier il a tué. Le même fait s'est produit chez un cultivateur dans une localité éloignée de Morainville de 20 à 25 kilomètres ; ce n'est pas rassurant, aussi je renonce à la vaccination.

S'il y a une responsabilité (et je serais tenté de le croire) à qui doit-elle incomber ? Comment le virus est-il délivré au vétérinaire et avec quelles garanties ? Y a-t-il des moyens de contrôle ? Le cultivateur ainsi désappointé peut-il exercer un recours et intenter une action civile en mettant en cause le vétérinaire, qui, à son tour, pourrait se rejeter sur l'institut Pasteur, puisque le vaccin émane de cette source ?

Et la responsabilité de l'institut Pasteur, comme fournisseur du virus n'est-elle pas engagée ? Quelle action judiciaire n'encourrait pas un pharmacien qui aurait remis pour un malade un médicament dont on aurait reconnu le principe morbide ? N'y a-t-il pas une certaine analogie ?

Je me permets d'appeler sur ce point les lumières des cultivateurs émérites, des vétérinaires que cette question doit occuper. Je serai heureux si j'ai pu provoquer des articles instructifs.

G. Ronceret,

Cultivateur à Morainville (Eure-et-Loir).

La Cuscute ou teigne.

Tout le monde connaît cette mauvaise petite plante parasite qui détruit les trèfles et les luzernes et dont les progrès envahisseurs sont considérables en juillet et août. Cette multitude de petits filaments qui enlacent les tiges de nos légumineuses a valu à la teigne le nom vulgaire de cheveux du diable, appellation qui est bien en rapport avec la plante !

Ce qu'il y a d'intéressant à connaître dans le mode de végétation de cette plante parasite, c'est que dans la partie qui entoure soit une tige de trèfle ou de luzerne, les filaments sont munis de suçoirs, qui, à l'instar de la sangsue, absorbent la sève et en même temps la vie du végétal.

Les moyens de destruction sont généralement plus nombreux que réellement pratiques, beaucoup d'entre eux sont déjà connus, mais néanmoins ceux indiqués dans les quelques lignes qui vont suivre auront peut-être de l'intérêt pour certains cultivateurs.

D'abord pour ne pas avoir de cuscute dans ses champs, il est tout naturel qu'il ne faudrait jamais en semer ! C'est cependant ce qui arrive encore trop fréquemment ; cette année nous avons eu à examiner certains échantillons de trèfles et de luzernes, au laboratoire agricole de la Mayenne, où il y avait jusqu'à 350 graines de cuscute par kilogr., c'est-à-dire plus qu'il n'en faut pour infester un hectare. Les cultivateurs qui sèment ou qui ont semé des graines aussi mauvaises ont leurs champs envahis et c'est alors qu'ils doivent agir en conséquence.

1° Le meilleur moyen de destruction à mon avis, serait de parcourir le champ, sillon par sillon, avec une faulx sur l'épaule et de couper près du sol toutes les places envahies que l'on rencontrerait ; après avoir mis de côté l'herbe coupée, de passer avec un tombereau contenant de la menue paille ou des balles de froment bien sèches, d'en répandre une légère couche sur la place fauchée et d'y mettre le feu ; on brûle ainsi la plante avec son parasite, aux grands maux les grands remèdes ; ensuite il suffit de piocher la terre et d'y semer d'autre graine.

2° On conseille aussi de répandre sur les parties envahies, après un fauchage préalable, une couche de terre de 0ᵐ10 à 0ᵐ15 d'épaisseur. La cuscute est étouffée et la luzerne repousse au travers de cette mince couche de terre.

3° Les arrosages avec du purin concentré dans lequel on fait dissoudre 10 à 12 grammes de sulfate de fer par litre, sont également recommandés, mais ce liquide a aussi l'inconvénient de détruire les jeunes luzernes en même temps que la teigne.

P. MASSERON.

Nos Pommiers.

Dans les numéros 10 et 20 du *Bulletin Agricole*, juillet 1889 et mai 1890, pour combattre les effets de l'*Asteroma mali*, champignon dévastateur du pommier, il a été recommandé à bon escient, comme remède à ce nouveau fléau, l'aspersion des feuilles malades, soit à la bouillie bordelaise, soit à l'eau Céleste.

Craignant qu'un certain nombre d'agriculteurs ne se trouvent embarrassés pour fabriquer ces deux solutions, je sollicite l'hospitalité du *Bulletin* pour leur en indiquer la recette, d'après la méthode Vermorel.

Bouillie bordelaise. — La bouillie bordelaise peut se préparer en grand de la façon suivante :

D'un côté, dans un vase en bois, une vieille demi-barrique par exemple, on fait dissoudre 1 kilogr. de sulfate de cuivre pour chaque 4 litres d'eau chaude qu'il contient. Si le fût contient 100 litres ont met donc 25 kilogrammes.

D'autre part, dans un récipient de même contenance, on fait un lait de chaux, en mettant 1 kilogr. de chaux grasse éteinte, telle qu'on l'emploie pour faire le mortier, par 4 litres d'eau froide ; c'est 25 kilogr. de chaux grasse, si le fût tient 100 litres.

On a ainsi deux solutions concentrées, contenant : l'une 1 kilogr. de chaux grasse ; l'autre 1 kilogr. de sulfate de cuivre par 4 litres, qui peuvent servir à préparer des bouillies à tous les dosages, puisqu'en prenant 4 litres on sait qu'on prend 1 kilogr. de chaux ou 1 kilogr. de sulfate.

Ainsi, veut-on préparer la bouillie bordelaise à 3 0/0 de sulfate de cuivre ? Il suffit de verser dans un troisième récipient pouvant contenir 100 litres : 12 litres de la solution de sulfate de cuivre, 12 litres de lait de chaux[1], 76 litres d'eau pour parfaire les 100 litres, et de brasser le tout pour avoir la bouillie bordelaise prête à employer.

Si la bouillie à 2 0/0 suffisait, on prendrait 8 litres de la solution de sulfate, 8 litres de lait de chaux qu'on ajouterait à 84 litres d'eau.

---

1. Il est très important de ne pas faire l'inverse, c'est-à-dire de verser d'abord le lait de chaux et ensuite la solution de sulfate de cuivre, la réaction qui se produirait ainsi enlèverait une grande partie de ses qualités à la bouillie obtenue. (Note de la Rédaction).

La bouillie à 1 1/2 0/0 demanderait 6 litres de solution de sulfate, 6 litres de lait de chaux et 88 litres d'eau, etc.

Il va sans dire que chaque fois, avant de puiser dans les solutions concentrées, il faut avoir soin de les remuer.

Eau Céleste. — L'eau Céleste s'obtient en faisant dissoudre, dans un vase de grès ou de bois : sulfate de cuivre 1 kilog. dans eau chaude, 3 litres.

Après refroidissement, on ajoute ammoniaque à 22 degrés, 1 litre 1/2.

On a ainsi 4 litres 1/2 d'eau Céleste concentrée, qu'il suffit de verser, au moment du traitement, dans 100 litres d'eau pour avoir le produit à employer.

On peut préparer tout d'une fois la quantité d'eau Céleste concentrée dont on a besoin.

Ce mélange étant fait d'avance, on le porte sur les lieux ; il suffit de verser 4 litres 1/2 de cette solution par hectolitre d'eau, et de mêler le tout pour obtenir le liquide d'aspersion.

P. FRANÇOIS.

SYNDICAT DE LA MAYENNE

Le Syndicat des Agriculteurs de la Mayenne a renouvelé ses marchés pour la fourniture des divers engrais pendant la prochaine campagne.

Cette fourniture a été obtenue aux prix suivants :

Superphosphate minéral dosant au minimum 14 0/0 d'acide phosphorique soluble au citrate d'ammoniaque . . . . . . 9 f. 10 les 100 k.

Nitrate de soude, dosant 15 à 16 o/° d'azote :

En sacs d'origine, non réglés. . 22 90 —

En sacs réglés à 100 k., double enveloppe . . . . . . 23 70 —

Phosphate fossile des Ardennes et Meuse, passant entièrement au tamis, n° 100, et dosant :

33 0/0 de phosphate tribasique. 5 30 —

36 0/0 — 5 55 —

39 0/0 — 5 80 —

41 0/0 — 6 05 —

Noir animal, dosant 18 à 20 0/0 d'acide phosphorique ou 40 à 43 0/0 de phosphate tribasique et 0,80 à 1 0/0 d'azote . . . . 12 75 —

    Guano du Pérou, dosant 15 à 18 0/0 d'acide phosph. et 5 à 6 0/0 d'azote . 22 25 —

    Phosphate de Scories, dosant de 15 à 18 0/0 d'acide phosphorique, correspondant à 33 à 37 0/0 de phosphate tribasique, finement moulu . . . 5 30 —

    Phosphate de la Somme, finement moulu et dosant :

      55 0/0 de phosphate tribasique, ou 25 0/0 d'acide phosphorique. 6 65 —

      60 0/0 de phosphate tribasique, ou 27 0/0 d'acide phosphorique. 8 75 —

    Phosphate de l'Oise, dosant :

      14 0/0 d'acide phosphorique. . 4 45 —

      16 0/0   —   . . 4 75 —

      18 0/0   —   . . 5 15 —

    Sulfate d'ammoniaque, dosant 20 à 21 0/0 d'azote . . . . 33 45 —

    Chlorure de potassium, dosant 49 à 51 0/0 de potasse. . . . . . 22 75 —

    Sulfate de fer, moulu . . . . 7 40 —

Tous ces prix s'entendent pour marchandises rendues franco dans toutes les gares de la Mayenne et celles qui desservent le département, *par wagons complets de 5.000 kilos au moins*. Ils seront valables jusqu'au 30 juin 1891, pour tous les engrais ci-dessus désignés, à l'exception du nitrate de soude et du sulfate d'ammoniaque, pour lesquels les marchés expireront le 31 décembre 1890. Paiement à 30 jours sous 2 0/0 d'escompte ou à 90 jours sans escompte.

Nous ferons remarquer que le dosage du noir animal que le syndicat pourra livrer cette année à ses membres, est sensiblement inférieur en acide phosphorique à celui des années précédentes. Il contient, par contre, de 0,80 à 1 0/0 d'azote. C'est, en somme, le bon noir, livré habituellement par le commerce, lorsqu'il n'a pas subi de falsification.

En comparant les prix ci-dessus à ceux de nos derniers marchés, on remarquera que le mouvement de hausse signalé l'année dernière par M. Léizour, à propos du superphosphate, s'est encore accentué cette année, ainsi que pour tous les phosphates, abstraction faite des scories de déphosphoration.

En faisant constater cette hausse, M. Léizour en indiquait en même temps les causes, à savoir : les demandes de plus en plus considérables dont ces engrais sont l'objet ; l'épuisement à une échéance peu éloignée des gisements connus et la plus grande difficulté d'exploitation.

Ces causes multiples ne permettent guère d'espérer, pour l'avenir, un abaissement dans les cours de ces engrais, au contraire.

En présence de cet état de choses et aussi des résultats pratiques obtenus dans la Mayenne par l'emploi des phosphates et des superphosphates, résultats d'ailleurs prévus à la suite des nombreuses analyses de terres qui ont démontré leur appauvrissement en acide phosphorique, il y a urgence de poursuivre activement la vulgarisation de ces engrais, avant le relèvement possible des prix actuels.

Contrairement à ce qui s'est passé pour les engrais phosphatés, le cours du nitrate de soude a subi une baisse assez sensible, qui, sous toutes probabilités, se maintiendra.

Quoique l'emploi de cet engrais suive aussi une progression croissante, il n'y a pas à redouter l'épuisement prochain de ses gisements. Les seuls connus aujourd'hui dans l'Amérique du Sud, au Chili, sont de nature à suffire pendant plusieurs siècles, quelle qu'en soit la quantité employée, à la consommation du monde entier. Or, avec les moyens d'exploitation de plus en plus perfectionnés mis en œuvre, si une hausse venait à se produire, elle pourrait être considérée comme accidentelle et par suite de peu de durée.

G. PEYRAS.

M. Boulay, constructeur, membre du Syndicat, met à la disposition des membres agriculteurs un ouvrier spécial pour la réparation des faucheuses et machines à battre.

On trouve au Syndicat un modèle de sa tonne à purin avec robinet épandeur.

Voitures agricoles et industrielles en tous genres.

M. de Villepin, Directeur de la ferme École de la Pilletière, près Jupilles (Sarthe), offre :

Veaux de 8 à 10 semaines, de race cotentine pure, à 1 fr. le kilog, poids vif.

Syndicat des Agriculteurs de la Mayenne.

AVIS

Les nombreuses demandes de sel dénaturé qui nous parviennent, nous obligent de rappeler aux cultivateurs que leurs demandes doivent être accompagnées d'un certificat du Maire, et que ne pouvant entreposer ce produit, il faut compter sur une dizaine de jours avant de recevoir la marchandise.

SYNDICAT DE CHARTRES
AVIS

1° Dans sa séance du 7 juin, MM. les Membres du Conseil d'administration ont décidé que l'adjudication des fournitures à faire aux membres de l'Association pendant la saison d'automne 1890, aurait lieu à Chartres, au siège du syndicat, rue Régnier, n° 11, le 19 juillet prochain, à 4 heures du soir.

Les personnes qui auraient l'intention de prendre part à cette adjudication, peuvent s'adresser pour avoir des renseignements, à M. Mercier, comptable du syndicat, 4, place Saint-Michel, à Chartres.

Cette Association compte actuellement plus de 1250 membres, et le montant des fournitures d'automne 1889 s'est elevé à plus de 2 millions 600 mille kilogrammes d'engrais ayant une valeur de près de 273.000 francs.

2° A vendre 6.000 kilogrammes de paille de blé, bonne qualité. S'adresser à M. Mercier, 4, place Saint-Michel, à Chartres.

Le Syndicat agricole de Chartres donne avis qu'il peut fournir aux prix ci-dessous des vins naturels des provenances ci-après :

1° VINS ROUGES

1° *Minervois*, (Aude).

La barrique de 220 litres, rendue franco de tous droits à la gare de l'acheteur, 120 francs. Valeur à 30 jours, 2 0/0, ou 90 jours sans escompte.

2° *Montagnac*. (Contenance de la barrique : 215 à 220 litres)
N° 1 : 100 fr. — N° 2 : 110 fr. — N° 3 : 120 fr., franco de tous droits, gare de l'acheteur, paiement à 30 jours.

3° *Narbonnais et Roussillon*. (Contenance de la barrique : 220 litres)

1° Montagne,	la barrique	90 fr.	la demi-barrique	50 fr.
2° Mont-Redon	—	100	—	55
3° La Palme	—	110	—	60
4° La Tour de France	—	120	—	65
5° St-Emilien, (grand vin 1884)		140	—	75

franco de tous droits gare de l'acheteur, paiement à 90 jours.

4° *Bordeaux*.

Bonnes côtes de Bordeaux, la pièce de 225 à 228 litres, 160 fr., 180 fr., 200 fr.

Côte Saint-Christophe de Saint-Emilion	250 Fr.
Sables de Saint-Emilion	300
Saint-Estèphe	350
Saint-Emilion et Haut Pomerol	400
— vieux —	500 et 600.

Le tout franco gare de l'acheteur, paiement à 30 jours 3 0/0 ou à 90 jours sans escompte. — Par demi pièce et 1/4 de pièce, 5 fr. en sus pour logement.

2° VINS BLANCS

Bordeaux

Petites Graves, la barrique de 225 à 228 litres,	150 Fr.
Graves (bonnes)	180 et 200
Preignac-Sauternes	250 et 300
Barsac-Sauternes	350 et 400
Haut-Sauternes (vieux)	450, 500, 550 et 600

Le tout franco gare de l'acheteur, paiement à 30 jours 3 0/0 ou à 90 jours sans escompte. — Par 1/2 pièce et 1/4 de pièce, 5 fr. en sus pour logement.

Les commandes doivent être adressées à M. Mercier, Agent-Comptable du Syndicat, 4, Place Saint-Michel, à Chartres, en ayant soin d'indiquer très clairement l'espèce et la quantité que l'on désire.

Nota. — Dans toutes les expéditions, le fût reste toujours la propriété de l'acheteur.

Les Membres du Syndicat de Chartres sont informés que les instructions concernant les fournitures de l'automne prochain seront adressées en Juin à tous les adhérents.

Dans le cas où ils connaîtraient des personnes ayant l'intention de s'associer, ils sont priés de vouloir bien les engager à se faire inscrire au plus tôt afin que ces nouveaux membres puissent recevoir en temps utile les dites instructions.

M. Graziani, fabricant d'engrais de poissons de mer au Croisic (Loire-Inférieure) appelle l'attention des agriculteurs sur l'emploi des sels marins à différents usages.

Les services qu'ils ont rendus ont déjà été appréciés par nombre de propriétaires, écoles d'agriculture et syndicats agricoles qui n'hésitent pas à en conseiller l'emploi.

En effet, pour exciter l'appétit des animaux, soit pendant l'engraissement ou pendant la lactation, *les sels marins dénaturés aux tourteaux* sont indispensables, avec les *sels marins dénaturés au peroxyde de fer et poudre d'absinthe,* répandus au moment de la mise au grenier, il n'est plus de foin échauffé ni poussiéreux, enfin les *sels marins dénaturés à la poudrette ou à la chaux* assainissent les étables tout en enrichissant les fumiers.

M. Graziani, par sa position spéciale, peut fournir toutes ces sortes de sels *à la culture, à des prix très modérés.*

Ce Bulletin paraît le 15 de chaque mois.

BULLETIN AGRICOLE
DE L'OUEST *350*

**Organe de l'Union des Syndicats Agricoles
des départements du Finistère, des Côtes-du-Nord,
du Morbihan, de la Loire-Inférieure, d'Ille-et-Vilaine, de la
Manche, de la Mayenne, de Maine-et-Loire, de la Sarthe,
de l'Orne, du Calvados, de l'Eure, d'Eure-et-Loir
et de la Seine-Inférieure.**

Publié sous la direction de :

H. LÉIZOUR, ✻ M. A.

Professeur départemental d'Agriculture de la Mayenne, Directeur du Laboratoire
agronomique, Président du Syndicat des Agriculteurs de la Mayenne,

GAROLA, ✻ M. A.

Professeur départemental d'Agriculture d'Eure-et-Loir,
Directeur de la Station agronomique de Chartres.

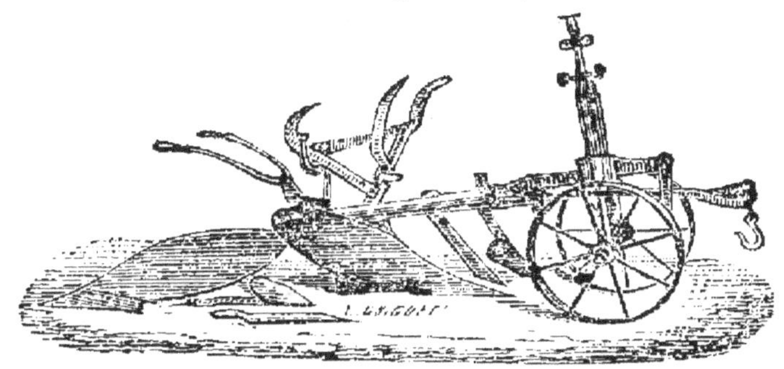

ABONNEMENTS

Les membres des syndicats adhérents sont abonnés gratuitement par leurs
bureaux. — Pour les étrangers aux syndicats : **6 fr. par an.**

ANNONCES

De 1 à 4 annonces. » 50ᶜ la ligne.	De 8 à 12 annonces » 30ᶜ la ligne
De 4 à 8 — » 40ᵒ —	Au-delà de 12. . » 20ᵒ —

Le bulletin publiera gratuitement les offres et demandes
des Syndicats abonnés.

AVIS. — *Tout ce qui concerne la rédaction, les Annonces et les Abonnements, doit être adressé à M. LÉIZOUR, rue de la Filature, 1, à Laval.*

AU PROGRÈS

MAISON MOTTE

TAILLEUR CIVIL ET MILITAIRE

12, rue du Grand-Faubourg, 12

A L'ENTRÉE DE LA PLACE DES EPARS

CHARTRES

Spécialité de Dolmans pour Officiers, de Tuniques et Livrées pour Pensions et Maisons particulières. — Grand choix de Draperie Française et Anglaise. — Complet confection depuis 20 fr. — Complet sur mesure depuis 55 fr.

Il sera délivré à tout acheteur de costume complet UN SUPERBE PLASTRON.

Remise de 10 %, à tout membre du Syndicat agricole, et sur la présentation de sa carte de syndiqué.

Fabrique de Briques, Carreaux et Tuyaux de drainage

De toutes dimensions et sur commande

MÉDAILLES ET DIPLOMES D'HONNEUR

BOULARD-BILLIARD

TUILIER-BRIQUETIER

Aux Agets-Saint-Brice

Par BOUÈRE (Mayenne)

Entrepôt de TUILERIE de BOURGOGNE (Saône-et-Loire)

Le tarif est envoyé *franco* à toute personne qui en fait la demande.

Une Réduction est faite aux Membres du Syndicat

LA FONCIÈRE

COMPAGNIE D'ASSURANCES MOBILIÈRES ET IMMOBILIÈRES

CONTRE L'INCENDIE

Siège social : *Place Ventadour*, PARIS

Ensemble des garanties

SOIXANTE-HUIT MILLIONS

Au 31 décembre 1888, les valeurs assurées s'élevaient à 6 milliards 491 millions 394 mille 745 francs. (Le résultat de l'exercice 1889 n'est pas encore connu.)

S'adresser ou écrire à M. Mercier, agent général et comptable du Syndicat agricole, 4, place Saint-Michel, Chartres.

BULLETIN AGRICOLE DE L'OUEST

A propos de l'enseignement agricole

L'insertion dans notre Bulletin du programme relatif aux diverses matières qui formeront l'ensemble de l'enseignement de la nouvelle école pratique d'agriculture créée dans le département de la Mayenne, sur la ferme de Beauchêne (1), a suggéré à certaines personnes qui s'intéressent vivement au succès de cette école, des craintes sur l'efficacité de l'enseignement, sur les résultats pratiques qu'il y a lieu d'en espérer.

Le numéro de la même publication qui précédait cette insertion, contenait un article de M. Léizour, où il indiquait, dans un style clair et précis, le but que les promoteurs de l'institution se proposaient d'atteindre, à savoir : « former des agriculteurs praticiens en donnant aux fils de cultivateurs, métayers, fermiers ou propriétaires, et en général aux jeunes gens qui se destinent à la carrière agricole, une *solide instruction professionnelle.* »

L'enseignement moitié pratique moitié théorique qui sera donné dans cet établissement, comme du reste celui donné dans tous les établissements similaires, en l'adoptant aux exigences des milieux dans lesquels ils sont créés, est, en effet, celui qui présente les plus sûrs éléments de succès dans le sens indiqué par M. Léizour.

Les craintes que quelques personnes nous ont fait pressentir portent sur l'ensemble du programme, qui leur parait de nature à former des jeunes gens disposés à rechercher le mode d'exploitation par régie, de préférence à l'exploitation directe.

Nous croyons ces appréciations mal fondées.

Le mode d'exploitation le plus généralisé dans la Mayenne, l'exploitation à colonie partiaire, ne laisse pas de doute que beaucoup de jeunes gens, des fils de propriétaires, dirigeront leurs études dans ce sens, pour prendre en main la gestion des fermes patrimoniales.

(1) Par une décision récente, M. le Ministre de l'Agriculture a fixe, pour les examens d'entrée, la date du 11 septembre prochain. Ils auront lieu au siège de l'École.

Or, si ce résultat peut être obtenu, si ce mode de régie peut se généraliser, nous ne voyons pas qu'il y ait lieu de s'en alarmer ; c'est de ce côté, au contraire, nous l'espérons bien, que les plus grands succès pourront être obtenus.

La désertion des fermes par les grands propriétaires fonciers, leur éloignement de la vie des champs, l'indifférence qu'ils témoignent en général pour toutes les questions agricoles, sont la conséquence de leur ignorance de la science agronomique, dont la plupart n'en soupçonnent même pas l'existence.

Laisser les métayers, dont le capital d'exploitation est généralement insuffisant, les laisser livrés à leurs propres forces, alors qu'ils ne possèdent aucune idée de ce qu'on appelle une amélioration agricole, ou leur imposer l'application des instructions données par des personnes aussi étrangères qu'eux à ces améliorations, c'est condamner la culture à suivre indéfiniment les anciens errements, c'est la négation des progrès réali-és, la décadence.

Dans les pays où la science agronomique a profondément pénétré, il en est tout autrement, les gros capitaux, la population la plus virile se porte vers l'agriculture.

L'Angleterre qui a été la première nation à entrer dans la voie des améliorations agricoles, compte, depuis plus d'un siècle, parmi les plus célèbres agriculteurs et agronomes, des hommes qui occupent des positions sociales les plus en vue. Dans ce pays, le grand propriétaire tient à honneur d'entreprendre des améliorations foncières, de les diriger, de les suivre pas à pas dans leur évolution et d'aider de ses capitaux ses fermiers et ses tenanciers. En homme pratique, il sait qu'en agriculture, comme dans l'industrie et le commerce, il n'y a pas de réussite possible si on n'associe le savoir et le capital au travail ; il sait que si un de ces éléments vient à manquer, si l'association de ces forces de production est rompue, toute entreprise devient aléatoire.

C'est donc l'instruction agricole des fils de propriétaires fonciers qui permettra de mettre en pratique les principes d'agriculture que nos voisins ont les premiers appliqués. Lorsque la jeune génération comprendra et raisonnera bien l'importance de la science agricole dans ses applications, loin de chercher à se dérober à la vie des champs, elle se trouvera, au contraire, attirée vers ce milieu qui lui permettra de déployer fructueusement son activité et de jouir d'une existence paisible et indépendante.

Les fils de fermiers aisés ont aussi la place marquée à l'école de Beauchêne. Ils y acquerront l'instruction agricole indispensable pour modifier en connaissance de cause les travaux de culture, l'emploi des engrais, etc., d'après les données sanctionnées à la suite de recherches persévérantes et des résultats pratiques obtenus.

G. PEYRAS.

Trèfle incarnat

Nous croyons devoir appeler l'attention des cultivateurs sur cette plante fourragère, peu cultivée dans l'ouest en général et presque inconnue dans le département de la Mayenne.

Le trèfle incarnat se recommande, en effet, par la qualité exceptionnelle de son fourrage, donné en vert, qui convient à tous les animaux et par sa précocité. A l'état sec, il pert une grande partie de ses qualités et son fourrage, sous cette forme, est plus que médiocre.

L'étendue cultivée devra, par conséquent, être en rapport avec les besoins alimentaires de la ferme en assignant à sa durée une moyenne de 20 à 30 jours, suivant que l'on cultive la variété précoce seule, ou simultanément la précoce et la tardive.

Sa culture est des plus simples et n'entraine que peu de frais.

Dans les terres fortes ou de moyenne consistance, on donne une façon de déchaumage de 6 à 8 centimètres de profondeur, à l'extirpateur ou à la charrue. Dans les terres légères, cette façon doit être remplacée par un double hersage.

Dix à douze jours après, lorsque les graines des mauvaises herbes associées à la céréale et tombées sur le sol ont germé, on sème la graine de trèfle, que l'on enterre à l'aide d'un hersage suivi d'un coup de rouleau.

Le semis doit s'effectuer du 20 août au 20 septembre.

Il faut de 20 à 25 kilos de graines à l'hectare, que l'on peut se procurer habituellement au prix de 60 à 70 cent. le kilo, en première qualité.

Etant donné que l'opération de déchaumage, effectuée pour la culture du trèfle incarnat peut être considérée comme une façon de nettoyage que tout cultivateur devrait effectuer après l'enlèvement de la céréale, on voit que les frais occasionnés par la culture de ce fourrage se bornent aux prix d'acquisition de la graine.

Dans les terres où cette culture succède à une céréale bien fumée, on peut généralement se dispenser de mettre de l'engrais. Dans le cas contraire, 400 kilos de superphosphate par hectare pourront être considérés comme suffisante fumure.

Le Syndicat des agriculteurs de la Mayenne est en mesure de fournir à ses membres de la graine de trèfle incarnat, garantie de première qualité. Nous leur recommandons seulement de nous prévenir à l'avance, pour permettre à notre fournisseur de faire à temps les expéditions.

G. PEYRAS.

Battage et nettoyage des céréales

MACHINES A BATTRE. — Nous arrivons à l'époque où l'on va entendre dans nos campagnes le bourdonnement des machines à battre, aussi serait-il quelque peu intéressant pour les lecteurs du *Bulletin agricole*, de jeter un coup d'œil sur une machine qui a rendu de si grands services à l'agriculture. Le travail du battage à la machine est généralement exécuté avec beaucoup d'entrain et de gaîté, car le cultivateur recueille le fruit de son travail laborieux et des soins qu'il a prodigués à ses cultures pendant toute une année.

Dans la plupart des fermes de la Mayenne, les machines à battre ne semblent pas avoir été modifiées depuis leur vulgarisation qui remonte à une trentaine d'années. On remarque toujours le manège en l'air avec une couronne portant quatre bras sur lesquels sont attelés les chevaux ; un arbre de couche communiquant le mouvement à deux grandes roues et à deux pignons dont l'un actionne le batteur qui lui-même est logé dans un coffre dont la forme a varié suivant l'idée des constructeurs.

Dans les pays de petite culture, ces machines sont transportées d'une ferme à l'autre, mais dans la Mayenne, où les exploitations d'une certaine importance ne sont pas rares, on a une machine que l'on fixe à demeure. Après le battage, sans démonter autre chose que les accessoires de cette machine, on la recouvre d'une couche de paille que l'on dispose en forme de toits, la protégeant ainsi contre les intempéries pendant l'année ; mais les socles reposant sur le sol pourrissent promptement lorsque, dans les aires humides, on ne prend pas la précaution de les entourer d'une rigole pour écouler les eaux. Nous ne nous arrêterons pas sur les différents systèmes, car entre la petite machine mue par deux hommes et les machines à vapeur à grand travail, qui battent, secouent, vannent et mettent le blé en sacs, il y a beaucoup d'intermédiaires que nous ne pouvons étudier dans cet article succinct. Disons cependant que les batteurs en bout, seuls en usage dans ce pays, peuvent être munis de *battes* (verges) ou de *pointes*, et que ces dernières, encore peu connues, battent aussi bien, qu'ils brisent moins la paille et qu'à force égale ils font plus de travail.

Ce qu'il importe surtout pour celui qui a une machine à acheter, c'est d'abord le choix de la force de la machine : 2, 3, ou 4 chevaux suivant l'importance de la ferme et si elle lui est exclusivement destinée.

Pour un instrument qui ne fonctionne pas un plus grand nombre de jours dans l'année, l'achat en commun entre deux ou trois cultivateurs voisins semble tout indiqué, mais l'expérience a prouvé que ce mode d'acquisition a toujours amené des difficultés entre les associés, tant au point de vue de l'ordre de la marche que des frais de réparation, il est donc préférable d'y renoncer.

En vue de diminuer les frais de main d'œuvre de 4 à 5 personnes, on peut adopter à la machine un *secoueur* pour la paille, soit un tablier secoueur à rotation continue, soit des persiennes animées d'un mouvement alternatif de haut en bas occasionné par un arbre coudé 4 fois, ce qui secoue énergiquement sans prendre beaucoup de force.

Vitesse du batteur. — Pour les machines en bout, il faut au batteur une vitesse oscillant entre 1.000 et 1.200 tours à la minute, de façon que chaque épi reçoive environ cinq coups de batte pendant son passage dans le corps de la machine. Généralement, la vitesse est moindre et le choc moins violent aussi, il reste beaucoup de grain dans la paille à en juger par la végétation que l'on remarque sur certaines meules de paille.

Les engrenages de la machine doivent être tels que la vitesse voulue soit acquise sans que les animaux soient obligés de forcer leur allure moyenne, car ils se fatigueraient d'autant plus vite que ce genre de travail est bien pénible pour eux.

Pour éviter les accidents qui peuvent survenir dans la machine par l'effort subit d'un cheval vigoureux qui a reçu un coup de fouet, il serait bon d'employer le *palonnier flexible* (bat-cul), à cet effet, les vieux ressorts de voiture pourraient servir. Tous les cultivateurs savent combien est grand le dérangement occasionné par la casse des dents d'engrenage en plein travail, cette casse est due au choc produit par l'effort et elle est à craindre si la machine n'est pas en mesure de résister, soit comme solidité ou par des dents qui s'engrennent obliquement ou trop superficiellement ; avec le palonnier flexible, les accidents de ce genre seront donc évités car il n'y aura plus de soubresauts dans la machine.

Enfin le contre-batteur (grille) doit être mobile pour permettre son éloignement ou son rapprochement du batteur suivant l'état de siccité ou la nature de la céréale que l'on bat.

TARARES. — Le tarare, suivant la nature des travaux qu'on lui destine se divise en tarare déboureur et en tarare de grenier. Le premier ne fait qu'un travail incomplet, et le deuxième est nécessaire pour enlever le reste des impuretés.

Dans la petite et la moyenne culture, on se contente d'un seul tarare que l'on transforme en l'un ou l'autre, par un simple changement de grilles.

Le tarare se compose du *ventilateur*, des *grilles cribleuses* et des *organes de transmission de mouvement*. Dans le ventilateur, il n'y a rien de particulier à signaler, les grilles, au contraire, suivant l'écartement de leurs mailles et leur mouvement, décident de la perfection du travail. Pour faire un bon travail, elles doivent être au nombre de cinq, dont trois pouvant s'adapter à la sortie de la trémie, et avoir comme écartement de mailles 21^{mm}, 15^{mm} et 5^{mm}, deux autres grilles plus longues s'adaptant au crible du plan incliné, qui doit, comme les autres, être animé d'un mouvement de va-et-vient, ces deux grilles ont, comme écartement, 10^{mm} dans un sens et 2^{mm} et 3^{mm} dans l'autre, elles sont destinées au triage des petites graines qui passent dans les précédentes, tels que : plantain, trèfles divers, petite oseille, pavot, euphorbes, sable, etc.

L'arrière du tarare portera une planche mobile dans une glissière pour ramener vers l'intérieur les corps plus ou moins lourds chassés par le ventilateur et ne permettra que l'évacuation des balles et de la menue paille.

Au sujet des organes de transmission du mouvement, il y a peu de chose à dire, si ce n'est de la place occupée par la manivelle, il serait préférable qu'elle fût à l'avant pour éviter la poussière.

Un bon tarare perfectionné ayant 0 m. 60 de largeur avec cinq grilles, fournissant un travail parfait, et pouvant, jusqu'à un certain point, remplacer le travail du trieur vaut environ 55 fr. ; il n'y a donc pas à hésiter à lui donner la préférence sur les anciens dont la grille du plan incliné est fixe, les autres grilles trop petites et dépourvues d'agitateur et de plus difficiles à faire mouvoir.

TRIEURS. — On rencontre deux genres de trieurs, les *trieurs à trous* et les *trieurs à alvéoles*. Le premier système se compose d'une enveloppe circulaire, en tôle, inclinée et perforée de trous de différentes grandeurs, c'est le trieur le moins cher, mais son travail est moins parfait que le deuxième, car ce dernier a l'avantage de ne jamais s'obstruer, le triage s'opère intérieurement dans de petites concavités dont la grandeur variable permet de loger les graines suivant leur volume et de les diviser en cinq catégories, qui sont : Déchets — avoine, orge et seigle — beau blé — petit blé — petites graines et graines rondes.

Pour obtenir de très belles semences, il est indispensable d'avoir recours à cet instrument, dont le prix est de 200 à 300 fr., suivant le système. Etant donné qu'on peut trier 2 hectol. à l'heure et que le prix de vente du blé, comme semence triée, est de 2 à 3 fr. par hectolitre au-dessus du cours, la dépense est vite couverte. D'un autre côté, il est démontré que les petits grains qui sont éliminés par le trieur n'ont pas une grande faculté germinative et que celles qui germent ne donnent naissance qu'à des plantes chétives, elles seraient donc confiées à la terre en pure perte, tandis qu'elles peuvent servir à la nourriture des volailles ou en mouture pour les animaux de la ferme.   P. MASSERON.

SYNDICAT DE CHARTRES

Fourniture d'automne 1890 — Résultats de l'adjudication du 19 juillet.

I. — ENGRAIS.

1° Superphosphates d'os. — Le vendeur garanti qu'ils sont *d'os purs*, exempts de phosphates précipités ou de superphosphates minéraux. — *Azote 1/2 à 1 0/0 ; acide phosphorique soluble à l'eau et au citrate 16 à 18 0/0, dont les 2/3 au moins solubles à l'eau* ; prix des 100 k. : par 5.000 k., 12 fr 40 ; au-dessous 12 fr. 90. — Adjudicataire : Le Crédit agricole.

2° Superphosphate minéral soluble à l'eau et au citrate. — Acide phosphorique soluble à l'eau et au citrate 14 à 16 0/0 ; par 5.000 k., 8 fr. 68, au-dessous 9 fr. 18. — Adjudicataire : Le Crédit agricole.

3° Superphosphate minéral soluble à l'eau. — Acide phosphorique soluble dans l'eau 14 à 16 0/0 : par 5.000 kil. 9 fr. 20, au-dessous 9 fr. 70. — Adjudicataire : Le Crédit agricole.

4° Nitrate de soude. En sacs d'origine, poids brut pour net 15 à 16 0/0 d'azote : par 5.000 k. 22 fr. 65, au-dessous 23 fr. 15. — Adjudicataire : M. Linet.

Les expéditions inférieures à 400 kilog. subiront une majoration de 0 fr. 80 par expédition pour le coût de la lettre de voiture.

5° Sulfate d'ammoniaque. — Exempt de cyanures, sulfocyanures, et sulfate de protoxyde de fer. — Azote ammoniacal 20 à 21 0/0 : par 5.000 k. 32 fr. 70, au-dessous 33 fr. 20. — Adjudicataire : M. Foucher.

6° Phosphates minéraux. — 18 à 20 0/0 d'acide phosphorique. — Mouture impalpable : par 5.000 k. 4 fr. 40, au-dessous 5 fr. 15. — Adjudicataires : MM. Monod et Voisin.

7° Scories de déphosphoration. — Poudre impalpable. — 16 à 18 0/0 d'acide phosphorique : par 5.000 k. 5 fr., au-dessous 5 fr. 50. — Adjudicataire : Le Crédit agricole.

8° Chlorure de potassium. — Exempt de chlorure de magnésium. — Potasse 50 0/0 : par 5.000 k. 22 fr. 15, au-dessous 22 fr. 65. — Adjudicataire : Le Crédit agricole.

9° Kaïnit. — Dosant au moins 12 0/0 de potasse : par 5.000 k. 7 fr., au-dessous 8 fr. — Adjudicataires : MM. Jehenne et Lemetais.

10° Corne torréfiée. — 13 1/2 à 14 1/2 d'azote : par 5.000 k. 22 fr. 95, au-dessous 23 fr. 45. — Adjudicataire : M. Foucher.

11° Sang desséché pur. — 13 à 15 0/0 d'azote garanti exempt de toute matière azotée étrangère : par 5.000 k. 25 fr. 85, au-dessous 26 fr. 35. — Adjudicataire : Le Crédit agricole.

12° Phospho-guano ordinaire. — Dosant 3 0/0 d'azote ammoniacal et 12 à 14 0/0 d'acide phosphorique soluble dans le citrate : par 5.000 k. 12 fr. 99, au-dessous 13 fr. 49. — Adjudicataire : Le Crédit agricole.

13° Phospho-guano surazoté. — Dosant 5 0/0 d'azote ammoniacal et 10 0/0 d'acide phosphorique soluble au citrate : par 5.000 k. 15 fr. 15, au-dessous 15 fr. 65. — Adjudicataire : Le Crédit agricole.

14° Sel dénaturé aux tourteaux et à l'absinthe pour bestiaux : par 5.000 k. 6 fr. au-dessous 6 fr. 75. — Adjudicataire : M. Graziani.

15° Sulfate de fer : par 5.000 k. 7 fr 20, au-dessous 7 fr. 60. — Adjudicataire : M. Foucher.

Tous les prix ci-dessus s'entendent franco gare de l'acheteur et payables soit au comptant (30 jours) 2 1/2 0/0 d'escompte, soit à 3 mois 1 1/2 0/0 d'escompte, soit enfin à 6 mois sans escompte.

Un dépôt ayant été créé à Chartres pour satisfaire aux oublis et aux commandes tardives, les engrais ci-dessus pourront à l'avenir être délivrés immédiatement contre paiement comptant, et avec une faible majoration pour frais de magasinage, en s'adressant à M. Mercier, comptable du Syndicat, le samedi, de 8 h. du matin à midi.

II. — TOURTEAUX ALIMENTAIRES.

Le syndicat se charge de la fourniture des différents tourteaux alimentaires aux prix suivants sur gare Marseille et par wagons complets de 5.000 k. au moins.

Lin pur première qualité . . . . . 16 75 les 100 k.
Arachide décortiquée . . . . . . 14 50 —
Sésame blanc du Levant . . . . 14 25 —
Coprah pour vaches laitières, Ceylan. 13 50 —
Palmiste naturel en poudre, sac en sus. 8 50 —
Farine oléagineuse alimentaire . . 14 50 —

Ces prix sont valables jusqu'au 31 décembre 1890.

Adjudicataire : M. Boëry-Allier.

Paiement : à 30 jours 1 0/0 d'escompte ; à 60 jours 1/2 0/0 d'escompte ; à 90 jours sans escompte.

Plusieurs syndiqués peuvent se réunir pour la formation d'un wagon, de même qu'un wagon peut être composé de plusieurs espèces de tourteaux.

Pour les petites commandes, les membres du Syndicat pourront s'adresser, le samedi, de 8 h. à midi, chez M. Mercier, 4, place St-Michel, qui leur fournira au dépôt la quantité de tourteaux qu'ils désireront, contre paiement comptant et aux prix fixés pour le détail.

SYNDICAT DE DREUX

Adjudication du lundi 7 juillet

Ont été déclarés adjudicataires des engrais et matières premières, aux conditions suivantes :

MM. MONOD et VOISIN :

Sulfate d'ammoniaque dosant 20 à 21 0/0 d'azote, au prix de 31 fr. 20 les 100 k.

Nitrate de soude dosant 15 à 16 0/0 d'azote nitrique, livraison d'automne, au prix de 21 fr. 90 les 100 k., sacs d'origine.

Livraison d'automne, au prix de 22 fr. 40 les 100 k., sacs réglés.

Livraison de printemps 1891, au prix de 22 fr. 60 les 100 k., sacs d'origine.

Superphosphate d'os pur, dosant de 0,60 à 1 0/0 d'azote organique et 16 à 18 0/0 d'acide phosphorique soluble dans l'eau et le citrate, au prix de 0,745 l'unité d'acide phosphorique.

Phosphate naturel de l'Oise dosant 34/40 de phosphate, au prix de 3 fr. 65 les 100 k,

Scories de fer, dosant 16/20 d'acide phosphorique et donnant 75 à 80 0/0 de finesse au tamis n° 100, au prix de 5 fr. 04 par 10.000 k. et 5 fr.25 par 5.000 k. et par gare.

Le CRÉDIT AGRICOLE :

Superphosphate minéral soluble à l'eau, dosant 14 à 16 0/0 d'acide phosphorique, au prix de 0 fr. 624 l'unité.

Superphosphate minéral soluble au citrate, dosant 14 à 16 0/0 d'acide phosphorique, au prix de 0 fr. 578 l'unité.

Engrais composé dosant 4 0/0 d'azote ammoniacal et 12 0/0 d'acide phosphorique soluble à l'eau, au prix de 14 fr. 94 les 100 k.

M. ED. FOUCHER :

Sang pur desséché, dosant 12 à 13 0/0 d'azote, au prix de 1 fr. 925 l'unité.

Nitrate de soude, dosant 15 à 16 0/0 d'azote nitrique, livrable au printemps 1891, au prix de 22 fr. 95 les 100 kilos, sacs réglés.

Sulfate de cuivre au prix de 62 fr. les 100 k.

Sulfate de fer au prix de 7 fr. les 100 k.

M. BIHEL :

Tourteau de lin au prix de 20 fr. 50 les 100 k.

Tourteau d'arachide au prix de 18 fr. les 100 k.

Tourteau de sézame au prix de 17 fr. 50 les 100 k.

Tourteau de coton au prix de 13 fr. les 100 k.

Aucune soumission n'ayant été faite pour le sel dénaturé, il va être pourvu incessamment à cette lacune par les soins du bureau.

Tous ces prix s'entendent rendus franco gare désignée par l'acheteur, et payables à 3 mois de la livraison sans escompte.

M. Lenain, au château de Clermont, Ollivet, par St-Ouën-des-Toits (Mayenne), offre pour semences :
1° *Blés de Bordeaux*, à 29 fr. les 100 k.
2° *Dattel*, à 29 fr. 50 les 100 k.
3° *de Bergues*, à 3. fr. les 100 k.
4° *Avoine jaune de Flandre*, à 26 fr les 100 k.
Dans les toiles de l'acheteur ou toiles à rendre.
Le tout pris à Clermont ou gare Le Genest.
Sauf variation de prix.

SYNDICAT DE CHARTRES

Le Syndicat agricole de Chartres donne avis qu'il peut fournir aux prix ci-dessous des vins naturels des provenances ci-après :

1° VINS ROUGES

1° *Minervois*, (Aude).

La barrique de 220 litres, rendue franco de tous droits à la gare de l'acheteur, 120 francs. Valeur à 30 jours, 2 0/0, ou 90 jours sans escompte.

2° *Montagnac*. (Contenance de la barrique : 215 à 220 litres)
N° 1 : 100 fr. — N° 2 : 110 fr. — N° 3 : 120 fr., franco de tous droits, gare de l'acheteur, paiement à 30 jours.

3° *Narbonnais et Roussillon*. (Contenance de la barrique : 220 litres)

1° Montagne,	la barrique	90 fr.	la demi-barrique	50 fr.
2° Mont-Redon	—	100	—	55
3° La Palme	—	110	—	60
4° La Tour de France	—	120	—	65
5° St-Emilien, (grand vin 1884)		140	—	75

franco de tous droits gare de l'acheteur, paiement à 90 jours.

4° *Bordeaux*.

Bonnes côtes de Bordeaux, la pièce de 225 à 228 litres, 160 fr., 180 fr., 200 fr.

Côte Saint Christophe de Saint-Emilion	250 Fr.
Sables de Saint-Emilion	300
Saint Estèphe	350
Saint-Emilion et Haut Pomerol	400
— vieux —	500 et 600.

Le tout franco gare de l'acheteur, paiement à 30 jours 3 0/0 ou à 90 jours sans escompte. — Par demi pièce et 1/4 de pièce, 5 fr. en sus pour logement.

2° VINS BLANCS

Bordeaux

Petites Graves, la barrique de 225 à 228 litres,   150 Fr.
Graves (bonnes)   180 et 200
Pre'gnac-Sauternes   250 et 300
Barsac-Sauternes   350 et 400
Haut-Sauternes (vieux)   450, 500, 550 et 600

Le tout franco gare de l'acheteur, paiement à 30 jours 3 0/0 ou à 90 jours sans escompte — Par 1/2 pièce et 1/4 de pièce, 5 fr. en sus pour logement

Les commandes doivent être adressées à M. Mercier, Agent-Comptable du Syndicat, 4, Place Saint-Michel, à Chartres, en ayant soin d'indiquer très clairement l'espèce et la quantité que l'on désire.

Nota. — Dans toutes les expéditions, le fût reste toujours la propriété de l'acheteur.

Futailles en très bon état, à vendre. S'adresser à M. Mercier, comptable du Syndicat, 4, place St-Michel (Chartres).

AVIS

1° C'est M. Graziani qui a été déclaré adjudicataire de la fourniture des sels dénaturés pour bestiaux pendant la saison d'automne 1890 et non MM. Jehenne et Lemetais comme le porte la feuille adressée à MM les membres du Syndicat de Chartres, et contenant les résultats de l'adjudication du 19 juillet.

2° Un dépôt ayant été créé à Chartres pour satisfaire aux oublis et aux commandes tardives, les principaux engrais et tourteaux alimentaires pourront, à l'avenir, être délivrés immédiatement, contre paiement comptant et avec une faible majoration pour frais de magasinage, en s'adressant à M. Mercier, comptable du Syndicat, le samedi, de 8 h. du matin à midi.

M. Graziani, fabricant d'engrais de poissons de mer au Croisic (Loire Inférieure) appelle l'attention des agriculteurs sur l'emploi des sels marins à différents usages.

Les services qu'ils ont rendus ont déjà été appréciés par nombre de propriétaires, écoles d'agriculture et syndicats agricoles qui n'hésitent pas à en conseiller l'emploi.

En effet, pour exciter l'appétit des animaux, soit pendant l'engraissement ou pendant la lactation, *les sels marins dénaturés aux tourteaux* sont indispensables, avec les *sels marins dénaturés au peroxyde de fer et poudre d'absinthe*, répandus au moment de la mise au grenier, il n'est plus de foin échauffé ni poussiéreux, enfin les *sels marins dénaturés à la poudrette ou à la chaux* assainissent les étables tout en enrichissant les fumiers.

M. Graziani, par sa position spéciale, peut fournir toutes ces sortes de sels *à la culture, à des prix très modérés*.

LA PRODUCTION LAITIÈRE

Par C. V. GAROLA, (✠ mérite agricole) professeur départemental d'agriculture, directeur de la station agronomique de Chartres.

Prix 1 fr. 50. — 1 fr 65, franco, par la poste.

Chez R. SELLERET, libraire-éditeur à Chartres.

RATS souris, loirs, mulots, etc... Contre mandat ou 10 timbres-poste de 0 fr. 15, j'adresse franco le moyen infaillible et très pratique de les détruire tous en quelques heures.

LECLERC, à Beaulieu, par Châtellerault (Vienne). — *Envoi gratis et franco du prospectus destruction des taupes.*

Prix cultural. — (Diplôme et médaille d'argent), attribué en 1889 au vignoble de Lagrange.

Excellent vin de Bordeaux (Rouge et Blanc)

GARANTI NATUREL

Expédié directement du propriétaire au consommateur.

S'adresser à G. PERBOYRE, pharmacien, Trésorier du Syndicat régional agricole de Cadillac Podensa ""propriétaire du vignoble de Lagrange, à Cadillac sur-Garonne, pM. Bordeaux.

« Le vignoble de Lagrange, situé sur ‿ s terrains de première nature, complanté en cépage de choix, produit le meilleur vin de la contrée » (Ed. Ferret, statistique de la Gironde.)

N. B. — Le vin de Lagrange a obtenu le premier prix, médaille d'argent, à l'Exposition régionale de l'Entre-deux-Mers 1886, et la médaille de bronze à l'Exposition Universelle de Paris 1889.

Excellent vin de Bordeaux, récolte de 1887, à 125 fr. la pièce de 225 litres, logé et franco sur wagon, gare de départ.

S'adresser à M. GEORGES BORD, secrétaire général du syndicat à Cadillac-sur-Garonne (Gironde).

Les fabricants de fromages et de beurres sont informés que, à l'exposition universelle de 1889, la plus haute récompense (médaille d'or), a été décernée aux **PRESURES et COLORANTS** de **J. Fabre, à M. A.** Aubervilliers (Seine). Récompenses dans 51 concours agricoles.

A louer, à long terme, près Gourin (Morbihan), ferme de 240 hectares, dont 50 en culture et le reste en bonnes landes. Beaux bâtiments, prix peu élevé, entrée en jouissance 29 septembre 1890.

S'adresser à M. du Frétay, à Vieux-Castel, par Châteaulin (Finistère).

MACHINES AGRICOLES

SAVARY & CIE

Ingénieurs-Constructeurs

QUIMPERLÉ (FINISTÈRE)

104 Diplômes d'honneur et Médailles

EXPOSITIONS UNIVERSELLES DE PARIS 1878-1889
Croix de la Légion d'honneur
2 médailles d'Or — 3 médailles d'Argent — 1 médaille de Bronze

PRESSOIRS A MOUVEMENT VERTICAL
Breveté S. G. D. G.

1er Prix		1er Prix
Médaille d'Or		**Médaille d'Or**
à		à
l'Exposition		l'Exposition
nationale		nationale
des		des
cidres		cidres
PARIS 1888		PARIS 1888

Pressoirs à cidre et à vin — Moulins à pommes
Fouloirs à vendange — Machines à battre à manège
Tarares — Barattes
Broyeurs d'ajonc — Coupe-racines — Hache-paille
Charrues

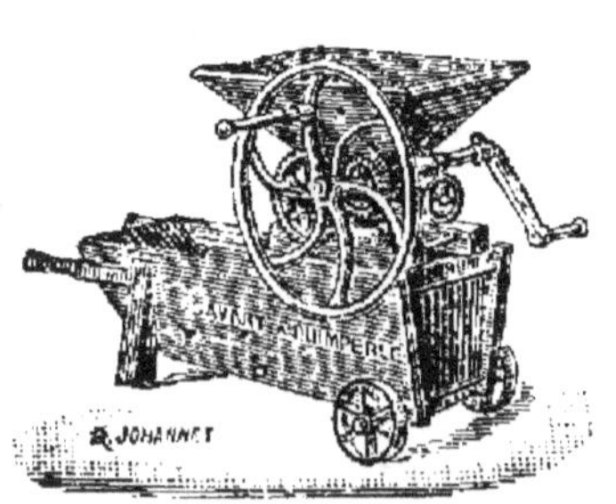

Le
Catalogue
GÉNÉRAL
sera adressé
sur
demande

Le Gérant, E. MOREAU.

Laval. Imp. L. Moreau.

Ce Bulletin paraît le 15 de chaque mois.

BULLETIN AGRICOLE
DE L'OUEST

Organe de l'Union des Syndicats Agricoles
des départements du Finistère, des Côtes-du-Nord,
du Morbihan, de la Loire-Inférieure, d'Ille-et-Vilaine, de la
Manche, de la Mayenne, de Maine-et-Loire, de la Sarthe,
de l'Orne, du Calvados, de l'Eure, d'Eure-et-Loir
et de la Seine-Inférieure.

Publié sous la direction de :

H. LÉIZOUR, ✳ M. A.

Professeur départemental d'Agriculture de la Mayenne, Directeur du Laboratoire
agronomique, Président du Syndicat des Agriculteurs de la Mayenne,

GAROLA, ✳ M. A.

Professeur départemental d'Agriculture d'Eure-et-Loir,
Directeur de la Station agronomique de Chartres.

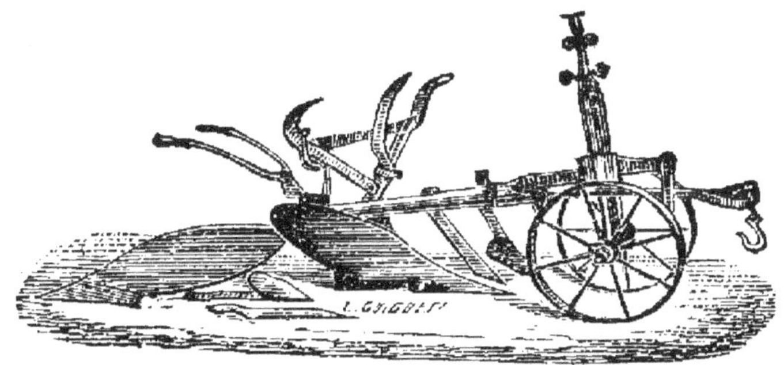

ABONNEMENTS

Les membres des syndicats adhérents sont abonnés gratuitement par leurs
bureaux. — Pour les étrangers aux syndicats : **6 fr.** par an.

ANNONCES

De 1 à 4 annonces.	» 50° la ligne.		De 8 à 12 annonces	» 30° la ligne
De 4 à 8 —	» 40° —		Au-delà de 12. .	» 20° —

Le bulletin publiera gratuitement les offres et demandes
des Syndicats abonnés.

AVIS. — *Tout ce qui concerne la rédaction, les Annonces et les Abonnements, doit être adressé à* **M. LÉIZOUR, rue de la Filature, 1, à Laval.**

AU PROGRÈS

Maison MOTTE

TAILLEUR CIVIL ET MILITAIRE

12, rue du Grand-Faubourg, 12

A L'ENTRÉE DE LA PLACE DES ÉPARS

CHARTRES

Spécialité de **Dolmans** pour **Officiers**, de **Tuniques** et **Livrées** pour **Pensions** et **Maisons** particulières. — Grand choix de Draperie Française et Anglaise. — Complet confection depuis **20 fr.** — Complet sur mesure depuis **55 fr.**

Il sera délivré à tout acheteur de costume complet UN SUPERBE PLASTRON.

Remise de 10 % à tout membre du Syndicat agricole, et sur la présentation de sa carte de syndiqué.

Fabrique de Briques, Carreaux et Tuyaux de drainage

De toutes dimensions et sur commande

MÉDAILLES ET DIPLOMES D'HONNEUR

BOULARD-BILLIARD

TUILIER-BRIQUETIER

Aux Agets-Saint-Brice

Par BOUÈRE (Mayenne)

Entrepôt de TUILERIE de BOURGOGNE (Saône-et-Loire)

Le tarif est envoyé *franco* à toute personne qui en fait la demande.

Une Réduction est faite aux Membres du Syndicat

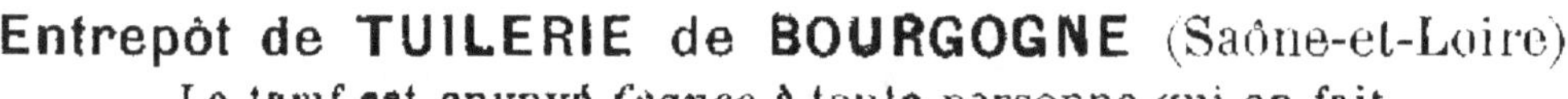

LA FONCIÈRE

COMPAGNIE D'ASSURANCES MOBILIÈRES ET IMMOBILIÈRES

CONTRE L'INCENDIE

Siège social : *Place Ventadour*, PARIS

Ensemble des garanties

SOIXANTE-HUIT MILLIONS

Au 31 décembre 1888, les valeurs assurées s'élevaient à 6 milliards 491 millions 394 mille 745 francs. (Le résultat de l'exercice 1889 n'est pas encore connu.)

S'adresser ou écrire à M. Mercier, agent général et comptable du Syndicat agricole, 4, place Saint-Michel, Chartres.

BULLETIN AGRICOLE DE L'OUEST

La vaccination des moutons

Monsieur le Rédacteur,

Vous avez publié, sous le titre ci-dessus (numéro du 26 juin dernier), un article signé G. Ronceret, cultivateur à Morainville, article qui vient d'être reproduit par le numéro de juillet du *Bulletin agricole de l'Ouest* et qui, par conséquent, a été soumis à l'appréciation des lecteurs des départements du Finistère, des Côtes-du-Nord, du Morbihan, de la Loire-Inférieure, de l'Ille-et-Vilaine, de la Manche, de la Mayenne, de Maine-et-Loire, de la Sarthe, de l'Orne, du Calvados, de l'Eure, d'Eure-et-Loir et de la Seine-Inférieure, en tout 14 départements.

Dans cet article qui a reçu, on le voit, la plus grande publicité, l'auteur, après s'être plaint d'avoir perdu, du charbon, 21 agneaux récemment vaccinés, déclare qu'il renonce, pour l'avenir, à la vaccination, et ajoute qu'il est tenté de croire à la responsabilité du vétérinaire ou de l'Institut Pasteur.

Examinons ces griefs et disons en commençant que, sur le fait en lui-même, nous sommes complétement d'accord avec M. Ronceret : des 197 agneaux qu'il possédait, M. Ronceret en a réellement perdu 21, quelques jours seulement après la seconde vaccination, et ces agneaux tous bien morts du charbon.

Mais cette perte suffit-elle, comme parait le croire M. Ronceret, pour nous autoriser à renoncer désormais, aux avantages incontestables de la vaccination pastorienne ?

Nous ne le pensons pas et voici pourquoi :

Et d'abord, les agneaux sont morts ; mais est-ce bien aux suites de la vaccination qu'ils ont succombé ou bien ont-ils été tout simplement frappés par le charbon spontané ?

M. Ronceret a beau nous dire « qu'aucun cas de mala- « die charbonneuse ne s'était manifesté chez lui pendant « les trois mois qui ont précédé la première vaccination, » cela ne prouve pas du tout que la mort des agneaux soit le résultat de l'opération pratiquée sur eux ; cela ne démontre pas que la vaccination n'a pas été pratiquée sur un troupeau qui avait, au moment de l'opération, les

132

germes du mal, troupeau qui aurait été inévitablement
frappé, comme il l'a été, encore même qu'on ne l'eût pas
vacciné.

Il n'y a très probablement dans l'espèce qu'un simple
cas de développement spontané du charbon, comme il
s'en présente malheureusement trop souvent en Beauce,
un cas complètement indépendant de la vaccination pratiquée quelques jours auparavant.

Admettons cependant, pour le besoin de l'argumenta-
tion, que la prétention de M. Ronceret soit fondée ;
admettons que le vaccin « ait tué au lieu de vivifier, »
pour nous servir de ses propres expressions, et voyons
si, même dans cette hypothèse, il convient d'abandonner
la vaccination qui nous a donné jusqu'à présent de si
précieux résultats.

Lorsqu'il y a près d'un demi-siècle — en 1842 — De-
lafond fut envoyé en Beauce par le ministre (voir son
traité spécial) pour étudier le sang de rate, il estimait à
plus de 7 millions (chiffre exact = 7.080.000 fr.), la
perte en argent causée annuellement par la maladie sur
les troupeaux de la localité.

Plus tard, Raynal (voir son traité de police sanitaire)
fixait cette perte à un chiffre un peu plus bas, soit
5.340.000 fr., représentant la valeur de 178.000 moutons à 30 fr. l'un.

Voulez-vous, en renonçant à la vaccination, revenir
à cet ancien état de choses qui serait ruineux pour nos
cultivateurs beaucerons déjà si éprouvés par la crise agricole actuelle ?

Poser la question, c'est la résoudre.

La vaccination préservatrice du charbon, proclamons-
le bien haut, est une mesure d'intérêt public : loin d'y
renoncer, il faut, au contraire, y recourir tous les jours
davantage, en la perfectionnant, s'il y a lieu.

Et non-seulement il est de l'intérêt général que la
vaccination se propage de plus en plus, mais encore,
vous, M. Ronceret, vous qui êtes un de ses rares détracteurs, à l'heure actuelle, vous qui, après avoir été un des
« croyants convaincus, redevenez sceptique », vous y êtes
vous-même intéressé comme les autres.

Vous venez, en effet, de perdre accidentellement,
exceptionnellement, 21 bêtes sur 97, soit environ 11 0/0
de vos agneaux, et depuis dix ans que vous faisiez vacciner votre troupeau, vous nous déclarez que vous n'avez
jamais eu la moindre déception.

Répartissez en 10 ans votre sinistre de l'année 1890 et vous arriverez à une moyenne de pertes annuelles de 1 à 1 1/2 pour 0/0 à peine.

Ceci admis, demandez à M. votre père, qui cultivait avant vous la même ferme que vous, comment se comportait autrefois son troupeau, alors que M. Pasteur ne nous avait pas encore doté de son admirable découverte, et il vous répondra qu'il a 35 ou 40 ans, sur 7 à 800 moutons qu'il mettait au parc de la Saint-Jean à la Toussaint, il en perdait souvent 10 par jour; il vous répondra en outre que la mortalité annuelle ordinaire de sa troupe s'élevait à 200, 300 et souvent 400 têtes !

Donc, dans la même ferme, pertes d'autrefois : 25 à 50 pour 0/0 ;

Pertes d'aujourd'hui : de 1 à 1 1/2 pour 0/0.

Avec de semblables chiffres, inutile d'insister : l'intérêt qu'a M. Ronceret à recourir comme précédemment à la vaccination et incontestable, encore bien que les pertes qu'il a éprouvées seraient dues, comme il le prétend sans le prouver, à la vaccination elle-même, à la vaccination seule.

Reste maintenant la question de la responsabilité, responsabilité à laquelle M. Ronceret est tenté de croire et sur laquelle il appelle l'attention des cultivateurs et des vétérinaires.

Notre réponse sur ce dernier point sera aussi simple que courte.

Pour que quelqu'un soit responsable d'un acte quelconque, il faut prouver que ce quelqu'un a commis une faute lourde et qu'il a causé un dommage.

Le vétérinaire s'est-il, par exemple, servi d'une seringue malpropre, avec laquelle il a inoculé aux agneaux le charbon violent, mortel, au lieu du charbon atténué ; a-t-il plongé son aiguille trop profondément dans les chairs ; a-t-il employé le vaccin contrairement aux règles tracées par la science, etc ?

Nullement.

L'opérateur, un praticien aussi modeste qu'habile, n'a donné prise à aucun reproche.

Il n'est pas possible de prouver qu'il ait commis la moindre faute, ni lourde, ni légère.

D'un autre côté, la préparation et l'expédition des vaccins sont, à l'Institut Pasteur, l'objet des soins les plus assidus. — M. Reboul, chargé de cette tâche, sous l'habile et incessante direction de M. Chamberland, s'en acquitte avec la plus haute intelligence et la plus louable activité.

Si, malgré tous les efforts du personnel de la maison, il survient cependant quelques rares, très rares accidents, à la suite de la vaccination, il faut chercher à les éviter à l'avenir.

Nous croyons savoir que l'attention de l'honorable et savant M. Pasteur, ainsi que celle de ses dévoués collaborateurs est éveillée sur ce point.

Attendons le résultat des études entreprises.

En somme et en résumé :

Les agneaux de M. Ronceret sont morts du charbon ; mais, rien ne prouve que la maladie n'ait pas été spontanée et qu'elle soit le résultat de la vaccination.

La mort de ces agneaux serait-elle due à la vaccination que, malgré cela, il n'y aurait pas du tout lieu de renoncer à l'opération, le pourcentage des pertes sur les troupeaux vaccinés étant beaucoup moins élevé que sur ceux qui ne le sont pas.

Le vétérinaire, qui a vacciné, et l'Institut Pasteur, qui a fourni le vaccin, ne peuvent être responsables que s'il est prouvé qu'ils ont commis une faute et causé un dommage.

Or, M. Ronceret ne donne la preuve ni de la faute commise, ni du dommage causé : donc, il n'y a pas, il ne peut pas y avoir, ici, de responsabilité.

Le vétérinaire délégué, chef du service sanitaire du département d'Eure-et-Loir,

D. BOUTET.

La Vaccination des Moutons

Décidément, en Beauce, le charbon bactéridien bientôt aura vécu. Ce mal est agonisant, la lettre de M. G. Ronceret, cultivateur à Morainville, publiée par les journaux de Chartres (26 juin 1890) et reproduite par le *Bulletin agricole de l'Ouest* en est une *preuve certaine.*

Voici les faits :

Ce cultivateur fait vacciner cent quatre-vingt-dix-sept agneaux ; après la seconde vaccination, cent-cinquante sont malades (fièvre, perte d'appétit, raideur générale, boiterie du membre postérieur (lieu d'élection du 2° vaccin) avec engorgement du plat de la cuisse). Vingt-et-un meurent de *fièvre charbonneuse.* Haro ! ou sur l'institut Pasteur ou sur le vétérinaire, la responsabilité de l'un ou de l'autre ou de tous deux, est engagée ; et peut-être que le célèbre chimiste, s'il n'eût été déjà immortel, eût reçu du *papier timbré !*

Vos vingt-un agneaux, M. Ronceret, sont bien morts de *charbon*, de *fièvre charbonneuse* et non de *septicémie*, par conséquent, le vétérinaire est hors de cause.

Mais êtes-vous sûr que ce soit le vaccin qui les ai fait mourir ?

Vous dites oui.

Je dis non.

Vous dites que le vacccin était *suffisant*.

Je dis qu'il n'était même pas *nécessaire*.

Interrogez donc les cultivateurs d'hier et aussi ceux d'aujourd'hui, et demandez-leur si jamais le *charbon* n'a tout à coup fait irruption dans leurs troupeaux.

Entre mille, voilà quelques exemples :

1º A S., M. G. a perdu en une semaine 77 agneaux mâles sur 122 alors qu'il n'en était point mort depuis l'agnelage.

2º A E., M. T. a perdu en une semaine 26 0/0 de son troupeau (800 têtes), alors qu'il n'en était point mort depuis des mois.

3º J'ai vu à V., chez M. B., et à plusieurs reprises, le charbon brusquement apparaître et faire mourir 3, 5, et 8 0/0 du troupeau en une semaine, alors qu'il n'en était point mort depuis des mois.

4º J'ai vu en 1885, à V., chez M. K., mourir 5 0/0 du troupeau (600 têtes), en une semaine et 10 0/0 en 18 à 20 jours, alors qu'il n'en était point mort depuis des ans.

5º J'ai vu ce mois passé dans un troupeau (150 brebis et agneaux, 100 antenais) 10 0/0 des antenais mourir en une semaine, et pas une des brebis, pas un des agneaux.

6º A E., M. T. a perdu en deux jours les sept vingt-et-unième de son étable, alors qu'il n'en était point mort depuis des ans.

7º A B., M. L. a perdu en une semaine les six vingt-quatrième de sont étable, alors qu'il n'en était point mort depuis des mois.

8º J'ai vu mourir à B., chez M. B. et à plusieurs reprises, 2 et 3 quinzièmes de l'étable en deux jours, alors qu'il n'en était point mort depuis des mois.

9º J'ai, en 1885, à B., chez M. H., vu mourir les quatre dix-septième de l'étable en quatre jours, alors qu'il n'en était point mort depuis des ans.

10° J'ai vu à B., chez Mme V⁰ B., au mois de février 1888, mourir dix vaches sur onze et cela en quatre jours (le premier jour, de 6 à 10 h. du matin, six sont mortes), alors qu'il n'en était point mort dans la ferme depuis plus de *quinze ans*.

Et si l'on eût vacciné l'une de ces bergeries ou l'une de ces étables quelques jours avant que ces morts ne surviennent, le propriétaire n'aurait-il point comme vous crié à la *mauvaise qualité du vaccin*... Et pourtant...! car assurément la mortalité n'aurait pu être diminuée et les survivants *certainement contaminés* auraient pu souffrir de la *fièvre vaccinale*.

C'est la conclusion que vous tirerez, je crois, de quelques faits pris au hasard dans une *longue série* qu'il serait fastidieux d'entièrement vous exposer.

En 1883, L... vaccine avec le vaccin du même envoi, la même seringue, le même jour.

PREMIER VACCIN

Chez M. B., à G.. — Etable, 15 vaches ; 1ʳᵉ bergerie, 160 brebis, 45 antenaises ; 2ᵉ bergerie, 110 agneaux. — Pas de perte.

Chez M. B., à V. — Etable, 18 vaches ; 1ʳᵉ bergerie, 180 brebis, 10 jeunes agneaux ; 2ᵉ bergerie, 145 agneaux, 50 antenaises ; 3ᵉ bergerie, 95 antenais et antenaises ; 4ᵉ bergerie, 45 brebis et moutons.

Etable, 1ʳᵉ, 3ᵉ, 4ᵉ bergeries, pas de perte.

2ᵉ bergerie. Une antenaise meurt de charbon le 5ᵉ jour.

DEUXIÈME VACCIN

Douze jours après, seconde vaccination. — Conditions absolument identiques.

Chez M. B., à G. — Pas de perte.

Chez M. B. à V. — Etable, 1ʳᵉ, 3ᵉ, 4ᵉ bergeries. — Pas de perte.

2ᵉ bergerie. — 2 antenaises meurent du charbon, 75 agneaux sont malades (symptômes Ronceret) ; onze meurent ;

Les vaccins étaient-ils donc de mauvaise qualité ?

En 1885, L. vaccine avec le vaccin du même envoi, la même seringue, le même jour.

PREMIER VACCIN

Chez M. H. à B. — Etable, 14 vaches. Pas de perte.

1ʳᵉ bergerie, 240 brebis, 200 agneaux. — 2 brebis et 1 agneau meurent entre le 1ᵉʳ et le 2ᵉ vaccin.

2ᵉ bergerie, 250 brebis et antenaises, 80 agneaux. — Pas de perte.

DEUXIÈME VACCIN

Douze jours après, seconde vaccination.

Étable, pas de perte.

Iʳᵉ *bergerie*, 3 brebis meurent, 100 agneaux sont malades (symptômes Ronceret) ; treize meurent.

2ᵉ bergerie, pas de perte.

Les vaccins étaient donc de mauvaise qualité ?

En 1884, L. vaccine (1 vaccin) 21 vaches chez M. R. à A. ; pas de perte. Avec le même tube, la même seringue, à la même heure, chez M. C., à A., 4 vaches ; l'une meurt le 4ᵉ jour de *fièvre charbonneuse*, alors que dans l'étable il n'en était point mort depuis *dix ans*.

Le vaccin était-il donc de mauvaise qualité ?

En 1887, X. vaccine avec le même tube, la même seringue, le même jour (1ᵉʳ vaccin), 4 étables. Trois étables, en tout douze vaches. Pas de perte.

4ᵉ étable, 8 vaches, l'une meurt de *fièvre charbonneuse*, le septième jour.

Dans cette étable quelques mois plus tôt, deux vaches sont mortes de cette maladie.

Le vaccin était-il donc de mauvaise qualité ?

Non, n'est-ce pas, et dans ces différents cas, les morts étaient au moment de l'opération sous le coup de *l'infection spontanée* ; eh bien, ce qui frappe *quand on sait voir*, c'est que, *toujours*, la fièvre vaccinale est *insuffisante* pour tuer.

Il est à remarquer que l'infection spontanée varie de *zéro à l'infini*. C'est dire qu'elle n'est pas *forcément* mortelle. C'est ce que d'ailleurs, des faits, il est permis d'inférer.

Je m'explique. Voici :

Un troupeau de moutons pâture dans telle pièce de terre, la mortalité marche ferme : le propriétaire l'envoie au pacage dans un village non infecté, la mortalité diminue le lendemain et cesse dans les trois jours. Un mois plus tard, alors que l'infection est, comment dirai-je, « usée », le troupeau réintègre domicile, retourne pâturer dans la pièce de terre désignée ci-dessus, la mortalité ne recommence que le *cinquième* jour et ne bat son plein que le *huitième* jour — *jamais avant*.

De même pour les bovins, avec des périodes plus longues.

158

Ainsi les vaches (ex. 10, voir plus haut) mangeaient lorsqu'elles sont mortes, depuis dix-huit jours environ, des aliments contaminés. — Si l'on eût remplacé dans leur ration ces aliments par d'autres non contaminés, quatre ou cinq jours plus tôt, il est permis *d'affirmer* que le nombre des victimes eût sensiblement diminué et pourtant à ce moment elles étaient *toutes* sous le coup de l'infection spontanée.

Prenons-les au dixième jour, par exemple, changeons leur régime, ainsi qu'il est dit — vaccinons-les ; — la *fièvre vaccinale* s'ajoutant à la *fièvre d'infection* peut accélérer la marche de la maladie, surtout chez celles sérieusement infectées ; ça je vous l'accorde volontiers.

Mais vous, Monsieur Ronceret, vous ne pouvez dire que les aliments que recevaient vos agneaux n'étaient pas contaminés, c'est le *contraire* qu'il vous serait permis de certifier (vu l'état d'infection de votre sol) ; par conséquent, moi, sans crainte de me tromper, je puis *affirmer* que vos vingt-et-un agneaux sont bien morts de *charbon spontané* ; et quoi que vous en disiez, il est évident *pour tous* que cette fois encore le vaccin n'a pas *tué* mais *vivifié* ; pensez donc aux survivants et dites-vous bien que la mortalité, lorsque l'infection spontanée eût été suffisante, eût commencé et qu'elle eût marché avec rapidité, sans qu'il soit possible de l'enrayer : — les morts d'abord. — Mais pensez donc aux cent trente malades guéris et soyez convaincu que sans vaccination, un certain nombre d'entre eux eut passé, dans un temps relativement court, de vie à trépas.

Vous vous récriez fort à l'idée de perdre 10 0/0 de votre troupeau, je vous comprends, c'est tout naturel, c'est même ce qui me fait dire que votre lettre est une *preuve certaine* qu'en Beauce le *charbon agonise.*

Concluons :

De 1882 à 1890, vous avez fait vacciner en moyenne 600 moutons par an.

Vous en avez perdu en tout du charbon, suivant vos dires, y compris ces vingt-et-un derniers, quarante, je mets *cinquante.*

Soit 6 par an, soit sur 600, 1 0/0.

De 1873 à 1882, votre père et vous ensuite avez perdu 15 0/0 chaque année, — *et plus* — pourtant je ne mets que 10 0/0, — soit *soixante* par an.

Soit en 9 ans, 540.

Différence en neuf ans, 510 moins 50 = 490.

Quatre cent quatre-vingt-dix moutons, ça représente une somme assez rondelette. Eh bien ! Monsieur Ronceret, si vous l'avez encaissée, c'est grâce à la *Pasteurisation* (ne dites pas le contraire, votre ferme était infectée, votre troupeau, malgré vos soins, vos efforts, aurait continué à être décimé), et bénéficiant dans d'aussi larges proportions de cette découverte *à jamais mémorable,* vous l'attaquez publiquement. Ne serait-ce point là de l' « *aberration* » ?

Mais vous n'êtes point un *utopiste*, vous continuerez à profiter de la vaccination et à bénir (secrètement peut-être) le nom de *Pasteur*. Et vous saluerez toujours avec respect, la statue du célèbre chimiste que la *culture beauceronne reconnaissante* ne peut manquer d'élever dans nos plaines... près Morainville.

Pourquoi pas ?

Août 1890.   BIGOTEAU
Vétérinaire à Auneau.

SYNDICAT AGRICOLE
de l'arrondissement de Chartres

La réunion générale imposée par les statuts a eu lieu le samedi 12 juillet, au siège syndical. 11, rue Régnier.

M. Vinet, sénateur, présidait, assisté des menbres du Bureau d'administration.

L'assistance était trop peu nombreuse, et il est à regretter que les membres du Syndicat qui reconnaissent les services rendus par cette Association, négligent d'assister à cette réunion organisée dans le but de resserrer les liens qui doivent unir tous les membres de cette grande famille agricole et permettre à ses adhérents d'échanger leurs vues sur la marche de l'œuvre et sur les perfectionnements à y apporter.

La réunion, fixée à quatre heures, a été ouverte par le discours suivant de M. Vinet :

Messieurs,

En prenant la parole aujourd'hui à la réunion générale de notre Association agricole, je tiens, tout d'abord, à remercier mes collègues du Bureau, et tout particulièrement MM. Egasse et Garola, du concours intelligent et dévoué dont ils ont fait preuve dans l'organisation de notre exposition au Champ de Mars, à Paris, en 1889.

Grâce à eux et à quelques membres zélés qui ont bien

voulu les seconder, le syndicat agricole de Chartres a obtenu une médaille d'argent de première classe. La satisfaction de votre président a été d'autant plns vive que notre Syndicat, quoique fondé récemment, a montré dans cette grande lutte qu'il pouvait prétendre à juste titre d'être considéré comme une des Associations agricoles les plus utiles de notre région.

Les éloges que j'ai reçus au sujet de notre Association reviennent en partie à nos collaborateurs, je suis heureux de les remercier aujourd'hui publiquement, persuadé que vous vous associerez à ces sentiments dont je suis fier pour notre Syndicat.

Lorsque j'examine le chemin parcouru depuis sa formation, les bienfaits de toute nature qu'il peut rendre, si nous savons profiter de la grande somme de libertés accordées, libertés ne ressemblant en rien à celle qui doivent être partiquées avec prudence, limités par des intérêts d'ordre social, je suis émerveillé, plein d'espérance en pensant que nous pourrons dans un temps rapproché non seulement atténuer les souffrances des classes rurales, mais encore arriver par ce viel adage : « l'union fait la force » à relever le courage au point de vue matériel de ceux qui sont entrés dans la carrière agricole.

Les lois, aussi bonnes qu'elles soient, ne peuvent être véritablement profitables qu'à la condition qu'elles soient mises en pratique par une logique prudente et tout à la fois progressive.

N'est-ce pas ainsi que se sont accomplis les immenses progrès d'ordre politique et économique que nous fêtions l'an dernier en face du monde entier ?

Nos collaborateurs pensent avec moi que si nous avons entre les mains une arme puissante, capable de modifier profondément certaines règles de la science agricole, pouvant même servir de lévier pour imprégner les classes rurales des principes démocratiques qui nous guident, notre tâche ne sera remplie qu'à la condition de mettre ces principes à exécution en praticiens honnêtes et éclairés.

En ce moment nos plus grandes préoccupations ne sont plus de chercher des adhérents ; nous sommes déjà 1.300 membres ; et ce nombre grandit chaque jour, mais bien plutôt d'affermir la confiance réciproque que nous devons avoir les uns dans les autres, de faire pénétrer l'esprit de solidarité, et aussi le désintéressement qui guide ceux qui font tous leurs efforts pour arriver au rapprochement des différentes classes agricoles beauceronnes.

Certes, nous ne pouvons oublier que nous aurons à lutter pendant quelque temps encore contre quelques petites coteries qui voient d'un œil jaloux les services que nous sommes appelés à rendre ; il y aura bien quelques esprits autoritaires qui voudront nous barrer la route que nous voulons élaguer. Ce qu'ils ont de mieux à faire, ce sera de venir à nous pour travailler en commun à la défense de l'agriculture sous la forme la plus ouverte, la plus utile, la plus libérale, celle que Juneau a servie pendant si longtemps dans notre département.

Jusqu'à présent, nos opérations les plus sérieuses ont été la fourniture des matières premières, elles resteront la pierre fondamentale de notre institution, il y a tant à faire de ce côté ; mais nous prévoyons que nous ne devrons pas en rester là.

Chartres est un des plus grands centres agricoles de France pour la production des céréales, l'avoine y est d'une qualité exceptionnelle, les pailles, les fourrages sont très nutritifs ; nous pouvons prétendre à la fourniture pour l'armée sans nous servir d'intermédiaires qui se réservent souvent de gros bénéfices.

Plusieurs syndicats marchent dans cette voie. Le syndicat agricole de Meaux a traité l'an dernier pour la fourniture des pailles pour toute l'année au régiment qui habite cette ville. Pourquoi ne fournirions-nous pas, nous aussi, les chevaux de l'armée qui sont à Chartres avec nos belles et bonnes avoines de Beauce ?

L'enseignement agricole est, vous le savez, l'objet de nos plus ardents désirs. Un bulletin du syndicat est déjà publié dans notre arrondissement.

Sur la demande des membres du bureau, des démarches ont été faites près de l'administration supérieure dans le but d'encourager les instituteurs qui nous aideraient dans cette noble tâche. Nous ne doutons pas que notre demande sera bien accueillie, car la cause que nous défendons fait partie du programme des écoles primaires.

Notre zélé professeur d'agriculture, M. Garola, a analysé le sol de nombreuses communes du département ; nous examinerons si nos ressources nous permettent d'encourager ces études si instructives pour les syndiqués.

Ne voulant pas abuser de vos instants, je terminerai ce rapide exposé. Je vous ai indiqué les quelques grandes lignes qui nous intéressent le plus ; j'ose espérer qu'elles seront suffisantes pour vous inspirer la plus entière confiance envers les hommes indépendants qui, il y a quatre ans, se réunissaient pour fonder cette association. Soyez convaincus que tous les membres du Bureau se rendent compte de la lourde charge qui leur incombe ; ils savent que l'union étroite, sympathique, doit régner entre eux pour accomplir ces progrès. N'étant guidé par aucun intérêt personnel, ils ne cesseront de faire appel à leurs confrères qui, s'apercevant comme nous que le temps des palinodies mesquines et d'esprit de caste n'ont plus la raison d'être, ont la conviction que Chartres, centre agricole, avait besoin de l'édification d'une association pratique, large, mise à la portée de tous ; qu'elle sera forcément un jour le moyen le plus puissant pour soutenir et faire prévaloir les revendications des cultivateurs petits et grands.

Messieurs, il me reste à remercier ceux qui sont venus assister à cette réunion.

Le président du Syndicat ne s'illusionne pas sur le grand honneur que lui ont fait ses concitoyens en l'envoyant au Parlement ; il sait que la plus grande part de cet honneur lui vient d'avoir, autant qu'il était en lui, soutenu, encouragé, au point de vue libéral, la cause agricole qui nous est chère.

Ai-je besoin d'affirmer ici que rien ne nous détournera de la défense des grands intérêts que nous venons d'énumérer et que, pour arriver à ce résultat, nous suivrons toujours une politique sage et modérée.

Car, en somme, que voulons-nous ?

Une agriculture confiante et prospère par la République ; la paix et la sécurité dans le travail.

Je serais heureux si les paroles que je viens de vous adresser pouvaient resserrer les liens de bonne confraternité entre tous les membres du Syndicat.

La parole a ensuite été donnée à M. Egasse, vice-président, pour rendre compte de la part prise par le Syndicat à l'Exposition universelle de 1889.

Messieurs,

Cette réunion étant la première Assemblée générale des membres du Syndicat depuis l'Exposition de 1889, nous devons vous dire quelques mots de la part que nous avons prise à cette manifestation du travail universel.

Il faut dire tout d'abord que votre bureau a hésité un instant pour savoir si notre jeune société devait se hasarder à affronter un concours auquel notre fondation trop récente ne lui avait guère donné le temps de se préparer.

Notre budget, encore bien faible à cette époque, ne nous autorisait aussi à ne marcher qu'avec une certaine prudence. Dans ces conditions, nous ne prétendions assurément pas lutter avec ces vieilles et riches sociétés agricoles du Nord et du Pas-de-Calais notamment, cinq ou dix fois plus âgées que la nôtre, qui s'étaient préparées depuis longtemps en vue de cette Exposition et qui pouvaient y sacrifier des sommes considérables.

Cependant nous avons pensé que nous devions, par patriotisme, et aussi dans l'intérêt de notre Syndicat, contribuer dans la mesure de nos forces à la grandeur de l'Exposition nationale.

Nous avons fait appel à la bonne volonté de tous et je tiens à remercier ici publiquement ceux qui nous ont aidé, soit en nous apportant leurs produits, soit autrement.

Grâce à eux, nous avons pu organiser une exhibition sinon complète, du moins très variée des produits agricoles de notre contrée.

Aussi nous sommes heureux de faire savoir, à ceux qui ne le savent pas déjà, que le Syndicat a été honoré d'une médaille d'argent pour l'exposition collective de ses produits dans la classe 74 et d'une autre médaille d'argent pour son organisation et pour les services rendus à l'agriculture de l'arrondissement, ainsi qu'en témoignaient ses statuts, et l'exposition, dans la classe 73 bis, des tableaux graphiques indiquant l'augmentation rapide du nombre de nos adérents et du chiffre de nos affaires.

Cette prospérité a toujours continué jusqu'à aujourd'hui et nous sommes convaincus qu'elle ne se ralentira pas dans l'avenir. Les membres du Syndicat s'efforceront tous, j'en suis sûr, d'y contribuer en travaillant toujours les premiers à aider notre dévoué secrétaire le savant professeur d'agriculture dans ses recherches pour l'amélioration de nos cultures et l'augmentation de nos rendements.

Aussi nous espérons que le Syndicat agricole de l'arrondissement de Chartres pourra disputer aux premières Sociétés agricoles de France les plus hautes récompenses, à la prochaine Exposition universelle.

Puis M. Garola, dans un rapport aussi éloquent que complet, rend compte des opérations de l'Association pendant l'année agricole 1889-1890 :

Messieurs,

Les fonctions que vous m'avez fait l'honneur de me

confier m'obligent à vous présenter le compte-rendu des opérations de notre Syndicat agricole. Je serai bref, car je considère comme inutile d'enfler de longues périodes pour célébrer le succès toujours croissant de vos efforts.

Une des preuves manifestes de l'influence considérable que vous exercez dans notre arrondissement, c'est le nombre toujours croissant de nos adhérents. Les services que vous avez rendus à l'agriculture et ceux qu'on attends de vous dans l'avenir sont un puissant moyen d'attraction qui amène dans votre orbite, à chaque nouvelle année, une nouvelle couche agricole. Je ne vous rappellerai pas quels ont été nos débuts modestes. Je ne veux pas remonter plus loin qu'à notre dernière assemblée générale.

Nous étions alors environ 900 associés. Nos registres d'inscription en portent 1.300 aujourd'hui. Nous avons vu la phalange de progrès et de travail que vous formez s'accroître en un an de *quarante cinq pour cent.*

Y a-t-il rien de plus éloquent que ce fait pour démontrer l'utilité de l'institution que vous avez fondée pour soutenir l'agriculture de notre pays dans la lutte pour la vie qu'elle a entreprise avec tant de courage sous la conduite de nos honorables représentants ?

Y a-t-il rien qui puisse mieux faire ressortir la juste confiance que vous inspirez à vos pairs ?

Cette contagion du bien et de la solidarité des cultivateurs se continuera certainement ; et j'ose croire, que l'année prochaine à pareille époque, votre bureau pourra vous signaler encore de nouvelles conquêtes pacifiques.

Ce qui me donne cette espérance, c'est que ce sont précisément les cantons qui possédaient le plus grand nombre d'adhérents l'an dernier, qui, cette année, ont fourni le plus fort recrutement.

Illiers, qui tient la tête avec 210 membres, est suivi de près par Chartres-nord, qui a fourni cette année 76 recrues ; Maintenon a gagné 66 cultivateurs nouveaux à l'idée syndicale.

Voici, par canton, la répartition de nos membres :

INSCRIPTIONS PAR CANTON

1 Illiers 210   N'ont aucun syndiqué : Méréglise, St-Eman.

2 Chartres-nord... 185   N'a aucun syndiqué : Bailleau-l'Evêque.

3 Maintenon 168   N'ont aucun syndiqué : Droue, Epernon, Hanches.

4	Courville	158	N'ont aucun syndiqué : Dangers, Vérigny.
5	La Loupe	86	N'ont aucun syndiqué : La Loupe, Manou.
6	Chartres-sud	85	N'ont aucun syndiqué : Barjouvi le, Fontenay-sur-Eure.
7	Auneau	74	N'ont aucun syndiqué : Auneau, Ardelu, Mondonville-Saint-Jean, Orlu.
8	Thiron	69	N'ont aucun syndiqué : Thiron, Chassant, La Croix-du-Perche, Marolles et Saint-Denis-d'Authou.
9	Bonneval	44	N'ont aucun syndiqué : Dancy, Montharville, Pré-Saint-Martin, Trizay et Villiers-Saint Orien.
10	Senonches	32	4 communes seulement ont des syndiqués : Senonches, Digny, La Framboisière et le Mesnil-Thomas.
11	Voves	28	N'ont aucun syndiqué : 8 communes.
12	Nogent-le-Rotrou	20	6 communes sur 10 ont des syndiqués.
13	Brou	19	8 communes sur 11 ont des syndiqués.
14	Nogent-le-Roi	19	6 communes sur 21 ont des syndiqués.
15	Authon	19	5 communes sur 15 ont des syndiqués.
16	Orgères	16	7 communes sur 17 ont des syndiqués.
17	Châteauneuf	14	5 communes sur 22 ont des syndiqués.
18	Janville	11	N'ont aucun syndiqué : 14 communes sur 22 que compte le canton.
19	Châteaudun	1	

11 syndiqués appartenant aux départements de l'Orne, de Seine-et-Oise et de l'Eure font partie du Syndicat de Chartres.

Sur les 8 cantons de l'arrondissement de Chartres, comprenant 166 communes, 130 communes ont des syndiqués, et 36 seulement, dont 14 pour le canton de Janville et 8 pour le canton de Voves (soit près des deux tiers), ne comptent aucun adhérent.

Sur les cinq cantons de l'arrondissement de Châteaudun, Bonneval, Brou, Châteaudun et Orgères comptent ensemble 80 associés.

Le canton d'Orgères a quadruplé le nombre de ses membres grâce à l'obligeant concours de plusieurs adhérents de la région qui font connaître les avantages de l'Association.

Nous comptons seulement 65 adhérents dans l'arrondissement de Dreux, appartenant aux cantons de Châteauneuf, Nogent-le-Roi et Senonches. Ce petit nombre n'a rien qui surprenne, l'arrondissement de Dreux ayant un syndicat très prospère.

Sur les 4 cantons de l'arrondissement de Nogent-le-Rotrou qui comprennent 54 communes, nous comptons 138 associés répartis dans 33 communes. Les cantons de

La Loupe et de Thiron se font remarquer, le premier avec 67 syndiqués et le second avec 59.

En revanche, nous avons le regret de constater que le canton de Janville, contrée essentiellement agricole, n'a recueilli qu'une adhésion nouvelle pour 22 communes comptant plus de 11.000 habitants.

En ce qui concerne les inscriptions, par communes, on constate que 31 communes ont de 10 à 20 syndiqués.

Ce sont celles de : Amilly, Challet, Coltainville, Lucé, Saint-Aubin-des-Bois, Saint-Prest, Dammarie, Nogent-le-Phaye, Fontaine-la-Guyon, Fruncé, Orrouer, Saint-Arnoult-des-Bois, Saint-Georges-sur-Eure, Illiers, Bailleau-le-Pin, Chauffours, Ermenonville-la-Petite, Magny, Nogent-sur-Eure, Ollé, Sandarville, Ecrosnes, Gallardon, Gas, Montlouet, Yermenonville, Bouville, Néron, Saint-Victor-de-Buthon, Frazé et Nouvilliers-Grandhoux.

7 communes ont de 21 à 30 syndiqués ; ce sont : Berchères-la-Maingot, Pontgouin, Saint-Luperce, Luplanté, Digny, Champrond-en-Gâtine et Combres.

Enfin 3 communes ont plus de 30 syndiqués : Jouy avec 34 pour 900 habitants, Ermenonville-la-Grande avec 32 et Soulaires avec 31 pour 400 habitants environ.

Les adhésions nouvelles semblent donc proportionnelles à la densité antérieure des syndiqués dans les cantons. L'idée sociale que nous défendons ne gagne donc pas seulement en surface, elle gagne aussi en profondeur.

Elle pousse de puissantes racines dans toutes les couches de la population agricole de notre département.

Si je sors un instant de notre arrondissement, c'est que je ne puis pas ignorer que nous avons au Nord et au Midi des Syndicats, nos aînés, qui nous ont montré le chemin et qui n'ont cessé comme nous de concourir dans une très large mesure à la prospérité de notre industrie. Grâce à leurs efforts comme aux nôtres, tous les travailleurs du sol en Eure-et-Loir peuvent bénéficier d'avantages inconnus de leurs devanciers. L'emploi des engrais artificiels qui était autrefois un privilège de la grande culture, à la fois instruite et riche, s'est démocratisée. Le petit cultivateur, le petit vigneron lui-même, peuvent aujourd'hui sans crainte d'être trompés ou exploités comme jadis, avoir recours à ces éléments nouveaux de prospérité rurale.

Permettez-moi à cette occasion de féliciter chaudement les cultivateurs qui se sont mis à votre tête, poussés par le réel désir de vous être utiles, et de vous faire profiter, comme ils le faisaient déjà depuis longtemps de tous les avantages que leur conféraient leur savoir et leurs capitaux. Ils ont bien mérité de leur pays, en pratiquant sans effort la véritable fraternité rurale. Ils n'ont pas reculé, comme certains esprits chagrins, devant cette noble entreprise qui consiste à faire le bien aux petits sans espérance d'en tirer des privilèges particuliers. Ils ont compris toute la grandeur qu'il y a à tendre la main aux humbles, pour les élever à la jouissance des avantages économiques qu'ils étaient impuissants à obtenir par leurs seules forces. Après avoir donné l'exemple de la fraternité, ils ont pratiqué l'égalité au profit des déshérités de la terre. — Ils ont réuni dans un même et solide faisceau toutes les forces rurales, pour aider au développement matériel et moral des travailleurs du sol.

Car si notre syndicat ne discute pas dans de bruyantes réunions les problèmes les plus ardus de la sociologie, il cherche selon ses moyens, non seulement à défendre vos intérêts économiques, mais encore à développer chez vous toutes les connaissances nécessaires à l'exercice de votre noble profession. Il constitue une véritable école mutuelle d'agriculture pratique. Tous les samedis, chacun de vous apporte ses observations, et nous demande les renseignements dont il a besoin. Il est rare qu'il ne trouve pas chez les cultivateurs présents, membres de la chambre syndicale ou non, la réponse à la question posée.

Cet échange continuel de renseignements est une habitude précieuse que vous devez développer. L'expérience de l'ensemble des membres du syndicat est un fonds commun où chacun de nous a le droit de puiser largement.

Nous avons continué dans cet ordre d'idées, à vous envoyer le bulletin agricole de l'Ouest. Vous y trouvez sous une forme simple de très utiles renseignements agricoles. Vous savez que cet organe fondé par le concours de plusieurs syndicats l'a été surtout dans le but de favoriser les échanges directs de produits du sol de nos différentes régions de l'Ouest. N'hésitez donc pas à y recourir pour annoncer par l'intermédiaire de votre bureau les offres de produits agricoles que vous avez à faire, et les demandes de ceux dont vous avez besoin. Vous savez que ce service est absolument gratuit et je pourrais vous citer, entre autres, un grand cultivateur d'Ille-et-Vilaine qui en a tiré un grand profit.

Nous vous avons aussi fait distribuer une excellente

brochure de M. L. Grandeau, l'éminent vulgarisateur de la science agricole sur l'emploi du nitrate de soude, et vous allez recevoir prochainement un guide pour l'emploi des engrais.

Comme les années précédentes nous avons pensé être utiles à vos intérêts en vous envoyant le compte rendu des champs d'expériences et de démonstration, et nous avons développé les ressources de votre bibliothèque.

Enfin, votre bureau a décidé dans une de ses dernières séances, de fonder, de concert avec l'administration académique. un concours entre les instituteurs pour l'enseignement primaire de l'agriculture. Nous décernerons tous les ans, trois prix, dont un objet d'art, alternativement dans la partie orientale et la partie occidentale de votre rayon d'influence. — C'est qu'en effet nous pensons qu'il ne faut pas songer qu'au présent, mais qu'il faut éclairer l'avenir. Les instituteurs des campagnes, en donnant aux enfants le goût de la nature, en leur inculquant les premières notions sur la nutrition et le développement des plantes et des animaux, aideront puissamment à la prospérité future du pays. Issus de paysans comme nous, nous pouvons compter sur leur dévouement absolu aux progrès de l'agriculture.

Voilà, Messieurs, le côté moral de notre entreprise. Nous sommes persuadés qu'il nous vaudra votre approbation. Ce sera pour nous un puissant encouragement à perésvérer dans la voie où nous sommes entrés.

Il me reste à vous rendre compte de ses résultats économiques.

Pendant l'année agricole 1889-90, nous avons acheté. 3.630.396 kilog. d'engrais divers, d'une valeur de
380.307 fr. 53

De plus les achats divers se sont élevés à
16.812 fr. 88

De sorte que le chiffre total de nos achats s'est élevé à
397.120 fr. 41

En excédent de
48,285 fr. 41

sur l'année précédente.

Voici le détail de ces opérations considérables :

FOURNITURES 1889-1890

Superphosphate d'os	16.134 fr.	52
— sol. au cit	166.550	15
— — eau	8.640	13
Nitrate	41.865	45
Sulfate d'ammoniaque	21.799	75
Phosphates minéraux	1.906	25
Chlorure de potassium	3.726	58
Phospho-guano ordinaire	67.081	45
— surazoté	17.588	29
Sang desséché	8.279	30
Scories	15.377	45
Kaïnit	188	15
Sulfate de fer	272	»
Plâtre	429	°
Corne torréfiée	506	36
Nitrate de potasse	53	°
Sel dénaturé pour bestiaux	1.152	45
Tourteaux alimentaires	6.913	50
Semences d'automne	1.843	75
	380 307	53

FOURNITURES DIVERSES

Instruments divers	904 fr.	55		
Semences diverses de printemps	4.861	78	16.812 fr.	88
Vins	10.542	55		
Ardoises (15.000)	504	»		
TOTAL			397.120 fr.	41

Près de *400.000 francs* d'achats pour cette dernière
année ! Cela vous montre à quels besoins répond notre
association.

Et cet énorme mouvement d'affaires n'a donné lieu à
aucune difficulté avec les fournisseurs. L'ordre le plus
régulier n'a cessé de présider à toutes nos opérations. Je
dois aujourd'hui en reporter le mérite à notre agent-
comptable, si dévoué, M. Henri Mercier. C'est grâce à
son activité et à sa ponctualité que nous devons que
notre entreprise économique se développe sans accidents
ni à-coups. Je suis certainement votre interprète en le
remerciant aujourd'hui publiquement de son zèle éclairé.

Dans une de ses dernières séances, votre bureau a
décidé de fonder à Chartres d'abord, un dépôt d'engrais
et des matières premières les plus nécessaires au culti-

vateur. Ce dépôt n'est pas destiné à faire disparaître les commandes directes, mais à obvier aux oublis des syndiqués et aux retards qui pourraient leur nuire. Le dépôt sera ouvert tous les samedis matin jusqu'à midi, à partir d'une date qui sera ultérieurement fixée. Toutes les fournitures seront payées comptant. Les chiffres seront publiés au bulletin et affiché au dépôt.

En l'absence de M. le Trésorier, M. Mercier, comptable du syndicat, rend compte de la situation financière de l'Association.

Il ressort des chiffres par lui donnés et du détail des dépenses que les ressources de la Société étaient, au 31 décembre 1889, de 8.076 fr. 32, y compris les intérêts des fonds déposés à la Société générale.

Votre en caisse, dit-il, permet aujourd'hui de réaliser un projet conçu depuis longtemps déjà : la création d'un dépôt au chef-lieu du département.

Fondé par dix membres, il y a quatre ans seulement, le Syndicat agricole de Chartres comprend actuellement 1.300 membres, et les inscriptions arrivent tous les jours.

Certains cantons nous sont presque entièrement acquis, et le nombre des communes où le Syndicat est inconnu diminue progressivement.

Ces résultats sont dus au bureau d'administration qui ne néglige rien pour vous être utile.

Ils sont dus à vous tous, Messieurs, car tous, dans votre région respective, vous provoquez les inscriptions en faisant connaitre le but et les bienfaits de l'Association.

Ils sont dus enfin à votre dévoué secrétaire, M. Garola, qui, toujours sur la brèche, quand il s'agit de vous rendre service, apporte dans le fonctionnement de l'Association, un zèle et un dévouement que tout le monde se plait à reconnaitre.

Et ici, Messieurs, permettez-moi un mot.

La Société d'encouragement pour l'industrie nationale ayant fondé un prix de 3.000 francs pour la meilleure étude sur la constitution physique et la constitution chimique comparées des terrains d'une des régions naturelles (ou agricoles) de la France, M. Garola a obtenu un prix de 1.500 fr., la plus haute récompense.

Déjà, la Société des Agriculteurs de France, dans sa dernière réunion, avait reconnu le mérite de ce travail en décernant à M. Garola un objet d'art.

Vous apprendrez cette nouvelle avec plaisir, j'en suis sûr, Messieurs, et vous applaudirez aux succès de notre savant et distingué professeur d'agriculture, dont les services, depuis son arrivée dans notre département, sont parfaitement connus et appréciés comme ils le méritent.

La Maladie du pied du blé [*]

Les agriculteurs ont, en divers points de la France, remarqué une maladie des blés qui consiste dans une altération de la paille au niveau du sol. L'entrenœud inférieur noircit et meurt : par suite la tige se dessèche prématurément et l'épi ne peut arriver à achever son développement normal. Le grain est d'autant plus chétif et mal nourri que la maladie se déclare plus tôt.

Cette altération de la base des pailles est désignée autour de Paris sous le nom de *Maladie du pied* ou *Piétin du blé*. On n'en a pas jusqu'ici, à ma connaissance, déterminé nettement ni la nature, ni la cause, et on s'est borné à l'attribuer seulement à certaines conditions de nature et de climat. Cette maladie a causé l'an dernier de graves perturbations dans les cultures expérimentales que poursuit M. Schribaux, à Joinville-le-Pont, sur le domaine de l'Institut agronomique. Elle s'est montrée aussi sur bien des points dans les grandes cultures de blé des départements de Seine-et-Oise et de Seine-et-Marne. Notre confrère, M. Gilbert, a bien voulu m'en procurer des spécimens bien caractérisés.

Les entrenœuds inférieurs des pailles attaquées, quand on les a dépouillées des gaines desséchées et grisâtres qui les couvrent, portent des plaques brunes plus ou moins étendues, et de plus on voit, même sur les parties dont la couleur naturelle n'est pas altérée, de nombreux petits points noirs très ténus.

L'examen microscopique montre que non seulement l'épiderme et les tissus sous-jacents correspondant aux plaques noires, mais encore les parties profondes et particulièrement les faisceaux libériens et vasculaires, sont altérés et brunis, et de plus que tous ces tissus sont envahis par le mycélium d'un champignon dont les filaments traversent les parois brunies des cellules et se ramifient à

<hr>

[*] Communication à la Société nationale d'agriculture (séance du 7 mai 1890).

leur intérieur. Les vaisseaux en particulier en sont maintes fois en partie remplis.

L'envahissement de toutes les parties brunes et en particulier des faisceaux vasculaires par un mycélium de champignon ne laisse aucun doute sur la nature parasitaire de la maladie du pied du blé.

Le mycélium parasite ne se développe pas seulement à l'intérieur des tissus, mais aussi à l'extérieur, à la surface de l'épiderme sur lequel courent de nombreux filaments qui sont très fortement colorés en brun. En certains points ils produisent des sortes de pelottes formées par des rameaux courts divisés par de nombreuses cloisons transversales, qui s'entrecroisent et s'appliquent les uns contre les autres de façon à former de petites masses d'apparence cellulaire et de couleur très foncée ; ce sont les points noirs que l'on voit à la surface des entrenœuds attaqués, même au-delà des places brunes.

Les échantillons récoltés au moment de la moisson ne m'ont rien présenté de plus ; le champignon parasite dont on appréciait bien les dégâts ne portait pas d'organe de reproduction ; il n'était pas déterminable. Il était permis de présumer qu'il pourrait fructifier dans le cours de l'hiver et que les pelottes noires n'étaient peut-être autre chose que des rudiments de *Périthèces*.

Des touffes du blé attaqué du mal du pied ont été plantées dans mon laboratoire et arrosées fréquemment.

Au mois de Janvier, j'ai pu constater qu'il s'était développé sur un certain nombre d'échantillons des périthèces noires contenant des spores complètement formées. J'ai pu dès alors rapporter le parasite qui produit la maladie du pied du blé au genre Ophiobulus. C'est l'*Ophiobulus graminis* de Saccardo.

Au point de vue agricole, la détermination de la nature véritable de la maladie du pied et du mode d'évolution du champignon qui le produit a un intérêt particulier. Le parasite qui envahit le bas des pailles étant encore à l'état stérile à l'époque de la moisson et ne produisant ses organes de reproduction que dans le courant de l'hiver, il y a tout avantage pour mettre obstacle à la propagation du mal, à détruire les chaumes aussitôt après la récolte. Toutefois, il convient de rappeler que c'est sur le chiendent et d'autres mauvaises herbes de la famille des graminées que l'*Ophiobulus graminis* a été observé en Italie par Saccardo.

La destruction des mauvaises herbes doit donc être

tout spécialement recommandée comme moyen de prévevenir l'apparition dans les blés de la maladie du pied.

E. PRILLIEUX,

Membre de la Société nationale d'agriculture.

(Extrait du *Journal de l'Agriculture*).

Déchaumage

Comme l'année dernière, l'excès d'humidité a provoqué la verse des céréales qui paraissaient donner les meilleures espérances et a favorisé sur les terres insuffisamment nettoyées l'apparition et le développement des mauvaises herbes. Ces circonstances ont fâcheusement influé sur le rendement et la qualité des produits ainsi que sur les travaux de moisson, fauchage, séchage, liage et battage dont l'exécution devient plus difficile et plus coûteuse.

De cette succession d'années humides à l'excès et des conséquences qui en découlent, on peut tirer un enseignement dont les cultivateurs devraient faire leur profit. Partout où il est reconnu que la nature du sol et l'ancienne fertilité qu'il contient donnent lieu à une végétation herbacée luxuriante, il faudrait réduire à un minimum la proportion des principes azotés solubles contenus dans les engrais confiés au sol, et augmenter dans une proportion inverse l'acide phosphorique, les engrais phosphatés dont la propriété bien caractéristique est de donner à la paille plus de rigidité et partant plus de résistance à la verse.

Les cultivateurs, devraient, d'autre part, exécuter avec méthode les divers travaux nécessaires pour le nettoiement des terres (1).

Si la verse survient après la floraison et la fécondation, elle est généralement peu préjudiable si la céréale n'est pas envahie par les mauvaises herbes. Ce sont ces dernières qui contribuent le plus à compromettre la récolte. Elles entrelacent la céréale, formant avec elle une trame de verdure dans laquelle les épis se trouvent emprisonnés, et il n'y a plus pour la céréale de végétation possible, pas de grenaison à espérer.

Si, au contraire, la verse se produit en l'absence de mauvaises herbes, quelques belles journées suffisent pour en

(1) Voir les numéros 4 et 6 du Bulletin.

lever l'excès d'humidité ; la céréale allégée se relève plus ou moins, suivant les circonstances, et conserve assez de vitalité pour permettre à l'épi de se redresser et de se nourrir dans des conditions presque normales.

Le cultivateur ne devrait donc rien négliger pour favoriser la germination des mauvaises graines et opérer leur destruction sur toute l'étendue des terres soumises à la culture des plantes qui forment l'assolement.

A cet effet, le déchaumage, qui consiste à remuer le sol à une faible profondeur, après l'enlèvement de la céréale, est une des opérations qui concourent le plus efficacement à cette destruction, en permettant d'enterrer les graines des mauvaises herbes tombées sur le sol et de contribuer ainsi à hâter leur germination. Si le sol présente suffisamment de fraicheur, cette opération doit être effectuée, autant que possible, aussitôt que le champ est débarrassé de la récolte.

L'instrument le plus avantageux employé pour le déchaumage, c'est l'*Extirpateur* (Chable-Pierne), dont les socs élargis sont disposés de façon à remuer toute la surface à une profondeur de 6 à 8 centimètres. Avec un instrument muni de 7 à 9 socs, attelé de 4 chevaux ou de 4 bons bœufs, un homme peut déchaumer dans une journée de 10 heures, 2 hectares à 2 hectares et demi.

Si le temps est favorable, la germination ne tarde pas à se manifester pour la plupart des graines, aussitôt la levée bien apparente, un vigoureux hersage donné par un beau temps, détruit les plantes déjà levées et les graines dont la germination est fort avancée. Si, après ce premier hersage, d'autres graines lèvent, on les détruit par un deuxième hersage donné en temps opportun.

A défaut d'extirpateur, le déchaumage peut être effectué avec la charrue ordinaire, sous la condition que le labour n'atteigne pas plus de 8 centimètres de profondeur et qu'il soit immédiatement suivi d'un hersage.

Nous devons faire remarquer que le travail à la charrue est beaucoup plus coûteux que celui fourni par le scarificateur et nous ajoutons que, dans une ferme d'une certaine étendue, malgré la première mise de fonds, il y a une grande économie à posséder ce dernier instrument.

Quelques cultivateurs nous l'ont déjà demandé et nous n'hésitons pas à croire que d'ici quelques années, tous ceux qui voudront se tenir au niveau du progrès de la culture le posséderont.

Il est des contrées dans la Mayenne où l'on a l'habitude de semer, dans une certaine étendue de céréales, de la lupuline (caillette) ou du trèfle blanc, quelquefois un mélange des deux légumineuses que l'on utilise l'année suivante comme pacage. Sur ces chaumes, l'extirpateur ne peut être employé au déchaumage sans s'exposer à détruire une partie des plantes formant la base du pacage et encore moins la charrue qui détruirait tout. Mais le cultivateur peut donner un bon coup de herse aussitôt la moisson enlevée et un deuxième au moment de la levée des mauvaises graines, sans crainte de nuire à la minette ou au trèfle.

Il pourra procéder de même sur les chaumes où des graines de trèfle violet et de luzerne auront été semées.

G. PEYRAS.

Animaux reproducteurs

Il nous arrive très fréquemment des demandes de renseignements pour l'achat de reproducteurs des races Durham, pour l'espèce bovine, et Craonnaise pour l'espèce porcine. Les personnes désireuses d'acheter des reproducteurs de ces races, trouveront une excellente occasion le 21 septembre au concours du comice agricole de Craon, où il y en a chaque année un choix considérable.

En ce qui concerne les porcs d'élevage, la foire de Craon, qui se tiendra le lendemain 22 septembre, sera également une très bonne occasion.

Exposition de laiterie de Quimperlé
(Finistère)

Une exposition de laiterie aura lieu à Quimperlé, les 28, 29 et 30 septembre prochain.

Elle comprendra une exposition d'ustensiles et d'appareils pour petites et grandes laiteries, ainsi que les produits de laiteries : lait, crème, beurre, fromages. Il y aura en outre un concours pour les appareils de vérification du lait, pour le matériel destiné à l'emballage et

156

au transport du beurre, pour le matériel de fromagerie, etc.

Les récompenses consisteront en médailles d'or, de vermeil, d'argent et de bronze qui seront décernées aux plus méritants.

Les personnes désireuses de participer à ces concours, qui promettent d'être très brillants, doivent adresser leurs demandes de renseignements à M. Viaud, secrétaire de la Société d'agriculture de Quimperlé (Finistère).

AVIS

Nous rappelons aux acheteurs de blé de semence que nous ne répondons ni de la pureté ni de la qualité des grains offerts C'est à eux à se rendre compte de ce qu'ils doivent acheter en demandant des échantillons, avant de traiter, aux agriculteurs auxquels ils veul-nt s'adresser.

SYNDICAT DE LA MAYENNE

OFFRES

M. Lenain, au château de Clermont, Ollivet, par St-Ouën-des-Toits (Mayenne), offre pour semences :
1° *Blés de Bordeaux*, à 29 fr. les 100 k.
2° *Dattel*, à 29 fr. 50 les 100 k.
3° *d- Bergues*, à 3· fr. les 100 k.
4° *Avoine jaune de Flandre*, à 26 fr les 100 k.
Dans les toiles de l'acheteur ou toiles à rendre.
Le tout pris à Clermont ou gare Le Genest.
Sauf variation de prix.

M. J. Boisseau, régisseur à Château-Gontier, offre pour semence : 80 boisseaux blé inversable de Bordeaux, 1re qualité, originaire de chez M. Vilmorin, à 29 fr. les 100 kilos ; 50 boisseaux blé Dattel, 1re qualité, même provenance, à 29 fr. 50 les 100 kilos, sur wagon, Château Gontier, dans les toiles de l'acheteur, contre remboursement, tous frais à la charge de l'acheteur.

M. Maignan, de la Rouairie, de Saint-Berthevin, près Laval, offre pour semence :
Blé Hallett's à 30 fr. les 100 kilos, sauf variation, dans les sacs de l'acheteur, gare de Laval ou du Genest.

A Vendre, Plants de pommiers venus en terrain médiocre. S'adresser à M. Eugène Angot, propriétaire à Montsûrs (Mayenne).

SYNDICAT DE CHARTRES

Le Syndicat agricole de Chartres donne avis qu'il peut fournir aux prix ci-dessous des vins naturels des provenances ci-après :

1° VINS ROUGES

1° *Minervois*, (Aude).

La barrique de 220 litres, rendue franco de tous droits à la gare de l'acheteur, 120 francs. Valeur à 30 jours, 2 0/0, ou 90 jours sans escompte.

2° *Montagnac*. (Contenance de la barrique : 215 à 220 litres)
N° 1 : 100 fr. — N° 2 : 110 fr. — N° 3 : 120 fr., franco de tous droits, gare de l'acheteur, paiement à 30 jours.

3° *Narbonnais et Roussillon*. (Contenance de la barrique : 220 litres)

1° Montagne,	la barrique	90 fr.	la demi-barrique	50 fr.
2° Mont-Redon	—	100	—	55
3° La Palme	—	110	—	60
4° La Tour de France	—	120	—	65
5° St-Emilien, (grand vin 1884)	140		—	75

franco de tous droits gare de l'acheteur, paiement à 90 jours.

4° *Bordeaux*.

Bonnes côtes de Bordeaux, la pièce de 225 à 228 litres, 160 fr., 180 fr., 200 fr.

Côte Saint-Christophe de Saint-Emilion	250 Fr.
Sables de Saint-Emilion	300
Saint Estèphe	350
Saint-Emilion et Haut Pomerol	400
— vieux —	500 et 600.

Le tout franco gare de l'acheteur, paiement à 30 jours 3 0/0 ou à 90 jours sans escompte — Par demi pièce et 1/4 de pièce, 5 fr. en sus pour logement.

2° VINS BLANCS

Bordeaux

Petites Graves, la barrique de 225 à 228 litres,	150 Fr.
Graves (bonnes)	180 et 200
Pregnac Sauternes	250 et 300
Barsac-Sauternes	350 et 400
Haut-Sauternes (vieux)	450, 500, 550 et 600

Le tout franco gare de l'acheteur, paiement à 30 jours 3 0/0 ou à 90 jours sans escompte. — Par 1/2 pièce et 1/4 de pièce, 5 fr. en sus pour logement

Les commandes doivent être adressées à M. Mercier, Agent-Comptable du Syndicat, 4, Place Saint-Michel, à Chartres, en ayant soin d'indiquer très clairement l'espèce et la quantité que l'on désire

Nota. — Dans toutes les expéditions, le fût reste toujours la propriété de l'acheteur.

Futailles en très bon état, à vendre. S'adresser à M. Mercier, comptable du Syndicat, 4, place St-Michel (Chartres).

A Vendre : 1° Locomobile et sa batteuse, force 5 chevaux, système Gautreau, en bon état ;
2° Machine à battre à manège direct, système Gautreau, également en bon état.
S'adresser à M. Mullot-Bourget, à la Villette, commune de Saint-Prest, près Chartres.

AVIS

MM. les Membres du Syndicat agricole de Chartres sont informés qu'en vertu d'une décision prise par le bureau d'administration de cette association, un magasin a été créé à Chartres pour satisfaire aux oublis et aux commandes tardives.

Ce magasin contient actuellement :

1° *En Engrais*

1° Superphosphate minéral soluble à l'eau et au citrate ;
2° Scories de déphosphoration ;
3° Phosphoguano ordinaire ;
4° Phosphoguano surazoté ;

2° *En Tourteaux alimentaires*

1° Tourteaux de lin ;
2° Tourteaux de sésame blanc du Levant ;
3° Tourteaux de coprah pour vaches laitières, Ceylan.

D'autres matières seront ajoutées par la suite si les besoins l'exigent.

Les substances ci-dessus seront délivrées immédiatement à partir de 100 k. contre paiement comptant, et avec une majoration pour frais de magasinage, en s'adressant à M. Mercier, comptable du Syndicat, 4, place St-Michel, à Chartres, le samedi, de 8 h. à midi.

Des sacs pourront être fournis pour l'enlèvement des tourteaux qui seront livrés en pains.

M. Graziani, fabricant d'engrais de poissons de mer au Croisic (Loire-Inférieure) appelle l'attention des agriculteurs sur l'emploi des sels marins à différents usages.

Les services qu'ils ont rendus ont déjà été appréciés par nombre de propriétaires, écoles d'agriculture et syndicats agricoles qui n'hésitent pas à en conseiller l'emploi.

En effet, pour exciter l'appétit des animaux, soit pendant l'engraissement ou pendant la lactation, *les sels marins dénaturés aux tourteaux* sont indispensables, avec les *sels marins dénaturés au peroxyde de fer et poudre d'absinthe*, répandus au moment de la mise au grenier, il n'est plus de foin échauffé ni poussiéreux, enfin les *sels marins dénaturés à la poudrette ou à la chaux* assainissent les étables tout en enrichissant les fumiers.

M. Graziani, par sa position spéciale, peut fournir toutes ces sortes de sels *à la culture, à des prix très modérés*.

LA PRODUCTION LAITIÈRE

Par C. V. GAROLA, (✠ mérite agricole) professeur départemental d'agriculture, directeur de la station agronomique de Chartres.

Prix 1 fr. 50. — 1 fr. 65, franco, par la poste.

Chez R. SELLERET, libraire-éditeur à Chartres.

RATS souris, loirs, mulots, etc… Contre mandat ou 10 timbres-poste de 0 fr. 15, j'adresse franco le moyen infaillible et très pratique de les détruire tous en quelques heures.

LECLERC, à Beaulieu, par Châtellerault (Vienne). — *Envoi gratis et franco du prospectus destruction des taupes.*

Prix cultural. — (Diplôme et médaille d'argent), attribué en 1889 au vignoble de Lagrange.

Excellent vin de Bordeaux (Rouge et Blanc)

GARANTI NATUREL

Expédié directement du propriétaire au consommateur.

S'adresser à G. PERBOYRE, pharmacien, Trésorier du Syndicat régional agricole de Cadillac Podensac propriétaire du vignoble de Lagrange, à Cadillac-sur-Garonne, près Bordeaux.

« Le vignoble de Lagrange, situé sur des terrains de première nature, complanté en cépage de choix, produit le meilleur vin de la contrée » (Ed. Ferret, statistique de la Gironde.) .

N. B. — Le vin de Lagrange a obtenu le premier prix, médaille d'argent, à l'Exposition régionale de l'Entre-deux-Mers 1886, et la médaille de bronze à l'Exposition Universelle de Paris 1889.

Excellent vin de Bordeaux, récolte de 1887, à 125 fr. la pièce de 225 litres, logé et franco sur wagon, gare de départ.

S'adresser à M. GEORGES BORD, secrétaire général du syndicat à Cadillac-sur-Garonne (Gironde).

Les fabricants de fromages et de beurres sont informés que, à l'exposition universelle de 1889, la plus haute récompense (médaille d'or), a été décernée aux **PRESURES et COLORANTS** de **J. Fabre,** ✠ M. A., Aubervilliers (Seine). Récompenses dans 51 concours agricoles.

A louer, à long terme, près Gourin (Morbihan), ferme de 200 hectares, dont 50 en culture et le reste en bonnes landes. Beaux bâtiments, prix peu élevé, entrée en jouissance 29 septembre 1890.

S'adresser à M. du Frétay, à Vieux-Castel, par Châteaulin (Finistère).

MACHINES AGRICOLES

SAVARY & CIE

Ingénieurs-Constructeurs

QUIMPERLÉ (FINISTÈRE)

104 Diplômes d'honneur et Médailles

EXPOSITIONS UNIVERSELLES DE PARIS 1878-1889
Croix de la Légion d'honneur
2 médailles d'Or — 3 médailles d'Argent — 1 médaille de Bronze

PRESSOIRS A MOUVEMENT VERTICAL
Breveté S. G. D. G.

1er Prix

Médaille d'Or

à

l'Exposition
nationale
des
cidres
PARIS 1888

1er Prix

Médaille d'Or

à

l'Exposition
nationale
des
cidres
PARIS 1888

Pressoirs à cidre et à vin — Moulins à pommes
Fouloirs à vendange — Machines à battre à manège
Tarares — Barattes
Broyeurs d'ajonc — Coupe-racines — Hache-paille
Charrues

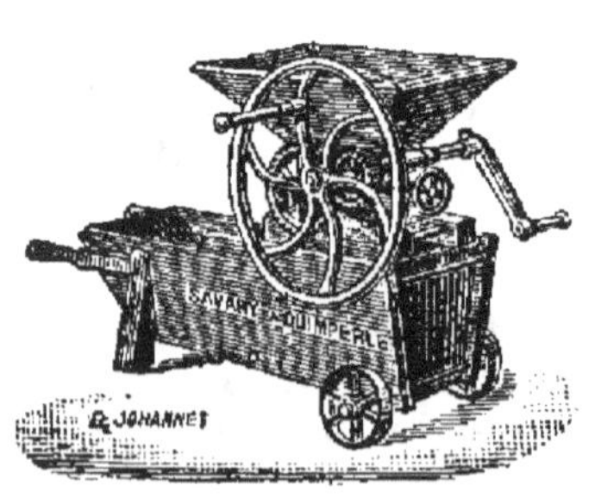

Le
Catalogue
GÉNÉRAL
sera adressé
sur
demande

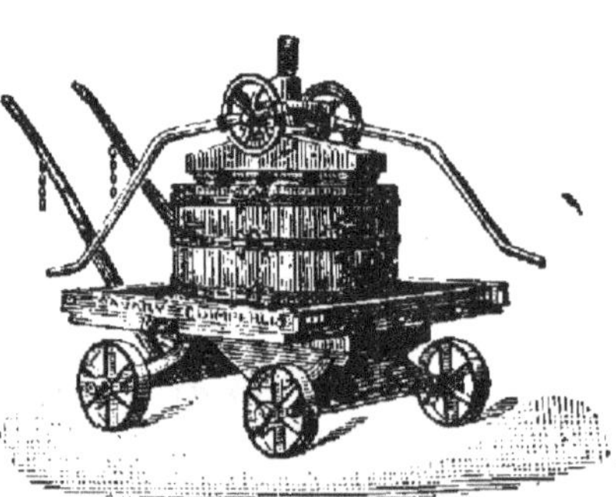

Le Gérant, E. MOREAU.

Laval, Imp. L. Moreau.

3ᵉ **Année.**　　　Octobre 1890　　　Nᵒ 25

BULLETIN AGRICOLE
DE L'OUEST

Organe de l'Union des Syndicats Agricoles
des départements du Finistère, des Côtes-du-Nord,
du Morbihan, de la Loire-Inférieure, d'Ille-et-Vilaine, de la
Manche, de la Mayenne, de Maine-et-Loire, de la Sarthe,
de l'Orne, du Calvados, de l'Eure, d'Eure-et-Loir
et de la Seine-Inférieure.

Publié sous la direction de :

H. LÉIZOUR, ✳ M. A.

Professeur départemental d'Agriculture de la Mayenne, Directeur du Laboratoire
agronomique, Président du Syndicat des Agriculteurs de la Mayenne,

GAROLA, ✳ M. A.

Professeur départemental d'Agriculture d'Eure-et-Loir,
Directeur de la Station agronomique de Chartres.

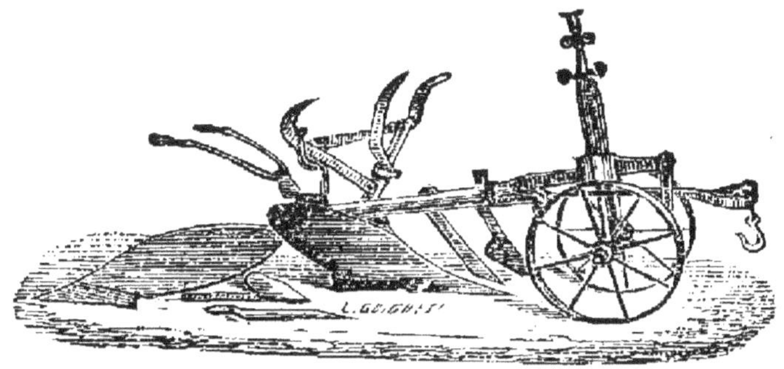

ABONNEMENTS

Les membres des syndicats adhérents sont abonnés gratuitement par leurs
bureaux. — Pour les étrangers aux syndicats : **6 fr.** par an.

ANNONCES

De 1 à 4 annonces. » **50ᶜ** la ligne. 　　De 8 à 12 annonces » **30ᵉ** la ligne
De 4 à 8 　　— 　　 » **40ᵛ** 　— 　　Au-delà de 12. . » **20ᵒ** —

Le bulletin publiera gratuitement les offres et demandes
des Syndicats abonnés.

AVIS. — Tout ce qui concerne la rédaction, les Annonces et les Abonnements, doit être adressé à M. LÉIZOUR, rue de la Filature, 1, à Laval.

De l'alimentation des vaches laitières

INFLUENCE DES ALIMENTS SUR LA SAPIDITÉ DU LAIT. — Le lait provenant du sang, comme on le sait, est conséquemment le résultat indirect de la transformation des aliments consommés. Il est donc naturel de penser que la nature de l'alimentation influe d'une certaine façon sur les qualités organoleptiques du lait. On sait, en effet, depuis longtemps que différentes substances alimentaires transmettent au lait l'odeur et la saveur qui les caractérisent.

Les crucifères, les alliacées lui communiquent leur odeur désagréable. L'absinthe le rend amer ; le tithymale, âcre ; la gratiole, purgatif ; l'anis lui donne son odeur, et la garance lui transmet sa couleur.

La densité du lait varie suivant l'eau du régime et la richesse en beurre du lait.

Certains tourteaux communiquent au lait sa saveur désagréable, lorsqu'on les administre en quantité un peu forte.

Les drèches de brasserie ont parfois le même inconvénient.

Enfin, les graines de vesces égrugées sont tout à fait nuisibles à la production du lait ; on peut s'en servir pour faire tarir les vaches qu'on veut engraisser. Il en est à peu près de même de la graine de lupin.

On devra donc écarter, autant que possible, ces aliments du régime des vaches laitières, car *la qualité* et par suite *la valeur* des produits seraient diminués dans une très forte proportion.

INFLUENCE DE L'ALIMENTATION SUR LA COMPOSITION CHIMIQUE DU LAIT. — De nombreuses expériences ont démontré que si les qualités organoleptiques du lait étaient profondément influencées par le genre des aliments, il n'en est pas de même de la composition chimique du lait, toutes les fois qu'il s'agit d'animaux bien portants, et recevant un régime convenable.

La quantité de beurre produite est indépendante de l'alimentation, elle est dans la dépendance directe de l'aptitude individuelle et de la constitution des mamelles. Une vache est beurrière ou elle ne l'est pas. Cette aptitude est affaire de race ; et c'est à la coloration jaune, et à la douceur de la peau des mamelles qu'on la reconnaît.

La seule chose qui puisse varier dans une assez grande limite, c'est la proportion d'eau. Celle-ci est liée à la quantité d'eau des fourrages et à l'abondance des boissons. Les nourrisseurs de Paris ne l'ignorent pas. Aussi ont-ils recours aux aliments les plus aqueux, comme la drèche, et y ajoutent-ils des buvées tièdes de farines ou de tourteaux.

Mais une alimentation trop aqueuse est nuisible à la santé des animaux et à la salubrité de leurs produits.

La quantité d'eau de la ration ne doit pas être supérieure à celle que renferme le régime de l'herbe verte des prairies, c'est-à-dire 70 à 75 0/0 ; mais il ne faut pas non plus dépasser ce taux. Si l'on prend pour base les racines et surtout les drèches, il faut les additionner d'aliments secs en proportion suffisante. Si les fourrages secs forment la base de la ration, on rétablit la proportion d'eau nécessaire par l'administration des mashes tièdes de son, tourteaux ou farines.

Cette observation est de la plus haute importance, car nous verrons que le lait contient au moins 86 0/0 d'eau. et il est nécessaire, par suite, qu'en outre de ce qu'elle a besoin de ce liquide pour subvenir à sa transpiration et à ses autres sécrétions, la vache trouve dans son régime des 8, 10, 15 ou 20, et même quelquefois 30 litres d'eau que renferme son lait d'une journée.

Si la composition du lait dépend surtout de la constitution de la mamelle, l'alimentation peut cependant, quand elle est bien conduite, porter au maximum la sécrétion de ce produit, maximum qui est la conséquence de l'aptitude individuelle ; de même qu'un régime déplorable ne permet d'obtenir d'une bête richement dotée par la nature qu'un rendement médiocre.

Il en découle qu'en réalité la direction du régime des vaches laitières a une importance qui vient immédiatement après celle de leur choix.

ALIMENTS CONVENABLES. — Nous avons examiné déjà les aliments qu'il convient de repousser, voyons maintenant ceux dont l'emploi doit être recommandé.

La question économique est ici dominante : *il faut produire le lait au meilleur marché possible.* L'agriculteur doit prendre pour guides la mercuriale d'une part et la table de la composition des aliments pour ceux qu'il achète, ou ceux produits à la ferme qui sont cotés sur le marché ; pour les autres, qui n'ont pas de cours bien établi, il doit diriger son système de culture de façon à produire ceux qui demandent le moins de frais, comparativement à leur rendement en matières nutritives.

Il doit examiner aussi, s'il ne serait pas plus avantageux d'exporter des aliments produits sur la ferme et cotés au marché, que de les faire consommer par ses vaches, en faisant correspondre à cette *vente* un achat correspondant d'aliments concentrés. Les résidus d'industries, tourteaux, sons, etc., se prêtent très bien à ces échanges.

Un exemple nous permettra de préciser notre pensée. — L'orge, qui est cotée en moyenne 15 fr. les 100 kil., contient en général 8 0/0 de matière azotée assimilable, et vous n'ignorez pas que si l'azote est l'élément fondamental des engrais, il est aussi la base de l'alimentation des animaux. La matière azotée végétale est l'élément nutritif le plus rare, celui dont les rations sont le plus souvent en déficit, tandis que les matières non azotées sont toujours en surabondance à la ferme. La valeur relative des aliments est donc, en somme, proportionnelle à leur richesse en matière azotée nutritive, lorsqu'ils entrent dans une ration convenable, établie comme nous le verrons dans un instant.

Si donc l'on vend 1,000 kil. d'orge, d'une part, on encaisse 150 fr., et d'autre part on se prive de 80 kil. de matière azotée, quantité suffisante pour alimenter, dans une ration normale, 80 vaches de 400 kil. pendant une journée.

Mais d'autre part, les 150 fr. encaissés nous permettent d'acheter, tous frais compris, 930 kil. de tourteaux de sésame blanc du Levant, dosant 28 0/0 de matière azotée assimilable.

Le bilan de l'opération est le suivant :

VENDU		ACHETÉ		GAIN DE L'OPÉRATION
Orge	1.000 k.	T. de Sésame.	930 k.	»
Matière az..	80 k.	Matière azotée..	260 k.	180
Arg. (reçu).	150 fr. =	Arg. dépensé ..	150 fr.	»

Sans dépenser un sou, nous avons ainsi accru nos ressources alimentaires de 180 kilos de matière azotée nutritive ; nous en avons triplé la quotité disponible. Le gain de l'opération consiste en 180 rations journalières, plus le fumier correspondant.

Son de froment. — Le son de froment est un aliment très recommandable. Poids pour poids, il est supérieur à la farine d'orge. En outre, son prix est généralement inférieur au prix de cette dernière. Il entre avec avantage dans les rations d'hiver à la dose de 2 à 3 kilog. Il contient 10 à 11 0/0 de matière azotée assimilable.

Tourteaux. — Les tourteaux forment pour la vache les aliments complémentaires les plus importants. Toutefois il faut apporter un certain soin à leur choix et rejeter du régime des bêtes laitières les espèces qui pourraient donner un mauvais goût au lait ou à ses dérivés.

On peut recommander les suivants, dont nous donnons ci-dessous la composition et le prix :

Tourteaux	Albumine	Prix rendu à Chartres par 5.000 k.
De palme	16	13 »
D'arachide décortiquée	42	16 50
De sésame blanc extra	28	14 95
De coton d'Egypte	18	13 »
De coprah	18	15 »

Les quantités par jour et par tête, qu'il convient de donner aux vaches à lait varient de 1 à 3 ou 4 kilog. On les donne concassés et mélangés avec les racines au moment même, ou en buvées tièdes.

Mélangés d'avance avec les racines ou l'eau, ils pourraient prendre un goût fort.

En somme, les tourteaux et le son forment les aliments concentrés actuellement les plus recommandables ; ils contiennent en forte proportion les éléments propres à constituer le lait, et leur prix est relativement peu élevé.

Des foins. — Le bon foin de pré est un aliment qui agit favorablement sur la production du lait, et notamment sur la qualité du beurre. Le foin médiocre ou avarié peut entrer dans la ration, pourvu qu'il soit haché, ou traité par la vapeur ou légèrement fermenté, mais toujours salé et mélangé au reste de la ration. Les foins moisis seront rejetés dans tous les cas. Ils sont nuisibles à la santé. — La présence des prèles dans le foin diminue la lactation ; les aulx donnent leur goût au lait ou au beurre.

Le *regain* de prairie naturelle, bien récolté, est d'un bon usage. Il est un peu plus riche que le foin et plus tendre.

Les foins de *trèfle,* de *luzerne, minette, spergule,* sont très favorables.

Toutes les fois que cela est économiquement possible, il convient de faire e..trer les foins pour une partie dans la ration d'hiver des vaches laitières. La proportion minima est de 1 0/0 du poids de l'animal. C'est en effet l'aliment d'entretien par excellence. Malheureusement les considérations économiques forcent souvent à s'écarter de ce principe.

VALEUR COMPARÉE DES FOINS

Pré.............. 5.1/2 d'albumine 0/0
Regain........... 6.1/2 »
Trèfle violet...... 7.0 »
Luzerne.......... 9.5 »
Spergule......... 9.5 »

RACINES. — Ce qu'il y a de plus avantageux en général comme base d'alimentation hivernale, ce sont les racines, les ensilages, et les fourrages grossiers.

LA BETTERAVE, ou ses pulpes, est sans contredit la racine la plus importante. Elles sont très favorables à une secrétion abondante, surtout quand on y ajoute des proportions convenables de foin, paille et tourteaux.

Il est nécessaire de donner les betteraves découpées en cossettes, et mélangées avec environ 1/6 à 1/8 de leur poids de balles de céréales ou de fourrages hachés. Dans ces conditions, on peut donner aux vaches de très hautes doses de racines, lesquelles seront nuisibles autrement.

La carotte est encore préférable à la betterave, elle donne un lait excellent, et le beurre est d'une belle couleur et d'un goût suave. D'une digestion facile, elles exercent une influence favorable sur les organes digestifs. On les distribue de même que les betteraves.

Les pommes de terre crues, mélangées de 1/6 de balles, activent la production du lait, mais le beurre n'a pas de qualité. Cuit, cet aliment est préférable, au point de vue de la qualité des produits.

VALEUR RELATIVE DES RACINES

	Albumine	Eau
Pommes de terre.......................	2.1	
Topinambour........................ .	2.0	
Betterave fourragère....................	1 1	70
Carotte	1.5	à
Pulpes de diff. pressées et ferm......	1.5	90
Pulpes de féculerie....................	0.8	

FOURRAGES VERTS. — Là où la luzerne vient bien, elle donne de très bonne heure un fourrage vert abondant. — Le trèfle est aussi recommandable pour les vaches laitières. On peut recourir également aux vesces d'hiver, au seigle vert, ou au mélange de ces deux plantes, au trèfle incarnat dès le commencement de mai. La spergule et les vesces d'été viennent plus tard, et sont aussi recommandables.

Mais depuis la mi-juillet, c'est le maïs qui est le fourrage vert par excellence, et depuis lors on le donne en vert jusqu'aux gelées. Toutefois il est trop fort en albumine pour suffire seul à l'alimentation. Il faut ou le mélanger de prairies artificielles, ou l'additionner de tourteaux. Dans les deux cas, la lactation est abondante. Autrement elle pourrait diminuer.

Enfin le pâturage durant la bonne saison dans les prairies temporaires ou les herbages constitue l'alimentation de toutes la meilleure, parce qu'elle est la plus naturelle. Elle procure quantité et qualité des produits.

VALEUR COMPARÉE DES FOURRAGES

	Albumine
Herbe de pâturage	2.5
Seigle fourrage	1.9
Vesce	2.5
Maïs vert	1.0
Trèfle ordinaire (non fleuri)	2.3
— (fleuri)	1.8
Trèfle incarnat	1.5
Spergule	1.5
Luzerne (en fleurs)	3.0

ÉTABLISSEMENT DES RATIONS

En règle générale, il faut donner aux vaches laitières autant de mélange fourrager qu'elles peuvent en consommer sans gaspillage. Mais il est essentiel que la ration, qu'il est ainsi facile de déterminer en *quantité* par l'observation directe, soit de qualité appropriée.

L'expérience et l'observation ont démontré qu'il est nécessaire de fournir par jour à une vache de cinq cents kilog. les quantités suivantes d'éléments nutritifs, contenus dans les fourrages.

Matière organique totale..   12 k.
Albumine   1 k. 250
Matière non azotée.....   6 k. 400

avec un rapport nutritif entre l'albumine et les autres éléments assimilables de 1 à 5.

En partant de ces bases, nous établirons les rations suivantes :

a. — RATION D'HIVER

				Valeur
Betteraves.......	40 k. contenant	0 k. 44 d'albumine	0 fr. 60
Paille (balles)....	7	0 k. 67		0 fr. 20
Son.............	2	0 k. 22		0 fr. 28
Tourteau de sésame	2	0 k. 56		0 fr. 32
		1 k. 56		1 fr. 40

On peut remplacer le son par 1 kilog. de tourteau d
sésame et le prix de la ration tombe à 1 fr. 28.

On peut remplacer les betteraves par

Carottes. .... 30 k.

Pommes de terre... 29 k.

Pulpes diffusion.... 40 k.

b. — RATION D'ÉTÉ

		Albumine	
Luzerne......	45 k.	1.300 gr.	
Ou trèfle....	54 k.	1.250 gr.	
Ou seigle.....	60 k.	1.250 gr.	Et paille à
Ou incarnat...	50 k.	1.200 gr.	volonté
Ou vesces.....	50 k.	1.250 gr.	

A partir de la fin juillet, avec le maïs pour base :

		ALBUMINE		PRIX
Maïs	40 k.	0 k. 40	$= 1.2$	0.40
Luzerne	25 k.	0 k. 80		

Ou bien :

Maïs	50 k.	0.50 gr.	$= 1.34$	0.50	0 fr. 95
Tourteau s.	3 k.	0 84 gr.		0.45	

Suivant les circonstances, on remplace un aliment par
un autre de même nature. Mais toujours en tenant compte
d'une valeur nutritive équivalente.

C. V. GAROLA,
Professeur départemental d'Agriculture,
Directeur de la Station agronomique
d'Eure-et-Loir.

(*Progrès agricole*).

A propos du fumier

Nous recevons la lettre suivante :

Monsieur le Directeur,
du *Progrès Agricole*,

Je ne puis résister au désir d'ajouter un corollaire à
l'article de M. Doyen, sur le fumier. M. Doyen a mille
fois raison, et je vais cependant le contrecarrer... en apparence.

Il y a quelques jours, je causais avec un cultivateur
qui me disait à peu près ceci : « Mes blés sont superbes :

que de paille je vais avoir, et j'en ai encore beaucoup de vieille dont je ne sais que faire. J'ai eu trop peu de bétail cet hiver, et il me reste beaucoup de paille de blé.

— Pourquoi, lui dis-je, n'en vendez vous pas, tout en conservant une bonne avance?

— Vendre ma paille! Vous n'y pensez pas? Et faire du fumier?

— Mais puisque vous en avez trop?

— Non je ne vendrai pas de paille. J'aime mieux la mettre pourrir dans un coin.

— Mais, mon pauvre ami, votre paille par elle-même, ferait un bien triste engrais, et les poules le gratteront et le vent l'éparpillera. Vous feriez mieux de vendre votre paille, et, avec l'argent, d'acheter de l'engrais.

— Bast, votre engrais coûte cher et la plupart du temps il ne fait pas d'effet.

— C'est que vous n'employez pas la matière que demande votre sol, ou que vous l'employez à contre-temps.

— Ah! bien j'en sais assez pour vous faire pousser du blé! »

Au moins, en voilà un qui est le trop fervent disciple de M. Doyen. Mais vous allez me dire: « Il n'est pas bien intelligent, cet homme-là! » Croyez-vous donc qu'il y en ait beaucoup qui le soient, dans nos campagnes? (1)

Tenez, je vous écris d'une commune de 350 habitants, tous cultivateurs ou employés à la culture.

Eh bien! passez dans le village en suivant la belle route nationale qui le traverse, et, de chaque cour, vous verrez sortir un ruisseau noirâtre et infect que vous avez nommé déjà: le purin.

Et ce n'est pas seulement le purin des étables, c'est toute l'eau de la cour et des toits qui sort de la fosse à fumier où elle laisse de la paille lessivée: un fameux engrais, n'est-ce-pas, surtout par le temps pluvieux qui

(1) Il va de soi que nous laissons à notre collaborateur la responsabilité de son appréciation. Nous convenons qu'il y a encore beaucoup trop de routiniers dans les campagnes, mais il ne s'en suit pas que les gens intelligents y soient l'exception. Assurément le progrès ne va pas aussi vite que nous le voudrions, mais enfin nous qui suivons le mouvement pas à pas, nous n'en sommes pas moins heureux de constater que la routine perd tous les jours du terrain.

Ne vous découragez donc pas, cher correspondant, nous marchons et nous irons dorénavant d'autant plus vite que le cultivateur sent de plus en plus le besoin de s'instruire .. et il s'instruit, en effet, ce en quoi il a mille fois raison.

G. B.

court. Et, dans tout le village, pas un, pas un seul ne recueille son purin

Dernièrement encore, je voyais un de ces vieux routiniers jeter le jus de son fumier, mélangé à beaucoup de pluie, dans un puisard sous prétexte que cette eau ne peut sortir par la rue (sa cour est à contre pente), et je lui fis observer qu'il serait bien préférable de mettre ce liquide sur son herbage ouvrant à dix pas de là.

— « Est-ce que j'ai le temps ? je sais bien que c'est bon ; mais on ne peut tout faire.

— Eh bien, on fait une fosse à purin et on le porte à temps perdu.

— Ah ! oui, nous en avons vu de ces faiseurs d'essais. Tenez, M. un Tel, il a voulu faire tout cela, et puis... il s'est ruiné, mon garçon.

— Vous vous ruinerez pour faire un trou vous même dans un coin et acheter, pour cinquante sous ou trois francs, un tonneau à pétrole que vous placerez sur votre traineau à herse où une planche vous servira de brise-jet ! En voilà un outillage coûteux.

— C'est peut-être vrai, mais je n'ai pas le temps.

— On le fait faire, alors.

— Ah ! Oui, si l'on voulait, on aurait toujours plein sa maison de monde à payer et à nourrir.

. — Mais, voyons, estimons votre jus de fumier perdu, votre meilleur engrais, à 100 francs par an (c'est moins qu'il ne vaut) et admettons que vous dépensiez 50 francs (ce qui est exagéré), pour le faire porter ou pour vous remplacer pendant que vous le répandrez vous-même, cela vous fait encore un gain de 50 francs.

— Nous verrons, après la moisson, il faudra que je tâche de le faire tout de même. »

Croyez-vous, amis lecteurs, qu'il le fera ? Jamais. Dame routine est là qui lui bouche les yeux et les oreilles ou qui arrache ce qui a pu entrer. Et malgré tout ce que l'on pourra dire et écrire, le purin continuera de former de jolis ruisseaux de microbes de chaque côté de la route nationale de Paris à Calais.

Et sans le purin, que de matières perdues, boue, terre, paille, herbes, etc., etc. !

Donc, et voici ma conclusion, s'il est bien de dire aux cultivateurs, avec M. Doyen : « Ne vendez pas votre paille : faites du fumier, beaucoup de fumier » ; il est bien aussi, non de leur dire (c'est insuffisant), mais de leur montrer à tirer parti de tout et à ne laisser rien perdre,

Si encore, ces campagnards aveugles envoyaient leurs fils aux écoles d'agriculture !

Mais ils sont bien trop prévenus contre tout progrès.

Ce n'est pas ma démonstration qu'ils croiront. Je ne suis pas cultivateur, donc je n'y entends rien.

Et quand notre éminent professeur, M. Raquet, viendrait leur faire une conférence, ils diraient en sortant : « Il a peut-être raison, mais nous en savons bien assez pour faire pousser du blé, et puis, quand même, nous n'avons pas le temps de faire tout cela. On voit bien qu'il n'y est pas, lui. »

Oh! Routine ! Terrible Routine !

Daignez agréer, Monsieur le Directeur, l'assurance de mes sentiments les plus dévoués.

A. BOULONNOIS,
Instituteur à Saint-Romain,

Equennes, le 31 Août 1890.

(Progrès agricole).

AVIS

Nous rappelons aux acheteurs de blé de semence que nous ne répondons ni de la pureté ni de la qualité des grains offerts C'est à eux à se rendre compte de ce qu'ils doivent acheter en demandant des échantillons, avant de traiter, aux agriculteurs auxquels ils veul-nt s'adresser.

SYNDICAT DE LA MAYENNE

OFFRES

M. Lenain, au château de Clermont, Ollivet, par St-Ouën-des-Toits (Mayenne), offre pour semences :

1° *Blés de Bordeaux.* à 29 fr. les 100 k.
2°   *Dattel,* à 29 fr. 50 les 100 k.
3°   *de Bergues,* à 3‹ fr. les 100 k.
4° *Avoine jaune de Flandre,* à 26 fr les 100 k.

Dans les toiles de l'acheteur ou toiles à rendre.
Le tout pris à Clermont ou gare Le Genest.
Sauf variation de prix.

M. J. Boisseau, régisseur à Château-Gontier, offre pour semence : 80 boisseaux blé inversable de Bordeaux, 1re qualité, originaire de chez M. Vilmorin, à 29 fr. les 100 kilos ; 50 boisseaux blé Dattel, 1re qualité, même provenance, à 29 fr. 50 les 100 kilos, sur wagon, Château-Gontier, dans les toiles de l'acheteur, contre remboursement, tous frais à la charge de l'acheteur.

M. Maignan, de la Rouairie, de Saint-Berthevin, près Laval,
offre pour semence :
Blé Hallett's à 29 fr. les 100 kilos, dans les sacs de l'acheteur,
gare de Laval ou du Genest.

A Vendre, Plants de pommiers venus en terrain médiocre.
S'adresser à M. Eugène Angot, propriétaire à Montsûrs (Mayenne).

SYNDICAT DE CHARTRES

Le Syndicat agricole de Chartres donne avis qu'il peut fournir
aux prix ci-dessous des vins naturels des provenances ci-après :

1° VINS ROUGES

1° *Minervois*, (Aude).

La barrique de 220 litres, rendue franco de tous droits à la gare
de l'acheteur, 120 francs. Valeur à 30 jours, 2 0/0, ou 90 jours sans
escompte.

2° *Montagnac*. (Contenance de la barrique : 215 à 220 litres)
N° 1 : 100 fr. — N° 2 : 110 fr. — N° 3 : 120 fr., franco de tous
droits, gare de l'acheteur, paiement à 30 jours.

3° *Narbonnais et Roussillon*. (Contenance de la barrique :
220 litres)

1° Montagne,   la barrique   90 fr.   la demi-barrique   50 fr.
2° Mont-Redon   —   100   —   55
3° La Palme   —   110   —   60
4° La Tour de France   —   120   —   65
5° St-Emilien, (grand vin 1884)   140   —   75
franco de tous droits gare de l'acheteur, paiement à 90 jours.

4° *Bordeaux*.

Bonnes côtes de Bordeaux, la pièce de 225 à 228 litres, 160 fr.,
180 fr., 200 fr.

Côte Saint Christophe de Saint-Emilion   250 Fr.
Sables de Saint-Emilion   300
Saint Estèphe   350
Saint-Emilion et Haut Pomerol   400
        —   vieux   —   500 et 600.
Le tout franco gare de l'acheteur, paiement à 30 jours 3 0/0 ou
à 90 jours sans escompte — Par demi pièce et 1/4 de pièce, 5 fr.
en sus pour logement.

2° VINS BLANCS

Bordeaux

Petites Graves, la barrique de 225 à 228 litres,   150 Fr.
Graves (bonnes)   180 et 200
Preignac Sauternes   250 et 300
Barsac-Sauternes   350 et 400
Haut-Sauternes (vieux)   450, 500, 550 et 600

Le tout franco gare de l'acheteur, paiement à 30 jours 3 0/0 ou à 90 jours sans escompte. — Par 1/2 pièce et 1/4 de pièce, 5 fr. en sus pour logement.

Les commandes doivent être adressées à M. Mercier, Agent-Comptable du Syndicat, 4, Place Saint-Michel, à Chartres, en ayant soin d'indiquer très clairement l'espèce et la quantité que l'on désire

Nota. — Dans toutes les expéditions, le fût reste toujours la propriété de l'acheteur.

A VENDRE 15 à 20.000 kilos de betteraves (Ovoïde des Barres améliorée) à 18 fr. les 1.000 kilos, gare Chartres.

S'adresser à M. Mercier, comptable du syndicat, 4, place Saint-Michel, à Chartres.

M. Lahaye Ferdinand, à Chaudon, par Nogent-le-Roi, offre 50 hectolitres d'oignons, 1er choix, à 6 fr. l'hectolitre, sur wagon.

AVIS

MM. les Membres du Syndicat agricole de Chartres sont informés qu'en vertu d'une décision prise par le bureau d'administration de cette association, un magasin a été créé à Chartres pour satisfaire aux oublis et aux commandes tardives.

Ce magasin contient actuellement :

1° *En Engrais*

1° Superphosphate minéral soluble à l'eau et au citrate ;
2° Scories de déphosphoration ;
3° Phosphoguano ordinaire ;
4° Phosphoguano surazoté ;

2° *En Tourteaux alimentaires*

1° Tourteaux de lin ;
2° Tourteaux de sésame blanc du Levant ;
3° Tourteaux de coprah pour vaches laitières, Ceylan.

D'autres matières seront ajoutées par la suite si les besoins l'exigent.

Les substances ci-dessus seront délivrées immédiatement à partir de 100 k. contre paiement comptant, et avec une majoration pour frais de magasinage, en s'adressant à M. Mercier, comptable du Syndicat, 4, place St-Michel, à Chartres, le jeudi, de 8 h. du matin à 4 h. du soir, et le samedi, de 8 h. à midi.

Des sacs pourront être fournis pour l'enlèvement des tourteaux qui seront livrés en pains.

M. Graziani, fabricant d'engrais de poissons de mer au Croisic (Loire-Inférieure) appelle l'attention des agriculteurs sur l'emploi des sels marins à différents usages.

Les services qu'ils ont rendus ont déjà été appréciés par nombre de propriétaires, écoles d'agriculture et syndicats agricoles qui n'hésitent pas à en conseiller l'emploi.

En effet, pour exciter l'appétit des animaux, soit pendant l'engraissement ou pendant la lactation, *les sels marins dénaturés aux tourteaux* sont indispensables, avec les *sels marins dénaturés au peroxyde de fer et poudre d'absinthe*, répandus au moment de la mise au grenier, il n'est plus de foin échauffé ni poussiéreux, enfin les *sels marins dénaturés à la poudrette ou à la chaux* assainissent les étables tout en enrichissant les fumiers.

M Graziani, par sa position spéciale, peut fournir toutes ces sortes de sels *à la culture, à des prix très modérés*.

SYNDICAT DE CHATEAUDUN

M. Ricois, à Malainville, commune de la Chapelle-du-Noyer, par Châteaudun (Eure-et-Loir), offre pour semence : Blé rouge de Bordeaux, très pur, à 31 fr. les 100 kilos, toiles perdues, gare Châteaudun. Blé dattel même prix et mêmes conditions.

LA PRODUCTION LAITIÈRE

Par C. V. GAROLA, (✠ mérite agricole) professeur départemental d'agriculture, directeur de la station agronomique de Chartres.

Prix 1 fr. 50. — 1 fr. 65, franco, par la poste.

Chez R. SELLERET, libraire-éditeur à Chartres.

RATS souris, loirs, mulots, etc... Contre mandat ou 10 timbres-poste de 0 fr. 15, j'adresse franco le moyen infaillible et très pratique de les détruire tous en quelques heures.

LECLERC, à Beaulieu, par Châtellerault (Vienne). — *Envoi gratis et franco du prospectus destruction des taupes.*

Excellent vin de Bordeaux, récolte de 1887, à 125 fr. la pièce de 225 litres, logé et franco sur wagon, gare de départ.

S'adresser à M. GEORGES BORD, secrétaire général du syndicat à Cadillac-sur-Garonne (Gironde).

Les fabricants de fromages et de beurres sont informés que, à l'exposition universelle de 1889, la plus haute récompense (médaille d'or), a été décernée aux **PRESURES et COLORANTS** de **J. Fabre**, ✠ M. A., Aubervilliers (Seine). Récompenses dans 51 concours agricoles.

MACHINES AGRICOLES

SAVARY & CIE

Ingénieurs-Constructeurs

QUIMPERLÉ (FINISTÈRE)

104 Diplômes d'honneur et Médailles

EXPOSITIONS UNIVERSELLES DE PARIS 1878-1889
Croix de la Légion d'honneur
2 médailles d'Or — 3 médailles d'Argent — 1 médaille de Bronze

PRESSOIRS A MOUVEMENT VERTICAL

Breveté S. G. D. G.

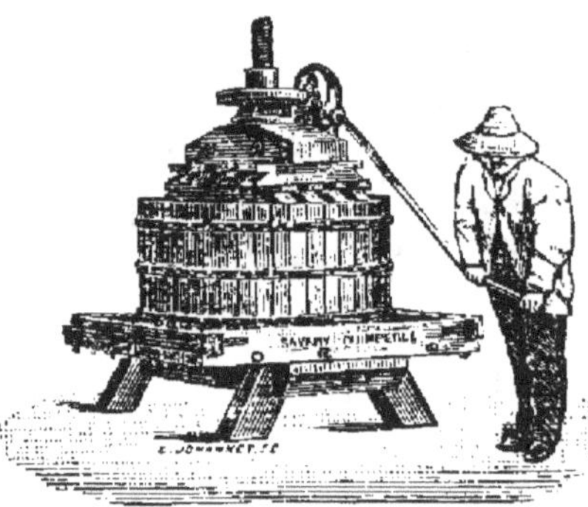

1er Prix
Médaille d'Or
à
l'Exposition
nationale
des
cidres
PARIS 1888

1er Prix
Médaille d'Or
à
l'Exposition
nationale
des
cidres
PARIS 1888

Pressoirs à cidre et à vin — Moulins à pommes
Fouloirs à vendange — Machines à battre à manège
Tarares — Barattes
Broyeurs d'ajonc — Coupe-racines — Hache-paille
Charrues

Le
Catalogue
GÉNÉRAL
s ra ad essé
sur
demande

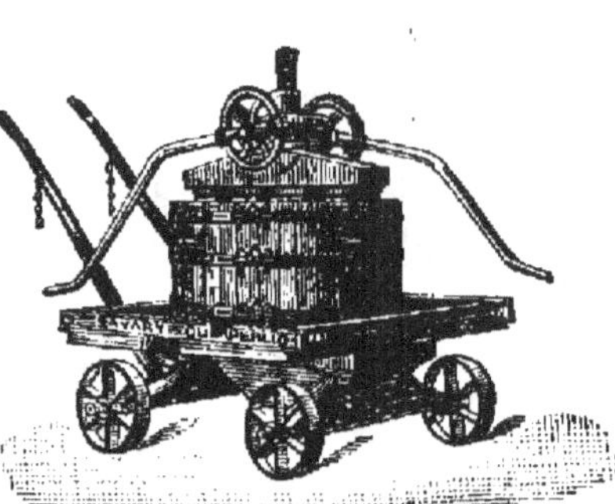

Le Gérant, E. MOREAU.

Laval, Imp. L. Moreau.

Ce Bulletin paraît le 15 de chaque mois.

BULLETIN AGRICOLE
DE L'OUEST

Organe de l'Union des Syndicats Agricoles
des départements du Finistère, des Côtes-du-Nord,
du Morbihan, de la Loire-Inférieure, d'Ille-et-Vilaine, de la
Manche, de la Mayenne, de Maine-et-Loire, de la Sarthe,
de l'Orne, du Calvados, de l'Eure, d'Eure-et-Loir
et de la Seine-Inférieure.

Publié sous la direction de :

H. LÉIZOUR, ✸ M. A.

Professeur départemental d'Agriculture de la Mayenne. Directeur du Laboratoire
agronomique, Président du Syndicat des Agriculteurs de la Mayenne,

GAROLA, ✸ M. A.

Professeur départemental d'Agriculture d'Eure-et-Loir,
Directeur de la Station agronomique de Chartres.

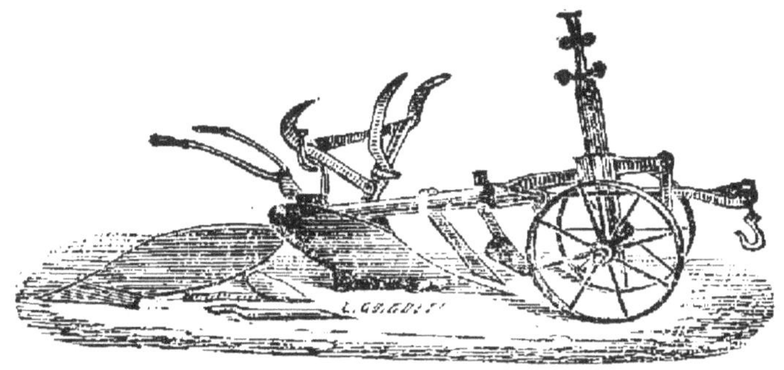

ABONNEMENTS

Les membres des syndicats adhérents sont abonnés gratuitement par leurs
bureaux. — Pour les étrangers aux syndicats : **6 fr.** par an.

ANNONCES

| De 1 à 4 annonces. » 50ᶜ la ligne. | De 8 à 12 annonces » 30ᶜ la ligne |
| De 4 à 8 — » 40ᶜ — | Au-delà de 12. . » 20ᶜ — |

Le bulletin publiera gratuitement les offres et demandes
des Syndicats abonnés.

*AVIS. — Tout ce qui concerne la rédaction, les Annonces et les Abon-
nements, doit être adressé à M. LÉIZOUR, rue de la Filature, 1, à Laval.*

AU PROGRÈS

MAISON MOTTE

TAILLEUR CIVIL ET MILITAIRE

12, rue du Grand-Faubourg, 12

A L'ENTRÉE DE LA PLACE DES EPARS

CHARTRES

Spécialité de Dolmans pour Officiers, de Tuniques et Livrées pour Pensions et Maisons particulières. — Grand choix de Draperie Française et Anglaise. — Complet confection depuis 20 fr. — Complet sur mesure depuis 55 fr.

Γ sera délivré à tout acheteur de costume complet UN SUPERBE PLASTRON.

Remise de 10 % à tout membre du Syndicat agricole, et sur la présentation de sa carte de syndiqué.

Fabrique de Briques, Carreaux et Tuyaux de drainage

De toutes dimensions et sur commande

MÉDAILLES ET DIPLOMES D'HONNEUR

BOULARD-BILLIARD

TUILIER-BRIQUETIER

Aux Agets-Saint-Brice

Par BOUÈRE (Mayenne)

Entrepôt de TUILERIE de BOURGOGNE (Saône-et-Loire)

Le tarif est envoyé *franco* à toute personne qui en fait la demande.

Une Réduction est faite aux Membres du Syndicat

LA FONCIÈRE

COMPAGNIE D'ASSURANCES MOBILIÈRES ET IMMOBILIÈRES

CONTRE L'INCENDIE

Siège social : *Place Ventadour*, PARIS

Ensemble des garanties

SOIXANTE-HUIT MILLIONS

Au 31 décembre 1888, les valeurs assurées s'élevaient à 6 milliards 491 millions 394 mille 745 francs. (Le résultat de l'exercice 1889 n'est pas encore connu.)

S'adresser ou écrire à M. Mercier, agent général et comptable du Syndicat agricole, 4, place Saint-Michel, Chartres.

BULLETIN AGRICOLE DE L'OUEST

Traitement des pommiers. — Avis aux agriculteurs

Malgré tout l'espoir qu'avait fait naître la magnifique floraison des pommiers au printemps dernier, chacun a pu constater la médiocrité de la récolte de pommes cette année. La plupart des fleurs ont été détruites, et bon nombre des arbres qui ont porté des fruits n'ont donné que des pommes malades, tavelées, n'ayant acquis qu'un faible développement et impropres à produire du cidre de la qualité à laquelle on aurait pu prétendre, si les choses s'étaient passées comme autrefois. Les agriculteurs dont les arbres ont ainsi souffert, et ils sont malheureusement fort nombreux, peuvent mesurer aujourd'hui l'étendue de leur perte en constatant les hauts prix de vente des pommes.

Un grand nombre d'agriculteurs attribuent encore ce défaut de récolte de pommes aux intempéries du printemps et de l'été, gelées tardives, vent roux, vent de dix heures, brime, etc., etc.

Il est fort probable, en effet, que l'état de l'atmosphère n'est pas sans influence sur la production des pommes. Mais cette influence est plus ou moins directe, car au lieu de s'exercer sur les arbres et les fruits, elle agit surtout sur les ennemis du pommier et de son fruit.

Un très grand nombre de savants et de praticiens intéressés, ont suivi de près, depuis quelques années, les diverses phases des maladies auxquelles nous devons, une fois de plus, le manque de fruits à cidre. Et tous, les observateurs attentifs et sans parti pris, ont constaté que les fleurs de nos pommiers ont été détruites par la larve d'un petit insecte, tandis que leurs feuilles ont été atteintes par un champignon parasite.

L'insecte est l'Anthonome du pommier et le champignon qui a produit les ravages de cette année est le Fusicladium Dentriticum.

L'un et l'autre sont connus depuis longtemps, mais ce n'est que depuis un petit nombre d'années qu'ils ont atti-

ré l'attention parce que leurs ravages étaient très locali-
sés et peu considérables jusque là. Aussi ne connait-on
pas encore très bien les moyens propres à en défendre
les arbres. Il est cependant hors de doute que si les cultivateurs veulent conserver leurs pommiers et en obtenir
des fruits abondants et de bonne qualité, ils seront obligés
d'accorder à leurs plantations les soins nécessaires pour
les mettre à l'abri de leurs nombreux ennemis.

Quelques essais ont déjà été tentés dans ce sens. et des
résultats obtenus ainsi que de la manière d'être des ennemis à combattre, il est possible, dès aujourd'hui, de tirer
des conclusions permettant d'appliquer, à coup sûr, au
moins une partie du traitement.

Il faut d'abord admettre que les sujets vigoureux sont
plus résistants que les arbres malingres, languissants.

La première chose à faire est donc d'accorder aux plantations tout ce dont elles ont besoin pour une végétation
luxuriante.

Pour les arbres déjà âgés, il y aura lieu de les débarrasser du bois mort, du gui, et de quelques unes des
branches de l'intérieur de leur *tête*, afin de permettre à
l'air et à la lumière d'y pénétrer facilement.

Jeunes et vieux devront recevoir une fumure d'autant
plus forte que le sol sera plus maigre. Cette fumure pourra être donnée à l'aide de fumier, d'engrais chimique, ou
mieux, de *purin*.

Si la plupart des cultivateurs voulaient se donner la
peine de recueillir, pour leurs pommiers, le purin qu'ils
laissent perdre actuellement, dans un petit nombre d'années ils n'auraient que des arbres de grande vigueur. Le
purin peut être appliqué à très haute dose au pommier,
(de une à deux barriques par arbre moyen). La fumure
sera toujours avantageusement complétée par l'addition
d'une certaine quantité de sulfate de fer. (1 à 3 kilog.
par arbre) Pour assurer l'effet des engrais le sol doit être
légèrement labouré sous les arbres plantés dans les prairies et les pâturages.

Gráce au manque de soins et de vigueur, le climat
aidant, presque tous les pommiers sont recouverts de
vieille écorce fendillée, de mousses et de lichens. On a
remarqué, et chacun pourra en faire l'observation, que
c'est sous cette vieille écorce, ces mousses et ces lichens, que
les insectes déposent leurs œufs et se cachent eux mêmes
pour se mettre à l'abri des intempéries de l'hiver.

Il est hors de doute qu'une partie au moins des organes de reproduction des champignons qui envahissent les feuilles pendant l'été, s'accrochent aussi aux aspérités formées par ces mêmes vieilles écorces, ces mousses et ces lichens, qu'ils y passent l'hiver, et que le moindre vent peut, l'été suivant, les rejeter sur les nouvelles feuilles, au moment propice.

Il y a donc lieu de détruire ces abris malencontreux, en même temps que le plus possible des ennemis qu'ils cachent, et pour que les intempéries de l'hiver viennent en aide au traitement, c'est avant l'hiver, aussitôt après la chute des feuilles, qu'il faut l'appliquer.

Le chaulage des arbres, surtout si l'on ajoute à la chaux une certaine proportion de sulfate de cuivre, ou de sulfate de fer, amène très rapidement la mort des mousses et des lichens et favorise la chute des vieilles écorces. C'est, par conséquent, un moyen très simple de nettoyer les arbres et par suite, d'en augmenter la vigueur.

L'opération peut se pratiquer très rapidement et à peu de frais, à l'aide de pulvérisateurs spécialement disposés à cet effet, et tout compte fait, le traitement de chaque arbre ne revient pas à 0 fr. 10.

A ce traitement d'hiver il conviendra d'en ajouter un autre au printemps, spécialement dirigé contre les insectes et les cryptogames qui auront résisté au premier, à l'hiver et aux oiseaux, le second traitement, pratiqué à l'aide des mêmes instruments et de l'une des préparations indiquées ci-après, aura d'autant plus de chances d'atteindre les insectes qu'il n'y aura plus d'abri pour les protéger. Il sera d'autant plus efficace contre la maladie des feuilles qu'il sera pratiqué plus tôt après leur apparition.

Il est à remarquer que les ennemis à combattre peuvent se transporter ou être transportés par les vents d'un arbre à l'autre, et qu'il est par conséquent utile, si non indispensable, que tous les pommiers soient traités, afin qu'il ne reste aucun foyer d'infection pour perpétuer les maladies.

Le ministère de l'agriculture, en présence des résultats obtenus dans les essais de traitement qui ont été faits et des dangers courus par la production du cidre, si importante pour le département de la Mayenne, sur la demande de M. le Préfet, a accordé un crédit spécial au département, pour venir en aide aux agriculteurs désireux de soigner leurs pommiers. Ce crédit a permis d'acheter un certain nombre de pulvérisateurs qui sont à la disposition de tout le monde, avec le sulfate de fer ou le sulfate de cuivre nésessaire pour le traitement des arbres.

Les demandes devront être adressées, par l'intermédiaire de MM. les Maires, au professeur départemental d'agriculture qui se rendra, à la demande des intéressés pour diriger les opérations, faire connaître l'usage des instruments et donner les explications nécessaires.

FORMULES ET PRÉPARATION DES TRAITEMENTS

1° *Solution de sulfate de fer et de chaux.*

On fait dissoudre, d'une part, à raison de un kilogramme par trois litres d'eau, la quantité de sulfate de fer dont on suppose avoir besoin.

D'autre part, on prépare un lait de chaux, avec de la chaux vive aussi pure que possible, en employant la quantité d'eau nécessaire pour obtenir une bouillie claire.

On verse ensuite, après refroidissement si on s'est servi d'eau chaude pour aller plus vite, *le lait de chaux dans le sulfate de fer*, en ayant soin de remuer constamment le mélange.

Si la chaux employée n'est pas très pure, il est indispensable de tamiser le lait de chaux en le jetant dans le sulfate de fer, afin d'éviter l'obstruction des pulvérisateurs.

A ce liquide *concentré*, on ajoute ensuite, au moment de l'emploi, la quantité d'eau nécessaire pour avoir de 5 à 10 0/0 de sulfate de fer dans la solution.

Le sulfate de fer ne doit être employé qu'à l'automne, sur les branches et le tronc des arbres pour la destruction des mousses et des lichens. Il est inefficace contre les maladies cryptogamiques des feuilles. Il est sans danger pour les personnes qui l'emploient et pour les animaux.

2° *Bouillie bordelaise* (solution de sulfate de cuivre et de chaux).

Cette solution se prépare exactement de la même façon que la précédente, en remplaçant le sulfate de fer par le sulfate de cuivre.

Son action sur les mousses, les lichens et les vieilles écorces est la même. De plus, elle agit très efficacement sus les feuilles et les défend contre les attaques des champignons parasites. Mais elle ne guérit pas les feuilles atteintes. Il faut donc l'appliquer de bonne heure, c'est-à-dire dès que les feuilles se sont développées.

La bouillie bordelaise combat également *la maladie de la pomme de terre* et les divers champignons qui attaquent les feuilles de vigne.

Son emploi nécessite quelques précautions, le sulfate de cuivre étant un *poison violent* pour les hommes et les animaux.

Il ne faut employer, pour sa fabrication et son épandage que des récipients ne devant pas servir à d'autres usages.

La proportion de sulfate de cuivre que doit contenir la solution au moment de son emploi ne doit pas dépasser 5 0/0. Il est prudent de ne pas faire pâturer l'herbe souillée par cette bouillie au moment du traitement d'hiver ou de printemps.

3° Solution contre les larves d'insectes et les chenilles.

Le mélange suivant est recommandé :

Eau	10 litres.
Savon noir	450 grammes.
Pétrole	20 litres.

On fait bouillir le savon noir dans l'eau et on verse l'eau dans le pétrole, puis on agite vivement pendant 12 ou 15 minutes. On obtient ainsi une sorte de crème qu'on mélange à l'eau dans la proportion de 10 0/0, au moment de l'emploi.

Cette composition doit être employée aussitôt qu'on s'aperçoit que les bourgeons sont attaqués par les insectes, non seulement sur les arbres attaqués, mais sur tous ceux du même rayon.

La solution suivante est recommandée contre les grosses chenilles qui dévorent les feuilles :

Eau	25 litres.
Sulfure de Potassium	100 grammes.
Savon noir	250 —

On fait dissoudre séparément le savon noir et le sulfure de potassium dans quelques litres d'eau, et on fait le mélange au moment de l'emploi, en ajoutant l'eau nécessaire pour compléter les 25 litres.

Pour combattre le puceron lanigère (blanc du pommier,) on recommande de brosser les parties malades à
l'aide d'une brosse trempée dans la solution suivante :

Eau   100 grammes.
Benzine   50   —
Colle forte   10   —

Pratiquer l'opération avant le développement des feuilles en Mars ou Avril.

On recommande aussi la composition suivante :

Acide salicylique   2 grammes.
Oxyde rouge de mercure   2   —
Acide pyroligneux   1.000   —

Cette solution doit être diluée dans trente fois son
volume d'eau, et employée à la même époque que la précédente.

Entretien des pulvérisateurs

Le sulfate de fer et surtout le sulfate de cuivre attaquent énergiquement les instruments dont on se sert
pour les employer. Aussi est-il indispensable de prendre
soin des pulvérisateurs pour en assurer la conservation
et le bon fonctionnement le plus longtemps possible et
éviter les réparations.

Avant le chargement des instruments il faut en grais-
ser, à l'huile ou au suif, toutes les parties démontables
ou à frottement, le corps de pompe, le piston, les ron-
delles de cuir et les pièces vissées.

Après le travail, il faut vider le réservoir et le nettoyer à deux ou trois reprises avec de l'eau pure, puis
faire fonctionner l'instrument avec deux ou trois litres
de cette eau.

On démonte ensuite la lance, on laisse bien égoutter le
tout et on conserve l'instrument dans un endroit sec en
le plaçant sens dessus dessous.

Pendant l'opération il faut éviter de forcer la pression
lorsque le jet s'arrête, et se servir du dégorgeoir pour le
rétablir.

Moyennant ces simples soins, le pulvérisateur peut
durer fort longtemps et son prix d'achat, qui est d'environ 40 francs, réparti sur un grand nombre d'opérations
n'en élève pas sensiblement le prix de revient.

Le Professeur départemental d'agriculture,

Hte LÉIZOUR.

Laval, le 7 novembre 1890.

De l'emploi des phosphates.

Dans le n° 22 de notre bulletin, paru au mois de juillet dernier, après avoir donné le prix courant des engrais chimiques au Syndicat des Agriculteurs de la Mayenne, pendant la campagne 1890-1891, nous signalions la hausse continue qui se produit sur les engrais phosphatés depuis trois ans, et nous indiquions en même temps les causes de cette élévation des prix, savoir : *les demandes de plus en plus considérables dont ces engrais sont l'objet, l'épuisement probable à une échéance peu éloignée des gîtes connus et leur plus grande difficulté d'exploitation.*

Nous faisions en outre remarquer que les résultats pratiques obtenus dans la Mayenne par l'emploi de ces engrais étaient tout à fait concluants, ce qui ne faisait d'ailleurs que confirmer les indications fournies par des analyses chimiques faites au laboratoire départemental de la Mayenne, sur de nombreux échantillons de terres arables, analyses qui, sans exception, ont attesté l'appauvrissement en acide phosphorique de ces terres.

Un article paru dans le *Progrès Agricole*, signé de M. Jehan Frollo du Moulin, traite cette question des phosphates avec le développement qu'elle comporte et confirme l'opinion que nous avions émise.

Nous croyons utile de donner quelques passages de cet article. Nous laissons la parole à l'auteur :

« Au sujet des phosphates, j'éprouve ici un sentiment de tristesse indéfinissable en voyant que la majorité des quantités extraites de notre sol file à l'étranger et va féconder des terrains dont la production devient chaque jour pour notre agriculture épuisée une cause de gêne et de malaise contre lequel personne ne prend garde. Tous ces wagons de phosphate qui franchissent nos frontières, c'est une partie de notre France qui s'en va, c'est la richesse de notre sol qu'on emporte à coup de pièces d'or, et dire que chez nous la presque totalité de nos cultivateurs en sont encore à se demander, hélas ! à quoi peut servir le phosphate de chaux. »

Et plus loin :

« La France est particulièrement bien dotée en gîtes de phosphates. Cependant on ne peut voir sans regret ces trésors plus appréciés à l'étranger que chez nous, et, à peine extraits, se diriger en grande partie chez nos voisins. Il ne faut pas perdre de vue, que le poids de phosphate enlevé par nos récoltes, chaque année à nos terres arables, est évalué à *plus de deux millions de tonnes*.

« Dans l'avenir, ce regret deviendra plus vif encore, si les riches accumulations reconnues ne trouvent plus, pour leur succéder, des gites considérables dans d'autres parties de notre sol. L'épuisement de nos dépôts de phosphates *deviendrait irréparable et serait le précurseur d'un affaiblissement général de l'Agriculture*.

« Nous ne possédons aucun moyen d'empêcher cette émigration de nos phosphates. C'est aux agriculteurs Français qu'il appartient de comprendre sa valeur et d'en retenir le plus possible. »

Ces citations sont malheureusement l'expression de la vérité et, si brèves qu'elles soient, elles présentent sous son vrai jour la situation de notre agriculture. C'est aux cultivateurs Français en général et à ceux de la région de l'Ouest en particuliers, qui nous paraissent les plus intéressés, à les méditer et à en faire leur profit.

Dans la région de l'Ouest, en effet, nous venons de le dire, il est bien établi que l'acide phosphorique se trouve en proportion insuffisante dans le sol. Or la composition des litières et des fourrages est l'expression de la composition des terrains qui les a produits. D'autre part, la composition du fumier de ferme est intimement liée à celle des fourrages et des litières. En cette occurence, le fumier se trouve toujours pauvre en acide phosphorique, et portant, qu'elle qu'en soit la quantité employée, impropre à fournir une fumure complète, c'est-à-dire, un engrais pouvant fournir aux plantes dans des proportions voulues, les matières fertilisantes indispensables à une bonne végétation normale.

Les conséquences de cet état de choses se font cruellement sentir dans la Mayenne depuis bien des années, sur les céréales principalement.

On ne peut plus, quels que soient les soins portés aux emblavures, obtenir les rendements d'autrefois. Voilà la réponse que nous font les meilleurs cultivateurs, auxquels nous faisons remarquer les rendements peu élevés des céréales et du froment en particulier.

Le fait s'explique facilement. Dans ce département,

l'emploi de la chaux a provoqué, pendant une longue période, une ère de prospérité exceptionnelle. En favorisant la mise en liberté, l'assimilation, des principes fertilisants contenus dans le sol, la chaux a permis de cultiver avec succès les trèfles et les luzernes tout en portant le rendement des céréales à des chiffres inconnus jusqu'alors. Cette richesse a naturellement provoqué l'extension de la culture des céréales en même temps que l'élevage de l'espèce bovine. Mais toute médaille à son revers. Cet excès de production en grande partie exporté au dehors, s'est produit aux dépens de la fertilité accumulée dans le sol, de l'azote et de l'acide phosphorique.

L'azote est restitué en grande partie par les légumineuses qui ont la propriété de s'approprier cet élément, de l'atmosphère, autrement dit, de l'air, qui en contient de grandes quantités. Il n'en est pas de même de l'acide phosphorique, l'air n'en renferme pas, et celui exporté ne peut être restitué que par l'apport d'engrais phosphatés. Or cette exportation est considérable ; la matière minérale des os des animaux est presque exclusivement formée de phosphate de chaux ; le lait en contient également beaucoup ainsi que les grains de froment et d'orge.

C'est cette exportation qui a provoqué l'appauvrissement en acide phosphorique des terres de la Mayenne et en général de la région de l'Ouest. Il est indispensable de rétablir l'équilibre rompu, sous peine de voir le sol devenir de moins en moins productif.

Un agronome Craonnais, M. Jamet, a dit, il y a longtemps de cela : « le phosphate c'est le père du Grain », les phosphates, en effet, favorisent la grenaison, et contribuent, d'autre part, à donner plus de rigidité à la paille ce qui diminue les chances de la verse.

Lorsque M. Jamet posait cet axiôme, qui reste toujours de circonstance, il prévoyait évidemment ce qui devait arriver par l'emploi continu de la chaux.

Les prairies naturelles, par leur foin et leur pâturage, sont la base de l'alimentation animale. C'est sur leur reconstitution que les premiers efforts devraient être portés pour amener l'amélioration de l'exploitation. Le plus puissant moyen d'action pour cette reconstitution, nous paraît être l'emploi des engrais phosphatés, qui contribuent très efficacement à modifier la flore des prairies et donnent, par cela même, plus de qualité au foin et au pâturage.

La conséquence serait un régime alimentaire meilleur dont les effets entraîneraient une plus grande précocité chez les animaux, la production d'une plus grande quantité de fumier et de meilleure qualité et peut-être aussi, cette amélioration dans le régime alimentaire des animaux, contribuerait-elle à atténuer et même à faire disparaître, dans un avenir prochain, le pissement de sang chez l'espèce bovine, fléau qui occasionne annuellement des pertes considérables chez les cultivateurs Mayennais.

Nous terminons en rappelant que Novembre et décembre sont les mois les plus propices pour l'emploi des phosphates sur les prairies. On ne peut pas compter sur leur action bien marquée sur la pousse des foins s'ils sont employés plus tard.

G. PEYRAS.

Culture comparative des blés de Carter et des blés Français à Moyencourt

En 1889, M. Schribaux, directeur de la Station d'essai de semences à l'Institut agronomique, nous fit l'amitié de nous confier la culture d'une collection des blés hybrides de Carter.

Notre ami et collaborateur dévoué, M. Omer Benoist, voulut bien se charger de les cultiver, comparativement avec les variétés qui font l'objet de nos études communes depuis six ans.

Le champ d'essai était situé dans un sol argilo-calcaire, profond et fertile. Le blé y succédait à une récolte de betteraves à graine, qui avaient été fumées l'année précédente. Au moment du semis le champ reçut des superphosphates minéraux et du sulfate d'ammoniaque à raison de 300 kgr. des premiers 100 kgr. du second à l'hectare ; au printemps on y répandit en outre du nitrate de soude à la dose de 100 kgr. à l'hectare.

Le champ, divisé en parcelles d'égale étendue, fut semé le 26 octobre 1889 de 11 variétés de Carter, alternant avec 11 variétés que nous étudions depuis longtemps. Les conditions se trouvaient ainsi égalisées autant qu'il est possible de le faire entre les blés nouveaux et nos anciennes variétés.

La semaille fut exécutée dans d'excellentes conditions. Par suite d'une erreur, deux parcelles reçurent du Victoria d'automne, quand l'une d'elles aurait dû être emblavée de blé Red Chaff Dantzick.

Nous donnons ci-après, pour chaque variété cultivée, le résumé de nos observations, en suivant l'ordre des parcelles du champ.

Carter A. — Pendant et après l'hiver, ce blé s'est montré tardif, tallant beaucoup et rampant sur la terre, comme le Rouge d'Ecosse ou Golden Drop. Il a épié tardivement, le 19 juin. A ce moment il avait, comme presque toutes les autres variétés cultivées, une belle apparence. La verse est ensuite arrivée comme partout ailleurs.

A l'approche de la maturité, ce blé a présenté tous les caractères du blé Rouge d'Ecosse : épi rouge et paille se colorant en rouge à son extrémité. Son grain du reste ressemble étonnamment à celui de cette ancienne variété.

L'examen du mode de végétation, de l'épi, de la paille et du grain, tout nous fait croire que cette variété est identique avec le Golden Drop ou Rouge d'Ecosse, depuis si longtemps connu. Nous aurons plus loin encore l'occasion de signaler de pareilles ressemblances.

Le rendement du Carter A s'est élevé à

> 26 quintaux 6 de grain.
> et 93 — 4 de paille.

Blé Bordier. — C'est une variété obtenue par fécondation artificielle par M. H. de Vilmorin. Elle figurait déjà dans notre Rapport de 1888, sous le n° 6. Elle a la paille blanche, l'épis est blanc et long. A la maturité, il forme avec la tige le *cou d'oie*. Le grain est blanc, remarquable par sa grosseur et sa beauté. Le blé Bordier dérive du *Prince Albert* et du *Blé de Noé*. Il prend à l'épiage la teinte glauque du dernier et a beaucoup de ses autres caractères. C'est un hybride bien réussi et bien caractérisé.

Cette variété présentait pendant et après l'hiver une végétation rigoureuse et superbe ; trop belle, puisque la verse l'a couché de bonne heure. Il a épié le 10 juin. Malgré la verse, son grain blanc est encore assez beau. Son rendement a été de :

> 30 quintaux 1 de grain,
> et de 99 quintaux 9 de paille nerveuse et lourde.

La moyenne du rendement des deux années précédentes avait été de 34 quintaux 4 de grain de bonne qualité et de 58 quintaux 5 de paille.

Carter B. — Végétation tardive, tallage considérable. Cette variété a épié le 20 juin, sa paille était très longue et d'un vert trop foncé. La verse l'a couché entièrement. L'épi est blanc, carré comme celui du Hickling. Le grain est blanc, assez gros, mais maigre. Le rendement s'est élevé à :

31 quintaux 1 de grain,
Et 95 quintaux 9 de paille.

Barbu à gros grain.— Cette variété nouvelle, mise l'an dernier dans le commerce par la maison Vilmorin, nous avait donné dans le sol pauvre de Villeneuve de très beaux résultats. La moyenne des rendements de 1888 et 1889 était de 33 quintaux de grain de bonne qualité et de 60 quintaux de paille. Mais cette année les résultats ont été déplorables. Envahi par la rouille, son rendement en quantité et en qualité a été le plus mauvais de nos 22 parcelles.

Comme blé, c'est exactement le blé de Noé, si ce n'est qu'il est barbu. Il a les qualités et les défauts du *blé bleu* : hâtif, court de paille, gros de grain, mais très sujet à la rouille.

Il est à espérer qu'il se relèvera de cet accident dans l'avenir. Quoi qu'il en soit, il nous a donné cette année :

21 quintaux 2 de grain,
Et 93 quintaux 8 de paille.

Carter C. — Tout à fait semblable au *Carter A* et par conséquent au blé *Rouge d'Ecosse*. Cette variété (ou plutôt ce synonyme) est tardive ; elle rampe sur le sol en hiver ; son épi est rouge, son grain petit et glacé, et sa paille se colore en rouge au sommet. Son rendement s'est élevé à :

30 quintaux 3 de grain,
Et 93 quintaux 7 de paille.

Blé de Riéti. — S'il était possible d'empêcher qu'elle ne verse, cette variété donnerait un rendement considérable. Cette année, elle a versé dès le 25 mai. Malgré cela son rendement est le plus élevé de notre champ d'expériences. La vigueur et la précocité de ce blé sont étonnantes. Dès la levée et pendant l'hiver, il surpasse tous les autres en beauté Il est le plus hâtif que nous connaissions. Il épie dès le 1er juin et est le premier mûr.

Son grand épi, barbu et lâche, n'est pas flatteur. Son grain allongé et gris, est énorme quand il vient à bien.

Sa paille est claire et prend une belle teinte dorée malgré la verse. Depuis trois ans que nous le cultivons, nous ne l'avons encore jamais vu rouiller ; mais sa tige est si molle et si souple qu'elle se couche en tout sens, rien que par le poids des épis. Nous l'avons essayé après betteraves, et comme blé de mars: il a versé quand même.

Son rendement en 1890 s'est élevé à :

    36 quintaux 6 de grain,
  et 104   —   4 de paille.

La moyenne des récoltes de 1888 et 1889 avait été de :

    38 quintaux 2 de grain,
  et 65   —   0 de paille.

Carter D. — A l'épiage qui a eu lieu le 13 juin, cette variété présentait presque tous les caractères du *Blé de Haie* ou *Tunstall* que nous avons cultivé les années précédentes. L'épi est recouvert d'un duvet velouté facilement reconnaissable, mais n'est pas tout à fait aussi effilé que celui du blé de Haie.

Quoique d'une hauteur moyenne seulement, ce blé a versé, comme tant d'autres. Son grain d'un blanc jaune, est maigre et un peu allongé. Il a rendu :

    32 quintaux 4 de grain,
  et 73   —   6 de paille.

Dattel. — Tout le monde connait aujourd'hui cette variété qui mérite si bien l'estime dont elle jouit.

Elle est rustique, talle beaucoup, et il arrive même souvent que nous la semons trop dru. Sa paille est de belle couleur claire, légère, de hauteur moyenne. Son grain, d'un blanc jaune, est assez gros. Il a épié cette année le 15 juin, et n'a pas trop versé. Son rendement s'est élevé à :

    30 quintaux 3 de grain,
  et 68   —   7 de paille.

En moyenne, dans les cinq années précédentes, il nous avait donné :

    30 quintaux 4 de très bon grain
  et 52   —   1 de paille.

Enfin, c'est un blé qui résiste assez bien à la rouille : qualité précieuse dans notre pays.

Carter F. — Cette variété a une végétation un peu tardive, comme presque tous les blés de Carter. La paille est de hauteur inégale ; l'épi blanc, renferme un grain blanc très petit L'épiage a eu lieu le 16 juin. Le rendement a été de :

26 quintaux 5 de grain
et 79   —   5 de paille.

Rouge de Bordeaux. — Le *blé rouge de Bordeaux*, si répandu en Beauce, a donné de mauvais résultats cette année à Moyencourt et dans les environs. La rouille à laquelle il est très sujet, s'est attaquée de bonne heure à la feuille. Bien que la tige n'en ait pas été atteinte, ou presque pas, une grande partie des graines est restée d'une maigreur désolante. L'épiage a eu lieu le 6 juin, et le rendement a été de :

26 quintaux 4 de grain
et 77 quintaux 6 de paille.

Pendant les cinq années précédentes, au contraire, cette variétée, cultivé d'abord à Villeneuve puis en dernier lieu à Moyencourt, nous avait donné en moyenne :

31 quintaux 5 de grain de bonne qualité,
et 54 quintaux 2 de paille.

Carter F. — C'est une variété précoce, à végétation hâtive et belle. Sa paille blanche, longue et molle, a amené une verse absolue. L'épi est blanc, long et lâche. Le grain blanc est gros, allongé et un peu maigre. D'après tous ses caractères et son mode de végétation, nous avons la conviction que cette variété est simplement le *Talavera de Bellevue* que nous avons cultivé en 1886 et 1887.

L'épiage a eu lieu le 1er juin, et le rendement a été de :

35 quintaux 8 de grain,
et 82   —   2 de paille.

Poulard d'Australie. — Cette variété, qui tenait l'an dernier la tête dans notre champ d'expériences, a conservé cette année un bon rang. Sa paille robuste a peu versé. Son grain rougeâtre et bien renflé est superbe. On dit que la meunerie le paye un peu moins cher. Mais l'abondance de son rendement rachète largement ce petit défaut dans la qualité. Celle-ci n'est du reste point mauvaise.

Ce blé se plait dans les argiles tenaces, froides et mêmes humides. Il talle beaucoup et demande à être semé de bonne heure et un peu clair.

L'épiage a eu lieu cette année le 20 juin, et il a mûri le dernier. Son rendement a été de :

35 quintaux 20 de grain,
et 100   —   8 de paille.

L'an dernier il nous avait donné 36 quintaux 9 de grain.

Carter G. — Cette variété s'est montrée très tardive tout l'hiver et au printemps. Sa paille est restée relativement très courte et raide. Ce blé est le seul, avec le Poulard d'Australie, qui soit resté entièrement debout jusqu'à la récolte, sur nos 22 parcelles. C'est pourquoi son rendement a été très bon.

Il a la paille blanche, l'épi court et carré; le grain est blanc et de belle qualité. Nous estimons qu'il ressemble étonnamment au blé *Roseau*, s'il ne se confond pas avec lui.

Il a épié le 21 juin, a bien mûri, et a rendu :

37 quintaux de grain,

et 77   —   de paille,

Blé de Saumur ou *Gris de Saint-Laud.* — Cette bonne variété, assez répandue dans le nord d'Eure-et-Loir et les environs de Houdan, y est justement estimée. Elle talle peu et supporte assez mal les hivers un peu rudes. Mais elle est hâtive. Elle a épié cette année le 7 juin et a donné un rendement de :

33 quintaux 9 de grain

et 96   —   1 de paille.

En moyenne, le *Blé de Saumur* nous avait donné dans les quatre années précédentes 32 quintaux 9 de grain assez bon avec 59 quintaux 6 de paille. C'est donc un blé de bon rendement pour les pays à hivers doux.

Carter H. — Ce blé est tardif. Sa paille, blanche, est assez longue et de hauteur inégale.

L'épi est blanc et carré. Le grain, blanc, est assez gros, mais maigre. — Nous n'avons pas trouvé de différence assez sensible entre les blés de Carter H. B et K, pour croire que ce sont trois variétés différentes.

Celui-ci a épié le 16 juin, et a rendu :

26 quintaux 2 de grain,

et 72   —   8 de paille.

Rouge d'Ecosse, ou Gold en Drop. — Il est tardif, très rustique et talle beaucoup. Il n'a pas trop versé cette année, et a donné un beau rendement :

35 quintaux 4 de grain,

et 79   —   6 de paille.

Son grain est souvent un peu glacé.

Dans les cinq années qui ont précédé cette récolte, il

ne nous a donné, en moyenne, que 28 quintaux et demi de grain et 47 quintaux 6 de paille. Il convient peu à la Beauce, où il est le plus souvent échaudé

Carter I. — Cette variété, très vilaine, est très mauvaise. Son épi rouge et barbu est petit et maigre. Le grain rouge est maigre aussi. Il a épié le 12 juin et a donné :

22 quintaux 50 de grain,
et 73 — 5 de paille,

Victoria d'automne. — Cette belle variété très répandue, se plait dans les terres fertiles. La paille est abondante, et l'épi superbe. Elle n'a pas complètement versé en 1890. L'épiage s'est produit le 16 juin, et le rendement a été de :

31 quintaux 80 de grain,
et 78 — 20 de paille.

L'année dernière il avait fourni 40 quintaux de grain.

Depuis six ans que nous l'étudions son rendement a atteint en moyenne 30 quintaux pour le grain et 60 quintaux pour la paille.

Carter J. — Végétation tardive et peu vigoureuse. Paille de moyenne hauteur, blanche. Épi blanc, très ordinaire, grain rouge et maigre, assez ressemblant au grain du blé Rouge d'Ecosse. A épié le 12 juin. Rendement :

29 quintaux 8 de grain,
et 73 — 2 de paille.

Victoria d'automne. — Cette parcelle, qui aurait dû porter du Red Chaff Dantzick, a donné, en Victoria :

31 quintaux 60 de grain,
et 75 — 40 de paille.

Les écarts de rendement avec la première parcelle de Victoria sont seulement de 0 quintaux 2 de grain et 2 quintaux 8 de paille. Ils montrent que le champ était très homogène et que les résultats que nous fournissons ne sont réellement que la conséquence des aptitudes diverses des variétés étudiées.

Carter K. — Cette variété, tardive, est vilaine en hiver et au printemps. La paille est blanche, l'épi est carré et blanc. Le grain, blanc, est assez gros et beau. Ce blé n'a versé qu'à moitié. Il a épié le 20 juin et a donné :

29 quintaux 30 de grain,
et 75 quintaux 7 de paille.

Lamed. — Ce blé, hybride du Noé et du Prince-Albert, a beaucoup des caractères de ce dernier. Il n'est pas bien fixé. Toutefois, il donne généralement un bon rendement en paille et en grain.

Il a épié le 11 juin et nous a donné en 1890 :

28 quintaux 9 de grain,
et 83 quintaux 1 de paille.

La moyenne des cinq récoltes précédentes avait été de 31 quintaux 6 de grain de bonne qualité et de 55 quintaux 1/2 de paille.

CONCLUSIONS

Ces blés hybrides, ou soi-disant tels, de Carter, autour desquels on a fait tant de bruit l'an dernier, ne justifient pas, d'après nos observations, les éloges pompeux qu'on leur a décernés.

Sur onze qu'ils sont, le premier A, n'est que du Rouge d'Ecosse. — Le D n'est autre que du blé de Haie et la variété F se confond avec le Talavera de Bellevue.

Les trois numéros B, H et K ne peuvent être considérés que comme une seule et même variété, voisine du Hickling.

En fait de nouveautés, nous avons donc un déchet considérable de plus de 50 0/0.

Pour les rendements et la qualité, ces blés, dits nouveaux, ne nous ont rien fait voir de surprenant. Si nous rangeons toutes ces variétés par ordre de rendement, comme dans le tableau suivant qui résume nos essais, nous voyons que les blés de Carter sont disséminés du haut en bas de l'échelle. Leur supériorité ne nous semble pas éclater nettement.

NOMS DES VARIÉTÉS	RENDEMENTS en		MOYENNE (ANNÉES ANTÉR.)	
	Grain qx.	Paille qx.	Grain qx.	Paille qx.
1. Carter G............	37.0	77.0	»	»
2. Riéti	36.6	104.4	38.2	65.0
3. Carter F............	35.8	82.2	»	»
4. Rouge d'Ecosse....	35.4	79.6	28.5	47.6
5. Poulard d'Australie.	35.2	108.8	36.9	»
6. Blé de Saumur.....	33.9	96.1	32.9	59.6
7. Carter D...........	32.4	73.6	»	»

8.	Victoria d'automne..	31.7	76.8	30.0	60.0
9.	Carter B...........	31.1	95.9	»	»
10.	Carter C..........	30.3	93.7	»	»
	Dattel	30.3	68.7	30.4	52.0
11.	Blé Bordier........	30.1	99.9	34.4	58.5
12.	Carter J	29.8	73.2	»	»
13.	Carter K..........	29.3	75.7	»	»
14.	Lamed	28.9	83.1	31.6	55.5
15.	Carter A..........	26.6	93.4	»	»
16.	Carter E..........	26.5	79.5	»	»
17.	Blé de Bordeaux....	26.4	77.6	31.5	54.2
18.	Carter H..........	26.2	72.8	»	»
19.	Carter I..........	22.5	73.5	»	»
20.	Barbu à gros grain.	21.2	93.8	33.0	60.0

Si d'autre part nous faisons la moyenne des rendements des 11 blés Carter et des 11 parcelles de nos anciens blés, nous remarquons que, tandis que les premiers atteignent le chiffre de 29 quintaux 77 pour le grain et de 80 quintaux pour la paille, nos blés de collection nous ont rendu 31 quintaux 03 de grain et 87 quintaux 05 de paille.

Leur production a donc été, en somme, supérieur ; et cette supériorité, au lieu de s'atténuer, s'accentuerait, si nous faisions entrer en ligne de compte les moyennes de nos rendements antérieurs.

En définitive, nous n'avons pas trouvé pour notre région, dans les blés de Carter, de variété nouvelle, sinon supérieure, *du moins aussi bonne* que celles que nous cultivons depuis plusieurs années : c'est pourquoi nous devons conseiller à nos cultivateurs de laisser à d'autres le plaisir coûteux de la culture de variétés exotiques qui n'ont souvent de nouveau que le nom.

Le professeur départemental d'agriculture,
Directeur de la Station agronomique,

C.-V. GAROLA.

Chartres, le 10 octobre 1890.

Modèle d'installation d'une écrémeuse centrifuge à bras

Les fermiers et propriétaires qui traitent seulement 100 à 200 litres de lait par jour reculent avec raison devant le prix encore trop élevé des appareils dits danois, même ceux à bras, et qui donnent cependant de si beaux résultats pour la fabrication des beurres frais. Ils continuent, à cause des dépenses et des difficultés d'installation de ces appareils, à se servir des procédés ordinaires, souvent défectueux, qui enlèvent alors à la crème et au beurre les qualités qu'ils pourraient avoir ; aussi peut-on constater sur le marché de grandes différences de prix pour les beurres de provenances diverses, différences qui tiennent en grande partie aux procédés de fabrication.

Si l'importance de la fabrication ne permet pas l'emploi de tous les appareils danois, soit à moteur mécanique ou à bras, comme l'écrémeuse, la baratte, la délaiteuse, le malaxeur et leurs accessoires, on pourrait au moins utiliser, dans un très grand nombre de fermes, l'écrémeuse centrifuge à bras, seule.

Avec l'écrémeuse, on sépare la crème du lait aussitôt après la traite ; on obtient alors un produit qui n'a subi aucune fermentation au contact du lait, condition de première importance pour la fabrication des beurres et fromages de choix. Le lait bleu ou petit lait reste doux et est employé fort avantageusement à la nourriture des veaux, des porcs, à la fabrication des fromages maigres ; il est utilisé encore pour le ménage et la vente.

Le rendement en crème est aussi plus considérable avec l'écrémeuse centrifuge que par la montée ordinaire dans les terrines. Par le procédé ordinaire, tous les globules graisseux ne viennent pas à la surface ; il s'en trouve toujours d'emprisonnés par la coagulation du caséum, c'est-à-dire que toute la crème ne monte pas ; de là déjà une perte importante dans le rendement en beurre ; puis, toute celle qui monte n'est pas entièrement recueillie : il en reste toujours sur les parois des vases et à la surface du liquide. Avec l'écrémeuse centrifuge, on recueille la presque totalité de la crème ; la quantité qui reste dans le lait est insignifiante, ainsi que beaucoup d'analyses me l'ont prouvé ; aussi faut-il, en moyenne, 24 litres de lait, et souvent moins, suivant les saisons, pour obtenir un kilog. de beurre, dans nos conditions de nourriture et d'herbages, avec l'écrémage par l'écrémeuse centrifuge, tandis qu'il faut de 30 à 34 litres pour obtenir la même quantité, avec la crème recueillie dans les terrines. Cette différence est énorme et justifierait à elle seule la faveur dont jouit cet appareil qui présente, du reste, encore d'autres avantages en dehors de ceux que nous venons d'énumérer. Ainsi, on supprime, lorsqu'on utilise l'écrémeuse, une grande quantité de terrines, matériel important sujet à la casse par suite des transvasements fréquents ; les pertes de liquide sont bien réduites, et il y a simplification de toutes les manipulations, et grande commodité dans le service.

Un fermier de nos voisins qui assistait souvent aux diverses opérations de notre fabrication au moyen des appareils danois, mus par un moteur mécanique, s'était bien rendu compte des avantages que la nouvelle méthode présentait sur la sienne ; ce qui le frappait davantage, c'était la différence de rendement. La quantité de lait qu'il traitait (à peu près 200 litres en moyenne par jour et par an) ne permettait pas une installation aussi importante. Il se décida pour l'écrémeuse à bras seulement.

A ce moment, l'écrémeuse à bras était toute nouvelle et laissait un peu à désirer : c'était la Laval, qui est représentée ici ; mais ces appareils ont reçu des perfectionnements importants, et il y a mieux aujourd'hui. Avant d'en faire l'acquisition, il fit son expérimentation particulière avec son lait. Il apportait la moitié d'une traite à l'écrémeuse, et faisait monter l'autre moitié dans ses terrines. Les résultats furent toujours à peu près les mêmes, et semblables aux nôtres.

Il lui fallait la crème de 25 litres traités à l'écrémeuse pour faire 1 kilog. de beurre, et la crème de 32 litres, recueillie par le procédé ordinaire, soit une différence de 7 litres de lait, plus du quart, ce qui est énorme. Le beurre obtenu par les deux modes d'écrémage était mis à part, et au marché il obtenait 0 fr. 10 de plus par kilog. pour celui obtenu par l'écrémage mécanique ; le beurre se conservait aussi quelques jours de plus à l'état frais, ce que nous savions depuis longtemps, quoiqu'il n'eût pas les appareils complémentaires, et que les autres détails de sa fabrication encore incomplets soient restés les mêmes.

Ainsi d'un côté par le procédé ordinaire, 100 litres de lait donnaient 3 kil. 125 de beurre à 3 francs le kilog. = 9 fr. 385.

Au moyen de l'écrémeuse centrifuge, 100 litres donnaient 4 kilog. à 3 fr. 10 le kilog. = 12 fr. 40.

Différence en faveur de l'écrémeuse : 3 fr. 015 de bénéfice par 100 litres de lait.

Pour les 200 litres de lait traités en moyenne par jour le bénéfice s'élevait à 6 fr. 03 et par année à 2,200 fr. 95, sans compter les autres avantages que j'ai signalés en faveur de ce mode d'écrémage, chiffre relativement considérable et plus que suffisant pour motiver l'installation d'une pratique nouvelle qui ne devait monter qu'à une mise de fonds de 1,000 francs environ.

Pour arriver à des chiffres exacts, il faudrait faire entrer en ligne de compte l'intérêt, l'amortissement du nouveau matériel, qu'il serait facile d'établir dans chaque cas particulier ; je les laisse de côté pour le moment.

Je fus donc chargé de faire venir l'écrémeuse. Mais avant d'en arriver là, et de mettre son projet en exécution, que de luttes ce fermier eut à soutenir ! Quels obstacles et quelles impossibilités ne lui faisait-on pas entrevoir ! Quelle révolution dans les habitudes du ménage ! A en croire sa famille et ses voisins, il se mettait la corde au cou pour le moins. Que de courage et de résolution il faut montrer pour sortir de la routine ordinaire et réaliser quelques progrès : bon nombre de mes lecteurs en savent quelque chose. Il a fallu à mon voisin la foi robuste et la ténacité normande à défaut de la bretonne pour surmonter tous les obstacles et réaliser ses desseins.

Enfin malgré tout l'écrémeuse fut installée ; c'était une des premières qui fonctionnait dans notre pays, et il fallait chercher pour les accessoires des dispositions particulières autres que celles en usage pour les écrémeuses à moteur mécanique. La pratique courante montra les modifications à faire ; un mécanicien du pays fit très habilement le nécessaire, et au bout de peu de temps tout marcha fort bien.

C'est cette modeste installation que je fais voir ici (fig. 68) : elle rendra de grands services dans les exploitations moyenne, où on ne peut songer à introduire des écrémeuses à grand débit et tous les autres appareils : c'est simple, commode, avantageux, et chacun y apportera facilement les modifications nécessaires, suivant les conditions du milieu et du local dont il peut disposer.

L'écrémeuse, une fois montée, il fallait deux hommes pour la faire fonctionner : un pour chauffer le lait à la cuisine à la température voulue de 30 à 35 degrés en hiver, et approvisionner la machine, l'autre pour l'actionner. C'était trop de main d'œuvre ; pour obvier à cet inconvénient, l'installation fût complétée après quelques tâtonnements d'une manière aussi simple qu'ingénieuse.

On adapta le long du mur le bac A, destiné à recevoir le lait à écrémer, de manière à ne pas arrêter l'opération une fois en marche. Une lame de verre graduée B sert à mesurer le lait et à régler le débit du robinet.

Un petit bac C reçoit le lait, qui est chauffé au bain-marie E, par un fourneau au charbon F, dont le tuyau sort à l'extérieur du bâtiment.

Un robinet R donne issue au lait chauffé, qui passe dans un entonnoir et le tube D qui le conduit au bol de l'écrémeuse G. Un thermomètre T est suspendu dans le bac de réchauffement et indique la température.

Les avantages de cette installation si simple sont faciles à saisir. L'ouvrier a tout sous la main et sous les yeux,

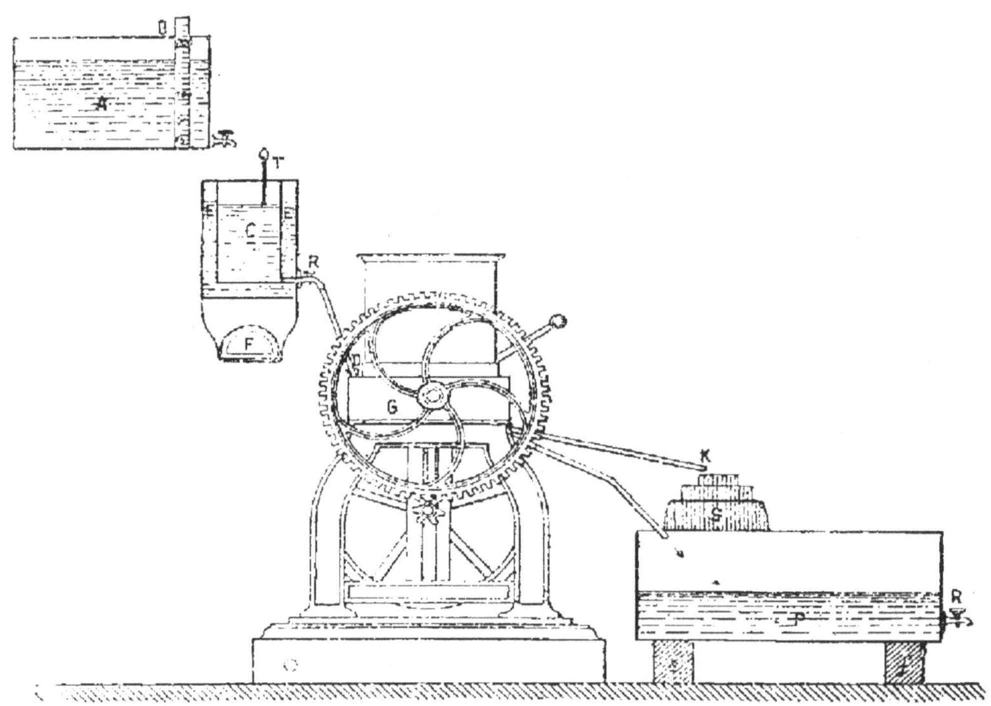

Modèle d'installation d'une écrémeuse centrifuge à bras.

et conduit seul facilement l'opération de l'écrémage, qui dans ces conditions marche à souhait : de là, grande économie de main d'œuvre.

L'ouvrier allume d'abord son fourneau, et verse son lait dans le bac A au moment de l'écrémage. Quand l'eau du bain-marie est tiède, il ouvre le robinet du grand bac et règle le débit de manière à avoir toujours à peu près la même quantité de lait dans le petit bac, une fois que celui-ci est envoyé dans l'écrémeuse, ce qui est facile à régler après un peu de pratique.

Pendant la marche, il modifie la sortie du liquide, ouvre ou ferme les robinets suivant les besoins.

Il peut de même vérifier la température au moyen du thermomètre, l'augmenter ou la diminuer suivant les cas, en ouvrant ou fermant plus ou moins la porte du fourneau, pour augmenter ou diminuer le tirage.

Le petit-lait tombe dans le réservoir P d'où on le retire par un robinet pour les besoins du service ; la crème s'écoule par le conduit K, et est recueillie dans un récipient, ou bidon S en tôle galvanisée que l'on plonge ensuite dans l'eau fraîche pour la rafraîchir.

Il est important de procéder à la séparation de la crème et du lait peu de temps après la traite, quand on veut obtenir le maximum de rendement, en même temps que la qualité de la crème. L'écrémeuse centrifuge à moteur mécanique ou à bras, permet seule aujourd'hui d'arriver à ce résultat. Si tous les appareils mécaniques pour la fabrication du beurre, écrémeuse, à force centrifuge, baratte, délaiteuse, malaxeur, ne peuvent être employés que dans les grandes fermes, pouvant traiter au moins 1,000 litres de lait par jour, ou dans l'industrie, l'écrémeuse à bras est du ressort de la ferme moyenne qui produit une centaine de litres et qui trouvera le plus souvent à en acheter autant dans son voisinage ; si l'on ne veut pas avoir les autres appareils à bras pour compléter la fabrication, et qui existent aujourd'hui, on pourra se servir avec grand profit de l'écrémeuse seule, et son emploi sera complété et grandement facilité par le modèle d'installation ci-joint.

Aujourd'hui tout est à la concurrence : pour faire des bénéfices, il ne faut rien perdre, mais bien obtenir les plus grands rendements et la meilleure qualité possibles. Aussi, à ce titre, je ne saurai trop recommander cette modeste installation, qui a donné les meilleurs résultats.

FLORENT CHASSANT.

(Extrait du Journal de l'Agriculture.)

Sucrage des cidres

Bien que bon nombre des lecteurs du *«Bulletin agricole de l'ouest»* soient déjà au courant de la question du sucrage des cidres par les articles parus dans le même bulletin l'année dernière, nous y revenons de nouveau aujourd'hui pour satisfaire aux nombreuses demandes de renseignements qui nous parviennent à ce sujet.

Le sucre que l'on doit employer à cet usage est le sucre pur *n° 3 dit de Paris*, titrant 98 à 99 0/0 de pureté, le glucose coûte meilleur marché, mais il est susceptible de communiquer au cidre un goût qui le déprécie.

En pratique 1 kilogr. 800 gr. de sucre dans 100 litres de jus de pomme donne, par la fermentation, 1 litre d'alcool. Ce qui revient à dire que si on ajoute 1ᵏ 800 gr. de sucre à un hectolitre d'un liquide quelconque en fermentation alcoolique, on relève sa richesse comme si on lui versait un litre d'alcool absolu (c'est-à-dire à 100 degrés).

On estime en moyenne que les pommes peuvent rendre 60 0/0 de pur jus pouvant donner après fermentation 5 degrés d'alcool, si nous adoptons ce rendement pour nos calculs nous trouvons qu'il faut environ 400 kil. de pommes ou 8 hectolitres pour obtenir une barrique de cidre pur. Lorsqu'on est dans la nécessité d'acheter des pommes pour faire sa boisson ou enfin lorsqu'elles se vendent à des prix élevés, il vient à l'idée des acheteurs comme à celle des vendeurs de suppléer à la pénurie de la récolte en allongeant le liquide de la pomme avec de l'eau, disons en passant que l'eau destinée à cet usage doit être parfaitement pure et ne jamais être prise dans la mare de la ferme, car c'est une grosse erreur de croire que la fermentation purifie complètement cette eau, elle peut renfermer des germes, des ferments malsains qui ne seront pas détruits et qui rendront la boisson malsaine et de mauvais goût, il en serait de même de faire usage de fûts mal nettoyés.

Si donc dans les années malheureuses pour l'approvisionnement du cidre on se trouve dans l'obligation d'employer l'eau dans une forte proportion soit par exemple pour moitié, le cidre ne donnerait plus que 2 degrés 1/2 d'alcool, ce qui est absolument insuffisant pour sa bonne conservation, il y a alors urgence de relever le degré au moyen du sucrage pour l'amener à 3 degrés 1/2 ou 4 degrés.

Le meilleur moyen d'opérer le sucrage consiste à faire dissoudre le sucre dans de l'eau tiède et de verser le tout dans le fût au moment du remplissage.

Quant aux formalités à remplir pour obtenir, dans le sucrage des cidres, la réduction des droits sur les sucres, les voici :

1° Adresser une demande d'autorisation de sucrage de cidre au Directeur des Contributions indirectes de son département par l'intermédiaire du receveur des contributions indirectes de son canton, (sur papier timbré).

« Je soussigné   , propriétaire ou fermier, domicilié à
« canton de   arrondissement de   désirant, par application
« tion de la loi du 22 juillet 1884, sucrer   (*indiquer le nom-*
« *bre d'hectolitres de pommes*) récoltées par moi   ou ache-
« tées de M.   à   pour fabriquer   (*indiquer le*
« *nombre*) hectolitres de cidres :
« Demande qu'il me soit livré avec modération de taxe
« (*indiquer le nombre*) kilos de sucre pour pommes (ou poires).
Pour bénéficier des avantages de cette loi on ne peut exiger plus de 2 kilos de sucre par hectolitre d' pommes.
« Je demande en outre l'autorisation de procéder vers le
«   (*indiquer la date*) du mois de   à la dénaturation
« des quantités ci-dessus indiquées, à mon domicile.
Fait à   le
(Signature).

2° Il faut en outre joindre à cette demande un certificat du maire (également sur papier timbré) attestant qu'on a récolté ou acheté la quantité de pommes indiquée. L'Administration ne délivre de permis de sucrage qu'à la condition de demander au moins 200 kilog. de sucre.

Les cidres fortement mouillés manquent toujours de *tannin*, substance indispensable pour la conservation et le bon goût, on peut ajouter cette substance sous forme de *cachou*, matière vendue chez tous les droguistes. Il sera employé à la dose de 60 gr. par hectolitre après l'avoir fait dissoudre à froid dans une petite proportion de cidre.

Les cidres ainsi fabriqués, pour ainsi dire artificiellement, ne sont cependant aucunement malsains, si l'on observe les indications ci-dessus, leur coloration, question considérée par tout le monde comme très importante, est très faible. Il est cependant préférable de les garder tels que de les colorer avec du caramel ou autres colorants qui laissent toujours au liquide un goût spécial peu agréable.   P. MASSERON.

AVIS

Les syndicats agricoles n'ont pas seulement pour but l'achat des engrais, instruments, semences, etc.,dont leurs membres peuvent avoir besoin. Ils s'occupent aussi du placement des produits de leurs exploitations.

Dans ce dernier but, un certain nombre de syndicats de viticulteurs se sont formés et offrent aux membres des autres syndicats des vins de toutes provenances et de toutes qualités, avec les garanties les plus absolues.

C'est ainsi que le Syndicat agricole de Cadillac-sur-Garonne offre tous les vins de Bordeaux; celui de Mâcon, les vins de Bourgogne; celui des Pyrénées-Orientales, à Perpignan, les vins du midi, etc.

Ceux de nos lecteurs qui désirent acheter du vin, n'ont donc qu'à faire d'abord le choix du *crû*, puis à demander au secrétaire du Syndicat le plus rapproché, un échantillon des vins du prix approximatif qu'il veut payer, soit la barrique, soit l'hectolitre. Il recevra le plus souvent deux ou trois échantillons qu'il devra déguster et sur lesquels il établira son choix, si l'un ou l'autre lui convient. Il n'aura alors qu'à faire la commande de la quantité qu'il voudra et les choses se passeront de la façon suivante : L'expédition du vin demandé se fera sous le contrôle sévère du syndicat dont l'expéditeur est membre et des échantillons prélevés au départ seront analysés par les soins de ce syndicat. Quelques jours après l'arrivée du vin, l'acheteur doit en prélever à son tour un échantillon et l'envoyer au président de son syndicat qui se chargera d'en faire faire la contre-analyse.

Etant donné que les syndicats producteurs sont *exclusivement* composés de *viticulteurs non commerçants* et qu'ils sont très jaloux de conserver la réputation de leurs produits ; étant données les précautions prises au départ et à l'arrivée du vin, on voit qu'il est facile de se procurer du vin absolument naturel et dans les meilleures conditions possibles puisqu'on supprime tous les intermédiaires onéreux.

Syndicat des Agriculteurs de la Mayenne.

AVIS

COTISATIONS. — MM. les membres du Syndicat sont informés que les quittances pour les cotisations de l'année 1890, qui ne sont pas réglées, leur seront présentées par la poste à bref délai.

INSTRUMENTS EN LOCATION. — Des distributeurs d'engrais (*le Hérisson*) sont à la disposition des membres du Syndicat dans les entrepôts de Laval, Craon et Mayenne, au prix de 5 fr. par jour de travail. Des herses émousseuses pour prairies, au prix de 1 fr. par jour de travail.

La répartition des engrais chimiques au distributeur étant d'une régularité absolument parfaite. Ils agissent beaucoup plus régulièrement, les récoltes sont également plus régulières, d'où il résulte une augmentation de produits.

L'action du vent n'est pas à redouter, enfin au moyen de pignons d'engrenage ont peut changer à volonté le débit de l'instrument, suivant la dose d'engrais que l'on veut employer.

OUVRAGES D'AGRICULTURE. — Les membres du Syndicat qui désireraient se procurer le *Traité de l'emploi des engrais chimiques* par C. V. GAROLA, pourront le recevoir franco moyennant la somme de 0 fr. 50.

Emploi du nitrate de soude en agriculture, par L. GRANDEAU, envoi franco sur demande.

Fumier de ferme, phosphate, nitrate, par L. GRANDEAU, envoi franco sur demande.

SYNDICAT DE LA MAYENNE

A VENDRE 2.000 sauvageons de pommiers de belle venue, pour traiter s'adresser à M. A Trouillard, propriétaire à Châtres, par Evron.

SYNDICAT DE CHARTRES

SAISON DE PRINTEMPS 1891

VINS

Le Syndic t'donne avis qu'il peut, pendant la prochaine saison, fournir aux prix ci-dessous les vins naturels, garantis purs raisins frais, des provenances ci-après :

1° Vins d'Algérie

1° Vin rouge de Bône à 41 fr. l'hectolitre
2° Vin blanc de Bône à 45 fr. l'hectolitre.
3° Vin rouge d'Aïn-Beda d'Oran, à 115 fr. la pièce d- 220 à 225 litres. Recommandé. (Pour cette espèce, il n'y a pas de demi-pièce).

Nota. — Tous ces prix s'entende et franco gare de l'acheteur, fût perdu, paiement à 90 jours de l'expédition.

Les vins d'Algérie seront livrés jusqu'au 1er avril seulement, à cause des chaleurs, sauf épuisement avant cette date.

Les commmandes sont reçues dès maintenant.

2° Vins Français

VINS ROUGES DU GARD

1° Montagne vieux	la pièce 102 fr.	la 1/2 pièce	53 f. 50
2° Bon ordre nouv. recommandé.	—	92	—	48 50
3° Saint-Gill-s	—	102	—	53 50
4° Costière extra	—	115	—	60

Contenance de la pièce 220 à 225 litres, de la 1/2 pièce 110 à 112 litres, le tout franco gare de l'acheteur, fût perdu, paiement à 90 ours.

VINS ROUGES DE BORDEAUX

Bonnes côtes de Bordeaux, la pièce de 225 à 228 litres, 160 fr., 180 fr , 200 fr.

(Prière de bien indiquer le prix qu'on a choisi).

Côte Saint-Christophe de Saint-Emilion	250 Fr.
Sables de Saint-Emilion	300
Saint Estèphe	350
Saint-Emilion et Haut Pomerol	400
— vieux —	500 et 600.

VINS BLANCS DE BORDEAUX

Petites Graves, la barrique de 225 à 228 litres,	150 Fr.
Graves (bonnes)	180 et 200
Preignac-Sauternes	250 et 300
Barsac-Sauternes	350 et 400
Haut-Sauternes (vieux)	450, 500, 550 et 600

Le tout franco gare de l'acheteur, paiement à 30 jours 3 0/0 ou à 90 jours sans escompte — Par 1/2 pièce et 1/4 de pièce, 5 fr. en sus pour logement.

Les commandes doivent être adressées à M. Mercier, Agent-Comptable du Syndicat. 4, Place Saint Michel, à Chartres, en ayant soin d'indiquer très clairement l'espèce et la quantité que l'on désire

Nota. — Dans toutes les expéditions, le fût reste toujours la propriété de l'acheteur.

L'administration du Syndicat a été informée que des commis-voyageurs en engrais ont parcouru tout récemment les campagnes, se faisant passer pour des représentants du Syndicat agricole de Chartres, et vendant des produits sous la responsabilité de cette association.

Nous croyons devoir rappeler aux intéressés que le Syndicat n'a absolument aucun représentant, et nous engageons les culti-vateurs à se défier de tels agissements, qui exposent leurs auteurs à des poursuites judiciaires.

En vertu d'une décision récentes prise par le bureau d'administration du Syndicat, un dépôt a été créé à Chartres pour satisfaire aux oublis et aux commandes tardives.

Ce magasin contient les principaux engrais, des tourteaux de lin, de sésame,pour l'engraissement des bestiaux,et des tourteaux de coprah pour vaches et brebis laitières.

Ces substances seront livrées immédiatement, en s'adressant chez M. Mercier, comptable du Syndicat, 4, place St Michel, les jeudi et samedi de chaque semaine.

MACHINES AGRICOLES

SAVARY & CIE

Ingénieurs-Constructeurs

QUIMPERLÉ (FINISTÈRE)

104 Diplômes d'honneur et Médailles

EXPOSITIONS UNIVERSELLES DE PARIS 1878–1889

Croix de la Légion d'honneur

2 médailles d'Or — 3 médailles d'Argent — 1 médaille de Bronze

PRESSOIRS A MOUVEMENT VERTICAL

Breveté S. G. D. G.

1er Prix

Médaille d'Or

à

l'Exposition
nationale
des
cidres

PARIS 1888

1er Prix

Médaille d'Or

à

l'Exposition
nationale
des
cidres

PARIS 1888

Pressoirs à cidre et à vin — Moulins à pommes
Fouloirs à vendange — Machines à battre à manège
Tarares — Barattes
Broyeurs d'ajonc — Coupe-racines — Hache-paille
Charrues

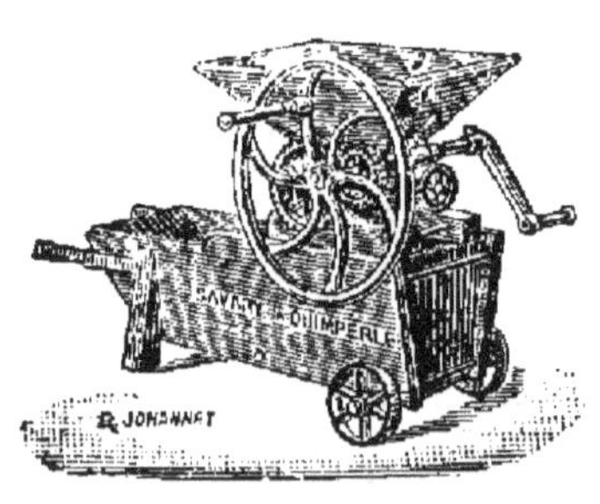

Le
Catalogue
GÉNÉRAL
sera adressé
sur
demande

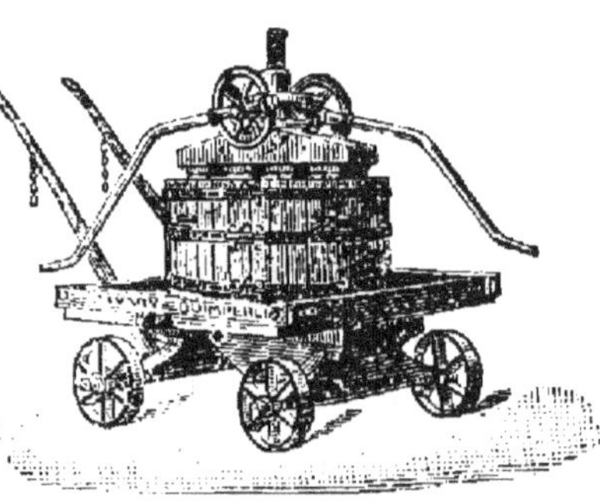

Le Gérant, E. MOREAU.

Laval, Imp. L. Moreau.

3e Année.   Décembre 1890   Nº 27

Ce Bulletin paraît le 15 de chaque mois.

BULLETIN AGRICOLE
DE L'OUEST

Organe de l'Union des Syndicats Agricoles
des départements du Finistère, des Côtes-du-Nord,
du Morbihan, de la Loire-Inférieure, d'Ille-et-Vilaine, de la
Manche, de la Mayenne, de Maine-et-Loire, de la Sarthe,
de l'Orne, du Calvados, de l'Eure, d'Eure-et-Loir
et de la Seine-Inférieure.

Publié sous la direction de :

H. LÉIZOUR, ✳ M. A.

Professeur départemental d'Agriculture de la Mayenne, Directeur du Laboratoire
agronomique, Président du Syndicat des Agriculteurs de la Mayenne,

GAROLA, ✳ M. A.

Professeur départemental d'Agriculture d'Eure-et-Loir,
Directeur de la Station agronomique de Chartres.

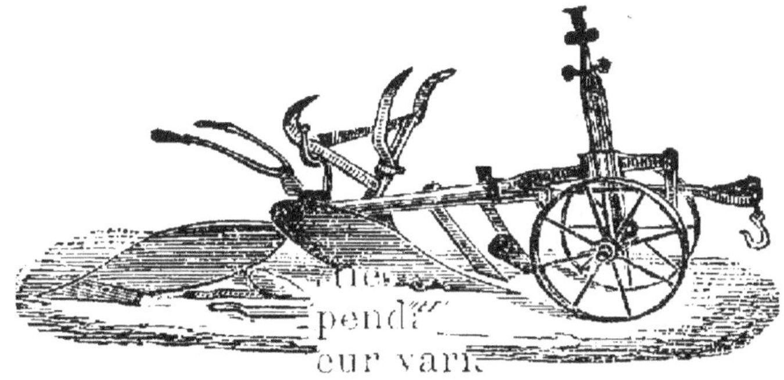

ABOₓ, mais paTS

Les membres des syndicats adhᵢᵣ colorationnés gratuitement par leurs
bureaux. — Pour les étrangers que d'a : **6 fr.** par an.

ANNONCES

| De 1 à 4 annonces. | » **50ᵉ** la ligne. | De 8 à 12 annonces | » **30ᵉ** la ligne |
| De 4 à 8   — | » **40ᵉ**   — | Au-delà de 12. . | » **20º**   — |

Le bulletin publiera gratuitement les offres et demandes
des Syndicats abonnés.

AVIS. — Tout ce qui concerne la rédaction, les Annonces et les Abonnements, doit être adressé à M. LÉIZOUR, rue de la Filature, 1, à Laval.

AU PROGRÈS

Maison MOTTE

TAILLEUR CIVIL ET MILITAIRE

12, rue du Grand-Faubourg, 12

A L'ENTRÉE DE LA PLACE DES EPARS

CHARTRES

Spécialité de Dolmans pour Officiers, de Tuniques et Livrées pour Pensions et Maisons particulières. — Grand choix de Draperie Française et Anglaise. — Complet confection depuis 20 fr. — Complet sur mesure depuis 55 fr.

Il sera délivré à tout acheteur de costume complet UN SUPERBE PLASTRON.

Remise de 10 % à tout membre du Syndicat agricole, et sur la présentation de sa carte de syndiqué.

Fabrique de Briques, Carreaux et Tuyaux de drainage

De toutes dimensions et sur commande

MÉDAILLES ET DIPLOMES D'HONNEUR

BOULARD-BILLIARD

TUILIER-BRIQUETIER

Aux Agets-Saint-Brice

Par BOUÈRE (Mayenne)

Entrepôt de TUILERIE de BOURGOGNE (Saône-et-Loire)

Le tarif est envoyé *franco* à toute personne qui en fait la demande.

Une Réduction est faite aux membres du Syndicat

Charrues

LA F IÈRE

COMPAGNIE D'ASSU LES ET IMMOBILIÈRES

CONTRE L'INCENDIE

Siège social : *Place Ventadour*, PARIS

Ensemble des garanties

SOIXANTE-HUIT MILLIONS

Au 31 décembre 1888, les valeurs assurées s'élevaient à 6 milliards 491 millions 394 mille 745 francs. (Le résultat de l'exercice 1889 n'est pas encore connu.)

S'adresser ou écrire à M. Mercier, agent général et comptable du Syndicat agricole, 4, place Saint-Michel, Chartres.

BULLETIN AGRICOLE DE L'OUEST

La maladie des hannetons

Le 18 novembre dernier, dans une excursion à Céaucé (Orne) j'ai eu la bonne fortune de pouvoir constater les progrès réalisés par la maladie des vers blancs (Tur ou Man), signalés à l'Académie des Sciences par l'infatigable chercheur, M. Le Moult, président du Syndicat de hannetonnage de Gorron (Mayenne).

Dans la prairie du Domaine de la Pierre, où les premières larves atteintes ont été trouvées en juin, j'ai constaté une végétation normale, démontrant tout d'abord, que le champignon qui tue si bien les vers blancs, est absolument sans effet, sur les plantes qui peuplent le sol de la prairie. Les craintes manifestées par certaines personnes au sujet du mauvais effet possible de ce champignon sur les récoltes, n'ont donc pas de raison d'être.

Les fouilles pratiquées dans cette prairie m'ont permis de constater :

1° Que les vers restés dans la terre remuée par les fouilles précédentes étaient tous morts et recouverts de la moisissure caractéristique, décrite par M. Le Moult.

2° Que dans les parties avoisinantes, où les vers étaient ainsi nombreux pendant l'été, les individus sains, descendus à une profondeur variant entre 0^m.50 et 0^m.70 étaient assez nombreux, mais paraissaient atteints du mal, à en juger par leur coloration rosée. Les vers momifiés, moisis, étaient plus rares que dans la terre précédemment remuée, bien que les fouilles précédentes aient dû les diminuer dans cette dernière.

3° Qu'à une distance d'environ cent mètres des premières fouilles, où le sol, reposant sur la roche granitique compacte n'a qu'une épaisseur d'environ 0^m.30, les vers momifiés n'existaient pas, et que tous ceux qui ont été découverts paraissaient bien portants.

D'après les observations faites par les fermiers, de La Pierre la maladie ne se serait pas cantonnée dans la prairie où elle a fait son apparition. Tous les champs de la ferme qui venaient d'être labourés pour les emblavures de froment étaient tellement envahis par le champignon qu'on eut dit que sur la terre fraîchement remuée, on avait épandu une légère couche de chaux. A peu près tous les vers y étaient morts et entourés du mycilium.

Mais le mal ne paraît pas s'être propagé à une grande distance, tous les laboureurs des environs, interrogés sur la présence du champignon dans leurs terres, m'ont déclaré n'en avoir pas vu. Ils ont trouvé, en revanche, un grand nombre de vers blancs vivants :

Cependant dans une autre prairie dépendant de La Denaye, distante d'environ deux kilomètres de la prairie de La Pierre et située comme elle sur le bord de la Varenne, j'ai rencontré une large plaque, dont le gazon avait été détruit par les ramasseurs de vers blancs, dans laquelle j'ai trouvé un grand nombre de vers entourés du champignon, tandis qu'il m'a été impossible d'en trouver de sains, à une profondeur de $0^m.70$.

Dans la partie voisine, où l'herbe n'avait pas été arrachée, et où elle était encore jaune, j'ai trouvé un grand nombre de vers sains et seulement quelques vers atteints de la maladie et entourés du mycilium du champignon.

Il résulte de ces observations, que la maladie du vers blanc existe bien réellement, que le champignon se transporte à une petite distance sans le concours de l'homme et qu'il se propage surtout dans les terres meubles, dans lesquelles il détruit rapidement tous les insectes, à de très rares exceptions près.

Il y a donc là un fait d'une rare importance, sur lequel nous ne saurions trop appeler l'attention des trop nombreux agriculteurs qui ont à souffrir des ravages causés par le hanneton et sa larve et aussi de l'Administration supérieure de l'agriculture, qui prendra, nous en avons le ferme espoir, les mesures nécessaires pour la propagation de ce nouveau carnassier, dont l'activité souterraine paraît capable, si on sait la guider, d'épargner à la culture française queques centaines de millions par an.

H. LÉIZOUR.

Almanach du Progrès Agricole

Nous entrons dans l'époque où fleurissent les almanachs, ces fleurs d'hivers si prisées dans nos campagnes, que les plus ternes et les plus insipides s'y répandent par milliers en quelques quinzaines. A la devanture de tous les libraires et chez tous les épiciers de campagne on voit s'étaler l'Astrologue émérite, l'Almanach des gens du monde, le Voleur et tant d'autres dont les oracles font foi dans toutes les chaumières

Cette sorte de littérature annuelle répond à un besoin indiscutable, elle vient égayer la veillée à la ferme et au village. Elle joue donc son rôle social.

Elle dilate la rate des travailleurs acharnés qui produisent le pain et la viande dont nous vivons. En faisant éclater leur rire homérique par ses saillies plus ou moins pimentées, et par son sel gaulois, elle éloigne les tristes pensées que pourrait leur suggérer la contemplation de leur rude tâche annuelle ; et chez eux le courage renaît pour de nouveaux et plus âpres travaux.

Mais il ne suffit pas d'entretenir la bonne humeur au village il faut encore y faire pénétrer les notions les plus élémentaires de la science agricole, sous une forme accessible à tous. C'est ce but que poursuivent les almanachs agricoles et particulièrement celui que nous présentons aujourd'hui à nos lecteurs. Ils ne font pas double emploi avec leurs gais compères. Il les complètent seulement. Mais il ne faudrait pas croire qu'ils aient revêtu la toge soporifique du professeur et le ton doctoral des journalistes agricoles. Ils sont affables dans leurs articles, et s'ils ne sont pas remplis de ces aimables saillies dont leurs frères nous désopilent, l'encre qui a servi à les écrire ne contient d'après mes analyses aucune trace de suc de pavot.

L'almanach du Progrès agricole débute, comme tout almanach qui se respecte, par un calendrier mémorandum, où les jeunes mariés trouveront les prénoms les plus aimables pour la nombreuse progéniture que nous leur souhaitons. Comme nous aimons les choses simples, nous leurs recommandons pour leurs garçons : Jean, Marc, Pie, Lié, Guy, Just, Roch, Leu, Cloud, Lin, Luc,

Maur, etc. Nous préférons chacun d'eux en particulier à Epaminondas, Adéodat ou Doctrovée.

Puis vient un calendrier agricole très complet où nous trouvons indiqués mois par mois tous les travaux de la ferme. C'est qu'il ne suffit pas de peupler, il faut nourrir. Vous y trouverez ce qui concerne la direction et l'exploitation, les travaux de culture, les attelages et les bêtes de rente. Le potager, les fleurs et les arbres fruitiers n'y sont pas oubliés.

A cette partie chronologique, où l'on n'a pas manqué d'indiquer les heures du lever de la lune et du soleil qui ont tant d'intérêt pour nos campagnards, succède une collection d'articles agricoles des plus intéressants et signés par des auteurs estimés. Nous vous signalerons par exemple :

Les engrais chimiques pour prairies par M. de Vilmorin ;

Corbeaux et moineaux par Larbolétrier ;

Mettons la table par E. Doyen ;

Les plantes de landes par C.-V. Garola ;

La maladie des chiens par Vuibert ;

La betterave à sucre par Raquet ;

La maladie des chats par Eloir, etc. Nous en passons et des meilleurs.

Entre ces morceaux de résistance, la publication dont nous nous occupons, offre à la dent, comme friandises, de nombreuses recettes de tout point excellentes. En voulez-vous goûter ? — Du café à l'eau distillé ; du gibier conservé ; du vin collé au kaolin ; de la limonade ; des confitures de groseilles.

Avez-vous des souris, des rats et des mulots à détruire ; des cousins qui vous taquinent ; des vers blancs qui détruisent vos récoltes ; hâtez-vous de vous procurer cet indispensable conseil. Si vous avez la main périlleuse, il vous indiquera à réparer la porcelaine. Avec lui vos couverts, vos vêtements, vos dentelles seront toujours d'une propreté exemplaire. Vos souliers de chasse ne durciront jamais. Vos robinets ne fuiront point et vos animaux ne mourront point de météorisation.

Nos élégantes fermières y trouveront le moyen de parfumer sans frais leurs appartements et d'avoir toujours des mains de duchesses, malgré leurs nombreux travaux.

Vous voyez que cet almanach a sa place marquée dans

toutes les familles. Tout y est utile, et l'agréable n'est pas oublié.

Aussi hâtez-vous de le demander à votre libraire, car, si vous tardez, malgré le tirage colossal qu'on en a fait, vous seriez obligés de vous en passer. (1)

AGRICOLA.

Syndicat des agriculteurs de l'arrondissement de Dreux.

Réunion générale du lundi 24 novembre 1890

A deux heures, la séance est ouverte sous la présidence de M. Waddington, assisté de MM. Dramard et Benoist, vice-présidents, et des membres du bureau.

Environ soixante membres du Syndicat avaient pris place dans le parterre du théâtre.

Sur l'invitation du président, M. le Secrétaire-Rapporteur donne connaissance du rapport suivant :

Messieurs,

A chaque réunion générale, à votre secrétaire-rapporteur incombe le devoir de vous rendre compte de la situation matérielle de la Société ; c'est toujours avec un nouveau plaisir que je m'acquitte de cette tâche, car elle est pour moi comme le couronnement des travaux faits en commun. Si je dis en commun, c'est que tous qui êtes inscrits à notre livre d'or vous contribuez à l'édification de ce problème social que des économistes distingués ont défini en cette formule : La lutte pour la vie.

Tout en travaillant à cette œuvre commune, nous sommes cependant assujettis aux réflexions et critiques de nombreux détracteurs. Que faut-il faire pour les combattre ? Rien, je pense, si ce n'est y opposer le silence le plus complet. Car il n'y a pas d'œuvre parfaite qui ne trouve les siens, et ils se montrent d'autant plus violents, acharnés contre la chose acquise, qu'elle présente plus d'éclat et leur est d'autant plus préjudiciable.

Notre œuvre à tous est de celle-là, et l'avenir de l'agriculture dépend aujourd'hui de la force de nos associations agricoles ; par les vœux émis dans nos réunions,

---

(1) En vente chez SELLERET, à Chartres, et chez tous les libraires d'Eure-et-Loir. 0 fr. 50 un beau volume de 241 pages de texte utile.

par une même cohésion d'idées, n'avons nous pas réussi à créer un nouveau courant économique qui a amené la majorité du Parlement à voter des lois protectrices contre la concurrence étrangère, et même vos adversaires d'il y a 10 ans, n'ont-ils pas accepté cette doctrine exprimée par quelques-uns, et qui est devenue, grâce à l'importance des associations, un fait aujourd'hui acquis ?

En outre, nous avons réduit les exigences de certains commerçants qui drainaient le capital de la ferme, et s'étaient créé comme un monopole ; aujourd'hui ces mêmes commerçants viennent à nous, et ceux qui ont voulu nous suivre au début, ont trouvé la tranquilité et la sécurité en même temps qu'un débouché assuré pour leur fabrication. Par ce fait, leurs frais généraux se trouvant diminués, nous sommes arrivés à obtenir une réduction de 50 0/0 sur le prix des engrais, sur les cours d'il y a quelques années.

Cependant, malgré les avantages que présentent les associations, beaucoup d'indifférents restent en dehors ; ils préfèrent se laisser aller à un courant de relations commerciales dont leur argent fait les frais. Dans un instant, je vous donnerai connaissance de la répartition de notre contingent, et si nous pouvions en dresser un aperçu visuel comme on établi une carte géographique, vous vous demanderiez de quelle teinte il faudrait nuancer la partie ouest de notre arrondissement.

Si nous comparons la campagne de l'automne 1889 à celle de 1890, nous avons à enregistrer pour cette dernière une diminution de 101.000 kilog. sur les fournitures livrées, qui n'atteignent cette année que le chiffre de 1.939.000 kilog. se répartissant ainsi :

GARES	Engrais composé	Superphosphate minéral soluble à l'eau	Superphosphate minéral soluble au citrate	Sulfate d'ammoniaque	Superphosphate d'os pur	Chlorure de potassium	Phosphate naturel	Scories de fer	Sang par desséché	Nitrate de soude	TOTAUX par GARE
Dreux	11.000	29.000	16.900	5.100	8.400	»	400	3.000	4.600	700	79.100
Marchezais	33.900	122.200	225.800	17.000	25.200	100	100	3.500	1.380	3.500	432.600
Houdan	21.000	39.000	116.400	10.600	5.400	»	200	16.000	800	1.100	240.500
Ivry-la-Bataille	20.300	18.500	32.700	6.200	8.900	100	2.000	200	1.200	3.100	93.200
Nogent-le-Roi	7.900	20.000	55.800	4.100	23.300	»	»	1.300	800	200	113.700
Aunay-Tréon	900	10.500	19.800	1.400	»	»	500	»	4.600	»	37.700
Saint-Sauveur-Châteauneuf	67.700	79.000	117.800	1.100	17.000	300	11.200	100	4.000	8.300	309.500
Theuvy-Achères	6.000	17.500	63.100	800	1.400	»	5.000	»	3.200	»	97.300
Nonancourt	46.000	25.300	9.000	4.100	6.100	»	»	700	1.200	200	92.600
Tillières	28.200	3.200	3.700	200	1.000	»	»	2.000	»	800	39.100
Verneuil	2.000	»	»	4.000	»	»	»	50.000	»	»	56.000
Boissy-le-Sec	35.700	3.300	500	»	700	»	»	1.500	»	400	42.100
La Ferté-Vidame	25.300	2.100	1.000	700	1.900	»	»	100	100	»	31.500
Senonches	31.600	21.000	25.100	1.900	8.700	»	»	6.500	800	700	99.300
La Loupe	7.900	9.400	6.200	400	11.500	»	»	»	300	100	35.800
Saint-Germain-Saint-Rémy	31.300	17.700	21.500	100	3.000	300	»	200	200	3.100	80.700
Totaux	376.700	420.700	751.600	61.300	122.500	800	19.100	85.100	23.100	22.200	1.883.700

Commandes tardives parvenues au Secrétariat depuis le 10 août...................................... 55.300

Total général.................. 1.939.000

Nous ne devons pas, cependant, croire que cette différence en moins de 101.000 kilogs est dûe à l'infériorité
de nos engrais. Non. Elle provient tout simplement de
l'abondance des pailles restées en magasins dans les fermes, la vente en étant très difficile depuis un an. Maintenant, dire que la culture a fait une bonne opération en
restreignant le nombre de kilos d'engrais acheté, cela ne
serait pas dans notre rôle, car si l'Association a pour
but d'acheter au meilleur marché les matières premières
dont nous avons besoin, notre devoir est aussi de répandre l'instruction agricole à profusion sans chercher toutefois à faire de la science proprement dite.

Partant de ce principe, nous vous dirons : Il ne s'agit
pas d'avoir beaucoup de paille pour avoir une grande
quantité de fumier, car la valeur de cet engrais ne se mesure
pas à son cube, mais à la richesse contenue dans un volume donné. Donc, si vous n'avez pas augmenté le nombre de vos têtes de bétail, pas obtenu de plus grands
rendements en plantes fourragères, si vous n'avez pas
donné de bons soins à vos fumiers, le résultat que vous
obtiendrez sera négatif, et l'économie que vous aurez
faite sur l'achat de vos engrais chimiques vous sera préjudiciable. Achetez donc sans crainte des engrais à base
d'acide phosphorique, car il ne faut pas perdre de vue le
but qu'on s'était proposé il y a quelques années et dont la définition renferme toute la science agricole : *Produire
beaucoup pour produire à bon marché.*

Maintenant, Messieurs, permettez-moi d'attirer votre
attention sur le dénombrement des membres du Syndicat
et comment la répartition s'établit ; sur le livre d'inscription nous relevons : 1,695 sociétaires, dont 1,394 pour
l'arrondissement de Dreux et 301 viennent des départements de l'Eure et de Seine-et-Oise, ainsi que des arrondissements de Chartres et Nogent-le-Rotrou.

Le canton de Dreux comprend 210 sociétaires, trois
communes seules n'ont pas de syndiqués ; ce sont : Bois-
sy-en-Drouais, Aunay-sous-Crécy et Ecluzelles.

Le canton de Châteauneuf compte 170 sociétaires, pas
une commune qui ne compte de syndiqués.

Le canton d'Anet compte 520 sociétaires, la commune
de Saussay seule ne compte pas d'adhérent.

Le canton de Nogent-le-Roi compte 261 sociétaires,
toutes les communes nous sont acquises.

Le canton de Brezolles compte 108 sociétaires, six

communes restent en dehors de nous, ce sont : Bérou-la-Mulotière, les Châtelets, la Mancelière, Mon igny-sur-Avre, Revercourt et Saint-Lubin-de-Cravant.

Le canton de Senonches ne nous vaut que 78 sociétaires ; les communes de Tardais et de la Saucelle ne nous fournissent aucun appoint dans ce canton.

Le canton de la Ferté-Vidame compte 47 sociétaires, seule la commune des Ressuintes n'a pas de syndiqués.

Nous comptons, dans l'arrondissement de Chartres, 18 sociétaires ; la plupart nous viennent des communes de Mittainvilliers et de Saint-Arnoult-des-Bois.

Dans l'arrondissement de Nogent-le-Rotrou, nous comptons 28 membres du Syndicat, répartis pour la plupart dans les cantons de La Loupe et de Thiron-Gardais.

Le département de l'Eure est celui d'où les adhésions nous viennent en plus grand nombre. Nous y comptons 132 sociétaires, répartis dans les communes limitrophes à notre arrondissement.

Le département de Seine-et-Oise compte aussi un grand nombre d'adhérents : 123 ; nous devons cependant constater que, dans cette région, un certain nombre de sociétaires nous adressent leur démission pour aller au Syndicat de Montfort-l'Amaury, car nos opérations ne s'étendant pas au-delà de la gare de Houdan, beaucoup trouvent un sérieux avantage à se livrer à une gare plus rapprochée de leur domicile.

Nous devons, certes, regretter cette désertion, mais ne pas nous en affliger, car, à côté de nous fonctionne une Société sœur, fondée sous les auspices d'un de nos amis, qui a su s'adjoindre de dévoués collaborateurs ; espérons avec eux que l'œuvre qu'ils ont fondée sera prospère, car, ainsi que pour ceux qui ont fondé notre Syndicat, c'est la seule récompense qu'ils en espèrent obtenir.

Toutefois, pour être exact dans nos chiffres et ne pas avoir de trop douces illusions, il est de notre devoir de dire ici que, sur le chiffre de 1.695 membres inscrits, 109 cotisations sont restées impayées ; la plupart sont celles de cultivateurs décédés, de personnes ayant quitté leur culture. Ces derniers seront vite remplacés par leurs successeurs, car pour l'année 1891, nous avons déjà reçu 15 adhésions nouvelles.

M. le Président rend ensuite compte de la situation financière, qui est des plus prospères, et après, diverses observations présentées par les membres du Syndicat, on fixe le jour de l'adjudication des engrais à fournir pour la saison de printemps au lundi 22 décembre.

L'ordre du jour étant épuisé, la séance est levée.

Le Secrétaire-Rapporteur, L. Durantel.

Le Président, E. Waddington.

Exposition et Congrès de l'Association pomologique de l'Ouest en 1890

Chaque année depuis la fondation de l'Association pomologique de l'Ouest en mars 1883, son exposition prend des proportions plus grandes et elle est suivie, ainsi d'ailleurs que les séances du congrès, qui en est le prétexte, par tous ceux qui s'intéressent de près ou de loin à l'industrie cidricole.

Cette année la ville choisie par l'Association pour tenir ses assises était Caen, et il était impossible de faire un meilleur choix, au milieu d'une région essentiellement agricole et riche, et où la culture du pommier et l'industrie du cidre sont en grand honneur. Le succès du concours a été grand.

Le cidre, après avoir été longtemps délaissé par beaucoup, est maintenant mieux apprécié et appelé, croyons-nous, à un grand avenir.

Quand sa fabrication sera devenue partout plus rationnelle, grâce aux savants travaux poursuivis en ce moment, que sa connaissance sera plus répandue dans les grands centres de consommation, son bon marché, sa bonne influence sur la santé, en feront en même temps qu'une précieuse boisson pour la population, une source de richesse pour les pays de production.

Le concours général pomologique de cette année, qui était le 7e, s'est ouvert le 21 octobre, la ville de Caen avait mis à la disposition de l'Association les vastes salles de son Hôtel-de-Ville, décorées pour la circonstance avec beaucoup de goût. Dans la salle des concerts M. Lechartier, président, aidé des secretaires MM. Lenormand et Loutreul avait organisé l'exposition d'une façon tout à fait remarquable. Sur la place de la Préfecture étaient installés les machines et instruments : concasseurs, pressoirs, alambics, pulvérisateurs, pompes sur lesquels le jury a fait les essais et expériences.

À la séance d'ouverture assistaient : MM. Lechartier,

président de l'Association, Vatin, préfet du Calvados, Mériel, maire de Caen et ses adjoints, des professeurs de Faculté, MM. Heuzé, inspecteur général de l'agriculture, de Coniac, président de la Société d'horticulture d'Ille-et-Vilaine, de Formigny de la Londe, président de la Société d'agriculture de Caen, Povrer, vice-président de l'Association pomologique, des professeurs départementaux et un grand nombre de membres qui avaient répondu à l'appel de l'Association. Beaucoup de Sociétés agricoles et horticoles de l'Ouest, du Nord-Ouest de la France s'étaient fait représenter par des délégués.

La municipalité de Caen et la population ont reçu leurs hôtes d'une façon charmante et ont fait à tous le meilleur accueil ; l'ancienne capitale de la Basse-Normandie est d'ailleurs renommée pour les qualités hospitalières qu'elle a depuis longtemps mises en pratique. M. Girault, premier adjoint qui présidait cette séance d'ouverture, a dit, dans un très beau discours, combien on s'intéressait à Caen à tout ce qui concerne le cidre et la culture du pommier, puis il a souhaité la bienvenue à tous les membres présents.

Après une réponse de M. Lechartier qui, dans une improvisation remarquable, a chaleureusement remercié la municipalité de l'accueil cordial qui était fait à l'Association, et tous ceux qui ont contribué au succès du concours ; l'exposition a été ouverte au public.

Cette exposition était superbe, parmi les poires et les pommes de pressoirs envoyées par les propriétaires, fermiers, amateurs et sociétés d'agriculture, nous avons remarqués de très jolis lots (il y en avait plus de 200) provenants des départements normands, ceux de M. Léger de Mesnil-Mauger, notamment de M. Latour de Surville, etc., beaucoup aussi de Bretagne ; sur chaque lot le nom, la provenance, l'énumération des qualités, fournissaient aux visiteurs tous les renseignements utiles sur chaque variété. Entre tous les fruits citons les lots de Fresquin, Joly, Amer de Berthecourt, Petit Muscadet, Médaille d'or, Reine des pommes, Blanc-Mollet, Grisette, très nombreux et qui semblent s'être affirmés partout comme d'excellentes variétés, tous les échantillons étaient du reste superbes et bien choisis.

L'exposition des cidres se ressentait un peu de la mauvaise production de l'année dernière, néanmoins les cidres Normands, Bretons et Picards étaient représentés et le petit nombre relatif des échantillons, ainsi que leur qualité secondaire n'avaient pour cause que la récolte malheureuse de 1889. Les eaux-de-vie de cidres et de poiré jeunes et vieilles, qui à travers leurs bouteilles réjouissaient l'œil de leur belle couleur d'or, complétaient heureusement cet ensemble.

(*A suivre*).   E. SERVIN.

ECOLE PRATIQUE D'AGRICULTURE DE BEAUCHÊNE

Nous rappelons aux agriculteurs intéressés que l'Ecole pratique d'agriculture de Beauchêne (près Mayenne), **ouverte depuis le 1ᵉʳ octobre, recevra les jeunes gens qui voudront y entrer cette année, jusqu'au 1ᵉʳ janvier prochain. La commission départementale devant statuer le 20 décembre sur l'attribution des bourses, les candidats qui veulent concourir pour leur obtention doivent adresser leur demande, sans aucun retard, à M. RIANDIÈRE-LAROCHE Directeur de l'Ecole.**

Syndicat des Agriculteurs de la Mayenne

AVIS

Les membres du Syndicat sont informés que l'entrepôt central de Laval est approvisionné de tourteaux *de lin, d'arachide* et de *Sésame blanc du Levant,* qu'il peut fournir, pris à l'entrepôt, aux prix ci-après :

	En pains et en vrac.	Concassés dans les sacs de l'acheteur.	Concassés et logés.
Lin. . . .	20 fr. 90	21 fr. 20	21 fr. 70
Arachide.	19 20	19 50	20 »
Sésame. .	17 20	17 50	18 »

Chacun pourra se rendre compte de la valeur nutritive de ces tourteaux dont l'analyse a été donnée dans le bulletin du mois d'octobre.

SYNDICAT DE CHARTRES

Dans leur séance du 15 novembre 1890. MM. les Membres du Conseil d'administration du Syndicat agricole de l'arrondissement de Chartres ont décidé que l'adjudication des fournitures à faire aux Membres de l'Association pendant la saison de printemps 1891, aurait lieu à Chartres, au siège du Syndicat, rue Regnier, n° 11. le samedi 20 décembre prochain, à 4 heures du soir.

Les personnes qui auraient l'intention de prendre part à cette adjudication peuvent s'adresser, pour avoir des renseignements, à M. MERCIER, comptable du Syndicat, 4, place Saint-Michel, à Chartres.

Cette association compte actuellement plus de 1.450 membres, et le montant des fournitures de printemps 1890 s'est élevé à près d'un million de kilogrammes, représentant une valeur de plus de 127.00 francs.

SYNDICAT DE DREUX

Le bureau du syndicat a l'honneur de vous informer que l'adjudication des matières premières et engrais fabriqués, pour la saison du printemps 1891. aura lieu le lundi 22 décembre, à 2 heures du soir, à l'hôtel-de-ville de Dreux.

En conséquence, les soumissions devront être adressées au plus tard le même jour avant midi, chez M. L. Durantel, secrétaire, 10, rue Saint-Martin.

Les livraisons des différents engrais devront être faites à la gare la plus rapprochée du destinataire, entre Houdan et Verneuil, Ivry-la-Bataille et Theuvy-Achères, la Loupe et Verneuil. Dreux et Nogent-le-Roi, à des dates qui seront fixées le jour de l'adjudication (janvier et février).

L'adjudication portera sur les matières suivantes :

1° Sulfate d'ammoniaque des vidanges dosant 20 à 21 0/0 d'azote.

2° Nitrate de soude, 95 0/0 de pureté, dosant 15,50 0/0 d'azote ;

3° Sang pur desséché. dosant 13 à 14 0/0 d'azote;

4° Sel dénaturé à l'absinthe pour bestiaux ;

5°   id.   au tourteau   id.

6°   id.   pour engrais.

7° Superphosphate d'os pur, dont 2/3 solubles à l'eau et 1/3 soluble au citrate, dosant 0 à 1 0/0 d'azote et 15 à 17 0/0 d'acide phosphorique ;

8° Superphosphate minéral soluble à l'eau, dosant 14 à 16 0/0 d'acide phosphorique ;

9° Superphosphate minéral soluble au citrate, dosant 14 à 16 0/0 d'acide phosphorique ;

10° Phosphate naturel ; chlorure de potassium ;

11° Scories de déphosphoration, dites phosphates Thomas.

12° Tourteaux de lin pour bestiaux ;

13°   id.   sézame   id.

14°   id.   arachide   id.

15° Sulfate de cuivre et sulfate de fer ;

16° Engrais composé, dosant 2 0/0 d'azote nitrique, 3 0/0 d'azote ammoniacal et 10 0/0 d'acide phosphorique soluble dans l'eau.

Les soumissions devront être envoyées sous pli cacheté avec la mention : *Soumission*, sur l'enveloppe et ne seront acceptées que pourvues de la formule : *Le fournisseur s'engage à observer les statuts du Syndicat.*

Les prix établis pour le Nitrate de soude devront être basés sur deux modes de livraison. En sacs d'origine et en sacs réglés à 100 kilos.

Les livraisons seront faites en bloc pour chaque nature de soumission et dans chaque wagon, les sacs devront être marqués selon la nature des matières qu'ils contiendront et etiquetés au nom et à l'adresse du destinataire.

Les conditions de paiement seront à 3 mois sans escompte, du jour de la livraison.

Des renseignements peuvent toujours être demandés au secrétaire.

Références. — Au printemps 1890, il a été livré :

Superphosphate minéral soluble au citrate 238.600 kil.; superphosphate minéral soluble à l'eau 209.700 kil. ; superphosphate d'os 28.400 kil. ; nitrate de soude 100.850 kil. ; engrais composé 89.400 kil. ; sel dénaturé 5.900 kil. ; scories 24.400 kil. ; sang 1.400 kil. ; phosphate naturel 8.600 kil. ; chlorure de potassium 2.900 kil. ; sulfate d'ammoniaque 6.400 kil.

NOTA. — Le Syndicat mettra également en adjudication des superphosphates Belges séchés.

MINISTÈRE DE L'AGRICULTURE

Département de Seine-et-Oise.

Ecole pratique d'aviculture de Gambais, canton de Houdan

Par arrêté de M. le Ministre de l'Agriculture, en date du 27 février 1888, il a été institué dans l'établissement de MM. Roullier et Arnoult, à Gambais, une école pratique d'aviculture.

BUT DE L'ÉTABLISSEMENT

Cet établissement est destiné à donner aux jeunes gens un enseignement spécial sur tout ce qui touche à la basse-cour, et particulièrement sur les procédés d'élevage et d'engrais de la volaille et sur l'éclosion artificielle.

Il sert, en outre, à l'étude et à l'expérimentation de toutes les questions se rattachant à l'aviculture.

ENSEIGNEMENT

L'enseignement y est essentiellement pratique.

Il comprend :

L'incubation artificielle et naturelle des œufs ;

L'élevage naturel et artificiel des poussins ;

L'engraissement naturel et forcé ;

Le mirage des œufs ;

Le sacrifice, la préparation et l'expédition de la volaille pour les halles et marchés.

L'étude des principales races des animaux de basse-cour par rapport à la ponte, à la finesse de la chair, à la précocité de l'engraissement, en mettant en lumière les races les plus avantageuses à élever dans la ferme.

DURÉE DE L'ENSEIGNEMENT

La durée de l'enseignement est de trois mois.

L'Ecole est ouverte aux élèves, du 1er février au 1er novembre et comprendra *trois périodes :*

1re période, du 1er février au 30 avril,

2e   —   du 1er mai au 31 juillet.

3e   —   du 1er août au 30 octobre.

Les candidats doivent être âgés de 15 ans et avoir reçu une instruction correspondant au moins au certificat d'études primaires.

Les demandes d'admissions doivent être adressées au Directeur de l'Ecole de Gambais et parvenir au moins un mois avant l'ouverture de chaque période.

Elles doivent contenir :

1° Une demande sur papier timbré de 0 fr. 60 centimes.
2° L'extrait de naissance du candidat ;
3° Un certificat de bonne conduite délivré par le Maire de sa dernière résidence.

PRIX DE LA PENSION

Le prix de la pension est fixé à 350 francs, pour la période de trois mois, payables par mois et d'avance.

SORTIE

A la sortie de l'Ecole, les élèves qui ont suivi le cours entier et qui ont satisfait aux examens de sortie, reçoivent un *Certificat d'Instruction.*

BOURSES

Des Bourses sont accordées, soit par l'État, soit par les Départements.

Société d'agriculture de la Nièvre

CONCOURS AGRICOLE DE NEVERS

Les concours d'animaux gras et d'animaux reproducteurs de Nevers auront lieu, en 1891, du 21 au 25 janvier, c'est-à-dire dans la semaine qui précédera le concours de Paris, afin de permettre aux exposants de participer à ces deux exhibitions. Le nombre et la valeur des primes en argent ont été augmentés.

Des expositions de volailles vivantes, produits agricoles et sylvicoles, fromages, beurres, machines et instruments agricoles, seront annexées au concours d'animaux.

Les éleveurs de toute la France peuvent prendre part au concours d'animaux gras et aux expositions annexes. Quant aux concours d'animaux reproducteurs, il est réservé aux exposants de la Nièvre.

Ce dernier concours dont l'importance s'accroit chaque année, comprendra une importante exposition d'étalons de gros trait, de taureaux de races nivernaise et durham, de béliers southdown et dishley nés dans le département.

Pour pouvoir prendre part au concours de Nevers, il faut en faire la déclaration avant le *27 décembre cou-*

rant. Le programme détaillé du concours et des formules de déclaration sont envoyés *franco* ; il suffit d'en faire la demande à M. G. Vallière, secrétaire de la Société d'agriculture, place de la Halle, à Nevers.

SYNDICAT DE LA MAYENNE

A vendre 30.000 pommiers venus sur terre de landes, depuis 0 fr. 50 jusqu'à 2 fr. l'un suivant le choix ; sur demande on expédiera 10 plants aux prix désignés à titre d'échantillons, livraison en gare de Montsûrs, s'adresser à M. Eugène ANGOT, propriétaire à Montsûrs (Mayenne).

A vendre 80 beaux peupliers suisse, à raison de 0 fr. 60 l'un, en gare, s'adresser à M. DAIGREMONT, à Saint-Aignan-sur-Roë (Mayenne).

On demande un bon veau mâle, de race mancelle, pour en faire un animal reproducteur, s'adresser au bureau du Bulletin.

SYNDICAT DE CHARTRES

SAISON DE PRINTEMPS 1891

VINS

Le Syndicat donne avis qu'il peut, pendant la prochaine saison, fournir aux prix ci-dessous les vins naturels, garantis purs raisins frais, des provenances ci-après :

1° Vins d'Algérie

1° Vin rouge de Bône à 41 fr. l'hectolitre

Le vin blanc est épuisé.

2° Vin rouge d'Aïn-Beda d'Oran, à 115 fr. la pièce de 220 à 225 litres. Recommandé. (Pour cette espèce, il n'y a pas de demi-pièce).

Nota. — Tous ces prix s'entendent franco gare de l'acheteur, fût perdu, paiement à 90 jours de l'expédition.

Les vins d'Algérie seront livrés jusqu'au 1er avril seulement, à cause des chaleurs, sauf épuisement avant cette date.

2° Vins Français

VINS ROUGES DU GARD

1° Montagne vieux	la pièce	102 fr.	la 1/2 pièce	53 f.	50
2° Bon ord.re nouv. Recommandé.	—	92	—	48	50
3° Saint-Gilles	—	102	—	53	50
4° Costière extra	—	115	—	60	»

Contenance de la pièce 220 à 225 litres, de la 1/2 pièce 110 à 112 litres, le tout franco gare de l'acheteur, fût perdu, paiement à 90 jours.

Vins rouges de Bordeaux

1° Bonnes côtes de Bordeaux, 1er choix 1890, la pièce de 225 à 228 litres, 180 fr., 200 fr.

(Prière de bien indiquer le prix qu'on a choisi)

2° Fronsac. 1er crû 1890   230 fr.
3° Côte St-Christophe de St-Emilion, 1890. 250 ; 1889, 300
4° Sables de Saint-Emilion,   1890, 300 ; 1889, 350
5° Saint Estèphe   1890, 350 ; 1889. 400
6° Saint-Emilion et Haut Pomerol,   1889, 400 ; 1887, 500
    1884, 600 ; 1881, 700

Vins blancs de Bordeaux

1° Petites Graves, la barrique de 225 à 228 litres, 1890. 160 fr.
    1889, 180
2° Graves, 1er crû   1890, 200 ; 1889, 230
3° Pre gnac Sauternes   1890. 250 ; 1889. 300
4° Barsac-Sauternes   1890, 350 ; 1890, 400
5° Ht-Sauternes 1890, 450 ; 1889, 500 ; 1887, 600 ; 1884, 700

Le tout franco gare de l'acheteur, paiement à 30 jours 3 0/0 ou à 90 jours sans escompte. — Par 1/2 pièce et 1/4 de pièce, 5 fr. en sus pour logement.

Les commandes doivent être adressées à M. Mercier, Agent-Comptable du Syndicat, 4, Place Saint-Michel, à Chartres, en ayant soin d'indiquer très clairement l'*espèce*, la *quantité* et l'*année* que l'on désire.

Nota. — Dans toutes les expéditions, le fût reste toujours la propriété de l'acheteur.

DÉPOT DU SYNDICAT DE CHARTRES

Marchandises actuellement en dépôt :
    Superphosphate minéral ;
    Scories de déphosphoration ;
    Phosphoguano ordinaire ;
    Phosphoguano surazoté ;
    Tourteaux de lin   pour engraissement ;
    Tourteaux de Sésame blanc du Levant   id.
    Tourteaux de Coprah   pour vaches laitières.

Ces substances sont livrées immédiatement, contre paiement comptant, en s'adressant chez M. MERCIER, comptable du syndicat, 4, place Saint-Michel, les jeudi et samedi de chaque semaine (le samedi jusqu'à midi).

Des huiles d'olive et de sésame ainsi que des savons pourront sous peu être livrés aux adhérents, au Dépôt, par quantités de 25 kilogs environ, et dans des conditions de prix et de qualité très avantageuses.

Les prix seront envoyés très prochainement.

M. Hauvespre, pharmacien à Courville, informe les syndiqués de sa région qu'il leur fera, sur la présentation de leur carte de membre de l'Association, une remise de 10 0/0 sur les spécialités qui portent un prix marqué, et une remise de 15 à 25 0/0 suivant la nature du produit et la quantité employée sur les produits en usage dans la médecine vétérinaire.

SYNDICAT DE CHATEAUDUN

L'adjudication, pour la fourniture des engrais de printemps pour le syndicat de Châteaudun, aura lieu le jeudi 8 janvier 1891 à l'hôtel-de-ville de Châteaudun.

LA PRODUCTION LAITIÈRE

Par C. V. GAROLA, (✠ mérite agricole) professeur départemental d'agriculture, directeur de la station agronomique de Chartres.

Prix 1 fr. 50. — 1 fr. 65, franco, par la poste.

Chez R. SELLERET, libraire-éditeur à Chartres.

L'EMPLOI DES ENGRAIS

Par C-V. Garola. ✪, ✻. Professeur départemental d'agriculture, Directeur de la station agronomique de Chartres.

En vente aux Bureaux du *Progrès Agricole* 23, rue des Trois-Cailloux, à Amiens, au prix de 0 fr. 50, franco.

LES PRAIRIES TEMPORAIRES

Par C-V. Garola, ✪, ✻, en vente à la même librairie, au prix de 0 fr. 30, franco.

RATS souris, loirs, mulots, etc... Contre mandat ou 10 timbres-poste de 0 fr. 15, j'adresse franco le moyen infaillible et très pratique de les détruire tous en quelques heures.

LECLERC, à Beaulieu, par Châtellerault (Vienne). — *Envoi gratis et franco du prospectus destruction des taupes.*

VINS DE BORDEAUX

Rouge (1888) à 125 francs et Blanc (1887) à 200 francs les 225 litres logés sur wagon départ.

S'adresser à M. G. BORD, secrétaire général du syndicat agricole à Cadillac-sur-Garonne (Gironde).

Les fabricants de fromages et de beurres sont informés que, à l'exposition universelle de 1889, la plus haute récompense (médaille d'or), a été décernée aux **PRESURES et COLORANTS** de **J. Fabre,** ✻ M. A., Aubervilliers (Seine). Récompenses dans 51 concours agricoles.

MACHINES AGRICOLES

SAVARY & CIE

Ingénieurs-Constructeurs

QUIMPERLÉ (FINISTÈRE)

104 Diplômes d'honneur et Médailles

EXPOSITIONS UNIVERSELLES DE PARIS 1878-1889

Croix de la Légion d'honneur

2 médailles d'Or — 3 médailles d'Argent — 1 médaille de Bronze

PRESSOIRS A MOUVEMENT VERTICAL

Breveté S. G. D. G.

<table>
<tr><td>1er Prix</td><td></td><td>1er Prix</td></tr>
<tr><td>Médaille d'Or</td><td rowspan="6"></td><td>Médaille d'Or</td></tr>
<tr><td>à</td><td>à</td></tr>
<tr><td>l'Exposition</td><td>l'Exposition</td></tr>
<tr><td>nationale</td><td>nationale</td></tr>
<tr><td>des</td><td>des</td></tr>
<tr><td>cidres</td><td>cidres</td></tr>
<tr><td>PARIS 1888</td><td></td><td>PARIS 1888</td></tr>
</table>

Pressoirs à cidre et à vin — Moulins à pommes
Fouloirs à vendange — Machines à battre à manège
Tarares — Barattes
Broyeurs d'ajonc — Coupe-racines — Hache-paille
Charrues

Le
Catalogue
GÉNÉRAL
sera adressé
sur
demande

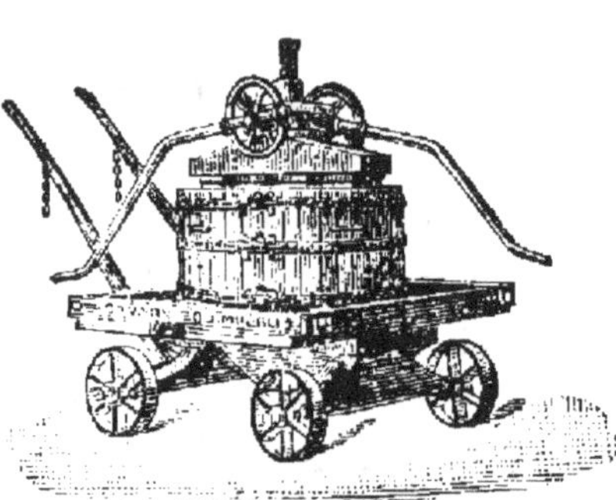

Le Gérant, E. MOREAU.

Laval, Imp. L. Moreau.

TABLE DES MATIÈRES

ANNÉE 1890

4ᵉ Année.   Janvier 1899   Nº 28

Ce Bulletin paraît le 15 de chaque mois.

BULLETIN AGRICOLE
DE L'OUEST

Organe de l'Union des Syndicats Agricoles
des départements du Finistère, des Côtes-du-Nord,
du Morbihan, de la Loire-Inférieure, d'Ille-et-Vilaine, de la
Manche, de la Mayenne, de Maine-et-Loire, de la Sarthe,
de l'Orne, du Calvados, de l'Eure, d'Eure-et-Loir
et de la Seine-Inférieure.

Publié sous la direction de :

H. LÉIZOUR, (✣ M. A.) (O A.)
Professeur départemental d'Agriculture de la Mayenne, Directeur du Laboratoire
agronomique, Président du Syndicat des Agriculteurs de la Mayenne,

GAROLA, (✣ M. A.) (O A.)
Professeur départemental d'Agriculture d'Eure-et-Loir,
Directeur de la Station agronomique de Chartres.

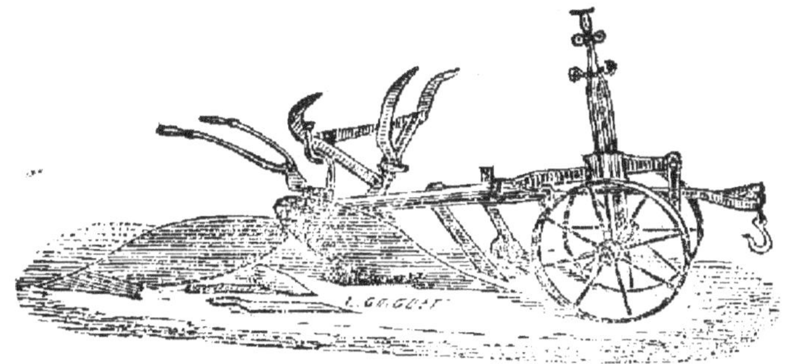

ABONNEMENTS

Les membres des syndicats adhérents sont abonnés gratuitement par leurs
bureaux. — Pour les étrangers aux syndicats : **6 fr.** par an.

ANNONCES

De 1 à 4 annonces. » **50ᶜ** la ligne.   De 8 à 12 annonces » **30ᶜ** la ligne
De 4 à 8   —   » **40ᶜ**   —   Au-delà de 12. . » **20ᵒ**   —

Le bulletin publiera gratuitement les offres et demandes
des Syndicats abonnés.

AVIS. — *Tout ce qui concerne la rédaction, les Annonces et les Abonnements, doit être adressé à M. LÉIZOUR, rue de la Filature, 1, à Laval.*

BULLETIN AGRICOLE DE L'OUEST

UNION DES SYNDICATS AGRICOLE DE L'OUEST

La réunion statutaire des délégués de l'Union des Syndicats agricoles de l'Ouest se tiendra à Paris, le lundi 2 février prochain, à 2 heures de l'après-midi, dans les bureaux de la Société Nationale d'encouragement à l'Agriculture, 5, Avenue de l'Opéra.

Objet de la Réunion

Transport des engrais par chemin de fer.
Questions douanières.
Élection des membres du bureau ([1]).

Syndicat des agriculteurs de la Mayenne

Par suite du renouvellement des marchés, pour la fourniture du nitrate de soude et du sulfate d'ammoniaque, qui a eu lieu fin de décembre, les prix des divers engrais pendant le 1er semestre 1891. Sont comme il suit :

Superphosphate minéral, dosant au minimum 14 0/0 d'acide phosphorique soluble au citrate d'ammoniaque, à froid...................... 9 fr. 10 les 100 k.

Nitrate de soude dosant 15 à 16 0/0 d'azote :

En sacs d'origine, non réglés. 21 fr. » —

En sacs réglés à 100 kil., double enveloppe................ 22 fr. » —

Phosphate fossile des Arden-

([1]) Article 6 des Statuts. — Les membres du bureau sont élus pour cinq ans. Ils sont rééligibles et nommés à la majorité absolue des membres présents.

nes et Meuse, passant entièrement au tamis n° 100, et dosant :

33 0/0 de phosphate tribasique.	5 fr.	30	—
36 0/0 id. id.	5 fr.	55	—
39 0/0 id. id.	5 fr.	80	—
41 0/0 id. id.	6 fr.	05	—

Noir animal dosant 18 à 20 0/0 d'acide phosphorique, ou 40 à 43 0/0 de phosphate triba-sique et 0,80 à 1 0/0 d'azote... 12 fr. 75 —

Guano du Pérou, dosant de 15 à 18 0/0 d'acide phosphorique et 5 à 6 0/0 d'azote .... 22 fr. 75 —

Phosphate de scories, dosant de 15 à 18 0/0 d'acide phospho-rique, correspondant de 33 à 37 0/0 de phosphate tribasique finement moulu...... .... 5 fr. 30 —

Phosphate de la Somme, fine-ment moulu et dosant :

55 0/0 de phosphate tribasique ou 25 0/0 d'acide phosphorique.	6 fr.	65	—
60 0/0 de phosphate tribasique ou 27 0/0 d'acide phosphorique.	8 fr.	75	—

Phosphate de l'Oise, dosant :

14 0/0 d'acide phosphorique..	4 fr.	45	—
16 0/0 id. id.	4 fr.	75	—
18 0/0 id. id.	5 fr.	15	—

Sulfate d'ammoniaque, dosant de 20 à 21 0/0 d'azote........ 32 fr. 10 —

Chlorure de potassium, do-sant de 49 à 51 de potasse.... 22 fr. 75 —

Sulfate de fer, moulu...... 7 fr. 40 —

Plâtre cru, broyé, en vrac...	7 fr.	50	les 1000 k.
id. demi cuit id.	9 fr.	50	—
id. cuit. id.	10 fr.	50	—

Un franc en plus pour wagon en vrac.

Pour livraisons du plâtre logé, ces prix sont majorés de 2 fr. par 1000 kilos, frais de location, toiles à rendre dans le délai de 3 semaines en avril et mai, dans le délai d'un mois pour le reste du semestre.

Frais de retour des sacs à la charge du destinataire, gare de Creil (Seine-et-Oise), à l'adresse de la Société civile des pierres à plâtre de Vaux.

Tous ces prix s'entendent pour marchandises rendues franco dans toutes les gares de la Mayenne et celles qui desservent le département *par wagons complets de 5.000 kilos au moins*, sauf pour le plâtre, dont les prix s'entendent sur wagon, gare de Creil.

Ils seront valables jusqu'au 30 juin.

Paiement à 30 jours sous 2 0/0 d'escompte ou à 90 jours sans escompte.

Nous ferons remarquer que le prix du nitrate de soude a subi une baisse assez sensible depuis le mois de juin ; il est tombé de 22 fr. 90 à 21 fr. les 100 kilos. Dans le numéro du bulletin de juillet 1890, nous faisions déjà constater une baisse sur ce produit, et nous faisions prévoir que cette baisse pouvait encore s'accentuer, en présence de l'abondance considérable des gîtes connus et des moyens de plus en plus perfectionnés d'exploitation mis en œuvre.

Nos prévisions se trouvent réalisées, et il est à espérer, dans l'intérêt de l'agriculture, que cette baisse n'a pas dit son dernier mot.

Malheureusement, d'autre part, ce que nous prévoyions à la même époque, relativement aux prix des engrais phosphatés, s'est également réalisé. Les prix de ces engrais ont une forte tendance à la hausse par suite des demandes de plus en plus actives, demandes provenant principalement de l'étranger, et des plus grandes difficultés d'exploitation qui se présentent au fur et à mesure de l'épuisement des gisements exploités.

Garantie d'analyse

Nous relevons dans le Bulletin du Syndicat des agriculteurs de l'Orne l'avis suivant relatif au contrat passé avec ses fournisseurs. Les syndicats agricoles, en général, offrent les mêmes avantages, nous engageons donc vivement les cultivateurs à le prendre en considération et à en faire leur profit.

« Tous les engrais sont livrés avec garantie d'analyse. Mais la vérification de dosage ne peut être faite que si l'on envoie au siège du Syndicat un échantillon de 200 grammes prélevé en gare d'arrivée en présence de deux témoins.

Dans le cas où il y aurait un manquant sur le *dosage minimum* garanti, il sera fait une remise proportionnelle à ce manquant, tant qu'il sera inférieur à 5 0/0. Au dessus de 5 0/0, la remise sera double du manquant.

Avec de telles garanties nous pouvons affirmer que les intérêts de nos syndiqués seront absolument sauvegardés, s'ils veulent bien remplir la très facile formalité de la prise d'échantillon.

Les syndiqués qui voudront comparer les prix offerts par les fournisseurs du Syndicat avec ceux qui ne manqueront pas de leur être proposés par des marchands qui parcourent les campagnes, ne devront pas oublier qu'il ne faut jamais tenir compte que du minimum de dosage.

Ainsi, par exemple, le Syndicat peut fournir le superphosphate dosant 14 0/0 minimum d'acide phosphorique à raison de 9 fr. 10 les 100 k. Si au lieu d'exiger le dosage minimum de 14 0/0, il se bornait à demander du superphosphate 13 à 15 0/0, il le paierait 0 fr. 65 de moins, par la bonne raison que le fournisseur ne livrerait que le minimum garanti de 13 0/0.

Le même raisonnement s'applique à tous les autres engrais. Comme nous avons vu plus d'une fois des cultivateurs se laisser prendre au bas prix d'un engrais vendu avec un dosage inférieur *paraissant à peu près égal*, nous signalons ce petit article aux syndiqués afin qu'ils ne s'y laissent pas prendre. »

Les blés de printemps

Les blés d'automne sont manqués il faut les remplacer par des blés de printemps.

Les cinq semaines de gelées rigoureuses que nous venons de traverser, et où nous avons vu le thermomètre descendre, en plein air, jusqu'à 16° au-dessous de zéro, font craindre à beaucoup de cultivateurs que leurs blés ne soient atteints par le froid, partout où la neige ne couvrait pas le sol.

Celle-ci est, en effet, un protecteur efficace contre les plus grands froids.

Il y a dix ans, en 1879-80, les blés ont été épargnés, à cause de la neige, bien qu'on ait constaté à Nancy, dans la forêt de Haye, 30° au-dessous de zéro. Les arbres fruitiers, les Robiniers pseudo acacias, les lierres grimpants, étaient détruits presque complètement, ainsi

que les treilles hautes, tandis que les. lierres rampants
et les vignes basses étaient préservés.

Bien que le blé ne puisse résister à une température
inférieure à 14 ou 15° au-dessous de zéro, s'il n'est pas
abrité, il ne craint pas des températures beaucoup plus
basses lorsque la neige le protège.

Mais lorsque la gelée surprend les blés découverts, il
arrive souvent que, même sans que le thermomètre descen-
de à 15°, le froid les fait beaucoup souffrir. Il est, sous ce
rapport, des variétés peu résistantes qu'il vaut mieux,
dans les climats un peu durs, ne semer qu'après l'hiver,
aussitôt que le temps permet d'entrer dans les terres.
Ce qui est surtout dangereux pour les blés, ce sont les
gels et dégels successifs. Les tiraillements qu'exerce sur
la plante la petite couche de terre dégelée le jour, sous
les rayons solaires, qui la nuit augmente de volume en
se reprenant en glace, déchirent les racines et les jeunes
tissus, et produisent un déchaussement qui fatigue énormément la céréale.

Culture des blés de printemps

Quand les blés sont détruits complètement par les gelées, comme nous l'avons malheureusement vu dans
l'*année terrible*, ou quand ils ont trop souffert du froid
et du déchaussement pour qu'on en puisse attendre une
récolte passable, il faut retourner les champs le plus tôt
possible pour semer des blés de printemps. Ceux-ci se
sèment depuis février jusqu'en avril. Le plus tôt est toujours le meilleur, car, plus la plante a de temps devant
elle pour se développer avant l'époque où la maturié est
produira, époque qui dépend surtout du climat, mieux
elle pourra utiliser les ressources du sol et des engrais,
et meilleur, par suite, sera le rendement.

Si l'on semait trop tard, on s'exposerait à voir le blé
ne pas fournir d'épis.

D'une manière générale, les blés de printemps tallent
moins que les blés d'automne, et il faut par conséquent
les semer plus dru. Un semis épais présente l'avantage,
en empêchant la pousse de nombreux rejetons, de hâter
la maturité, ce qui est précieux dans les pays où l'on
craint l'échaudage.

Comme leur période de végétation est plus courte que
celle des blés d'automne, ils se montrent plus exigents
sous le rapport de la fertilité des terres, *et des engrais.*

On ne devra pas hésiter à enfouir, avant le semis, une forte dose de superphosphate (400 kil.) dans les sols pauvres en acide phosphorique à cause de l'influence considérable de cet engrais sur le développement hâtif des céréales, comme fumure azotée, il faut recourir au nitrate de soude qui, heureusement est à bas prix cette année. Employé à raison de 150 à 200 kilogrammes dans les terres d'une richesse moyenne en azote, il produira certainement de bons effets. Il faudra éviter, cependant, d'en forcer la dose, surtout dans les pays où la rouille est à craindre.

La quantité de semence à répandre à la volée est en moyenne de 250 à 300 litres par hectare. Le vitriolage augmente ce volume de 1/5 environ. Suivant la grosseur des grains, le volume de semence augmente ou diminue. En principe, il faut s'arranger de manière à avoir 400 épis par mètres carrés. Or, pour obtenir ce résultat, en admettant que le tallage couvre les pertes de semences qui sont trop ou trop peu enterrées par la herse pour donner un plant vigoureux, ou qui sont détruites par les animaux et les insectes, il faut répandre 4 millions de grains par hectare. On devra semer 300 litres de blé de Bordeaux, variété à grains, très gros. Le blé de Marianopoli, qui a le grain très petit, devrait être semé à raison de 100 litres seulement.

Pendant la durée de la végétation, les blés du printemps demandent quelques soins. Il faut leur donner un ou deux hersages légers et roullage avant la montée des tiges. On ameublit de la sorte la surface du sol et on favorise le tallage, en empêchant le sol de former, sous l'action successive de la pluie et des vents desséchants une croûte dure qui enserre les jeunes plantes comme dans un étau. Les sarclages ne doivent pas non plus être négligés. Toutes ses opérations se font dans le courant d'avril et le commencement de mai. L'épiage et la maturition ont lieu une quinzaine de jours après les blés d'automne.

Les meilleures variétés de blés de printemps

Les variétés de froment à semer au printemps ne sont pas très nombreuses, et il convient de les classer en deux catégories principales : 1º les blés de février et 2º les blés de mars proprement dits.

Les *Blés de février*, qu'on peut aussi semer jusqu'en mars, sont aussi, pour la plupart des blés d'automne. Les deux variétés les plus recommandables sont, en effet, le blé bleu ou de Noë et le blé rouge de Bordeaux.

Le *Blé bleu* a la paille blanche, raide et courte, grosse et mi-pleine.

L'épi est plat, élargi, assez lâche ; les glumelles longues et aiguës sont pourvues d'arêtes assez développées. Tout l'ensemble garde, même à la maturité, une teinte glauque caractéristique. Le grain jaune-gris est court, très obtus, renflé et bien plein.

Ce blé résiste bien à la verse ; il est vigoureux, hâtif et ne craint que rarement l'échaudage. Il est un peu sensible à la rouille. C'est là son principal défaut.

Le blé bleu ne talle presque pas quand il est semé en automne, et encore moins quand on le sème au printemps. Il faut en semer 300 litres à la volée.

Fait tardivement, il est encore moins long en paille que dans les semis d'automne. Mais l'épi reste relativement très long. Le grain est plus rougeâtre et moins gros, mais le rendement reste considérable et de bonne qualité.

Le *Blé rouge de Bordeaux* est plus long que le *blé bleu*. On peut le semer jusqu'au 15 mars. La paille, blanche, moyenne, forte et souple, est demi pleine. L'épi est rouge brun, souvent courbé, ressemblant au *Rouge d'Ecosse*, mais présentant souvent sur l'axe et les glumes une teinte glauque que n'a pas ce dernier. Le grain est rouge gris, assez court et plein.

On doit en semer 300 litres à l'hectare, à la volée, car son grain est gros et il talle peu. Depuis huit ans que nous l'observons, il nous a donné un rendement moyen de 31 qx. 5. S'il n'était pas, comme le *blé bleu*, un peu trop sujet à la rouille, il ne laisserait rien à désirer. Plus il est fait tard, moins on peut compter sur un très fort rendement en grain.

Enfin, nous signalerons encore le blé *Hérisson barbu*. « Fin, menu, pas très productif en paille, ne payant pas de mine, dit M. de Vilmorin, ce blé a l'avantage de donner presque toujours un produit assuré. Le grain en est petit, mais lourd et de qualité supérieure. »

Pour tous les semis qu'on pourra faire avant le 15 mars, c'est à ces blés mais surtout aux deux premiers qu'il faudra donner la préférence. Le blé de Bordeaux comme le blé de Noë, conviennent surtout bien aux terres moyennes. Mais ils ne redoutent pas les terres fortes. Dans les terres granitiques, nous recommandons le blé Hérisson.

Mais après le 15 mars il vaut mieux avoir recours aux blés de la 2me catégorie. Parmi ceux-ci, il faut signaler le *Chiddam* blanc de mars, création de M. Garnot, de Villaroche. La paille en est fine, assez longue et blanche. L'épi aussi est blanc. Le grain, fin, est très blanc et bien plein.

Il faut le semer dans une terre riche et bien travaillée, sans attendre plus tard que le 20 mars. Dans ces conditions, si la saison est favorable, sa récolte vaut celle d'un blé d'automne. A la ferme d'Arcy en Brie, M. Nicolas en obtenait 34 hectolitres en 1885.

Le blé de *Saumur de Mars* a le grain jaune d'or, arrondi et bien plein. Il peut être semé jusqu'à la fin de mars. Son produit en paille est d'autant plus grand qu'il est semé plus tôt. Dans les mêmes conditions de sol, il rend autant que le Chiddam de mars, mais il est moins difficile sur le terrain. Il peut s'accommoder de sols médiocres, calcaires et un peu secs.

Enfin, nous avons vu le blé *Richelle blanche de Naples* donner de très b. aux produits, semé au printemps dans les terres fortes et fraîches.

Nous pourrions encore en citer d'autres variétés secondaires. Mais nous estimons qu'il vaut mieux, pour aujourd'hui, nous borner à celles qu'on peut recommander sans aucune arrière-pensée.

Pour terminer, faisons le vœu que ces conseils soient superflus, mais les nouvelles que nous recevons de toutes parts, sur les blés d'automne, ne nous permettent guère d'espérer que les cultivateurs ne seront pas obligés de les remplacer par des blés de printemps.

C. V. GAROLA,

Professeur départemental d'Agriculture,
Directeur de la Station agronomique d'Eure-et-Loir.

Exposition et Congrès de l'Association pomologique de l'Ouest en 1890

(Suite)

Les eaux-de-vie de cidre qui prennent de jour en jour plus d'importance donnent lieu maintenant à un grand commerce. La distillation du cidre se perfectionne chaque jour, on est parvenu à obtenir des produits excellents : parmi ceux-ci il convient de citer en première ligne ceux de M. Léger, d'un parfum exquis et d'une grande limpidité qui en fait une liqueur de 1er ordre, fort appréciée du reste et qui peut lutter avec succès contre un grand nombre d'eaux-de-vie de vin trop souvent frelatées. Citons aussi les échantillons excellents de MM. Châtel, Batalcha, de Branville, Raphaël, Deveaux, etc. Pendant toute la durée du concours, de nombreux visiteurs se pressaient dans la salle d'exposition, pour admirer les produits de la pomme et du pommier qui s'y trouvaient réunis.

A l'exposition des instruments, nous aurions voulu constater la présence d'un plus grand nombre de constructeurs. Si, en effet, le choix des variétés de pommes a une grande importance dans la fabrication du cidre, celui des instruments nécessaires à cette fabrication a également la sienne. Ce n'est qu'en faisant connaître aux intéressés, les perfectionnements qu'ils apportent chaque jour aux machines que les constructeurs arriveront à répandre les bons outils indispensables pour faire un travail rationnel et économique. Nulle occasion n'est mieux choisie, qu'une exposition spéciale où tous les producteurs compétents se donnent rendez-vous.

Rien de bien nouveau parmi les modèles exposés, on a néanmoins beaucoup remarqué les moulins broyeurs de pommes à cylindre, armé de palettes mobiles, de M. Simon à Cherbourg. Ces moulins d'une construction très ingénieuse font un excellent travail, ils sont munis d'un appareil épierreur fonctionnant très bien et peuvent marcher à bras, à manège ou à l'aide d'un moteur. M. Simon présentait pour la première fois un broyeur, dont l'appareil épierreur, muni d'une disposition nouvelle et spéciale, séparait les corps durs et les pommes non broyées de la pulpe écrasée.

MM. Lacroix, frères, de Caen, exposaient un bel ensemble de moulins à pommes et pressoirs à charge carrée et à cage circulaire, d'une construction très soignée. Nous avons remarqué l'appareil dit « Concasseur universel » dans lequel les fruits, après avoir été écrasés par des noix tombent entre deux meules placées en dessous et dont l'une marche par entraînement, il en résulte un déchirement de la pomme et un broyage parfait. Cet instrument écrase jusqu'à quatre-vingts hectolitres à l'heure.

A signaler aussi le moulin présenté par M. Fiquet, de Sartronville ; ce moulin à noix est muni d'un système d'épierrement très ingénieux : une des noix mobile autour d'un axe communiquant avec un ressort à charnières se soulève au passage des pierres, mais ceci occasionne des chocs continuels qui amènent une usure rapide et rend difficile le broyage des pommes dures.

Citons encore parmi les instruments : les appareils de distillation de M. Deroy, de Paris, dont la maison jouit d'une si légitime réputation ; les perfectionnements de ces appareils sont arrivés a un très haut degré. Ils ont maintenant l'avantage de donner l'accool au degré voulu et de supprimer la production des petites eaux. Ils ont d'ailleurs fonctionné pendant toute la durée de l'exposition devant le public qui a pu se rendre compte de leur excellence.

Des pulvérisateurs à grand travail, pour application du sulfate de fer et de bouillies bordelaises, pour la destruction des mousses et des parasites du pommier, étaient exposés par la maison Beaume, de Boulogne-sur-Seine, Noël de Paris, Bénard de Paris. De grands progrès ont été faits, mais il en reste encore beaucoup à faire car, pour être bons et pratiques, ces instruments doivent satisfaire à une foule de conditions, d'abord, simplicité mécanique et manœuvre facile, devant être mis dans les mains d'ouvriers souvent inhabiles ; agitation constante du liquide dans l'appareil, bonne pulvérisation du jet, et impossibilité d'engorgement. Les pulvérisateurs présentés par MM. Beaume et Noël nous ont paru se rapprocher et tendre vers cette perfection.

Enfin les pompes Noël, dont l'éloge n'est plus à faire, pour le transvasement du cidre, les pompes Beaume, etc., puis une foule d'ustensiles servant à la culture du pommier, les greffoirs de M. Delauvay de Bernay, les armures pour jeunes pommiers de MM. Cantinaux et Dubosq, les instruments destinés à l'analyse des moûts de M. Dujardin.

Avaient également été exposés une grande quantité de jeunes pommiers greffés de 1, 2, 3 et 4 ans pour le concours du meilleur élevage du pommier. Ceux de M. Letellier, pépiniériste à Caen, Brich, Genêt à Lizieux ont été primés. On voit par ce rapide compte rendu combien cette exposition pomologique annuelle prend d'importance, toutes les questions se rattachant au pommier sont d'ailleurs à l'ordre du jour et les nombreux visiteurs du concours de 1890, en ont remporté le meilleur souvenir.

Le mercredi 22 octobre, à 3 heures, a eu lieu la séance d'ouverture du Congrès sous la présidence de M. Lechartier correspondant de l'Institut, président de l'Association pomologique de l'Ouest, qui a dirigé pendant toute la session avec une grande compétence les travaux et les débats du Congrès. Aux côtés de M. Lechartier on remarquait M. Mériel, maire de Caen. M. Formigny de la Londe, Caubert, Povrer, Heuzé, Léizour, Hérissant, Néron et une foule de notabilités agricoles, des représentants de la presse agricole et un grand nombre de personnes portant intérêt à la question du pommier.

Après les discours d'ouverture, le président a signalé tout spécialement à l'assemblée l'ouvrage très remarquable sur le pommier et les variétés de pommes, entrepris par M. Povrer vice-président de l'Association.

Le congrès a tenu quatre séances pendant lesquelles les questions intéressant le pommier et la fabrication du cidre ont été tour à tour discutées.

On a refait l'histoire de l'anthonôme, MM. Hérissant, frère Abel, Povrer, Heuzé ont fait part de leurs études, mais les mœurs de cet insecte, malgré les remarquables observations qui ont été faites, sont encore loin d'être bien connus ainsi que la manière de le détruire.

Une commission a été nommée et chargée de réunir en un faisceau les procédés d'observations présentés et de les expérimenter d'une façon concluante.

Les bons soins donnés aux arbres ont été reconnus comme devant leur faire acquérir une vigueur qui leur permet de résister victorieusement aux parasites, c'est là un procédé à conseiller, et M. Heuzé a cité l'exemple du domaine d'Arcy-en-Brie, dont la plantation de pommiers a une très belle végétation et donne beaucoup de fruits, grâce aux soins qui lui sont prodigués et à l'emploi judicieux des engrais chimiques.

On s'est aussi occupé de l'étude de la fermentation du cidre et il a été donné lecture des travaux de M. Rayser et de ses expériences faites au laboratoire de l'Institut agronomique ; il est maintenant reconnu que l'introduction dans le moût de ferments spéciaux modifie la liqueur en lui imprimant des qualités de parfum et de

saveur différentes suivant la nature des ferments.
M. Rayser dit entreprendre cette année des expériences
pratiques en grand, et il n'est pas douteux que l'on arrive
dans un avenir prochain, à rendre la fermentation régulière en donnant au cidre des ferments appropriés à sa
nature et à fixer des crus comme pour le vin. Cette question a vivement intéressé tous les membres du congrès.

(A suivre). E. SERVIN.

Ouvrages d'agriculture

Envoi franco sur demande aux membres du Syndicat : 1° *L'emploi du nitrate de soude en agriculture*, par L. GRANDEAU ; 2°
Fumier de fermier, phosphate, nitrate, par le même auteur.

En vente au bureau du journal, les collections brochées du *Bulletin agricole de l'Ouest*, années 1889 et 1890, au prix de 5 francs
le volume.

Traité de l'emploi des engrais chimiques, par C.-V. GIROLA,
envoi contre 0 fr. 50 en timbres-postes.

Instruments en location

Les membres du Syndicat sont informés que des distributeurs
d'engrais (le Hérisson) sont à leur disposition dans les entrepôts
de Laval, Craon et Mayenne, au prix de 5 fr. par jour de travail,
de même que des herses émousseuses pour prairies au prix de
1 fr. par jour de travail.

SYNDICAT DE LA MAYENNE

A vendre 50.000 pommiers venus sur terre de landes, depuis
0 fr. 50 jusqu'à 2 fr. l'un suivant le choix ; sur demande on expédiera 10 plants aux prix désignés à titre d'échantillons, livraison
en gare de Montsûrs, s'adresser à M. Eugène ANGOT, propriétaire à Montsûrs (Mayenne).

DÉPOT DU SYNDICAT DE CHARTRES

Marchandises actuellement en dépôt :
   Superphosphate minéral soluble à l'eau et au citrate ;
   Scories de déphosphoration ;
   Phosphoguano ordinaire ;
   Phosphoguano surazoté :
   Nitrat de soude ;

Tourteaux de lin   pour engraissement ;
Tourteaux de Sésame blanc du Levant   id.
Tourteaux de Coprah   pour vaches laitières ;
Huile d'olive, surfine, à 1 fr. 90 le kilog. ;
Huile de sésame, fine, à 1 fr. 11 le kilog.

Les huiles sont fournies en bonbonnes de verre, cachetées et plombées par les expéditeurs, et par quantités de 25 kilogs.

Elles sont garanties absolument pures.

Les substances ci-dessus sont livrées immédiatement, contre paiement comptant, en s'adressant chez M. MERCIER, comptable du syndicat, 4, place Saint-Michel, les jeudi et samedi de chaque semaine (le samedi avant midi).

Elles peuvent également être expédiées par chemin de fer, transport à la charge de l'acheteur.

A vendre une jument percheronne, âgée de 6 ans, pleine, robe gris-fer, taille 1 m. 60, bonne trotteuse pour omnibus, poids 755 kilos. S'adresser à M. de Villepin, Directeur de la Ferme-École de la Pilletière, par Jupilles (Sarthe).

A V O I N E   D E   B R I E
POUR SEMENCE
Concours généraux de Paris : 5 premiers prix

Prix : Les 100 kilos, logée, gare de Coulommiers, 26 francs ; par 1.000 kilos 25 francs ; 2 0/0 de remise aux Syndicats.

BÉLIERS DISHLEY-MÉRINOS
Croisés à différents degrés (21e année)

COUESNON-BONHOMME, à VILLIERS, p. Coulommiers

RATS souris, loirs, mulots, etc...
Contre mandat ou 10 timbres-poste de 0 fr. 15, j'adresse franco le moyen infaillible et très pratique de les détruire tous en quelques heures.

LECLERC, à Beaulieu, par Châtellerault (Vienne). — *Envoi gratis et franco du prospectus destruction des taupes.*

VINS DE BORDEAUX

Rouge (1888) à 125 francs et Blanc (1887) à 200 francs les 225 litres logés sur wagon départ.

S'adresser à M. G. BORD, secrétaire général du syndicat agricole à Cadillac-sur-Garonne (Gironde).

Les fabricants de fromages et de beurres sont informés que, à l'exposition universelle de 1889, la plus haute récompense (médaille d'or), a été décernée aux **PRESURES et COLORANTS** de **J. Fabre**, ✶ M. A. Aubervilliers (Seine). Récompenses dans 51 concours agricoles.

MACHINES AGRICOLES

SAVARY & Cⁱᵉ

Ingénieurs-Constructeurs

QUIMPERLÉ (Finistère)

104 Diplômes d'honneur et Médailles

EXPOSITIONS UNIVERSELLES DE PARIS 1878-1889

Croix de la Légion d'honneur

2 médailles d'Or — 3 médailles d'Argent — 1 médaille de Bronze

PRESSOIRS A MOUVEMENT VERTICAL

Breveté S. G D. G.

1ᵉʳ Prix

Médaille d'Or

à

l'Exposition
nationale
des
cidres

PARIS 1888

1ᵉʳ Prix

Médaille d'Or

à

l'Exposition
nationale
des
cidres

PARIS 1888

Pressoirs à cidre et à vin — Moulins à pommes
Fouloirs à vendange — Machines à battre à manège
Tarares — Barattes
Broyeurs d'ajonc — Coupe-racines — Hache-paille
Charrues

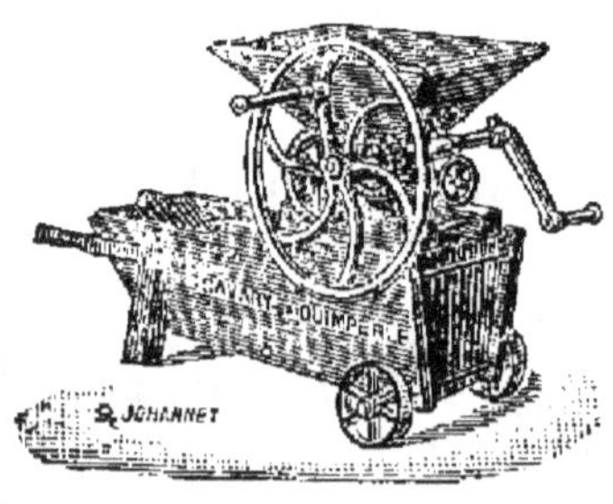

Le
Catalogue
GÉNÉRAL
sera adressé
sur
demande

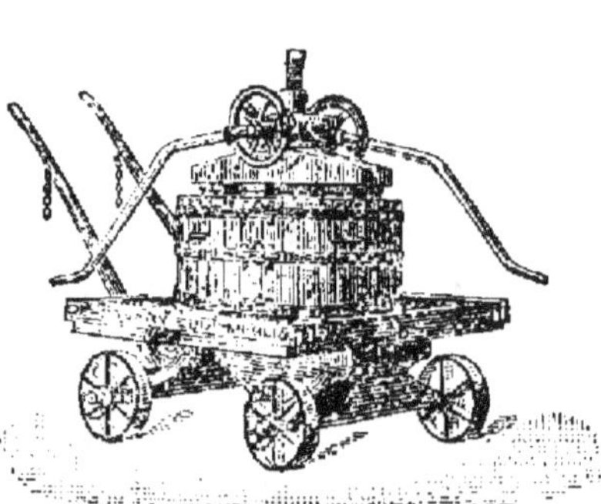

Le Gérant, E. MOREAU.

Laval, Imp. L. Moreau.

Supplément au N° 24 du Bulletin agricole de l'Ouest

DU 15 SEPTEMBRE 1890

LISTE

DES

MEMBRES DU SYNDICAT AGRICOLE

De l'arrondissement de Chartres

AVIS

La présente liste renferme les noms des membres du Syndicat inscrits jusqu'au 22 août 1890 inclus. Ils sont priés de vouloir bien vérifier leurs noms et leurs adresses et d'informer M. MERCIER, agent-comptable de l'association, 4, place Saint-Michel, à Chartres, des corrections, changements ou rectifications qui peuvent être à faire.

LAVAL

Imprimerie de LÉON MOREAU. rue du Lieutenant, 2

1890

BUREAU

MM.

VINET. sénateur, maire de Garancières-en-Beauce, *Président*.

EGASSE, agriculteur à Archevilliers, commune de Chartres, *Vice-Président*.

MASSON, maire d'Houville, *Trésorier*.

GAROLA, professeur départemental d'agriculture, *Secrétaire*.

BENOIST, Ovide, maire de Gas,   *Membre*.

DREUX, maire de Germignonville,   *id*.

CORBIÈRE, Conseiller général, maire de Maintenon, *Membre*.

LÉTANG, Conseiller d'arrondissement, maire de St-Luperc , *Membre*.

PIPEREAU, maire d'Ermenonville-la-Grande, *Membre*.

LESOURD, agriculteur à Challet,   *id*.

MERCIER, 4, place St-Michel, à Chartres, *Agent comptable*.

MEMBRES ADHÉRENTS

ARRONDISSEMENT DE CHARTRES

Canton d'Auneau

Commune d'Aunay-sous-Auneau

Labiche,   Bretonvilliers.
Thirouin,   Chénevelles.

Commune de Béville-le-Comte

Bourgeois, Ernest,   Béville-le-Comte.
Bertrand, veuve,   Id.
Carré,   Id.
Javault-Legrain,   Id.
Labiche, Emile,   Id.
Milocheau, Emile,   Id.
Lemaire, Albert,   la ferme de Villiers.
Milocheau, Jules,   au Luet.

Commune de Champseru

Chenu,   Saint-Serge.
Delacheaume-Fulgence,   Champseru.
Imbault,   Loinville.
Minard, Georges,   Monceaux-Saint-Jean.

Commune de la Chapelle-d'Aunainville

Bary,   La Chapelle.
Isambert,   Dillonvilliers.
Robert, Renault,   Id.
Bourgeois, Albert,   Aunainville.
Aubouin, Lucien,   Dillonvilliers.
Niocheau, Lucien.   Id.

Commune de Châtenay

Paillet, Louis,   Châtenay.

Commune de Denonville

Chaussier, Alfred,   Adonville.
Sureau-Chaussier,   Denonville.

Commune de Francourville

Dramard, Eugène,   Encherville.
Thirouin, Lucien,   Auzainville.

4

Commune de Garancières

Boudon, Félix,	Garancières.
Gilbert, Gustave,	Id.
Vinet,	Id.
Gry,	Sermoinville.
Butet,	Garancières.

Commune du Gué-de-Longroi

Bréant, François,	au Gué-de-Longroi.
Chevallier,	Id.
Cousin,	Saint-Cheron.

Commune d'Houville

Masson, Louis,	Pannes.
Gau, Anselme,	Houville.
Sevestre, Stanislas,	Id.
de Maleissye (comte),	Id.
Lemaire-Donatien,	Cinq-Ormes.
Pâty, Edmond.	Id.
Sorreau, Louis,	Id.
Tricot, Joseph,	Id.

Commune de Léthuin

Goussard,	Noir-Epinay.

Commune de Levainville

Colas,	Levainville.

Commune de Maisons

Lesage,	Maisons.
Marcou, Louis.	Id.
Ronceret,	Id.

Commune de Moinville-la-Jeulin

Cintrat-Boudon,	Moinville-la-Jeulin.
Chevallier-Fulgence,	Id.

Commune de Morainville

Ronceret, Georges,	Morainville.

Commune de Oinville-sous-Auneau

Sevin,	Oinville-sous-Aunneau.

Commune de Oisonville

Benoist,	Oisonville.
Héron, Alfred,	Id.
Jamin, Louis.	Id.
Trévet (l'abbé),	Id.

Commune de Roinville-sous-Auneau

Cintract, Edouard.   Roinville-sous-Auneau.

Commune de Saint-Léger-des-Aubées

Delachaume,   Saint-Léger-des-Aubées.
Lhopiteau, Charles,   Goimpy.
Lefebvre,   Chauvilliers.
Trubert,   Grouville.

Commune de Sainville

Baudon,   Sainville.
Bary, Félix,   Id.

Commune de Santeuil

Gresland,   Santeuil.
Meunier, Julien,   Id.

Commune d'Umpeau

Isambert, Emile,   Brez.
Lamarre,   Id.
Rouillon, veuve,   Id.
Gauthier, Gustave,   Umpeau.
Lesieur, Octave,   Bréez.

Commune de Vierville

Parturier,   Vierville.

Commune de Voise

Bertrand, Arthur,   Voise.
Chenu-Cintract,   Id.
Huet, Albert,   Id.
Pàty, Simon,   Id.

Canton de Chartres-Nord.

Commune de Chartres

André,   rue des Changes, 18.
Brosseron,   impasse du Cheval-Blanc.
Garola,   rue du Pont-Saint-André, 2.
Lefebvre,   rue du Massacre, 18.
Motte,   rue du Grand-Faubourg, 12.
Vassort, Constant,   rue Croix-Thibault, 9.
Morin-Ouellard,   à Saint-Jean.
Durand-Roger,   rue Serpente, 12.
Berlauts,   rue Nicole, 7.
Boulet, Louis,   place des Epars, 16.

Commune d'Amilly

Breton, Eugène,	Ouerray.
Bay, Désiré,	Id.
Madlène, Marcel,	Id.
Buthier, Eugène,	Amilly.
Corbière,	Id.
Dallier, Honoré,	Id.
Lecœur, Théodule,	Mondonville.
Desfèvres, Narcisse,	Amilly.
Hazon-Cailleaux,	Dondainville.
Delaville, Léon,	Ouerray.

Commune de Bailleau-l'Evêque

Lebrun, fils,	Bailleau-l'Evêque.

Commune de Berchères-la-Maingot

Bousteau-Peauger,	Berchères-la-Maingot.
Chesneau, Henri,	Id.
Dumais-Gault,	Id.
Dimpault, Louis,	Id.
Dumais, Vincent,	Id.
Foucault, veuve,	Id.
Foucault, Mathurin,	Id.
Foucault, Hippolyte,	Id.
Grandchamp, Prudent,	Id.
Girard, Prudent,	Id.
Gueux, Ernest,	Id.
Héreau-Poulain,	Id.
Héreau, Désiré,	Id.
Héreau, Daniel,	Id.
Milhouard,	Id.
Manceau, Ferdinand,	Id.
Rougemont,	Id.
Salmon-Richard,	Id.
Saince, Eugène,	Id.
Vorimore,	Id.
Vinsot, Michel,	Id.
Grandchamp, Eugène,	Id.
Sénéchaux, Victor,	Id.
Dumais, Arthur,	Théléville.
Héricourt,	Berchères-la-Maingot.
Leduc, Stanislas,	Id.

Commune de Briconville

Polvet, Eugène,	Briconville.
Buisson, Jules,	Id.

Commune de Challet

André, Léon,	Challet.

Aubert, Léon,	Challet.
Bouchard, Henri,	Id.
Guérin, Emile,	Id.
Girard, Désiré,	Id.
Lesourd,	Id.
Malvault, Almire,	Id.
Maury-Lecourt,	Id.
Noël, Maximilien,	Id.
Peauger,	Id.
Pichon-Bléchet,	Id.
Rousseau, Philadelphe,	Id.
Milocheau, Théodule,	Liévreville.

Commune de Champhol

Delagrange, Simon,	La Mihoue.
Doublet, Charles,	Id.
Jumentier, Henri,	Id.
Renou, Arthur,	Champhol.
Bailly-Ouellard,	La Mihoue.
Genin-Rousseau,	Id.
Doublet-Ouellard,	Id.
Pelletier-Jumentier,	Séchecôte.

Commune de Cintray

Langlois,	Cintray.

Commune de Clévilliers-le-Moutiers

Lavigne, Célestin,	Clévilliers-le-Moutiers.
Percheron, Pierre,	Id.
Rougeaux, Clovis,	Id.
Barbet,	Boulay-d'Achères.
Durand, Théophile,	Id.
Tourne,	Id.
Hardy,	La Bréqueille.
Leroy,	Id.
Rouillay,	aux Chaises.

Commune de Coltainville

Bouvet, Albert,	Senainville.
Beaupère, Florentin,	Id.
Leprince-Guérin,	Id.
Legrand, Zéphir,	Id.
Sosson-Milocheau,	Id.
Buisson, Philidor,	Coltainville.
Hoyau, François,	Id.
Lesourd, Isidore,	Id.
Thireau, Léopold,	Id.
Isambert, François,	Id.
Prévost, Edouard,	Senainville.

8

Cintrat, Emile,   Coltainville.
Robillard, Lucien,   Id.
Morizet-Degas,   Senainville.

Commune de Fresnay-le-Gilmert

Decœur,   Fresnay-le-Gilmert.
François, Désiré,   Id.
Flaunet, Désiré,   Id.
Lemaître, Alphonse,   Id.
Ménager,   Id.
Maillard, Théodore,   Id.
Poulain, Hilaire,   Id.
Rousseau, Léopold,   Id.
Garnier-Guyot,   Id.

Commune de Gasville

Gangnolle, Emile,   Gasville.
Léger, Marcel,   Id.
Legros-Béchard,   Oisème.
Dauphin, Aristide,   Gasville.

Commune de Jouy

Bailly-Hoyau,   Jouy.
Billard-Godard,   Id.
Bourgeois, Alfred,   Id.
Corbin-Gauthier,   Id.
Chesneau-Mary,   Id.
Fortin-Maury,   Id.
Fortin, Jules,   Id.
Gaillot, Michel,   Id.
Hoyau-Cabaret,   Id.
Hamon-Gauthier,   Id.
Hoyau-Pépin,   Id.
Isambert-Roussin,   Id.
Lochon-Lochon,   Id.
Leroux, Désiré,   Id.
Leroux, Narcisse,   Id.
Leroux, Emile,   Id.
Lochon-Huvette,   Id.
Leroux, Jules,   Id.
Ménager, Léon,   Id.
Moreau, Louis,   Id.
Milocheau, Henri,   Id.
Maury-Leroux,   Id.
Maury, Jules,   Id.
Maury, Louis,   Id.
Robillard-Hoyau,   Id.
Touraille, Eugène,   Id.
Hoyau, Arsène,   au Saussay.

Hamon-Percheron,	aux Larris.
Hamon, Louis,	au Saussay.
Taurin-Bailly,	au Saussay.
Cabaret-Leroux,	Jouy.
Savigny, Georges,	aux Larris.
Lochon-Blondeau,	Jouy.
Hoyau-Pelletier,	Id.

Commune de Lèves

Billard,	au Bois-de-Lèves.

Commune de Lucé

Breton-Delouche,	au Haut-Lucé.
Doublet, Gustave,	Id.
Foreau,	Lucé.
Gougis-Laigneau,	au Haut-Lucé.
Gougis-Maussin,	Id.
Gadde, Célestin,	Lucé.
Guichard, Jules,	au Haut-Lucé.
Lhopiteau, Gustave,	Id.
Delaperrière, Alexandre,	Poiffonds.
Gougis, Justin,	Id.
Leroy, Ernest,	Id.
Morin-Guersant,	Id.
Huret, Gustave,	rue des Vauroux.

Commune de Mainvilliers

Gougis, Jules,	Mainvilliers.
Morin, Clément,	Id.
Pintard Brochard,	Id.
Scrive-Coudray,	Id.

Commune de Poisvilliers

Duguay, Adrien,	Poisvilliers.
Mercier, Elie,	Id.
Pilast, Désiré,	Id.
Robion, Edouard,	Id.

Commune de Saint-Aubin-des-Bois

Bréant, Joseph,	Saint-Aubin-des-Bois.
Collet-Davois,	Id.
Eloi, Narcisse,	Id.
Jacquet-Leroy,	Id.
Legendre, Victor,	Id.
Lhopiteau-Eugène,	Id.
Landras-Leviste,	Id.
Théau, Pierre,	Id.
Enault-Lefèvre,	Grognault.
Evard, Marcel,	Id.
Sevètre, Léon,	Id.

Garreau, Alexandre,   Chazay.
Lasne, Jules,   Id.

Commune de Saint-Germain-la-Gâtine

Debu, Léon,   Saint-Germain-la-Gâtine.
Garnier, Simon,   Id.
Maunoury,   Id.
Girard, Philéas,   Id.

Commune de Saint-Prest

Amiot, Louis,   Saint-Prest.
Chantard, Alfred,   Id.
Mullot-Percebois,   Id.
Poitrimol, Cyprien,   Id.
Rougeaux,   Id.
Mullot-Bourget,   La Villette.
Rousseau-Revercé,   Id.
Rossard de Mianville,   Saint-Prest.
Rousset-Binet,   aux Moulins-Neufs.
Bied, Jules,   Saint-Prest.

Canton de Chartres-Sud,

Commune de Chartres

Boutet, Ernest,   rue du Pilori.
Damiot,   rue des Capucins, 10.
Duchon, Emile,   rue Saint-Brice, 32.
Gaucheron,   rue des Petits-Blés, 35.
Haudié, Edgard,   rue Saint-Brice, 102.
Leblanc de la Martraye,   boulevard Chasles.
Pléau, Joseph,   rue de Sours, 1.
Egasse,   Archevilliers.
Prieur,   au Gaillon.
Fournier-Poucet,   boulevard de la Courtille, 36,

Commune de Barjouville

Hérault,   Lambert.

Commune de Berchères-les-Pierres

Buisson-Fourmont,   Berchères-les-Pierres.
Fourmont, Albert,   Id.
Fourmont, Martin,   Id.
Graindorge, Jules,   Id.
Martin-Brosseron,   Id.
Piébourg-Amelin,   Id.
Lebroucq, Edouard,   Chamblay.
Sédillot, Pichon,   Id.

Commune de Corancez

Choupart, Paul,	Corancez.
Martin, Auguste,	Id.
Martin, Gustave,	Id.

Commune du Coudray

Brosseron, Alexandre,	au Coudray.
Hallay-Blet,	Id.
Hallay, Etienne,	Id.
Vallet-Durand,	Id.
Colas, Hypomène,	aux Chaises.
Darde, Augustin,	au Grand-Séminaire.

Commune de Dammarie

Bourbeillon, Constant,	Dammarie.
Collet, Gervais,	Id.
Hamelin, Cyr,	Id.
Jeuffroy-Choupart,	Id.
Léjards-Noilleau,	Id.
Richer, Charles,	Id.
Boucq, Fulgence,	Villemain.
Billard, Ernest,	Id.
Launay-Cailleaux,	Id.
Léger-Levacher,	Id.
Moulard-Morcau,	Id.
Dolléans, Henri,	Vovelles.
Lejards, Emile,	au Bois-Mivoie.
Boudon-Blot,	Villemain.
Leroy, Jules,	Dammarie.
Hardy-Pineau,	Ormoy.
Housseau, Alfred,	Vovelles.

Commune de Fresnay-le-Comte

Ferrand, Arsène,	aux Bordes.

Commune de Gellainville

Mérct-Charpentier,	Gellainville.
Vallet-Néré,	Id.
Benoist, Honoré,	Id.

Commune de Luisant

Breton, Marcel,	Vaucevin.
Gaubert, Paul,	Luisant.
Doublet, Alphonse,	Id.

Commune de Mignières

Duret,	Mignières.
Dourdan, Cyprien,	Id.

Thion, Emile,   Mignières.
Prévosteau, Eugène,   Id.

Commune de Morancez

Cailleaux-Roby,
Chenard. Stanislas,   Morancez.
Dufour-Dufour,   Id.
Gâtineau, Louis,   Id.
Piau, Hilaire,   Id.
Lavollée, Pierre,   Id.
                                                 Vauféry.

Commune de Nogent-le-Phaye

Beauchamps, Ludovic,   Nogent-le-Phaye.
Bouchard-Angiboust,   Id.
Dubois, Adolphe,   Id.
Delorme-Delorme,   Id.
Gautruche-Deshayes,   Id.
Lejards, Louis,   Id.
Martin-Château,   Id.
Chasles, Emile.   au Moulin-Rouge.
Pasquier, Charles,   Villiers.
Pasquier, Adelphe.   Id.
Pasquier, Edmond,   Archevilliers.
Lesage-Perthuis,   Nogent-le-Phaye.
Vovelles, Michel.   Id.
Lesieur, Denis,   Id.
Germain, Amédée,   Id.
Guérin, Augustin,   Id.

Commune de Prunay-le-Gillon

Benoist, Léon,   Prunay-le-Gillon·
Isambert-Enault,   Id.
Marchon,   Id.
Varenne-Cheteau,   Boinville-au-Chemin.
Genet, Alexandre,   Boinville.
Dramard, Georges,   Flosville.
Dramard, aîné,   Augerville.

Commune de Sours

Laya-Aubert,   Generville.
Prévosteau, Marcel,   Sours.
Petit-Lefèvre.   Id.
Pasquier, Achille,   Chandres.
Périer-Lorcau,   Brétigny.
Boileau-Heurdier,   Sours.
Cintrat-Sédillot,   Id.
Pelletier-Delarue,   Id.

Commune de Thivars

Billard,   Thivars.
Houdebine,   Id.

Commune de Ver-les-Chartres

Fourré, Désiré,   Loché.

Canton de Courville.

Commune de Courville

Brissonnet-Texier,   Courville.
Bouchard, Alcide,   au Vaujoly.
Durantel-Folleau,   Courville.

Commune de Billancelles

Buguet,   La Fusillière.
David,   Méraubry.
Guillaume, Rose,   Mandres.
Guiliard, Octave,   Méraubry.
Souverain, Constant,   La Fusillière.
Touraille-Thireau,   Méraubry.
Poulain, Éléonor,   Mandres.

Commune de Chuisnes

Bataille-Guérin,   Ecuray.
Malzert-Baubion,   Haguenon.
Quentin, Théodore,   Bétaincourt.
Repessé, Alphonse,   La Closure.
Barrière, Valentin,   aux Châtelets.
Beauchet-Mousset,   Chuisnes.
Pallu-Pépin,   -   Id.
Menard-Maupin,   Chailleau.

Commune du Favril

Boucher, Louis,   aux Pavillons.
Gauthier, Victorien,   La Villeneuve.
Guillemain, Auguste,   La Rousselière.
Gadeau, Louis,   au Favril.
Lestang-Desfères,   au Chêne-Mariette.
Rousseau, Edmond,   La Grand'Maison.

Commune de Fontaine-la-Guyon

Brulard-Lebut,   Fontaine-la-Guyon.
Charpentier, Ernest,   Id.
Chaboche, Adelbert,   Id.
Fresnayes, Louis,   Id.
Hubert, Joseph,   Id.
Pont, Joseph,   Id.
Thiboust, Célestin,   Id.
Tardiveau, Alcide,   Id.
Anceaume, Charles,   Fonville.

Beaunez, veuve,	Fonville.
Charpentier, H.	Id.
Perche, Alphonse,	Id.
Couvé-Morizeau,	Orébins.
Desveaux, Onézime,	Boissay.

Commune de Fruncé

Bled-Marchais,	la Foucaudière.
Cajet, Clément,	la Crapotière.
Daigneau, Emile,	Fruncé
Dumais, Paul,	la Noue.
Foulon-Pipereau,	Villeneuve.
Lhémery, Constant,	la Crapotière.
Robbe, Raphaël,	Bois-Roger.
Simon, Louis,	la Crapotière.
Thibault, Emile,	la Heuse.
Leucart, François,	Id.
Hazon, Jacques,	Id
Huet-Lefèvre,	au Mont-d'Or.
Lemaire, Adolphe,	la Touche.
Dorange-Lavollé,	la Motte.

Commune de Landelles

Lautout-Debray,	Landelles.
Maudemain, Julien,	Grandchamp.

Commune de Millainvilliers

Benoist, Louis,	Châtenay.
Desveaux, Hippolyte,	Genainvilliers.
Gabriel, Henri,	au Mesnil.
Hémier,	Châtenay.
Leviste-Guillen,	Millainvilliers.
Leviste-Isambert,	Châtenay.
Pierre-Victor,	Genainvilliers.
Thuin, Félix,	Id.

Commune d'Orrouer

Buisson, Désiré,	Serez.
Duc Sortais,	Id.
Doucet, François,	Id.
Hublin, Maxime,	Id.
Jean, Arsène,	Id.
Legrand, Albert,	Id.
Lefresne, Jules,	Id.
Lesieur, Eugène,	Id.
Monnier-Ménager,	Id.
Ménager, Alexandre,	Id.
Ménager, Philippe,	Id.
Poulard, Alfred,	Id.

Poulain, Cyrille,	Serez.
Vildé, Désiré,	Id.
Albi, Emile,	au Perray.
Gauthier-Girard,	Joran.
Piau, Edouard,	Id.
Lesourd, Etienne,	la Chollière.
Trubert, Emile,	Serez.

Commune de Pontgouin

Auger,	Champ.
Boussin, Julien,	aux Chaises.
Blaiseau, Armand,	la Sourderie.
Beaumont,	Bois-Carreau.
Bégin, Frédéric,	la Grange-des-Bois.
Chalonge,	aux Chaises.
Doué, Auguste,	Fouville.
Foucault, Julien,	aux Chaises.
Ferrand, Alphonse,	Pontgouin.
Gateau,	la Sourderie.
Gateau, Louis,	Fouville.
Gouhier-Lambert,	aux Frétils.
Gateau-Rousseau,	la Goupillière.
Lemaire,	au Plessis.
Leroy, Théophile,	aux Chaises.
Lavié-Lamy,	la Goupillère.
Lanctin-Ballay,	Guimonvilliers.
Lejeune, Louis,	aux Chaises.
Lavie-Douay,	Fouville.
Pelletier, Emile,	Guimonvilliers.
Renault,	Id.
Vivier,	au Clos.
Landais, Isidore,	la Rivière.
Bizot, Albert,	Id.

Commune de Saint-Arnoult-des-Bois

Adam-Demouy,	Goinville.
Guérin-Biet,	La Charmoye.
Guyet-Touraille,	Chigneaux.
Hédiard-Hubert,	Saint-Arnoult-des-Bois.
Rousseau-Taragon,	au Tronchay.
Rousseau-Voise,	Fleurfontaine.
Voise-Auger,	au Tronchay-Maquereau.
Villette,	Goinville.
Sénéchal, Célestin,	Fleurfontaine.
Lagoutte, Louis,	au Brosseron.
Gillot, Anselme,	Fleurfontaine.

Commune de Saint-Georges-sur-Eure

Carré, Henri,	Saint-Georges-sur-Eure.
Ferrand,	Id.

16

Lesieur,	Saint-Georges-sur Eure.
Battut-Marchand,	Id.
Allard-Gohon,	La Taye.
Constantin, Firmin,	Id.
Gohon, Adolphe,	Id.
Guillaume, Alphonse,	Id.
Lamare-Jousselin,	Id.
Morin, Eugène,	Id.
Brulard-Colliot,	Mérobert.
Cibois-Leroy,	Dollemont.
Foucher, Léon,	Montaudoin.
Jumeau,	La Motte.
Lenfant, André,	Berneuse.
Pichot, Jules,	Id.
Répérant-Furcy,	Id.
Porcher, Alcide,	Dollemont,
Riedberger, Emmanuel,	Andrevilliers.
Cannet, Guillaume,	Saint-Georges-sur-Eure.
Carré, Olympe,	Id.

Commune de Saint-Germain-le-Gaillard

Lebrun-Moulin,	au Plessis sous-Courville.
Lebrun, veuve,	Eronville.

Commune de Saint-Luperce

Létang,	Mousseaux.
Dacier-Cléophas,	Saint-Luperce.
Maillard-Haran,	Id.
Métivier, Bazile,	Id.
Poulain,	Id.
Sevestre, Eugène,	Id.
Vinsot, Eugène,	Id.
Anceaume, Ferdinand,	Loulappe.
Beauchet,	Id.
Gratien,	Id.
Villette,	Id.
Charpentier-Ménager,	Id.
Jomier, Justin,	Id.
Lenfant-Ménager,	Id.
Maillard-Desportes,	Id.
Méret, Désiré,	Id.
Blanchard,	Blanville.
Delaporte, Alcide,	Id.
Dorange,	Chavannes.
Penot, Andant,	la Gadelière.
Desportes, Guillaumin,	Saint-Luperce.

Canton d'Illiers

Commune d'Illiers

André, Eugène,	Illiers.
de Moüy (fils),	id.
Lefebvre et Peylabère,	id.
Moulin, Jules,	id.
Berland, Oscar,	La Charmoie.
Faucquet. Adrien,	au Bourgjolly.
Lecomte-Huard,	aux Perruches.
Manceau,	Crannes.
Malépart, Louis,	Mesliers.
Chapet, Edouard,	aux Haies.
Boullay-Girard,	aux Perruches.
Thireau, Barthélémy,	Illiers.
Clogeanson,	La Charmoie.

Commune de Bailleau-le-Pin

Clément, Aimé,	Romigny.
Lhôte-Carnis,	id.
Gaudicheau,	Bailleau-le-Pin.
Lhôte, Vve,	id.
Lefroit-Radreau.	id.
Peti -Sylly,	id.
Loiselet, Victor,	Pommeray.
Pelletier, Eugène,	id.
Perrault, Alphonse,	id.
Tréloy, François,	id.
Perrault, Léon,	Hauville.
Dallier-Martin,	id.
Lebrun, Albert,	Rosay.

Commune de Blandainville

Motte, Amand,	Blaindainville.
Née, Jacques,	au Favril.
Bailleau, Elie,	Houdoir.
Colas, Cartier.	Chasnay.
Meunier, Launay,	id.
Guignocheau, Henri,	Prétouville.
Lenfant, Adolphe,	id.
Maupu, Albert,	id.

Commune de Boisvillette

Bouvard,	Boisvillette.
Berland, Gauthier,	La Bourdinière.
Chardouneau, Léon,	id.
Coupé, Joseph,	Boisvillette.
Drouard, Calais,	La Bourdinière.
Lemoine, Jérôme,	id.

18

Moreau, Ferrand,   au Temple.
Seuré, Gabriel,   La Bourdinière.

Commune de Cernay

Tremblay, Charles,   La Gouëthière.

Commune de Charonville

Cœuret, Buisson,   Ecurolles.
Guillaumin, Ancelme,   id.

Commune des Châtelliers-Notre-Dame

Freulon,   aux Châtelliers-Notre-Dame.
Méret, Ernest,   id.
Rollet, Césaire,   id.

Commune de Chauffours

Aubry,   Chauffours.
Alloiteau,   id.
Auger,   id.
Benoist, Orphéc,   id.
Hallouin,   id.
Monnier, Collet,   id.
Maignan, Armand,   id.
Renard,   id.
Loiselet, Ernest,   Formeslé.
Girard, Elie,   id.
Perrault, Emile,   Cogné.
Elambert, Ludovic,   Chauffours.
Benoist, Henri.   Cogné.
Boucher, Singlas,   Formeslé.

Commune d'Epeautrolles

Courtois, Prudent,   Epeautrolles.
Périer-Bay,   id.
Porcher, Adrien,   id.
Gâtineau,   Beaufrançois,
Motte,   Mizeray,

Commune d'Ermenonville-la-Grande

Broutin, Victor,   Ermenonville-la-Grande,
Chardonneau, Lebeau,   id.
Carnis, Carolus,   id.
Carnis, Lebeau,   id.
Dourdan, Léon,   id.
Desfèves, Narcisse,   id.
Fillon,   id.
Ferron-Ferron,   id.
Guillaumin-Mercier,   id.
Goussard.   id.

Geslain,	Ermenonville-la-Grande.
Galopin,	id.
Haricot,	id.
Hardy, Ulysse,	id.
Jumeau, Lomer,	id.
Le Borre, fils,	id.
Lailler, Théophile,	id.
Lebeau, Félicien,	id.
Lorin, Pierre,	id.
Moullard-Gendrot,	id.
Menant, Odile,	id.
Pipereau,	id.
Pelletier-Barbier,	id.
Piau, Antoine,	id.
Pelletier-Pineau,	id.
Rogron, Marc,	id.
Richer-Debeauce,	id.
Soucher, Paul,	id.
Souchay-Debeauce,	id.
Soucher, Cyr,	id.
Carnis Anceaume,	Luçon.
Foucault, François,	id.
Jardin-Lesève,	Ermenonville-la-Grande.

Commune d'Ermenonville-la-Petite.

Antoine, Charles,	Ermenonville-la-Petite.
Barré-Tardiveau,	id.
Cavart-Porcher,	id.
Dorange-Ferron,	id.
Fourre-Manières,	id.
Geslain, Honoré,	id.
Lhuillery, Eugène,	id.
Moulin, Edmond,	id.
Renoncet-Virlouvet,	id.
Tardiveau-Serge,	id.

Commune de Luplanté.

André-Suré,	Luplanté,
Bouvet-Juteau,	id.
Badreau, fils,	id.
Bouvet-Marchais,	id.
Bodet-Carnis,	id.
Cochard, Emile,	id.
Carrougeau,	id.
Debeauce, Léon,	id.
Dubois, Prosper,	id.
Fourmont, Charles,	id.
Ferron, Alphonse,	id.
Jumeau-Dourdan,	id.

Lebrond,   Luplanté.
Lefroit, Alphonse,   id.
Manceau, Alexandre.   id.
Maillier, Hyacinthe,   id.
Pichot-Bigot,   id.
Sainsot, Jean,   id.
Serres-Léger,   id.
Voisin Pelletier,   id.
Voisin-Hallouin,   id.
Augeray, François,   Aufferville.
Carnis, Alexis.   id
Larsonnier, Hippolyte,   id.
Pommeret, Valentin,   id.
Royneau,   id
Cavart,   Montligeon.
Moulin,   id.
Travaillé, Eugène,   Luplanté.

Commune de Magny.

Brinon-Laye,   . Boisseau.
Blainvillain, Adolphe,   id.
Chauveau, Jean-Baptiste,   Magny.
Proust, Julien,   id.
Elamber, Ferdinand,   id.
Mercier, Denis,   Bienfol.
Moreau-Bay,   id.
Manceau,   Mousseaux.
Baret-Millet,   Magny.
Marcée-Destouches,   id.

Commune de Marchéville.

Boulas Lorin,   Marchéville.
Lenfant, Alfred,   id.
Meunier, Auguste,   id.
Marchais, Frédéric,   Moquesouris.

Commune de Meslay-le-Grenet.

Bouvart-Noue,   Bérou.
Carré, Jules,   Meslay-le-Grenet.
Marié, Louis,   id.
Maunoury, Emile,   id.
Pierre, Jacques,   Bérou.
Boisseau,   Meslay-le-Grenet.
Legros, Jules,   id.

Commune de Nogent-sur-Eure.

Doré,   Nogent-sur-Eure.
Hallouin, Arsène,   id.
Morin-Chapron,   id.

Michel. Paul,	Nogent-sur-Eure.
Noue,	id.
Argand, Désiré,	Trizay.
Benoist-Moreau,	id.
Chapron, Prosper,	id.
Girard, Marcel,	id.
Michel, Eugène,	id.
Taupin, Arsène,	id.
Vielle-Pineau,	id.
Benoist, Hippolyte,	Mont.
Perrault, Emile,	Bassigny.
Duparc, Narcisse,	Nogent-sur-Eure.

Commune d'Ollé.

André, Frédéric,	Ollé.
Breton-Levacher,	id.
Cailleaux, Alfred,	id.
Dubois, Adam,	id.
Dauvilliers-Dauvilliers,	id.
Hubert-Bay,	id.
Johan-Malépart,	id.
Lenfant, Vve,	id.
Mutuel, Charles,	id.
Thirouin, Joseph,	id.
Blanchard,	Cogné.
Buthier, Armand,	Hardessé.
Eloi, Emile,	Pouancé.
Perrault-Faustin,	id
Segouin, Adelphe,	Douville.
Duc Gration,	Hardessé.

Commune de Saint-Loup.

Hénault,	Saint-Loup.
Lenain, Emile,	id.
Launay,	id.
Moulard, Emile,	id.
Moullard-Laye,	id.
Lhopiteau,	La Bourdinière.
Bigot-Lenfant,	Saint-Loup.

Commune de Sandarville.

Buchet,	Sandarville.
Binet-Billard,	id.
Barbier-Pineau,	id.
Dallier,	id.
Guérin-Biney,	id.
Hardou-Barbier.	id.
Houvet-Massot,	id.
Isambert,	id.

Lemaire, Cléophas,	Sandarville,
Lemaire-Benoist,	id.
Normand-Leroy,	id.
Pineau-Barbier,	id.
Pineau-Renou,	id.
Piau, Louis,	id.
Barbier-Fleuridas.	id.
Lavollé-Laille, Vve,	id.

Canton de Janville

Commune de Janville

Breton, Louis,	Janville.
Mineau,	id.

Commune d'Allaines

Chenu, Zéphir,	Villerman.
Gibier-Fourré,	Outrouville.

Commune de Beaudreville

Aymard-Aventin,	Ormeville.

Commune de Gommerville

Berthon,	Gommerville.

Commune de Grandville-Gaudreville

François, Désiré,	Grandville.

Commune de Mervilliers

Delatouche-Pierre,	Mervilliers.

Commune du Puiset

Cassegrain, Ferdinand,	au Puiset,
Denizet,	id,

Commune de Trancrainville

Clichy, Louis,	Marolles

Canton de Maintenon

Commune de Maintenon

Corbière,	Maintenon,
Evette,	La Folie,
Gail,	Maintenon.
Bornet, Albert,	id

Commune d'Armenonville-les-Gâtineaux

Bouju,	Armenonville-les-Gâtineaux.
Leroy, Louis,	id.

Denos, Alfred,   Armenonville-les-Gâtineaux.
Lebrun, Alfred,   id.

Commune de Bailleau-sous-Gallardon

Besnard, fils,   Bailleau-sous-Gallardon.
Lébert,   id.
Rouillon, Louis,   id.
Courtois, Emile,   Pont.
Huret,   Bailleaulet.
Langlois, Achille,   aux Bordes.
Javault, Louis,   Pont.

Commune de Bleury

Barellier,   Bleury.
Guyot, Alfred,   id.
Cintract, Jules-Marie,   Bonville.

Commune de Bouglainval

Alleaume-Bidard,   Bouglainval.
Loison, Louis,   id
Gouabault, Raphaël,   Théléville.
Réveil-Langlois,   id.
Thirouin, Ernest,   id.
Finet-Bocage,   Bouglainval.
Alleaume-Viel,   id.
Letellier-Delente,   id.

Commune de Chartainvilliers

Benoist, Hippolyte,   Chartainvilliers.
Chémier, Marcel,   id.
Fallou-Thibault,   id.
Langeoire-Achille,   id.
Leprince, Jules,   id.
Quétard, Nicole,   id.
Cailleaux, Emile,   id.

Commune d'Ecrosnes

Bréant, Lucien,   Ecrosnes,
Buisson, Léon,   id,
Cochon, Alphonse,   id,
Delarue-Buisson,   id,
Ollivier,   id.
Rousseau, Cléophas,   id.
Blanchard, Mary,   Ecrignolles.
Chrétien, Ferdinand,   id.
Rabourdin,   id.
Lejendre, Adolphe,   Jonvilliers.
Tessier, Jules,   Giroudet.
Oudard, André,   id.

Barbanton, Thomas	Ecrosnes.
Benoist, Adelphe,	id.
Doye, Prosper	Giroudet.

Commune de Gallardon

Buisson-Cochon,	Gallardon.
Besnard, Célestin,	id.
Goussard,	id.
Godard-Pelletier.	id
Grosse, Désiré,	id.
Herpreux, Alphonse,	id.
Martin-Richard,	id.
Paragot,	id.
Pelletier, Clovis,	id.
Thomas, Jules,	id.
Vatonne, Honoré,	id.
Goisdé,	Germonval.
Chartrain,	Gallardon.
Alexandre, Henri,	Baglainval.
Matras-Joyeux,	id.
Bourdon, Joseph,	Gallardon.

Commune de Gas

Benoist, Ovide,	Gas.
Brunet, Edmond,	id.
Bouchevreau, Alphonse,	id.
Baudré, Honoré,	id.
Blanchet, Eugène,	id.
Coudray,	id.
Chapron, Désiré,	id.
Frelot, Pierre,	id.
Hureau, François,	id.
Joyeux,	id.
Jullou, Désiré,	id.
Mesnil, Albert,	id.
Richard, Louis,	id.
Veilleux, Eugène,	id.
Lelong,	Marolles.
Maillard (Mme),	Berchères.
Germond-Guénault,	Moineaux.
Fauvet, Ferdinand,	id.

Commune de Houx

Bétron,	Houx.
Boucher-Prévosteau,	id.
Boucher. Constant,	id.
Hermier, Théophile,	id.
Morice, Omer.	id.

Commune de Mévoisins

Barré, Emile,	Mévoisins.
Maury-Legrand,	id.

Commune de Montlouet

Alamichel, Albert,	Montlouet.
Cousin, Alcide,	id.
Fleury, Jules,	id.
Leroy-Harault.	id.
Minard Tell,	id.
Martin, Ernest,	id.
Touresse, Lucien,	id.
Lesieur, Alcide,	id.
Leroy, Casimir,	id.
Martin, Auguste,	id.
Trouvé, Aîné,	id.
Terrault, Louis,	id.

Commune de Pierres

Besnard,	Bois-Richeux.
Bernard, Théodule,	id.
Lahaye, Désiré,	id.
Thavard, Albert,	Pierres.
Ralat, Eugène,	id.
Duval, Edouard,	Sauny.
Vigneron-Chasles,	Bois-Richeux

Commune de Saint-Piat

Bobet, Ernest,	Saint-Piat.
Foubert-Grandon,	id.
Gauthier-Fauveau,	id.
Hébert-Bouju,	id.
Lochon, Edouard,	id.
Legrand, Paul,	id.
Maury-Launay,	id.
Dauvilliers, Marie,	Dionval.
Alexandre-Bobet,	Saint-Piat.
Chauvron, Théodore,	Grogneul.

Commune de Saint-Symphorien

Levacher,	Bouchemont.
Maury, Firmin,	Eclimont.

Commune de Soulaires

Alexandre-Mouton,	Soulaires.
Alexandre-Renou,	id.
Binet, Léonce,	id.
Chesneau, Victor,	id.

Chenevée, Victor,   Soulaires.
Dauvilliers, Jules,   id.
Dauvilliers, Amédée,   id.
Dauvilliers, Gustave,   id.
Dauvilliers, Léonce.   id.
Fortin, Alphonse,   id.
Gauthier-Corbin,   id.
Gillard,   id.
Gervais, Adrien.   id.
Genet, Modeste,   id.
Gauthier, Célestin,   id.
Gatineau, Théodule,   id.
Hamon. Jules,   id.
Lescurd-Anceaume,   id.
Langlois-Pichard,   id.
Langlois, Marie,   id.
Lagneau-Corbonnois,   id.
Lahaye, Alphonse,   id.
Lahaye, Aristide,   id.
Lahaye. Constant,   id.
Mazurier, Alcide,   id.
Pichard, Pierre,   id.
Pelletier, François.   id.
Petit-Langlois,   id.
Renou, Vve Lunet,   id.
Peauger, Edmond,   id.
Alexandre-Renier, Vve,   id.
Lunet, Gustave,   id.
Lagneau, Théodule,   id.
Gauthier, Auguste,   id.

Commune d'Yermenonville,

Bordier, Paul,   Yermenonville.
Delorme-Hoyau,   id.
Genez, Amédée,   id.
Godard-Philéas,   Boigneville.
Godard-Guénault,   id
Gallais, François,   id.
Lagrue. Célestin,   id.
Michard,   id.
Maisonnier,   id.
Rabourdin,   id.
Prévosteau,   Moineaux.
Reveillé, Albert,   Boigneville.
Fourmilleau, Théodule,   id.
Ollivier-Fauvet,   id.

Commune d'Ymeray

Trubert, Gustave,   Ymeray.

Canton de Voves

Commune de Voves

Forteau, Emile,	Voves.
Goussu,	Rozelles.
Thomas, Ovide,	Voves.

Commune de Boisville-la-Saint-Père

Conay,	Lorme.
Gosme,	Boisville-la-Saint-Père.
Dramard, Alfred,	Houville.

Commune de Boncé

Gommier,	Bois-Saint-Martin.
Gérondeau, Charles,	Boncé.

Commune de Fains-la-Folie

Legrand, Charles,	La Folie.
Imbault-Hue,	Fains-la-Folie.

Commune de Germignonville

Dreux,	Sevestreville.
Fourmont, Julien,	id.

Commune de Montainville

Boucher-Pelard,	Montainville.
Farault,	Meigneville.
Rouillay, Marcel,	id.
Dolléans-Jumeau,	Chavernay-le-Grand.

Commune de Ouarville

Châtain, Faustin,	Ossonville.

Commune de Réclainville

Dosne, Odille,	Villeneuve.

Commune de Rouvray-Saint-Florentin

Brière, Dieudonné,	Reverseaux.

Commune de Viabon

Gréau-Legrand,	Viabon.
Lamirault-Levassor,	id.
Malnou, E ile,	id.
Sicot, Ernest,	id.
Tramblay,	id.
Thariot-Pascal,	id.

Commune de Villars

Courtois, Julien,	Villars.

Commune de Villeau

Popot,   Villeau.

Commune de Villeneuve-Saint-Nicolas

Perrier,   Villeneuve-St-Nicolas.

Commune d'Ymonville

Buffétrille, Rémy,   Ymonville.
Popot, Alfred,   Mérouvilliers.

ARRONDISSEMENT DE CHATEAUDUN

Canton de Bonneval

Commune de Bonneval

Martin, Emile,   Méroger.
Viollette Verrier,   id.
Goussu, Charles,   au Glandin.
Templier, François.   Vouvray.

Commune d'Alluyes

Chasles, Amilcar,   Alluyes.
Campagne, Constant,   La Ronce.
Couppé-Gouache,   id.
Legrand Adonis,   id.
Chasles, Jules,   Coulommiers.
Porcher, Eugène,   id.
Maupu, Jules,   Heurtebise.
Mesuré,   Beaudouin.

Commune de Bouville

Billette, Martin,   Bouville.
Carnis-Sineau,   id.
Laurent-Debeauce,   Bouville.
Tessier-Tessier, Eugène,   id.
Berland, Armand,   Genarville.
Chasles,   Parlins.
Carnis-Campagne,   Bouville.
Cordier, Ernest,   au Bois-de-Feugères.
Fillon-Cochard,   id.
Pelard,   id.
Martin, Jules,   id.

Commune de Bullainville

Imbault-Cyrus.   Bullainville.
Pelletier,   id.

Commune de Flacey

Ricois,   Moresville.

Commune du Gault-Saint-Denis

Amelin,   La Varenne.
Fleury-Lucas,   id.

Commune de Meslay le-Vidame

Lestang, Gabriel,   Andeville.
Mercier, Xavier,   au Petit-Chavernay.
Pineau, Cyrille,   Meslay-le-Vidame.

Commune de Montboissier

Duneau, Armand,   Dampierre.

Commune de Moriers

Chasles, Victor,   Moriers.

Commune de Neuvy-en-Dunois

Connay,   Neuvy-en-Dunois.
Vincent, Ovide,   Morsans.

Commune de Pré Saint-Evroult

Couppé, Théotime,   au Boulay.

Commune de Saint-Maur

Gosme, Ernest,   Edeville.

Commune de Saumeray

Besnard, Paul,   Ludon.
Colas-Contrepois,   Crouzet.

Commune de Vitray-en-Beauce

Farault-Ferron,   Beauvoir.
Faucquet, Théodore,   id.
Péant, Ernest,   Vitray-en-Beauce.
Vinsot, Ferdinand,   id.
Raimbert, Edmond,   Beauvoir.

Canton de Brou

Commune de Brou

Bouhours, Paul,   La Noue-Gadeau.
Granger-Pâty,   au Grand-Beaufour.
Hubert, Marcel,   Brou.
Leguay, Paul,   au Petit-Beaufour.
Baudin, E., fils,   Brou.

30

Commune de Dampierre-sous-Brou

Lenain, Louis,   Thoreau.

Commune de Dangeau

Carnis-Lesieur,   Sonville.

Commune de Mottereau.

Thierry-Vrain   Feugeray.
Tremblay, Louis,   Talérien.

Commune de Saint-Avit

Bousteau,   Rabestan.
Germond, Valentin,   au Moulin-Neuf.
Pontonnier-Manceau,   Montfoulon.
Seigneuret, Fulgence,   Saint-Avit.
Meaupou (de),   Eguilly.

Commune d'Unverre

Desveaux-Challier,   La Dagougerie.
Truquet-Manceau,   La Crotichère.
Hallouin, fils,   La Grande-Brétêche.

Commune de Vieuvicq

Foubert, Alphonse,   L'Epinay.
Fauveau, Eugène,   Juligny.
Roch, Julien,   La Certellerie.

Commune d'Yèvres

Gaudin,   Bel-Essard.

Canton de Châteaudun

Commune de Villampuy

Boutroue, Léon,   Lavainville,

Canton d'Orgères

Commune d'Orgères

Bouchard, Narcisse,   Orgères.

Commune de Baigneaux

Pelé, Germain,   Baigneaux.

Commune de Bazoche-en-Dunois

Rougeaux, Adolphe,   La Motte.
Pinguel, Paul,   Bazoche-en-Dunois.

Commune de Cormainville

Chantard-Dreux,	Cormainville.
Fillon, Joseph,	id.
Gidoin, Joseph.	id.
Tiercelin-Denizet,	id.

Commune de Courbehaye

Hurault,	Moronville.
Lamé, Émile,	Ormoy.
Sevin, Henri.	Menainville.
Velard,	Ormoy
Huguet, Gustave,	Courbehaye.
Crosnier, Julien.	Ormoy.
Mullet, Léon,	id.
Bourgeois. Gustave,	aux Cornières.
Hardy,	Ormoy.
Templier.	Villepereux.
Gogard-Hilaire.	id.
Tourne,	Rognon.

Commune de Lumeau

Hurault, Joseph,	Domainville.

Commune de Nottonville

Bois, Charles,	Réclainville.
Carnis-Mesmin.	Nottonville.
Maison, Gabriel.	Lierville.

Commune de Varize

Barrier, Ernest,	Pommay.

ARRONDISSEMENT DE DREUX

Canton de Châteauneuf

Commune du Boullay-les-deux-Églises

Hauduroy,	aux Ménillets.

Commune de Favières

Buthon-Bataille.	au Grand-Hanche.
Damoizeau.	au Rouvray.

32

Dagron, Gustave,   au Rouvray-Josse.
Jumeau,   id.
Lenoble, Jules,   id.
Lhémery,   Favières.
Loiselet, François,   au Rouvray.
Peauger-Bataille,   id.
Leroy, Prudent,   au Bois-Rouvray.

Commune des Gâtelles

Cajet, Charles,   au Chemin.

Commune de Theury-Achères

Chédé, Arsène,   Bernier.
Poulain, Isidore,   id.

Commune de Thimert

Martin,   Villiers.

Canton de Nogent-le-Roi

Commune de Nogent-le-Roi

Téton, Albert,   Nogent-le-Roi.

Commune de Coulombs

Loison, Léon,   Bréchanteau.

Commune de Néron

Debray,   Néron.
Mercier,   id.
Marchand,   id.
Moutons-Letellier,   id.
Réveil, Stanislas,   id.
Trochard,   id.
Beslay, Célestin,   id.
Crossay, Benjamin,   id.
Boucher-Chasles,   id.
Lahaye-Foucault,   id.

Commune d'Ormoy

Farron, Eugène,   Ormoy.

Commune de Saint-Lucien

Brière-Leclère,   Sangis.
Breton, Emile,   St-Lucien.

Hude, Isidore,	St-Lucien.
Vigneron, Benjamin,	id.
Cousin-Villery,	La Louvière.

Commune de Saint-Martin-de-Nigelles

Lécurier, Alphonse,	Églancourt.

Canton de Senonches

Commune de Senonches

Giroux, Célestin,	Senonches

Commune de Digny

Auger, Emile,	au Pâtis.
Alloileau. Vve,	L'Hérable.
Baptiste Bataille,	au Rouvray-Josse.
Bataille, Augustin,	Bréherville.
Bouchard, Alexis,	Digny.
Blaise-Hureau,	au Plessis.
Benoist, Lucien,	au Romphaye.
Cabaret, Hippolyte,	au Charmoy.
Dubois,	Auneau.
Foucault-Duroux,	au Charmoy.
Fergant, aîné,	id.
Ferron,	au Tronchay-Cordel.
Folleau,	au Tronchay.
Geslain,	au Charmoy.
Gasse, Pierre,	La Montjoie.
Hugon, Emile.	Menainville.
Leroy-Boussin,	La Mousse.
Lécuyer-Moreau,	La Folie.
Leblond,	au Charmoy.
Maudemain,	Grouasleux.
Marié-Thireau,	au Charmoy.
Naveau, Vincent,	id.
Repessé, Marcel,	id.
Rose, Vincent	id.
Thireau, Janvier.	au Plessis.
Thomas, Alphonse,	aux Farinelles.
Sortais, Henri.	au Tronchay-Cordel.
Lacroix, Charles.	id.
Guilly, Constant,	au Plessis.
Ferron,	Bréherville.

Commune de la Framboisière

Coupé, Delphin,	La Framboisière.

Commune du Mesnil-Thomas

Fronel, Abel,   La Grande-Motte.

ARRONDISSEMENT DE NOGENT-LE-ROTROU

Canton d'Authon

Commune de Beaumont-les-Autels

Vve Guiho, née Pouteau,   Beaumont-les-Autels.
Galibourg, Louis,   id.
Goutte, Eugène,   id.
Masson, Jules,   id.
Tachot,   au Moulin-Vinet.
Meunier, Auguste,   La Verrerie.

Commune de Béthonvilliers

Morice, Louis,   La Guerrière.

Commune de Luigny

Aubert, Louis,   aux Foucaudières.
Habert, Hippolyte,   Luigny.
Lasnier, Félix,   Beauchamp.
Philippe, Auguste,   au Petit-Bois-Huret.
Sergent-Ruffin,   au Verger.
Rigot, Eléonard,   aux Gasseries.

Commune de Miermaigne

Bidault, Louis,   au Buisson.
Esnault, Louis,   L'Etang-Chaud.
Leproust, Henri,   La Vacherie.
Poivré, Auguste,   Bois-Colin.
Reigneau,   La Sablonnière.
Challier, Hippolyte,   au Hérisson.

Commune de Moulard

Galerne, fils,   au Chouan.

Canton de La Loupe

Commune de Belhomert

Germond,   La Maison-Neuve.

Gouget, François.   Belhomert.
Dhonneur,   La Montjoie.

Commune de Champrond-en-Gâtine

Chaboche, Edouard,   Champrond-en-Gâtine.
Deschamps, François,   id.
Hardy, Louis,   id.
Jumeau, Adolphe.   id.
Martin, Julien,   id.
Pallu, François,   id.
Sainsot, Louis,   id.
Petit, Maximilien,   id.
Petit, Pierre, Vve,   id.
Rousseau-Genet,   id.
Salmon,   id.
Sagot, François.   Beauvais.
Allard, Constant,   L'Etang-Chaud.
Blin-Maille,   Villemaigre.
Bonneau, Louis,   Vitriers.
Couillin, Gustave,   au Petit-Beauvais.
Dieu, Joseph,   au Bois-Gillet.
Gauthier, Jules,   Beaurepaire.
Geslain, Médéric.   La Suarderie.
Hardy, Alphonse.   Toucheronde.
Huard, Théophile,   Beaurepaire.
Jallon, Désiré.   aux Grandes-Ventes.
Jumeau, Eugène,   L'Aiguillon.
Jolivet, garde,   La Garenne.
Louvencourt,   La Terre-Brulée.
Lesieur, Léon,   au Petit-Bois-Landry.
Lavie, Alexandre,   Champrond-en-Gâtine.
Beauchet, Alexandre,   id.
Malnou, Alexandre,   id.
Hardy, Paul,   id.

Commune des Corvées-les-Yys

Courtois, garde,   St-Laurent.
Duché, Fortuné,   aux Yys.
Enault,   La Morrerie.

Commune de Fontaine-Simon

Guénier,   Mauny.
Buthon, François,   La Maison-Arse.

Commune de Friaize

Fosset, Alphonse,   Friaize.
Gougis, Paul,   id.

36

Lamy, Désiré,   Friaize.
Menant. Maximilien,   id.
Bizard, Vve,   aux Usages.
Guillen, Rémy,   Hacquenée.
Coudray, jeune, Louis,   au Frou.
Binoist-Chenet,   La Mairie.

Commune de Meaucé

Bresdin, Albert.   La Sauvagère.
Bouilly, Frédéric,   au Haut-Bois.
Marchand, Denis,   La Gauderie.
Beaumert, Louis.   au Haut-Bois.
Moreau-Noury,   La Pichonnière.
Pelletier, Alphonse,   La Terrolerie.

Commune de Montireau

Jumeau, François,   aux Herbeaudières.

Commune de Moutlandon

Chevée, Théodore,   aux Maisons rouges.
Coudray, François,   Moutlandon.
Hardy. François,   id.
Lesieur, Jacques,   id.
Gérondeau,   La Tesserie.
Fleury.   Montlandon.
Hébert, Jean-Louis,   id.
Massot, Désiré,   aux Usages.

Commune de Saint-Denis-des-Puits

Barrière,   Beaulieu.
Dauvilliers.   St-Denis-des-Puits.
Goust, Louis.   id.

Commune de St-Eliph

Thommelin, Félix,   La Petite-Sergenterie.

Commune de St-Maurice-St-Germain

Bellan, Louis,   aux Gastines.
Ferrand, Octave,   Bois-Rouy.
Leroux,   La Vignonnerie.
Moreau, Lucien,   St-Maurice-St-Germain.

Commune de St-Victor-de-Buthon

Boucher, François,   Montroussel.
Champdavoine, Isidore,   id.

Doret, Julien,	St-Victor-de-Buthon.
Lemarié, Etienne,	id.
Foucault, Charles,	La Mésangère.
Hayes, Jules,	L'Auberdière.
Legout, Jules,	au Boulay Bigeault.
Lejeune-Védie,	La Heulière.
Martin, Pierre,	au Boulay-Bigeault.
Sursin, Jules,	La Forge.
Leduc,	au Boulay.
Lormeau, François,	au Goulet.

Commune du Thieulin

Marié. Charles,	La Baudrière.
Mlle Menard,	id.
Robbe-Vigan,	La Chapelle.
Salmon-Morin,	Maillebourg.

Commune de Vaupillon

Rivero (de),	aux Haies-Guitton.
Haye,	au Chêne-Lizé.

Commune de Villebon

Bled-Gasse,	Villebon.
Gouache, Jules,	id.
Sainsot-Blay,	id.
Richard, François,	id.

Canton de Nogent-le-Rotrou

Commune de Nogent-le-Rotrou

Bailly, ancien Conseiller général,	Nogent-le-Rotrou.
Daupelay, Gustave,	id.
Glon,	id.
Philippe, économe des hospices,	id.
Vigneron, Marcel,	id.
Guibert,	La Grande-Joisière.
Brunet,	au Bois-de-l'Aumône.
Bourgery	Nogent-le-Rotrou.

Commune d'Argenvilliers

Bailleau,	La Rousselière.
Bouju, René,	La Petite-Véronnière.
Chevée. Albert,	La Métairie.
Frard, Victor,	L'Aubert.
Martin, François,	La Bachelotière.
Tessier, Emile,	Oursières.

Commune de Brunelles

Esnault,	Saint-Gilles.

Commune de Champrond-en-Perchet

Dordoigne,	Bray.

Commune de La Gaudaine

Poirier, François,	Goulet.

Commune de Souancé

Jouannet, Auguste,	Outreçon.

Communes de Vichères

Gasnier,	Vichères.
Jousselin,	Rougemont.

Canton de Thiron-Gardais

Commune de Combres

Auger, Cousin,	Combres.
Blin-Védie,	id.
Bonneau, Eloi,	id.
Chevreau-Saison,	id.
Loudin-Chevallier,	id.
Quantin-Malbet,	id.
Bonneau, François,	au Charmois.
Bonneau, Pierre,	aux Champeaux.
Bodier, Félix,	Hôtel-Yret.
Bonneau, Bazile,	aux Champeaux.
Champdavoine,	La Mazure.
Darreau,	La Place.
Desveaux-Souchay,	La Foucauderie.
Damoiseau-Pinceloup,	aux Champeaux.
Jallon, Pierre,	aux Ventes.
Loriot-Aubin,	La Chevrie.
Lorin-Bonneau,	La Cour-Houvet.
Mautaudouin,	aux Ventes.
Quantin, Valentin,	L'Orgerie.
Coudray, Célestine,	La Martinière.
Adolphe, Félix,	aux Ventes.
Cirou-Desveaux,	La Foucauderie.
Lavrilleux,	Bois-Nézard.

Commune de Coudreceau

Herbault, Emile,	Coudreceau.

Commune de Frazé

Blanchouin-Guillin,	Lilaudière.
Chotard-Guillin,	Boulay-du-Parc.
Chevallier, Jacques,	au Grand-Cormier.
Gasnier, Alexandre,	au Fay.
Huret-Siméon.	La Leu Belouis.
Mauté,	au Boulay.
Mercier-Germain,	au Petit-Essard.
Rousseau, Adolphe,	au Dézert.
Renoncet,	id.
Souché,	Frazé.

Commune de Fréligny

Bazin, Charles,	L'Enfer.
Miller, Prosper,	La Touche.
Maupin, Théodore,	Launay.
Souverain, Alexis,	au Vieux-Landon.

Commune d'Happonvilliers

Rouillis, Ovide,	La Rousselière.
Boutfol, Victor,	au Chêne.
Desveaux, Jérôme,	La Graiserie.
Fézard, Léon,	au Chêne.
Isambert-Marchand,	La Ciroterie.
Jacquet, Alfred,	aux Touches.
Jacquet, Victor,	La Heulière.
Marchais.	Happonvilliers.
Priolet, Alfred,	Petits-Forts.

Commune de Montigny-le-Chartif

Bouvet,	Montigny-le-Chartif.
Pellerin–James,	id.
Verdier, Eugène,	Beauchêne.
Bouillie, Auguste,	La Bachellerie.
Marcel, Jules,	Toucheron.
Pinceloup, Charles.	aux Chênières.
Sainsot-Forge,	au Gué-des-Aubiers.

Commune de Nonvilliers-Grandhoux

Bourrelier, Constant,	Grandhoux.
Boully, François,	id.
Chembault, Jean,	id.
Priolet, Alexis,	id.
Rousseau-Auger,	id.
Bouilly, Emile,	aux Coquarderies.
Friche, Eugène,	La Pichardière.

Gadeau, Vital,	au Bout-des-Bruyères.
Graffin, Julien,	aux Touchettes.
Hermand,	au Nuisement.
Marchais, Ferdinand,	au Chesnay
Menard, Eugène.	L'Alaiserie
Normand, Pierre,	aux Touchettes.
Rousseau-Fauquet,	aux Coquarderies.
Sainsot-Vallet,	La Charronnière.
Chartrain, François.	Nonvilliers-Grandhoux.

Syndiqués étrangers au département d'Eure-et-Loir.

Syndiqués étrangers au département

Bresdin-Lubin, à Broutilly, commune de Coulonges, par Condé-sur-Huismes (Orne).

Héron, Théodore, à Mérobert, par Châlo-S'-Mars (Seine-et-Oise).

Puis, Jules, à Saint-Escobille, par Authon-la-Plaine (Seine-et-Oise).

Cabaret, Alexandre, à Dourdan (Seine-et-Oise).

Jonge (de), fabricant de sucre à Douaville, par Paray-Douaville (Seine-et-Oise).

Gry, Georges, à Pussay (Seine-et-Oise).

Limet-Gibier, filateur, à Guillerval, par Saclas (Seine-et-Oise),

Salmon, Jules, au Petit-Mesnil par Verneuil (Eure),

Blondeau, Pierre, à Villeray, commune de Condeau, par Condé-sur-Huisne (Orne).

Legendre-David, à Aubray, commune de Mérobert, par Châlo-Saint-Mars (Seine-et-Oise).

Mercou, Edouard, à Champoudry, par Cernay-la-Ville (Seine-et-Oise).

Barbanton, Gustave, à Gourville, près Albis (Seine-et-Oise).

4ᵉ **Année.** — **Février 1891.** — **Nº 29**

Ce Bulletin paraît le 15 de chaque mois.

BULLETIN AGRICOLE
DE L'OUEST

Organe de l'Union des Syndicats Agricoles
des départements du Finistère, des Côtes-du-Nord,
du Morbihan, de la Loire-Inférieure, d'Ille-et-Vilaine, de la
Manche, de la Mayenne, de Maine-et-Loire, de la Sarthe,
de l'Orne, du Calvados, de l'Eure, d'Eure-et-Loir
et de la Seine-Inférieure.

Publié sous la direction de :

H. LÉIZOUR, (✳ M. A.) (Q A.)
Professeur départemental d'Agriculture de la Mayenne, Directeur du Laboratoire
agronomique, Président du Syndicat des Agriculteurs de la Mayenne,

GAROLA, (✳ M. A.) (Q A.)
Professeur départemental d'Agriculture d'Eure-et-Loir,
Directeur de la Station agronomique de Chartres.

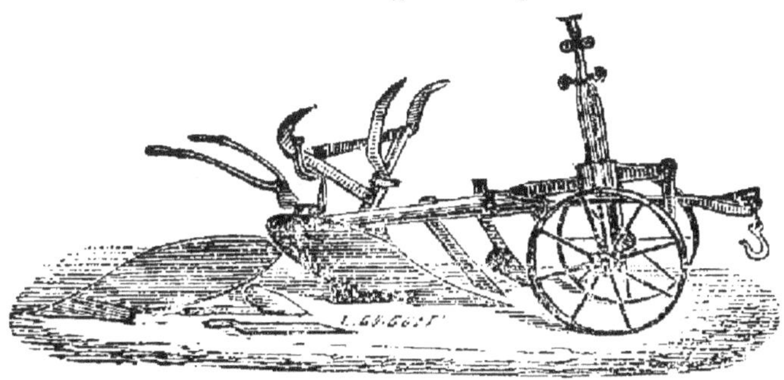

ABONNEMENTS

Les membres des syndicats adhérents sont abonnés gratuitement par leurs
bureaux. — Pour les étrangers aux syndicats : **6 fr.** par an.

ANNONCES

De 1 à 4 annonces. » **50ᶜ** la ligne.	De 8 à 12 annonces » **30ᶜ** la ligne
De 4 à 8 — » **40ᶜ** —	Au-delà de 12. . » **20ᶜ** —

Le bulletin publiera gratuitement les offres et demandes
des Syndicats abonnés.

AVIS. — *Tout ce qui concerne la rédaction, les Annonces et les Abonnements, doit être adressé à* **M. LÉIZOUR**, *rue de la Filature, 1, à Laval.*

LA PRODUCTION LAITIÈRE

Par C. V. GAROLA, (✠ mérite agricole) professeur départemental d'agriculture, directeur de la station agronomique de Chartres.

Prix 1 fr. 50. — 1 fr. 65, franco, par la poste.

Chez R. SELLERET, libraire-éditeur à Chartres.

L'EMPLOI DES ENGRAIS

Par C-V. Garola, ☯, ✳, Professeur départemental d'agriculture,
Directeur de la station agronomique de Chartres.

En vente aux Bureaux du *Progrès Agricole* 23, rue des Trois-
Cailloux, à Amiens, au prix de 0 fr. 50, franco.

LES PRAIRIES TEMPORAIRES

Par C-V. Garola, ☯, ✳, en vente à la même librairie, au prix de
0 fr. 30, franco.

Fabrique de Briques, Carreaux et Tuyaux de drainage

De toutes dimensions et sur commande

MÉDAILLES ET DIPLOMES D'HONNEUR

BOULARD-BILLIARD

TUILIER-BRIQUETIER

Aux Agets-Saint-Brice

Par BOUÈRE (Mayenne)

Entrepôt de TUILERIE de BOURGOGNE (Saône-et-Loire)

Le tarif est envoyé *franco* à toute personne qui en fait
la demande.

Une Réduction est faite aux Membres du Syndicat

LA FONCIÈRE

COMPAGNIE D'ASSURANCES MOBILIÈRES ET IMMOBILIÈRES

CONTRE L'INCENDIE

Siège social : *Place Ventadour*, PARIS

Ensemble des garanties

SOIXANTE-HUIT MILLIONS

Au 31 décembre 1888, les valeurs assurées s'élevaient à 6 milliards
491 millions 394 mille 745 francs. (Le résultat de l'exercice 1889
n'est pas encore connu.)

S'adresser ou écrire à M. Mercier, agent général et comptable
du Syndicat agricole, 4, place Saint-Michel, Chartres.

BULLETIN AGRICOLE DE L'OUEST

Union des Syndicats agricoles de l'Ouest

RÉUNION DU 2 FÉVRIER 1891

PRÉSIDENCE : M. Léizour, Président du Syndicat agricole de la Mayenne, président.

La séance est ouverte à 2 h. 1/2.

Sont présents : MM. Fortier, Launay, de Coatpont, Léizour et Garola.

Lecture est donnée du procès-verbal de la dernière séance qui est adopté.

Le Président fait savoir qu'il a transmis à qui de droit les vœux formulés dans la dernière réunion. Il expose de la part du trésorier absent, les comptes de l'association d'où résulte une dépense de 3 fr. 90 par syndicat adhérent. Les comptes sont approuvés.

Le Président expose alors la question du transport des engrais, et fait savoir que, dans les bureaux de la Compagnie des chemins de fer de l'Ouest, on lui a dit que le transport par *train complet* permettrait une réduction sensible de prix.

Après discussion l'assemblée adopte le vœu suivant :

« Lorsque l'étude des tarifs du transport des engrais viendra en discussion, demander une réduction pour le transport par train complet, et un tarif identique pour toutes les compagnies ».

On entame une discussion sur les vœux à émettre sur les tarifs de douane et sur la question des deux tarifs ; sur la proposition de M. Garola, l'assemblée, considérant qu'elle est trop peu nombreuse pour émettre des vœux sur un sujet aussi important, avec l'autorité nécessaire, passe à l'ordre du jour.

Cet ordre du jour appelle le renouvellement du bureau.

M. Léizour, président sortant, déclare refuser tout renouvellement de son mandat. Devant l'impossibilité de trouver un président parmi les membres présents, l'assemblée, n'étant pas suffisamment nombreuse pour prononcer la dissolution de l'Union, conformément à l'article 13 des statuts, se sépare sans avoir pris de résolution.

Le Secrétaire de la séance.

GAROLA.

Secrétaire du Syndicat de Chartres.

Compte rendu de l'Assemblée générale du 24 Janvier 1891.

L'Assemblée annuelle du Syndicats des Agriculteurs de la Mayenne s'est tenu le samedi 24 janvier 1891, à l'entrepôt central de l'association à Laval.

Après lecture du procès-verbal de la dernière réunion M. Léizour, Président du Syndicat, rend compte à l'assemblée des opérations effectuées pendant l'année 1890. Les achats faits pour le compte du Syndicat se sont élevés, dit-il, à 298.187 fr. 30.

Bien que le poids des engrais livrés par le Syndicat ait atteint le chiffre de 3.083.450 kilogr. en 1890, leur valeur a légèrement diminué sur l'année précédente, ce qui est dû à la faveur accordée aux phosphates dont le prix d'achat qui était de 144.764 fr. 80 en 1889 a passé à 185.582 fr. 10 en 1890, tandis que les engrais azotés ont subi une diminution assez sensible dans leur emploi à cause de la continuité de l'humidité au printemps dernier.

Une autre diminution s'est également produite sur les graines, grâce à l'abondance des graines de trèfle récoltées en 1889 par nos cultivateurs. Les achats d'instruments divers se sont légèrement accrus en 1890, ils ont été de 10.445 fr. 45.

En présence de l'extension prise par l'emploi des engrais chimiques, le bureau du Syndicat a pensé qu'il était utile de vulgariser les distributeurs d'engrais. C'est dans ce but qu'il en a placé en location aux entrepôts de Laval, de Craon et de Mayenne.

M. le Président donne ensuite le compte rendu des opérations effectuées à l'entrepôt central de Laval tenu au compte de l'Association par M. Peyras, ainsi que des services rendus par ce dernier au Syndicat et à la culture du département.

Il résulte des chiffres du tableau récapitulatif de cet entrepôt qu'il est entré pour 86.979 fr. de marchandises ayant donné un bénéfice de 4.708 fr. 12, soit 5.41 0/0 de la valeur de ces marchandises, on voit quelle différence il y a avec certains détaillants commerciaux qui prélèvent jusqu'à 50 0/0 sur des marchandises de ce genre dont ils ne connaissent pas la composition.

M. le Président parle ensuite des tristes effets de la gelée sur les blés et des mesures qui ont été prises pour pouvoir fournir des blés de printemps aux membres qui en feraient la demande, ainsi que des tourteaux destinés à remplacer les fourrages qui ont été détruits.

En terminant M. le Président adresse ses plus si cères remerciements à ses collègues MM. les membres du bureau et donne la parole à M. Fontaine, trésorier du Syndicat.

M. le Trésorier donne lecture de son rapport pour l'année 1890 d'où il résulte un avoir net de 15.886 fr. 95.

La parole est ensuite donnée à M. Guerlin pour la lecture du procès-verbal de la commission nommée par le bureau pour la vérification des comptes de M. le Trésorier ainsi que ceux de M. Peyras agent principal du Syndicat. Cette commission en a reconnu la complète exactitude et les comptes sont approuvés à l'unanimité. Au nom de tous et pour son compte personnel M. le Président remercie chaudement le Trésorier pour le zèle qu'il apporte dans sa tâche de plus en plus lourde.

Suivant l'ordre du jour M. le Président dit qu'il y a lieu de procéder à l'élection des Vice-Présidents et du Trésorier, il propose le vote, l'assemblée repousse le scrutin secret et à l'unanimité MM. Bidault et Rezé vice-présidents et M. Fontaine trésorier sont réélus.

M. le Président annonce que la réunion annuelle des délégués de l'Union des Syndicats agricoles de l'Ouest aura lieu à Paris le 2 février prochain.

Après une assez longue discussion, une commission composée de MM. Léizour, Bidault et Anquetil-Delisle, représentant les trois arrondissements du département, est nommée pour étudier les questions douanières qui seront discutées à la réunion de l'Union des Syndicats agricoles de l'Ouest.

M. le Président propose ensuite à l'assemblée l'admission de 272 membres qui lui ont envoyé leurs adhésions et dont la liste a été transmise à tous les membres du

Syndicat. Par mains levées l'assemblée prononce leur admission à l'unanimité.

La séance est levée à 4 h. 1/2.

Le Rapporteur,

P. MASSERON.

Avis aux Cultivateurs

Les froids exceptionnels que nous venons de subir ont déterminé dans la culture de graves perturbations auxquelles il est urgent de remédier. Ils ont eu, fort heureusement d'ailleurs, des effets moins désastreux que beaucoup de personnes ne le craignaient. Néanmoins les récoltes en terre ont souffert, quelques-unes même ont été complètement détruites et il importe de faire de suite le nécessaire pour restaurer les unes et de remplacer les autres.

Beaucoup de fourrages ont été également détruits et il faudra tirer de ceux qui restent le meilleur parti possible, afin d'éviter la vente prématurée de quelques animaux et de maintenir les autres dans un état aussi satisfaisant que possible.

CÉRÉALES

Froment. — Selon la nature du sol, son exposition, l'époque du semis et la variété ensemencée, le froment se trouve actuellement dans des situations différentes.

Dans un assez grand nombre d'exploitations, les semailles n'étaient pas achevées lorsque les froids rigoureux sont arrivés et une partie des terres destinées à cette culture attendent encore la semence. Là il n'y a évidemment qu'à reprendre l'opération où on l'avait laissée, en ayant soin de se servir de variétés appropriées aux circonstances.

En ce qui concerne le blé gelé, il se présente deux cas : ou la récolte a été détruite en partie seulement, laissant encore l'espoir d'obtenir un produit passable moyennant quelques soins ; ou bien la destruction a été telle que les rares plants qui restent sont insuffisants pour fournir une récolte.

Dans le premier cas la conduite à tenir est tout indiquée. Il s'agit de *stimuler de suite la végétation* à l'aide d'une petite quantité d'engrais azoté, par exemple 75 à

80 kilogrammes de nitrate de soude par hectare. Il serait imprudent d'appliquer une plus grande quantité de cet engrais en ce moment, car la végétation étant peu active, une partie de cet engrais, n'étant pas absorbée par la récolte, risquerait d'être entraînée par les eaux de pluie.

L'application de l'engrais sera suivie, aussitôt que l'état du sol le permettra, d'un roulage destiné à produire le tassement du sol, rendu indispensable par le soulèvement occasionné par la gelée et ayant eu pour effet de déchausser les blés. Mais il ne faut pas attendre la possibilité de pratiquer ce roulage pour employer l'engrais.

Partout où la verse ne sera pas à craindre, une seconde application du même engrais devra être faite vers la fin de mars ou les premiers jours d'avril, *avant le hersage.* Il sera très important cette année de pratiquer ce hersage des blés, d'abord pour compléter l'effet de l'engrais et ensuite pour détruire les mauvaises herbes, dont la croissance sera d'autant plus à redouter qu'on aura appliqué des engrais actifs et que la surface du sol sera moins occupée par le blé.

Il va sans dire que ceux qui n'ont pas employé d'engrais phosphatés avant la semaille, se trouveront bien du mélange de 400 à 600 kilogrammes de superphosphate au nitrate de soude. Cet engrais, comme toujours, donnera à la paille une plus grande rigidité et assurera le rendement en grain.

A l'égard des blés trop éclaircis pour qu'une tentative de restauration n'ait pas de chance d'aboutir, la seule conduite à tenir c'est leur remplacement par un autre semis complet. Mais nous croyons que ces blés sont rares et dans la majeure partie des cas, les soins que nous venons d'indiquer détermineront un tallage suffisant pour combler les vides.

Nous ne croyons pas, dans tous les cas, qu'il y ait intérêt à remplacer les plants disparus par un semis d'avoine, ainsi que cela a été conseillé, ni même par un semis de blé, la variété cultivée serait-elle de celles qui peuvent se semer au printemps comme à l'automne.

Le triage du mélange de blé et d'avoine, même avec les bons trieurs, est une opération trop longue et trop coûteuse, devant laquelle les cultivateurs reculeraient et le produit obtenu d'une telle culture n'aurait que peu de valeur.

Quant au mélange de blés semés aux deux époques il ne semble pas devoir donner de bons résultats non plus. Il y aurait, en effet, une telle différence de végétation et de maturation que le résultat final serait bien incertain.

Mieux vaut donc détruire le reste du semis d'automne, soit par un labour, soit par un coup de scarificateur, et ensemencer complètement à nouveau, en se servant de l'une des variétés suivantes :

Blés à semer au printemps. — Parmi les blés d'hiver il existe deux variétés dont la semaille peut être continuée jusqu'au 15 mars et dont le produit reste satisfaisant, bien qu'il diminue plus ou moins à mesure que l'époque du semis retarde. Ce sont le *Blé bleu* ou blé de Noë et le *Blé rouge de Bordeaux*.

Il existe, en outre, des variétés de printemps qui se cultivent couramment en Angleterre, en Allemagne et dans quelques parties de la France, et dont on obtient des rendements satisfaisants, bien qu'inférieurs à ceux des blés d'hiver.

Les variétés les plus recommandables sont les suivantes :

Le blé Hérisson barbu. dont le rendement en grains est généralement assuré. Il donne peu de paille et convient plus particulièrement aux terres légères. Comme les deux variétés précédentes, il ne faut pas le semer après le 15 mars.

Le Chiddam blanc de Mars à épi blanc, à paille fine, assez longue et blanche. Variété qui demande une terre bien préparée et fertile.

Le blé *Richelle blanche de Naples*, qui demande une terre un peu argileuse et fraîche.

Les blés de printemps donnent toujours, à conditions égales, un rendement inférieur à celui des blés d'hiver. Il y a à cela deux raisons principales ; la moindre durée de leur végétation et le manque très général, dans les terres de nos contrées, d'une quantité suffisante de matières fertilisantes immédiatement assimilables.

Si dans la Mayenne les blés de printemps ne donnent pas de bons produits, il est fort probable que cela est dû au manque d'acide phosphorique dans nos terres.

Cet élément, en effet, stimule d'une façon spéciale la végétation à ses débuts et permet aux plantes de prendre rapidement un accroissement que, sans lui, elles n'acquièrent qu'avec le temps, et dans la circonstance, c'est le temps qui fait défaut.

Partout où le sol n'a pas reçu un complément d'engrais phosphaté à l'automne, on fera donc bien d'appliquer de 400 à 500 kilos de superphosphate par hectare, avant le semis des blés de printemps. Autant que possible on mélangera cet engrais à la terre soit par un labour, soit à l'aide d'un coup de scarificateur.

Il ne faut pas oublier que les blés de printemps ne tallent que fort peu et qu'il est même avantageux de les en empêcher en les semant très drus. Le tallage retarde la végétation et exposerait ces blés à mûrir tard et à être *échaudés*. Il faut employer de 250 à 300 litres de semence à l'hectare, selon la grosseur du grain.

Comme les rigueurs de l'hiver ont été très générales cette année et que partout les froments d'hiver ont plus ou moins souffert, il est à prévoir que la production totale se trouvera réduite. Les prix de vente pourraient donc être plus élevés et les cultivateurs qui feront des blés de printemps pourront encore y trouver leur compte, malgré leur rendement moins élevé.

Comme les travaux ont été fortement retardés par les gelées et que, d'un autre côté, les réensemencements viendront augmenter encore la somme de ceux qui restent à faire, il se pourrait que les semis de blé ne puissent pas être terminés en temps utile. Dans ce cas il faudra avoir recours aux cultures d'avoine et d'orge de printemps, dont le semis peut être fait plus tard, mais en ayant soin de se servir de variétés à grand rendement, plus aptes à utiliser les ressources d'une terre préparée pour une culture de froment. On sèmera *l'orge commune Anglaise, l'orge Chevalier, l'avoine noire de Brie, l'avoine prolifique, l'avoine Prunier* ou unilatérale, *l'avoine jaune des Salines.*

Avoines. — Les avoines d'hiver, plus sensibles aux gelées que le froment, sont à peu près perdues. Il faudra les remplacer par l'une ou l'autre des variétés de printemps que nous venons d'indiquer en prenant les mêmes précautions que pour les réensemencements de froment. Les gros rendements d'avoine s'obtiennent aussi sur les terres riches en acide phosphorique.

FOURRAGES

La gelée ayant détruit la plus grande partie des choux, beaucoup de betteraves, de carottes, de navets, de rutabagas, etc., l'alimentation des animaux sera difficile, en attendant les fourrages fauchables, dont la végétation a été également retardée. Il importe donc d'utiliser le mieux possible les provisions qui restent et de faire un effort pour les compléter en achetant, au besoin, quelques aliments concentrés pour parfaire les rations.

Les agriculteurs auront tout avantage à ne pas vendre prématurément leurs animaux, étant donnée l'interdiction de l'importation du bétail de quelques pays voisins, où sévit la fièvre aphteuse (cocote) et qui ont l'habitude d'alimenter nos marchés. Cette interdiction aura nécessairement pour effet de maintenir et même d'élever les cours, si elle n'est pas contrebalancée par une offre trop considérable d'animaux du pays.

Il faut aussi éviter de laisser souffrir les animaux qui ne sont pas destinés à la vente, qu'il s'agisse d'animaux d'élevage ou de bêtes adultes, d'abord parce que leur santé pourrait s'altérer, ensuite parcequ'ils ne seraient plus aptes à utiliser aussi avantageusement les fourrages du printemps et de l'été, dont une trop forte proportion ne servirait qu'à réparer les pertes subies pendant la période de disette fourragère.

Là où les provisions en magasin ont été plus ou moins atteintes par la gelée, la première chose à faire est un triage sérieux des racines et tubercules, de façon à éviter le contact prolongé des parties saines avec les parties endommagées, dont la décomposition se communiquerait rapidement aux premières.

D'un autre côté, il sera utile de stimuler la végétation des fourrages fauchables qui sont en terre, seigle, vesce, etc., qui ont été épargnés par la gelée, et dont le besoin se fera sentir de bonne heure. A cet effet, on emploiera sur le seigle, le plus tôt possible, de 100 à 200 kilos de nitrate de soude par hectare, en mélange avec 300 à 400 kilos de superphosphate. Bien que la vesce soit moins avide de nitrate de soude, cet engrais en mélange avec le supersphophate, en hâte aussi la végétation. Il sera donc bon d'en employer une petite quantité sur les semis d'automne, afin de pouvoir en récolter une partie le plus tôt possible.

On se trouvera bien d'agir de la même façon sur une

partie des cultures de trèfle et de luzerne. Nous avons vu des applications de nitrate de soude faites dans ces conditions amener la possibilité de commencer la première coupe quinze jours plus tôt, ce qui, indépendamment de l'augmentation du produit, aurait, cette année surtout, une très grande importance. Il va de soi que partout où le sol n'aura pas reçu, pour ces cultures, une ample provision d'engrais phosphaté, il sera indispensable de faire usage de superphosphate en même temps que du nitrate de soude. La quantité de superphosphate à employer est de 500 à 600 kilos par hectare.

En attendant les fourrages verts, le meilleur moyen à employer, dans les circonstances actuelles, pour alimenter le bétail, consiste à hacher la paille et le foin dont la qualité laisse à désirer, de mélanger ces deux matières à des balles de céréales, si on en dispose, à des racines hachées, si la gelée ne les a pas complètement détruites et à humecter le tout à l'aide d'eau contenant un peu de sel et une quantité de tourteaux calculée de façon que chaque animal adulte en reçoive de 500 grammes à un kilogramme par jour.

Cette ration de tourteau quoique faible maintiendra les animaux dans un état satisfaisant et ne coûtera qu'une somme bien minime puisque par l'intermédiaire du syndicat on peut se procurer :

Les tourteaux de Lin   à 20 fr. 50 les 100 kilos.
    id.   d'Arachide à 18   50   id.
    id.   Sésame à   17   50   id.

Il ne s'agit donc que d'un sacrifice inférieur à 0 fr. 20 par jour et par animal.

Les tourteaux pourraient d'ailleurs être remplacés par de la farine de *menus grains*, mais la valeur commerciale de ces grains n'est pas en rapport avec leur valeur nutritive et il serait bien plus avantageux de les vendre et d'acheter des tourteaux pour la même somme.

Le mélange que nous venons d'indiquer doit être fait à l'avance de façon à lui permettre de subir un commencement de fermentation avant sa distribution aux animaux. Selon les matières qui y entreront et la température du local où il sera placé, cette fermentation se produira au bout de vingt-quatre heures ou de quarante-huit heures seulement.

Elle aura pour effet de rendre les aliments plus agréables aux animaux et plus digestibles.

H. LÉIZOUR.

La bonne vache laitière (¹)

DES RACES LAITIÈRES ; LEUR RENDEMENT EN LAIT ET EN
BEURRE

Dans les entreprises relatives à la production du lait,
le choix à faire de la machine animale qui doit transformer en ce produit de vente les matières premières des
fourrages de nos exploitations agricoles, a évidemment
une importance capitale. A quelle race le cultivateur
devra-t-il donner la préférence ; — dans la race qu'il
aura adoptée après mûr examen, comment arrivera-t-il
à déterminer d'avance, et à la seule inspection des
vaches ou des génisses sur les marchés ou dans les
étables, les aptitudes relatives des différents sujets présentés à ses regards? Voilà deux points qu'il est nécessaire tout d'abord d'élucider.

En réalité, en ce qui concerne la race, le cultivateur
n'a pas, autant qu'on pourrait se l'imaginer, la liberté
de porter son choix sur l'une ou l'autre indifféremment.
Il ne faut pas oublier, en effet, que les races ne peuvent
pas être exploitées utilement en dehors des conditions de
culture et de climat, de milieu en un mot, pour lesquelles l'accoutumance physiologique leur est acquise.

Mais, même en dehors de cette nécessité climatologi-
que, quand bien même il ne serait pas prouvé par les
faits les plus évidents que les variétés les plus laitières,
transportées dans les climats secs du Midi, perdent rapidement leurs aptitudes lactigènes, il n'en serait pas
moins vrai que la production laitière obéit, comme toutes
les autres, à une condition financière dominante, laquelle
consiste dans cette constatation que le bénéfice de l'entreprise est d'autant plus élevé que le capital en exploitation est plus souvent renouvelé, avec bénéfice, en remplaçant les vaches arrivées à leur maximum de valeur
commerciale par d'autres d'un moindre prix.

C'est un principe fondamental que de livrer au commerce toute machine animale arrivée au plus haut point
de sa valeur, et qui ne pourrait plus ensuite que perdre
si on la gardait.

Dans la pratique de la production du lait, c'est lorsque
la vache a terminé sa période de lactation, qu'elle sera

(1) Reproduction interdite.

engraissée par exemple, puis livrée à la boucherie, pour être remp'acée par une autre fraiche vêlée, ou prête à mettre bas.

C'est ainsi qu'opèrent, à notre connaissance, maints fermiers des environs des villes, ou à proximité du marché de Paris, qui est le plus vaste débouché de lait et de viande. Ils tirent bénéfice à la fois sur la production du lait et sur l'engraissement, en même temps qu'ils font disparaitre toute prime d'amortissement à prélever sur le produit de leur vacherie pour permettre de suppléer, le jour du remplacement de la vache laitière usée, à la perte annuelle qu'elle a faite de sa valeur.

Dans un autre cas, on combine la production du lait, moins intensive, avec l'élevage, et alors il convient de vendre les vaches dès qu'elles ont fait leur deuxième ou leur troisième veau, lorsqu'elles sont recherchées par les laitiers urbains et par les fermiers qui se livrent à la première spéculation.

La race qui, dans ces deux circonstances, sera la plus facilement exploitable, avec le moins de frais accessoires, sera certainement celle dont les sujets pourront être achetés et vendus avec le plus de facilité, avec le moins de dérangement ; celle qui se rencontre généralement sur les marchés les plus proches, et que le commerce est habitué à y venir chercher.

C'est, en effet, en suivant cette voie que l'on se trouve exposé aux chances les plus favorables. Opérant sur des bêtes bien acclimatées, et de facile défaite, on peut toujours mieux saisir les bonnes occasions pour vendre et pour acheter. De plus, pour le choix des individus, on a bien plus grande chance dans une population nombreuse de rencontrer des sujets d'aptitude laitière élevée, et c'est, en définitive, ce qui importe le plus, pour assurer à la production sa plus grande intensité.

En somme, le problème consiste à choisir, parmi les vaches à leur 1er ou à leur 2e veau, celles qui ont les plus grandes aptitudes lactigènes.

La quantité totale de lait dépendra du nombre d'animaux nourris, et utilisants leurs aliments au plus haut degré. Mieux on nourrit alors et plus on gagne, car, en même temps que le revenu s'élève, le capital s'accroit.

Voici, résumés en un tableau, des chiffres qui donneront une idée de la valeur des principales races laitières, au double point de vue de la quantité de lait produit annuellement et de la qualité de ce lait :

VARIÉTÉS.	LAIT PAR AN.	DURÉE DE LA LACTATION.	0/00 DE LAIT M. S.	BEURRE
Hollandaises. . .	3.600 l.	340 j.	115 gr.	39 gr.
Flamandes . . .	3.200	340	131	42
Durham	2.200	255		
Normandes . .	**3.400**	**340**	**130**	**45**
Schwitz	2.900	340	148	41
Jersey	1.900	340	162	57
Ayr.	1.800	285	160	57
Bretonnes . . .	1.700	285	160	57
Danoises	2.800			

On remarquera que la race normande tient la tête dans
cette liste : la durée de la lactation atteint là son maximum de 340 jours et le lait est riche en beurre. Les races
bretonnes et jersiaises seules ont un lait plus riche en
beurre. Mais leur petite taille les exclut de notre région
sauf chez les amateurs.

Enfin, dans aucune autre race, le lait n'est aussi
savoureux et aussi délicat. Il n'est pas de beurres qui
surpassent ceux d'Isigny.

La race normande est donc une excellente race ; gar-
dons-là et ayons soin de n'y rien introduire d'étranger.
Améliorons-là encore par la sélection, comme nos autres
races.

C'est la sélection individuelle de la vache laitière qui
va nous occuper maintenant. Nous laissons de côté, à
dessin, la sélection relative à l'aptitude à la production
de la viande, quoique, même pour le sujet qui nous
occupe, son importance soit grande. Mais nous espérons
y revenir plus tard.

Signes caractéristiques de la bonne laitière

Pour apprécier l'aptitude des vaches à la production
laitière, il y a deux moyens : l'un qui concerne l'examen
des bêtes qui ont déjà fait veau et dont, par suite, les
mamelles ont déjà fonctionné ; et l'autre qui se rapporte
aux génisses, qui n'ont point encore vêlé.

Volume du pis. — Quand on se trouve en présence
d'une vache de la première catégorie, rien ne saurait
suppléer à l'examen direct de l'appareil sécréteur du
lait, et celui-ci doit, avant tout, porter sur son volume
et son développement. Plus la mamelle est grosse,
mieux elle vaut, car plus elle contient d'éléments glandulaires sécréteurs de lait,

Qualités du pis. — Il faut toutefois prendre garde
de ne pas confondre le volume dû aux aggloméra-
tions glandulaires avec celui qui provient de l'abon-

dance de la graisse. Il n'est pas dificile, du reste, de faire la distinction des grosses mamelles charnues de celles qui ne sont point grasses. Quand le pis est *charnu*, la mamelle, une fois vidée, résiste à la pression. Dans le cas contraire, lorsque le grand développement du pis est le résultat de l'agglomération d'un très grand nombre de glandules lactigènes, la mamelle, après la traite, devient spongieuse et élastique ; elle cède à la compression, et, celle-ci cessant, elle reprend son volume primitif.

Formes du pis. — Lorsque les mamelles ont leur maximum de volume, leur forme est lenticulaire et régulière. Elles s'étendent très loin en avant : il y a alors une grande distance entre les trayons antérieurs et le point de suture de la mamelle au ventre.

Si, au contraire, les mamelles s'approchent de leur moindre volume, les trayons antérieurs sont peu éloignés de ce point d'attache du pis à l'abdomen. La courbe antérieure du pis, au lieu d'être allongée, se rapproche de la perpendiculaire. C'est là ce qu'on appelle *le pis coupé*, tandis que la première forme a reçu le nom de *pis en porte manteau.*

Donc, lorsqu'on examine une vache au point de vue de la production du lait, il faut aussitôt se placer sur le côté, et mesurer de l'œil la distance qu'il y a entre les premiers trayons et le point antérieur d'attache du pis. Plus ce dernier gagne vers le ventre, mieux il vaut. Ajoutez à cette considération ce qui concerne la *qualité* de la mamelle et vous aurez la mesure exacte de la capacité lactigène du pis.

Mais, pour qu'on puisse en juger ainsi, il faut que l'appareil mammaire ait fonctionné, et que la bête ait au moins fait un veau. Quand il s'agit d'une génisse, ou même d'une primipare, dont il y a lieu d'interroger l'avenir, il faut avoir recours à d'autres signes, d'un ordre différent, et dont la considération a du reste, dans tous les cas, une grande importance.

Position et nombre des trayons. — L'un de ces signes est très anciennement connu : il concerne la position des trayons. Lorsque, chez une toute jeune bête, les mamelons se trouvent *très écartés*, et disposés aux quatre angles d'un carré, il y a toute probabilité pour que la mamelle prenne dans la suite un grand développement, car cela indique que les canaux galactophores sont très écartés les uns des autres et que leurs ramifications sont nombreuses.

Il faut encore considérer le nombre des trayons. Normalement, il y en a quatre. Mais quelquefois il y en a cinq ou six. Alors, ou bien les mamelons supplémentaires sont percés, et cela prouve que le nombre des systèmes de canaux lactifères est plus grand que dans le cas normal ; ou bien ils ne le sont pas, et cela indique que les masses glandulaires qui aboutissent aux canaux des trayons percés prendront un grand développement.

Système veineux du pis. — Mais il y a autre chose : on ne peut pas nier que, du moment que la fonction de la mamelle consiste à extraire du sang les matériaux qui constituent le lait, plus il passera de sang dans le pis dans l'unité de temps, et plus il y aura de lait sécrété. Donc, plus le développement du système circulatoire de la mamelle est grand, mieux cela vaut Si les artères profondes amènent au pis une grande abondance de sang, les veines qui l'emportent et qui rampent sous la peau doivent être nombreuses et fortes.

Portes du lait. — Tout le sang qui traverse la partie antérieures des glandes lactigènes est ramené dans la circulation générale par de grosses veines, dites *mammaires,* qui rampent sous la peau du ventre, pour pénétrer dans l'abdomen, par deux trous, situés à droite et à gauche de l'extrémité du sternum, trous appelés *portes inférieures du lait.*

Le volume et l'étendue de ces veines donnent une idée de la rapidité de la circulation. Il arrive chez les vaches âgées et fortes laitières, que cette circulation est si active que les portes inférieures du lait sont trop étroites, pour suffire à l'écoulement du sang : alors les veines deviennent variqueuses. C'est un excellent indice.

Chez les jeunes bêtes, on peut avoir une idée de leur développement futur, en mesurant *l'étendue des portes inférieures* du lait, étendue qui est en raison du diamètre futur de la veine.

Écusson. — Les parties postérieures de la mamelle envoient leur sang, dans le système général, par un ensemble de veines qui courent sous la peau dans la région du périnée, partant de la face postérieure du pis et allant jusqu'à la commissure inférieure de la vulve. On a observé que la direction des poils est toujours dans le sens de la direction du sang veineux sous la peau. D'où il suit que, partout où passent ces veines de la région périnéale, les poils sont dirigés en sens contraire de la direction générale. En conséquence dans les points où se trouve en conctact les poils de directions opposées, une sorte de ligne se dessine. Celle-ci se reproduisant plus ou moins symétriquement sur l'une et l'autre fesse, il apparait ainsi une sorte de figure qui a reçu le nom d'*écusson*. Cependant, si la simple vue peut arriver à en saisir les contours, le toucher est beaucoup plus sensible.

Ces phénomènes ont été observés pour la première fois par un marchand de vaches, appelé Guénon, qui est devenu célèbre. Il a constaté que la puissance lactigène des vaches est proportionnelle à l'étendue de l'écusson. Comme beaucoup d'inventeurs, surtout ceux qui sont uniquement guidés par leur seul génie inventif, il a fortement exagéré la portée de sa découverte et s'est même mis dans le cas de la compromettre. Il avait la prétention de dire exactement la quantité de lait que donnerait telle ou telle vache d'après la seule inspection de son écusson. Dans son pays, il ne se trompait pas. Mis en présence de sujets inconnus, au contraire, il errait, dans le plus grand nombre des cas.

C'est Yvart qui a déterminé ce qu'il y avait de vrai dans le système Guénon, à savoir que « *toujours l'aptitude laitière de la vache est proportionnelle à l'étendue de l'écusson, quelle que soit sa forme* ».

A cela seul se réduit la découverte de Guénon. Pour juger de l'aptitude laitière des jeunes bêtes, ce n'en est pas moins une découverte très précieuse. Toute génisse ayant un bel écusson sera bonne laitière.

C. V. GAROLA,

*Professeur départemental d'Agriculture,
Directeur de la Station agronomique
d'Eure-et-Loir.*

Les anomalies des tarifs de chemin de fer pour le transport des Engrais.

Depuis la création des Syndicats agricoles, l'emploi des engrais commerciaux presque inconnu il y a 5 ou 6 ans, a pris une extension considérable dans notre région de l'Ouest. Leur consommation pourrait être beaucoup plus forte encore, si l'exagération de certains tarifs de transport ne venait pas en rendre l'emploi à peu près impossible par la petite culture.

Les Sociétés et Syndicats agricoles ne peuvent se désintéresser d'une question si importante pour la grande majorité de leurs membres, et leur intervention près des grandes compagnies de chemin de fer ne pourra manquer de les amener à faire disparaître certaines anomalies vraiment étranges de leurs tarifs, sinon à les abaisser d'une manière générale.

Les exemples que nous indiquons ci-dessous sont uniquement empruntés aux tarifs de la Compagnie de l'Ouest, qui nous intéressent plus spécialement.

Rappelons pour mémoire que les divers produits dénommés ci-dessous voyagent au tarif général, qui comprend six séries, de 1 à 6, quand leur tonnage est inférieur à 5.000 kil. Il y a de nombreuses exceptions ; nous ne signalerons que celles relatives aux engrais.

Par quantités de 5.000 kil., les marchandises bénéficient d'un tarif de faveur, dit tarif spécial, et sont classés à divers barèmes, depuis A jusqu'à I, ce dernier étant à beaucoup près le plus avantageux.

Au nombre des engrais les plus employés dans notre contrée, figurent les Superphosphates minéraux dont les prix varient entre 6 et 10 fr. les 100 kil. Le Barême H appliqué aux expéditions par wagon complet est raisonnable, puisque pour une distance de 200 kilomètres la tonne ne paye que 6 fr. 40, frais de gare compris ; la manutention restant à la charge du commerce.

Or, par quantité inférieure à 5.000 kil. ces engrais voyagent à la 4ᵉ série, et payent, pour une même distance de 200 kilomètres, 20 fr. 50 de la tonne, soit plus de trois fois plus cher.

Evidemment, ce n'est pas à la 4ᵉ série mais à la 6ᵉ qu'il eut fallu classer ces engrais, avec les phosphates fossiles, les scories phosphatées et autres engrais à bas prix.

Il a dû y avoir une erreur d'impression bien certainement. Comment admettre sans cela que des engrais tels que le nitrate de soude, le sulfate d'ammoniaque, qui coûtent le double et le triple, et voyagent au Barème G, par 5.000 kil., restent à la 4ᵉ série pour moins de 1.000 kil., et bénéficient même de ce Barème G pourvu qu'ils soient expédiés en sacs par quantités supérieures à 1.000 kil. ?

Que dire du chlorure de potassium, du sulfate de potasse, qui par 1.000 kil. voyagent au Barème G, et sont portés à la 1ʳᵉ série pour les expéditions inférieures à 1.000 kil., avec les produits chimiques ou pharmaceutiques ?

Le sulfate de fer, qui vaut 6 fr. les 100 kil., est admis au bénéfice du tarif spécial pour les expéditions de 100 kil.; il n'est pas mieux traité pour cela ; on lui applique le Barême C, celui réservé aux produits chimiques.

Par wagon de 5.000 kil., il voyage également au Barême C, et lors même que la manutention est faite par le commerce, la compagnie n'en perçoit pas moins 60 centimes par tonne, pour frais de chargement et de déchargement qui lui ont été épargnés.

Le sulfate de cuivre, le sulfate de potasse sont d'ailleurs dans le même cas.

Le plâtre qui vaut 7 à 10 fr. la tonne, voyage au Barême G s'il est cuit, et au Barême H s'il est cru. Pour 200 kilomètres le prix de transport dépasse le prix d'achat.

Pourquoi appliquer deux Barêmes différents à un produit qui est indifféremment employé cru ou cuit par la culture ? Il est vrai que si l'expéditeur le baptisait de son nom chimique « sulfate de chaux, » la compagnie l'accepterait au Barême H.

Évidemment ce sont là des anomalies qu'on pouvait s'expliquer au temps où tous ces produits n'étaient connus que des chimistes et vendus par les droguistes, mais aujourd'hui qu'ils sont l'objet d'un trafic énorme, et bien plus employés que les amendements, chaux ou marne, il est urgent de leur appliquer un tarif raisonnable, en rapport avec leur valeur réelle.

Les Compagnies n'auront d'ailleurs pas à y perdre, car toute réduction sur le tarif de transport des engrais aura pour conséquence d'en augmenter l'emploi, par suite le rendement de toutes les récoltes.

L'augmentation du trafic qui s'en suivra compensera largement les rectifications et diminutions consenties.

Pour conclure, nous dirons que les Sociétés et Syndicats agricoles devraient demander aux Compagnies de simplifier la classification des matières et produits employés comme engrais, de ne plus faire que trois classes, ou même deux, et de les admettre tous au bénéfice intégral du tarif spécial par expédition de 5.000 kil.

La 1re classe, à laquelle serait appliqué le Barême G, et si possible le Barême H, par wagon complet, pourrait comprendre les engrais les plus chers : sulfate de cuivre, sulfate d'ammoniaque, sulfate de potasse, chlorure de potassium, guano, nitrate de soude.

Le bénéfice du Barême G serait maintenu pour les expéditions en sacs à partir de 1.000 kil.; seulement dans ce cas les frais de chargement et de déchargement du tarif spécial seraient perçus par les Compagnies.

La 2e classe, bénéficiant du Barème H, comprendrait tous les superphosphates et phosphates précipités, le noir animal, le sulfate de fer, les os, le sang, la viande desséchée, les tourteaux pour nourriture et pour engrais, les sels gemmes ou marins, voyageant avec réduction de taxe et destinés à la nourriture du bétail ou à la salaison des fourrages.

Par expédition de 1.000 kil. en sacs, le Barème H serait également applicable ; les frais de chargement et de déchargement restant à la charge des intéressés.

Le Barème I serait réservé pour la 3e classe qui comprendrait les amendements, marne, chaux, sablon, tangue, trez mearl, plâtre cru ou cuit, engrais de mer, sel pour engrais, et certains engrais à bas prix, qui dans nos terres de l'Ouest sont indispensables et employés à haute dose : phosphates fossiles divers, scories phosphatées, poudrettes, boues de ville, gadoues, fumiers et tous résidus d'industrie utilisables comme engrais.

Par 1.000 kil. ou plus et par expéditions en sacs, le Barème H serait applicable comme précédemment.

Au tarif général seraient inscrits tous les engrais sans distinction, voyageant en vrac par moins de 5.000 kil., ou en sacs par moins de 1.000 kil. La 6e série serait applicable dans tous les cas.

Sans doute il serait à souhaiter dans l'intérêt de la culture que tous les engrais de la 1re classe qui ont en général un long parcours à subir, fussent assimilés à ceux de la 2e classe. Ce sera une réforme qui s'imposera plus tard, mais qu'il serait peut être imprudent, de demander aux Compagnies tant qu'elles n'auront pu apprécier les résultats des modifications que nous venons d'indiquer et dont il convient avant tout d'obtenir la réalisation.

Nous ajouterons en terminant qu'une autre réforme, celle-là absolument profitable aux petits, s'impose tout particulièrement, c'est celle de la taxe uniforme de 80 centimes appliquée à chaque expédition. Il est vraiment déraisonnable de faire payer pour une expédition de 5 sacs de phosphate fossile ou de superphosphate, qui se monte à 2 fr. 50, autant que pour une expédition de 10.000 kil. qui paye de 100 à 400 fr. de transport.

Il serait équitable de dégrèver les petites expéditions,

au moins celles dont le port ne dépasse pas 5 fr. dans une proportion notable.

Les Syndicats qui ont surtout pour but de défendre les intérêts des petits, auront à cœur, nous n'en doutons pas, d'obtenir définitivement la réalisation de cette réforme qui leur avait été accordée en 1889.

G. LANGLAIS.

Exposition et Congrès de l'Association pomologique de l'Ouest en 1890

(Suite)

Les questions de clarification du cidre, du soutirage, de conservation, ont été discutées par le congrès, le filtrage à l'aide du filtre à vapeur est préconisé par la grande industrie, mais dans la pratique courante, son installation est trop coûteuse ; comme moyen de clarification on propose l'emploi de l'acide carbonique qui précipite les matières organiques. puis pour la conservation le suiffage de l'intérieur des tonneaux de grande dimension, l'introduction de l'huile dans les petits fûts, le vernissage intérieur, de nombreuses observations communiquées au congrès, on fait constater que les caves doivent avoir une température moyenne et régulière et n'être consacrées qu'à l'enmagasinement du cidre.

Au cours des séances, M. Heuzé a donné une communication sur la culture du pommier et la fabrication du cidre et M. Truelle a fait part du résultat de ses recherches sur les variétés de pommes, recherches qu'il continue avec un zèle et une activité qu'on ne saurait trop louer, il espère arriver à l'aide de la mensuration, la coloration des fruits, à un classement méthodique et rationnel des variétés, l'assemblée a beaucoup goûté ces travaux.

Plusieurs autres questions étaient à l'ordre du jour, notamment celle des porte-greffes et intermédiaires dans l'élevage du pommier. M. Oudin fait une communication sur ce sujet et prétend que le pommier franc ou l'intermédiaire peuvent devenir de bons porte-greffes à condition d'être sains et de bonne nature, mais les conclusions n'étant pas assez probantes, on remet à un nouveau congrès le soin d'élucider la question.

La lecture du travail de M. Drouet sur un projet de convention à intervenir entre le propriétaire et le fermier lors d'une plantation d'arbres à fruits, donne lieu à un échange d'observations très intéressantes entre les membres du congrès. On s'est également occupé de dresser une liste de fruits à recommander par départements, mais cette liste ne pouvant être arrêtée d'une façon définitive, on a fait un nouvel appel aux Sociétés d'agriculture pour les recherches à exécuter.

Enfin, M. Prével, vice-président de la Société d'horticulture de Caen, appelle l'attention des membres du congrès sur la disparition des petits oiseaux insectivores, nos auxiliaires et grands destructeurs d'insectes.

La multiplication de ces oiseaux serait le remède tout trouvé et le plus naturel à l'envahissement des parasites. L'assemblée vote à l'unanimité un vœu qui sera adressé à M. le Ministre de l'agriculture pour qu'il invite les préfets à tenir compte des arrêtés déjà existants et qu'ils y ajoute des pénalités sévères contre le colportage, la vente ou l'achat des petits oiseaux insectivores ; nous ne saurions trop applaudir à ce vœu qui clôt la session et qui, s'il est accepté, fera un grand bien à notre agriculture.

Toutes les séances ont été suivies par une nombreuse affluence d'auditeurs qui ont prêté une attention soutenue aux débats ; cette assiduité, que nous constatons avec une vive satisfaction, témoigne combien la culture du pommier offre d'intérêt et passionne ceux qui s'y livrent et poursuivent l'étude de la fabrication du cidre.

Le prochain congrès aura lieu en 1891, à Avranches. Pendant les fêtes du Congrès, a eu lieu l'inauguration du buste de M. Morière, ancien doyen de la faculté de Caen, et qui a contribué par ses travaux aux progrès de la science pomologique, de très beaux discours ont été prononcés, ainsi qu'au banquet qui a réuni toutes les autorités du département du Calvados et de la ville de Caen et un grand nombre de membres du Congrès, et où l'on a fait l'éloge des qualités et de la science du regretté professeur M. Morière.

La distribution des récompenses aux exposants a eu lieu avec un grand éclat le dimanche 26 octobre, dans la salle des fêtes de l'Hôtel-de-Ville, sous la présidence de M. le Maire de Caen. De nombreuses allocutions où l'on a célébré à l'envi la pomme et la liqueur Normande et Bretonne ont été prononcées. Pour rehausser la beauté de la cérémonie, la société d'horticulture de Caen avait

39

organisé une exposition de chrysanthèmes, fleurs de saison, exposition qui a été fort réussie.

Toutes ces fêtes ont été très belles et d'un grand profit pour la science, tous les assistants ont emporté du concours de Caen une excellente impression.

Eugène SERVIN.
Professeur départemental d'agriculture d'Ille-et-Vilaine.

SYNDICAT DES AGRICULTEURS DE
L'ARRONDISSEMENT DE CHATEAUDUN

Résultat de l'adjudication du 15 janvier 1891 pour la fourniture des engrais du 1er semestre 1891.

DÉSIGNATION des ENGRAIS	AZOTE	ACIDE phosphorique soluble à l'eau.	soluble au citrate.	PHOSPHATE	POTASSE	PRIX des 100 kilos
SULFATE D'AMMONIAQUE	20 à 21					30 fr. 75
NITRATE DE SOUDE, en sacs d'origine. .	15 à 16					20 75
NITRATE DE SOUDE, en sacs d'ori., réglés à 100 k	15 à 16					22 60
CHLORURE DE POTASSIUM.					50	» »
SULFATE DE FER. .						7 80
PHOSPHO -- GUANO. n° 1 (Azote ammoniacal).	3	12	2 à 3			13 19
PHOSPHO -- GUANO, n° 2, (Azote ammoniacal).	5	6	3 à 4			13 89
ENGRAIS COMPOSÉ, pour prairies . .			5		8	8 »
SUPERPHOSPHATE MINÉRAL. n° 1 . .		14				8 94
SUPERPHOSPHATE MINÉRAL n° 2. . .			14			8 24
PHOSPHATE DE CHAUX MINÉRAL, (finement moulu). .				40 à 45		4 90
SCORIES DE DÉPHOSPHORATION (fin. m.)			16 à 20			5 75
SUPERPHOSPHATE D'OS	0.50 à 1	8 à 9	8 à 9	60 à 65		12 45
POUDRE D'OS . . .						» »

COMMANDES ET LIVRAISONS

Les commandes doivent être faites au moins un mois à l'avance, et la réception des engrais, en gare d'arrivée, doit avoir lieu dans un délai de 30 jours.

Les engrais seront mis en gare de départ dans les 15 jours qui suivront la réception des lettres de commande, sous peine par les fournisseurs de payer, en cas de retard, une indemnité pour dommages causés et qui seront estimés à dire d'experts.

Tous les engrais devront être logés en bons sacs et rendus *franco* dans toutes les gares de l'arrondissement et des cantons voisins, par wagon complet de 5,000 kilos par chaque sorte d'Engrais.

Pour les livraisons au-dessous de 5,000 kilos, il sera perçu par le fournisseur 0 fr. 25 en plus par 100 kilos. En outre, pour celles au-dessous de 500 kilos, le destinataire aura à payer pour chaque expédition 0 fr. 80 de lettre de voiture. MM. les cultivateurs qui désirent éviter ce supplément de transport pourront s'entendre ensemble ; la commande se fera au nom de l'un d'eux, ainsi que le paiement Il sera prélevé un échantillon à l'arrivée. Si le même envoi est adressé à plusieurs personnes, un seul échantillon devra servir pour toutes les personnes auxquelles l'envoi est destiné. Si le dosage constaté par l'analyse est inférieur de 10 0/0 au minimum garanti, la réduction sera comptée double.

Ces engrais devront être livrés dans un état pulvérulent parfait et ne contenir que 10 0/0 d'humidité au maximum. Chaque sac devra être marqué d'un côté : *Syndicat de Châteaudun*, et de l'autre porter le nom de l'engrais.

MM. les Cultivateurs sont instamment priés de faire leurs commandes avant le 30 *septembre*, dernier délai.

Toutes les conditions stipulées ci-dessus seront rigoureusement observées.

La cotisation est, par sociétaire, de 1 fr. par an, payable à la première commande.

PAIEMENTS

2 0/0 d'escompte à 30 jours, ou à 90 jours sans escompte ; — à 6 mois avec intérêt à 6 0/0 à partir de 90 jours.

Le Président du Syndicat,

MICHOU.

NOTA. — Le Syndicat procurera également à ses Membres tous les instruments et produits utiles à l'Agriculture, aux prix les plus réduits.

SYNDICAT DE LA MAYENNE

Le Syndicat des agriculteurs de la Mayenne a renouvelé son marché pour la fourniture des graines fourragères pendant l'année 1891.

Cette fourniture a été obtenue aux prix ci-après :

Trèfle violet	1 f. 38	le kilo
— blanc	2 10	—
Luzerne de pays	1 52	—
— de Provence	1 62	—
Minette ou Caillette	0 82	—

Ray-grass d'Italie .... 0 52 —
Betteraves .... 0 71 —
Carottes .... 1 85 —
Choux du Poitou .... 1 35 —
Choux moëllier .... 3 75 —
Rutabagas .... 1 35 —
Navets divers .... 1 35 —
Vesces de printemps .... 0 245 —

Tous ces prix s'entendent pour marchandises prises sur wagon, gare de départ et toiles à facturer. Dans les entrepôts, ces prix seront en conséquence majorés des frais de transport, de commionnage, d'entrepôt et de détail.

Le marché comprend, en dehors des graines ci-dessus, la fourniture des graines de prairies naturelles dont les prix restent sensiblement les mêmes que ceux obtenus les années précédentes. prix qui varient, pour l'ensemencement d'un hectare, de 65 à 70 francs. suivant la nature des mélanges.

Ces prix sont sensiblement supérieurs à ceux établis dans la région par le commerce. Cette différence, qui n'est du reste qu'apparente, s'explique par les garanties exigées par le Syndicat, relativement à la provenance, la pureté et la faculté germinative de ces diverses graines. Toutes ces graines sont épurées et de premier choix.

En dehors de la provenance, dont l'importance est très grande, on ne peut déterminer la valeur relative d'une graine qu'en faisant intervenir deux facteurs : la pureté et la faculté germinative. C'est le produit de ces deux facteurs, divisé par 100, qui donne cette valeur relative.

Ainsi, pour une graine dont la pureté sera de 98 0|0 et la faculté germinative de 90, la valeur culturale sera représentée par $\frac{98 \times 90}{100}$, soit : 88,20.

Si la pureté est de 95 0|0 et la faculté germinative de 60, la valeur culturale sera de 57 0|0 seulement.

Ces deux lots de graines pourront présenter sensiblement le même aspect extérieur et être acceptés indifféremment par le cultivateur, au même prix, et cependant leur valeur réelle serait dans le rapport de 88 à 57. C'est-à-dire que si la première valait 88 fr. les 100 kilos, la deuxième ne devrait être payée que 57 fr.

Ces courtes explications permettront de comprendre pourquoi le Syndicat attache une si grande importance aux garanties qu'il exige des fournisseurs, et pourquoi aussi il n'hésite pas à traiter à des conditions de prix, qui, à première vue, semblent supérieurs à ceux qui sont offerts par le commerce.

Nous devons faire une remarque au sujet de la vesce de printemps. Nous n'avons qu'un faible approvisionnement de cette graine, et nous engageons vivement les cultivateurs qui nous en demanderont de nous transmettre à bref délai leurs commandes pour éviter les retards qui se sont produits l'année dernière dans la réception de cette semence.

Les cultivateurs trouveront les graines du Syndicat dans les entrepôts ci-après, mais en quantité réduite :

à Laval, à l'Entrepôt central ;

à Mayenne, chez M. Lebroc ;

à Château-Gontier, chez M. Ferré-Chauvet.

SYNDICAT DE CHARTRES
Fournitures de printemps 1891
Résultats de l'adjudication du 20 décembre 1890

	PRIX DES 100 KILOS	
§ 1er. — ENGRAIS.	par 5.000 k. et au-dessus	au-dessous de 5.000 k.
1° Superphosphate d'os. — Le vendeur garantit qu'ils sont *d'os pur*, exempts de phosphates précipités ou de superphosphates minéraux. — *Azote 1/2 à 1 0/0 ; acide phosphorique soluble à l'eau et au citrate 16 à 18 0/0, dont les 2/3 au moins solubles à l'eau* . . .	12 16	12 36
Adjudicataires : MM. Morel et Georget.		
2° Superphosphate minéral soluble à l'eau et au citrate. — Acide phosphorique soluble à l'eau et au citrate 14 à 16 0/0	8 39	8 59
Adjudicataires : MM. Morel et Georget.		
3° Superphosphate minéral soluble à l'eau. — Acide phosphorique soluble dans l'eau 14 à 16 0/0	9 08	9 28
Adjudicataires : MM. Morel et Georget.		
4° Nitrate de soude. — 15 à 16 0/0 d'azote : en sacs d'origine, poids brut pour net. . .	20 445	20 945
en sacs réglés à 100 kilos	20 645	21 145
Adjudicataire : Le Crédit agricole.		
5° Sulfate d'ammoniaque. — Exempt de cyanures, sulfocyanures, et sulfate de protoxyde de fer. — Azote ammoniacal 20 à 21 0/0.	31 »	31 50
Adjudicataires : MM. Monod et Voisin.		
6° Phosphates minéraux. — 18 à 20 0/0 d'acide phosphorique. — Mouture impalpable. . . . , ...	4 10	4 85
Adjudicataire : Le Comptoir agricole.		
7° Scories de déphosphoration. — Poudre impalpable. — 15 à 18 0/0 d'acide phosphorique	5 10	5 60
Adjudicataire : Le Crédit agricole.		
8° Chlorure de potassium. — Exempt de chlorure de magnésium. — Potasse 50 0/0.	21 90	22 40
Adjudicataire : M. Delmotte.		
9° Kaïnit. — Dosant au moins 12 0/0 de potasse	7 25	7 75
Ajudicataire : M. Delmotte.		
10° Sang desséché pur. — 13 à 15 0/0 d'azote garanti exempt de toute matière azotée étrangère	26 15	26 65
Ajudicataire : M. Delmotte.		
11° Corne torréfiée. — 14 à 15 0/0 d'azote.	24 65	25 15
Adjudicataire : M. Delmotte.		
12° Phospho-guano ordinaire. — Dosant		

3 0|0 d'azote nitrique et 12 à 14 0|0 d'acide
phosphorique soluble dans le citrate . . .   11 92   12 10
    Adjudicataires : MM. Morel et Georget.
    13° Phospho-guano surazoté. — Dosant
5 0|0 d'azote nitrique et 10 0|0 d'acide phos-
phorique soluble au citrate 13 30   13 50
    Adjudicataires : MM. Morel et Georget.
    14° Engrais spécial à base d'os verts. —
Dosant 2 à 3 0|0 d'azote et 10 à 11 0|0 d'aci-
de phosphorique soluble au citrate. . . .   11 25   11 75
    Adjudicataire : Le Crédit agricole.
    15° Sel dénaturé aux tourteaux (1) pour
bestiaux. . . . .   6 »   6 35
    Adjudicataires : MM. Morize Jouvellier et
Delafoy.
    16° Sulfate de fer. . . . .   7 60   » 10
    Adjudicataire : M. Foucher.

§ 2. — TOURTEAUX ALIMENTAIRES.

Le Syndicat se charge de la fourniture des différents tourteaux alimentaires, aux prix suivants sur wagon Marseille et par wagons complets de 5.000 kilos au moins :

Lin pur, première qualité . . . .   16 50 les 100 k.
Arachide décortiquée, (1er choix, pr nourriture) .   14 40   —
Sésame blanc du Levant. . . . .   13 15   —
Sésame blanc de l'Inde . . . .   12 15   —
Pavot (œillet exotique) . . . .   11 10   —
Coprah pour vaches laitières, Ceylan. . . .   13 75   —
    id.   1re qualité . . .   13 25   —
    id.   qualité ordinaire .   12 75   —
Palmiste naturel en poudre, sacs en sus . . .   9 »   —
Coton d'Egypte, 1re qualité . . . .   10 85   —
    Ces prix sont valables jusqu'au 30 juin 1891.
    Adjudicataire : M. Boëry-Allier.
    Paiements : à 30 jours 1 0|0 d'escompte, — à 60 jours, 1|2 0|0 d'escompte, — à 90 jours, sans escompte.
    Plusieurs syndiqués peuvent se réunir pour la formation d'un wagon, de même qu'un wagon peut être composé de plusieurs espèces de tourteaux.

§ 3. — GRAINES.

La maison C. Denaiffe de Carignan (Ardennes) a été déclarée adjudicataire de la fourniture des graines de printemps aux prix

(1) Les demandes de sel dénaturé ne seront délivrées que sur la production d'un certificat demandé par la douane et ainsi conçu :

SELS   **CERTIFICAT**

pour   *Nous, soussigné, Maire de la commune d*
              canton d   arrondissement d
L'AGRICULTURE   *département d   certifie que M.*
              est Cultivateur dans cette commune et que son exploitation
              agricole comporte l'emploi de   kilog. de sel.

        A   *le*   189

    Cachet de la Mairie :   Signature de M. le Maire :

ci-dessous, valeur au comptant (30 jours) :

1. Luzerne de pays, très rustique, épurée . . . 1 49 le kilog.
2. — de Provence, vraie, épurée . . . . 1 59 —
3. Betterave Mammouth. véritable. . . . . . 0 69 —
4. — Jaune ovoïde des Barres . . . . 0 69 —
5. — Globe jaune . . . . 0 69 —
6. Carotte fourragère blanche, collet vert . . . 1 80 —
7. — des Vosges . . . . 1 80 —

Transport à la charge de l'acheteur, de Paris en gare destinataire. — Emballage facturé au prix coûtant.

Ces semences sont toutes de premier choix et contrôlées par la station d'essai de l'Institut agronomique de Paris. — Elles sont fournies en détail et qu'elle qu'en soit la quantité demandée.

Nota. — Les prix des autres semences (graines fourragères, graminées et autres racines fourragères, etc.) sera donné sur demande adressée à l'Agent-Comptable.

Le Secrétaire,

GAROLA.

Société des Sciences naturelles de l'Ouest de la France

La Commission de surveillance et le Directeur-Conservateur du Muséum de Nantes ont pris l'initiative de fonder une « SOCIÉTÉ DES SCIENCES NATURELLES DE L'OUEST DE LA FRANCE », dont le but est de contribuer au progrès de la zoologie, de la botanique, de la géologie et de la minéralogie de notre région, au double point de vue de la science pure et des applications pratiques.

La Société publie un bulletin trimestriel avec planches noires et coloriées, contenant des mémoires originaux et l'analyse détaillée de tous les travaux de sciences naturelles relatifs aux départements de la Loire-Inférieure, de la Vendée, de l'Ille-et-Vilaine, du Morbihan, du Finistère, des Côtes-du-Nord, de la Manche, de l'Orne, de la Mayenne, de la Sarthe, du Maine-et-Loire, des Deux-Sèvres, de la Vienne, de la Charente et de la Charente-Inférieure.

Le premier fascicule, actuellement sous presse, va paraître prochainement.

Ceux de nos lecteurs qui s'intéressent au mouvement scientifique de notre région peuvent devenir membres de la Société en adressant leur cotisation, fixée à 10 francs par an, à M. le Docteur Louis BUREAU, directeur du Muséum d'Histoire naturelle de Nantes. Cette cotisation donne droit à la réception du bulletin trimestriel qui leur sera adressé franc de port.

Ouvrages d'agriculture

Envoi franco sur demande aux membres du Syndicat : 1° *L'emploi du nitrate de soude en agriculture*, par L. GRANDEAU ; 2° *Fumier de fermier, phosphate, nitrate*, par le même auteur.

En vente au bureau du journal, les collections brochées du *Bulletin agricole de l'Ouest*, années 1889 et 1890, au prix de 5 francs le volume.

Traité de l'emploi des engrais chimiques, par C.-V. GAROLA, envoi contre 0 fr. 50 en timbres-postes.

Instruments en location

Les membres du Syndicat sont informés que des distributeurs d'engrais (le Hérisson) sont à leur disposition dans les entrepôts de Laval, Craon et Mayenne, au prix de 5 fr. par jour de travail, de même que des herses émousseuses pour prairies au prix de 1 fr. par jour de travail.

SYNDICAT DE LA MAYENNE

A vendre 50.000 pommiers venus sur terre de landes, depuis 0 fr. 50 jusqu'à 2 fr. l'un suivant le choix ; sur demande on expédiera 10 plants aux prix désignés à titre d'échantillons, livraison en gare de Montsûrs, s'adresser à M. Eugène ANGOT, propriétaire à Montsûrs (Mayenne).

SYNDICAT DE CHARTRES
SAISON DE PRINPTEMPS 1891

VINS

Le Syndic t donne avis qu'il veut, pendant la prochaine saison, fournir aux prix ci-dessous les vins naturels, garantis purs raisins frais, des provenances ci-après :

1° Vins d'Algérie

1° Vin rouge de Bône à 45 fr. l'hectolitre.
Le vin blanc est épuisé.

2° Vin rouge d'Aïn-Beda d'Oran, à 115 fr. la pièce de 220 à 225 litres. Recommandé. (Pour cette espèce, il n'y a pas de demi-pièce).

Nota. — Tous ces prix s'entendent t franco gare de l'acheteur, fût perdu, paiement à 90 jours de l'expédition.

Les vins d'Algérie seront livrés jusqu'au 1er avril seulement, à cause des chaleurs, sauf épuisement avant cette date.

2° Vins Français

VINS ROUGES DU GARD

1° Montagne vieux	la pièce 102 fr.	la 1/2 pièce 53 f. 50
2° Bon ord^re nouv. recommandé.	— 92	—	48	50
3° Saint-Gill s	— 102	—	53	50
4° Costière extra	— 115	—	60	»

46

Contenance de la pièce 220 à 225 litres, de la 1/2 pièce 110 à 112 litres, le tout franco gare de l'acheteur, fût perdu, paiement à 90 jours.

Vins rouges de Bordeaux

1° Bonnes côtes de Bordeaux, 1er choix 1890, la pièce de 225 à 228 litres, 180 fr., 200 fr.
(Prière de bien indiquer le prix qu'on a choisi).
2° Fronsac. 1er crû 1890   230 fr.
3° Côte St-Christophe de St-Emilion,   1890, 250 ; 1889, 300
4° Sables de Saint-Emilion,   1890, 300 ; 1889, 350
5° Saint-Estèphe,   1890, 350 ; 1889, 400
6° Saint-Emilion et Haut Pomerol,   1889, 400 ; 1887, 500
                                       1884, 600 ; 1881, 700

Vins blancs de Bordeaux

1° Petites Graves, la barrique de 225 à 228 litres, 1890, 160 fr.
                                                    1889, 180
2° Graves, 1er crû   1890, 200 ; 1889, 230
3° Preignac-Sauternes   1890, 250 ; 1889, 300
4° Barsac-Sauternes   1890, 350 ; 1890, 400
5° H¹-Sauternes 1890, 450 ; 1889, 500 ; 1887, 600 ; 1884, 700

Le tout franco gare de l'acheteur, paiement à 30 jours 3 0/0 ou à 90 jours sans escompte. — Par 1/2 pièce et 1/4 de pièce, 5 fr. en sus pour logement

Les commandes doivent être adressées à M. Mercier, Agent-Comptable du Syndicat. 4, Place Saint-Michel, à Chartres, en ayant soin d'indiquer très clairement l'*espèce*. la *quantité* et l'*année* que l'on désire.

Nota. — Dans toutes les expéditions, le fût reste toujours la propriété de l'acheteur.

DÉPOT DU SYNDICAT DE CHARTRES

Marchandises actuellement en dépôt :
   Superphosphate minéral soluble à l'eau et au citrate ;
   Scories de déphosphoration ;
   Phosphoguano ordinaire ;
   Phosphoguano surazoté ;
   Nitrat de soude ;
   Tourteaux de lin   pour engraissement ;
   Tourteaux de Sésame blanc du Levant   id.
   Tourteaux de Coprah   pour vaches laitières ;
   Huile d'olive, surfine, à 1 fr. 90 le kilog. ;
   Huile de sésame, fine, à 1 fr. 11 le kilog.
Les huiles sont fournies en bonbonnes de verre. cachetées et plombées par les expéditeurs, et par quantités de 25 kilogs.
Elles sont garanties absolument pures.
Les substances ci-dessus sont livrées immédiatement, contre paiement comptant, en s'adressant chez M. MERCIER, comptable du syndicat, 4. place Saint-Michel. les jeudi et samedi de chaque semaine (le samedi avant midi).
Elles peuvent également être expédiées par chemin de fer, transport à la charge de l'acheteur.

La collection du Bulletin agricole de l'Ouest

(année 1890) est en vente au bureau du Journal, au prix de 5 francs le volume.

M. J. MOREUL, cultivateur à La Crocherie d'Ampoigné, offre de la graine de choux poitevins à des prix modérés.

A LOUER dans la Sarthe, sur les bords du Loir, à 500 mètres d'une gare, une jolie ferme contenant environ cinquante hectares d'herbages et prairies. S'adresser à M. de Villepin, Directeur de la Ferme-Ecole de la Pilletière, près Jupilles (Sarthe).

AVOINE DE BRIE
POUR SEMENCE

26 fr. les 100 kilos logés port dû, 25 fr. par quantité de 1000 kilos. — Livraisons d'au moins 100 kilos. Paiement au 15 avril. — Frais de recouvrement à la charge de l'acheteur — 2 0[10 de remise au syndicat.

COUESNON-BONHOMME, agriculteur, à Villiers par Coulommiers (Seine-et-Marne).

M. BOULAY, constructeur, rue de Tours, à Laval, met à la disposition des agriculteurs syndiqués un ouvrier spécial pour la réparation des faucheuses et machines à battre.

On trouve au Syndicat un modèle de sa tonne à purin avec robinet épandeur.

Voitures agricoles et industrielles en tous genres.

RATS souris, loirs, mulots, etc...
Contre mandat ou 10 timbres-poste de 0 fr. 15, j'adresse franco le moyen infaillible et très pratique de les détruire tous en quelques heures.

LECLERC, à Beaulieu, par Châtellerault (Vienne). — *Envoi gratis et franco du prospectus destruction des taupes.*

VINS DE BORDEAUX

Rouge (1888) à 125 francs et Blanc (1887) à 200 francs les 225 litres logés sur wagon départ.

S'adresser à M. G. BORD, secrétaire général du syndicat agricole à Cadillac-sur-Garonne (Gironde).

Les fabricants de fromages et de beurres sont informés que, à l'exposition universelle de 1889, la plus haute récompense (médaille d'or), a été décernée aux **PRESURES et COLORANTS** de **J. Fabre**, & M. A., Aubervilliers (Seine). Récompenses dans 51 concours agricoles.

MACHINES AGRICOLES

SAVARY & CIE

Ingénieurs-Constructeurs

QUIMPERLÉ (FINISTÈRE,

104 Diplômes d'honneur et Médailles

EXPOSITIONS UNIVERSELLES DE PARIS 1878–1889

Croix de la Légion d'honneur

2 médailles d'Or — 3 médailles d'Argent — 1 médaille de Bronze

PRESSOIRS A MOUVEMENT VERTICAL

Breveté S. G D. G.

1er Prix	1er Prix
Médaille d'Or	**Médaille d'Or**
à	à
l'Exposition	l'Exposition
nationale	nationale
des	des
cidres	cidres
PARIS 1888	PARIS 1888

Pressoirs à cidre et à vin — Moulins à pommes

Fouloirs à vendange — Machines à battre à manège

Tarares — Barattes

Broyeurs d'ajonc — Coupe-racines — Hache-paille

Charrues

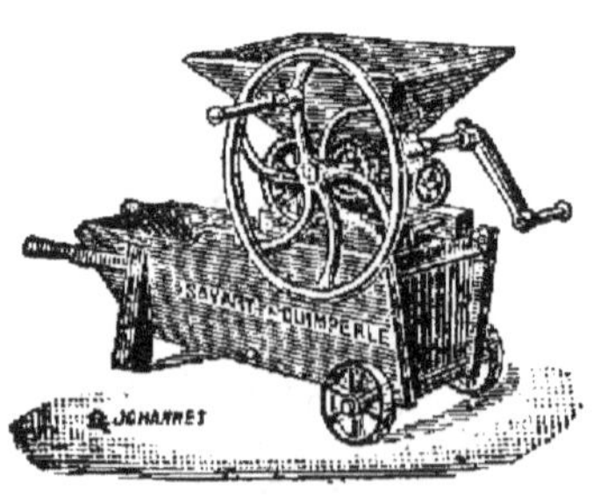

Le
Catalogue
GÉNÉRAL
sera adressé
sur
demande

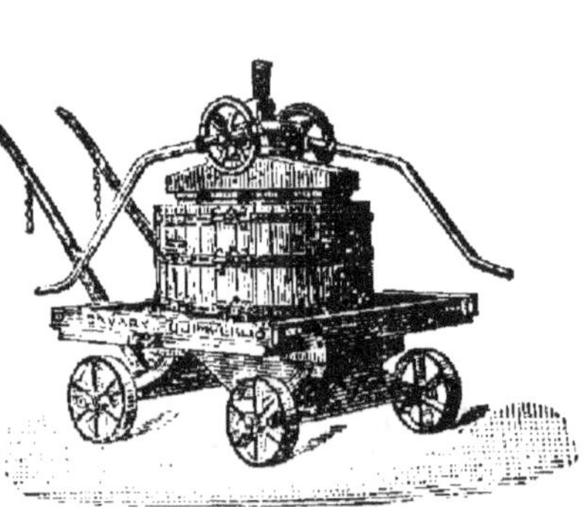

Le Gérant, E. MOREAU.

Laval, Imp. L. Moreau.

Ce Bulletin paraît le 15 de chaque mois.

BULLETIN AGRICOLE
DE L'OUEST

Organe de l'Union des Syndicats Agricoles
des départements du Finistère, des Côtes-du-Nord,
du Morbihan, de la Loire-Inférieure, d'Ille-et-Vilaine, de la
Manche, de la Mayenne, de Maine-et-Loire, de la Sarthe,
de l'Orne, du Calvados, de l'Eure, d'Eure-et-Loir
et de la Seine-Inférieure.

Publié sous la direction de :

H. LÉIZOUR, (✿ M. A.) (Q A.)
Professeur départemental d'Agriculture de la Mayenne. Directeur du Laboratoire
agronomique, Président du Syndicat des Agriculteurs de la Mayenne,

GAROLA, (✿ M. A.) (Q A.)
Professeur départemental d'Agriculture d'Eure-et-Loir,
Directeur de la Station agronomique de Chartres.

ABONNEMENTS

Les membres des syndicats adhérents sont abonnés gratuitement par leurs
bureaux. — Pour les étrangers aux syndicats : **6 fr.** par an.

ANNONCES

De 1 à 4 annonces. » **50c** la ligne.	De 8 à 12 annonces » **30c** la ligne	
De 4 à 8 — » **40c** —	Au-delà de 12. . » **20c** —	

Le bulletin publiera gratuitement les offres et demandes
des Syndicats abonnés.

AVIS. — *Tout ce qui concerne la rédaction, les Annonces et les Abonnements, doit être adressé à M. LÉIZOUR, rue de la Filature, 1, à Laval.*

Entrepôts du syndicat des agriculteurs de la Mayenne

Pour répondre aux nombreuses demandes qui nous parviennent de la part des cultivateurs syndiqués, nous indiquons ci-après les centres où nos divers entrepôts sont établis, les noms des entrepositaires et les localités desservies par chacun.

Ernée. — Chez M. **Pioget**, négociant à Ernée, pour le canton d'Ernée.

Montaudin. — Chez M. **Tirard** quincaillier à Montaudin, pour le canton de Landivy.

Mayenne. — Chez M. **Romagné-Priolet**, négociant, pour les cantons de Mayenne.

Ambrières. — Chez M. **Ravé**, négociant à Ambrières, pour les cantons d'Ambrières, Lassay et Gorron.

Villaines-la-Juhel. — Chez M. **Camus**, négociant à Villaines, pour les cantons de Villaines et Bais.

Javron. — Chez M. **Carré-Letourneux**, négociant, pour les cantons de Couptrain et Pré-en-Pail.

Evron. — Chez M. **Bruand**, à Evron, pour les cantons d'Evron, Sainte-Suzanne et Bais.

Montsûrs. — Chez M. **Angot-Coulon**, négociant, cantons de Montsûrs et Argentré.

Cossé-le-Vivien. — Chez M. **Foucault**, négociant, canton de Cossé-le-Vivien.

Craon. — Chez M. **Goussé**, négociant, cantons de Craon et Saint-Aignan-sur-Roë.

Château-Gontier. — Chez M. **Ferré-Chauvet**, négociant, cantons de Château-Gontier et Bierné.

Grez-en-Bouère. — Chez M. **Hivert**, négociant, cantons de Grez-en-Bouère, Bierné et Meslay.

St-Denis-de-Gastines. — Chez M. **Hamon**, négociant, canton de Gorron.

Laval. — Chez M. **Peyras**. Cet entrepôt tenu pour le compte du syndicat dessert les cantons de Laval et de Loiron.

MM. les syndiqués trouveront dans ces divers entrepôts tous les engrais dont ils auront besoin.

GRAINES. — Les entrepôts de Laval, de Château-Gontier, de Craon et d'Ambrières, désignés ci-dessus, ainsi que celui tenu à Mayenne par MM. Lebroc, frères, négociants, sont approvisionnés de graines fourragères livrées par le syndicat.

Le Syndicat ne fournit aucune garantie pour les graines qui pourraient être livrées par les autres entrepôts.

BULLETIN AGRICOLE DE L'OUEST

Sur l'emploi des phosphates.

Les divers engrais phosphatés n'ont pas, à beaucoup près, tous la même action sur les végétaux. Cette action diffère, en effet, suivant leur état d'agrégation et aussi suivant la nature des terrains sur lesquels on les applique. Etant donné, en outre, que l'acide phosphorique se paie à des prix qui varient du simple au triple dans ces divers engrais, on conçoit qu'il importe essentiellement de connaitre, au point de vue économique, à quelle forme de l'acide on devra recourir pour obtenir les meilleurs résultats avec le minimum de débours.

C'est là la question que doit se poser tout agriculteur avant de faire usage de tel ou tel engrais phosphaté.

Et d'abord nous devons rechercher quelles réactions subit l'acide phosphorique dans le sol avant son intervention dans la vie des végétaux. Ces réactions sont absolument identiques pour les diverses formes que revêt cet acide dans les différents phosphates, elles ne varient que par leur degré d'intensité.

Aussitôt incorporé au sol, le phosphate de chaux se trouve dissout dans l'eau chargée d'acide carbonique ou d'autres acides plus ou moins énergiques qui peuvent s'y trouver, puis il repasse à l'état insoluble en se combinant à l'oxyde de fer et à l'alumine. Ensuite, son retour à l'état soluble a lieu par l'action des carbonates alcalins ou alcalino-terreux et même par le contact du silicate de chaux. Les sels ammoniacaux paraissent agir dans le même sens. Mais le principal agent dissolvant de l'acide phosphorique, son véritable véhicule, c'est la matière organique qui se combine avec lui et d'autres matières minérales pour former des composés dialysables par les racines des plantes, ainsi que l'ont prouvé MM. Grandeau et Risler. De telle sorte que ces racines peuvent très facilement emprunter leur acide phosphorique aux matières organiques de la terre qui le leur présente sous une forme assimilable. Cette intervention des composés humiques a une action capitale au point de vue de l'action des phosphates, elle justifie en partie la nécessité dans laquelle l'agriculteur se trouve d'entretenir dans le sol une certaine proportion de matières organiques par l'emploi du fumier.

D'autre part, dans les sols acides, telles que les terres tourbeuses, les terres de landes et de bruyères, les terres récemment défrichées renfermant une certaine quantité d'acide humique libre ou même des acides plus énergiques, tel que l'acide acétique, il s'opère une véritable transformation des phosphates ou composés éminemment solubles dans les alcalis.

A priori, on peut déduire de ces considérations que les sols suffisamment riches en matières organiques ou renfermant des acides libres sont les plus aptes à utiliser les engrais phosphatées les plus agrégés et qui se vendent dans le commerce à des prix moins élevés.

Voilà un premier point acquis. Les terres calcaires et les terres sableuses, chaudes, qui ne gardent pas leur matière organique seraient inaptes à tirer parti de l'acide phosphorique insoluble dans l'eau ou le citrate d'ammoniaque. On leur réservera donc plus spécialement les phosphates très assimilables, tels que les superphosphates minéraux ou d'origine animale, les phosphates précipités, etc....

Dans les terres argileuses, imperméables, où l'oxigène ne circule pas suffisamment pour détruire leur matière organique ; dans les terres de landes, de bruyères, etc., dans les prairies acides ou chargées de terreau, les phosphates naturels, les scories de déphosphoration, dans lesquels l'acide phosphorique est à bas prix conviennent particulièrement, ces engrais peuvent y rendre les mêmes services que les phosphates ayant été traités chimiquement et dont le prix est naturellement plus élevé.

Quant aux terres franches, intermédiaires entre ces deux catégories de sols, les superphosphates y agissent plus rapidement que les autres et cela permet d'augmenter l'intensité des cultures.

Mais il est un moyen très pratique d'élever artificiellement le degré d'assimilabilité des phosphates naturels, c'est de les mélanger au fumier de ferme en en semant chaque jour sur les litières des animaux. De cette manière, lorsqu'on incorpore l'engrais à la terre, celle-ci reçoit en même temps une fumure phosphatée mieux répartie et plus à la portée des racines des plantes.

C'est un moyen économique pour augmenter le pouvoir des phosphates naturels, on doit donc le recommander sans réserves. De même qu'on peut encore très avantageusement employer ces phosphates insolubles après les avoir mélangés aux marcs de pommes, de poires, de raisins, aux sciures de bois qui donnent une fermentation acide qui attaque l'engrais et le solubilise en partie. La tourbe agit de la même manière, ainsi que les divers détritus organiques qu'on peut trouver à la ferme. Avec ces mélanges, on pourra très souvent se passer des superphosphates.

Un point sur lequel il est aussi très urgent d'appeler l'attention des agriculteurs, c'est le degré de finesse des engrais phosphatés et surtout pour ceux de ces engrais qui n'ont pas subi le contact des acides. En général, plus les phosphates, comme toutes les substances fertilisantes d'ailleurs, sont réduits en poudre fine, mieux ils agissent car les surfaces de l'engrais ainsi offertes aux racines sont plus considérables. C'est justement là ce qui détermine la grande supériorité des superphosphates ou des phosphates précipités dont la division est infinie et dont les éléments imprègnent pour ainsi dire toutes les particules terreuses, de telle sorte que les racines des plantes, en fouillant le sol, prennent facilement leur contact. Dans des expériences faites par Wagner sur cette question, le rendement fourni par les superphosphates étant égal à 100, celui des scories moulues finement a été de 58, tandis que celui des scories à mouture grossière n'a pas dépassé 13.

On doit donc toujours rechercher les phosphates les plus poussiéreux, les plus ténus et dans l'achat de ces engrais on fera bien d'exiger des garanties portant aussi bien sur leur degré de finesse que sur le dosage de l'acide phosphorique. Les Syndicats et les chimistes peuvent, à cet égard, forcer la main aux industriels et les obliger à ne livrer que des substances ayant passé à tel ou tel tamis.

Maintenant, cherchons les sols qui demandent de l'acide phosphorique.

Les chimistes et particulièrement MM. de Gasparin, Risler et Joulie ont établi une échelle des terres suivant leur richesse en acide phosphorique. Ils regardent comme très riches et insensibles à l'action des engrais phosphatés les sols renfermant, d'après l'analyse, plus de 2 pour 1.000 d'acide phosphorique, comme terres riches et peu sensibles à l'action de ces engrais, celles en renfermant 1 à 2 pour 0/00, comme terres moyennement riches et assez sensibles à l'application de cette fumure, celles en contenant 0,5 à 1 p. 0/00 et enfin, comme terres pauvres et améliorées considérablement par l'action des phosphates celles en renfermant moins de 0,5 p. 0/00.

Ces chiffres, qui seraient d'un absolu intérêt pour l'agriculteur et détermineraient exactement les cas où les phosphates sont utiles ou indispensables, n'ont, malheureusement, pas une exactitude rigoureuse. Si l'analyse chimique donne, en effet, la totalité de l'acide phosphorique contenu dans le sol, elle ne donne pas la quantité de cet acide qui est directement utilisable par les plantes et par suite ne peut offrir que des indications approximatives au cultivateur. Celui-ci doit cependant en tenir compte, y avoir même recours, tout en expérimentant directement sur ses surfaces cultivées pour déterminer aussi exactement que possible l'utilité des phosphates sur les terres.

Et même, sans recourir à l'analyse, on peut prévoir, dans certaines limites, si les phosphates sont ou non nécessaires pour la culture, d'après l'aspect des céréales récoltées à la ferme. Lorsque ces plantes ont une végétation herbacée très vigoureuse, d'une belle verdeur, et que les épis y sont chétifs, malingres, eu égard à l'échaudage qui a pu survenir pendant la saison chaude, on peut admettre une insuffisance du sol en acide phosphorique. C'est là une induction dont on devra naturellement chercher confirmation dans des essais culturaux sur les phosphates.

J. PÉRETTE,
Professeur à l'école d'agriculture de Beauchêne.

Cachexie aqueuse du mouton.

Depuis quelque temps, nous entendons, de la part des cultivateurs, formuler des plaintes, relativement à l'apparition d'une maladie fréquente chez le mouton, que la médecine vétérinaire désigne sous le nom de *cachexie aqueuse* et que dans le langage pratique on appelle plus communément *pourriture*.

Jusqu'à ces derniers temps on attribuait exclusivement l'apparition de la cachexie à l'humidité, à la mise des troupeaux au pâturage sur des prairies marécageuses, par la rosée et les temps brumeux.

Tout récemment, on a découvert que l'humidité n'était pas la seule cause de son apparition. Cette maladie paraît principalement causée par la présence d'un ver dans le corps de l'animal qui a son siège dans l'organe appelé foie. Ce ver qu'on nomme *Douve* ou, pour employer un terme plus scientifique *Distome*, a la propriété de se reproduire et de se multiplier très rapidement ce qui amène, dans un laps de temps relativement court, la désorganisation du foie et par la suite l'infection de tout l'ensemble de l'organisme.

Des études assez récentes ont permis de déterminer d'une façon qui parait précise le mode de reproduction et de propagation de la Douve ou Distome. Sans vouloir entrer dans les détails techniques de cette étude, nous dirons cependant que les œufs du parasite sont entrainés par les liquides du foie dans le conduit intestinal, qu'ils se mélangent aux déjections et sont rejetés au dehors avec ces dernières. Ces œufs, fécondés avant leur expulsion, subissent sur le sol, lorsqu'ils trouvent un milieu propice à leur évolution, une série de transformations après lesquelles, s'ils sont introduits de nouveau pendant le pacage dans l'appareil digestif, les vers qui en dérivent gagnent le foie et leur action se fait sentir sur tout l'organisme.

L'humidité favorise leur transformation, et la conservation du parasite sur le sol est par conséquent d'autant plus assurée que les pacages sur lesquels les moutons pâturent sont plus humides.

L'humidité n'est pas, comme on le pensait, la cause primordiale de la maladie, mais elle est indispensable à sa propagation. Les récentes découvertes ne mettent donc pas en défaut les observations anciennes, elles les confirment, au contraire, et leur donnent un caractère plus précis.

La caractéristique de la maladie est l'appauvrissement du sang, et l'infiltration du tissu cellulaire par un liquide qui, en s'extravasant, s'accumule sur les parties déclives de l'organisme. Pendant que l'animal porte la tête basse, qu'il pâture, ce liquide s'épanche principalement dans la région de la gorge et forme, vers cette partie, un engorgement flasque, œdémateux, de forme oblonge, auquel on donne souvent dans la pratique le nom de *bouteille*. C'est la cause pour laquelle on désigne encore dans certaines contrées la maladie sous ce nom.

La cause et le caractère d'une affection étant bien connus, les mesures à prendre pour en atténuer, dans la mesure du possible, l'apparition et la propagation, sont généralement indiqués dans la pratique.

Pour le cas qui nous occupe, c'est une question d'hygiène.

Puisque la cause de l'affection réside dans l'absorption

des larves du distome dans les pâturages humides, il y a lieu d'éviter d'envoyer les moutons sur ces pâturages. Il faudrait aussi ne jamais les mettre aux champs pendant que ceux-ci sont couverts de rosée, sans leur avoir donné une ration de fourrages secs, luzerne ou foin de prairie naturelle, ou tout au moins, lorsqu'on ne peut mieux faire, un peu de bonne paille. Lorsque les organes digestifs sont vides l'absorption des parasites et des miasmes est plus facile que si l'animal a reçu un peu de nourriture.

Dans les fermes où réside l'affection, les eaux des mares sont aussi infectées par les œufs ou les larves du distome ; les moutons devraient donc être abreuvés avec de l'eau de puits ou de l'eau de source.

Des observations nombreuses ont établi que les mois d'août, septembre et octobre, sont les plus propices au développement de la maladie, parce qu'en cette saison les larves du distome ont achevé toutes leurs métamorphoses en dehors de l'organisme, moment où leur absorption est le plus à redouter.

Le début de la maladie s'annonce par la pâleur des muqueuses, ce que l'on constate facilement à l'examen des yeux. A une période plus avancée, l'engorgement de la gorge, la bouteille, apparaît ; il est plus accusé le soir que le matin. Plus tard, l'animal atteint ne peut plus suivre le gros du troupeau, il se traîne péniblement derrière, la tête baissée ; sa laine tombe par plaques et il ne tarde pas à mourir de consomption.

En supprimant le paccage et en soumettant le sujet à un régime riche et tonique, on peut combattre le mal au début. Mais, généralement, lorsque l'attention du cultivateur est éveillée, il est déjà trop tard, et le meilleur parti à prendre c'est de livrer l'animal à la boucherie, si on tergiverse, le mal faisant de rapides progrès, la viande n'a bientôt plus aucune valeur pour la consommation et l'animal est irrémédiablement perdu.

G. PEYRAS.

Ecole pratique de laiterie de Coëtlogon

Procès-verbal de la séance d'examens du 14 janvier 1891

Le Comité de surveillance et de perfectionnement institué près de l'école de laiterie de Coëtlogon s'est réuni le 14 janvier 1891, à neuf heures du matin, sous la présidence de M. Prillieux. inspecteur général de l'enseignement agricole.

Etaient présents :

MM. Després, Conseiller général ;

De Farcy, Conseiller général ;

Lechartier, professeur à la Faculté des Sciences ;

Galery, maire de Thorigné.

MM. Champion et Divel, indisposés, s'étaient excusés par lettre de ne pas pouvoir prendre part aux travaux du Comité.

13 apprenties se présentaient pour l'examen : 12 seulement étaient en situation de prétendre au certificat d'aptitude, la treizième, Marguerite Lecoz, n'ayant suivi les cours que depuis le 10 novembre 1890.

Après lecture et adoption du procès-verbal de la séance du mois de juillet dernier, on a procédé aux examens dans les mêmes conditions que les années précédentes.

Les apprenties eurent à faire une composition sur les questions dont le texte suit :

1º De l'emploi du thermomètre dans une laiterie, soit pour la fabrication du beurre, soit pour la préparation des fromages ;

2º De la caséine et des transformations qu'elle subit dans les fromages. Influence de la température dans les diverses opérations de leur fabrication.

Elles furent ensuite soumises à une épreuve pratique relative à la fabrication du beurre, du fromage et à la connaissance des vaches laitières. Une série de questions fut enfin posée à chacune d'elles sur la zootechnie et la laiterie.

Le résultat de l'examen a donné le classement suivant :

1re	Christine Merret	19
2e	Irma Liégeois	18
3e	Yvonne Morvan	17.4
4e	Léontine Gadby	17.1
5e	Aimée Chesnel.	16.8
6e	Charlotte Richel	16.5
7e	Angélique Boulais.	16.1
8e	Maria Klinkenberg	16
9e	Jeanne Coativy.	15
10e	Françoise Lefoll	14.9
11e	Renée Sparfell.	14
12e	Marie Pahier	13.1

Toutes ces apprenties ayant obtenu une note supérieure à la moyenne réglementaire furent déclarées dignes du certificat d'aptitude.

En outre, le Comité reconnaissant que l'ensemble des examens avait été très satisfaisant a décidé qu'il y avait lieu de demander à M. le Ministre de l'Agriculture de vouloir bien accorder une médaille d'or à Christine Merret, une médaille d'argent à Irma Liégeois, et une médaille de bronze à Yvonne Morvan et à Léontine Gadby.

M. le Président, en annonçant aux apprenties la décision du jury, les a félicitées d'avoir bien profité des excellentes leçons qu'elles avaient reçues de leurs professeurs et d'avoir répondu aux efforts de Mme la Directrice pour développer le plus possible leur instruction théorique et pratique.

Le Comité a ensuite procédé à l'étude des dossiers relatifs aux demandes de bourse et au classement des candidats.

Six élèves sortant demandaient une prolongation de bourse ; douze jeunes filles se présentaient pour entrer à l'école avec demande de bourse.

Le Comité avait à se prononcer : 1° Sur les cinq bourses accordées par le ministère de l'agriculture ;

2° Sur les deux bourses du département d'Ille-et-Vilaine ;

3° Sur une bourses accordée par le département des Côtes-du-Nord.

Les bourses du ministère ont été attribuées de la manière suivante :

1° A Marguerite Le Coz qui a suivi l'enseignement de l'Ecole depuis le mois de novembre et qui a répondu avec intelligence aux questions qui lui ont été posees sur la laiterie ;

Une demi-bourse à chacune des deux apprenties sortant, Jeanne Coativy et Françoise Lefoll, qui ont prouvé qu'elles pourraient profiter d'une prolongation de séjour à l'Ecole ;

Une bourse à Angèle Merret, du département du Finistère ;

Une bourse à Augustine Doucet et à Marthe Billette, munie de son certificat d'études.

La bourse du département des Côtes-du-Nord a été réservée à Philomène Loyer, la seule qui fut présentée par le département.

Pour les deux bourses de l'Ille-et-Vilaine, sont proposées Armandine Trouilliaux, de Tinténiac, et munie du certificat d'études, et à Renée Guilloux, de Pont-Réan.

Enfin le Comité présente comme surnuméraires pour remplacer celles qui ne pourraient pas entrer à l'École :

Marie-Yvonne Morvan, de Ploujean (Finistère) et Léontine Martin.

Le jury demande à M. le Ministre de vouloir bien reporter sur le 1ᵉʳ semestre de l'année 1891 la bourse qui n'a pas été attribuée dans le second semestre de 1890.

Avant de se séparer, les membres du Comité de perfectionnement reçoivent de M. l'Architecte départemental communication du plan proisoire qu'il a dressé pour la construction de bâtiments destinés a une fromagerie.

Le Comité, après avoir entendu les explications de M. l'Architecte, a été unanime pour demander qu'il fut chargé par le Conseil général de visiter des fromageries et des écoles de laiterie dans lesquelles se fabriquent le Camembert, le Gruyère et le fromage de Hollande. Le Comité est persuadé qu'on obtiendrait ainsi des installations meilleures et plus complètes avec une dépense de construction moindre.

Le Comité est certain que M. le Ministre de l'Agriculture faciliterait à M. l'Architecte les moyens de visiter les établissements qu'il a intérêt à étudier.

Enfin, le Comité, reconnaissant les services qu'un jardin bien dirigé peut rendre dans une exploitation agricole et pensant que cette direction appartient à la fermière, demande à M. le Ministre de prendre en considération les sacrifices que le département est disposé à s'imposer pour la construction d'une fromagerie et de doter l'École de laiterie de Coëtlogon d'un enseignement théorique et pratique d'horticulture et de jardinage.

La séance est levée à six heures.

<table>
<tr><td>Le Président,</td><td>Le Secrétaire,</td></tr>
<tr><td>Signé : PRILLIEUX.</td><td>Signé : G. LECHARTIER.</td></tr>
</table>

SYNDICAT DE LA MAYENNE

Avis.

Les membres du Syndicat sont informés que l'entrepôt central de Laval va être très prochainement approvisionné de tourteau de maïs, qui leur sera livré au prix de 16 francs les 100 kilos, concassé et logé.

A vendre 50.000 pommiers venus sur terre de landes, depuis 0 fr. 50 jusqu'à 2 fr. l'un suivant le choix ; sur demande on expédiera 10 plants aux prix désignés à titre d'échantillons, livraison en gare de Montsûrs, s'adresser à M. Eugène ANGOT, propriétaire à Montsûrs (Mayenne).

M. MEIGNAN, agriculteur à la Rouairie de Saint-Berthevin, près Laval, offre : Pommes de terre (Institut de Beauvais) à 10 fr. les 100 kilos, logés, gare Laval ou Le Genest.

L'EMPLOI DES ENGRAIS

Par C-V. Garola, Ọ, ✻, Professeur départemental d'agriculture, Directeur de la station agronomique de Chartres.

En vente aux Bureaux du *Progrès Agricole* 23, rue des Trois-Cailloux, à Amiens, au prix de 0 fr. 50, franco.

LES PRAIRIES TEMPORAIRES

Par C-V. Garola, Ọ, ✻, en vente à la même librairie, au prix de 0 fr. 30, franco.

Ouvrages d'agriculture

Envoi franco sur demande aux membres du Syndicat : 1° *L'emploi du nitrate de soude en agriculture*, par L. GRANDEAU ; 2° *Fumier de fermier, phosphate, nitrate*, par le même auteur.

En vente au bureau du journal, les collections brochées du *Bulletin agricole de l'Ouest*, années 1889 et 1890, au prix de 5 francs le volume.

Traité de l'emploi des engrais chimiques, par C.-V. GAROLA, envoi contre 0 fr. 50 en timbres-postes.

Instruments en location

Les membres du Syndicat sont informés que des distributeurs d'engrais (le Hérisson) sont à leur disposition dans les entrepôts de Laval, Craon et Mayenne, au prix de 5 fr. par jour de travail, de même que des herses émousseuses pour prairies au prix de 1 fr. par jour de travail.

SYNDICAT DE CHARTRES
SAISON DE PRINPTEMPS 1891
VINS

Le Syndic t 'onne avis qu'i i e t, pendan' la prochaine saison, fournir aux prix ci-d-ssous les vins natu els, garantis purs raisins frais, des provenances ci- après :

1° Vins d'Algérie

1° Vin rouge de Bône à 45 f. l'hectolitre.

Le vin blanc est épuisé.

2° Vin rouge d'Aïn-Beda d'Oran, à 115 fr. la pièce d- 220 à 225 litres. Recom ande. (Pour cette espèce, il n'y a pas de demi-p èce).

Nota. — Tous ces prix s'entende t fr nco gare de l'acheteur, fût perdu, paiement à 9 jours de l'expédition.

Les vins d'Algérie seront livrés jusqu'au 1er avril seulement, à cause des chaleurs, sauf épuisement avant cette date.

2° Vins Français

VINS ROUGES DU GARD

1° Montagne vieux	la pièce 102 fr.	la 1/2 pièce 53 f. 50		
2° Bon ord nouv. ecommandé	—	9	—	48 50
3° Saint-Gill s	—	102	—	53 50
4° Costière extra	—	115	—	60 »

Contenance de la pièce 220 à 225 litres, de la 1/2 pièce 110 à 112 litres, le tout franco gare de l'acheteur, fût perdu, paiement à 90 jours.

VINS ROUGES DE BORDEAUX

1° Bonnes côtes de Bordeaux, 1er choix 1890, la pièce de 225 à 228 litres, 180 fr., 200 fr.

(Prière de bien indiquer le pi ix qu'on a choisi)

2° Fronsac. 1er crû 1890   230 fr.

3° Côte St-Christophe de St-Emilion, 1 90, 250 ; 1889, 300

4° Sables de Saint-Emilion, 189 , 300 ; 1889, 350

5° Saint-Estèphe 1890, 350 ; 1889, 400

6° Saint-Emilion et Haut Pomerol, 1889, 400 ; 1887, 500

1884, 600 ; 1881, 700

VINS BLANCS DE BORDEAUX

1° Petites Graves, la barrique de 225 à 228 litres, 1890, 160 fr.

1889, 180

2° Graves, 1er crû 1890, 200 ; 1889, 230

3° Preignac-Sauternes 1890, 250 ; 1889, 30

4° Barsac-Sauternes 1890, 350 ; 1890, 400

5° H-Sauternes 1890, 450 ; 1889, 500 ; 1887, 600 ; 1884, 70

Le tout franco gare de l'acheteur, paiement à 30 jours 3 0/0 ou à 90 jours sans escompte. — Par 1/2 pièce et 1/4 de pièce, 5 fr. en sus pour logement.

Les commandes doivent être adressées à M. Mercier, Agent-Comptable du Syndicat, 4, Place Saint-Michel, à Chartres, en ayant soin d'indiquer très clairement l'*espèce*. la *quantité* et l'*année* que l'on désire.

Nota. — Dans toutes les expéditions, le fût reste toujours la propriété de l'acheteur.

DÉPOT DU SYNDICAT DE CHARTRES

Marchandises actuellement en dépôt :

Superphosphate minéral soluble à l'eau et au citrate ,
Scories de déphosphoration ;
Phospho guano ordinaire ;
Phospho guano surazoté ;
Nitrate de soude, en sacs réglés à 100 kilos ;
Tourteaux de Lin pour engraissement ;
— de Sésame blanc du Levant pour engraissement ;
— de Coprah, Ceylan, pour vaches laitières ;
Huile d'olive surfine, à 1 fr. 90 le kilog.
Huile de Sésame fine à 1 fr. 11 le kilog.
Savon bleu de Marseille à 0 fr. 50 le kilog.
Savon blanc « le Génie », à 0 fr. 55 le kilog.
Savon blanc « le Trèfle », à 0 fr. 66 le kilog.

Les huiles sont fournies en bonbonnes de verre, cachetées et plombées par les expéditeurs, et par quantités de 25 kil. environ. Elles sont garanties absolument pures.

Les savons sont livrés en caisses d'environ 25 kil. également ; celles renfermant le savon « le Génie » contiennent 50 morceaux d'environ 500 grammes chacun.

Enfin, le dépôt contient également de l'huile minérale russe (Ragosine), excellente pour le graissage des machines agricoles, au prix de 0 fr. 10 le kilog ; et de l'huile à brûler, double épuration, à 0 fr. 80 le kilog.

Ces deux huiles sont livrées en tonnelets d'environ 25 kilogr.

Toutes les substances ci-dessus sont fournies immédiatement contre paiement comptant, en s'adressant chez M. Mercier, comptable du Syndicat, 4, place Saint-Michel, les jeudi et samedi de chaque semaine (le samedi avant midi).

Elles peuvent également être expédiées par chemin de fer, transport à la charge de l'acheteur.

Le Syndicat peut encore faire fournir à ses adhérents, et à des conditions très avantageuses :

1° Des ardoises provenant des mines d'Angers ;
2° De la chaux pour constructions, première qualité ;
3° Enfin toutes machines agricoles provenant des meilleures fabriques.

Pour tous renseignements, s'adresser à l'Agent comptable.

A VENDRE 3.000 kilogs de pommes de terre saucine pour plant. S'adresser pour prix et conditions à M. Constantin, cultivateur à La Taye, commune de Saint-Georges-sur-Eure, par Chartres.

TONNEAUX EN BON ÉTAT à vendre dans d'excellentes conditions. — S'adresser à M. Mercier, comptable du Syndicat, 4, place Saint-Michel, à Chartres.

La collection du Bulletin agricole de l'Ouest (année 1890) est en vente au bureau du Journal, au prix de 5 francs le volume.

M. J. MOREUL, cultivateur à La Crocherie d'Ampoigné, offre de la graine de choux poitevins à des prix modérés.

A LOUER dans la Sarthe, sur les bords du Loir, à 500 mètres d'une gare, une jolie ferme contenant environ cinquante hectares d'herbages et prairies. S'adresser à M. de Villepin, Directeur de la Ferme École de la Pilletière, près Jupilles (Sarthe).

AVOINE DE BRIE
POUR SEMENCE

27 fr. les 100 kilos logés port dû, 26 fr. par quantité de 1000 kilos. — Livraisons d'au moins 100 kilos. Paiement au 15 avril. — Frais de recouvrement à la charge de l'acheteur — 2 0/0 de remise au syndicat.

COUESNON-BONHOMME, agriculteur, à Villiers par Coulommiers (Seine-et-Marne).

M. BOULAY, constructeur, rue de Tours, à Laval, met à la disposition des agriculteurs syndiqués un ouvrier spécial pour la réparation des faucheuses et machines à battre.

On trouve au Syndicat un modèle de citerne à purin avec robinet épandeur.

Voitures agricoles et industrielles en tous genres.

RATS souris, loirs, mulots, etc... Contre mandat ou 10 timbres-poste de 0 fr. 15, j'adresse franco le moyen infaillible et très pratique de les détruire tous en quelques heures.

LECLERC, à Beaulieu, par Châtellerault (Vienne). — *Envoi gratis et franco du prospectus destruction des taupes.*

VINS DE BORDEAUX

Rouge (1888) à 125 francs et Blanc (1887) à 200 francs les 225 litres logés sur wagon départ.

S'adresser à M. G. BORD, secrétaire général du syndicat agricole à Cadillac-sur-Garonne (Gironde).

Les fabricants de fromages et de beurres sont informés que, à l'exposition universelle de 1889, la plus haute récompense (médaille d'or), a été décernée aux **PRESURES** et **COLORANTS** de **J. Fabre**, à M. A., Aubervilliers (Seine). Récompenses dans 51 concours agricoles.

MACHINES AGRICOLES

SAVARY & Cᴵᴱ

Ingénieurs-Constructeurs

QUIMPERLÉ (Finistère,

104 Diplômes d'honneur et Médailles

EXPOSITIONS UNIVERSELLES DE PARIS 1878-1889

Croix de la Légion d'honneur

2 médailles d'Or — 3 médailles d'Argent — 1 médaille de Bronze

PRESSOIRS A MOUVEMENT VERTICAL

Breveté S. G D. G.

1ᵉʳ Prix

Médaille d'Or

à

l'Exposition
nationale
des
cidres

PARIS 1888

1ᵉʳ Prix

Médaille d'Or

à

l'Exposition
nationale
des
cidres

PARIS 1888

Pressoirs à cidre et à vin — Moulins à pommes
Fouloirs à vendange — Machines à battre à manège
Tarares — Barattes
Broyeurs d'ajonc — Coupe-racines — Hache-paille
Charrues

Le
Catalogue
GÉNÉRAL
sera adressé
sur
demande

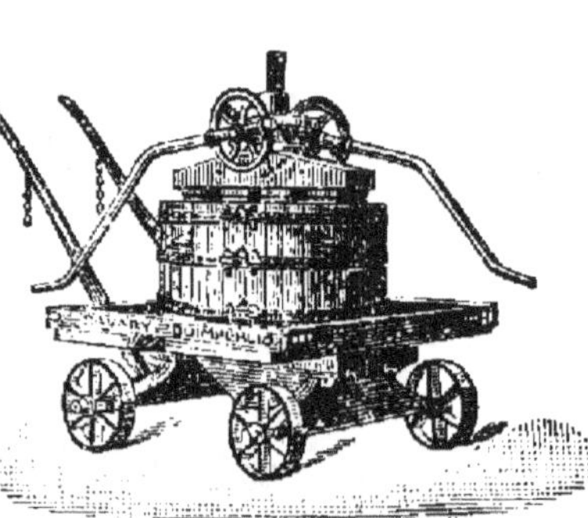

Le Gérant, E. MOREAU.

Laval, Imp. L. Moreau.

Ce Bulletin paraît le 15 de chaque mois.

BULLETIN AGRICOLE
DE L'OUEST

Organe de l'Union des Syndicats Agricoles
des départements du Finistère, des Côtes-du-Nord,
du Morbihan, de la Loire-Inférieure, d'Ille-et-Vilaine, de la
Manche, de la Mayenne, de Maine-et-Loire, de la Sarthe,
de l'Orne, du Calvados, de l'Eure, d'Eure-et-Loir
et de la Seine-Inférieure.

Publié sous la direction de :

H. LÉIZOUR, (✳ M. A.) (Ο A.)

Professeur départemental d'Agriculture de la Mayenne, Directeur du Laboratoire
agronomique, Président du Syndicat des Agriculteurs de la Mayenne,

GAROLA, (✳ M. A.) (Ο A.)

Professeur départemental d'Agriculture d'Eure-et-Loir,
Directeur de la Station agronomique de Chartres.

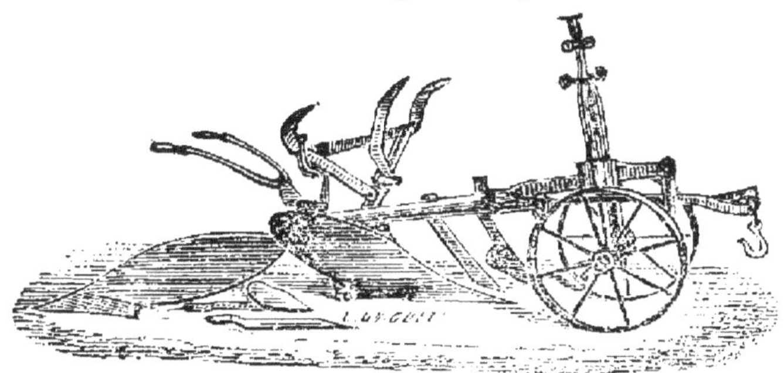

ABONNEMENTS

Les membres des syndicats adhérents sont abonnés gratuitement par leurs
bureaux. — Pour les étrangers aux syndicats : **6 fr.** par an.

ANNONCES

De 1 à 4 annonces. » 50ᶜ la ligne.	De 8 à 12 annonces » 30ᶜ la ligne
De 4 à 8 — » 40ᶜ —	Au-delà de 12. » 20ᶜ —

Le bulletin publiera gratuitement les offres et demandes
des Syndicats abonnés.

AVIS. — Tout ce qui concerne la rédaction, les Annonces et les Abonnements, doit être adressé à M. LÉIZOUR, rue de la Filature, 1, à Laval.

SYNDICAT DE CHARTRES

SAISON DE PRINPTEMPS 1891

VINS

Le Syndic t·lonne avis qu'il rent, pendan' la prochaine saiso·. fournir aux prix ci-dessous les vins natu els, garantis pu·s raisins frais, des provenances ci-après :

2° Vins Français

VINS ROUGES DU GARD

1° Montagne vieux	la pièce	102 fr.	la 1/2 pièce	53 f. 50
2° Bon ord^{re} nouv. recommandé.	—	92	—	48 50
3° Saint-Gill s	—	102	—	53 50
4° Costière extra	—	115	—	60 »

Contenance de la pièce 220 à 225 litres, de la 1/2 pièce 110 à 112 litres, le tout franco gare de l'acheteur, fût perdu, paiement à 90 jours.

VINS ROUGES DE BORDEAUX

1° Bonnes côtes de Bordeaux, 1er choix 1890, la pièce de 225 à 228 litres, 180 fr., 200 fr.
(Prière de bien indiquer le prix qu'on a choisi)
2° Fronsac, 1er crû 1890   230 fr.
3° Côte St-Christophe de St-Emilion, 1·90, 250 ; 1889, 300
4° Sables de Saint-Emilion,   1890, 300 ; 1889, 350
5° Saint Estèphe.   1890, 350 ; 1889, 400
6° Saint-Emilion et Haut Pomerol,   1889, 400 ; 1887, 500
                                             1884, 600 ; 1881, 700

VINS BLANCS DE BORDEAUX

1° Petites Graves, la barrique de 225 à 228 litres, 1890, 160 fr.
                                                    1889, 180
2° Graves, 1er crû   1890, 200 ; 1889, 230
3° Preignac-Sauternes   1890, 250 ; 1889, 300
4° Barsac-Sauternes   1890, 350 ; 1890, 400
5° H^t-Sauternes 1890, 450 ; 1889, 500 ; 1887, 600 ; 1884, 700

Le tout franco gare de l'acheteur, paiement à 30 jours 3 0/0 ou à 90 jours sans escompte. — Par 1/2 pièce et 1/4 de pièce, 5 fr. en sus pour logement.

Les commandes doivent être adressées à M. Mercier, Agent-Comptable du Syndicat, 4, Place Saint-Michel, à Chartres, en ayant soin d'indiquer très clairement l'*espèce*, la *quantité* et l'*année* que l'on désire.

Nota. — Dans toutes les expéditions, le fût reste toujours la propriété de l'acheteur.

BULLETIN AGRICOLE DE L'OUEST

Nitrate de soude et phosphate de chaux.

La récolte française des céréales en 1889. — Ce que nous devons récolter en 1900.

La production des céréales, notamment celle du blé, est, pour la France, la culture par excellence. Plus des trois cinquièmes de la surface cultivée lui est consacrée: elle couvre *14 millions* d'hectares. La valeur totale du grain récolté dépasse trois milliards un quart de francs, somme égale au budget du pays. Tout ce qui touche à cette culture, à ses progrès, à son avenir est donc d'une importance primordiale pour le producteur et pour le consommateur, c'est-à-dire pour la population tout entière. Le but de cette courte instruction est de mettre sous les yeux des cultivateurs les résultats obtenus par l'application judicieuse du nitrate de soude et du phosphate de chaux, à la production des céréales ; de leur faire toucher du doigt le bénéfice considérable qu'ils peuvent en retirer, en affranchissant du même coup notre pays de l'importation étrangère.

Nous avons pensé qu'un tableau résumant les traits essentiels du progrès facilement réalisable dans cette voie, ne pouvait être mieux placé qu'à l'école primaire. Examinée par les enfants dont l'esprit sera frappé par la comparaison des récoltes obtenues avec ou sans engrais, consultée par les cultivateurs de la commune, commentée par les instituteurs qui y trouveront un sujet de causeries intéressantes, cette courte notice portera, nous l'espérons, la conviction dans l'esprit de tous, en ce qui regarde l'importance du but à atteindre et la simplicité des moyens à employer.

La France peut et doit arriver à produire, comme l'Angleterre, une moyenne de 28 hectolitres de blé à l'hectare, soit 12 hectolitres de plus qu'aujourd'hui. Son sol, son climat le permettent, et c'est le défaut de matières fertilisantes apportées à nos terres qui, seul, explique l'infériorité de nos récoltes. Pour l'instant, nous voulons seulement admettre un bien modeste accroissement moyen à l'hectare — 5 hectolitres — montrer qu'il est facile de l'obtenir et quel profit énorme en résultera pour le pays, en attendant que nous rivalisions avec nos voisins d'Outre-Manche, ce que nos petits-enfants verront à coup sûr. Commençons par jeter un coup d'œil sur la production actuelle des céréales en France et sur ce qu'elle sera dans dix ans. La comparaison du passé de cette culture avec son état présent est pleine d'encouragements et justifie amplement le modeste accroissement dans les rendements que nous prévoyons pour la fin du siècle dont moins de dix ans nous séparent.

Dans la campagne de 1889, qu'on peut regarder comme une bonne année moyenne, on a récolté 246 millions et demi d'hectolitres de céréales. Le blé figure, dans ce chiffre, pour 108 millions d'hectolitres, ce qui correspond à un rendement moyen de 15 hect. 39 à l'hectare et de 2 hect. 90 par tête d'habitant.

De ce volume de 108 millions d'hectolitres de grain, il faut déduire, environ, 15 millions d'hectolitres pour l'emblavure de l'année suivante ; restent 93 millions d'hectolitres disponibles pour l'alimentation de la France, en pain et autres pâtes alimentaires, soit, au maximum, 2 hectolitres et demi par tête d'habitant, soit encore 192 kilogrammes de blé.

La transformation de ces 192 kilogrammes de grain donne environ 130 kilogrammes de farine, fournissant à son tour 175 kilogrammes de pain. Une récolte moyenne ne met donc à la disposition de la population française que 480 grammes de pain par jour et par tête, chiffre insuffisant qu'abaisse encore l'emploi d'une notable quantité de blé pour certaines industries. — De là, nécessité d'importer presque tous les ans des quantités variables de blé étranger.

Que nous enseigne le passé ! Au commencement du siècle, l'Angleterre produisait 14 hectolitres de froment à l'hectare ; elle en récolte 28 aujourd'hui. En France, le rendement en blé était, en 1789, au *maximum* de 10 hectolitres ; en 1889, il dépasse 15 hectolitres. Dans la même période de temps, le rendement du sol anglais a doublé, le nôtre a augmenté de moitié seulement. Mais, si l'on songe que cet accroissement de 50 p. 0/0, égal à 5 hectolitres à l'hectare a été obtenu, presque sans emploi de fumures complémentaires du fumier de ferme, on ne peut se refuser à admettre que, *d'ici à dix ans*, il soit non seulement possible, mais facile d'accroître de 5 hectolitres encore le rendement moyen de notre sol en blé et, dans la même proportion, les rendements des autres céréales, à l'aide des secours que nous offrent les engrais chimiques, notamment le nitrade de soude et le phosphate de chaux.

Nous produirons alors 140 millions d'hectolitres ou 108 millions de quintaux de froment, chiffre suffisant, non seulement pour nous affranchir complètement de l'importation étrangère, mais pour nous permettre de devenir, à notre tour, exportateurs de céréales.

Les tableaux ci-dessous indiquent les traits généraux de la transformation à laquelle mènerait rapidement l'application des moyens simples que nous allons énumérer.

Le tableau I montre la répartition des céréales sur les 14 millions d'hectares consacrés en 1889 à cette culture, les rendements moyens en grain à l'hectare, les prix moyens de l'hectolitre, la récolte totale en grain et sa valeur en francs.

Le tableau II est conçu dans l'hypothèse qu'en 1900, les surfaces cultivées en céréales n'auront pas varié, que les prix seront restés ceux de 1889 (inférieurs de plus de dix pour cent au cours actuel. Le blé valant 20 fr. l'hectolitre, alors que nous le cotons que 18 fr.). La seule différence réside dans l'élévation du rendement; passant de 15 hectolitres à 20 hectolitres à l'hectare, sous l'influence combinée du phosphate de chaux et du nitrate de soude. L'emploi de semences de choix, semences exotiques ou, mieux encore, semences améliorées par voie de sélection de nos variétés indigènes, joint à l'extension de la semaille en ligne, amèneront certainement un accroissement dans nos rendements plus marqué que celui que nous indiquons.

TABLEAU I

NATURE de la Récolte	La récolte moyenne de la France en céréales (1889)				
	SURFACES cultivées	RÉCOLTE totale en grains	Rendem.ᵗ moyen à l'hectare	PRIX moyen à l'hecto.ˡⁱᵗʳᵉ	VALEUR totale du grain récolté en France
	en hectares	en hectolitres	hectolitre	fr. c.	
Blé.	7.038.963	108.319.771	15 39	18 09	1.959.500.050
Avoine. .	3.758.549	85.259.511	22 68	8 75	726.835.479
Seigle. . .	1.599.496	23.126.806	14 46	11 85	271.171.207
Orge.	873.499	15.805.530	18 69	10 36	163.859.138
Sarrazin .	590.811	9.331.800	15 79	9 37	87.546.168
Méteil . . .	299.580	4.560.361	15 22	15 04	68.609.892
Totaux.	14.160.903	246.406.782			3.280.521.934

TABLEAU II

NATURE de la Récolte	Ce que sera la récolte des céréales de la France en 1900				
	SURFACES cultivées	RÉCOLTE totale en grains	Rendem.ᵗ moyen à l'hectare	PRIX moyen à l'hectol.ˡⁱᵗʳᵉ	VALEUR totale du grain récolté en France
	en hectares	en hectolitres	hectolitre	fr. c.	
Blé.	7.000.000	140.000.000	20 »	18 09	2.532.600.000
Avoine . . .	3.800.000	111.000.000	30 »	8 75	997.500.000
Seigle. . . .	1.600.000	32.000.000	20 »	11 85	379.200.000
Orge.	900.000	21.600.000	24 »	10 36	251.856.000
Sarrazin. .	600.000	12.000.000	20 »	9 37	112.440.000
Méteil . . .	300.000	6.000.000	20 »	15 01	90.240.000
Totaux .	14.200.000	325.600.000			4.366.836.000

En 1900. — Produit brut. . . . 4.366.836.000
En 1889. — Produit brut. . . . 3.280.521.934
Excédent en faveur de 1900 . . . 1.086.314.066

A cette plus value du produit brut en grains, il faut ajouter la valeur des 64 millions de quintaux de paille correspondant à l'excédent du rendement en grains, en l'an 1900, celui de 1889, soit à raison de 35 francs en moyenne les 1.000 kilogrammes de paille, ci. . . 224.000.000

On arrive ainsi à un excédent total en faveur de la récolte de 1900 de Fr. 1.310.314.066 soit près de 1 milliard et un tiers qui entreront dans la bourse de nos cultivateurs.

(A suivre.) L. GRANDEAU.

Les Ecoles pratiques d'agriculture

Dans notre France, pays de gens d'esprit, toute propagation d'idée féconde ou généreuse est facile, même rapide. Mais, aussi, il est bien avéré qu'à l'enthousiasme exalté de la première heure succède trop souvent une indifférence parfois nuisible, toujours regrettable. Qu'une création utile soit signalée, immédiatement on la réclame à grands renforts d'arguments ; — c'est là un des indices de notre excellent naturel — elle n'est pas plutôt acquise que le zèle se refroidit et qu'apparaissent les premiers symptômes d'un fâcheux désintéressement.

Ce n'est point que la période d'oubli soit arrivée pour la fondation dont je veux entretenir le lecteur, non certes; elle a à peine franchi les difficultés du début ; de plus, comme elle tend au progrès, elle restera toujours en honneur. Elle paraît seulement n'être encore qu'imparfaitement comprise.

L'agriculture subit une crise, répète-t-on et imprime-t-on de tous côtés. Hélas ! le mal est trop réel ; il reste tout à fait indéniable. Songe-t-on là où l'on souffre à conjurer le péril, à sauvegarder l'avenir ? Des efforts sont tentés ; il sont trop souvent isolés, partant, moins efficaces. La majorité méconnait encore les bienfaits de l'association, au moins de celle toute morale qui vise la défense d'intérêts communs, le triomphe d'une cause juste. Elle ne se départ que difficilement de bonnes vieilles habitudes contractées au temps où la lutte était moins âpre, les besoins plus restreints, la concurrence nulle.

« La crise actuelle, dit le savant directeur de l'Institut agronomique, a des causes qui ne doivent être que passagères : les mauvaises saisons, les maladies des plantes, etc. Après les vaches maigres viendront les vaches grasses. Mais cette crise a également des causes plus profondes, plus durables dont la plupart proviennent des perfectionnements des moyens de transport, de l'amélioration du sort des classes inférieures. Elles se résoudront en fin de compte par un *progrès général*, mais elles n'en amènent pas moins des souffrances et en certains endroits des ruines pour les cultivateurs privés de l'*instruction* qui fait connaître les remèdes ou des *capitaux* qui permettent de les appliquer. Ils ne peuvent plus faire ce que faisaient leurs pères, car les temps ont changé. Ils ressemblent à des marins privés de boussole : comment diriger leur navire au milieu de ces mers inconnues ? »

La difficulté a été admise et en même temps la solution tracée par le gouvernement de la République. L'initiative qu'en France nous laissons toujours aux pouvoirs publics, a été hardiment prise malgré les charges nouvelles qu'elle apportait. En 1875, l'enseignement agricole fut organisé : c'est là un des meilleurs titres du gouvernement actuel à la reconnaissance des populations et il n'est point sujet à suspicion. Sous l'Empire, la nécessité d'un enseignement agricole complet s'était déjà fait sentir ; mais l'un des premiers actes du président Bonaparte, qui comme tout sauveur avait promis des économies, ne fut-il pas la suppression de l'Institut agronomique de Versailles ? Engagé dans une voie si féconde, il ne pouvait logiquement faire retour.

Les Fermes-Ecoles créées en 1832 étaient reconnues insuffisantes. Après leur fondation la science agricole est née de Boussingault et Liébig (vers 1840), elle n'a depuis cessé de se développer.

La Ferme-école remaniée forme le premier échelon, l'Ecole pratique arrive au second degré de cet enseignement qui se complète par nos trois grandes Ecoles régionales et au-dessus l'Institut national agronomique. Il comprend d'autre part les leçons et conférences des professeurs départementaux ; les analyses et recherches des chefs de stations agronomiques.

L'enseignement, dans l'Ecole d'agriculture, est à la fois théorique et pratique : il répond aux nécessités de la période actuelle.

Les élèves y étudient l'agriculture générale, la zootechnie, l'extérieur et l'hygiène du bétail, le génie rural, l'économie rurale, la législation agricole, la physique et la météorologie, la chimie générale inorganique et organique, la chimie appliquée à l'agriculture et aux industries de la ferme, la zoologie et l'entomologie, la botanique et les maladies des plantes, l'horticulture, l'arboriculture, la minéralogie et la géologie. Comme à l'exemple de Pascal « tout en cueillant les fruits, il ne faut non plus négliger les fleurs », il est aussi fait des cours supérieurs de français, d'histoire, de géographie, de morale, de mathématiques, de comptabilité.

Des exercices : manipulations de chimie, observations

météorologiques, emploi de la loupe et du microscope, arpentage, nivellement, dessin, complètent ces cours.

Les exercices militaires font aussi partie du programme.

Le niveau des études atteint ainsi celui des cours secondaires d'université. La science acquise peut satisfaire l'exigence de ceux qui, avec raison, réclament chez le jeune homme un fonds sérieux de connaissances. Elle peut contenter l'amour propre des chefs de famille qui réclament pour leurs enfants un certain brillant rehaussant le savoir bien constaté. Ces enfants sont bien outillés pour prendre rang dans leur milieu, ils ne doivent redouter aucun concurrent venu d'ailleurs.

D'autre part, l'un des écueils de l'enseignement universitaire, le surmenage intellectuel, est évité. Chaque jour, les heures consacrées à l'exécution de *tous les travaux de la ferme* procurent le délassement moral nécessaire.

Le développement du corps est corrélatif de celui de l'esprit, mais dans des conditions qui ne laissent pas d'être très profitables à ce dernier, puisque la pratique arrive en application des cours. Des visites d'usines agricoles, de marchés, d'exploitations bien tenues apportent un sérieux appoint à l'instruction.

Les tristes effets de l'internat, si pénible pour les jeunes gens, sont aussi atténués. On n'est pas claquemuré à l'École pratique ; le plein air, l'agrément apporté par la diversité des occupations dans les champs, à la ferme, au jardin, dissipent l'ennui. Le contact permanent avec des maîtres qui deviennent des conseillers stimule l'ardeur de l'adolescent, le pousse aux interrogations ; le profit en découle. Quiconque sent le moindre attrait à la carrière agricole doit goûter les avantages de cet enseignement.

Le législateur a eu dans sa pensée de former des hommes bien armés pour faire face aux difficultés de la situation présente : les Directeurs, les Professeurs s'efforcent d'atteindre le but. Mais encore faut-il pour que les leçons deviennent profitables, pour que le bienfait soit complet, disposer du temps nécessaire à la bonne assimilation des cours. Si, à mon humble avis, trois années d'études paraissent suffisantes, elles sont aussi nécessaires. On limite parfois à deux années la durée de l'enseignement. N'est il pas à craindre que la préparation soit incomplète, que l'équilibre soit imparfait, en pareil cas. Des éléments trop hâtivement fixés restent épars dans le cerveau de l'élève, ils ne peuvent être coordonnés comme il convient. Il manque aux leçons cette réflexion qui classe les principes, les lois, les faits ; apprécie leur utilité ; entrevoit les applications.

On doit aussi souhaiter à l'élève de l'école pratique, une instruction préparatoire déjà développée : telle celle acquise pendant quelques années passées dans les classes primaires supérieures ou les classes secondaires. Certes, la seule instruction primaire peut suffire : il appartient alors à l'enfant de racheter par des efforts d'intelligence et par un travail acharné ce défaut de préparation. N'est-ce pas une peine qu'on peut lui éviter ?

Les années consacrées à l'étude constituent-elles une charge trop lourde pour les familles ? Il appartient surtout aux *exploitants*, propriétaires ou fermiers, *d'un domaine de moyenne étendue*, d'envoyer leurs fils à l'école pratique : le sacrifice reste en rapport avec les moyens. Le bénéfice à retirer est trop considérable pour que l'on puisse hésiter. D'autres élèves ne sont pas pour cela exclus. L'État, les départements créent des bourses dont doivent profiter les plus dignes parmi les moins fortunés. Nombre de propriétaires fonciers que d'autres occupations ont tenu éloigné des champs, peu préparés par suite au rôle d'agriculteur, — et il ne s'improvise pas plus qu'aucun autre — trouveront grand profit à employer cette seconde catégorie de jeunes gens formés aux bonnes méthodes.

(*A suivre.*)   Ch. Coutte.

AVIS

Les membres du syndicat des agriculteurs de la Mayenne sont informés que l'entrepôt central de Laval s'est approvisionné de sulfate de cuivre en vue du traitement des arbres fruitiers, de la vigne et des pommes de terre.

Tout le monde connaît les résultats obtenus dans ces dernières années sur la vigne pour combattre le mildiew, par l'emploi du sulfate de cuivre, soit en simple dissolution dans l'eau soit en ajoutant à la dissolution une certaine proportion de chaux vive.

Les maladies cryptogamiques, autrement dit les champignons qui se développent sur les feuilles et les fruits des arbres, ainsi que sur la pomme de terre, ont beaucoup d'analogie avec le champignon qui occasionne la maladie sus dite de la vigne et peuvent être détruits par le même mode de traitement.

C'est pour vulgariser ce traitement, qui n'entraîne qu'à des frais très minimes que le syndicat a cru devoir approvisionner l'entrepôt de Laval de sulfate de cuivre qui sera livré à ses membres au prix d'achat, c'est-à-dire à 0 fr. 60 le kilo.

G. PEYRAS.

Concours pour l'emploi du nitrate de soude dans le froment

La Société Nationale d'encouragement à l'agriculture vient de nommer une commission chargée de distribuer une somme de 18.000 fr. mise à sa disposition par une société de Londres, le « Permanent nitrate committe », aux cultivateurs qui auront obtenu les meilleurs résultats par *l'emploi simultané du nitrate de soude* et des autres matières fertilisantes dans la culture du blé d'hiver et de printemps, en 1891.

Un prix de 200 fr. en argent accompagné d'une médaille et d'un diplôme sera décerné dans chaque département.

La surface cultivée en blé devra occuper au moins un hectare, en une ou plusieurs parcelles dans l'exploitation dirigée par les concurrents.

Les concurrents devront se faire inscrire *avant le 10 avril 1891*, par lettres adressées au secrétaire général de la *Société Nationale d'encouragement* à l'agriculture, 5, avenue de l'Opéra. Paris.

Cette déclaration devra indiquer :

Leur nom, prénoms et domicile, la localité où se trouve leur culture de blé, la contenance de cette dernière, la nature des fumures employées cette année ; notamment les doses de nitrate de soude, de phosphates, de fumier de ferme, sels de potasse ou autres substances complémentaires de nitrate de soude qu'ils se proposent d'employer, ou que le champ a déjà reçues.

La nature du sol, celles des récoltes et fumures de l'année précédente.

H^{te} LÉIZOUR.

Syndicat de Jardiniers et cultivateurs maraîchers de Laval

Le Syndicat de Saint-Fiacre, à Laval, tient à la disposition de ses adhérents et des membres du Syndicat des agriculteurs de la Mayenne des greffes de pommiers des meilleures variétés du pays, des variétés importées du Syndicat de La Guerche de Bretagne et de la société d'horticulture de la Seine Inférieure.

S'adresser à M. Hutin, président du Syndicat de Saint-Fiacre.

SYNDICAT DE DREUX

MM. les abonnés au *Bulletin agricole de l'Ouest* sont priés de verser, dans le plus bref délai, le montant de leur abonnement entre les mains de M. Durantel, secrétaire-rapporteur, faute de quoi nous leur feront présenter leur quittance par l'intermédiaire de la poste en ajoutant à chacune 50 centimes pour couvrir nos frais d'encaissement.

A vendre 30.000 pommiers venus sur terre de landes, depuis 0 fr. 50 jusqu'à 2 fr. l'un suivant le choix ; sur demande on expédiera 10 plants aux prix désignés à titre d'échantillons, livraison en gare de Montsûrs, s'adresser à M. Eugène ANGOT, propriétaire à Montsûrs (Mayenne).

LES PRAIRIES TEMPORAIRES

Par C.-V. Garola, ✥, ✻, en vente à la même librairie, au prix de 0 fr. 30, franco.

L'EMPLOI DES ENGRAIS

Par C-V. Garola, Q, ✠, Professeur départemental d'agriculture, Directeur de la station agronomique de Chartres.

En vente aux Bureaux du *Progrès Agricole* 23, rue des Trois-Cailloux, à Amiens, au prix de 0 fr. 50, franco.

Ouvrages d'agriculture

Envoi franco sur demande aux membres du Syndicat : 1° *L'emploi du nitrate de soude en agriculture*, par L. GRANDEAU ; 2° *Fumier de fermier, phosphate, nitrate*, par le même auteur.

En vente au bureau du journal, les collections brochées du *Bulletin agricole de l'Ouest*, années 1889 et 1890, au prix de 5 francs le volume.

Traité de l'emploi des engrais chimiques, par C.-V. GAROLA, envoi contre 0 fr. 50 en timbres-postes.

Instruments en location

Les membres du Syndicat sont informés que des distributeurs d'engrais (le Hérisson) sont à leur disposition dans les entrepôts de Laval, Craon et Mayenne, au prix de 5 fr. par jour de travail, de même que des herses émousseuses pour prairies au prix de 1 fr. par jour de travail.

SYNDICAT DE CHARTRES
Concours d'enseignement primaire de l'agriculture

Un concours annuel pour l'enseignement agricole est créé sous les auspices du syndicat agricole de Chartres entre les instituteurs de l'arrondissement.

Les instituteurs des cantons de Chartres nord, Chartres sud, Auneau, Nogent-le-Roi, Janville, Maintenon, Voves, Bonneval et Orgères, qui désirent prendre part à ce concours, en 1891, doivent adresser leur demande *avant le 1ᵉʳ mai prochain*, à M. le Président du syndicat agricole, 11, rue Régnier, à Chartres.

Les prix consisteront en un grand objet d'art et deux grandes médailles de bronze, auxquels le jury pourra ajouter d'autres médailles, si les mérites des candidats le réclament.

Dans le prochain bulletin nous donnerons le règlement complet de ce concours.

DÉPOT DU SYNDICAT DE CHARTRES

Marchandises actuellement en dépôt :
Superphosphate minéral soluble à l'eau et au citrate ,
Scories de déphosphoration ;
Phospho guano ordinaire ;
Phospho guano surazoté ;
Nitrate de soude, en sacs réglés à 100 kilos ;

Tourteaux de Lin pour engraissement ;
—   de Sésame blanc du Levant pour engraissement ;
—   de Coprah, Ceylan, pour vaches laitières ;
Huile d'olive surfine, à 1 fr. 90 le kilog.
Huile de Sésame fine à 1 fr. 11 le kilog.
Savon bleu de Marseille à 0 fr. 50 le kilog.
Savon blanc « le Génie », à 0 fr. 55 le kilog.
Savon blanc « le Trèfle », à 0 fr. 66 le kilog.

Les huiles sont fournies en bonbonnes de verre, cachetées et plombées par les expéditeurs, et par quantités de 25 kil. environ.

Elles sont garanties absolument pures.

Les savons sont livrés en caisses d'environ 25 kil. également ; celles renfermant le savon « le Génie » contiennent 50 morceaux d'environ 500 grammes chacun.

Enfin, le dépôt contient également de l'huile minérale russe (Ragosine), excellente pour le graissage des machines agricoles, au prix de 0 fr. 50 le kilog ; et de l'huile à brûler, double épuration, à 0 fr. 80 le kilog.

Ces deux huiles sont livrées en tonnelets d'environ 25 kilogr.

Toutes les substances ci-dessus sont fournies immédiatement contre paiement comptant, en s'adressant chez M. Mercier, comptable du Syndicat, 4, place Saint-Michel, les jeudi et samedi de chaque semaine (le samedi avant midi).

Elles peuvent également être expédiées par chemin de fer, transport à la charge de l'acheteur.

———

Le Syndicat peut encore faire fournir à ses adhérents, et à des conditions très avantageuses :

1° Des ardoises provenant des mines d'Angers ;

2° De la chaux pour constructions, première qualité ;

3° Enfin toutes machines agricoles provenant des meilleures fabriques.

Pour tous renseignements, s'adresser à l'Agent comptable.

———

A VENDRE 3.000 kilogs de pommes de terre saucine pour plant. S'adresser pour prix et conditions à M. Constantin, cultivateur à La Taye, commune de Saint-Georges-sur-Eure, par Chartres.

TONNEAUX EN BON ÉTAT à vendre dans d'excellentes conditions. — S'adresser à M. Mercier, comptable du Syndicat, 4, place Saint-Michel, à Chartres.

M. Couesnon-Bonhomme, agriculteur à Villers près Coulommiers (Seine-et-Marne), offre de l'**Orge Chevalier** garanti pur, provenance Vilmorin, 27 fr. les 100 kilos, logé gare Coulommiers 26 fr. par 1.00 kilos ; remises syndicales 2 0/0, mêmes conditions qu'au syndicat central.

M. BOULAY, constructeur, rue de Tours, à Laval, met à la disposition des agriculteurs syndiqués un ouvrier spécial pour la réparation des faucheuses et machines à battre.

On trouve au Syndicat un modèle de sa tonne à purin avec robinet épandeur.

Voitures agricoles et industrielles en tous genres.

VINS DE BORDEAUX

rouge 1888 à 125 fr. } les 225 litres logés sur wagon départ.
blanc 1887 à 200 fr. } paiement 30 jours.

Vins plus vieux à des prix supérieurs, des vignobles de M. Numa **Médeville**, vice-président du Syndicat agricole de Cadillac (Gironde), qui a obtenu médaille d'or, grande culture, pour le département de la Gironde, médaille vermeil de la Société des agriculteurs de France.

RATS souris, loirs, mulots, etc... Contre mandat ou 10 timbres-poste de 0 fr. 15, j'adresse franco le moyen infaillible et très pratique de les détruire tous en quelques heures.

LECLERC, à Beaulieu, par Châtellerault (Vienne). — *Envoi gratis et franco du prospectus destruction des taupes.*

VINS DE BORDEAUX

Rouge (1888) à 125 francs et Blanc (1887) à 200 francs les 225 litres logés sur wagon départ.

S'adresser à M. G. BORD, secrétaire général du syndicat agricole à Cadillac-sur-Garonne (Gironde).

Les fabricants de fromages et de beurres sont informés que, à l'exposition universelle de 1889, la plus haute récompense (médaille d'or), a été décernée aux **PRESURES et COLORANTS** de **J. Fabre**, M. A., Aubervilliers (Seine). Récompenses dans 51 concours agricoles.

4ᵉ Année. Mai 1891. Nᵒ 32

Ce Bulletin paraît le 15 de chaque mois.

BULLETIN AGRICOLE
DE L'OUEST

Organe de l'Union des Syndicats Agricoles
des départements du Finistère, des Côtes-du-Nord,
du Morbihan, de la Loire-Inférieure, d'Ille-et-Vilaine, de la
Manche, de la Mayenne, de Maine-et-Loire, de la Sarthe,
de l'Orne, du Calvados, de l'Eure, d'Eure-et-Loir
et de la Seine-Inférieure.

Publié sous la direction de :

H. LÉIZOUR, (✶ M. A.) (ℚ A.)
Professeur départemental d'Agriculture de la Mayenne, Directeur du Laboratoire
agronomique, Président du Syndicat des Agriculteurs de la Mayenne,

GAROLA, (✶ M. A.) (ℚ A.)
Professeur départemental d'Agriculture d'Eure-et-Loir,
Directeur de la Station agronomique de Chartres.

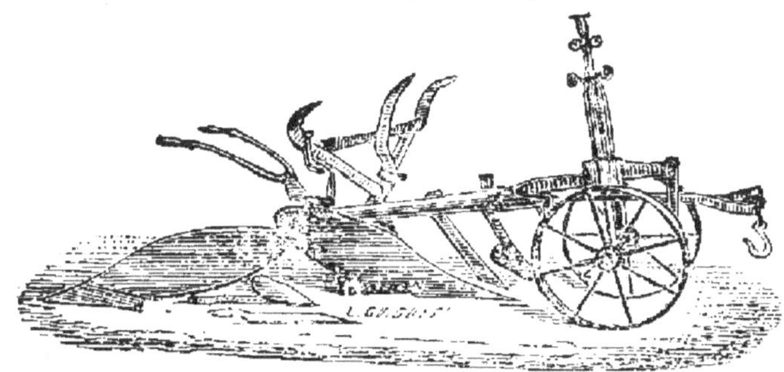

ABONNEMENTS

Les membres des syndicats adhérents sont abonnés gratuitement par leurs
bureaux. — Pour les étrangers aux syndicats : **6 fr.** par an.

ANNONCES

De 1 à 4 annonces. » **50ᶜ** la ligne. De 8 à 12 annonces » **30ᶜ** la ligne
De 4 à 8 — » **40ᶜ** — Au delà de 12. . » **20ᶜ** —

Le bulletin publiera gratuitement les offres et demandes
des Syndicats abonnés.

*AVIS. — Tout ce qui concerne la rédaction, les Annonces et les Abon-
nements, doit être adressé à M. LÉIZOUR, rue de la Filature, 1, à Laval.*

SYNDICAT DE CHARTRES

SAISON DE PRINPTEMPS 1891

VINS

Le Syndic t donne avis qu'il peut, pendant la prochaine saison, fournir aux prix ci-dessous les vins natu els, garantis purs raisins frais, des provenances ci-après :

2º Vins Français

VINS ROUGES DU GARD

1º Montagne vieux	la pièce	102 fr.	la 1/2 pièce	53 f. 50
2º Bon ord^{re} nouv. Recommandé.	—	92	—	48 50
3º Saint-Gill s	—	102	—	53 50
4º Costière extra	—	115	—	60 »

Contenance de la pièce 220 à 225 litres, de la 1/2 pièce 110 à 112 litres, le tout franco gare de l'acheteur, fût perdu, paiement à 90 jours.

VINS ROUGES DE BORDEAUX

1º Bonnes côtes de Bordeaux, 1er choix 1890, la pièce de 225 à 228 litres, 180 fr., 200 fr.
(Prière de bien indiquer le prix qu'on a choisi).

2º Fronsac, 1er crû 1890		230 fr.
3º Côte St-Christophe de St-Emilion, 1890, 250 ; 1889, 300
4º Sables de Saint-Emilion,	1890, 300 ; 1889, 350
5º Saint-Estèphe,	1890, 350 ; 1889, 400
6º Saint-Emilion et Haut Pomerol,	1889, 400 ; 1887, 500
	1884, 600 ; 1881, 700

VINS BLANCS DE BORDEAUX

1º Petites Graves, la barrique de 225 à 228 litres, 1890, 160 fr.
1889, 180
2º Graves, 1er crû   1890, 200 ; 1889, 230
3º Preignac-Sauternes   1890, 250 ; 1889, 300
4º Barsac-Sauternes   1890, 350 ; 1890, 400
5º H^{t}-Sauternes 1890, 450 ; 1889, 500 ; 1887, 600 ; 1884, 700

Le tout franco gare de l'acheteur, paiement à 30 jours 3 0/0 ou à 90 jours sans escompte. — Par 1/2 pièce et 1/4 de pièce, 5 fr. en sus pour logement.

Les commandes doivent être adressées à M. Mercier, Agent-Comptable du Syndicat, 4, Place Saint-Michel, à Chartres, en ayant soin d'indiquer très clairement l'*espèce*, la *quantité* et l'*année* que l'on désire.

Nota. — Dans toutes les expéditions, le fût reste toujours la propriété de l'acheteur.

BULLETIN AGRICOLE DE L'OUEST

SYNDICAT DE CHARTRES

Concours d'enseignement primaire de l'agriculture.

L'enseignement de l'agriculture est aujourd'hui obligatoire dans toutes les écoles primaires du département. Son importance considérable ne saurait échapper aux yeux clairvoyants de nos dévoués instituteurs dans un pays comme le nôtre, où l'agriculture est pour ainsi dire la seule industrie.

En initiant les agriculteurs de demain aux saines doctrines agricoles, en inculquant aux jeunes enfants l'amour de la campagne, nos instituteurs rendront à leur pays un signalé service. Car, si aujourd'hui encore, la routine règne en maîtresse dans la plupart de nos villages ; si les fils, sans discernement, cultivent selon le mode adopté par leurs aïeux, sans qu'il leur vienne à la pensée que leur système de culture pourrait être amélioré en même temps que seraient augmentés les rendements de leurs récoltes et leurs bénéfices ; c'est aux maîtres de la jeunesse rurale, sans contredit, qu'il appartient de faire jaillir l'étincelle qui allumera le flambeau de leur intelligence et leur fera voir à sa lumière la route dans laquelle ils devront s'engager pour leur prospérité personnelle et la grandeur de leur pays.

Depuis vingt ans, certes, l'agriculture française a marché. Si elle n'a pas avancé à pas de géant, comme l'industrie manufacturière, qui a complètement renouvelé son outillage et ses procédés, elle a, du moins, dans ses hautes sphères, fait des progrès indéniables. Ceux-ci sont la condamnation d'une certaine école économique, que nous n'avons pas besoin de désigner plus clairement, école qui professe que si la concurrence étrangère nous écrase, cela n'est que le résultat de notre propre incurie.

Ces progrès, nous voudrions les faire pénétrer jusque dans les couches les plus profondes de la démocratie rurale. Nous voudrions voir s'élever les rendements de la petite culture dans la même proportion que se sont accrus ceux des grandes fermes cultivées selon les principes de la science.

C'est ce qui nous a inspiré l'idée d'organiser, il y a quatre ans déjà, le Syndicat agricole de l'arrondissement de Chartres, pour entrainer en avant toute l'agriculture de la Beauce et du Perche. C'est ce qui, aujourd'hui, nous amène à tenter d'accélérer le progrès dans l'avenir en agissant sur les générations nouvelles, espoir de demain.

Nous sentons trop combien les hommes de notre âge sont insuffisamment pourvus des notions de la science agricole indispensables au progrès rapide de la culture, pour ne pas faire tout ce qui est en notre pouvoir afin de mettre nos enfants dans une situation plus favorable. Ce que l'on apprend sur les bancs de l'école reste ineffaçable dans l'esprit. Si nos efforts réussissent (et nous n'en doutons pas un instant, car nos instituteurs sont tout dévouement), nos fils n'auront pas à faire les efforts inouïs et souvent vains que nous a demandé dans l'âge mûr la révolution agricole que nous avons traversée.

Pour engager les instituteurs à prendre à cœur l'enseignement de l'agriculture à leurs élèves des campagnes, pour donner plus de poids à leur action comme missionnaires du progrès agricole dans leurs villages, nous avons résolu d'ouvrir un concours pour récompenser dignement ceux d'entre eux qui se seront le plus distingués dans cette voie nouvelle.

Il est bien entendu que nous entendons laisser aux maitres la plus grande latitude relativement aux méthodes d'enseignement à adopter. Leur expérience leur inspirera la marche à suivre mieux que nous ne pourrions le faire. Toutefois nous croyons devoir appeler leur attention sur quelques points fondamentaux, auxquels nous attachons la plus haute importance.

Nous estimons qu'en principe l'enseignement agricole, à l'école primaire, doit être essentiellement pratique. Nous ne voulons pas dire par là que les élèves ne devront qu'exécuter des travaux agricoles, comme bêcher, labourer, semer, etc., mais que toute leçon théorique devra être suivie d'une démonstration au jardin, au champ de démonstration, dans la ferme ou en plein champ. Nous désirons que l'enfant voie et touche tout ce qui se rapporte à sa future profession.

On arrivera à ce résultat par les leçons de choses, appuyées sur un musée agricole bien constitué où on aura réuni des spécimens choisis de froments, avoines, orges, seigles, racines, tubercules, fourrages, sols, sous-sols, engrais chimiques, amendements, figures d'instruments, portraits d'animaux perfectionnés, etc., etc.

On ne négligera pas non plus les expériences *simples* qui permettent de se faire une idée de la nature des sols et des engrais, comme la lévigation des terres, la reconnaissance du calcaire, le dosage d'une marne, la détermination d'un nitrate, du sel ammoniacal, d'un engrais phosphaté ou potassique. — En répétant l'expérience si belle de Gloëz et Gratiolet, on fera voir aux enfants que tout le charbon des plantes, qui forme près de moitié de leur poids à l'état sec, provient de l'acide carbonique de l'air, et que la végétation assainit l'atmosphère en dégageant de l'oxygène ; on leur montrera l'influence de la lumière sur la végétation en cultivant des plantes dans l'obscurité ; etc., etc.

Mais c'est surtout par l'établissement d'un champ de démonstration qu'on répondra le mieux aux besoins de l'enseignement agricole tel que nous le comprenons.

Le champ de démonstration, en agriculture, c'est l'expérience de cours en physique et en chimie. C'est là qu'on fait voir aux élèves, en les répétant, les faits agricoles les plus intéressants et les plus suggestifs. Ce champ n'a pas besoin d'être trop étendu. Quelques ares suffisent largement. Il serait divisé en quatre ou six sols et soumis à un véritable assolement, dans lequel figureraient les principales cultures du pays. Dans chaque sol, on établirait des parcelles pour étudier l'action des divers engrais.

Cette exploitation agricole en miniature n'exigerait pas plus de 10 à 20 ares de terrain. Si l'instituteur n'en pouvait obtenir la jouissance à titre gratuit, la municipalité de sa commune pourrait inscrire à son budget un petit crédit pour en payer la location. Cette faible dépense serait largement compensée par les avantages qu'en tirerait la culture locale.

Les gros travaux seraient exécutés par un agriculteur *syndiqué* de la localité, qui recevrait comme indemnité les produits récoltés, et les engrais seraient fournis gratuitement par le Syndicat agricole.

Les élèves, sous la direction de leurs maîtres, seraient

chargés des travaux de propreté. Ils auraient là l'occasion de faire des études comparatives sur la levée, la végétation, le rendement des plantes, suivant la nature des engrais qu'elles auraient reçus.

Rien ne saurait suppléer à cet enseignement par le fait en ce qui concerne les engrais et les variétés d'élite d'une part, et d'un autre coté c'est là que l'enfant apprendra à observer, à comparer et à juger. — Chaque élève serait tenu d'avoir un carnet spécial, où il inscrirait ses observations et ses impressions personnelles.

Mais le champ de démonstration scolaire ne peut pas tout produire, son sol ne peut pas présenter toutes les variétés locales, les arbres, les vignes n'y peuvent trouver place que par exception. L'étude de la production animale, de la laiterie, de la fromagerie, des industries agricoles comme la distillerie, la féculerie, la meunerie, ne peut avoir lieu qu'à la ferme ou à l'usine. Aucune branche de la production locale ne doit être laissée de côté.

Les promenades ou excursions agricoles constituent le moyen le meilleur pour remplir cette partie du programme. L'instituteur ne négligera rien pour mettre à profit les instants de loisir que lui laissent ses occupations multiples, dans le but de développer chez l'enfant l'esprit d'observation.

C'est surtout le jeudi, pendant l'hiver, et après la classe du soir, dans la belle saison, que ces promenades pourraient avoir lieu. Elles seraient l'occasion d'entretiens familiers sur les travaux de la saison, les phénomènes atmosphériques, la connaissance des plantes, des animaux et des insectes utiles et nuisibles ; l'élevage, la production du lait, les bêtes de travail, l'engraissement; les sols divers, les sous-sols. etc., etc. — Les élèves consigneraient sur leur carnet le résumé des observations qui auraient été faites.

Nous croyons que sur cette triple base d'un musée agricole scolaire, d'un champ de démonstration et de promenades agricoles, on peut asseoir un solide enseignement pratique de l'agriculture. Les jeunes enfants, imprégnés des doctrines progressives par la leçon orale appuyée toujours sur *le fait*, entreraient dans la vie rurale active avec un précieux bagage qui leur faciliterait leurs débuts, en leur évitant les tâtonnements et les écoles auxquelles leurs devanciers ont dû se résigner.

Pour assurer la réalisation de ces désiderata, le bureau du Syndicat agricole, avec l'approbation de M. le Préfet et de M. l'Inspecteur d'Académie, a pris les résolutions suivantes :

ARTICLE PREMIER.

Un concours annuel pour l'enseignement agricole est créé sous les auspices du Syndicat agricole de l'arrondissement de Chartres entre les instituteurs des cantons de Char res-nord, Chartres sud, Auneau, Illiers, Janville, Maintenon, Voves, Bonneval, Orgères, Courville, Châteauneuf, Nogent-le-Roi, Brou, la Loupe, Senonches, Thiron, Nogent-le-Rotrou et Authon.

ARTICLE 2.

Les cantons ci-dessus sont divisés en deux zones :

La première zone comprend les cantons de Chartres-nord, Chartres-sud, Auneau, Nogent-le-Roi, Janville, Maintenon, Voves, Bonneval et Orgères.

La seconde zone comprend les cantons de Courville, Châteauneuf, Illiers, Brou. La Loupe, Senonches, Thiron, Nogent-le-Rotrou et Authon.

ARTICLE 3.

Les instituteurs de chacune de ces deux zones sont appelés alternativement au concours qui aura lieu :

En 1891, dans la première zone,

En 1892, dans la seconde zone,

En 1893, dans la première zone,

et ainsi de suite.

ARTICLE 4.

Trois prix, consistant en un grand objet d'art et deux grandes médailles de bronze, au coin du Syndicat, seront décernés chaque année aux instituteurs qui auront été considérés comme donnant avec le plus de succès l'enseignement agricole pratique.

Le jury pourra, si les mérites des candidats le réclament, ajouter plusieurs médailles à celles ci-dessus prévues.

ARTICLE 5.

Tout concurrent exerçant dans la zone appelée à concourir devra adresser à M. le Président du Syndicat agricole, 11, rue Régnier, à Chartres, au commencement de l'année scolaire dans laquelle a lieu le concours, soit au 1er novembre au plus tard, une demande écrite dans laquelle il fera connaître son intention de se mettre sur les rangs pour l'obtention des prix précités.

Article 6.

Le 1er juin, au plus tard, les concurrents inscrits devront déposer au secrétariat du Syndicat, 4, place Saint-Michel, à Chartres, un rapport sur l'enseignement agricole, tel qu'il est donné dans leur école, avec justifications à l'appui, cahiers, devoirs, dessins, plans, etc., en un mot tous documents pouvant éclairer le jury sur les travaux et les mérites de chacun.

Article 7.

Un jury, composé de M. l'Inspecteur d'Académie, de MM. les Inspecteurs primaires et de cinq membres délégués par la Chambre syndicale agricole, examinera les mérites des concurrents, se transportera chez eux au besoin et dressera la liste des lauréats auxquels des récompenses seront décernées.

Article 8.

La distribution de ces récompenses sera faite à la réunion générale de la Société de secours mutuels des instituteurs d'Eure-et-Loir.

DISPOSITION TRANSITOIRE

En ce qui concerne le concours de 1891, qui doit avoir lieu dans la première zone, les candidats devront se faire inscrire, conformément à l'article 5, le premier mai au plus tard, et ils devront envoyer les documents mentionnés article 6, à la date y indiquée, soit au 1er juin.

A Chartres, le 20 mars 1891.

Le professeur départemental d'agriculture,
directeur de la station agronomique,
secrétaire du Syndicat.

C.-V. Garola.

Le sénateur, président du Syndicat agricole,

Vinet.

Les Ecoles pratiques d'agriculture *(Suite)*.

Certains esprits, et des mieux intentionnés, ont émis des doutes sur l'efficacité de l'enseignement agricole. A ceux qui nient les secours fournis par la science à l'agriculture, il n'y a rien à répondre : les aveugles de naissance ignoreront toujours les bienfaits et les splendeurs de la lumière. D'autres ont craint de voir les jeunes gens sortis de l'école rougir de la blouse du travailleur, éviter de mettre la main à l'œuvre. On n'aurait ainsi formé qu'une catégorie de *quasi-déclassés*. Cette conséquence est tout à fait contraire à l'esprit de la fondation.

L'Ecole pratique d'agriculture est avant tout et reste une *école professionnelle*. Les avantages de cette dernière sont justement appréciés en industrie. Est-ce que l'agriculture n'est pas une véritable industrie ? C'est même la plus complexe de toutes. « Quelqu'immense qu'elle soit, nous dit M. Risler, une fabrique de laine ou de coton est infiniment plus simple dans son organisation que la plus simple et la plus modeste de nos fermes. Nos cultivateurs fabriquent aussi un tissu, c'est le tissu merveilleux des plantes de nos champs. » Ils doivent rechercher l'habileté dans cette confection, la sûreté de vue dans le négoce : c'est ce qu'on veut leur enseigner. Ils sauront eux-mêmes bien préparer leur sol, organiser leur ferme, rechercher les procédés avantageux, les méthodes peu coûteuses, puisque chaque jour ils y auront été façonnés et d'autant mieux qu'ils auront l'habitude d'associer le travail physique au travail de l'esprit.

Ils auront pour se diriger, l'aide de la science, de cette science qui après tout, n'est selon la définition de Vœlcker que « la classification systématique, d'un nombre donné d'expériences qui ne s'obtiennent qu'en accordant une attention soutenue aux faits de la pratique. » Science et pratique doivent désormais marcher de front, ce sont les deux parties d'un même tout.

Qu'on n'aille pas croire non plus que l'idée admise de progrès tende à tout bouleverser : rien n'est plus loin de la vérité. Une saine pratique usitée sur une grande étendue de pays est toujours corroborée par la science. Et puis l'élève de l'école pratique est toujours prévenu qu'il ne possède que de simples notions, qu'il lui appartient de les compléter par une étude persévérante, une observation, une expérimentation constantes. En agriculture, comme en médecine, il ne peut être établi de règles immuables, on ne peut indiquer de procédés véritablement rationnels. La circonspection, la prudence sont toujours recommandées.

Les avis, les conseils des vieux praticiens sont écoutés avec déférence mais discutés lorsque l'on possède des connaissances techniques. Le jeune cultivateur admettra tout d'abord certaines coutumes, plus tard il en appréciera la valeur, les adaptera aux nouvelles conditions ou les abandonnera. Par une pratique journalière, toutes les opérations et manipulations agricoles lui seront devenues familières Mais aussi il saura que la ferme, dont pendant plusieurs années il a étudié le fonctionnement, ne constitue pas un type qu'il doit copier servilement ; qu'il doit avant tout s'inspirer du régime économique, des ressources, des débouchés de sa région et y conformer son action. On lui aura bien fait ressortir enfin que les améliorations, les transformations doivent être réfléchies, lentes et sûres ; qu'elles ne doivent s'admettre que jusqu'à concurrence du bénéfice réalisable, avec les ressources d'un capital restreint et en constituant toujours une réserve pour parer aux adversités possibles, aux désastres des mauvaises années.

N'est-il pas vrai qu'ainsi mise en garde contre les écueils, en possession d'un savoir qui la guide dans la voie du véritable progrès, notre nouvelle génération d'agriculteurs pourra retrouver une période de prospérité que des circonstances imprévues, extraordinaires, puisqu'elles marquent une époque de transition, indépendantes de la volonté des gouvernements, ont momentanément écartée.

En résumé, le but essentiel des écoles pratiques est de former des cultivateurs à l'esprit ouvert, aptes à appliquer judicieusement les bonnes méthodes, capables de concilier le véritable progrès avec l'économie bien entendue.

Il est du devoir des agriculteurs d'envoyer leurs fils dans ces établissements trop peu répandus encore. Ils feront ainsi preuve de sagesse et de prévoyance. Ce sera chez eux bien comprendre leurs intérêts privés et préparer utilement la grandeur nationale.

Ch. COUTTE.

Revue des syndicats

Nous lisons dans le *Moniteur du Syndicat agricole de la Charente-Inférieure* :

Il est incontestable que quand nos adhérents viennent se plaindre à nous du prix de nos engrais et nous dire :

« Mais à côté, nous avons des engrais au même prix que chez vous et parfois au-dessous. »

Nous avons le droit de leur répondre ;

« Mais dites donc, et en admettant lesqualités égales, à qui donc devez-vous ces prix ainsi abaissés si ce n'est à nos efforts et à notre intervention ? »

Et si, confiants dans les promesses que vous font ces industriels consciencieux par force et par nécessité, vous vous détourniez des Syndicats, qu'adviendrait-il dans l'avenir, de ces prix de faveur aujourd'hui pratiqués, le jour où nous n'existerons plus ?

On pourrait citer bien des syndicats victimes des agissements des marchands d'engrais. Ces derniers s'entendent entre eux pour faire croire qu'ils vendent à des prix inférieurs à ceux du Syndicat. C'est surtout aux syndicataires les plus influents qu'ils font des offres au-dessous du cours. Si, par hasard, ils vendent à perte dans un but intéressé ils se rattrapent sur les autres.

AVIS

Messieurs les membres du Syndicat des Agriculteurs de la Mayenne sont informés que les entrepôts de *Laval, Château-Gontier, Mayenne* et *Craon*, sont approvisionnés d'une certaine quantité de maïs pour semence : maïs *Dent-de-Cheval* et maïs des *Landes*.

Les deux variétés sont livrées au même prix 27 francs les 100 kilos

Les cultivateurs sont invités à nous faire parvenir sans retard leurs demandes.

Revue des Sciences naturelles de l'Ouest

Une importante publication, la *Revue des Sciences naturelles de l'Ouest,* vient de paraître. Le Comité de rédaction est composé de MM. A. Odin, directeur du Laboratoire faunique maritime des Sables-d'Olonne ; Docteur Marcel Baudouin (de Paris) (Biologie générale) ; J. Docteau, professeur suppléant à l'École de médecine de Nantes (Botanique) ; Lebesconte, géologue, à Rennes. Cette *Revue* paraît tous les trois mois, à Paris, 14, Boulevard Saint-Germain et est uniquement consacrée à des travaux de Zoologie, Botanique, Géologie, Minéralogie, Anthropologie, ayant trait à nos provinces de l'Ouest : Bretagne, Maine, Anjou, Poitou, Aunis, Saintonge, etc. Elle expose les progrès des Sciences naturelles dans cette partie de la France, tant au point de vue des connaissances acquises qu'à celui du développement de leurs applications. On y trouve des travaux originaux, l'analyse des mémoires émanant des Sociétés savantes, la critique des principales publications pé-

92

riodiques, etc. Son but en un mot est de faire ressortir le mérite et l'intérêt de tout ce qui s'écrit, se dit, et se fait parmi les naturalistes de l Ouest, qu'ils appartiennent à l'enseignement, aux sociétés régionales ou au groupe nombreux des hommes d'étude qui y résident ou viennent seulement y faire des recherches. — L'abonnement annuel est de 12 fr.

A Louer la ferme de la Fenardière, exploitation magnifique située à 3 kilomètres de Laval, près de la gare de Saint-Berthevin et des Fours à Chaux, contenance 39 hectares. S'adresser, pour les renseignements, soit à M. Guerlin, propriétaire, 28, rue de Bretagne à Laval, soit à l'entrepôt central du Syndicat, 48, rue Solférino, Laval.

SYNDICAT DE DREUX

MM. les abonnés au *Bulletin agricole de l'Ouest* sont priés de verser, dans le plus bref délai, le montant de leur abonnement entre les mains de M. Durantel, secrétaire-rapporteur, faute de quoi nous leur feront présenter leur quittance par l'intermédiaire de la poste en ajoutant à chacune 50 centimes pour couvrir nos frais d'encaissement.

L'EMPLOI DES ENGRAIS

Par C-V. Garola, ✪, ✳, Professeur départemental d'agriculture, Directeur de la station agronomique de Chartres.

En vente aux Bureaux du *Progrès Agricole* 23, rue des Trois-Cailloux, à Amiens, au prix de 0 fr. 50, franco.

Ouvrages d'agriculture

Envoi franco sur demande aux membres du Syndicat des agriculteurs de la Mayenne : 1° *L'emploi du nitrate de soude en agriculture*, par L. GRANDEAU ; 2° *Fumier de fermier, phosphate, nitrate*, par le même auteur.

En vente au bureau du journal, les collections brochées du *Bulletin agricole de l'Ouest*, années 1889 et 1890, au prix de 5 francs le volume.

Traité de l'emploi des engrais chimiques, par C.-V. GAROLA, envoi contre 0 fr. 50 en timbres-postes.

Instruments en location

Les membres du Syndicat sont informés que des distributeurs d'engrais (le Hérisson) sont à leur disposition dans les entrepôts de Laval, Craon et Mayenne, au prix de 5 fr. par jour de travail, de même que des herses émousseuses pour prairies au prix de 1 fr. par jour de travail.

SYNDICAT DE CHARTRES

Troupeau à vendre

Composé de 150 *brebis dishley-mérinos, âgées de 2 à 5 ans.*

S'adresser à M. CHAPET, à la ferme des Haies, par Illiers (Eure-et-Loir).

DÉPOT DU SYNDICAT DE CHARTRES

Marchandises actuellement en dépôt :
Superphosphate minéral soluble à l'eau et au citrate ,
Scories de déphosphoration ;
Phospho guano ordinaire ;
Phospho guano surazoté ;
Il n'y a plus de nitrate de soude vu l'avancement de la saison.

94

Tourteaux de Lin pour engraissement ;
    —   de Sésame blanc du Levant pour engraissement ;
    —   de Coprah, Ceylan, pour vaches laitières ;
Huile d'olive surfine, à 1 fr. 90 le kilog.
Huile de Sésame fine à 1 fr. 11 le kilog.
Savon bleu de Marseille à 0 fr. 50 le kilog.
Savon blanc « le Génie », à 0 fr. 55 le kilog.
Savon blanc « le Trèfle », à 0 fr. 66 le kilog.

Les huiles sont fournies en bonbonnes de verre, cachetées et plombées par les expéditeurs, et par quantités de 25 kil. environ.

Elles sont garanties absolument pures.

Les savons sont livrés en caisses d'environ 25 kil. également ; celles renfermant le savon « le Génie » contiennent 50 morceaux d'environ 500 grammes chacun.

Enfin, le dépôt contient également de l'huile minérale russe (Ragosine), excellente pour le graissage des machines agricoles, au prix de 0 fr. 50 le kilog ; et de l'huile à brûler, double épuration, à 0 fr. 80 le kilog.

Ces deux huiles sont livrées en tonnelets ou bidons d'environ 25 kilogr.

Toutes les substances ci-dessus sont fournies immédiatement contre paiement comptant, en s'adressant chez M. Mercier, comptable du Syndicat, 4, place Saint-Michel, les jeudi et samedi de chaque semaine (le samedi avant midi).

Elles peuvent également être expédiées par chemin de fer, transport à la charge de l'acheteur.

Le Syndicat peut encore faire fournir à ses adhérents, et à des conditions très avantageuses :

1° Des ardoises provenant des mines d'Angers ;

2° De la chaux pour constructions, première qualité ;

3° Enfin toutes machines agricoles provenant des meilleures fabriques.

Pour tous renseignements, s'adresser à l'Agent comptable.

AU PROGRÈS

MAISON MOTTE

TAILLEUR CIVIL ET MILITAIRE

12, rue du Grand-Faubourg, 12

A L'ENTRÉE DE LA PLACE DES ÉPARS

CHARTRES

Spécialité de Dolmans pour Officiers, de Tuniques et Livrées pour Pensions et Maisons particulières. — Grand choix de Draperie Française et Anglaise. — Complet confection depuis 20 fr. — Complet sur mesure depuis 55 fr.

Il sera délivré à tout acheteur de costume complet UN SUPERBE PLASTRON.

Remise de 5 % à tout membre du Syndicat agrico'e, et sur la présentation de sa carte de syndiqué.

TONNEAUX EN BON ÉTAT à vendre dans d'excellentes conditions. — S'adresser à M. Mercier, comptable du Syndicat, 4, place Saint-Michel, à Chartres.

Avis

Les membres du Syndicat des Agriculteurs de la Mayenne, sont informés que M. FERRÉ-CHAUVET, marchand de matériaux, entrepositaire du Syndicat à Château-Gontier, représente depuis le 1er avril 1891, la maison Louis Bouhé et Sankey de Saint-Nazaire, importateur direct des charbons anglais pour le port de Saint-Nazaire.

En conséquence, MM. les Syndiqués qui peuvent avoir besoin de charbons de terre Cardiff, Gaillettes, charbon de forges, flambant d'Écosse et briquettes de Cardiff, etc., etc., pourront se les procurer aux meilleures conditions possibles, comme bon marché et qualité supérieure.

Adresser les commandes à M. Ferré-Chauvet, entrepositaire du Syndicat à Château-Gontier.

Envoi des prix courant et conditions de vente sur demande.

M. BOULAY, constructeur, rue de Tours, à Laval, met à la disposition des agriculteurs syndiqués un ouvrier spécial pour la réparation des faucheuses et machines à battre.

On trouve au Syndicat un modèle de sa tonne à purin avec robinet épandeur.

Voitures agricoles et industrielles en tous genres.

VINS DE BORDEAUX

rouge 1888 à 125 fr. } les 225 litres logés sur wagon départ.
blanc 1887 à 200 fr. } paiement 30 jours.

Vins plus vieux à des prix supérieurs, des vignobles de M. Numa **Médeville**, vice-président du Syndicat agricole de Cadillac (Gironde), qui a obtenu médaille d'or, grande culture, pour le département de la Gironde, médaille vermeil de la Société des agriculteurs de France.

RATS souris, loirs, mulots, etc... Contre mandat ou 10 timbres-poste de 0 fr. 15, j'adresse franco le moyen infaillible et très pratique de les détruire tous en quelques heures.

LECLERC, à Beaulieu, par Châtellerault (Vienne). — *Envoi gratis et franco du prospectus destruction des taupes.*

VINS DE BORDEAUX

Rouge (1888) à 125 francs et Blanc (1887) à 200 francs les 225 litres logés sur wagon départ.

S'adresser à M. G. BORD, secrétaire général du syndicat agricole à Cadillac-sur-Garonne (Gironde).

Les fabricants de fromages et de beurres sont informés que, à l'exposition universelle de 1889, la plus haute récompense (médaille d'or), a été décernée aux **PRESURES et COLORANTS** de **J. Fabre**, ✳ M. A., Aubervilliers (Seine). Récompenses dans 51 concours agricoles.

MACHINES AGRICOLES

SAVARY & CIE

Ingénieurs-Constructeurs

QUIMPERLÉ (FINISTÈRE)

104 Diplômes d'honneur et Médailles

EXPOSITIONS UNIVERSELLES DE PARIS 1878-1889

Croix de la Légion d'honneur

2 médailles d'Or — 3 médailles d'Argent — 1 médaille de Bronze

PRESSOIRS A MOUVEMENT VERTICAL

Breveté S. G. D. G.

1er Prix

Médaille d'Or

à

l'Exposition

nationale

des

cidres

PARIS 1888

1er Prix

Médaille d'Or

à

l'Exposition

nationale

des

cidres

PARIS 1888

Pressoirs à cidre et à vin — Moulins à pommes
Fouloirs à vendange — Machines à battre à manège
Tarares — Barattes
Broyeurs d'ajonc — Coupe-racines — Hache-paille
Charrues

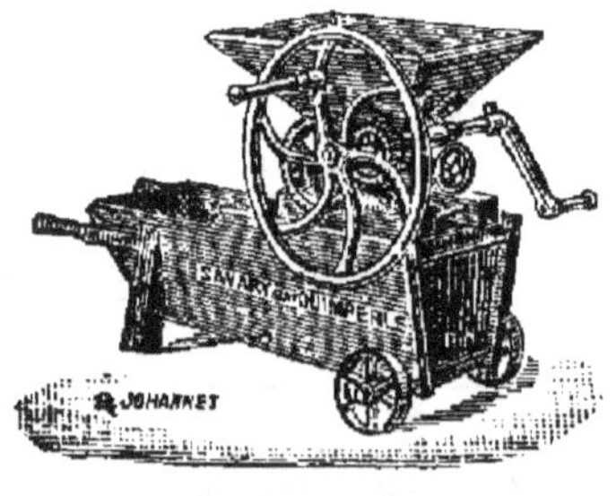

Le
Catalogue
GÉNÉRAL
sera adressé
sur
demande

Le Gérant, E. MOREAU.

Laval, Imp. L. Moreau.

Ce Bulletin paraît le 15 de chaque mois.

BULLETIN AGRICOLE
DE L'OUEST

Organe de l'Union des Syndicats Agricoles
des départements du Finistère, des Côtes-du-Nord,
du Morbihan, de la Loire-Inférieure, d'Ille-et-Vilaine, de la
Manche, de la Mayenne, de Maine-et-Loire, de la Sarthe,
de l'Orne, du Calvados, de l'Eure, d'Eure-et-Loir
et de la Seine-Inférieure.

Publié sous la direction de :

H. LÉIZOUR, (✻ M. A.) (Ⱥ A.)

Professeur départemental d'Agriculture de la Mayenne, Directeur du Laboratoire
agronomique, Président du Syndicat des Agriculteurs de la Mayenne,

GAROLA, (✻ M. A.) (Ⱥ A.)

Professeur départemental d'Agriculture d'Eure-et-Loir,
Directeur de la Station agronomique de Chartres.

ABONNEMENTS

Les membres des syndicats adhérents sont abonnés gratuitement par leurs
bureaux. — Pour les étrangers aux syndicats : **6 fr.** par an.

ANNONCES

De 1 à 4 annonces. » **50ᶜ** la ligne. | De 8 à 12 annonces » **30ᶜ** la ligne
De 4 à 8 — » **40ᶜ** — | Au-delà de 12. . » **20ᶜ** —

Le bulletin publiera gratuitement les offres et demandes
des Syndicats abonnés.

AVIS. — *Tout ce qui concerne la rédaction, les Annonces et les Abonnements, doit être adressé à M. LÉIZOUR, rue de la Filature, 1, à Laval.*

Entrepôts du syndicat des agriculteurs de la Mayenne

Pour répondre aux nombreuses demandes qui nous parviennent de la part des cultivateurs syndiqués, nous indiquons ci-après les centres où nos divers entrepôts sont établis, les noms des entrepositaires et les localités desservies par chacun.

Ernée. — Chez M. **Pioget**, négociant à Ernée, pour le canton d'Ernée.

Montaudin. — Chez M. **Tirard**, quincaillier à Montaudin, pour le canton de Landivy.

Mayenne. — Chez M. **Romagné-Priolet**, négociant, pour les cantons de Mayenne.

Ambrières. — Chez M. **Ravé**, négociant à Ambrières, pour les cantons d'Ambrières, Lassay et Gorron.

Villaines-la-Juhel. — Chez M. **Camus**, négociant à Villaines, pour les cantons de Villaines et Bais.

Javron. — Chez M. **Carré-Letourneux**, négociant, pour les cantons de Couptrain et Pré-en-Pail.

Evron. — Chez M. **Bruand**, à Evron, pour les cantons d'Evron, Sainte-Suzanne et Bais.

Montsûrs. — Chez M. **Angot-Coulon**, négociant, cantons de Montsûrs et Argentré.

Cossé-le-Vivien. — Chez M. **Foucault**, négociant, canton de Cossé-le-Vivien.

Craon. — Chez M. **Goussé**, négociant, cantons de Craon et Saint-Aignan-sur-Roë.

Château-Gontier. — Chez M, **Ferré-Chauvet**, négociant, cantons de Château-Gontier et Bierné.

Grez-en-Bouère. — Chez M. **Hivert**, négociant, cantons de Grez-en-Bouère, Bierné et Meslay.

St-Denis-de-Gastines. — Chez M. **Hamon**, négociant, canton de Gorron.

Laval. — Chez M. **Peyras**. Cet entrepôt tenu pour le compte du syndicat dessert les cantons de Laval et de Loiron.

MM. les syndiqués trouveront dans ces divers entrepôts tous les engrais dont ils auront besoin.

BULLETIN AGRICOLE DE L'OUEST

Les ennemis de nos récoltes. — Moyens de les combattre.

VERS BLANCS OU TURCS. — La rigueur exceptionnelle de l'hiver avait fait supposer à un grand nombre de cultivateurs que les vers blancs auraient été détruits par le froid, et le manque de chaleur au printemps, ayant retardé leur montée, on a cru que cette supposition était fondée. Malheureusement il n'en est rien, et de tous côtés on nous signale de nouveaux des dégâts considérables, occasionnés par cette vilaine petite bête. Nul doute que ces déprédations eussent été encore plus grandes si nous avions eu un temps chaud et sec.

Dans les nombreux renseignements que nous avons recueillis, ainsi que dans quelques récentes publications ayant trait à ce fléau, se trouve heureusement une note rassurante sur laquelle il nous semble utile d'appeler l'attention des cultivateurs intéressés.

Il s'agit de la maladie du vers blanc, qui a été signalée l'année dernière par M. Le Moult, dont nous avons dit quelques mots dans le nº de décembre dernier et qui, depuis a fait l'objet d'études diverses. Cette maladie est due à une sorte de moisissure, produite par un champignon blanc, qui pénètre dans le ver, le tue en se substituant, en quelque sorte, à sa substance, et en sort bientôt après, sous forme de racines très tenues, (mycélium) qui envahissent la terre qui l'entoure sur un rayon de 4 à 5 centimètres. Lorsqu'en pratiquant des fouilles ou en labourant, on met au jour des vers ainsi nouvellement détruits, ils sont au centre d'une petite motte de terre à nombreux points blancs, ayant deux à trois centimètres de diamètre et se désagrégeant facilement.

Un certain nombre de ces mottes, rapportées de Céaucé en novembre dernier, nous ont permis de pratiquer un grand nombre d'essais de contamination de vers sains, d'où il résulte que la dissémination du champignon dans le sol contenant ces vers détermine invariablement leur destruction et la reproduction très active du champignon.

Cette contamination parait même d'une facilité surprenante.

Nous l'avons obtenue, en effet, tout aussi bien en ne mélangeant à la terre que l'extrémité du mycélium, qu'en y introduisant du champignon pris dans l'intérieur de l'insecte on immédiatement à sa surface. Sur les trente cinq cultures que nous avons entreprises, aucune ne nous a donné de résultat négatif. Le champignon complètement desséché et conservé ainsi pendant trois mois, nous a donné le même résultat que le champignon frais. Si l'on considère, d'un autre côté, que, d'après les renseignements qui nous ont été donnés, les vers blancs détruits par cette maladie se rencontrent un peu partout, il semble que sa dispersion n'est qu'une affaire d'observation et de soins. Il ne s'agit, en effet, que d'aider la nature en recueillant soigneusement les vers moisis, avec la terre qui les entoure, et de répandre le tout bien pulvérisé, à la surface des terres ravagées par les vers blancs, au moment où on va leur donner des façons superficielles, hersages, binages, etc. Il suffira que quelques vers soient atteints de loin en loin, pour que le résultat cherché soit obtenu, le champignon se chargeant d'envahir toute la surface du champ ensuite. Mais il paraît nécessaire, au moins dans nos terres de l'Ouest, où les haies nombreuses et touffues constituent un obstacle à la dissémination naturelles des spores du champignon, d'introduire ce dernier dans chaque champ à débarrasser du ver blanc.

On nous a signalé des champs dont la récolte avait été entièrement détruite par cet insecte en 1885 et qui, depuis cette époque reste complètement indemnes, au milieu d'autres champs qui continuent à être dévastés par la même cause, deux années sur trois. D'après les indications qui nous ont été données, il nous paraît hors de doute que la destruction des vers blancs dans ces champs pendant l'automne 1885, a été le fait du champignon qui nous occupe, puisque ces vers ont été retrouvés morts, *momifiés* au printemps suivant, tandis qu'on n'en aurait pas trouvé de traces, si leur mort avait été occasionnée par une autre cause.

Il est difficile d'admettre, d'un autre côté, que les femelles de hanneton n'aient déposé aucun œuf dans ces champs en 1887 ni en 1890. Donc il paraît évident que l'absence de vers blancs pendant ces deux générations est due uniquement à la continuité de l'infestation du sol par le champignon, qui y est resté cantonné.

En attendant que les savants qui s'occupent de l'étude de ce champignon aient trouvé le moyen de nous en fournir des spores en grande quantité, nous croyons que les cultivateurs feront bien de se servir de celles qu'on trouve déjà dans un grand nombre de champs et qui ne coûtent que la peine de les ramasser et de les disperser partout où il y a des vers blancs à détruire.

MALADIE DE LA POMME DE TERRE. — (Phytophtora Infestans. — Le temps orageux et humide que nous subissons, est de nature à déterminer le développement rapide de toutes espèces de champignons, lorsqu'arriveront les grandes chaleurs. Celui qui détermine la maladie de la pomme de terre, le Phytophtora Infestans, en particulier. se développe souvent avec une grande rapidité, dans ces conditions, et il ne serait que prudent de se prémunir de bonne heure contre son invasion.

On sait aujourd'hui, grâce aux nombreuses expériences qui ont été faites, qu'il est facile et peu coûteux, de mettre la pomme de terre à l'abri de la maladie, par l'emploi du *sulfate de cuivre*.

Lorsque les feuilles sont constamment munies de ce produit, à leur face supérieure, le champignon ne s'y développe pas. Quand elles ont subi un commencement d'atteinte au moment du traitement on ne les guérit pas, mais on empêche le mal de se propager.

De plus, et ceci est important, on constate régulièrement une augmentation très sensible du produit dans les parcelles régulièrement traitées, ce qui compense et au-delà les dépenses qu'entraîne le traitement.

Le moment est donc venu d'appliquer à toutes les cultures de pommes de terre une première aspersion, en vue d'empêcher le mal de se déclarer, car nous le répétons, le remède n'est que préventif.

Afin de donner une plus grande force d'adhésion au sulfate de cuivre, on l'applique sous forme de bouillie bordelaise, qui se fabrique de la façon suivante :

On fait dissoudre le sulfate de cuivre dans de l'eau ordinaire, à raison de trois kilogrammes par hectolitre de liquide à employer. (Il faut de 12 à 18 hectolitres pour le traitement d'un hectare de pommes de terre). La dissolution doit se faire dans un vase en bois qui ne devra plus servir à d'autres usages.

D'autre part, on prépare un lait de chaux, en prenant de la chaux en pierre aussi pure que possible, à raison de deux kilogarmmes par hectolitre de liquide à employer.

Au moment de l'emploi, on jette lentement *le lait de chaux dans la dissolution de sulfate de cuivre*, en ayant soin d'agiter constamment le mélange ; puis on complète le volume du liquide, de façon à obtenir la concentration voulue.

Le traitement se pratique rapidement à l'aide du pulvérisateur, par un temps sec et calme, en évitant les trop grandes chaleurs, qui occasionneraient des brûlures sur les feuilles.

Nous rappelons aux cultivateurs de la Mayenne que nous tenons à leur disposition, gratuitement, un certain nombre de ces instruments, pour les essais qu'ils voudront faire et pour leur permettre d'apprendre leur fonctionnement.

Lorsque, par suite de pluies fréquentes ou très abondantes, les feuilles sont lavées au point de n'offrir que quelques taches provenant du traitement, il faut le recommencer. Il en est de même, lorsque de nouvelles feuilles se sont formées. Il faut au moins deux traitements, quelquefois plus.

MALADIES DES FEUILLES DE POMMIERS. — On se rapelle que l'an dernier un grand nombre de pommiers ont perdu leurs feuilles prématurément, par suite de leur destruction par un petit champignon qui y avait déterminé tout d'abord des petites taches d'un brun noirâtre. Ces taches, en s'étendant, les avaient ensuite complètement noircies. Beaucoup de pommes avaient subi le même sort. Elles étaient tachetées et fendillées et n'avaient acquis qu'un très faible développement.

C'est encore un petit champignon, à peu près semblable à celui qui détermine la maladie de la pomme de terre, le Fusicladium Dendriticum, qui a ainsi envahi les pommiers. Les années précédentes, les feuilles de pommiers avaient eu à souffrir des atteintes d'un autre champignon, que les savants avaient pris tout d'abord pour l'Asteroma Mali, et qu'une étude plus attentive a fait reconnaître pour le *Cladosporium Herbarum*.

Le mal causé aux plantations par ces champignons est plus grave qu'on ne le croit communément. On ne voit généralement, en effet, que la perte de la récolte de l'année, tandis qu'en réalité, la perturbation qu'amène la perte prématurée des feuilles, aboutit, en peu d'années, à la mort des arbres qui la subissent.

Les maladies des feuilles du pommier, peuvent être combattues par le même moyen que celle de la pomme de terre, à l'aide de la bouillie bordelaise, appliquée préventivement.

L'application du traitement d'hiver a fait voir combien il est facile et peu coûteux, d'asperger les pommiers. Nous ne saurions donc trop engager les cultivateurs à leur appliquer le traitement d'été.

Il y va de la conservation de nos arbres.

H. Léizour.

Emploi du sel dans l'alimentation des animaux

Cette question a déjà été traitée dans les nᵒˢ 9 et 21 du *Bulletin agricole de l'Ouest*. Nous y revenons pour rappeler aux cultivateurs, que la salaison des foins devient une opération urgente dans les années humides où ils sont plus ou moins avariés.

Leur salaison, même par un temps favorable à leur dessiccation, ne devrait jamais être négligée. Le sel, en effet, mélangé aux foins pendant leur rentrée dans les *fenils* ou leur mise en *barges*, favorise la conservation de ceux mal récoltés, les rend moins poussiéreux, plus sapides et plus faciles à digérer, tout en augmentant la qualité de ceux bien desséchés, toutes conditions qui permettent d'en tirer le meilleur parti possible.

Il faut environ 10 kilos de sel dénaturé par 1.000 kilos de foin de qualité inférieure, 5 à 6 kilos suffisent pour les bons fourrages.

Lorsqu'on emploie des fourrages non salés le sel dénaturé est encore avantageusement employé à la nourriture du bétail, soit donné pur dans les mangeoires, soit en mélange avec la ration, à raison de 50 à 80 grammes par tête et par jour pour les animaux de l'espèce bovine, suivant leur poids et la nature des fourrages employés à l'alimentation.

Dans le but de faciliter à ses membres l'achat de ce sel, le Syndicat des agriculteurs de la Mayenne a demandé et obtenu, de l'administration des contributions indirectes, l'autorisation d'en avoir à l'entrepôt central de Laval.

Quoique nous n'ayons encore reçu aucune communication relativement aux formalités à remplir pour livrer ce produit, nous pensons que les cultivateurs devront nous présenter un certificat de la municipalité de leur commune, attestant que le sel leur est nécessaire avec indication précise de la quantité à livrer.

Le sel sera frais, dénaturé au tourteau, et livré à l'entrepôt au prix de 6 fr. 50 les 100 kilos.

G. PEYRAS.

Décret relatif au sucrage des cidres et poirés

D'après un décret du 13 mai, inséré au *Journal officiel* du 16, le premier paragraphe de l'article 7 du décret du 22 juillet 1885 concernant le sucrage des cidres et poirés, est modifié ainsi qu'il suit :

« En ce qui concerne les cidres et poirés, la dénaturation s'opère :

• Dans les dépôts autorisés conformément à l'article 4, par l'addition en mélange intime au sucre d'un poids égal ou supérieur de fruits frais à cidre ou à poiré réduits en pâte par l'écrasement ;

• A domicile, par le versement du sucre dans les moûts ; elle a lieu, dans ce cas, au jour fixé par l'administration toutes les fois que les récoltants ou leurs acheteurs en adressent la demande par écrit dans les délais qui seront fixés par l'Administration pour chaque circonscription. »

Nitrate de soude et phosphate de chaux (Suite).

En tenant compte de l'exportation de numéraire rendu nécessaire, année moyenne, par l'insuffisance de notre production en céréales, exportation qui disparaîtra le jour où nous suffirons à nos besoins par l'accroissement de récolte que je regarde comme certain, si nous en prenons les moyens, on reste notablement au-dessous de la vérité en affirmant que la réalisation de ce progrès représentera un bénéfice annuel pour la France de plus de :

Un milliard cinq cents millions de francs.

Un milliard et demi, moitié du budget total de la France, voilà le chiffre qui résulterait d'améliorations agricoles faciles à réaliser. Quelles sont ces améliorations? Comment les obtenir? Que coûteront-elles? C'est ce que nous allons chercher à établir.

SIMPLES CONSEILS SUR LA FUMURE DES CHAMPS

I. — *Pourquoi et comment il faut nourrir les plantes*

Comme les animaux, les plantes ont besoin de nourriture : comme eux, elles prospèrent en raison directe des aliments qu'on leur fournit. Il est donc aussi déraisonnable d'attendre une récolte abondante d'un champ sans fumure que de songer à engraisser un bœuf ou à faire travailler un cheval sans les nourrir. La fécondité d'un champ n'a pas une durée indéfinie ; elle va en diminuant avec chaque récolte si l'on n'a pas pris soin de rendre à la terre, sous forme d'engrais, les aliments qu'elle a fournis aux plantes.

Les végétaux sont la source première de l'alimentation de l'homme et des animaux, dont le corps est constitué par des matières minérales et par des substances organiques. Au premier rang des substances minérales, principalement concentrées dans le squelette, dans les os, figure le *phosphate de chaux* : les parties molles du corps, la chair ou la viande notamment, sont constituées par de la *matière azotée.* Aucun être ne saurait exister sans phosphore et sans azote.

Les plantes sont chargées d'élaborer le phosphate et le nitrate du sol, pour les transformer en principes capables de fournir aux animaux le phosphore et l'azote dont ils ne sauraient se passer et que les céréales sont dans l'impossibilité d'emprunter directement aux minéraux ou à l'air. — Il est donc de toute nécessité que le sol offre aux végétaux le phosphore et les combinaisons azotées à un état convenable pour leur assimilation. Pour être fertile, la terre doit renfermer des quantités suffisantes de phosphate et de nitrate, seule source d'azote des céréales, associés à la chaux, à la potasse, à la magnésie, au fer et au soufre, qui font très rarement défaut dans le sol.

Dans la plupart des cas, les engrais, pour être efficaces, n'auront à apporter au sol que l'acide phosphorique et le nitrate : plus rarement de la potasse, la plus grande partie de nos terres renfermant ce corps en quantité suffisante.

II. — *Épuisement de la terre par la culture*

Tous les produits que le cultivateur livre au commerce, blé, avoine, lait, bétail, etc., emportent avec eux une bonne partie des principes nutritifs, puisés dans le sol par la récolte. Le fumier produit sur la ferme n'étant que la différence entre les éléments pris à la terre par la récolte et ceux qu'exportent l'animal, le grain, le lait, la viande, etc., ne saurait donc suffire à restituer à la terre tout ce que les récoltes lui ont pris. De là, résulte un épuisement progressif des sols depuis longtemps en culture, épuisement qu'il faut combattre par l'apport des engrais minéraux : *phosphate et nitrate.*

III. — *Soins à donner au fumier*

Ce n'est point une raison parce que le fumier de ferme ne suffit pas à la restitution intégrale des emprunts faits à la terre par la récolte, pour le maltraiter comme cela n'arrive que trop souvent dans nos villages. Il faut, au contraire, en prendre grand soin, afin d'éviter les pertes accidentelles d'azote et d'acide phosphorique qu'il subit par une exposition prolongée à l'action de l'air, de la sécheresse ou de la pluie. On doit le mettre en tas sur un terrain étanche, l'arroser de temps en temps et recueillir parcimonieusement le purin qui s'en écoule, ce liquide contenant la plus grande partie des principes fertilisants du fumier.

Tout ce qu'on perd en azote, en phosphate, par l'absence de soins donnés au fumier, il faudra le rendre à la terre sous forme d'engrais minéraux. Commençons donc par ne rien laisser perdre de ce précieux engrais : ayons une place à fumier bien entretenue, permettant l'arrosage fréquent avec de l'eau contenant deux ou trois kilogrammes de sulfate de fer (vitriol vert), par hectolitre, et recueillons aussi parfaitement que possible, dans une fosse à purin, le liquide qui s'en écoule pour l'envoyer ou le porter dans nos champs et, de préférence, dans nos prairies.

IV. — *Phosphatons nos fumiers*

On peut rarement conduire le fumier dans les champs et l'enfouir au sortir de l'étable, aussi conseillerons-nous aux cultivateurs une pratique excellente dont il retirera un grand profit. Cette pratique consiste à répandre tous les jours, à la volée, sous chacune des bêtes de l'étable, une certaine quantité de phosphate de chaux en poudre. On peut, avec avantage, en jeter de un à 3 kilogrammes sous chaque bœuf, vache ou cheval, et 500 à 800 grammes par têtes de mouton, sur le fumier de la bergerie. Le phosphate de chaux ainsi employé s'opposera en grande partie à la déperdition des sels ammoniacaux du fumier et, s'associant chimiquement à la matière organique de ce dernier, subissant une sorte de digestion, passera à un état particulièrement favorable à son assimilation par les plantes, quand on portera les fumiers dans les champs. De plus, ce mélange intime de phosphate avec le fumier facilitera la répartition de ce sel dans la terre, au moment de l'épandage du fumier.

(A suivre.) L. GRANDEAU.

Chemins de fer de l'Ouest. — Billets d'aller et retour à prix réduits

La Compagnie des Chemins de fer de l'Ouest délivre, de Paris à toutes les gares de son réseau situées au delà de Gisors, Mantes. Houdan et Rambouillet, et vice-versa, des billets d'aller et retour, comportant une réduction de 25 0/0. La durée de validité de ces billets est fixée ainsi qu'il suit :

Jusqu'à 75 kilomètres inclus, 1 jour ; de 76 à 125, 2 jours : de 126 à 250, 3 jours ; de 251 à 500, 4 jours ; au dessus de 500, 5 jours.

Les délais indiqués ci-dessus ne comprennent pas les dimanches et jours de fête ; la durée des billets est augmentée en conséquence.

Chemins de fer de l'Ouest. — Abonnements sur tout le Réseau

La Compagnie des Chemins de fer de l'Ouest fait délivrer, sur tout son réseau, des cartes d'abonnement nominatives et personnelles (en 1re, 2e et 3e classes', pour trois mois, six mois ou un an.

Ces cartes donnent droit à l'abonné de s'arrêter à toutes les stations comprises dans le parcours indiqué sur sa carte et de prendre tous les trains comportant des voitures de la classe pour laquelle l'abonnement a été souscrit.

Les prix sont calculés d'après la distance kilométrique parcourue.

Il est facultatif de régler le prix de l'abonnement de six mois ou d'un an, soit immédiatement, soit par paiements échelonnés.

Ces abonnements partent du 1er et du 15 de chaque mois.

AVIS

Messieurs les membres du Syndicat des Agriculteurs de la Mayenne sont informés que les entrepôts de *Laval, Château-Gontier, Mayenne* et *Craon*, sont approvisionnés d'une certaine quantité de maïs pour semence : maïs *Dent-de-Cheval* et maïs des *Landes*.

Les deux variétés sont livrées au même prix 27 francs les 100 kilos

Les cultivateurs sont invités à nous faire parvenir sans retard leurs demandes.

AVIS

Le **syndicat agricole de Valence-sur-Baïse** (Gers) situé dans la région désignée sous le nom d'**Armagnac**, pays producteur de vins blancs convertis pour une partie en eaux-de-vie dont le renom est fort ancien.

Pour être certain de les obtenir dans toute leur pureté native, il n'y a qu'un moyen, c'est d'acheter directement au producteur. Dans ce but le bureau du syndicat a choisi un Agent auquel il n'y a qu'à s'adresser pour connaître le prix, demander des échantillons et enfin transmettre les ordres ou instructions pour les achats à opérer chez les Membres du syndicat.

C'est M. MIAS, propriétaire à Lectoure (Gers).

Le rôle du bureau du syndicat se borne à garantir moralement la probité et l'honorabilité de l'Agent qu'il a choisi et de chacun de ses Membres.

SYNDICAT DE DREUX

MM. les abonnés au *Bulletin agricole de l'Ouest* sont priés de verser, dans le plus bref délai, le montant de leur abonnement entre les mains de M. Durantel, secrétaire-rapporteur, faute de quoi nous leur feront présenter leur quittance par l'intermédiaire de la poste en ajoutant à chacune 50 centimes pour couvrir nos frais d'encaissement.

LA PRODUCTION LAITIÈRE

Par C. V. GAROLA, (✠ mérite agricole) professeur départemental d'agriculture, directeur de la station agronomique de Chartres.

Prix 1 fr. 50. — 1 fr. 65, franco, par la poste.

Chez R. SELLERET, libraire-éditeur à Chartres.

LES PRAIRIES TEMPORAIRES

Par C-V. Garola, ☺, ✿, en vente à la même librairie, au prix de 0 fr. 30, franco.

LA FONCIÈRE

COMPAGNIE D'ASSURANCES MOBILIÈRES ET IMMOBILIÈRES

CONTRE L'INCENDIE

Siège social : *Place Ventadour*, PARIS

Ensemble des garanties

SOIXANTE-HUIT MILLIONS

Au 31 décembre 1888, les valeurs assurées s'élevaient à 6 milliards 491 millions 394 mille 745 francs. (Le résultat de l'exercice 1889 n'est pas encore connu.)

S'adresser ou écrire à M. Mercier, agent général et comptable du Syndicat agricole, 4, place Saint-Michel, Chartres.

SYNDICAT DE CHARTRES

Troupeau à vendre

Composé de 150 brebis dishley-mérinos, âgées de 2 à 5 ans.

S'adresser à M. CHAPET, à la ferme des Haies, par Illiers (Eure-et-Loir).

DÉPOT DU SYNDICAT DE CHARTRES

Marchandises actuellement en dépôt :
Superphosphate minéral soluble à l'eau et au citrate ,
Scories de déphosphoration ;
Phospho guano ordinaire ;
Phospho guano surazoté ;
Il n'y a plus de nitrate de soude vu l'avancement de la saison.

110

Tourteaux de Lin pour engraissement ;
— de Sésame blanc du Levant pour engraissement ;
— de Coprah, Ceylan, pour vaches laitières ;
Huile d'olive surfine, à 1 fr. 90 le kilog.
Huile de Sésame fine à 1 fr. 11 le kilog.
Savon bleu de Marseille à 0 fr. 50 le kilog.
Savon blanc « le Génie », à 0 fr. 55 le kilog.
Savon blanc « le Trèfle », à 0 fr. 66 le kilog.

Les huiles sont fournies en bonbonnes de verre, cachetées et plombées par les expéditeurs, et par quantités de 25 kil. environ.

Elles sont garanties absolument pures.

Les savons sont livrés en caisses d'environ 25 kil. également ; celles renfermant le savon « le Génie » contiennent 50 morceaux d'environ 500 grammes chacun.

Enfin, le dépôt contient également de l'huile minérale russe (Ragosine), excellente pour le graissage des machines agricoles, au prix de 0 fr. 50 le kilog ; et de l'huile à brûler, double épuration, à 0 fr. 80 le kilog.

Ces deux huiles sont livrées en tonnelets ou bidons d'environ 25 kilogr.

Toutes les substances ci-dessus sont fournies immédiatement contre paiement comptant, en s'adressant chez M. Mercier, comptable du Syndicat, 4, place Saint-Michel, les jeudi et samedi de chaque semaine (le samedi avant midi).

Elles peuvent également être expédiées par chemin de fer, transport à la charge de l'acheteur.

Le Syndicat peut encore faire fournir à ses adhérents, et à des conditions très avantageuses :

1° Des ardoises provenant des mines d'Angers ;

2° De la chaux pour constructions, première qualité ;

3° Enfin toutes machines agricoles provenant des meilleures fabriques.

Pour tous renseignements, s'adresser à l'Agent comptable.

A Louer la ferme de la Fenardière, exploitation magnifique située à 3 kilomètres de Laval, près de la gare de Saint-Berthevin et des Fours à Chaux, contenance 39 hectares. S'adresser, pour les renseignements, soit à M. Guerlin, propriétaire, 28, rue de Bretagne à Laval, soit à l'entrepôt central du Syndicat, 48, rue Solférino, Laval.

Avis

Les membres du Syndicat des Agriculteurs de la Mayenne, sont informés que M. FERRÉ-CHAUVET, marchand de matériaux, entrepositaire du Syndicat à Château-Gontier, représente depuis le 1er avril 1891, la maison Louis Bouhé et Sankey de Saint-Nazaire, importateur direct des charbons anglais pour le port de Saint-Nazaire.

En conséquence, MM. les Syndiqués qui peuvent avoir besoin de charbons de terre Cardiff, Gaillettes, charbon de forges, flambant d'Ecosse et briquettes de Cardiff, etc., etc., pourront se les procurer aux meilleures conditions possibles, comme bon marché et qualité supérieure.

Adresser les commandes à M. Ferré Chauvet, entrepositaire du Syndicat à Château-Gontier.

Envoi des prix courant et conditions de vente sur demande.

VINS DE BORDEAUX

rouge 1888 à 125 fr. ? les 225 litres logés sur wagon départ.
blanc 1887 à 200 fr. \ paiement 30 jours.

Vins plus vieux à des prix supérieurs, des vignobles de M. Numa **Médeville**, vice-président du Syndicat agricole de Cadillac (Gironde), qui a obtenu médaille d'or, grande culture, pour le département de la Gironde, médaille vermeil de la Société des agriculteurs de France.

RATS souris, loirs, mulots, etc... Contre mandat ou 10 timbres-poste de 0 fr. 15, j'adresse franco le moyen infaillible et très pratique de les détruire tous en quelques heures.

LECLERC, à Beaulieu, par Châtellerault (Vienne). — *Envoi gratis et franco du prospectus destruction des taupes.*

VINS DE BORDEAUX

Rouge (1883) à 125 francs et Blanc (1887) à 200 francs les 225 litres logés sur wagon départ.

S'adresser à M. G. BORD, secrétaire général du syndicat agricole à Cadillac-sur-Garonne (Gironde).

Les fabricants de fromages et de beurres sont informés que, à l'exposition universelle de 1889, la plus haute récompense (médaille d'or), a été décernée aux **PRESURES et COLORANTS** de **J. Fabre**, ❖ M. A., Aubervilliers (Seine). Récompenses dans 54 concours agricoles.

4ᵉ Année.   Juillet 1891   Nᵒ 34

Ce Bulletin paraît le 15 de chaque mois.

BULLETIN AGRICOLE
DE L'OUEST

Organe de l'Union des Syndicats Agricoles
des départements du Finistère, des Côtes-du-Nord,
du Morbihan, de la Loire-Inférieure, d'Ille-et-Vilaine, de la
Manche, de la Mayenne, de Maine-et-Loire, de la Sarthe,
de l'Orne, du Calvados, de l'Eure, d'Eure-et-Loir
et de la Seine-Inférieure.

Publié sous la direction de :

H. LÉIZOUR, (✳ M. A.) (O A.)

Professeur départemental d'Agriculture de la Mayenne, Directeur du Laboratoire
agronomique, Président du Syndicat des Agriculteurs de la Mayenne.

GAROLA, (✳ M. A.) (O A.)

Professeur départemental d'Agriculture d'Eure-et-Loir,
Directeur de la Station agronomique de Chartres.

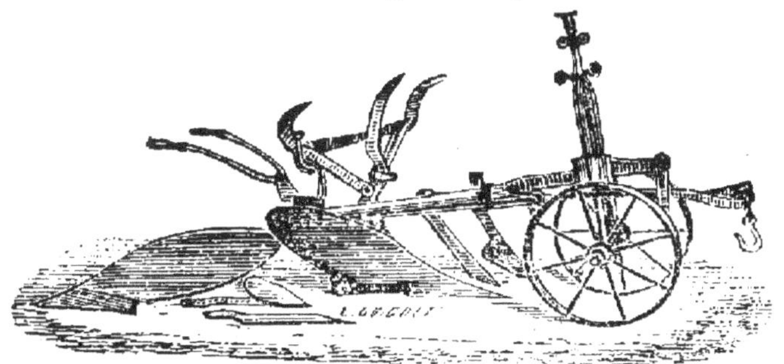

ABONNEMENTS

Les membres des syndicats adhérents sont abonnés gratuitement par leurs
bureaux. — Pour les étrangers aux syndicats : **6 fr.** par an.

ANNONCES

De 1 à 4 annonces. » **50ᶜ** la ligne.   De 8 à 12 annonces » **30ᶜ** la ligne
De 4 à 8   —   » **40ᶜ**   —   Au-delà de 12.   » **20ᶜ**   —

Le bulletin publiera gratuitement les offres et demandes
des Syndicats abonnés.

AVIS. — *Tout ce qui concerne la rédaction, les Annonces et les Abonnements, doit être adressé à* **M. LÉIZOUR**, *rue de la Filature, 1, à Laval.*

Entrepôts du syndicat des agriculteurs de la Mayenne

Pour répondre aux nombreuses demandes qui nous parviennent de la part des cultivateurs syndiqués, nous indiquons ci-après les centres où nos divers entrepôts sont établis, les noms des entrepositaires et les localités desservies par chacun.

Ernée. — Chez M. **Pioget**, négociant à Ernée, pour le canton d'Ernée.

Montaudin. — Chez M. **Tirard.** quincaillier à Montaudin, pour le canton de Landivy.

Mayenne. — Chez M. **Romagné-Priolet**, négociant, pour les cantons de Mayenne.

Ambrières. — Chez M. **Ravé**, négociant à Ambrières, pour les cantons d'Ambrières, Lassay et Gorron.

Villaines-la-Juhel. — Chez M. **Camus**, négociant à Villaines, pour les cantons de Villaines et Bais.

Javron. — Chez M. **Carré-Letourneux**, négociant, pour les cantons de Couptrain et Pré-en-Pail.

Evron. — Chez M. **Bruand**, à Evron, pour les cantons d'Evron, Sainte-Suzanne et Bais.

Montsûrs. — Chez M. **Angot-Coulon**, négociant, cantons de Montsûrs et Argentré.

Cossé-le-Vivien. — Chez M. **Foucault**, négociant, canton de Cossé-le-Vivien.

Craon. — Chez M. **Goussé**, négociant, cantons de Craon et Saint-Aignan-sur-Roë.

Château-Gontier. — Chez M. **Ferré-Chauvet**, négociant, cantons de Château-Gontier et Bierné.

Grez-en-Bouère. — Chez M. **Hivert**, négociant, cantons de Grez-en-Bouère, Bierné et Meslay.

St-Denis-de-Gastines. — Chez M. **Hamon**, négociant, canton de Gorron.

Laval. — Chez M. **Peyras**. Cet entrepôt tenu pour le compte du syndicat dessert les cantons de Laval et de Loiron.

MM. les syndiqués trouveront dans ces divers entrepôts tous les engrais dont ils auront besoin.

BULLETIN AGRICOLE DE L'OUEST

ENCORE LES VERS BLANCS

Nous touchons enfin à la destruction complète des vers blancs, turcs ou mans qui, depuis si longtemps, désolent les cultivateurs. L'œuvre est à peu près accomplie dans tout l'arrondissement de Mayenne, que nous avons récemment parcouru et sur les divers points duquel nous avons eu la satisfaction de constater, en même temps que la présence du champignon destructeur, l'arrêt complet des ravages occasionnés par la larve du hanneton.

Partout cette larve travaillait encore activement il n'y a pas plus de trois semaines, et beaucoup de champs d'orge et de sarrazin ont eu à en souffrir ; puis tout à coup on a vu les récoltes atteintes reverdir ; les vers avaient disparu comme par enchantement ! Cette disparition, attribuée par tous à une descente provoquée par les pluies et un abaissement très grand de la température, n'a été, au contraire, que la conséquence de la dissémination du champignon parasite et de la contamination des insectes.

On les trouve aujourd'hui, à des profondeurs variables, morts et entourés de la moisissure caractéristique, ou mourants et présentant tous les caractères des vers atteints par le bienheureux champignon.

Des essais exécutés en pleine terre, à la fin du mois de juin, nous permettent d'affirmer qu'il suffit d'introduire quelques vers contaminés dans les champs infectés du ver blanc, en ayant soin de les mettre en contact immédiat avec quelques vers sains pour obtenir rapidement la destruction de tous ceux qui existent dans le champ.

Les agriculteurs chez lesquels le ver blanc n'est pas encore atteint par la maladie n'ont donc qu'à se procurer, le plus tôt possible, pour profiter des chaleurs de l'été et de l'automne, des vers contaminés avec leur champignon et à les répandre dans leurs champs où ils ne tarderont pas à accomplir l'œuvre de destruction après laquelle ils aspirent.

M. Guerre, maître d'hôtel et cultivateur distingué, à Pré-en-Pail (Mayenne), se chargera du ramassage et de l'expédition des insectes qui lui seraient demandés, moyennant remboursement des frais.

H^{te} LÉIZOUR.

SYNDICAT DE LA MAYENNE

Le Syndicat des Agriculteurs de la Mayenne a renouvelé ses marchés pour la fourniture des divers engrais pendant la prochaine campagne.

Cette fourniture a été obtenue aux prix suivants :

Superphosphate minéral, dosant au minimum 14 0/0 d'acide phosphorique soluble au citrate d'ammoniaque . . . . 8 35 les 100 k.

Nitrate de soude, dosant 15 à 16 0/0 d'azote, en sacs d'origine non réglés. 23 50 —

Phosphate fossile des Ardennes et Meuse, passant entièrement au tamis nº 100 et dosant :

    33 0/0 de phosphate tribasique . 5 30 —
    36 0/0   — 5 55 —
    39 0/0   — 5 80 —
    41 0/0   — 6 05 —

Guano du Pérou, dosant 17 à 19 0/0 d'acide phosphorique et 5 a 6 0/0 d'azote . . . . 19 75 —

Phosphate de scories, mouture passant dans la proportion de 65 0/0 au tamis nº 100, et dosant au minimum 16 0/0 d'acide phosphorique . . . . . . 5 50 —

Phosphate de l'Oise, mouture 65 0/0
   passant au tamis n° 100 et dosant au
   minimum :
     14 0/0 d'acide phosphorique . .   3 80   —
     16 0/0   —   4 10   —
     18 0/0   —   4 60   —
Sulfate d'ammoniaque, dosant de 20 à
   21 0/0 d'azote. . . . .   29 90   —
Chlorure de potassium, dosant 49 à 51
   0/0 de potasse. . . . .   23 10   —
Sulfate de fer en petits cristaux . .
Phospho-guano-organique de Bondy,
   dosant de 2 à 3 0/0 d'azote et 8 à 10
   d'acide phosphorique . . . . .   10 »   —
Plâtre tamisé, en vrac :
     Cru . . . .   0 75   —
     Cuit . . . .   1 05   —

   Le plâtre cru ne sera fourni qu'en vrac.

   Pour le plâtre cuit logé. sacs en location à rendre franco au fournisseur dans le délai de 3 semaines, 0 f. 20 en plus par 100 kilos.

   Tous ces prix s'entendent pour marchandises rendues franco dans toutes les gares de la Mayenne et celles qui desservent le département, *par wagons complets de 5 000 kilos au moins*, sauf pour le *guano, le sulfate d'ammoniaque, le plâtre* et *le guano-organique de Bondy*, dont les frais de transport resteront à la charge de l'acheteur. Ces prix seront valables jusqu'au 30 juin 1892, pour tous les engrais ci-dessus désignés, à l'exception du nitrate de soude et du sulfate d'ammoniaque pour lesquels les marchés expireront le 31 décembre 1891. Paiement à 30 jours sous 2 0/0 d'escompte ou à 90 jours sans escompte

   En comparant ces prix à ceux de l'automne dernier on peut remarquer qu'il s'est produit une baisse assez sensible pour certains engrais phosphatés : 0 fr. 75 sur le superphosphate et 0 fr. 60 environ sur les phosphates de l'Oise, par sac de 100 kilos.

   Les phosphates fossiles des Ardennes et Meuse sont sans variation.

   Les scories sont en augmentation de 0 fr. 20, mais, si l'on considère que la garantie de dosage minimum est de 16 0/0 d'acide phosphorique au lieu de 15 0/0, il y a une diminution de 0 fr. 15 en faveur du nouveau marché.

Pour les engrais azotés la diminution porte sur le guano et le sulfate d'ammoniaque, 2 fr. environ par sac de chacun de ces engrais.

Le nitrate de soude est en augmentation de 0 fr. 60.

H. LÉIZOUR.

Des mesures à prendre pour les travaux de moisson, dans les années humides.

Dans la région de l'Ouest il arrive assez fréquemment que, pendant la saison de la moisson, du 20 juillet au commencement de septembre, il survienne du temps humide assez prolongé pour entraver la bonne marche des travaux et nuire considérablement à la bonne qualité des produits. On peut atténuer et même se mettre presque complètement à l'abri des effets de la persistance de l'humidité par certains travaux supplémentaires, qui, en somme, n'entraînent pas un grand surcroît de main-d'œuvre et que nous allons indiquer sommairement.

Ces travaux consistent dans la mise des céréales en moyettes, lesquelles varient de forme et de dimensions suivant les localités.

Il y a la moyette dite *Flamande*, très en usage dans le nord de la France, qui est très simple et celle qui résiste le mieux à une humidité atmosphérique prolongée.

Elle consiste à dresser 6 à 8 javelles, représentant environ 3 à 4 gerbes ordinaires, de manière à former un cône régulier dont les épis forment le sommet. Ce cône est assujetti par un lien aux deux tiers de la longueur des tiges, vers le sommet.

On fait ensuite une gerbe ordinaire que l'on a soin de lier le plus près possible de la basse des tiges. Cette gerbe est destinée à servir de chapeau à la moyette ; on la dispose de façon à pouvoir lui donner la forme d'un entonnoir renversé que l'on place sur le sommet du cône, les épis en bas. Cette gerbe forme une couverture à la surface de laquelle l'eau s'écoule sans qu'elle puisse pénétrer aucunement dans l'intérieur de la moyette. Ainsi disposées, les céréales, les blés principalement, peuvent braver une humidité prolongée sans éprouver la moindre altération. Cela permet d'attendre en toute sécurité le beau temps pour la mise en gerbes et la rentrée.

La moyette dite *Normande* est formée avec des gerbes et présente une disposition analogue à la moyette Flamande.

Elle se compose de 5 à 7 gerbes, dressées, disposées en faisceau de façon à former un cône dont les épis occupent toujours le sommet. A la base il doit rester un intervalle entre chaque gerbe de façon à permettre la circulation de l'air et du soleil à l'intérieur pour sécher les tiges dans le cas où la pluie aurait pénétré dans l'intérieur de la moyette.

Le cône formé par les 5 ou 7 gerbes est recouvert comme pour la moyette précédente par une forte gerbe formant une véritable toiture. Pour pratiquer la moyette Normande immédiatement après la coupe, il faut que la céréale ne renferme que peu ou point de mauvaises herbes. Si l'herbe est abondante il faudra attendre, pour engerber et mettre en moyettes, que sa dessiccation soit assez avancée. On aura soin en engerbant de disposer sur le lien les javelles de façon que le dessus, exposé à l'air et au soleil, soit placé dans l'intérieur de la gerbe où l'air pénètre difficilement.

Lorsque les céréales sont versées, la partie inférieur des tiges a peu de rigidité et les moyettes que nous venons de décrire sont exposées à s'affaisser et à être renversées par le vent. On doit adopter alors un autre genre de moyette, dit moyette *Picarde*.

Pour construire cette moyette on dispose sur le sol trois ou quatre javelles de manière qu'elles forment un triangle ou un carré, les épis de l'une reposant sur la base de l'autre.

Sur ce triangle ou sur ce carré on place des javelles disposées circulairement de façon à ce que les épis occupent le centre. Les premières javelles sont placées horizontalement, mais au fur et à mesure que le meulon reçoit des additions successives de javelles leur horizontalité disparaît ; lorsque la moyette renferme la valeur de 14 à 16 gerbes, elle présente la forme d'un cylindre dressé surmonté d'un cône. On coiffe ce cône d'une forte gerbe, absolument de la même façon que pour les moyettes Flamande et Normande.

Telles sont les principales dispositions à donner aux moyettes. Suivant que l'on se trouve en présence de céréales non versées, herbées ou non, ou de céréales versées, on devra adopter la disposition qui paraitra la mieux convenir.

Pour faciliter le chargement des gerbes lors de la rentrée de la récolte, les moyettes devront être disposées en lignes parallèles, dont la direction sera autant que possible de l'est à l'ouest, celle des vents régnants, afin qu'elles présentent le moins de prise à leur action. Ce qu'il importe par dessus tout, c'est qu'elles soient bien équilibrées, bien faites.

Dans le nord de la France, où l'on a l'habitude de commencer la moisson avant la complète maturité, la moyette Flamande est très généralisée, quelque temps qu'il fasse. Les moyettes sont dressées aussitôt la céréale coupée, par des ouvriers qui suivent de très près les moissonneurs. Les céréales peuvent rester ainsi de 3 à 6 semaines sans éprouver la moindre altération, qu'il s'agisse de la paille ou du grain ; en même temps la maturité se complète dans d'excellentes conditions. Il est même démontré que le blé coupé un peu vert et mis en moyettes immédiatement acquiert plus de qualité que celui dont la maturité se fait sur pied.

En résumé, dans la région de l'ouest, comme dans la région du nord, la mise en moyettes présente de nombreux avantages : elle permet de devancer la moisson de plusieurs jours, de mettre les récoltes à l'abri de l'humidité, de la déprédation des oiseaux et des mulots, et d'assurer par cela même leur conservation.

Le surcroît de dépense que ce travail occasionne est évalué à 5 ou 6 francs par hectare. Cette dépense est bien minime, presque négligeable, si on la compare à la plus-value que les moyettes donnent au grain et à la paille

G. PEYRAS.

La Maladie des pommes de terre

La maladie de la pomme de terre est due à un petit champignon parasite, sorte de moisissure que les savants appellent le *Phylopthora infestans,* elle s'attaque à tous les organes de la plante et cause l'altération et la décomposition des feuilles, des tiges et des tubercules.

Sur les feuilles, on reconnait la présence de la maladie par le recroquevillement, par l'apparition de petites taches d'un jaune pâle au début brunissant ensuite et bientôt devenant noires si le temps est pluvieux et la température au-dessus de 20°.

La chute prématurée des fleurs laissant aux tigelles florifères l'aspect de pattes d'oiseau, indique également la présence de la maladie.

Sur les tubercules, lorsque la maladie est descendue, on voit apparaitre des taches de couleur livide, c'est toujours le même champignon, toujours facile à reconnaître au microscope, il se développe et gagne peu à peu tout l'intérieur du tubercule qui, ensuite, se gâte complétement et exhale une mauvaise odeur caractéristique.

TRAITEMENT. Les nombreux essais exécutés ces dernières années dans tous les pays ont toujours démontré : *que l'emploi du sulfate de cuivre prolonge l'existence des fanes et des feuilles, augmente le poids des tubercules, augmente également leur teneur en fécule* et ce qu'il y a de plus précieux, *enraye la maladie.* Le remède, en effet, n'est pas curatif mais bien *préventif*, il est évident qu'une feuille à moitié rongée par le mal ne saurait redevenir verdoyante dans toute son étendue. Le problème de la préservation consiste donc à déposer d'avance sur les feuilles et les tiges, la quantité de sels de cuivre nécessaire pour arrêter ou empêcher le développement du champignon qui tend à infester la plante.

RÉSULTAT DU TRAITEMENT. Voici quelques chiffres, entre mille, obtenus par M. Bazin à Athies (Aisne) avec de la bouillie bordelaise à 3 k. de sulfate de cuivre et 2 k. de chaux par 100 litres d'eau. Il effectua un 1er traitement en juin et un 2e le 20 juillet.

	Rendement à l'hect.	Tubercules gâtés au 1er décemb.
Lignes témoins, non traitées . .	6.628 kil.	27 0/0
Lignes arrosées, une fois . . .	8.683	1
Lignes arrosées, deux fois . . .	8.925	1

M. Fl. Desprez à Capelle (Nord) accuse des augmentations de rendement de 7.100 kilos à l'hectare en faveur du traitement. M. Petermann, en Belgique, par des expériences réitérées arrive à des rendements allant du simple au double par le seul effet de l'arrosage à la bouillie bordelaise.

En présence de résultats aussi concluants, il n'y a plus a douter de l'utilité du traitement.

PRATIQUE DU TRAITEMENT. — Pour l'exécution du travail il faut avoir un pulvérisateur, du sulfate de cuivre et de la chaux. Pour se procurer l'instrument et la matière première ainsi que les renseignements complémentaires, s'il y a lieu, les cultivateurs trouveront toujours un bon accueil en s'adressant aux Professeurs départementaux et aux Syndicats agricoles.

PRÉPARATION DE LA BOUILLIE BORDELAISE. — On dispose 3 k. de sulfate de cuivre dans un petit sac que l'on suspend dans une vieille barrique contenant 100 litres d'eau, ainsi placé il se dissout très promptement. D'autre part, on prend 4 kilos de chaux éteinte et bien tamisée, on en forme une pâte molle que l'on verse dans le sulfate de cuivre en agitant le liquide.

On évalue à 12 ou 15 hectolitres de liquide la quantité nécessaire pour arroser un hectare de pommes de terre. Le prix de revient de ce traitement serait de 30 fr. environ, chiffre peu élevé comparativement aux résultats qu'on peut en obtenir surtout dans les années ou la maladie sévit avec intensité.

P. MASSERON.

Nitrate de soude et phosphate de chaux (Suite).

Le fumier d'une tête de bétail qui, chaque jour, aurait été additionné pendant toute l'année d'un kilogramme de phosphate en poudre, contiendrait une quantité d'acide phosphorique suffisante pour assurer une pleine récolte de céréales sur deux hectares de terre, à la condition qu'on y répande, en couverture, du nitrate de soude, comme nous le disons plus loin. Le cultivateur devrait donc se servir du fumier comme intermédiaire économique de transport et d'épandage du phosphate dans ses champs.

V. — *Associons le nitrate au phosphate*

Le nitrate de soude, complément indispensable du phosphate pour la production d'une abondante récolte de grains et de paille, est l'engrais azoté par excellence des céréales. Mais il doit être employé exclusivement *en couverture*, au printemps. Si la terre dans laquelle on veut semer du blé, de l'avoine ou du seigle, a besoin d'engrais azoté, avant la semaille, afin d'assurer la croissance de la jeune plante jusqu'au moment où on lui donne du nitrate, il faut recourir au fumier de ferme et aux engrais azotés suivants : sulfate d'ammoniaque, poudrettes riches ou sang desséché : celui-ci est particulièrement convenable dans ce cas ; il renferme de 9 à 10 p. 100 de son poids d'azote et peut être associé, à l'automne, au phosphate de chaux à la dose de 150 à 200 kilogrammes à l'hectare.

L'emploi combiné du phosphate et du nitrate est nécessaire pour obtenir le maximum d'effet.

Le nitrade de soude coûte 20 fr. les 100 kilogrammes ; l'acide phosphorique de 23 francs à 25 francs les 100 kilogrammes, dans les phosphates minéraux et les scories de déphosphoration. En sol silicieux et argileux, il faut donner la préférence au phosphate minéral et aux scories ; en sol calcaire, le superphosphate paraît mieux convenir : dans ce dernier engrais, l'acide phosphorique coûte deux fois plus cher qu'à l'état insoluble, 50 à 52 centimes le kilogramme, mais il peut être employé à dose moitié moindre ce qui rétablit l'équilibre dans les dépenses. On remarquera cependant que le cultivateur a tout intérêt à introduire dans son champ la plus grande quantité d'acide phosphorique assimilable pour la même dépense.

VI. — Augmentation de rendement dû au nitrate

150 kilogrammes de nitrate de soude répandus au printemps sur les céréales ont donné en moyenne en grande culture, *en sols convenablement pourvus en phosphate* au labour d'automne, les excédents de rendements suivants, par hectare, en grain et en paille, sur la récolte du même sol n'ayant reçu ni phosphate ni nitrate :

	Grains.		Paille.	
Blé.	405	kilogr.	860	kilogr.
Seigle.	420	—	810	—
Orge	775	—	1.009	—
Avoine	805	—	1.235	—

En appliquant à ces excédents les prix moyens des grains et des pailles dans sa région, il sera facile à chaque cultivateur de calculer la plus-value de la récolte d'un hectare. Ce calcul donne pour le blé, au cours de 25 francs les 100 kilogrammes de grain et de 3 fr. 50 les 100 kilogrammes de paille, le résultat suivant :

405 kilogr. grain à 25 fr. = 101 fr. 25.

860 kilogr. paille à 3 fr. 50 = 30 fr. 10 = 131 fr. 35 de plus-value totale à l'hectare.

Moyennant quelle dépense cette plus-value est-elle obtenue ? C'est le point essentiel à établir. Le nitrate de soude, actuellement le meilleur marché de tous les engrais azotés, coûte au maximum, au détail, 21 francs les 100 kilogrammes. Par l'intermédiaire des syndicats, on peut se le procurer à 20 francs et même au-dessous de ce prix. La dépense à l'hectare sera donc tout au plus de :

150 kilogr. nitrate de soude à 21 fr. = 31 fr. 50.

100 kilogr. acide phosphorique minéral à 25 fr. ou 50 kilogr. dans le superphosphate = 25 fr. Dépense totale 56 fr. 50.

La différence entre la valeur de l'excédent de récolte (131 fr. 35) et la dépense supplémentaire en engrais (56 fr. 50), soit 74 fr. 85, donne le chiffre du bénéfice réalisé à l'hectare. Or, 56 fr. 50 donnent 75 francs de bénéfice, c'est un placement à 133 p. 100 environ qu'aura fait le cultivateur. — Encore faut-il remarquer que le bénéfice sera plus considérable, car une très grande partie de l'acide phosphorique introduit dans le sol restera à la disposition de la récolte suivante ; on pourra, après le blé, semer une avoine sans fumure ; au printemps, on répandra 150 kilogrammes de nitrate et l'on récoltera, en plus que dans le champ voisin, supposé sans engrais nitraté, 800 kilogrammes d'avoine à 18 francs et 1.200 kilogrammes de paille à 3 fr. 50, soit une valeur de 186 francs environ, pour une dépense de 31 fr. 50 : bénéfice net 154 fr. 50.

Tels sont les heureux effets du nitrate de soude dans les champs pourvus de phosphate en suffisance. — Il faut, de préférence, répandre le nitrate à la volée, en deux fois (mars et avril ou mai), suivant les conditions climatériques.

VII. — *Réparation des dégats causés par l'hiver*

Le nitrate de soude est appelé à rendre les plus grands services à la suite de l'hiver exceptionnellement rigoureux que nous venons de subir. Aux céréales d'hiver qui ont résisté à la gelée, mais qui sont jaunies et mal venantes, il rendra de la vigueur. Le mieux à faire semble être d'attendre que la végétation reparte dans nos champs pour semer le nitrate (fin mars à première quinzaine d'avril suivant le climat et les lieux).

(A suivre.) L. GRANDEAU.

Bibliographie.

Variétés pédagogiques. Souvenirs d'enseignement primaire 1878-1889, par EDMOND LEPETIT, instituteur à Céaucé (Orne), chevalier du Mérite agricole.

En vente chez MM. Morel, libraire à Flers ; Renault, imprimeur à Domfront ; Roussel, libraire à Argentan. — Prix 2 fr. 50.

Parmi les livres dont la place est marquée dans toutes les bibliothèques qui appartiennent de loin ou de près à l'enseignement primaire, nous devons citer les *Variétés pédagogiques.* L'auteur de cet intéressant ouvrage a. dans un style méthodique et d'une grande clarté, passé en revue les moyens qui peuvent être mis en œuvre pour faciliter l'enseignement.

Il est divisé en quatre parties bien distinctes : 1° Rapport sur l'exposition scolaire à l'exposition universelle de 1878, avec description des méthodes employées dans les différents pays. Résumé des conférences pédagogiques faites à la Sorbonne aux instituteurs délégués ; 2° Congrès pédagogique de 1881. Résolutions, votes ; 3° Description d'un jardin ou relief géographique installé à Céaucé (avec photographie). Musées scolaires ; 4° Mémoires présentés aux conférences pédagogiques cantonales.

Nous avons tenu à signaler cette publication si originale à tous ceux qui s'intéressent à l'instruction de l'enfance.

P. MASSERON.

LA PRODUCTION LAITIÈRE

Par C. V. GAROLA, (✠ mérite agricole) professeur départemental d'agriculture, directeur de la station agronomique de Chartres.

Prix 1 fr. 50. — 1 fr. 65, franco, par la poste.

Chez R. SELLERET, libraire-éditeur à Chartres.

LES PRAIRIES TEMPORAIRES

Par C-V. Garola, ○, ✿, en vente à la même librairie, au prix de 0 fr. 30, franco.

LA FONCIÈRE

COMPAGNIE D'ASSURANCES MOBILIÈRES ET IMMOBILIÈRES

CONTRE L'INCENDIE

Siège social : *Place Ventadour,* PARIS

Ensemble des garanties

SOIXANTE - HUIT MILLIONS

Au 31 décembre 1888, les valeurs assurées s'élevaient à 6 milliards 491 millions 394 mille 745 francs. (Le résultat de l'exercice 1889 n'est pas encore connu.)

S'adresser ou écrire à M. Mercier, agent général et comptable du Syndicat agricole, 4, place Saint-Michel, Chartres.

AU PROGRÈS

MAISON MOTTE

TAILLEUR CIVIL ET MILITAIRE

12, rue du Grand-Faubourg, 12

A L'ENTRÉE DE LA PLACE DES ÉPARS

CHARTRES

Spécialité de Dolmans pour Officiers, de Tuniques et Livrées pour Pensions et Maisons particulières. — Grand choix de Draperie Française et Anglaise. — Complet confection depuis 20 fr. — Complet sur mesure depuis 55 fr.

Il sera délivré à tout acheteur de costume complet UN SUPERBE PLASTRON.

Remise de 5 %, à tout membre du Syndicat agricole, et sur la présentation de sa carte de syndiqué.

VACHERIE A CÉDER

Au centre de Paris, apres fortune. 32 vaches 1er choix et tout le matériel. Vente journalière 450 litres de lait à 0 fr. 50 le litre. Bénéfice net à placer tous les ans 18 000 fr. Installation sur grande rue. On traitera cette affaire avec 20.000 fr. ou sans argent avec garantie.

Ecrire à *M. Dagory* 149, rue Lafayette, Paris. Renseignements gratis.

Avis

Les membres du Syndicat des Agriculteurs de la Mayenne, sont informés que M. FERRÉ-CHAUVET. marchand de matériaux, entrepositaire du Syndicat à Château-Gontier, représente depuis le 1er avril 1891, la maison Louis Bouhé et Sankey de Saint-Nazaire, importateur direct des charbons anglais pour le port de Saint-Nazaire.

En conséquence, MM. les Syndiqués qui peuvent avoir besoin de charbons de terre Cardiff, Gaillettes, charbon de forges, flambant d'Ecosse et briquettes de Cardiff, etc., etc., pourront se les procurer aux meilleures conditions possibles, comme bon marché et qualité supérieure.

Adresser les commandes à M. Ferré Chauvet, entrepositaire du Syndicat à Château-Gontier.

Envoi des prix courant et conditions de vente sur demande.

VINS DE BORDEAUX

rouge 1888 à 125 fr. } les 225 litres logés sur wagon départ.
blanc 1887 à 200 fr. }   paiement 30 jours.

Vins plus vieux à des prix supérieurs, des vignobles de M. Numa **Médeville**, vice-président du Syndicat agricole de Cadillac (Gironde), qui a obtenu médaille d'or, grande culture, pour le département de la Gironde, médaille vermeil de la Société des agriculteurs de France.

RATS souris, loirs, mulots, etc...

Contre mandat ou 10 timbres-poste de 0 fr. 15, j'adresse franco le moyen infaillible et très pratique de les détruire tous en quelques heures.

LECLERC, à Beaulieu, par Châtellerault (Vienne). — *Envoi gratis et franco du prospectus destruction des taupes.*

VINS DE BORDEAUX

Rouge (1888) à 125 francs et Blanc (1887) à 200 francs les 225 litres logés sur wagon départ.

S'adresser à M. G BORD, secrétaire général du syndicat agricole à Cadillac-sur-Garonne (Gironde).

Les fabricants de fromages et de beurres sont informés que, à l'exposition universelle de 1889, la plus haute récompense (médaille d'or), a été décernée aux **PRESURES et COLORANTS** de J. Fabre, à M. A., Aubervilliers (Seine) Récompenses dans 51 concours agricoles.

MACHINES AGRICOLES

SAVARY & Cie

Ingénieurs-Constructeurs

QUIMPERLÉ (FINISTÈRE)

104 Diplômes d'honneur et Médailles

EXPOSITIONS UNIVERSELLES DE PARIS 1878-1889
Croix de la Légion d'honneur
2 médailles d'Or — 3 médailles d'Argent — 1 médaille de Bronze

PRESSOIRS A MOUVEMENT VERTICAL
Breveté S. G. D. G.

1er Prix

Médaille d'Or

à

l'Exposition
nationale
des
cidres

PARIS 1888

1er Prix

Médaille d'Or

à

l'Exposition
nationale
des
cidres

PARIS 1888

Pressoirs à cidre et à vin — Moulins à pommes
Fouloirs à vendange — Machines à battre à manège
Tarares — Barattes
Broyeurs d'ajonc — Coupe-racines — Hache-paille
Charrues

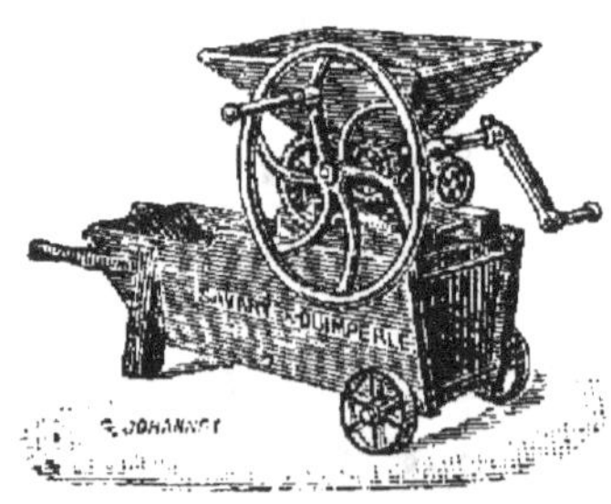

Le
Catalogue
GÉNÉRAL
sera adressé
sur
demande

Le Gérant, E. MOREAU.

Laval, Imp. L. Moreau.

Ce Bulletin paraît le 15 de chaque mois.

BULLETIN AGRICOLE
DE L'OUEST

Organe de l'Union des Syndicats Agricoles
des départements du Finistère, des Côtes-du-Nord,
du Morbihan, de la Loire-Inférieure, d'Ille-et-Vilaine, de la
Manche, de la Mayenne, de Maine-et-Loire, de la Sarthe,
de l'Orne, du Calvados, de l'Eure, d'Eure-et-Loir
et de la Seine-Inférieure.

Publié sous la direction de :

H. LÉIZOUR, (✻ M. A.) (ọ A.)

Professeur départemental d'Agriculture de la Mayenne, Directeur du Laboratoire
agronomique, Président du Syndicat des Agriculteurs de la Mayenne,

GAROLA, (✻ M. A.) (ọ A.)

Professeur départemental d'Agriculture d'Eure-et-Loir,
Directeur de la Station agronomique de Chartres.

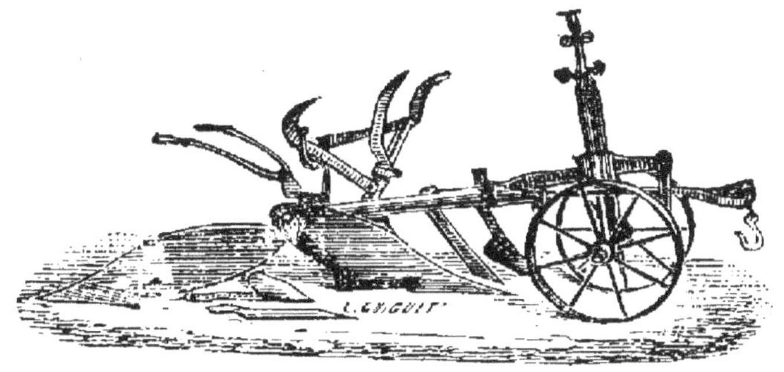

ABONNEMENTS

Les membres des syndicats adhérents sont abonnés gratuitement par leurs
bureaux. — Pour les étrangers aux syndicats : **6 fr.** par an.

ANNONCES

De 1 à 4 annonces. » 50ᶜ la ligne. De 8 à 12 annonces » 30ᶜ la ligne
De 4 à 8   —   » 40ᶜ   —   Au-delà de 12. . » 20ᶜ   —

Le bulletin publiera gratuitement les offres et demandes
des Syndicats abonnés.

AVIS. — *Tout ce qui concerne la rédaction, les Annonces et les Abonnements, doit être adressé à* **M. LÉIZOUR,** *rue de la Filature, 1, à Laval.*

Avis aux Cultivateurs

On demande des blés de semence, prière d'adresser les offres au bureau dujournal, 1, rue de la Filature, Laval.

A Louer à **fermage ou métayage** la ferme de la Fénardière, exploitation magnifique située à 3 kilomètres de Laval, près de la gare de Saint-Berthevin et des Fours à Chaux, contenance 39 hectares. S'adresser, pour les renseigements, soit à M. Guerlin, propriétaire, 28, rue de Bretagne à Laval, soit à l'entrepôt central du Syndicat, 48, rue Solférino, à Laval.

Semoir à vendre

A vendre un semoir à la volée, système Faul, de 3m75 de largeur, à débrayage et obturateurs mobiles, n'ayant jamais servi.

S'adresser à M. MERCIER, comptable du Syndicat, 4, place Saint-Michel, à Chartres.

A louer, séparément ou réunies, deux fermes dépendant de l'ancienne ferme école de Trévarez, commune de Saint-Goazec, Finistère. Entrée en jouissance le 27 septembre 1892.

1° La ferme de Trévarez — 56 hectares — terres labourables 40 h. ; prairies 12 ; landes et pâtures 4. Très bons et vastes bâtiments.

2° La ferme de Hirgarz — 55 hectares — terres labourables 34 h. ; prairies 11 ; landes et pâtures 7 ; taillis 3. Edifices en bon état.

Les terres de ces deux fermes se joignent, elles sont situées à 4 kil. de Châteauneuf-du-Faou, sur le bord du canal de Nantes à Brest qui y est pourvu d'une cale de débarquement ; elles sont traversées par une route départementale.

S'adresser à Me KERGUIÉM, notaire à Châteauneuf-du-Faou ou à M. CASTEROU, garde à Trévarez en Saint-Goazec, Finistère.

BULLETIN AGRICOLE DE L'OUEST

Récolte de la graine de trèfle

Tous les cultivateurs connaissent les procédés de culture mis en usage pour obtenir la graine de trèfle. Ils savent que cette graine s'obtient sur le fourrage de deuxième coupe, que ce fourrage doit être fauché au moment de la maturité de la graine, rentré sec autant que possible, puis battu.

Ce n'est pas au point de vue cultural proprement dit, que la question nous intéresse aujourd'hui, nous ne voulons l'envisager que dans les cas où le cultivateur se propose d'obtenir de la graine de trèfle sur un champ envahi par la cuscute et éviter, d'une manière générale, la propagation du parasite dans la ferme où sa présence est constatée.

Dans une circulaire adressée par le Ministre de l'agriculture aux professeurs départementaux, sont exposées des plaintes provenant du commerce étranger, sur la présence de la cuscute (Teigne) dans les graines de trèfle et de luzerne, de provenance française.

Cet état de choses est profondément regrettable, en ce qu'il nuit au bon renom des produits français sur les marchés étrangers, dont la conséquence inévitable sera le discrédit de nos produits et par suite un abaissement de prix. Il prouve en outre que le cultivateur français se préoccupe peu de la présence de ce parasite dans ses fourrages, qu'il ignore ou qu'il néglige de mettre en pratique les procédés propres à enrayer son envahissement.

Sous peine de s'exposer à voir sa ferme infestée par la cuscute, et pour de nombreuses années, le cultivateur devra, lorsqu'il aura un trèfle ou une luzerne cuscutée, empêcher le parasite de venir à graine. Il n'y a que ce moyen vraiment pratique de connu jusqu'à ce jour pour s'en débarrasser.

Si les places infestées ne sont pas surveillées, la graine de cuscute mûrit ; une partie tombe sur le sol ; le restant est porté dans les fenils ou les barges en même temps que le fourrage, tombe par la suite dans les mangeoires, de là va au fumier avec lequel la graine est transportée dans les champs, où elle restera indemne jusqu'à ce qu'une circonstance favorable à son développement se présentera.

Tel est le mode simple et rapide de l'envahissement de la cuscute.

Il suffit par conséquent de semer une seule fois de la graine renfermant de la cuscute, de négliger d'appliquer les mesures propres à empêcher la plante parasite de venir à graine, pour que toute la ferme se trouve infestée à court délai. On aura beau, par la suite, s'assurer de la qualité de la graine, la cuscute pourra faire son apparition en dépit de tous les soins qu'on aura porté à son choix.

C'est ainsi que beaucoup de contrées ont été dans l'obligation de renoncer périodiquement à la culture des luzernes et des trèfles.

De ce qui précède il résulte donc que lorsqu'on se trouve obligé de faire de la graine dans un champ cuscuté, il faut soigneusement surveiller les places infestées et détruire les nombreuses ramifications de la plante parasite au fur et à mesure qu'elles apparaissent et les empêcher ainsi de fructifier.

Pour obtenir ce résultat le mieux est de circonscrire chaque foyers par une rigole circulaire, de donner un binage superficiel sur la surface circonscrite, et de brûler, quelques jours après, les détritus organiques que la surface ameublie contient.

Les mêmes précautions devront être prises pour les trèfles et les luzernes coupés pour fourrage, car lors de de la floraison de la deuxième et de la troisième coupe, c'est-à-dire au moment le plus favorable de la fauchaison, bien des graines de cuscute sont parvenues à maturité.

G. PEYRAS.

Maladies parasites des céréales

Rouille des céréales. — La rouille est la plus terrible des maladies cryptogamique qui attaquent les céréales, particulièrement l'orge et le froment, dans toutes les phases de leur vie. Elle est due à la présence d'un champignon particulier (uredo linearis), qui apparaît sur les feuilles, les tiges, les glumes et glumelles de la plante sous forme de taches de poussière orange.

La rouille est connue depuis les temps les plus reculés car on la fait remonter à l'origine des Rogations, cérémonie faite en l'honneur de la déesse Rubigo, pour qu'elle protégeât les céréales contre la maladie.

Développement. — Au début de son développement la rouille donne d'abord des filaments oranges puis on les voit brunir ensuite, rappelant alors la rouille de fer. Ce changement d'aspect, d'après M. Cornu, est dû au développement d'une seconde forme de *spores* (germes du champignon) qui naît sur le premier mycélium et donne ensuite naissance à la *rouille noire* (puccinia graminis).

La spore orangée germe bien sur les tiges vertes en pénétrant leurs tissus par les stomates ; la rouille noire au contraire ne peut y germer, mais elle germe sur l'épine vinette en donnant naissance à des spores oranges appelées (œcidium berberidis) état dans lequel le champignon peut se conserver pour l'année suivante. Il suffit que le vent emporte cette poussière légère (spores) dans les blés et qu'il y ait en même temps coïncidence d'humidité pour que la maladie se développe.

C'est principalement dans les champs ombragés et humides, à la suite des pluies ou des brouillards suivis d'un soleil ardent que la rouille se développe avec le plus d'intensité.

Moyens d'atténuer les effets de la rouille. — On conseille d'arracher les pieds d'épine vinette, car cette plante est la mère nourrice du champignon dévastateur, c'est elle qui reproduit la *rouille de graine*, la rouille la plus dangereuse.

En 1660 un arrêt du parlement de Rouen ordonna la destruction de l'épine vinette en Normandie, malheureusement ces mesures encore conseillées aujourd'hui, ne semblent guère écoutées et les efforts pratiqués dans ce but sont trop isolés pour qu'il y ait efficacité et disparition de la maladie. Sans prêcher l'égoïsme à ce sujet on peut rechercher d'autres moyens, des moyens plus personnels que nous allons examiner.

— Certaines variétés notamment le Dattel et le Schireff, sont plus résistantes à la rouille, le Bordeaux au contraire y est plus prédisposé. Dans les contrées sujettes à la rouille il y aurait donc lieu de tenir compte de ces remarques.

— Les semailles en lignes résistent mieux à la rouille, car l'air et la lumière circulant plus librement, les tiges sont vite ressuyées après les pluies et les spores du champignon s'y développent plus difficilement.

— En terminant ce qui est relatif à la rouille, dans cet article beaucoup trop restreint, il est à remarquer qu'en général la rouille envahit surtout les blés souffrants, les cultures ou la végétation est mal équilibrée ; au contraire dans les cultures propres ou les fumures sont sagement comprises, les plantes acquièrent de la vigueur et beaucoup de résistance contre la rouille.

Charbon. — Le charbon (uredo carbo tritici), ou *nielle* est également un petit champignon qui se développe sur les épis alors qu'ils sont encore cachés dans les feuilles engainantes. Il attaque quelquefois 1/10 des épis surtout dans les orges et avoines, les blés de mars y sont plus exposés que les blés d'hiver et les blés sans barbe plus que les blés barbus.

Les spores du champignon disséminées au moment du battage s'attachent au grain, ce qui fait dire que le blé est *moucheté*. S'il y en a beaucoup, la paille devient malsaine et impropre à l'alimentation.

Nul ne peut indiquer les épis attaqués avant l'épiaison. Ils apparaissent d'abord gris, puis noirs et les épillets disparaissent en poussière inodore qui noircit.

La préparation des semences par le chaulage et le sulfatage prévient en partie son apparition.

Carie. — On désigne sous le nom de *carie* et aussi sous ceux de *bosso, blé noir, fouèdre, cabo, cloque, blés cloqués, blés boutés*, etc., une maladie souvent confondue avec le charbon. C'est également un champignon appelé (uredo caries) ; à l'inverse du charbon celui-ci ne déforme pas l'épi, mais il transforme la farine en une poussière noirâtre, onctueuse, répandant une odeur de poissons pourris. Par un temps humide et calme un champ carié infecte à 200 mètres à la ronde, les épis cariés restent droits, pâles, bleuâtres. Ces blés boutés doivent être lavés pour séparer les grains cariés non écrasés par le battage et entrainer la poussière qui recouvre les autres ; un séchage doit suivre de près le lavage. Cette maladie est un fléau d'autant plus grand que les blés *cariés* se vendent toujours à vil prix, car la farine qui en provient donne un pain âcre et violâtre.

Pour combattre cette maladie, mieux que pour les deux précédentes, le cultivateur a un moyen efficace, c'est le chaulage des semences. Le sulfate de cuivre est également un des plus puissants moyens de préservation de la carie.

Ergot. — On rencontre encore quelquefois principalement sur le seigle une autre maladie appelée *ergot, blé cornu,* mais cette maladie n'a pas pris d'extension grâce à la facilité avec laquelle on peut trier les quelques grains ergotés qui sont plus légers que les bons grains.

P. MASSERON.

Du vélage ou parturition

Chez les vaches on désigne par le mot *vélage,* l'acte par lequel se produit, au terme de la gestation, l'expulsion du fœtus (jeune veau).

Dans la généralité des cas, cet acte s'accomplit sans obstacles ; mais il arrive cependant, par suite de circonstances que nous étudierons plus loin sommairement, qu'il devient laborieux. Le cultivateur doit alors chercher à se rendre compte de la nature de l'obstacle qui se présente, prendre des mesures pour faciliter la délivrance et réclamer s'il y a lieu le concours du vétérinaire.

L'obstacle peut provenir de deux causes :

1° D'une position anormale du fœtus, dans la matrice ;

2° De son trop fort volume.

L'un ou l'autre de ces deux cas doit forcément se présenter, lorsque, après un quart d'heure ou vingt minutes d'efforts expulsifs, rien n'apparait entre les lèvres de la vulve.

Pour se rendre compte de la nature de l'obstacle, une exploration devient urgente. Pour cela, après avoir mis à nu le bras, on l'enduit d'huile pour favoriser le glissement et le préserver du contact des matières sanieuses que renferment les enveloppes fœtales. On introduit ensuite la main dans la vulve, en ayant soin de rassembler les doigts en forme de coin et on glisse avec précaution le bras dans le conduit vaginale, jusqu'à l'entrée de la matrice, où l'on peut se rendre compte de la position du fœtus.

Nous n'entreprendrons pas de décrire les différentes positions anormales qui peuvent se présenter, cette étude nous entraînerait trop loin.

Tous les cultivateurs connaissent la position normale du veau dans la matrice. Les membres antérieurs se présentent en avant, allongés ; la tête fait suite, le bout du nez appuyé sur ses membres, le tout formant coin. Si par l'exploration il est constaté que cette position n'existe pas, il faudra rechercher si ce sont les membres ou la tête qui sont déviés, cas assez fréquents. La tête pourra être renversée en arrière ou déviée de côté, etl'un ou les deux membres repliés au dessous du sternum. Avec un peu d'adrese, ces déviations peuvent être rectifiées sans le concours d'un homme de l'art. Mais il se présente d'autres positions plus compliquées, pour lesquelles l'intervention du vétérinaire devient indispensable. Le cultivateur devra, le cas échéant, le faire appeler sans aucun retard.

Lorsqu'après un quart d'heure ou vingt minutes d'efforts consécutifs, l'expulsion ne paraît pas faire de progrès, et que la position est reconnue normale, le fœtus est trop volumineux ou la mère trop affaiblie.

Dans les deux cas il faut intervenir et seconder avec précaution, par une traction, les efforts, après avoir administré, si on a affaire à une bête affaiblie, un breuvage excitant, alcoolique et chaud, vin ou cidre de bonne qualité, qui augmentera l'énergie et la fréquence des contractions utérines

Pour opérer cette traction, on saisit avec les mains ou avec des cordes les extrémités des membres du fœtus, en ayant soin d'agir sans secousses ni à-coups, au moment où la mère fait des efforts. Les efforts passés, on cesse la traction pour la reprendre lorsqu'ils se renouvellent.

Nous devons toutefois faire remarquer qu'il ne faut recourir à cette intervention, que lorsqu'il est bien démontré qu'elle est absolument nécessaire.

Malheureusement, les cultivateurs sont en général trop portés à aider les femelles en parturition, et ce, à tort et à travers, sans que l'utilité en soit reconnue.

Dans les cas de parturition laborieuse, principalement chez les bêtes qui en sont à leur premier vélage, malgré l'intervention intelligente du cultivateur, des accidents surviennent trop fréquemment. Il arrive, en effet, après que la tête et les épaules du fœtus ont traversé le col utérin, qu'il devient impossible d'amener le train postérieur. Dans cette position le jeune veau ne tarde pas à être suffoqué, étouffé, une ou deux minutes au plus suffisent.

Pendant la longue période que nous avons dirigé, une importante exploitation, nous avons été personnellement témoin de deux accidents de ce genre, qui auraient été bien plus nombreux, si le deuxième ne nous avait par hasard indiqué le moyen d'en prévenir le retour. En effet, ayant constaté que le veau était étouffé, de guerre lasse, nous avions momentanément renoncé à obtenir son expulsion, craignant amener, par une trop longue persistance, des accidents internes chez la mère. Après une courte attente, celle-ci, n'ayant plus d'efforts et paraissant calme, se leva et le veau tomba aussitôt sur la litière, sans intervention aucune.

C'était un avertissement bon à mettre à profit à l'avenir.

Par la suite, de nombreux vêlages se présentèrent dans les mêmes conditions, sans que nous eussions à déplorer le moindre accident.

Nous faisions sans aucun retard lever la mère, en l'aidant si elle paraissait trop affaiblie, et nous n'avions qu'à recevoir le veau pour amortir sa chute.

Ces genres d'accidents ne sont pas rares, chez les races à forte ossature, qui donnent des veaux très volumineux à la parturition. Nous l'avons principalement observée chez les jeunes bêtes de race normande, à leur premier vêlage.

Pour favoriser le fonctionnement de la peau, il importe que le nouveau-né soit débarrassé au plus tôt de l'enduit sébacé qui le recouvre. La mère en le léchant se charge généralement de ce soin. Si l'acte ne se manifeste pas spontanément, on saupoudre le veau de sel dont les bêtes sont très friandes. Mais quoi qu'on fasse, si la mère refuse ce soin, ce qui se présente quelquefois, on devra y suppléer par des frictions prolongées et énergiques, avec un chiffon de laine.

Contrairement à ce qui se passe bien souvent dans les campagnes, le jeune veau devra téter le premier lait *(colostrum)*, dont les propriétés laxatives favorisent l'expulsion des matières excrémantielles *(méconium)*, contenues dans les intestins dès la naissance.

C'est agir contre nature que de priver le nouveau-né de ce premier lait ; on l'expose ainsi aux atteintes d'irritations intestinales, de constipations, qui ne sont pas toujours sans gravité.

Si la parturition est laborieuse, la mère devra recevoir pendant quelques jours des breuvages tièdes de farine d'orge et une nourriture peu abondante et rafraîchissante, pour prévenir la fièvre, dans la mesure du possible. Si la parturation est normale, ces mesures de précaution pourront être écartées.

Dans l'un et l'autre cas, il faudra toutefois avoir soin, de renouveler les litières et de mettre les bêtes à l'abri des courants d'air.

G. PEYRAS.

Les blés à plat et les blés en sillons

Le Comice agricole de l'arrondissement de Saintes a souvent recommandé les semis en ligne, à l'aide des semoirs, et fait un concours spécial de ces excellents instruments, dont quelques-uns ont été achetés par nos collègues.

En présence de la récolte désastreuse que notre arrondissement fera, en 1891, il importe d'insister sur le grand avantage que présente l'adoption des semoirs, et à cet effet, je crois de mon devoir d'appeler l'attention des cultivateurs sur les résultats obtenus cette année sur mon exploitation.

Les terres portant mes blés sont argilo-calcaires, dites de Champagne ; ils ont été précédés de plantes sarclées fumées ; du 15 au 26 octobre dernier, lorsque mes voisins s'arrêtaient devant la sécheresse, 7 à 800 kilogr. de scories de déphosphoration, par hectare, furent répandus, puis couverts par un hersage en travers.

Dès le lendemain, 75 à 80 litres de froment par hectare ont été semés en ligne, à l'aide du semoir, et enterrés à 5 centimètres de profondeur.

Après l'ensemencement, le rouleau *Croskill* a passé sur le terrain pour le tasser.

Le blé a si bien germé que je le regardais comme trop épais, lorsque les gelées très précoces, du milieu de novembre, sont venues à point pour réprimer cette trop belle végétation.

Au commencement de mars, j'ai répandu 150 kilogr. de nitrate de soude, et comprimé le terrain à l'aide du *Croskill*, n'ayant pas jugé à propos, contre mon habitude, de faire herser en raison du soulèvement de la terre, par des gelées tout à fait exceptionnelles, et qui, ayant détruit les herbes, ont rendu le sarclage des plus faciles.

Actuellement, mes blés ayant passé fleurs sont splendides, et tous les cultivateurs qui les ont vus estiment qu'ils fourniront de 30 à 40 hectolitres par hectare.

Les blés sont le *Roseau*, le *Dattel* et un mélange de bleu de *Noë rouge* inversable, *Roseau* et *Dattel*, dont le rendement paraît devoir être supérieur aux variétés semées seules.

J'aurais bien voulu donner un autre exemple que le mien ; mais il est tellement démonstratif, en faveur des semis en ligne et à plat, que je n'ai pas hésité à le présenter.

Si maintenant nous examinons comparativement ce qui s'est passé dans ma commune, et sur des terres de même nature, il est aisé de constater que tous les blés semés en sillons, dirigés de l'est à l'ouest, ont tout le côté nord détruit, et le côté sud assez mal venant.

Ces blés ne donneront pas au delà de 4 à 6 hectolitres par hectare.

Je dois ajouter que beaucoup d'emblavures étaient en si mauvais état, qu'elles ont été à nouveau labourées pour être semées en orge ou en avoine.

De mon exposé, les conclusions, sans être grand clerc, sont bien faciles à tirer.

Grâce au semoir, moitié de la semence a été économisée, et je récolterai dix fois plus que les cultivateurs à sillon, qui, tout en s'appauvrissant, ont si profondément nui à l'intérêt général, que s'il en est ainsi partout, des centaines de millions devront cette année sortir de France pour nourrir nos populations.

Dr MENUDIER,

Président du Syndicat général des Comices agricoles de la Charente-Inférieure.

Domaine du Plaud-Chermignac, 19 juin 1891.

(Extrait du journal d'agriculture pratique.)

Nitrate de soude et phosphate de chaux (Suite).

On donnera, par exemple, 50 kilogrammes de nitrate à cette époque et même quantité un mois plus tard. Pour les blés de mars, l'orge et l'avoine, on emploiera les phosphates au labour de printemps et le nitrate de soude à la dose de 100 à 200 kilogrammes à l'hectare, en couverture, en deux fois. Les meilleures variétés de blé à semer fin février ou commencement de mars (le plus tôt que l'on pourra) sont les blés de Saint-Laud, de Bordeaux, Chiddam, Blé de Noé, Hérisson. *L'avoine des salines*, la *Canadienne*, *l'orge Chevalier*, sont d'excellentes variétés très recommandables pour les cultures de printemps.

VIII. — *Conclusions*

Nourrissons bien notre bétail et donnons tous nos soins au fumier d'étable.

Phosphatons nos litières et nitratons nos champs. nous trouverons dans l'excédent de récolte une large rémunération de nos peines et de l'avance faite au sol.

Si, par enchantement, comme au temps jadis, l'œuvre de progrès assignée plus haut, à la fin du siècle se réalisait, pour le froment seulement, les cultivateurs verraient, en une année. leurs bénéfices s'augmenter de plus de *quatre cents millions* sur cette seule récolte.

Mettons en regard les chiffres de la dépense et de la recette résultant de l'accroissement, dans le rendement du froment, de 5 hectolitres par hectare, soit 25 millions de quintaux pour la France :

Dépense :

Un million de tonnes de nitrate de soude à 200 francs l'une.	200.000.000	
Phosphate de chaux (un tiers de la fumure comptée au blé)	54.000.000	254.000.000

Recette :

25 millions de quintaux de grain à 25 francs l'un.	625.000.000	
15 millions de quintaux de paille à 3 fr. 50 l'un .	52.500.000	677.500.000

Différence ou bénéfice des producteurs.   423.500.000

Soit un placement de capitaux de 166 p. 100.

Où sont les Fées bienfaisantes qui nous apporteront ces millions ? A nos portes : il nous suffit de les appeler à notre aide. Elles s'appellent l'*Instruction* et l'*Association*.

Instruisons-nous. — Associons-nous. — Le gouvernement de la République nous en donne libéralement les moyens : il nous y convie par ses écoles, par les concours de tous genres qu'il offre à nos cultivateurs : par la loi sur les Syndicats agricoles, la création des Chaires départementales, des écoles pratiques, des stations agronomiques, des champs de démonstrations ! Jamais les pouvoirs publics n'ont témoigné pareille sollicitude pour les intérêts de l'agriculture, souci égal pour la propagation de l'instruction jusqu'au hameau le plus reculé.

Dans le plus humble village se trouve un homme voué à la tâche la plus utile qu'on puisse confier à un citoyen d'un pays libre : l'éducation et l'instruction des jeunes générations. — C'est à lui que nous dédions ces lignes : à lui que nous faisons appel avec confiance pour propager ces simples notions parmi nos populations rurales. Certain de pouvoir compter sur le dévouement des instituteurs à la chose publique, nous les remercions à l'avance de leur concours.

L'avenir de l'agriculture, celui de la nation française, par conséquent, est dans l'association étroite de la Science, du Capital et du Travail. — Savoir, pouvoir, vouloir, — telle est la devise du progrès. L'instruction et l'association en permettent la réalisation. A chacun d'y aider ardemment pour le bien-être et la grandeur de notre cher pays.

Paris, le 5 Février 1891

L. GRANDEAU,

Directeur de la Station agronomique de l'Est et du laboratoire de la Société nationale d'encouragement à l'agriculture.

Association pomologique de l'Ouest

Le concours général de l'association pomologique de l'Ouest aura lieu, en 1891, à Avranches, (Manche) du 20 au 25 octobre.

Ce concours subventionné par le Ministre de l'Agriculture, a été créé, depuis quelques années, dans le but de propager les meilleures variétés de fruits à cidre et les meilleures méthodes pour la fabrication et la conservation des cidres et des poirés.

L'exposition comprendra trois classes :

1re classe : Pommes et poires de pressoirs ;
2me   id.   Cidres, poirés et eaux-de-vie ;
3me   id.   Instruments: concasseurs. broyeurs, pressoirs, appareils de distillation, pulvérisateurs, etc., etc.

De nombreuses médailles sont mises à la disposition du jury pour récompenser les exposants.

Pendant la durée de l'exposition les membres de l'association se réuniront en congrès pour étudier et discuter les questions diverses se rattachant à l'industrie cidricole.

Toutes ces questions intéressent vivement la culture de la région de l'Ouest où la production du cidre et du poiré et leur mode de fabrication prend de jour en jour, en présence des besoins plus impérieux, une importance considérable. Nous ne saurions ainsi trop engager les cultivateurs de la région intéressés à seconder les louables efforts de l'association pomologique en concourant efficacement, dans la mesure de leurs moyens, à l'exposition des produits des diverses classes et en apportant aux travaux du congrès leurs connaissances pomologiques et le résultat de leurs observations.

Les personnes qui désireraient recevoir le programme et de plus amples renseignements, peuvent s'adresser à M. Rozeray, professeur départemental d'agriculture de la Manche, à Saint-Lô, commissaire général du concours.

G. PEYRAS.

Ecole pratique d'agriculture des Trois-Croix

Les examens d'admission à cette école sont fixés au 24 août. Le prix de la pension est de 500 francs, 8 bourses dont quelques-unes divisées en demi-bourses seront accordées aux candidats suivant leur classement et la situation de famille de leurs parents.

Les élèves sont reçus à l'école de 13 à 18 ans et outre l'enseignement primaire supérieur, on leur donne l'instruction pratique de l'agriculture. La durée des cours est de deux années. Les élèves pourvus du certificat d'instruction agricole, obtenu à la sortie sont favorisés pour l'obtention de bourses dans les écoles nationales d'agriculture.

Pour tous renseignements s'adresser à M. Hérissant, Directeur de l'école à Rennes, (Ille-et-Vilaine.)

SYNDICAT DES AGRICULTEURS DE LA MAYENNE

RECTIFICATION. — *Le phospho-guano-organique de Bondy*, a été porté par erreur dans le précédent bulletin, page 117, à 10 fr. les 100 kilos. — Le prix n'est que 9 fr. les 100 kilos, sur wagon, gare de départ, frais de transport à la charge de l'acheteur.

Sulfate de fer. — 6 fr. 75 les 100 kilos par wagons complets, franco, gare destinataire.

A l'entrepôt de Laval, 7 fr. 25 les 100 kilos.

SYNDICAT DE CHARTRES

L'Assemblée générale du syndicat agricole de Chartres a eu lieu le 4 juillet 1891. — Nous publierons le compte-rendu résumé dans le prochain numéro.

VACHERIE A CÉDER

Aux portes de Paris, après fortune,
20 bonnes vaches, 2 chevaux 3 voitures et tout le matériel.
Vente journalière, 300 litres de lait à 40 et 50 centimes le litre.
Bénéfice net par an, 10,000 fr. prouvés. — Grande habitation.
On traitera avec 10.000 fr., ou sans argent avec garanties sérieuses.
Ecrire à *M. Dagory* 149, rue Lafayette, Paris. Renseignements
gratuits.

Avis

Les membres du Syndicat des Agriculteurs de la Mayenne, sont
informés que M. FERRÉ-CHAUVET, marchand de matériaux, entrepositaire du Syndicat à Château-Gontier, représente depuis le
1er avril 1891, la maison Louis Bouhé et Sankey de Saint-Nazaire,
importateur direct des charbons anglais pour le port de Saint-
Nazaire.

En conséquence, MM. les Syndiqués qui peuvent avoir besoin
de charbons de terre Cardiff, Gaillettes, charbon de forges, flambant d'Ecosse et briquettes de Cardiff, etc., etc., pourront se les
procurer aux meilleures conditions possibles, comme bon marché
et qualité supérieure.

Adresser les commandes à M. Ferré-Chauvet, entrepositaire du
Syndicat à Château-Gontier.

Envoi des prix courant et conditions de vente sur demande.

VINS DE BORDEAUX

rouge 1888 à 125 fr.) les 225 litres logés sur wagon départ.
blanc 1887 à 200 fr.) paiement 30 jours.

Vins plus vieux à des prix supérieurs, des vignobles de M. Numa
Médeville, vice-président du Syndicat agricole de Cadillac (Gironde), qui a obtenu médaille d'or, grande culture, pour le département de la Gironde, médaille vermeil de la Société des agriculteurs de France.

RATS souris, loirs, mulots, etc...

Contre mandat ou 10 timbres-poste de 0 fr. 15,
j'adresse franco le moyen infaillible et très pratique de les
détruire tous en quelques heures.

LECLERC, à Beaulieu, par Châtellerault (Vienne). — *Envoi
gratis et franco du prospectus destruction des taupes.*

VINS DE BORDEAUX

Rouge (1888) à 125 francs et Blanc (1887) à 200 francs les 225
litres logés sur wagon départ.

S'adresser à M. G. BORD, secrétaire général du syndicat agricole à Cadillac-sur-Garonne (Gironde).

Les fabricants de fromages et de beurres sont informés que,
à l'exposition universelle de 1889, la plus haute récompense (médaille d'or), a été décernée aux **PRESURES et COLORANTS**
de **J. Fabre**, ✶ M. A., Aubervilliers (Seine). Récompenses dans 51
concours agricoles.

Ce Bulletin paraît le 15 de chaque mois.

BULLETIN AGRICOLE
DE L'OUEST

Organe de l'Union des Syndicats Agricoles
des départements du Finistère, des Côtes-du-Nord,
du Morbihan, de la Loire-Inférieure, d'Ille-et-Vilaine, de la
Manche, de la Mayenne, de Maine-et-Loire, de la Sarthe,
de l'Orne, du Calvados, de l'Eure, d'Eure-et-Loir
et de la Seine-Inférieure.

Publié sous la direction de :

H. LÉIZOUR, (✷ M. A.) (O A.)

Professeur départemental d'Agriculture de la Mayenne, Directeur du Laboratoire
agronomique, Président du Syndicat des Agriculteurs de la Mayenne.

GAROLA, (✷ M. A.) (O A.)

Professeur départemental d'Agriculture d'Eure-et-Loir,
Directeur de la Station agronomique de Chartres.

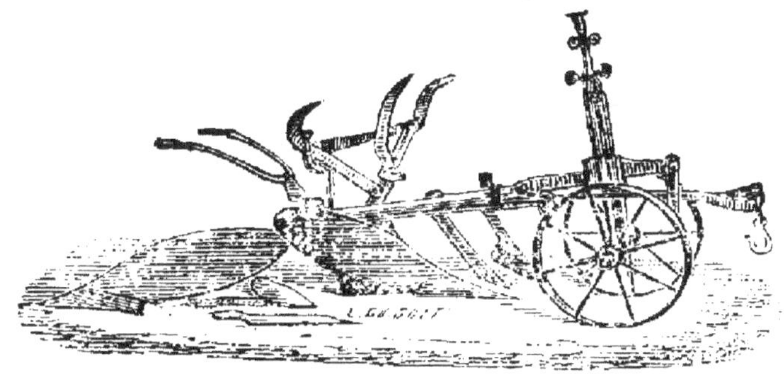

ABONNEMENTS

Les membres des syndicats adhérents sont abonnés gratuitement par leurs
bureaux. — Pour les étrangers aux syndicats : **6 fr. par an.**

ANNONCES

De 1 à 4 annonces. » **50ᶜ** la ligne.   De 8 à 12 annonces » **30ᶜ** la ligne
De 4 à 8   —   » **40ᶜ**   —   Au-delà de 12. . » **20ᶜ**   —

Le bulletin publiera gratuitement les offres et demandes
des Syndicats abonnés.

*AVIS. — Tout ce qui concerne la rédaction, les Annonces et les Abon-
nements, doit être adressé à* **M. LÉIZOUR,** *rue de la Filature. 1, à Laval.*

Semoir à vendre

A vendre un semoir à la volée, système Faul, de 3^m75 de largeur, a débrayage et obturateurs mobiles, n'ayant jamais servi.

S'adresser à M. MERCIER, comptable du Syndicat, 4, place Saint-Michel, à Chartres.

AU PROGRÈS

Maison MOTTE

TAILLEUR CIVIL ET MILITAIRE

12, rue du Grand-Faubourg, 12

A L'ENTRÉE DE LA PLACE DES ÉPARS

CHARTRES

Spécialité de Dolmans pour Officiers, de Tuniques et Livrées pour Pensions et Maisons particulières. — Grand choix de Draperie Française et Anglaise. — Complet confection depuis 20 fr. — Complet sur mesure depuis 55 fr.

Il sera délivré à tout acheteur de costume complet UN SUPERBE PLASTRON.

Remise de 5 % à tout membre du Syndicat agricole, et sur la présentation de sa carte de syndiqué.

RATS souris, loirs, mulots, etc... Contre mandat ou 10 timbres-poste de 0 fr. 15, j'adresse franco le moyen infaillible et très pratique de les détruire tous en quelques heures.

LECLERC, à Beaulieu, par Châtellerault (Vienne). — *Envoi gratis et franco du prospectus destruction des taupes.*

VINS DE BORDEAUX

Rouge (1888) à 125 francs et Blanc (1887) à 200 francs les 225 litres logés sur wagon départ.

S'adresser à M. G. BORD, secrétaire général du syndicat agricole à Cadillac-sur-Garonne (Gironde).

VACHERIE A CÉDER

Aux portes de Paris, après fortune,
20 bonnes vaches, 2 chevaux 3 voitures et tout le matériel.
Vente journalière, 300 litres de lait à 40 et 50 centimes le litre.
Bénéfice net par an, 10,000 fr. prouvés. — Grande habitation.
On traitera avec 10.000 fr., ou sans argent avec garanties sérieuses.
Écrire à *M. Dagory* 149, rue Lafayette, Paris. Renseignements gratuits.

BULLETIN AGRICOLE DE L'OUEST

La destruction du hanneton et du ver blanc.

La découverte du parasite du ver blanc et du hanneton faite par M. Le Moult, l'année dernière, occupe à juste titre un très grand nombre d'agriculteurs et de savants. Les premiers ont le plus grand intérêt à profiter le plus tôt possible du moyen qui parait appelé à leur permettre de se débarrasser du terrible insecte, dont les ravages paraissent s'accentuer d'autant plus qu'il semble plus près de sa fin. Les seconds cherchent les voies les plus sûres et les plus rapides d'arriver au résultat désiré par tous.

Les quelques recherches, exclusivement pratiques, auxquelles nous nous sommes livrés et les courtes observations que nous avons publiées à leur suite, nous ont valu un si grand nombre de demandes de renseignements qu'il nous parait utie de revenir sur la question et de compléter l'exposé de nos observations.

Dans la savante étude qu'il a publiée dans le « *Journal d'Agriculture pratique,* » M. G. Delacroix, se demande (n° 32 du 6 août), si la cessation des ravages que j'ai constatée dans l'arrondissement de Mayenne, n'est pas due plutôt à la transformation du ver blanc en chrysalide, qu'à sa destruction par le parasite (Botrytis tenella).

Cette question ayant pu faire naitre le doute dans les esprits, nous ferons remarquer qu'à l'exception de quelques communes de la lisière de l'Orne, le département de la Mayenne n'a eu sa grande année de hannetons qu'en 1890, un an plus tard que la plupart des pays infestés, par conséquent, et que, par suite nos vers blancs, qui continuent encore leurs ravages partout où la maladie ne sévit pas, ne se transformeront en chrysalides que l'année prochaine, pour sortir insectes parfaits, (Hannetons) en 1893

La contamination des vers sains à l'aide d'insectes contaminés ne parait plus faire de doute pour les observateurs qui ont étudié la question, même pour M. Le Moult, qui, avec les autres, trouve seulement que les frais de propagation, à l'aide de cette méthode, sont trop élevés, parce que pour être assuré du résultat il faut envoyer, avec le ver recouvert du champignon, une petite portion de la terre qui l'entoure.

Payer quatre ou cinq francs une boîte contenant des vers blancs morts et quelques centaines de grammes de terre peut paraître exagéré, en effet ; mais il faut remarquer, néanmoins, que pendant les mois de juin et de juillet, presque tous les champs étant occupés par des récoltes, la recherche des insectes nécessaires pour des centaines d'expéditions n'est pas une petite affaire, car on ne les récolte pas comme des pommes de terre à la suite d'une charrue. Nous ne savons si nous faisons erreur, mais il nous semble que, même à ce prix, le cultivateur qui aura réussi à se débarrasser, dès cette année, du fléau qui le ruine, se trouvera encore plus avancé que celui qui, sous prétexte d'attendre qu'on ait découvert un procédé plus scientifique et soi-disant plus économique, verra encore disparaître une ou deux récoltes.

Nous avons dit, et nous répétons qu'il ne s'agit pas d'essayer de contaminer, avec les vers ainsi transportés, tous les vers contenus dans les champs, mais bien d'y établir simplement quelques foyers d'infection. La nature, le vent et la pluie, les labours et hersages aidant, se chargera ensuite de terminer l'opération. Aider la nature et non pas la suppléer.

Nous avons vu, en récoltant des vers contaminés en plein champ, s'échapper, au premier attouchement, de véritables nuages de spores qui, entraînées par le vent allaient porter la maladie sur une infinité de points en tombant à la surface du sol, d'où les eaux de pluie les entraînent dans le sol et ont des chances de les mettre en contact avec les vers sains. C'est en déterminant la formation de quelques-uns de ces nuages, par l'établissement de quelques foyers, qu'il nous semble que les cultivateurs atteindront plus sûrement le but.

Il est possible qu'en semant à la surface du sol une grande quantité de spores du Botrytis tenella, obtenues des cultures artificielles, on arrive au même résultat, avec plus de rapidité même. Nous le souhaitons vivement, mais jusque là rien ne le prouve et MM. Prilleux et Delacroix engagent les intéressés à se servir, de préférence, de ces spores pour contaminer soit des vers blancs soit des hannetons, maintenus en captivité, pour les répartir dans les champs ensuite, lorsqu'on s'est assuré qu'ils sont bien atteint de la maladie.

Il nous semble que l'achat de ces spores (on ne les trouve pas non plus pour rien dans le commerce) joint aux manipulations indiquées pour leur emploi, n'entraînerait pas une grande économie sur le procédé que nous avons indiqué, et nous sommes absolument certains qu'on arrivera plus lentement au résultat cherché, si on y arrive toujours, et, en ceci surtout, le temps c'est de l'argent.

On s'est étonné que dans notre note « *Encore les vers blancs* » nous n'ayons donné l'adresse que d'une seule personne se chargeant de l'expédition des vers contaminés Nous avouons, sans fausse honte, qu'en publiant cette note, nous n'avions pas prévu le nombre de demandes qui sont parvenues à M. Guerre, ni par suite les retards qui se sont produits. On comprend d'un autre côté que, pour un tel travail, nous ne pouvions pas adresser les intéressés au premier venu, tout le monde n'ayant pas le loisir de s'en occuper ni les aptitudes nécessaires, bien que, contrairement à ce qu'on a écrit, M. Guerre n'ait jamais été chargé de donner la moindre indication sur l'emploi des vers qu'on lui demande. Nous pouvons aujourd'hui, ajouter à l'adresse de M. Guerre, à Pré-en-Pail, celle de *M. Venot*, expert à Boulay, par la Poôté (Mayenne), qui veut bien se charger également d'expédier des vers contaminés aux personnes qui voudront lui en demander.

En résumé, nous pensons toujours que le moyen le plus prompt que l'on connaisse encore pour contaminer les vers blancs sains, consiste à placer en contact immédiat avec eux des vers détruits par le Botrytis tenella et entourés de champignons ou de terre prise dans les environs immédiats de ces vers, envahie par le mycellium du champignon et contenant ses spores.

Nous ne saurions, malheureusement indiquer, comme beaucoup nous le demandent, comment il faut procéder pour sauver les récoltes pendantes, pommes de terre, betteraves, choux, etc., mais nous avons de plus en plus la conviction qu'en multipliant les foyers de la maladie, ce qu'il est facile de faire aujourd'hui, les cultivateurs se débarrasseront des vers blancs dans un laps de temps très court.

H. LÉIZOUR.

Blés pour semence

Par suite des conditions atmosphériques qui se sont présentées dans les régions du centre, du nord et de l'ouest de la France pendant l'époque de la moisson et des atteintes des blés par la rouille, la question relative au choix des semences pour les prochaines emblavures présente une grande importance.

En effet, les grains provenant des champs rouillés, sont mal nourris et doivent par conséquent être rejetés. D'autre part, les alternatives d'humidité et de chaleur pendant la moisson ont dû provoquer un peu partout un commencement de germination, qui pourra, après le nettoyage du grain, ne pas être bien apparente, mais dont les effets ne s'en feront pas moins sentir sur la qualité si ce grain est employé comme semence.

En outre à la suite des grands froids de l'hiver dernier beaucoup de grains ont été gelés. Des réensemencements ont été faits au printemps avec des blés d'automne, ce qui est de nature à amener une dégenérescence de l'espèce. Il faudra encore se mettre en garde contre ces blés qui seront cependant vendus comme blés d'hiver.

Les bons blés atteindront évidemment un prix élevé et comme ils seront rares, il en sera beaucoup livré de douteux comme bons, sans qu'il soit toujours possible, à simple vue, d'en faire la différence.

Pour ces raisons il est urgent que les cultivateurs se préoccupent sans retard de cette question. — Nous les engageons autant qu'il sera possible, à choisir les semences dans leur propre récolte, en mettant à part les grains provenant des champs qui paraitront avoir le moins souffert de la rouille et des intempéries, et qui auront atteint sur pied la complète maturité.

Si l'achat des semences s'impose, il sera prudent de demander d'avance des échantillons et de procéder à des essais de germination.

G. PEYRAS.

Les Syndicats et les engrais chimiques.

Différents journaux de la Mayenne ont reproduit, sous cette rubrique, une réclame à laquelle nous nous serions gardé de répondre, si elle ne nous avait mis personnellement en cause.

Que la Société générale des phosphates de l'Oise et son représentant dans la Mayenne, M. Albert Foucher, à Évron, fassent de la réclame et essaient de faire des affaires honnêtement, nous n'y verrions aucun inconvénient. Mais que pour arriver à ce résultat ils essaient de discréditer le Syndicat en parlant de ce qu'ils ne connaissent pas et en alléguant des faits erronés, cela nous semble exagéré. Non que le bureau du Syndicat ni le professeur d'agriculture aient aucune prétention à l'infaillibilité, mais simplement dans l'intérêt de la vérité et aussi dans l'intérêt des cultivateurs.

Si le bureau du Syndicat a failli quelquefois, ce n'est pas à coup sûr, dans l'affaire des phosphates de l'Oise. Qu'on en juge :

Le fournisseur avec lequel il a traité garantit une mouture laissant passer *80 et non 65 0/0* au tamis 100, et l'échantillon type qu'il a envoyé, avant l'adjudication, a donné un résultat sensiblement supérieur à la garantie.

La Société des phosphates, représentée dans la Mayenne par M. Foucher, nous garantissait bien aussi une mouture très fine, mais l'échantillon qu'elle nous a adressé pour l'adjudication n'est passé au tamis 100 que dans la proportion de 81,30 0/0. Le bureau du Syndicat a donc refusé de payer 0 fr. 30 de plus un phosphate valant moins que celui pour lequel il a traité. Nous croyons franchement que la Société des phosphates de l'Oise et son représentant dans la Mayenne, M. Albert Foucher, à Évron, auraient pu se dispenser de nous obliger à dire comment le bureau du Syndicat a opéré dans cette circonstance, et nous le regretterions si, en même temps, ils ne nous avaient donné l'occasion de montrer, une fois de plus, aux cultivateurs, le fonds qu'ils peuvent faire sur l'honnêteté du commerce des engrais.

H. LÉIZOUR.

De l'alimentation des animaux

Le but de l'alimentation rationnelle des animaux d'une ferme est de leur faire produire le maximum des produits qu'on leur demande (viande, graisse, lait, travail) le plus économiquement possible.

Pour arriver à ce résultat, il est indispensable que la

quantité et la qualité des fourrages produits dans la ferme ne laissent rien à désirer, afin de pouvoir donner aux animaux une nourriture à la fois abondante et nutritrive.

Mais, en admettant que les fourrages soient de bonne qualité, ce qui n'existe pas toujours, la quantité fait souvent défaut, et le cultivateur, tout en utilisant le mieux possible les différents fourrages qu'il récolte, est forcé de se procurer ailleurs des denrées fourragères pour combler le déficit. Principalement pour l'engraissement des animaux, il est obligé de rechercher dans le commerce les matières dont il a besoin. Il peut se les procurer sous différentes formes : tourteaux, sons, farines, etc.

C'est dans le choix de ces matières que le cultivateur doit apporter la plus grande attention, afin de se procurer la plus grande somme de denrées au plus bas prix possible, et cela sans perdre de vue leur qualité nutritive.

Beaucoup de cultivateurs, encore aujourd'hui, sont victimes du commerce malhonnête, qui leur livre des denrées fourragères à un prix tellement élevé par rapport à leur valeur réelle, qu'il est difficile de s'en faire une idée exacte. C'est ainsi que certaines de ces denrées vendues dans les campagnes et en particulier dans l'arrondissement de Château-Gontier sous le nom de « provendes » sont livrées aux cultivateurs souvent dix fois et même plus qu'elles ne valent.

Une de ces provendes, analysée au laboratoire agronomique de la Mayenne, a donné les résultats suivants :

Eau. . . . . 9.70 pour cent.
Matière sèche 90.30
Matières protéiques. 10.87
Matières grasses. 3.80
Matières extractives non azotées. 44.13

Cette denrée fourragère, qui n'est autre chose qu'un mélange de farines, dont l'orge forme la presque totalité, est vendue à raison de 300 fr. les 100 kilogr.

Si on compare sa composition à celles de l'orge et du son de froment, on pourra juger si elle leur est supérieure.

Composition de l'orge

Eau. . . . . 14.30 pour cent.
Matière sèche totale 85.70
Matières protéiques. 10.00
Matières grasses. 2.30
Matières extractives non azotées. 64.10

Composition du son de froment

Eau. . . . . 13.40 pour cent.
Matière sèche totale. 86.60
Matières protéiques. 14.00
Matières grasses 3.80
Matières extractives non azotées. 45.00

Pour rendre plus facile et plus claire la comparaison de la composition de ces denrées fourragères, on peut ne tenir compte que des matières principales, c'est-à-dire celles qui sont indispensables à l'animal pour qu'il puisse donner un produit quelconque. Nous ne comparerons donc que les matières protéiques (encore appelées matières azotées) et les matières grasses qui entrent pour la plus grande part dans la formation des tissus des animaux.

Il est évident que les autres matières sont également indispensables pour cette formation, mais néanmoins elles sont moins importantes ; et nous pouvons les mettre de côté pour le moment, pour faciliter la comparaison de la composition des denrées en question.

Les analyses précédentes se réduisent donc à la seule analyse suivante :

	Matières protéiques	Matières grasses
Provende	10.87 0/0	3.80 0/0
Orge	10	2.30
Son de froment	14	3.80

Ces résultats permettent de conclure que la provende est un peu plus riche que l'orge avec une différence très peu sensible néanmoins, mais que, d'un autre côté, elle l'est moins que le son de froment et, à plus forte raison, que les tourteaux.

Le son de froment contient en effet 3.13 pour cent de plus de matières protéiques.

Il en résulte donc que 100 kilogr. de son de froment employés pour servir de nourriture aux animaux, produiraient plus d'effet que 100 kilogr. de la provende en question destinée au même usage, puisque le son est plus riche qu'elle. Or, quels sont les cultivateurs qui consentiraient à payer du son à raison de 300 fr. les 100 kilogr.?

Il est bien certain que la plupart du temps le cultivateur ne connait pas ces farines appelées provendes, et considérant les bons effets que doivent produire ces matières d'après le dire des vendeurs ; il n'hésite pas à en acheter et souvent même il en achète une quantité assez considérable.

Je laisse aux cultivateurs de la région le soin de comparer le prix de 100 kilogr. de son de froment au prix de 100 kilogr. de la provende analysée au laboratoire de la Mayenne.

Il serait inutile d'insister plus longtemps sur ces exploits ; ces quelques renseignements suffiront, je l'espère, pour mettre les cultivateurs en garde contre de telles manœuvres frauduleuses.

Il est cependant bien simple de ne pas tomber dans de pareilles erreurs.

En général, on doit éviter d'acheter des denrées fourragères dans la composition desquelles il entre un mélange confus de différentes matières. Le vendeur, en effet, profite de cette combinaison pour cacher plus facilement la fraude. Il est en outre nécessaire de ne s'adresser qu'à des maisons connues dont la réputation est faite, et d'exiger toujours une désignation claire et précise sur la garantie.

Les syndicats agricoles rendent à ce sujet de réels services.

Le Professeur d'agriculture d'arrondissement,

C. MÉRY.

Les scories de déphosphoration et la maladie des pommes de terre.

M. de Vaux nous adresse du château de Lignières (Eure-et-Loire) la communication suivante :

Monsieur le Directeur,

Permettez-moi d'attirer l'attention de ceux de vos lecteurs qui cultivent la pomme de terre sur le point suivant :

J'ai planté ce printemps environ 3 hectares de pommes de terre avec les variétés suivantes : Quarantaines de la Halle, Joseph Rigault et Richters Impérator.

Le terrain fumé abondamment, avait reçu en plus du fumier 1.000 kilogr. de scories de déphosphoration à l'hectare, mes terres étant très pauvres en acide phosphorique et en calcaire.

Je n'ai pas fait usage de bouillie bordelaise ni rien autre : or il n'y a pas un pied atteint de la maladie, alors que les pommes de terre plantées dans mon potager, à peu de distance, ont été presque totalement détruites par le peronospora ; il est vrai que je n'avais pas mis de scories.

Il y a là, ce me semble, un fait digne d'attirer l'attention et je le porte à votre connaissance afin que les personnes qui ont pu déjà employer les scories examinent si pareil effet s'est produit chez elles.

Si les scories empêchaient la terrible maladie de se produire ou de se propager, nous aurions un moyen des plus économiques pour la combattre, puisque le remède est en même temps un engrais très puissant pour la plupart des terres.

Recevez, etc.

G. DE VAUX.

Château des Lignières (Eure-et-Loir).

Il n'y a, croyons-nous, dans le fait qui nous est signalé par M. de Vaux, qu'une simple coïncidence. Nous soumettons néanmoins à nos lecteurs l'observation de notre honorable correspondant.

(Extrait du *Journal d'Agriculture pratique*)

SYNDICAT DE CHARTRES

L'Assemblée générale du Syndicat agricole de l'arrondissement de Chartres a eu lieu le 4 juillet 1891, sous la présidence de M. Vinet, sérateur, président ; assisté de MM. Egasse, vice-président, Garola, professeur départemental secrétaire et Mercier, agent comptable.

Après la lecture du procès-verbal de la dernière réunion qui est adopté, M. Vinet prononce un remarquable discours sur la marche du syndicat. Le format restreint de notre Bulletin nous oblige, avec regret, de ne pouvoir en porter que quelques passages à la connaissance des membres qui n'avaient pu assister à cette réunion.

M. Vinet s'exprime en ces termes :

Messieurs,

Les fondateurs du Syndicat agricole de Chartres sont heureux d'exposer encore une fois devant vous les résultats les plus prospères de l'œuvre qu'ils ont entreprise il y a cinq ans.

Nous avons plus que jamais la foi la plus grande dans le développement de notre belle et utile Association. Si je la qualifie ainsi, c'est parce qu'elle grandit tous les jours, rendant des services au plus humble cultivateur ; c'est surtout parce que nous avons la certitude que les populations agricoles, s'appliquant de plus en plus à connaître les méthodes scientifiques, formeront bientôt la légion éclairée des défenseurs de la grande industrie nationale.

Au risque, par ce temps de grève, de passer avec mes collègues du Bureau pour des révolutionnaires, je ne puis m'empêcher de vous dire que nous sommes des hommes unis, marchant toujours d'un pas sûr en avant, bien décidés à ne jamais écouter les esprits étroits et rétrogrades qui sont toujours prêts à critiquer ce que nous faisons dans l'intérêt des classes laborieuses.

. . . .

Nous serions des renégats si nous oublions que sans la loi de 1884 nous n'existerions pas ; elle est pour l'agriculteur une loi féconde, celle qui sert le mieux le progrès agricole, la plus favorable à l'union des populations rurales.

N'oublions pas non plus que sans cette loi nous ne pourrions voir aujourd'hui les représentants de la petite, de la moyenne et de la grande culture se donner la main, traités sur le même pied d'égalité, profiter des mêmes avantages. En un mot, nous ne pourrions affirmer que nous faisons notre devoir pour augmenter la production nationale.

Ne nous effrayons pas de ceux qui parlent aujourd'hui de l'excentricité des syndicats ; de leurs prétentions pour ainsi dire tyranniques, nous accusant de revenir aux corporations du XIIe et du XIIIe siècle. Nous sommes convaincu que les Syndicats agricoles ne tomberont jamais dans ces excès.

Qu'on ouvre de grandes enquêtes sur le but de nos associations, et nous prouverons pièces en mains que nous sommes les défenseurs de la liberté de tous, de l'égalité. Nous ne serons jamais des citadelles d'oppression, mais des citoyens d'une nation, ne voulant plus être exploités par les capitalistes.

En somme, n'avons-nous pas assez souffert en voyant les nôtres vilipendés dans l'achat des matières premières nécessaires à la fertilité du sol ?

Et lorsque nous faisons tous nos efforts pour nous débarrasser de ces intermédiaires cosmopolites qui n'ont de français que le nom, transportant leurs pénates dès que leurs intérêts sont ailleurs, dont l'argent est tout, n'avons-nous pas le droit de dire que ces hommes ne ressemblent en rien à ceux que nous protégeons.

La concurrence étrangère a porté une si terrible atteinte à nos cultures qu'il nous importe de nous défendre par tous les moyens légaux ; nous ne nous en départirons jamais.

. . . .

Messieurs, nous étions l'an dernier, si je ne me trompe, 1,300 membres faisant partie du Syndicat, nous sommes aujourd'hui près de 1,600 adhérents. Ce chiffre augmentera encore, nous l'espérons, bien que fonctionnent à côté de nous des sociétés qui servent avec succès les mêmes intérêts.

. . . .

Le bulletin agricole de l'Ouest, auquel collabore avec tant de zèle notre distingué professeur d'agriculture, est très utile à nos sociétaires. Il continuera à être distribué très exactement.

. . . .

L'instruction agricole qui nous est si chère se développe de plus en plus dans les écoles primaires. Nous allons avoir le plaisir de décerner prochainement, au nom du Syndicat, quatre prix aux instituteurs qui ont bien voulu répondre à notre appel. Votre bureau a examiné dernièrement plusieurs mémoires fort intéressants qui nous ont été présentés à l'occasion du concours ouvert par notre Syndicat entre les instituteurs de notre arrondissement.

. . . .

Après ce discours, salué d'applaudissements, M. Garola a la parole. Il retrace la progression toujours croissante du Syndicat, depuis sa fondation. Le chiffre des achats de l'année agricole de 1890-91, s'élève, dit-il, à 475,195 f. 56 cent. soit en excédent de 20 % sur le montant de l'année précédente.

M. Garola annonce en terminant que d'après une décision du bureau, le Syndicat commencera cette année les études nécessaires pour l'établissement de la carte agronomique du territoire syndical.

Le résultat de ce travail sera affiché dans chaque mairie et dans chaque école ; personne n'ignorera plus alors la nature des terres qu'il cultive, ni les engrais qui leur conviennent.

M. Mercier, agent comptable, reçoit de M. Garola des remerciements au nom de toute l'Association pour le zèle éclairé qu'il ne cesse d'apporter dans son travail. Ces dernières paroles sont accueillies par des applaudissements unanimes.

Syndicat agricole de l'arrondissement de Chartres.

La distribution des récompenses créées par le syndicat agricole de Chartres en faveur des instituteurs qui se sont distingués dans l'enseignement de l'agriculture et conformément au règlement inséré au *Bulletin agricole de l'Ouest*, n° de mai 1891, a eu lieu le 17 Août, à l'issue de la réunion générale de la société de secours mutuels des instituteurs du département d'Eure-et-Loir.

Ont obtenu :

1er Prix : Un objet d'art, M. Courtois, instituteur à Villars.

2me Prix : Une grande médaille de bronze et *Les Engrais* par Girard et Muntz, M. Dolléans, instituteur à Terminiers.

3e Prix, ex-œquo : Une grande médaille de bronze : MM. Buisson, instituteur à Sours et Chantegrain, instituteur à Maintenon.

En 1892, le même concours aura lieu pour la seconde zone, comprenant les cantons de Courville, Châteauneuf, Illiers, Brou, La Loupe, Senonches, Thirons, Nogent-le-Rotrou et Authon.

École pratique d'agriculture des Troix-Croix.

Résultat du Concours d'admission du 24 août 1891.

14 candidats se sont présentés devant le Comité d'examen de l'École d'agriculture siégeant à la Préfecture et composé de :

MM. de Montgermont et Divel, conseillers généraux ; Champion, propriétaire-agriculteur ; Lechartier, professeur à la Faculté.

Le classement s'en est opéré dans l'ordre suivant :

Geffroy, Faves, Sorais, Goardon, Roussel, Belloir, Le Bihan, Chevrel, Gaillard A., Gaillard L., Daniel, Lefeuvre, Guillouët, Marbœuf.

2 de ces candidats ont été proposés pour les bourses créées par le Conseil général des Côtes-du-Nord, 3 autres pour les bourses créées par l'État et les 5 bourses restantes divisées en 1/2 bourses ont été attribuées à 6 candidats.

Quelques places restent encore disponibles et pourront être attribuées aux candidats suffisamment instruits qui se présenteront d'ici la rentrée.

Syndicat agricole de Chartres

Messieurs les Membres du Syndicat agricole de Chartres qui désirent des blés de semences sont priés d'adresser leur commande à l'Agent comptable, 4, place Saint-Michel, à Chartres, d'ici le premier octobre au plus tard.

Toute demande tardive pourra ne pas recevoir satisfaction.

Association pomologique de l'Ouest.

Nous rappelons aux agriculteurs que le congrès de l'Association pomologique de l'Ouest se tiendra à Avranches du 20 au 24 octobre prochain.

Les intéressés peuvent adresser les demandes de programmes ou de renseignements et les déclarations à faire à la mairie d'Avranches.

L'Agenda du « Progrès agricole »

Publication appelée à rendre service aux agriculteurs, elle comprend : Calendrier pour 1892 ; Mémorandum avec les travaux à exécuter mois par mois. — Notes de comptabilité. — Renseignements agricoles sur la culture des principales plantes, les engrais, l'alimentation du bétail, etc.

Écrit par des auteurs compétents cet agenda est vendu 2 fr. 25 franco ; s'adresser 1, rue Lemaitre, à Amiens.

Avis.

Le bureau du Syndicat des Agriculteurs de la Mayenne ne s'était pas encore occupé de la fourniture des semences de vesces d'automne. La culture locale produisant en abondance ces semences il ne lui en était pas demandé.

Mais cette année la graine de vesce est rare et quelques demandes lui sont déjà parvenues. Des démarches ont en conséquence été faites en vue d'obtenir cette fourniture qui a été accordée au prix de 34 francs les 100 k. sur wagon, gare de Carignan (Ardennes), toiles à facturer.

Nous engageons les cultivateurs qui croiraient devoir nous transmettre des demandes de nous les adresser sans retard ; car les expéditions se faisant directement par le fournisseur aux gares désignées par les acheteurs, il faut compter un intervalle de 12 à 14 jours, de la date des commandes à la réception de la marchandise.

DÉPOT DU SYNDICAT DE CHARTRES

Marchandises actuellement en dépôt :

Superphosphate minéral soluble à l'eau et au citrate ;
Scories de déphosphoration ;
Phospho guano ordinaire ;

Phospho guano surazoté ;
Tourteaux de Lin pour engraissement ;
      —   de Sésame blanc du Levant pour engraissement ;
      —   de Coprah, Ceylan, pour vaches laitières ;
Huile d'olive surfine, à 1 fr. 90 le kilog.
Huile de Sésame fine à 1 fr. 11 le kilog.
Savon bleu de Marseille à 0 fr. 50 le kilog.
Savon blanc « le Génie », à 0 fr. 55 le kilog.
Savon blanc « le Trèfle », à 0 fr. 66 le kilog.

Les huiles sont fournies en bonbonnes de verre, cachetées et plombées par les expéditeurs, et par quantités de 25 kil. environ.

Elles sont garanties absolument pures.

Les savons sont livrés en caisses d'environ 25 kil. également.

Enfin, le dépôt contient également de l'huile minérale russe (Ragosine), excellente pour le graissage des machines agricoles, au prix de 0 fr. 60 le kilog ; et de l'huile à brûler, double épuration, à 0 fr. 80 le kilog.

Ces deux huiles sont livrées en bonbonnes d'environ 25 kilogr.

Toutes les substances ci-dessus sont fournies immédiatement contre paiement comptant, en s'adressant chez M. Mercier, comptable du Syndicat, 4, place Saint-Michel, tous les jours de la semaine (le samedi avant midi).

Elles peuvent également être expédiées par chemin de fer, transport à la charge de l'acheteur.

Le Syndicat peut encore faire fournir à ses adhérents, et à des conditions très avantageuses :

1º Des ardoises provenant des mines d'Angers ;

2º De la chaux pour constructions, première qualité ;

3º Enfin toutes machines agricoles provenant des meilleures fabriques.

Pour tous renseignements, s'adresser à l'Agent comptable.

Avis

Les membres du Syndicat des Agriculteurs de la Mayenne, sont informés que M. FERRÉ-CHAUVET, marchand de matériaux, entrepositaire du Syndicat à Château-Gontier, représente depuis le 1ᵉʳ avril 1891, la maison Louis Bouhé et Sankey de Saint-Nazaire, importateur direct des charbons anglais pour le port de Saint-Nazaire.

En conséquence, MM. les Syndiqués qui peuvent avoir besoin de charbons de terre Cardiff. Gaillettes, charbon de forges, flambant d'Ecosse et briquettes de Cardiff, etc., etc., pourront se les procurer aux meilleures conditions possibles, comme bon marché et qualité supérieure.

Adresser les commandes à M. Ferré Chauvet, entrepositaire du Syndicat à Château-Gontier.

Envoi des prix courant et conditions de vente sur demande.

Les fabricants de fromages et de beurres sont informés que, à l'exposition universelle de 1889, la plus haute récompense (médaille d'or., a été décernée aux **PRESURES et COLORANTS** de **J. Fabre**, ✳ M. A., Aubervilliers (Seine). Récompenses dans 51 concours agricoles.

Le Gérant, E. MOREAU.

Laval, Imp. L. Moreau.

4ᵉ Année.   Octobre 1891.   Nᵒ 37

Ce Bulletin paraît le 15 de chaque mois.

BULLETIN AGRICOLE
DE L'OUEST

Organe de l'Union des Syndicats Agricoles
des départements du Finistère, des Côtes-du-Nord,
du Morbihan, de la Loire-Inférieure, d'Ille-et-Vilaine, de la
Manche, de la Mayenne, de Maine-et-Loire, de la Sarthe,
de l'Orne, du Calvados, de l'Eure, d'Eure-et-Loir
et de la Seine-Inférieure.

Publié sous la direction de :

H. LÉIZOUR, (✳ M. A.) (ọ A.)
Professeur départemental d'Agriculture de la Mayenne, Directeur du Laboratoire
agronomique, Président du Syndicat des Agriculteurs de la Mayenne,

GAROLA, (✳ M. A.) (ọ A.)
Professeur départemental d'Agriculture d'Eure-et-Loir,
Directeur de la Station agronomique de Chartres.

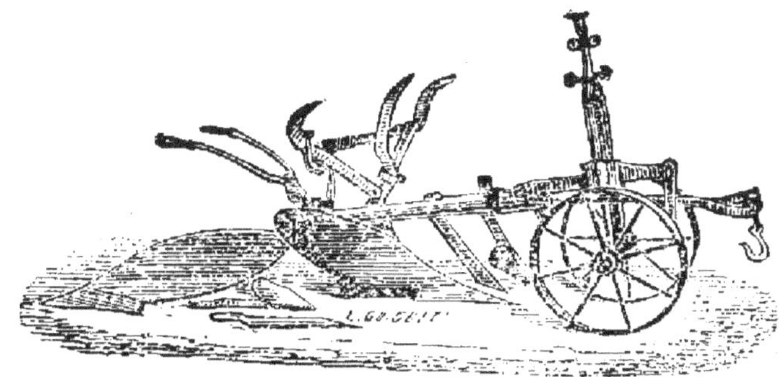

ABONNEMENTS

Les membres des syndicats adhérents sont abonnés gratuitement par leurs
bureaux. — Pour les étrangers aux syndicats : **6 fr.** par an.

ANNONCES

De 1 à 4 annonces. » **50ᵉ** la ligne. De 8 à 12 annonces » **30ᵉ** la ligne
De 4 à 8 — » **40ᵉ** — Au-delà de 12. . » **20ᵉ** —

Le bulletin publiera gratuitement les offres et demandes
des Syndicats abonnés.

*AVIS. — Tout ce qui concerne la rédaction, les Annonces et les Abon-
nements, doit être adressé à M. LÉIZOUR, rue de la Filature, 1, à Laval.*

Syndicat agricole de Chartres

Messieurs les Membres du Syndicat agricole de Chartres qui désirent des blés de semences sont priés d'adresser leur commande à l'Agent comptable, 4, place Saint-Michel, à Chartres, d'ici le premier octobre au plus tard.

Toute demande tardive pourra ne pas recevoir satisfaction.

AU PROGRÈS

Maison MOTTE

TAILLEUR CIVIL ET MILITAIRE

12, rue du Grand-Faubourg, 12

A L'ENTRÉE DE LA PLACE DES ÉPARS

CHARTRES

Spécialité de Dolmans pour Officiers de Tvaiiques et Livrées pour Pensions et Maisons particulières. — Grand choix de Draperie Française et Anglaise. — Complet confection depuis 20 fr. — Complet sur mesure depuis 55 fr.

Il sera délivré à tout acheteur de costume complet UN SUPERBE PLASTRON.

Remise de 5 % à tout membre du Syndicat agricole, et sur la présentation de sa carte de syndiqué.

RATS souris, loirs, mulots, etc... Contre mandat ou 10 timbres-poste de 0 fr. 15, j'adresse franco le moyen infaillible et très pratique de les détruire tous en quelques heures.

LECLERC, à Beaulieu, par Châtellerault (Vienne). — *Envoi gratis et franco du prospectus destruction des taupes.*

VINS DE BORDEAUX

Rouge (1888) à 125 francs et Blanc (1887) à 200 francs les 225 litres logés sur wagon départ.

S'adresser à M. G. BORD, secrétaire général du syndicat agricole à Cadillac-sur-Garonne (Gironde).

VACHERIE A CÉDER

Aux portes de Paris, après fortune,
20 bonnes vaches, 2 chevaux 3 voitures et tout le matériel.
Vente journalière, 300 litres de lait à 40 et 50 centimes le litre.
Bénéfice net par an, 10,000 fr. prouvés. — Grande habitation.
On traitera avec 10.000 fr., ou sans argent avec garanties sérieuses.
Ecrire à *M. Dagory* 149, rue Lafayette, Paris. Renseignements gratuits.

BULLETIN AGRICOLE DE L'OUEST

Alimentation des animaux.

La publication de l'article de M. Méry, dans le dernier numéro du *Bulletin agricole de l'Ouest*, a produit une certaine effervescence parmi les commerçants qui vendent aux cultivateurs des aliments soi-disant concentrés.

Un certain nombre de ces aliments ont été analysés depuis, sur la demande de leurs vendeurs, et les résultats donnés par ces analyses ne font que corroborer les appréciations de M. Méry.

L'année 1891, par suite de circonstances que tout le monde connait, n'a produit qu'une quantité relativement faible de fourrages secs, et encore la qualité de ces fourrages laisse-t-elle à désirer dans un grand nombre d'exploitations. Aussi le devoir des éleveurs soucieux de leurs intérêts est tout indiqué, s'ils veulent entretenir leurs troupeaux dans un état satisfaisant. Pour suppléer au manque de fourrages naturels, ils devront, pendant la mauvaise saison, compléter les rations par l'addition d'une légère quantité d'aliments concentrés, farineux ou tourteaux.

Le produit de l'orge ayant été généralement très bon, il est à prévoir que son prix de vente ne sera pas élevé et son emploi dans l'alimentation des animaux est dès lors tout indiqué.

Si le prix de l'orge s'élève, le cultivateur aura grand avantage à la vendre et à la remplacer dans la ration de ses animaux par une petite quantité de tourteaux de lin, de sésame, d'arachide ou de coton, dont le prix, proportionnellement à la valeur alimentaire, n'est presque jamais égal à celui de l'orge.

Mais ce qu'il importe surtout d'éviter, c'est, d'une part, la ration insuffisante qui laisserait dépérir les animaux et, d'autre part, de payer le complément de la ration un prix exagéré, en s'adressant à des produits réputés merveilleux par leurs vendeurs et dont l'usage produirait certainement un excellent effet sur leur fortune, mais en ruinant non moins certainement les cultivateurs.

Il n'est peut-être pas inutile de rappeler, à ce propos, que les laboratoires agricoles, qui ont rendu tant de services à la culture en moralisant le commerce des engrais, sont à la disposition de tous les cultivateurs pour les mettre à l'abri de la fraude dans l'achat de toutes les denrées dont ils ont besoin, en leur donnant, en même temps que la composition de ces denrées, leur valeur relative. Il va sans dire que, pour arriver à un résultat sérieux, il ne faut pas commencer par acheter et faire contrôler ensuite. Dans ce cas on risquerait de ne tirer de l'analyse que la preuve qu'on a été trompé. Il faut, au contraire, demander l'analyse d'abord et, si le résultat qu'elle donne est satisfaisant, procéder à l'achat ensuite. Presque toujours il sera utile de demander une analyse de contrôle au moment de la livraison, pour s'assurer que la marchandise livrée est bien conforme à celle dont on avait prélevé le premier échantillon.

Le cultivateur ne saurait trop se méfier du commerçant, non pas parce que ce dernier est toujours malhonnête, mais parce que, en matières agricoles, il opère presque toujours sur des choses qu'il ne connait pas. Il nous arrive journellement de voir des commerçants tout attristés en apprenant que les engrais, les provendes, les graines, etc., qu'ils ont achetés pour les revendre aux cultivateurs n'ont que la moitié, le quart ou le dixième de la valeur qu'ils leur supposaient. Mais ils sont commerçants, leur premier besoin est de gagner de l'argent et s'ils ont été trompés en achetant ce qu'ils ne connaissaient pas, ils font leur possible pour tromper le cultivateur et retrouver leur compte. C'est à ce dernier à ne pas se laisser faire.

H. LÉIZOUR.

De la quantité de semence de blé à mettre par hectare.

Plusieurs causes, dont les cultivateurs ne se rendent pas toujours un compte exact, peuvent influer sur la quantité de blé à semer par hectare.

Etant donné des semences de 1ᵉʳ choix, les principales de ces causes sont :

1° Le mode de semis ; 2° la variété ; 3° l'époque de la semaille ; 4° la fertilité du sol ; 5° la propreté du sol.

Lorsque la semaille se fait en lignes, la quantité de graine à employer est moindre que si elle s'effectue à la volée. Par l'emploi du semoir, la graine est placée et recouverte à une profondeur uniforme, qui devra varier suivant la nature du sol ; la germination et la levée se font régulièrement et la graine est à l'abri des atteintes des oiseaux.

Dans le semis à la volée, au contraire, la graine est irrégulièrement enterrée. une partie l'est trop profondément et ne lève pas ; une autre partie ne l'est que peu ou point et se trouve détruite par les oiseaux. Celle placée à une profondeur moyenne est seule à réussir. C'est pour faire la part de ces causes destructives qu'il est indispensable de jeter plus de graine dans les semailles à la volée que dans celles effectuées au semoir.

Les variétés de blé qui ont la propriété de taller beaucoup seront semées plus clair que celles qui tallent peu. En général, les variétés venant du nord tallent plus que celles originaires des pays plus chauds.

Les semailles précoces exigent moins de semence que les semailles tardives parce qu'elles tallent davantage et lèvent mieux. Celles faites en octobre devront en recevoir par conséquent moins que celles faites en novembre. Celles d'automne, en général, moins que celles de printemps.

Toutes conditions égales, d'ailleurs, plus un sol sera fertile moins il faudra semer de graine ; la fertilité favorise le tallage. Le blé semé clair est mieux aéré, il donne des pailles plus rigides et est de ce chef moins exposé à la verse. Les semis drus se défendent mieux des mauvaises herbes que les semis clairs. Les terres susceptibles d'être envahies par les mauvaises herbes devront donc recevoir plus de semence que celles soumises de longue date à une culture intelligente, nettoyante.

En résumé, suivant les conditions culturales, la quantité de blé à semer par hectare pourra varier de 100 à 220 litres.

Dans les terres fertiles, dépourvues de mauvaises herbes, avec le semis au semoir, le minimum, 100 litres, pourra être suffisant.

Dans les terres de médiocre qualité, herbues, avec le système de semer à la volée, le maximum, 220 litres, pourra être atteint.

Pour toutes les conditions intermédiaires, le cultivateur, avec ces données, sera à même d'évaluer approximativement la quantité de blé qui conviendra le mieux par unité de surface.

Nous ne parlons pas des cultures spéciales, faites dans des conditions exceptionnelles, mises principalement en pratique pour l'amélioration et la création de nouvelles variétés, où l'on n'emploie que de 50 à 60 litres à l'hectare, procédés qui ne sont guère applicables dans la culture ordinaire.

G. PEYRAS.

Les engrais.

Nous empruntons à la revue *Le Cidre et le Poiré* quelques passages d'une étude fort intéressante sur les engrais, par M. Andouard, le savant directeur de la station agronomique de la Loire-Inférieure.

Nous espérons que cette étude intéressera particullèrement les lecteurs du *Bulletin agricole de l'Ouest*, car nous sommes dans une région où la question des engrais phosphatés notamment, est appelé à jouer un grand rôle dans l'économie de la production agricole.

ENGRAIS RECHERCHÉS POUR LEUR ACIDE PHOSPHORIQUE

Au même titre que l'azote, le phosphore est nécessaire à la vie des plantes, et c'est à l'état d'acide phosphorique qu'il leur est toujours offert. La restitution des quantités de ce principe enlevées chaque année par les récoltes, s'impose d'une manière d'autant plus impérieuse, qu'à peu d'exceptions près, les terres en sont généralement mal pourvues et qu'aucun phénomène météorologique ne les en approvisionne, ainsi que cela a lieu pour l'azote. Avant de parler des sources nombreuses qui le fournissent à l'agriculture, il est indispensable de rappeler qu'il existe trois phosphates de chaux distincts, représentant les formes les plus habituelles de cet élément fertilisant :

1° PHOSPHATE MONOBASIQUE OU PHOSPHATE ACIDE DE CHAUX, dont le caractère essentiel est d'être soluble dans l'eau (contenu dans les superphosphates) ;

2° PHOSPHATE BIBASIQUE, insoluble dans l'eau, mais

soluble à la faveur d'un produit qu'on nomme le citrate d'ammoniaque (dans le phosphate précipité) ;

3° PHOSPHATE TRIBASIQUE. insoluble dans l'eau et dans le citrate d'ammoniaque, facile à dissoudre dans les acides les plus faibles, même dans la solution d'acide carbonique (dans les phosphates fossiles, les noirs, les guanos, etc.).

Superphosphates. — Ce sont les engrais qui résultent du mélange d'un produit phosphaté avec de l'acide sulfurique. On utilise à leur fabrication les phosphates fossiles et les phosphates d'origine animale. Lorsqu'ils sont préparés avec des os ou avec du guano, ils portent les noms particuliers d'*os dissous*, de *superphosphate d'os* et de *phospho-guano.*

Phosphate précipité. — C'est le plus riche et le moins connu de tous les engrais phosphorés du commerce ; c'est peut-être aussi le meilleur. On l'obtient en dissolvant dans l'acide chlorhydrique dilué les phosphates fossiles pauvres, ou les os qui sortent de l'autoclave du fabricant de gélatine. Dans le liquide on verse un lait de chaux ; il se précipite un mélange de phosphates bibasique et tribasique, où prédomine tantôt l'un, tantôt l'autre, suivant les conditions de l'opération. Le plus estimé est celui qui contient le moins de sel tribasique.

Quand il est pur, il est blanc, d'une ténuité extrême, et il dose 52 0/0 d'acide phosphorique. Celui du commerce n'atteint jamais ce titre ; il est considéré comme très bon s'il donne à l'analyse 40 0/0 du même acide.

Phosphate fossile. — La nature nous offre cet engrais sous plusieurs états. Tantôt il est cristallisé comme l'apatite de l'Estramadure, tantôt il est amorphe, d'autres fois il est dur, compact et comme à demi cristallisé. Le phosphate amorphe est celui qui convient le mieux à l'agriculture , cristallisé, il est difficilement soluble, peut-être même insoluble, et dès lors inutile. Il importe beaucoup, par conséquent, de faire un choix parmi les phosphates naturels ; un rapide coup d'œil jeté sur les plus importants d'entre eux, permettra de les sélectionner en connaissance de cause.

Il y a des phosphates fossiles dans presque toutes les régions du globe et à peu près à tous les étages géologiques. En France, il ne sont exploitables que dans les assises du *lias*, de l'*oolithe* et de la *craie.*

Le terrain *liasique* en est richement doté, dans les départements des Ardennes, de la Meuse, de la Haute-Marne, de la Haute-Saône, de Meurthe-et-Moselle et de la Côte-d'Or. Ils y sont entourés de calcaire, d'argiles ferrugineuses ou de marnes schisteuses. Leur titre varie de 10 à 35 0/0 d'acide phosphorique.

Les préférences des phosphates fossiles pour les différents terrains sont exactement celles du phosphate précipité ; de même, la manière dont ils s'y comportent. Il faut noter seulement, à leur désavantage, que formés exclusivement de phosphate tribasique, ils sont moins attaquables que le phosphate bibasique. Aussi est-il bon de faciliter leur dissolution par tous les moyens possibles. A cet effet, il faut les prendre dans un état de division très grand et, de plus, leur associer des éléments propres à faciliter leur dissolution.

M. Risler a démontré qu'il existe dans le sol une combinaison d'acide phosphorique et de matière organique, grâce à laquelle le phosphore pénètre aisément dans les végétaux. Il est donc utile de favoriser la formation de composés de ce genre. Pour y parvenir économiquement, on mélange les phosphates fossiles avec des plantes vertes, avec de la tourbe ou avec du fumier. Les mélanges avec le fumier peuvent être réalisés. soit en répandant le phosphate à l'écurie, sur la litière, soit en le stratifiant avec le fumier au fur et à mesure qu'on retire celui-ci des étables. Le premier mode est peut-être préférable au second ; cependant les deux peuvent être indifféremment employés. La dose de phosphate à introduire ainsi dans le fumier ou dans les autres matières végétales doit être calculée sur la quantité réclamée par les cultures prévues. Un excès de phosphate ne présente aucun inconvénient, mais il est inutile d'en exagérer la proportion, ce serait immobiliser un capital qu'il vaut mieux rendre productif par une utilisation immédiate.

S'il est utile d'associer au phosphate fossile des substances pouvant le solubiliser, il faut éviter soigneusement d'y incorporer de la chaux, voire même du carbonate de chaux, qui retarderait beaucoup son absorption par les plantes. Ce sont, du reste, ses seuls incompatibles.

Depuis quelques années, on cherche à rendre assimilables les phosphates cristallins ou compactes, on les chauffe à une température élevée. Cette innovation parait heureuse ; la chaleur détruit la cohésion des molécules et facilite leur attaque par les dissolvants ; d'un autre côté, la silice qui les accompagne intervient sans doute aussi, accapare une partie de la chaux et transforme le phosphate tribasique en sel bibasique, plus promptement assimilable. On désigne ce nouveau produit sous le nom de *Termophosphate* ; il est bon et sans doute il fera son chemin.

D'après ce qui vient d'être dit, lorsqu'un agriculteur prend livraison des phosphates qu'il a achetés, son premier soin doit être d'en faire vérifier non pas seulement la richesse en acide phosphorique, mais encore la provenance. La fraude s'exerce, en effet, sur ces deux points. De tout temps le commerce s'est efforcé de réduire le prix de revient de ces engrais en y mélangeant du sable, des schistes, de la brique et autres matières inertes. Aussitôt que les connaissances acquises à leur sujet ont conduit à donner la préférence à ceux des grès verts, les falsificateurs se sont attachés à communiquer aux phosphates jaunes la coloration des phosphates des Ardennes et du Boulonnais, d'abord au moyen d'une addition de charbon ou de roche carbonifère, telle que l'ampélite, plus tard avec des scories de déphosphoration, tant que la valeur commerciale de celles-ci n'a pas excédé celle des phosphates fossiles. L'an dernier, les procédés d'imitation ont été perfectionnés ; on teint aujourd'hui les phosphates de la Somme en phosphates des grès verts avec les couleurs qui servent au fabriquant d'étoffe à nuancer les tissus. Il est donc actuellement impossible de reconnaître à la vue l'origine d'un phosphate fossile, aussi bien qu'il a toujours été impossible de vérifier son dosage par l'impression du toucher ; l'analyse chimique seule peut répondre à ces deux questions ; il est absolument nécessaire de la consulter.

Tous les phosphates dont il vient d'être parlé, à part les apatites, semblent avoir une origine commune. Dissous dans les eaux des époques primitives, ils se sont déposés : ici avec du carbonate de chaux pour former les craies phosphatées, là sur des coquillages dont ils ont peu à peu remplacé le carbonate calcaire, ou sur des déjections animales qu'ils ont graduellement envahies par un processus analogue pour former les coprolithes. Il suit de là qu'ils sont toujours accompagnés d'une quantité de carbonate de chaux variable, mais non insignifiante, qui vient ajouter à leurs propriétés spécifiques celles de la chaux.

Ils saturent dès lors les acides de l'humus, et par là ils augmentent l'aptitude du sol à la nitrification. Ce sont en réalité des engrais à double effet. Leur action est surtout tangible sur les prairies humides, dont ils changent la flore à vue d'œil, en faisant disparaître les joncs, les carex et toutes les plantes caractérisques des terres fréquemment submergées.

Telles sont aussi les propriétés fertilisantes des os des animaux, dont la composition chimique est à peu près la même que celle des précédents engrais, et qu'à tous égards il est logique de placer auprès d'eux.

Scories de déphosphoration. — Depuis que les usines métallurgiques ont adopté le procédé Thomas-Gilchrist pour soustraire à la fonte le phosphore qui diminuerait la qualité de l'acier, le commerce fournit à l'agriculture d'énormes quantités de scories ferrugineuses plus ou moins riches en phosphates calcaire. Froidement accueillies tout d'abord, les scories n'ont pas tardé à jouir d'une faveur méritée ; elles sont tellement recherchées présentement, qu'on a souvent peine à en trouver qui possèdent un quantum suffisant d'acide phosphorique.

On y rencontre généralement près de la moitié de leur poids de chaux, beaucoup d'oxyde de fer et une proportion variable d'acide phosphorique. Celles qui sont rejetées les premières, dans une opération industrielle, ne renferment souvent que 6 à 7 0/0 d'acide phosphorique ; mais elles sont beaucoup plus calcaires que les autres, aussi tombent-elles facilement en poussière quand elles restent au contact de l'air atmosphérique. Celles qui séjournent plus longtemps sur la fonte et coulent en dernier lieu sont moins délitables et plus riches en acide phosphorique ; elles en fournissent jusqu'à 18 0/0 et même, quoique rarement jusqu'à 20 0/0. On présume que la plus grande partie de l'acide phosphorique y est à l'état de phosphate tribasique. Le fait n'est pas certain, car une fraction notable du phosphate se dissout dans le citrate d'ammoniaque. Les scories phosphoreuses sont donc plus assimilables que les phosphates fossiles et peut-être même que le noir animal. L'augmentation progressive de leur valeur commerciale et des plus rationnelles ; côtées primitivement au-dessous des phosphates fossiles, elle les ont dépassés depuis qu'on les apprécie d'une manière plus exacte.

Elles agissent à la fois par l'acide phosphorique, par la

chaux et par un silicate de chaux facilement dissociable. Elles sont plus calcaires et plus aisément décomposables que les phosphates fossiles. Aussi sont-elles efficaces pour toutes les cultures. Elles font merveille sur les prairies humides, en corrigeant l'acidité engendrée par l'excès des débris organiques.

S'il est vrai qu'elles se délitent inévitablement en absorbant l'humidité atmosphérique, il ne faut cependant pas trop escompter cette désagrégation, d'autant plus lente nous l'avons vu que le produit est meilleur, et accepter des scories grossièrement divisées. L'intérêt du cultivateur est de les employer dans un état de ténuité aussi grand que possible.

Encore un conseil à leur sujet. Il est bien démontré maintenant que leur pulvérisation est une opération très insalubre ; elle expose les ouvriers à des maladies pulmonaires graves. Leur poussière est donc nuisible à la santé, et il est prudent, sans rien exagérer à cet égard, de prendre la précaution d'en respirer le moins possible quand on les répand sur le sol. Elles ont causé déjà. de cette façon, des accidents heureusement légers, mais dont il est utile de se préserver néanmoins.

Les piérides des choux.

De divers côtés, on a signalé dans ces derniers temps des éclosions de chenilles de piérides qui ont complètement ravagé les plantations de choux et on nous a demandé quels sont les moyens à employer pour préserver les plantes de leurs ravages.

Trois espèces attaquent les plantes de la famille des crucifères : le *Pieris brassicæ* (piéride du chou) ; le *Pieris rapæ* (piéride de la rave) et le *Pieris napi* (piéride du navet). Tous trois ayant un air de famille, il est intéressant de les distinguer.

La piéride du chou ou grand papillon blanc du chou. dit Brehm, a les ailes supérieures blanches, marquées de noir à l'extrémité, l'aile postérieure noire porte une tache sur le bord antérieur. Sur cette aile, la famille possède en outre deux taches noires arrondies, l'une au-dessous de l'autre, un peu en arrière du milieu de la surface et une longue tache noire qui s'étend depuis la seconde de ces taches jusque vers le bord interne. La face inférieure des ailes postérieures est jaune, parsemée régulièrement d'écailles de couleur noire dissimulant une fine poussière.

La femelle de ce papillon mesure jusqu'à 65 millimètres, elle pond au revers des feuilles de choux et autres crucifères une centaine de petits œufs jaunes, pressés les uns contre les autres. On les trouve parfois aussi à la face supérieure des feuilles, toujours groupés.

Bientôt éclosent des chenilles jaunes tachetées de noir, réunies en masse et les ravages commencent ; en peu de temps, les feuilles sont dépouillées de leur parenchyme.

Ce papillon a deux générations, la première en mai-juin, la seconde en août-septembre. Il y a tout lieu de croire que cette année, les chaleurs de septembre ont plus particulièrement favorisé les éclosions.

La chenille arrivée à terme, grimpe assez haut le long d'un mur ou d'un tronc d'arbre et s'y fixe pour se transformer en chrysalide.

La piéride de la rave ou petit papillon blanc du chou est la compagne fidèle de la précédente, elle ne mesure pas plus de 5 centimètres. La coloration est à peu près la même, seulement la pointe de l'aile antérieure est d'un noir plus mat et moins étendu, la tache noire du bord interne manque souvent chez la femelle, par contre le mâle présente souvent une tache noire sur la face supérieure de cette aile.

La chenille est d'un vert sale, un peu veloutée, ornée sur le dos et sur les côtés d'une raie jaune longitudinale, mince et parfois interrompue. En général, elle demeure à l'état de chenille jusqu'à une époque plus avancée de l'année, mais elle peut par un temps propice fournir une troisième génération. La chrysalide est verte ou gris verdâtre, ponctuée de noir, ornée de trois raies jaunes longitudinales.

Contrairement à l'espèce précédente, celle-ci pond ses œufs isolément.

Enfin, la piéride du navet se reconnaît aux extrémités saupoudrées de noir des nervures sur la face supérieure des ailes antérieures et à la poussière noire verdâtre qui recouvre les nervures tout entières sur la face inférieure jaune des ailes postérieures. Ce papillon pond aussi ses œufs isolément, sa chenille ressemble à la précédente, elle est seulement d'un vert un peu plus foncé ; les parties latérales sont plus claires et parsemées de grains de poussière noirs et de verrucosités blanchâtres.

Sa chrysalide présente plus de parties noires sur un fond jaune. Ces trois chenilles s'attaquent aux choux, mais cette dernière s'introduit dans l'intérieur des végétaux, ce qui l'a fait appeler *ver du cœur*.

Notre meilleur auxiliaire contre les piérides est le *Microgaster glomeratus* (Ichneumon à coton jaune) qui pique la plupart des chenilles et sans lequel, dit Maurice Girard, nous ne mangerions pas de choux en certaines années. Les larves de cet entomophage sortent bientôt du corps de la chenille émaciée et font contre son corps même un amas de petits cocons soyeux d'un jaune vif qu'il faut bien se garder de détruire, puisqu'ils sont l'espérance de la future récolte à préserver. Il faut croire que cette année le *Microgaster glomeratus* n'a pas rempli son office, puisque les dégâts sont si considérables que dans certains champs il ne reste que les pieds et les nervures des feuilles de choux.

Devant de pareilles invasions, des dégâts si considérables, les moyens de défense sont bien précaires et il serait de beaucoup préférable qu'on s'attachât à prévenir le mal, c'est-à-dire qu'on encourageât la destruction des papillons blancs par les enfants qui les captureraient au filet. La ponte effectuée, il n'y a qu'une ressource, celle de faire rechercher les œufs sous les feuilles pour les écraser à la main, avec une éponge trempée dans de l'eau salée, travail minutieux qui ne peut être fait que par des femmes ou des enfants.

Enfin, après l'éclosion, on pourra projeter sur les plantes attaquées, le matin par la rosée, de la chaux en poudre ou de la chaux hydraulique, ou bien pulvériser au revers des feuilles, avec une lance recourbée, de l'eau de savon, ou une émulsion de pétrole et de savon noir. Et encore faudrait-il s'y reprendre à plusieurs fois.

A. LEBLOND.

(Extrait du *Journal d'agriculture pratique*).

École pratique d'agriculture des Trois-Croix
(Rennes)

Les examens de sortie ont eu lieu le 6 octobre, sous la présidence de M. Prilleux, inspecteur général de l'enseignement agricole et en présence de MM. Montgermont, Divel, Després, conseillers généraux, Gallery agriculteur.

Ont obtenu le diplôme d'instruction agricole les élèves suivants :

1er Mallier, de Montreuil, (Ille-et-Vilaine).
2º Gontier, de Vitré.   (id.)
3º Déteuve, de Chasné.   (id.)
4º Roulleau, de Pleumeleuc.   (id.)
5º Galle, de Saint-Mars-sur-Couesnon, Ille-et-Vilaine.
6º Huet, d'Acigné.   (id.)
7º de la Morlais, de Saint-Léry, (Morbihan).

Le Jury a demandé que M. le Ministre veuille bien accorder une médaille d'or à M. Mallier classé premier, une médaille d'argent à M. Gontier classé second, une médaille de bronze à M. Déteuve classé troisième.

A la fin des examens, une bonne nouvelle est venue confirmer les bons résultats de l'enseigement donné dans notre école pratique d'agriculture : non seulement en effet les quatre élèves qui s'étaient présentés aux examens des écoles nationales d'agriculture avaient été admis aux examens écrits mais encore nous croyons savoir qu'à Grand-Jouan l'un d'eux, Gontier, a été reçu aux examens oraux, Deteuve 5me et qu'un 3me a été également très bien placé, et qu'à Grignon Mallier se trouve classé l'un des premiers.

Nous donnerons bientôt le classement officiel, mais nous savons déjà que, sur environ 180 candidats, 66 seulement avaient passé avec succès l'examen écrit à Grignon, et qu'à Grand Jouan 28 seulement ont été admissibles sur 59.

SYNDICAT DE LA MAYENNE

AVIS

Messieurs les membres du Syndicat sont informés que *MM. Carré-Letourneux de Javron* et *Camus de Villaines-la-Juhel*, ayant cessé d'être entrepositaires du Syndicat, celui-ci n'offre plus de garantie pour les engrais qu'ils pourront livrer par la suite aux cultivateurs.

Dans le courant du mois de novembre prochain M. le Trésorier du sydicat procédera au recouvrement par la poste des cotisations qui n'ont pas été versées pour l'année courante.

Blés de semences

AVIS

Les cultivateurs sont informés que nous ne garantissons rien en ce qui concerne les offres ci-dessous, nous insérons simplement ces offres et c'est à eux de *s'adresser directement aux vendeurs* et de demander des échantillons au préalable.

M. Victor Chrétien, propriétaire (Bel-Air, Laval), offre pour semence du *blé Dattel*, à 32 fr. 50 les 100 kilos, sauf variation, payable contre livraison dans les sacs de l'acheteur, soit chez lui, soit franco gare Laval.

M. Gruau, agriculteur à Comté de La Cropte, offre du *b'é Schireff* à 30 fr. les 100 kilos, gare de Meslay (Mayenne).

M. de Villepin, directeur de la ferme école de la Pilletière (Sarthe), offre du *blé Kissengland* à 34 fr. les 10) kilos, en gare de départ.

M. P Delamarre, agriculteur, ferme d'Eprunes, par Lieusaint (Seine-et-Marne), offre *blé de Bordeaux* à 38 fr. les 100 kilos, logés sur wagon gare Melun.

M. P. Beauvais, à Crécy (Yonne), offre *blé bleu de Noé* à 36 fr. les 100 kilos. *blé Dattel* à 36 fr. les 100 kilos, *blé rouge de Bordeaux* à 37 fr. les 100 kilos, logés gare de Brienon-sur-Armançon.

M. Maignan, cultivateur à la Rouairie, de St-Berthevin, offre *blé Hallett's* au prix de 30 fr. les 100 kilos. gare de Laval ou du Genest, logés 1 fr. en plus.

Syndicat agricole de Fresnay-sur-Sarthe

Automne 1891   Prix des blés

—	criblé	trié	
Hallett	33 à 34	37 à 38	
Dattel	23 à 34	37 à 38	Sur wagons Fresnay-
Hursery	34 à 35	38 à 40	sur-Sarthe en sacs à
Shireff	32 à 34	36 à 37	rendre ou à payer 1 fr.
Kissengland	34 à 35	37 à 38	

S'adresser à M. RIBOT, gérant du Syndicat.

A vendre une batteuse vannant 1 m 20, à double aspirateurs et à double secoue-paille, avec une locomobile force 4 chevaux, toute neuve, montée sur 2 roues.

Ecrire à LECLERC, à Beaulieu, par Châtellerault (Vienne).

VINS DE BORDEAUX

rouge 1888 à 125 fr. { les 225 litres logés sur wagon départ.
blanc 1887 à 200 fr. { paiement 30 jours.

Vins plus vieux à des prix supérieurs, des vignobles de M. Numa **Médeville**, vice-président du Syndicat agricole de Cadillac (Gironde), qui a obtenu médaille d'or, grande culture, pour le département de la Gironde, médaille vermeil de la Société des agriculteurs de France.

La plus ancienne fabrique de Semoirs français
Maison **JACQUET-ROBILLARD**, *fondée en 1836*

J. MARÉCHAL ✻

Constructeur, 4, rue de Turenne et rue du Vent de Bise, à ARRAS

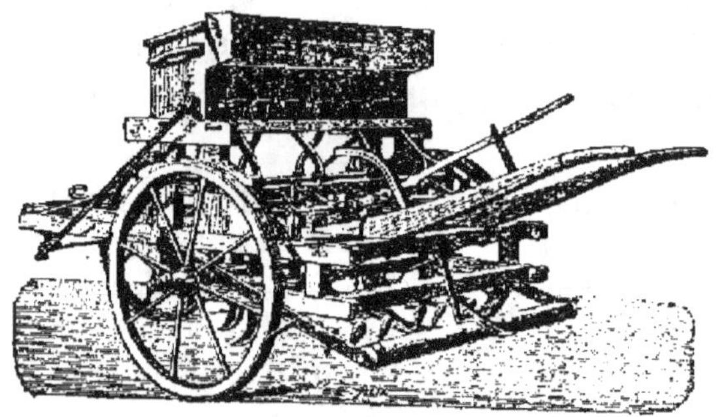

Fabrique spéciale de SEMOIRS à
socs rigides et à socs articulés
*Médaille d'argent à l'exposi-
tion universelle de 1889.*
SEMOIRS à BETTERAVES et ENGRAIS
et DISTRIBUTEURS D'ENGRAIS
Envoi franco du Catalogue
Près de 500 médailles
Plus de 6.000 semoirs livrés
**40 premiers prix en 1889,
1890 et 1891**

AVOINE FOUDROYANTE
Pour détruire les rats, souris, taupes, mulots, etc.

Destruction générale et complète dans les **24 *heures***, sans danger pour les animaux domestiques.
Prix du paquet : **1 franc.** — 6 paquets : **5 francs.**
Envoi franco à domicile contre mandat ou timbres-poste adressés à *H. PIGOT, rue des Amandiers, 89, à Paris.* On demande
des dépositaires.

Avis

Les membres du Syndicat des Agriculteurs de la Mayenne, sont
informés que M. FERRÉ-CHAUVET. marchand de matériaux, entrepositaire du Syndicat à Château-Gontier, représente depuis le
1er avril 1891, la maison Louis Bouhé et Sankey de Saint-Nazaire,
importateur direct des charbons anglais pour le port de Saint-
Nazaire.

En conséquence, MM. les Syndiqués qui peuvent avoir besoin
de charbons de terre Cardiff, Gaillettes, charbon de forges, flambant d'Ecosse et briquettes de Cardiff, etc., etc., pourront se les
procurer aux meilleures conditions possibles, comme bon marché
et qualité supérieure.

Adresser les commandes à M. Ferré Chauvet, entrepositaire du
Syndicat à Château-Gontier.

Envoi des prix courant et conditions de vente sur demande.

Les fabricants de fromages et de beurres sont informés que,
à l'exposition universelle de 1889, la plus haute récompense (médaille d'or), a été décernée aux **PRESURES et COLORANTS**
de **J. Fabre**, ✻ M. A., Aubervilliers (Seine). Récompenses dans 51
concours agricoles.

Le Gérant, E. MOREAU.

Laval, Imp. L. Moreau.

Ce Bulletin paraît le 15 de chaque mois.

BULLETIN AGRICOLE
DE L'OUEST

Organe de l'Union des Syndicats Agricoles
des départements du Finistère, des Côtes-du-Nord,
du Morbihan, de la Loire-Inférieure, d'Ille-et-Vilaine, de la
Manche, de la Mayenne, de Maine-et-Loire, de la Sarthe,
de l'Orne, du Calvados, de l'Eure, d'Eure-et-Loir
et de la Seine-Inférieure.

Publié sous la direction de :

H. LÉIZOUR, (✻ M. A.) (☉ A.)

Professeur départemental d'Agriculture de la Mayenne, Directeur du Laboratoire
agronomique, Président du Syndicat des Agriculteurs de la Mayenne,

GAROLA, (✻ M. A.) (☉ A.)

Professeur départemental d'Agriculture d'Eure-et-Loir,
Directeur de la Station agronomique de Chartres.

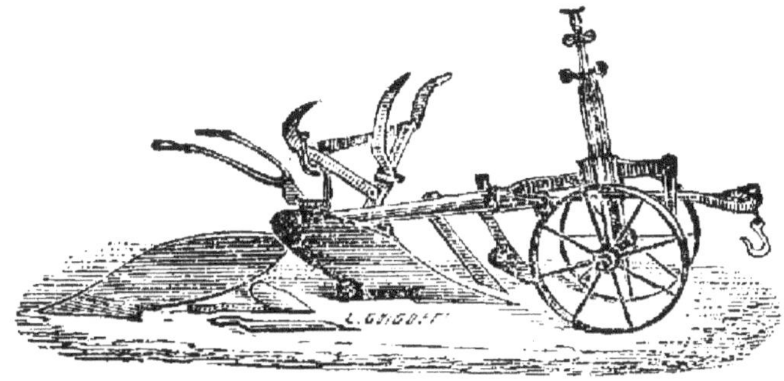

ABONNEMENTS

Les membres des syndicats adhérents sont abonnés gratuitement par leurs
bureaux. — Pour les étrangers aux syndicats : **6 fr.** par an.

ANNONCES

De 1 à 4 annonces. » **50ᶜ** la ligne.   De 8 à 12 annonces » **30ᶜ** la ligne
De 4 à 8   —   » **40ᶜ**   —   Au-delà de 12. . » **20ᶜ** —

Le bulletin publiera gratuitement les offres et demandes
des Syndicats abonnés.

*AVIS. — Tout ce qui concerne la rédaction, les Annonces et les Abonnements, doit être adressé à **M. LÉIZOUR**, rue de la Filature, 1, à Laval.*

Entrepôts du syndicat des agriculteurs de la Mayenne

Pour répondre aux nombreuses demandes qui nous parviennent de l a part des cultivateurs syndiqués, nous indiquons ci-après les centres où nos divers entrepôts sont établis, les noms des entrepositaires et les localités desservies par chacun.

Ernée. — Chez **M. Pioget**, négociant à Ernée, pour le canton d'Ernée.

Montaudin. — Chez **M. Tirard**, quincaillier à Montaudin, pour le canton de Landivy.

Mayenne. — Chez **M. Romagné-Priolet**, négociant, pour les cantons de Mayenne.

Ambrières. — Chez **M. Ravé**, négociant à Ambrières, pour les cantons d'Ambrières, Lassay et Gorron.

Evron. — Chez **M. Bruand**, à Evron, pour les cantons d'Évron, Sainte-Suzanne et Bais.

Montsûrs. — Chez **M. Angot-Coulon**, négociant, cantons de Montsûrs et Argentré.

Cossé-le-Vivien. — Chez **M. Foucault**, négociant, canton de Cossé-le-Vivien.

Craon. — Chez **M. Goussé**, négociant, cantons de Craon et Saint-Aignan-sur-Roë.

Château-Gontier. — Chez **M. Ferré-Chauvet**, négociant, cantons de Château-Gontier et Bierné.

Grez-en-Bouère. — Chez **M. Hivert**, négociant, cantons de Grez-en-Bouère, Bierné et Meslay.

St-Denis-de-Gastines. — Chez **M. Hamon**, négociant, canton de Gorron.

Pré-en-Pail. — Chez **M. Guerre**, maître-d'hôtel.

Laval. — Chez **M. Peyras**. Cet entrepôt tenu pour le compte du syndicat dessert les cantons de Laval et de Loiron.

MM. les syndiqués trouveront dans ces divers entrepôts tous les engrais dont ils auront besoin.

BULLETIN AGRICOLE DE L'OUEST

Apiculture

Moyen de récolter les ruches vulgaires
sans étouffer les abeilles

Etouffer les abeilles pour récolter les ruches, c'est d'abord un acte de barbarie ; mais c'est encore ingratitude et sottise : de pauvres bestioles qui ont peiné tout un été pour leur possesseur sont mises à mort comme des êtres malfaisants ; d'ailleurs comme on ne récolte d'ordinaire que les ruches les plus pesantes, c'est-à-dire possédant les abeilles les plus laborieuses et les mères les plus fécondes, on tue « la poule aux œufs d'or ».

Pour mettre un terme à ce procédé d'un autre âge, il suffirait de substituer *la ruche à calotte* à la ruche en cloche ou ruche vulgaire, presque exclusivement usitée dans la Mayenne. La ruche à calotte, dont la construction est aussi facile que celle de la ruche vulgaire, permet de s'emparer chaque année, sans aucun dommage pour les abeilles, d'une bonne part de leur butin, tout en assurant la conservation indéfinie de la même colonie[1].

En attendant ce progrès, il est très utile d'enseigner aux propriétaires d'abeilles le moyen de récolter entièrement les ruches vulgaires sans être dans la nécessité de faire mourir leurs ouvrières.

Ce moyen est des plus simples.

Il consiste à chasser les abeilles par *tapotement*, c'est-à-dire à les faire passer de la ruche qu'elles occupent dans une ruche vide, en les effrayant par de petits coups donnés rapidement sur leur ruche. On lance un peu de fumée à la ruche à récolter, avec un soufflet spécial, une pipe à tabac ou un cigare ; on la transporte à une dizaine de pas du rucher ; on la renverse et on lui superpose une ruche vide ; on ferme le joint des deux ruches à l'aide d'une serviette ou d'une bande de toile quelconque ; puis, avec un bâtonnet dans chaque main, on frappe sur la

1. Ce modèle de ruche se trouve chez M. Libon, rue Latérale, à Val. — Prix 2 fr. 50.

ruche inférieure, à partir du bas et en montant graduellement. Après quelques instants, un fort bourdonnement se fait entendre : c'est le signe que les abeilles entrent dans la ruche supérieure. On continue à frapper sur la ruche inférieure jusqu'à ascension complète des abeilles, ce qui demande de 10 à 15 minutes. L'opération réussit mieux par un beau soleil et par une température un peu élevée. On remet ensuite à leur ancienne place, et jusqu'au soir, les abeilles ainsi transvasées, afin de permettre à celles qui sont aux champs de se se joindre à leurs sœurs ; on porte en même temps en lieu sûr la ruche à récolter, afin de la soustraire au pillage des abeilles voisines. Enfin, vers le coucher du soleil, on réunit les abeilles chassées à celles d'une ruche bien pourvue de vivres pour l'hivernage.

Voici comment se fait cette réunion :

On envoie quelques bouffées de fumée à la ruche qui doit recevoir les abeilles chassées ; puis on verse un peu d'eau sucrée entre ses rayons : les premières occupantes, heureuses de cette aubaine, accueilleront bien les nouvelles venues. On porte cette ruche à 3 ou 4 mètres de sa place, sur une surface unie ; on la soulève d'un côté et on la cale avec une petite pierre ou un petit rondin de bois de 3 ou 4 centimètres d'épaisseur. Enfin on prend la ruche contenant les abeilles à réunir et on la vide à côté de l'autre, par terre, près de la petite cale, au moyen d'un coup sec frappé contre le sol sur l'angle de la ruche. La pelote des abeilles se détache facilement et elles entrent au plus vite dans leur nouvelle demeure. On remet celle-ci à sa place une heure après, ou le lendemain de grand matin.

Des deux mères, la moins bonne, ordinairement la plus âgée et la plus faible, est immolée, soit pendant la réunion par les abeilles elles-mêmes, soit après, par sa rivale.

La récolte des ruches peut se faire à deux époques de l'année : en été, 21 jours après un premier essaimage ; alors tout le couvain laissé par la mère émigrée est éclos; à l'automne, du 25 septembre au 25 octobre ; alors la mère a suspendu sa ponte.

En été, si la saison n'est pas trop avancée pour que la miellée promette de durer encore quelques semaines, et si le groupe des abeilles chassées représente un poids de 2 kilogrammes au moins, on peut laisser cette colonie en ruche nue, à la manière d'un essaim proprement dit.

En automne, on ne peut sauver d'une mort certaine des abeilles chassées qu'en les réunissant comme il vient d'être dit. On double ainsi, ou à peu près, la population de la ruche hospitalière ; mais l'expérience a démontré que la consommation hivernale est généralement en raison inverse de la population : une colonie faible est obligée de manger beaucoup pour produire la chaleur nécessaire au maintien de la température normale de la ruche, tandis qu'une colonie populeuse mange uniquement pour l'entretien de la vie. Au printemps, la colonie forte compte un grand nombre de butineuses robustes, toutes prêtes à faire une ample moisson, pendant que la faible atteint à grand'peine cette saison avec une poignée d'abeilles souffreteuses et une mère épuisée : elle ne donnera aucun résultat, quelle que soit l'abondance de la miellée.

II.

Nos Pommiers

Chacun connaît et déplore maintenant la faiblesse de la récolte de pommes. Malgré les plus belles apparences de la floraison et l'espoir que beaucoup avaient conçu de la destruction de l'anthonome par les froids rigoureux et prolongés de l'hiver dernier, les arbres à floraison précoce ont été seuls, ou à peu près, à donner des fruits. D'un autre côté, ces derniers se sont mal développés, dans un grand nombre de localités et la chute prématurée des feuilles ne leur a pas permis de mûrir convenablement. Peu de cidre de qualité relativement médiocre ; tel est le bilan de la récolte que l'on vient d'effectuer.

Il n'y a donc plus à en douter, si nous voulons conserver nos vergers et en obtenir des produits convenables, il est grand temps de s'occuper sérieusement des arbres et de livrer à leurs ennemis une guerre sans trève ni merci.

Ces ennemis, au moins les plus redoutables, quant à présent, sont de deux sortes : ceux qui, comme l'anthonome, s'attaquent aux fleurs au moment de leur épanouissement, et ceux qui, en s'attaquant aux feuilles, non seulement compromettent également la production de l'année, mais déterminent assez rapidement la mort de l'arbre, ce qui est plus grave.

On ne connaît pas encore très bien, malheureusement,

ni les mœurs complètes de l'anthonome, ni le moyen expéditif de le détruire. Mais en attendant que les chercheurs aient trouvé mieux, il y a urgence à appliquer les moyens connus et donnant des résultats sérieux. Nous arrivons à l'époque propice pour l'application de l'un d'eux, de celui qui donne les résultats les plus certains et dont les cultivateurs peuvent le plus facilement se servir, étant donné qu'il peut se pratiquer pendant la saison où les travaux des champs leur laissent le plus de loisirs. Nous voulons parler du grattage du tronc des arbres et de leurs grosses branches.

Il paraît certain que l'anthonome peut hiverner ailleurs que sur le pommier, mais il est non moins certain qu'on le trouve en très grand nombre sous les vieilles écorces qui recouvrent le tronc et les grosses branches des pommiers et que c'est de là qu'il peut le plus facilement atteindre les boutons à fleurs, lorsque le moment de sa ponte est arrivé. En détruisant ces vieilles écorces, les mousses et les lichens qui les accompagnent le plus souvent, on peut donc se débarrasser d'un grand nombre d'insectes, tout en supprimant une bonne partie des abris qui serviraient à leurs générations futures.

Tout d'abord cette opération paraît considérable et beaucoup de cultivateurs jettent les hauts cris lorsqu'on leur parle de la pratiquer sur tous leurs pommiers. Il n'en est pourtant pas ainsi et un homme armé d'une bonne raclette et de tous les accessoires, peut encore facilement soigner de 8 à 12 arbres dans sa journée d'hiver.

Mais il ne faut pas oublier que, pour arriver à un résultat, il est indispensable que l'anthonome, abattu en même temps que les vieilles écorces, ne puisse pas se cacher dans la terre au pied des arbres, où il passerait fort bien l'hiver. Il faut donc avoir soin, avant de commencer le grattage, d'étendre une toile sous l'arbre, de façon à intercepter complètement le passage des insectes et à pouvoir bien ramasser tout ce qui tombera, pour le détruire par le feu.

Nous ne saurions trop engager les cultivateurs à pratiquer cette opération dès que les travaux d'automne leur en laisseront le loisir, et à la compléter par l'aspersion de toutes les parties des arbres à l'aide de la bouillie normande composée de 5 à 10 kilos de sulfate de fer (couperose verte) et 2 à 3 kilos de chaux, par hectolitre d'eau. (La formule de cette bouillie et la manière de la préparer ont été publiées dans le nᵒ du *Bulletin agricole de l'Ouest*, du 15 novembre 1890.)

Cette aspersion, bien que pratiquée tardivement l'hiver dernier, a produit d'excellents résultats partout. Les arbres ont été à peu près débarrassés de leurs mousses et lichens et leur vigueur a été sensiblement augmentée. En pratiquant l'opération plus tôt. avant les froids de l'hiver, le résultat sera meilleur et on pourra, s'il y a lieu, la renouveler au printemps.

Nous rappelons, à ce propos, aux cultivateurs de la Mayenne, qu'une subvention du ministère de l'agriculture nous permet de mettre gratuitement à leur disposition, pour les essais d'aspersion qu'ils voudraient faire, sept pulvérisateurs, spécialement disposés pour l'arrosage des pommiers, et de petites quantités de sulfate de fer.

Bien que le traitement dont il vient d'être question, augmente sensiblement la vigueur des arbres, la fumure de ces derniers ne doit pas être négligée. Plus ils seront vigoureux, plus ils seront robustes et en état de résister aux atteintes de leurs nombreux ennemis.

Il n'y a rien à faire pendant l'hiver pour combattre les maladies des feuilles, maladies qui sont occasionnées par de petits champignons. Mais les résultats que nous avons obtenus cette année de l'arrosage des arbres en été, à l'aide de la bouillie bordelaise, nous paraissent concluants. Les arbres traités, comme les témoins d'ailleurs, étaient chargés de fruits, et tandis que la végétation s'est maintenue normale sous l'influence de l'aspersion, les arbres non traités perdaient leurs feuilles dès le commencement de septembre et leurs fruits sont restés sans développement, tavelés, sans valeur.

Nous reviendrons sur les soins à donner aux arbres pendant l'été, ce qui nous paraît important, c'est que les agriculteurs comprennent que leurs pommiers nécessiteront à l'avenir des soins méthodiques, comme les autres productions de la ferme et que plus tôt ils les leur accorderont, meilleurs seront les résultats. Qu'ils se mettent donc à l'œuvre dès cet hiver.

H. LÉIZOUR.

Des labours d'hiver

Dans le n° 2 du *Bulletin agricole de l'Ouest* (1re année, novembre 1888), nous avions fait paraître une étude sommaire sur les labours profonds et les défoncements.

Nous n'avons pas l'intention de revenir aujourd'hui sur ce que nous disions sur cette question, nous désirons simplement mettre en évidence l'opportunité des labours d'hiver, qui doivent être généralement profonds et indiquer la marche à suivre pour les effectuer, suivant la nature du sol et celle des récoltes qui lui seront confiées au printemps suivant.

Les emblavures d'automne peuvent être considérées comme terminées ; c'est le moment pour le cultivateur de penser aux labours d'hiver, qu'il importe d'exécuter sans le moindre retard sur toutes les terres qui restent disponibles et qui sont destinées à recevoir les diverses cultures de printemps : orge, avoine, betteraves, pommes de terres, etc.

C'est par les terres argileuses, fortes, que le travail doit être commencé, afin que les gelées puissent le plus longtemps possible agir sur ces labours pour provoquer un ameublissement complet du sol. Il est inutile que nous nous appesantissions sur l'effet des gelées, relativement à l'ameublissement des terres fortes en labour, il est connu de tous les cultivateurs praticiens. Ce qu'ils connaissent moins, c'est que l'ameublissement provoque l'amélioration du sol, rend efficace l'action de l'oxigène de l'air, qui contribue puissamment à la transformation des matières fertilisantes contenues dans les couches profondes que le labour a ramenées à la surface. Par cette transformation ces matières deviennent solubles, et sont, par la suite, absorbées et assimilées par les plantes.

Profondeur qu'il convient de donner aux labours d'hiver. — Leur profondeur sera variable suivant le mode de labour, la nature du sol, la profondeur des labours antérieurs et la nature des récoltes qui seront confiées au sol au printemps.

Si le labour à la charrue est suivi d'une fouilleuse, celle-ci pourra pénétrer, dans les terres fortes et demifortes, à la profondeur que la force de l'attelage et la résistance de l'instrument permettront d'obtenir.

Si la terre n'est pas fouillée, le labour ne devra pas dépasser de plus de 5 ou 6 centimètres la profondeur obtenue lors des labours antérieurs, à moins de consentir à appliquer une très forte fumure, en engrais immédiatement solubles, à la prochaine culture.

Dans les terres légères, perméables, l'emploi de la fouilleuse devient inutile ; on peut ramener sans inconvénient à la surface une partie du sous-sol, car celui-ci, par suite de sa perméabilité, est facilement accessible à l'air et à l'eau, et contient des éléments de fertilité solubles.

Le labour pourra atteindre 25 à 30 centimètres sans s'occuper de la profondeur donnée aux labours précédents. Il n'y a pas lieu, en aucun cas, de dépasser cette limite dans les terres de cette nature.

Fréquemment les terres légères sont envahies par des mauvaises herbes, dont les plus communes sont : le chiendent, l'avoine à Chapelet, l'herbe trainante (agrostis). Dans ce cas, il est de bonne pratique de faire des labours d'hiver en billons, de deux raies juxtaposées autant que possible. Ces labours présentent une grande surface à l'action de l'air et des gelées ; les racines des mauvaises herbes, sous cette double action, perdent de leur vitalité et leur destruction devient ainsi très facile, par des coups de scarificateur et des hersages, dès les premières journées de beau temps, en février ou mars.

Règle générale, les terres destinées à recevoir des racines fourragères, des pommes de terre, une luzernière, devront recevoir un labour aussi profond que possible, après avoir été préalablement fumées au fumier de ferme. Au printemps, lors de la dernière façon, qui sera toujours de peu de profondeur, une deuxième fumure devra être appliquée, au fumier de ferme ou aux engrais chimiques. Les engrais chimiques seraient préférables, pour les luzernières principalement, afin d'éviter l'apport de mauvaises graines incorporées toujours au fumier, dans une certaine proportion.

Les terres destinées à recevoir de l'avoine, de l'orge, du sarrazin, du maïs fourrage, pourront sans inconvénient recevoir un labour d'hiver de moyenne profondeur, avec une seule fumure appliquée au moment des semailles.

Le point important pour ces cultures, comme pour les précédentes, c'est d'obtenir par le labour d'hiver un bon nettoyage et l'ameublissement complet de la couche arable.

Dans une terre meuble, dès que la température s'élève, les graines des mauvaises herbes germent, lèvent et sont détruites par les dernières façons données au sol et précédant les semailles. L'ameublissement permet aussi de trier facilement, avec les herses, les racines de chiendent et d'agrostis qui se trouvent à la surface ou à une faible profondeur, que l'action de l'air et de la gelée n'aurait pas complètement détruites, travail presque impossible, et toujours très coûteux, lorsqu'il doit être effectué sur labour frais.

En résumé, les labours d'hiver permettent d'ameublir et de nettoyer facilement le sol pour les cultures de printemps, d'augmenter la profondeur de la couche arable, sans compromettre les rendements ultérieurs des récoltes, conditions absolument indispensables si l'on veut se livrer à une culture rationnelle et rémunératrice.

G. PEYRAS.

Les syndicats et les engrais chimiques

Nous recevons de M. Foucher, marchand de grains et d'engrais, à Evron, une lettre dans laquelle il prétend répondre à un article paru dans le *Bulletin Agricole de l'Ouest* du 15 septembre dernier :

M. Foucher se prétend attaqué directement dans notre article, rédigé en réponse à une réclame insérée dans plusieurs journaux de Laval et dans laquelle on attaquait le bureau du Syndicat des agriculteurs de la Mayenne.

Il nous écrit à la date du 31 octobre.

« Dans votre numéro portant la date du 15 septembre
« dernier, je suis directement attaqué par un article
« signé de M. Léizour où ce dernier disait répondre à
« une réclame insérée dans plusieurs journaux de Laval
« par M. Lemoigne, administrateur de la Société générale
« des phosphates et engrais.

« L'attaque m'ayant atteint personnellement, j'use de
« mon droit de réponse, dans le *Bulletin Agricole de
« l'Ouest*, que me donne la loi de 1881.

« Dans son article M. Léizour attaque notre loyauté et

« termine en disant qu'il montre une fois de plus aux
« cultivateurs le fond qu'ils doivent faire de l'honnêté du
« commerce des engrais, mais ne précise aucun fait.

« Je tiens donc ici à protester complètement contre de
« semblables allégations. Les engrais que je vends sont
« livrés par la Société générale des phosphates et engrais
« avec toutes les garanties de dosages et de monture,
« garanties aussi sérieuses que celles que peut donner le
« Syndicat. »

M. Foucher, termine en demandant de préciser des
faits.

Nous insérons volontiers la lettre de M. Foucher,
quoique notre article, conçu en termes généraux, ne fût
qu'une réponse à celui auquel il fait allusion et dans
lequel il avait eu soin de se faire faire une bonne réclame.
Elle nous fournit une nouvelle occasion de répéter ce
que nous avons déjà dit bien des fois. Agriculteurs n'a-
chetez jamais d'engrais sans exiger de votre vendeur la
garantie écrite que la loi l'oblige à vous donner et
n'employez jamais ceux qui vous seront livrés sans en
avoir demandé l'analyse, ce qui ne vous coûtera que les
frais d'envoi, par la poste, de 100 à 200 grammes de
l'engrais, le laboratoire de la Mayenne faisant *gratuitement* toutes les analyses d'engrais, de graine et de terre
qui lui sont demandées par les cultivateurs du département.

En ce qui concerne les phosphates fossiles, il importe
aussi de ne pas perdre de vue, que le dosage et la finesse
de monture ne suffisent pas pour en fixer la valeur. Ces
engrais proviennent de couches géologiques différentes,
se présentent dans des états différents et sont loin d'avoir
la même valeur à tous ces états, même lorsqu'ils ont
même dosage et même finesse de monture. Les marchands
le savent si bien qu'il n'est pas rare de voir des phosphates colorés artificiellement dans le but de tromper les
cultivateurs sur leur provenance et par conséquent sur
leur valeur. Cette coloration est si bien faite que l'analyse
seule, est capable de la déceler.

Nos lecteurs consulteront à cet effet, avec le plus
grand avantage, le travail publié dans le dernier numéro
du *Bulletin Agricole de l'Ouest*, dû à la plume très auto-
risée de M. Andouard, le savant directeur de la station
agronomique de la Loire-Inférieure.

Que les cultivateurs s'entourent des garanties nécessaires lorsqu'ils achètent des engrais et fassent ensuite contrôler par l'analyse la loyauté des livraisons, les maisons honnêtes en seront enchantées et quant aux Syndicats agricoles, créés exclusivement en vue de rendre service aux cultivateurs, les affaires loyales traitées à côté d'eux n'ont rien pour leur déplaire, les administrateurs de ces Syndicats ne pouvant faire acte de commerce, ni rechercher, par conséquent, aucun bénéfice, dans l'accomplissement des fonctions qui leur ont été confiées.

H. LÉIZOUR.

Syndicat des Agriculteurs de la Mayenne — Avis.

Il peut arriver à certaines époques de l'année, alors que les demandes d'engrais sont actives et pressantes, que des entrepôts soient insuffisamment approvisionnés et pris au dépourvu pendant quelques jours.

Le cas s'est présenté le mois dernier à l'entrepôt de Laval pour certains engrais, le superphosphate principalement, et cela, par suite de demandes individuelles de 25, 30 et même 40 sacs enlevés coup sur coup dans l'espace de quelques jours, ce qui ne s'était pas encore présenté pendant la saison d'automne.

Beaucoup de fermiers désirant de moindres quantités se sont présentés les jours suivants ; ils n'ont pu de suite être satisfaits et s'en sont allés, avec juste raison, fort mécontents.

Si à l'exemple de quelques-uns, les cultivateurs qui prennent d'importantes quantités d'engrais aux entrepôts voulaient bien prévenir 8 à 10 jours d'avance les entrepositaires de leur ressort, ces faits regrettables ne se produiraient pas, et personne ne s'exposerait à se déplacer inutilement.

Nous espérons que notre juste réclamation sera entendue et qu'avec un peu de bonne volonté de part et d'autre, les ennuis de ce genre seront à l'avenir écartés, à l'entière satisfaction de tous.

G. PEYRAS.

Au Pays du Cidre

La célèbre *Revue des Deux-Mondes* a publié dans un de ses derniers numéros une remarquable étude de M. Antoine de Saporta, sur les grandes exploitations agricoles de l'arrondissement de Montpellier, intitulée : « *Au Pays de la Vigne* ».

Il y est démontré ce que peuvent produire des efforts intelligents et persévérants, puisque malgré l'invasion du phylloxera et ses terribles ravages, avant quatre ou cinq années. la production de la vigne aura plus que triplé dans ce beau pays.

Quel bel exemple pour nos propriétaires cidricoles, et combien ils devraient s'inspirer de sentiments analogues.

Dans le but d'arriver à vaincre la routine et de chercher les moyens de combattre les innombrables insectes et maladies cryptogamiques qui anéantissent nos récoltes de fruits. il s'est créé à Argentan (Orne), sous la direction de M. F. Muller, une revue pomologique mensuelle intitulée : *Le Cidre et le Poiré* (grand in-8° raisin de 48 pages).

En outre des études si intéressantes et si utiles publiées par cette revue essentiellement pomologique, une partie commerciale très développée donne le cours des fruits dans chaque département de Normandie et de Bretagne, et des détails complets sur la récolte *par arrondissement*.

Elle rend ainsi de précieux services à l'agriculteur et au producteur, et facilite les transactions.

Dans l'intérêt de notre pays cidrier, nous ne saurions trop recommander cette intéressante revue, dont le prix d'abonnement (6 francs par an), est d'ailleurs peu élevé, en comparaison des services qu'elle rend et qu'elle est appelée à rendre encore.

Syndicat agricole de Chartres

Betteraves à vendre : A vendre 100 00 ? kilos de betteraves *ovoïdes des Barres* à 19 fr. les 1000 k. sur wagon Illiers. S'adresser à *M. Bousteau, à Rabestan, par Illiers* (Eure-et-Loir).

SYNDICAT DE LA MAYENNE

Avis

M. le Trésorier du Syndicat va procéder, vers la fin du mois courant. au recouvrement des cotisations qui n'ont pas été versées pour l année 1891.

Syndicat agricole de Chartres

Messieurs les Membres du Syndicat agricole de Chartres qui désirent des blés de semences sont priés d'adresser leur commande à l'Agent comptable, 4, place Saint-Michel, à Chartres, d'ici le premier octobre au plus tard.

Toute demande tardive pourra ne pas recevoir satisfaction.

AU PROGRÈS

MAISON MOTTE

TAILLEUR CIVIL ET MILITAIRE

12, rue du Grand-Faubourg, 12

A L'ENTRÉE DE LA PLACE DES ÉPARS

CHARTRES

Spécialité de Dolmans pour Officiers, de Tuniques et Livrées pour Pensions et Maisons particulières. — Grand choix de Draperie Française et Anglaise. — Complet confection depuis 20 fr. — Complet sur mesure depuis 55 fr.

Il sera délivré à tout acheteur de costume complet UN SUPERBE PLASTRON.

Remise de 5 °/₀ à tout membre du Syndicat agrico'e, et sur la présentation de sa carte de syndiqué.

RATS souris, loirs, mulots, etc... Contre mandat ou 10 timbres-poste de 0 fr. 15, j'adresse franco le moyen infaillible et très pratique de les détruire tous en quelques heures.

LECLERC, à Beaulieu, par Châtellerault (Vienne). — *Envoi gratis et franco du prospectus destruction des taupes.*

VINS DE BORDEAUX

Rouge (1888) à 125 francs et Blanc (1887) à 200 francs les 225 litres logés sur wagon départ.

S'adresser à M. G. BORD, secrétaire général du syndicat agricole à Cadillac-sur-Garonne (Gironde).

VACHERIE A CÉDER

Aux portes de Paris, après fortune,
20 bonnes vaches, 2 chevaux 3 voitures et tout le matériel.
Vente journalière, 300 litres de lait à 40 et 50 centimes le litre.
Bénéfice net par an, 10,000 fr. prouvés. — Grande habitation.
On traitera avec 10.000 fr., ou sans argent avec garanties sérieuses.
Écrire à *M. Dagory* 149, rue Lafayette, Paris. Renseignements gratuits.

Blés de semences

AVIS

Les cultivateurs sont informés que nous ne garantissons rien en ce qui concerne les offres ci-dessous, nous insérons simplement ces offres et c'est à eux de *s'adresser directement aux vendeurs* et de demander des échantillons au préalable.

M. Victor Chrétien, propriétaire (Bel-Air, Laval). offre pour semence du *blé Dattel*, à 32 fr. 50 les 100 kilos, sauf variation, payable contre livraison dans les sacs de l'acheteur, soit chez lui, soit franco gare Laval.

M. Gruau, agriculteur à Comté de La Cropte, offre du *blé Schireff* à 30 fr. les 100 kilos, gare de Meslay (Mayenne).

M. de Villepin, directeur de la ferme école de la Pilletière (Sarthe), offre du *blé Kissengland* à 34 fr. les 100 kilos, en gare de départ.

M. P Delamarre. agriculteur, ferme d'Eprunes, par Lieusaint (Seine-et-Marne), offre *blé de Bordeaux* à 38 fr. les 100 kilos, logés sur wagon gare Melun.

M. P. Beauvais, à Crécy (Yonne), offre *blé bleu de Noé* à 36 fr. les 100 kilos, *blé Dattel* à 36 fr. les 100 kilos, *blé rouge de Bordeaux* à 37 fr. les 100 kilos, logés gare de Brienon-sur-Armançon.

M. Maignan, cultivateur à la Rouairie, de St-Berthevin, offre *blé Hallett's* au prix de 30 fr. les 100 kilos. gare de Laval ou du Genest, logés 1 fr. en plus.

M. Lebouc, propriétaire à Ciral, (Orne), offre *blé Dattel* à 30 fr. l'hectolitre, *blé Shireff*, au même prix.

A VENDRE des pommiers de 1 franc à 1 franc 50 l'un suivant choix. S'adresser à M. Botard, propriétaire, 12. rue Solférino, à Laval, ou à M. Peyras, agent principal du syndicat. Des échantillons ont été déposés à l'entrepôt du Syndicat, à Laval, 18, rue Solférino, à la disposition des cultivateurs.

Offres du Syndicat agricole de Fresnay-s. Sarthe

Blé Hallett trié pour semence à		33 fr.
— Dattel	—	34 fr.
— Schireff	—	33 fr.
— Bergues	—	32 fr.
— Etrangers	—	33 fr.

Ces prix s'entendent pour 100 kilos gare de Fresnay sur-Sarthe.

VINS DE BORDEAUX

rouge 1888 à 125 fr. / les 225 litres logés sur wagon départ.
blanc 1887 à 200 fr. \ paiement 30 jours.

Vins plus vieux à des prix supérieurs, des vignobles de M. Numa **Médeville**, vice-président du Syndicat agricole de Cadillac (Gironde), qui a obtenu médaille d'or, grande culture, pour le département de la Gironde, médaille vermeil de la Société des agriculteurs de France.

La plus ancienne fabrique de Semoirs français
Maison JACQUET-ROBILLARD, *fondée en 1836*

J. MARÉCHAL ✳

Constructeur, 4, rue de Turenne et rue du Vent de Bise, à ARRAS

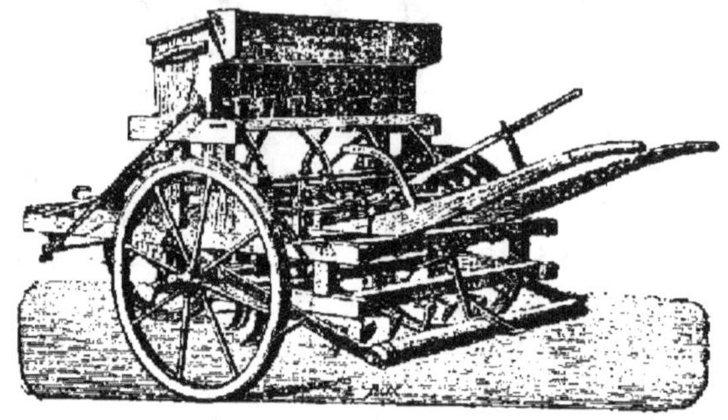

Fabrique spéciale de SEMOIRS à
socs rigides et à socs articulés
*Médaille d'argent à l'exposi-
tion universelle de 1889.*
SEMOIRS à BETTERAVES et ENGRAIS
et DISTRIBUTEURS D'ENGRAIS
Envoi franco du Catalogue
Près de 50) médailles
Plus de 6.600 semoirs livrés
**40 premiers prix en 1889,
1890 et 1891**

AVOINE FOUDROYANTE

Pour détruire les rats, souris, taupes, mulots, etc.

Destruction générale et complète dans les **24** *heures*, sans danger pour les animaux domestiques.

Prix du paquet : **1 franc.** — 6 paquets : **5 francs.**

Envoi franco à domicile contre mandat ou timbres-poste adressés à *H. PIGOT, rue des Amandiers, 89, à Paris.* On demande
des dépositaires.

Avis

Les membres du Syndicat des Agriculteurs de la Mayenne, sont
informés que M. FERRE-CHAUVET, marchand de matériaux, entrepositaire du Syndicat à Château-Gontier, représente depuis le
1er avril 1891, la maison Louis Bouhé et Sankey de Saint-Nazaire,
importateur direct des charbons anglais pour le port de Saint-
Nazaire.

En conséquence, MM. les Syndiqués qui peuvent avoir besoin
de charbons de terre Cardiff, Gaillettes, charbon de forges, flambant d'Ecosse et briquettes de Cardiff, etc., etc., pourront se les
procurer aux meilleures conditions possibles, comme bon marché
et qualité supérieure.

Adresser les commandes à M. Ferré Chauvet, entrepositaire du
Syndicat à Château-Gontier.

Envoi des prix courant et conditions de vente sur demande.

Les fabricants de fromages et de beurres sont informés que,
à l'exposition universelle de 1889, la plus haute récompense (médaille d'or, a été décernée aux **PRESURES et COLORANTS**
de **J. Fabre,** ✳ M. A., Aubervilliers (Seine). Récompenses dans 51
concours agricoles.

Le Gérant, E. MOREAU.

Laval, Imp. L. Moreau.

Ce Bulletin paraît le 15 de chaque mois.

BULLETIN AGRICOLE
DE L'OUEST

Organe de l'Union des Syndicats Agricoles
des départements du Finistère, des Côtes-du-Nord,
du Morbihan, de la Loire-Inférieure, d'Ille-et-Vilaine, de la
Manche, de la Mayenne, de Maine-et-Loire, de la Sarthe,
de l'Orne, du Calvados, de l'Eure, d'Eure-et-Loir
et de la Seine-Inférieure.

Publié sous la direction de :

H. LÉIZOUR, (✳ M. A.) (☉ A.)

Professeur départemental d'Agriculture de la Mayenne, Directeur du Laboratoire
agronomique, Président du Syndicat des Agriculteurs de la Mayenne,

GAROLA, (✳ M. A.) (☉ A.)

Professeur départemental d'Agriculture d'Eure-et-Loir,
Directeur de la Station agronomique de Chartres.

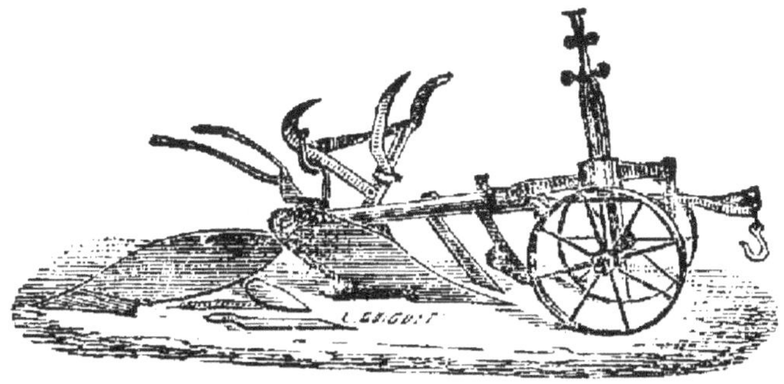

ABONNEMENTS

Les membres des syndicats adhérents sont abonnés gratuitement par leurs
bureaux. — Pour les étrangers aux syndicats : **6 fr.** par an.

ANNONCES

De 1 à 4 annonces. » **50°** la ligne.   De 8 à 12 annonces » **30°** la ligne
De 4 à 8   —   » **40°**   —   Au-delà de 12. . » **20°** —

Le bulletin publiera gratuitement les offres et demandes
des Syndicats abonnés.

AVIS. — Tout ce qui concerne la rédaction, les Annonces et les Abonnements, doit être adressé à M. LÉIZOUR, rue de la Filature, 1, à Laval.

Entrepôts du syndicat des agriculteurs
de la Mayenne

Pour répondre aux nombreuses demandes qui nous parviennent de a part des cultivateurs syndiqués, nous indiquons ci-après les centres où nos divers entrepôts sont établis, les noms des entrepositaires et les localités desservies par chacun.

Ernée. — Chez M. **Pioget**, négociant à Ernée, pour le canton d'Ernée

Montaudin. — Chez M. **Tirard**, quincaillier à Montaudin, pour le canton de Landivy.

Mayenne. — Chez M. **Romagné-Priolet**, négociant, pour les cantons de Mayenne.

Ambrières. — Chez M. **Ravé**, négociant à Ambrières, pour les cantons d'Ambrières, Lassay et Gorron.

Evron. — Chez M. **Bruand**, à Evron, pour les cantons d'Évron, Sainte-Suzanne et Bais.

Montsûrs. — Chez M. **Angot-Coulon**, négociant, cantons de Montsûrs et Argentré.

Cossé-le-Vivien. — Chez M. **Foucault**, négociant, canton de Cossé-le-Vivien.

Craon. — Chez M. **Goussé**, négociant, cantons de Craon et Saint-Aignan-sur-Roë.

Château-Gontier. — Chez M. **Ferré-Chauvet**, négociant, cantons de Château-Gontier et Bierné.

Grez-en-Bouère. — Chez M. **Hivert**, négociant, cantons de Grez-en-Bouère, Bierné et Meslay.

St-Denis-de-Gastines. — Chez M. **Hamon**, négociant, canton de Gorron.

Pré-en-Pail. — Chez M. **Guerre**, maître-d'hôtel.

Laval. — Chez M. **Peyras**. Cet entrepôt tenu pour le compte du syndicat dessert les cantons de Laval et de Loiron.

MM. les syndiqués trouveront dans ces divers entrepôts tous les engrais dont ils auront besoin.

BULLETIN AGRICOLE DE L'OUEST

Les prairies naturelles en Bretagne (1)

Le climat tempéré et humide de la Bretagne est éminemment favorable à la production animale et en particulier à la production de la vache laitière. On sait, en effet, que le meilleur régime alimentaire de ces animaux est le pâturage, et nul pays au monde n'est plus apte à produire de l'herbe que la Bretagne.

Un fait absolument remarquable est la lutte des cultivateurs bretons contre l'enherbement de leurs terres. Sans doute il y a un grand nombre de mauvaises herbes, parmi celles qui tendent à envahir le sol aussitôt qu'il ne reçoit plus de façons culturales, mais il n'est pas nécessaire d'y regarder de très près pour y voir aussi d'excellentes plantes de prairies et de pâturages. Il est donc certain qu'en faisant des efforts pour empêcher ces plantes de croître, le cultivateur ne fait, en somme, que contrecarrer la nature. Il est non moins certain qu'en tournant ses efforts en sens contraire, il les verrait couronnés d'un succès bien autrement grand, car ici comme en tout, il est infiniment plus économique de se contenter d'aider la nature que d'essayer de la combattre.

A voir les exploitations rurales de la basse Bretagne, on dirait que le cultivateur considère la production de l'herbe comme indigne de toute terre capable, moyennant plus ou moins de frais, de produire quelqu'autre récolte, même la plus médiocre. On n'y voit, en effet, de prairies que sur les terrains mouillés, plus ou moins marécageux, ou sur ceux qui sont susceptibles de recevoir d'énormes quantités d'eau. Ce qu'on appelle ailleurs la prairie sèche ou la prairie haute est inconnu ici. Il suffit cependant de rappeler ce qui se passe ailleurs, en Normandie, dans les Flandres, dans le Nivernais, etc., où les cultivateurs font fortune avec des herbages en terrains parfaitement

1. Résumé d'une conférence faite à Quimperlé pendant le concours de laiterie.

sains, pour se convaincre qu'en Bretagne, avec un climat
plus doux et plus humide, il serait facile d'en faire autant.

On peut même dire que, moyennant quelques précautions, toutes les terres de la Bretagne sont susceptibles
de donner d'excellentes prairies ou de parfaits pâturages, dont le produit, qui coûterait infiniment moins, aurait
bien plus de valeur que les maigres récoltes qu'on en
obtient aujourd'hui.

Il n'est pas difficile d'ailleurs, de trouver la raison de
l'état actuel des choses. Elle réside en entier dans quelques essais malheureux de création de prairies. Depuis
quelques années particulièrement, grâce à l'avilissement
des produits de la culture, à la rareté et à la cherté de la
main-d'œuvre, un certain nombre d'agriculteurs ont
essayé de créer quelques prairies, ici comme ailleurs, et
ces essais ont, très généralement, donné de mauvais
résultats. Ce qui a fait dire à ceux qui les ont pratiqués,
ainsi qu'à leurs amis et connaissances, que leur sol ne
convenait pas à la production de l'herbe.

Ce n'est ni à la qualité, ni à la composition, ni aux
propriétés physiques du sol, ni au climat, qu'il faut
attribuer ces échecs. Ils sont dûs en entier à la manière
dont on a procédé, à l'inhabileté et au manque de réflexion
des essayeurs. Leur langage même suffit à indiquer ce
que nos cultivateurs entendent par la création d'une
prairie, en même temps qu'il indique que rien n'est plus
facile.

Ils ne disent pas qu'ils vont créer une prairie dans tel
champ, mais bien qu'ils vont « *laisser tel champ produire
de l'herbe.* » Et en effet c'est tout ce qu'ils font. Ne plus
labourer le champ, le laisser s'enherber tout seul et produire les plantes qui lui sont naturelles, c'est ce qu'ils
appellent créer une prairie. On conçoit aisément ce que
peut être une telle prairie, car pour la faire il va de soi
qu'on ne prend pas dans la ferme ni le champ le plus
propre, ni le champ qui donne les meilleurs produits.
Bien au contraire, c'est toujours un champ infesté de
mauvaises herbes, plus ou moins humide et épuisé, qui
est ainsi soi-disant transformé en prairie. Il serait plus
juste de dire qu'on en a fait un champ spécial de mauvaises plantes, car on n'y récolte guère autre chose, et il
ne saurait en être autrement.

La plupart des bonnes graminées et autres plantes à
propager dans les prairies, ont une végétation très lente

dans leur jeunesse, tandis que les mauvaises herbes se développent généralement avec une grande rapidité. Lorsqu'on abandonne une terre infestée de mauvaises herbes, celles-ci arrivent, par suite, à occuper toute la place et étouffent les bonnes plantes sous leur couvert.

Si ces mauvaises herbes ne sont pas vivaces, lorsqu'elles disparaissent à leur tour, il ne reste plus qu'un sol presque complètement dénudé, ou seulement peuplé de quelques plantes rampantes.

Presque tous les cultivateurs se font, d'ailleurs, une idée absolument fausse du manque d'influence des mauvaises herbes de leurs prairies sur la propreté de leurs terres cultivées. Plusieurs agronomes ont même partagé cette manière de voir et ont conseillé l'ensemencement de mélanges dans lesquels entrent des plantes dont la présence dans les terres cultivées est à redouter.

Il est cependant facile de comprendre, toutes les plantes en question se reproduisant par leurs graines, qu'on a bien des chances de trouver un jour ou l'autre dans les champs cultivés, les plantes qui peuplent les prairies. Lorsqu'on fauche celles-ci, une partie plus ou moins grande des plantes qui les composent sont assez avancées en végétation pour que leurs graines soient capables de germer. Il en tombe bien une partie sur le sol de la prairie pendant les opérations du fanage, mais une autre partie suit le foin à la barge ou au fenil et de là au ratelier. Ce qui n'est pas mangé par les animaux se retrouve donc parmi le fumier et porté aux champs avec lui. Il n'est donc pas surprenant d'entendre que les fumures au fumier sont une cause des alissement des terres, surtout dans les exploitations où les prairies comportent des mauvaises herbes dans leur flore.

On s'explique difficilement, d'un autre côté, que les cultivateurs arrivent ainsi à demander à une partie de leurs terres, pendant un certain nombre d'années consécutives, de bonnes récoltes d'herbe, sans aucun travail et souvent sans aucune fumure, alors que pour obtenir de leurs autres terres une récolte annuelle, ils n'épargnent ni les façons préparatoires ni les fumures, ni les soins d'entretien pendant la croissance de la récolte. Il semblerait que le contraire s'expliquerait mieux, que la prairie devant durer longtemps, ils dussent consacrer à sa création l'effort nécessaire à sa réussite. Car il en est d'une prairie mal réussie comme d'une plantation mal faite. On en supporte les conséquences pendant fort longtemps, se disant chaque année, en constatant sa mauvaise venue, que l'année suivante sera peut-être meilleure.

Pour établir une bonne prairie il suffit de réfléchir aux conditions qui sont le plus favorables à la production de l'herbe, et d'amener le sol, par des opérations appropriées, dans un état aussi voisin que possible de ces conditions. Le plus souvent ces opérations nécessiteront une période de plusieurs années.

Nous venons de voir qu'il est absolument mauvais d'abord, d'ensemencer une prairie dans une terre infestée de mauvaises herbes, et chacun sait qu'on n'arrive pas toujours à détruire ces dernières d'une année à l'autre.

En dehors de la propreté il importe de disposer le sol de façon qu'il puisse fournir à la végétation une humidité constante et nécessaire même par les plus grandes chaleurs. On sait en effet, que les terres qui se dessèchent outre mesure en été, sont impropres à la production de l'herbe. Les cultivateurs bretons prouvent d'ailleurs qu'ils savent que l'herbe a besoin de beaucoup de fraîcheur, puisqu'ils n'ont de prairies que dans les terres très mouillées ou irrigables.

Le moyen de tenir un sol frais est connu et consiste à le rendre profondément perméable, de façon qu'après avoir absorbé une grande quantité d'eau pendant la saison pluvieuse, il puisse en fournir à la végétation pendant la saison sèche, grâce à la capillarité. Ce qui ne veut nullement dire qu'il faut, dans tous les cas, faire des labours profonds pour la préparation d'une prairie. Il ne faut jamais ramener à la surface une couche épaisse de terre *neuve,* mais si le labour profond ne peut pas être pratiqué, il sera possible, presque toujours, d'exécuter un fouillage, à l'aide duquel on ameublira la couche profonde sans la ramener à la surface.

Bien que le climat de la Bretagne soit humide et que les grandes chaleurs ainsi que les longues périodes de sécheresse y soient presque inconnues, la nécessité de cette épaisse couche perméable ne se fait pas moins sentir pour les prairies naturelles. Sans elle, dans les terrains argileux, on verrait bien vite apparaître les joncs, les carrex et toutes les plantes des terres humides. Dans les terres légères à sous-sol imperméable, la sécheresse relative de l'été serait encore suffisante pour arrêter toute végétation, ou tout au moins pour amoindrir considérablement les produits. Il va sans dire que les diverses façons données au sol devront être dirigées de manière à en régulariser la surface.

Il ne suffit pas, comme bien l'on pense, pour avoir une bonne prairie, de l'établir sur un sol dont les propriétés physiques conviennent. La composition minéralogique de ce sol, a aussi une énorme influence sur sa production herbacée, ainsi que le rapport qui existe entre les éléments de fertilisation qu'il contient.

Ce sont les terres franches, celles qni continuent à la fois, dans des proportions convenables, les trois éléments minéraux essentiels, l'argile, la silice et le calcaire, qui produisent les meilleurs herbages. Là où l'un de ces éléments fait défaut, il n'est possible d'obtenir qu'une catégorie assez restreinte de plantes et quelquefois des plantes de peu de valeur relative.

Il est essentiel de se rappeler, sous ce rapport, que les terres de la Bretagne sont toutes dépourvues de *calcaire*, à l'exception de celles du littoral, qui reçoivent des engrais marins, des sables coquilliers, depuis longtemps. C'est à ce défaut de calcaire qu'est due l'impossibilité, souvent constatée, d'obtenir sur nos terres bretonnes, certains produits d'une grande valeur, notamment des légumineuses.

Un autre élément dont l'importance n'est pas moindre, *l'acide phosphorique*, ne se rencontre non plus qu'en proportion excessivement réduite dans nos terres de l'Ouest.

C'est parce que nos terres manquent de ces deux éléments, que nos animaux restent si petits, et cela s'explique facilement.

L'analyse chimique constate non seulement que la quantité de chaux et d'acide phosphorique contenue dans les plantes différentes est très variable, mais encore qu'une même plante, selon les conditions dans lesquelles elle s'est développée, offre des écarts très sensibles. En d'autres termes, que les plantes qui croissent sur les terres riches en calcaire et en acide phosphorique, contiennent une plus forte proportion de ces deux éléments, qu'elles n'en contiennent lorsqu'elles ont végété sur des terres où ils font plus ou moins complètement défaut.

Comme le corps des animaux se forme à l'aide des matériaux contenus dans les fourrages qu'ils consomment et que, d'un autre côté, leurs dimensions sont en rapport avec le développement de leur squelette, dont la base est le phosphate de chaux, c'est-à-dire l'acide phosphorique et la chaux, on conçoit aisément que nos animaux bretons, nourris à l'aide de fourrages pauvres en ces deux éléments, n'y trouvent qu'à grand peine de quoi former un petit squelette et sont, par suite, condamnés à rester petits.

Rien n'est plus curieux ni plus instructif, sous ce rapport, que l'étude attentive de la production animale de la basse Bretagne. Pendant que sur la côte nord de la contrée les animaux atteignent le développement ordinaire de ceux qu'on rencontre partout où le sol renferme du calcaire, et que ceux du centre et du sud restent tout petits, on trouve dans une zone intermédiaire, des animaux également intermédiaires comme développement. De Landerneau au Faou, par exemple, on trouve des vaches dont le pelage et les caractères en général rappellent parfaitement la petite vache morbihannaise, tandis que par son poids elle se rapproche de la vache du Léon.

Ces animaux intermédiaires, quoi qu'en disent les grands amateurs de concours et soi-disant de pureté des races, appartiennent à la race bretonne pure, tout aussi bien que les plus petits du centre et du sud de la basse Bretagne. Ils ont seulement été obtenus sur des terres améliorées par l'apport du calcaire, à des distances de plus en plus grandes vers l'intérieur, à mesure que les voies de communication se sont améliorées et à mesure aussi que le cultivateur s'est mieux rendu compte des magnifiques effets de ce précieux engrais.

Loin d'être les représentants d'une race abatardie, il faut les considérer comme l'expression la plus éclatante des améliorations culturales réalisées par leurs producteurs. En les excluant des concours on ne fait donc ni plus ni moins que combattre le progrès agricole.

Pour obtenir de bonnes prairies, capables de donner à la fois quantité et qualité, il est donc absolument indispensable d'introduire dans le sol, pendant la période préparatoire, une abondante provision des éléments qui lui font défaut, et particulièrement du calcaire, chaux ou sable coquillier, et de l'acide phosphorique, sous forme de phosphate fossile ou de scories de déphosphoration.

Il va sans dire que le fumier ne devra pas non plus être épargné, mais c'est surtout sur les fumures minérales qu'il importe d'apporter son attention, car le sol ne devant plus être labouré, il serait impossible plus tard, d'y introduire ces éléments, tandis que le fumier peut être appliqué aussi avantageusement en couverture.

Un chaulage énergique, ou mieux plusieurs chaulages modérés et l'emploi de 1500 à 2000 kilogrammes de bon phosphate fossile par hectare nous paraissent absolument indispensables[1].

Toutes ces dépenses pourront paraître peut être excessives, surtout aux cultivateurs de ces pays, qui considèrent les prairies comme de véritables greniers d'abondance et ne les fument presque jamais. Mais en réalité ce sont les dépenses les plus fructueuses qu'ils puissent faire. Il importe de remarquer d'ailleurs, qu'elles sont faites une fois pour toutes, tandis que les frais de labours, de hersages, de fumure, etc., se renouvellent chaque année pour les autres productions végétales de la ferme.

Ce n'est que lorsque le sol a été ainsi profondément ameubli, purgé de ses mauvaises herbes et qu'on y a introduit les éléments de fertilité qui lui font défaut, qu'on doit raisonnablement lui confier la graine d'herbe.

Les essayeurs dont nous parlions tout à l'heure, ont aussi commis une bien grosse faute dans l'ensemencement de leurs prairies et cette faute est d'ailleurs très généralement commise en pareil cas.

Presque tous ceux qui veulent enherber leurs terres, en les ensemençant de graines de foin, font usage de la prétendue graine qu'on ramasse dans les fenils, croyant, en agissant ainsi, obtenir un fourrage analogue dans sa composition à celui dont est issue cette graine. C'est là une erreur qui occasionne de cruelles déceptions, et il ne saurait en être autrement.

Les plantes d'une même prairie n'arrivent jamais toutes à maturité exactement au même moment. Si l'on fauche un peu tôt, pour avoir du fourrage de meilleure qualité, il n'y aura que les plantes les plus précoces dont les graines soient arrivées à un état assez proche de leur maturité pour qu'elles puissent germer. Si l'on fauche au bon moment, c'est-à-dire alors que la majeure partie des

---

1. Il est clair que là où le sable calcaire pourra être obtenu économiquement on l'emploiera à la place de la chaux.

plantes qui composent le foin sont en fleur, les plantes précoces sont mûres et laissent tomber leurs graines sur le sol pendant le fanage, les graines des plantes tardives ne sont pas encore capables de germer.

Il n'est possible, en un mot, de compter avoir de bonnes graines de foin dans le fenil, que celles des plantes d'une précocitée déterminée et en rapport avec l'époque du fauchage.

D'un autre côté, pour peu que le foin renferme de mauvaises plantes, on a des chances d'en trouver dans le fenil des graines capables de germer, et on risque fort d'obtenir ainsi un tapis de mauvaises herbes, au lieu d'une bonne prairie. Quelques-uns des échantillons de graines de fenil que j'ai eu occasion d'analyser, ont donné des résultats de nature à démontrer combien il est dangereux de s'adresser à cette source. *Deux* pour cent de graines de bonnes plantes et *sept* pour cent de graines de mauvaises herbes, capables de germer ; le reste étant composé de glumes et de glumelles (balles) et de débris d'herbes, tel a été le résultat d'une analyse, et cependant la graine paraissait belle et était vendue relativement très cher.

Pour avoir un fourrage abondant et bien composé, il faut semer exclusivement les graines des espèces que l'on sait convenir aux conditions dans lesquelles se trouve placé le sol à convertir en prairie et dans les proportions reconnues les meilleures. Chacun peut arriver le plus facilement du monde à connaître ces espèces et à s'en procurer la graine. Il suffit pour cela d'observer les plantes qui viennent bien dans les conditions analogues et d'en récolter la graine ou de la demander, à l'état pur, au commerce, en ayant soin d'exiger du vendeur une garantie d'analyse, qu'il ne refusera pas s'il est honnête. On n'a pas besoin, d'ailleurs, de connaître un grand nombre de plantes pour faire d'excellentes prairies dans toutes les conditions. Sept ou huit graminées (herbes) et trois ou quatre légumineuses (trèfles et luzernes) suffisent.

Dans les meilleures prairies et herbages, on ne trouve guère, en quantité appréciable, que les plantes suivantes :

I. Graminées (herbes).

Les *Fétuques* des prés, élevée et ovine, cette dernière bonne pour pâturage en terrains secs seulement.

Les *Paturins* des prés et commun.

L'*Avoine* élevée ou fromental et l'avoine jaunâtre.

Le *Dactyle* pelotonné (donne beaucoup mais un fourrage médiocre).

La *Fléole* des prés.

Les *Ray-Gras* d'Italie et vivace (employer peu du premier qui n'est pas vivace et donne un foin grossier).

Le *Vulpin* des prés (le quart, au plus, des graines livrées par le commerce sont capables de germer. Le Vulpin demande 2 ou 3 ans pour arriver à sa pleine production).

La *Houlque* laineuse.

II. Légumineuses.

Le *Trèfle* commun (en employer peu pour éviter les trop grands vides après sa disparition).

Le *Trèfle* hybride (excellent pour prairies fauchables).

Le *Trèfle* blanc (doit former la base des pâturages).

La *Lupuline* (fourrage excellent et abondant).

Le *Lotier* velu ou Lotier des marais (excellent pour prairies en terres humides. Fourrage abondant et bon).

Ces plantes doivent être mélangées dans des proportions variables selon la nature du sol, sa profondeur, son état d'humidité et surtout selon qu'il s'agit d'obtenir une prairie fauchable ou un pâturage.

Le mélange suivant donne de très bons résultats dans les terres de consistance moyenne, pour prairie fauchable.

Fléole des prés,	8	kilog.
Avoine élevée,	10	—
Dactyle pelotonné,	2	—
Fétuque des prés,	6	—
Paturin des prés,	6	—
Vulpin des prés,	8	—
Houlque laineuse,	4	—
Ray-Gras vivace,	5	—
Trèfle ordinaire,	5	—
Lupuline,	5	—
Trèfle hybride,	4	—
Lotier velu,	3	—

Le même mélange peut servir aussi pour pâturage, cependant il serait préférable d'accentuer la quantité des plantes qui repoussent le mieux sous la dent des animaux, comme le Dactyle pelotonné et l'Avoine élevée, en diminuant la proportion des autres, et de remplacer le Trèfle hybride par le Trèfle blanc et le Lotier velu par le Lotier corniculé, qui donne des tiges moins élevées mais gazonne mieux.

Pendant les premières années les prairies ainsi composées paraissent avoir une trop forte proportion de légumineuses, parce que le développement de ces plantes est plus rapide que celui de beaucoup de graminées. Mais il n'y a aucun mal à cela, car le fourrage obtenu est plus riche, plus nutritif et l'équilibre se rétablit peu à peu. Il est d'ailleurs facile, comme nous le verrons plus loin, à l'aide d'engrais appropriés, de faire varier, dans de larges limites, le rapport des légumineuses aux graminées, dans n'importe quelle prairie.

En raison de la lenteur de la croissance de la plupart des plantes qui composent la prairie, il est presque toujours avantageux de pratiquer l'ensemencement dans une céréale de printemps. Le produit de celle-ci couvre une bonne partie des dépenses de l'année et son couvert peut être utile à la jeune prairie. Mais il est important de semer la céréale très clair et de ne pas lui appliquer de fumure azotée, qui amènerait une végétation herbacée trop rapide et souvent la verse. Si cet accident venait à se produire, il ne faudrait pas hésiter à sacrifier la céréale, dont le couvert empêcherait la réussite de la prairie et qui peut toujours être utilisée comme fourrage vert.

Pour obtenir une répartition régulière des graines, il est absolument indispensable de les semer à différentes reprises, en ne mélangeant ensemble que celles qui ont à peu près la même densité.

Toutes ces graines étant petites, il ne faut les enfouir qu'à une faible profondeur. Pour peu qu'il reste des mottes à la surface du sol après le semis de la céréale, un simple roulage suffit pour les recouvrir. Si un roulage ne suffit pas, il faut, dans tous les cas, se contenter d'un léger hersage.

Entretien des prairies. — Qu'il s'agisse de prairies nouvellement créées, que cette création ait été faite en suivant la meilleure méthode ou non, ou qu'il s'agisse d'anciennes prairies, quels qu'en soient les qualités et les défauts, il est nécessaire de les entretenir si l'on veut en tirer tout le parti possible.

Contrairement à l'idée d'un grand nombre de cultivateurs bretons, la production du foin, comme celle de toutes les récoltes, appauvrit le sol, en lui enlevant une partie des éléments constitutifs des plantes qui le composent. Et l'eau d'arrosage est presque toujours impuis-

ssante, dans nos contrées, à restituer les éléments ainsi
enlevés au sol. L'acide phosphorique et la chaux, par
exemple, ne sauraient se rencontrer dans les eaux de
nos contrées, puisque l'air n'en renferme pas et que nos
terres en sont dépourvues.

Il est donc indispensable de fumer les prairies, comme
on fume les terres cultivées, pour les maintenir dans un
bon état de production. Malheureusement le fumier est
toujours ce qui fait le plus défaut à la ferme, et le cultivateur le réserve dans la mesure du possible, pour ses
terres en culture. Avec un petit effort, il arriverait
cependant à en avoir aussi pour ses prairies, tout en
employant des fumures plus abondantes dans ses terres
cultivées. Il s'agirait simplement de ne pas le laisser
perdre comme cela a lieu dans presque toutes nos
fermes, où le purin est perdu, où le fumier, lavé par
les eaux de pluie en hiver ou desséché outre mesure en
été, ne reçoit aucun soin et ne retourne à la terre qu'une
faible partie des éléments fertilisants dont il se compose
au moment de sa fabrication. Il n'est cependant pas un
cultivateur qui ne connaisse les effets merveilleux du
purin sur la production de l'herbe, et rien ne serait plus
facile que de le recueillir dans une fosse et de l'envoyer
sur les prairies. Le produit de celles-ci s'en trouverait
augmenté et comme le fumier produit est en raison
directe des fourrages consommés par les animaux, on
en aurait davantage et de meilleur, car un progrès en
amène un autre.

D'ailleurs, en attendant que cette augmentation soit
obtenue et pour la faciliter, on peut aujourd'hui faire
sur les prairies un usage très économique des engrais
du commerce, des engrais chimiques. Le fumier du reste
n'est pas capable de remplacer tous ces engrais, au moins
dans nos contrées.

Etant le produit indirect du sol, puisqu'il provient des
plantes qu'il a produites, sa composition a nécessairement les mêmes défauts. Nos terres ne contenant ni
calcaire ni acide phosphorique, le fumier produit dans
nos fermes n'en contient guère non plus et il est indispensable de lui adjoindre des sables coquilliers ou de la
chaux et des engrais phosphatés. Toutes les terres et
particulièrement les prairies qui n'en ont pas encore
reçu, devraient recevoir immédiatement de 800 à 1,200
kilogrammes de bon phosphate fossile par hectare. Sous

l'influence de cette fumure on verrait la flore se transformer immédiatement, et là où on n'obtient aujourd'hui qu'un fourrage médiocre ou mauvais, à peine capable de faire vivre les animaux, on obtiendrait du foin de première qualité. L'effet du phosphate sur les prairies serait très avantageusement complété par l'emploi d'un engrais potassique, le chlorure de potassium, par exemple, à la dose de 150 à 200 kilogrammes par hectare, et d'un compost de chaux et de sable marin.

Le plus souvent cette fumure sera suffisante, les prairies de ce pays étant toutes très humides et riches en azote. Cependant dans les prairies saines, ces engrais devront être additionnés de purin, de fumier, ou de nitrate de soude, si l'on veut améliorer la quantité en même temps que la qualité de l'herbe.

En appliquant les engrais phosphatés à la dose que nous indiquons, leur effet se fera sentir pendant 5 ou 6 ans. On s'apercevra du moment où il conviendra d'en appliquer une nouvelle dose, à la diminution de la proportion de légumineuses dans le foin. Les engrais phosphatés font prédominer cette catégorie de plantes, tandis que les engrais azotés favorisent surtout la pousse des graminées.

Mais les cultivateurs qui feront usage de ces engrais, ou de n'importe quel autre d'ailleurs, devront nécessairement renoncer à l'usage immoderé de l'eau d'arrosage, usage beaucoup trop répandu en Bretagne, et dont la conséquence serait l'entrainement au ruisseau ou à la rivière, des engrais employés.

(A suivre.)   H. LÉIZOUR.

Guerre aux Voleurs !

Beaucoup de personnes s'imaginent qu'à l'heureuse époque où nous vivons, en ce déclin du siècle de la vapeur et de l'électricité, on ne saurait plus rencontrer dans la Beauce ces écumeurs des campagnes qui, jadis après boire, faisaient signer à de pauvres diables des marchés ruineux à propos d'engrais d'une valeur absolument ridicule. On croit que, grâce à l'enseignement nomade de l'agriculture qui existe en Eure-et-Loir depuis plus de neuf ans, grâce aux facilités accordées par le Conseil général aux cultivateurs pour faire analyser leurs engrais au laboratoire de la station agronomique, la lumière a enfin pénétré dans les villages situés à peu de distance des chemins de fer et de Chartres, et qu'il n'y a plus pour cette engeance malfaisante d'os à moelle à ronger.

Eh bien, cet optimisme est trompeur : les communes de Bailleau-le-Pin, Blandainville, Epeautrolles, Ermenonville-la-Petite, Charonville, et d'autres encore selon toutes probabilités, viennent de m'être signalées pour avoir été victimes, dans la personne de quelques uns de leurs habitants, d'un de ces habiles faiseurs de boniment.

Cet ingénieux commerçant, autant qu'habile homme, puisqu'il se garde d'enfreindre en quoi que ce soit les prescriptions légales, a eu le bonheur d'écouler, dans la région sus-énoncée, comme en fait foi la facture que j'ai en mains, au prix modique de

10 fr. les 100 kgr.

du superphosphate garanti à 10-12 0/0 d'acide phosphorique soluble au citrate d'ammoniaque, ce qui remet le degré d'acide phosphorique à **un franc 60** !

Les cours sont en réalité un peu plus bas aujourd'hui. Le degré d'acide phosphorique assimilable ne se vend pas plus de 0 fr. 50 au maximum. Ces cultivateurs n'ont payé leur engrais que trois fois ce qu'il valait.

Voilà où conduit l'ignorance et l'isolement. Voilà ce qu'on a voulu combattre en fondant les syndicats agricoles. Quand donc nos cultivateurs comprendront-ils tous que leur intérêt est de se solidariser ? Les syndicats d'Eure-et-Loir sont assez prospères pour qu'il ne soit pas utile *pour eux* de faire de la réclame afin d'augmenter le nombre de leurs adhérents, mais trop nombreux encore sont les cultivateurs dissidents pour que nous ne profitions pas de cette occasion pour leur montrer les résultats de leur insouciance.

La prospérité de l'agriculture exige que tous les agriculteurs éclairés, qui se sont syndiqués, fassent du prosélytisme, et entrainent par la persuation les cultivateurs retardataires dans le sillage du progrès. — C'est une honte pour notre pays que de pareils faits puissent encore s'y produire. J'ai commencé cet article par le cri de *guerre aux voleurs !* j'aurais été au moins autant dans vérité en le remplaçant par *guerre à l'ignorance !*

C.-V. GAROLA.

La taupe. — Sa destruction

Tout le monde connaît la taupe, ce petit animal souterrain, éminemment carnassier, qui se nourrit des larves et des vers qui abondent dans la couche superficielle du sol. Sa voracité est extrême ; sa puissance digestive très développée. Des expériences ont démontré qu'elle meure de consomption après 24 à 30 heures de jeûne.

Certains auteurs affirment que les mâles se font entre eux, à certaines époques de l'année, une guerre acharnée ; les sujets les plus faibles succombent sous les coups des plus robustes qui se gorgent des dépouilles.

Cet instinct sanguinaire, l'impérieuse nécessité d'assouvir une fringale de tous les instants, dont les causes contribuent, dans une certaine mesure, à débarrasser le sol de la vermine qui s'attaque aux racines des plantes, ont fait considérer la taupe, par les naturalistes en général, comme un animal utile, un auxiliaire de l'homme.

Mais pour subvenir à ses besoins, pour poursuivre les ennemis qui lui servent de pâture, la taupe est obligée de fouiler le sol, d'établir à sa surface de nombreuses galeries et des monticules (taupinières), qui créent au cultivateur de sérieuses difficultés et lui occasionnent des pertes sensibles.

C'est dans les terres à fourrages, prairies naturelles et artificielles, dans les semis de printemps et les jardins, que son action est la plus nuisible. Des semis sont parfois en partie détruits par les fouilles et la répartition de l'eau sur les prairies irriguées est rendue souvent bien difficile par la présence des galeries. En outre, dans l'emplacement des taupinières, l'herbe est rare et la coupe ne peut s'y effectuer ras du sol, ce qui entraine un déficit de récolte qu'il y a lieu de prendre en considération.

Pour ces raisons, le cultivateur considère la taupe comme nuisible et s'est ouvertement déclaré son ennemi.

Il y a donc le pour et le contre, dans cette question de voir dans la taupe un ennemi ou un auxiliaire. Chaque opinion peut se soutenir ou se combattre, suivant le point de vue dans lequel on se place.

Entre les deux extrêmes il y a place, croyons-nous, pour une transaction. Si ce n'est peut-être sur les prairaies irriguées, pendant l'hiver, le travail de la taupe ne cause pas grand préjudice et on peut la laisser fouiller en toute liberté. Il n'y a pas lieu non plus, de s'inquiéter outre mesure, en aucune saison, de sa présence dans les céréales, et les terres non emblavées. Mais il y a lieu de la poursuivre vigoureusement aux premiers jours de beau temps, sur les prairies, les jardins et les terres destinées aux semis de printemps. Sur ces dernières cultures, les fouilles sont toujours de nature à occasionner au cultivateur des difficultés et des pertes.

En dehors des moyens plus ou moins nouveaux et plus ou moins efficaces, que des spécialistes recommandent, il existe deux anciens procédés de destruction des taupes, que nous allons sommairement décrire. Ils ont fait leurs preuves et sont à la portée de tous, presque sans bourse délier.

Elles consistent : 1° à tendre des pièges dans les galeries voisines de l'habitation de la taupe ; 2° à la capturer avec une pioche au moment où elle fouille.

L'habitation de la taupe est établie à une certaine profondeur du sol, à l'abri de l'humidité. Généralement elle choisit les haies et les talus qui lui offrent ces conditions. De sa retraite rayonnent des galeries, des passages, vers des centres caractérisés par la présence des taupinières où elle se rend aux heures des repas.

En tournant le groupe des taupinières, un homme expérimenté ne tarde pas à reconnaître les galeries qui aboutissent à l'habitation de la taupe, dont la direction est, comme il est dit ci-dessus, vers un talus ou une haie, ou, à leur défaut, vers la partie la plus élevée, la plus saine du champ ou de la prairie.

C'est dans ces galeries que les pièges sont placés. Ils sont construits en bois ou en fer ; ils sont simples ou doubles. Dans les pièges en bois l'animal est capturé vivant ; dans ceux en fer il est enserré et étouffé entre deux branches courbées à angle droit. Un piège double suffit par galerie, la taupe est saisie de quelque côté qu'elle vienne ; il en faut deux simples, disposés en sens contraire, pour remplir le même but.

Nous ne donnons pas autrement leur description, parce qu'ils sont on ne peut plus simples, et qu'à première vue on se rend très bien compte de leur perfectionnement. C'est sur les prairies qu'on obtient le plus de réussite avec les pièges. Sur les terres ou guéret, la pioche est préférable.

Une fois mis en place, le piège doit être recouvert de terre, ou mieux de gazon, pour intercepter le passage de l'air dans les galeries.

Autant que possible le piège sera visité tous les jours. Si rien ne laisse à désirer sous le rapport de son emplacement et de sa disposition, dès la première inspection il y aura presque toujours un résultat. S'il est simplement détendu, ou bien encore si on constate à côté la présence d'une deuxième galerie, ce sera l'indice que l'ennemi a flairé le danger, qu'il a pris la tangente, cas assez fréquent et qui dénote le plus souvent que la pose était mal effectuée.

Lorsque après quelques jours le piège ne paraît pas dérangé, il y a lieu de le déplacer.

Le deuxième procédé appliqué à la destruction de la taupe, qui consiste à la capturer pendant son travail à l'aide d'une pioche, exige une certaine patience et quelques précautions.

Il faudra d'abord se rappeler que les heures les plus propices pour surprendre la taupe dans son travail, sont : le matin de 6 à 9 heures, le soir de 3 heures jusqu'à la nuit. Pendant le restant de la journée, les chances de la rencontrer sont bien moins grandes.

Lorsqu'on est parvenu à l'observer en travail, il faut approcher doucement, de manière à provoquer le moins d'ébranlement possible de la surface du sol, car la taupe est très méfiante ; au moindre bruit perçu, au moindre ébranlement du sol ressenti, elle suspend les fouilles pendant un temps plus ou moins long.

Il y a donc lieu, le cas échéant, d'attendre à pied d'œuvre, immobile, la pioche prête à frapper au premier signal de reprise du travail. Si ce moment paraît se faire trop attendre, il faut favoriser l'introduction de l'air dans la galerie, en défaisant la taupinière nouvellement remuée. La taupe inquiétée par le courant d'air, quelques instants après, se présente à l'ouverture, poussant devant elle un paquet de terre pour la fermer. Il s'agit alors de profiter du moment propice pour la saisir.

En somme, la chasse à la taupe est chose facile. Le cultivateur après quelques essais peut acquérir vite l'habileté suffisante pour débarrasser les champs de sa présence.

L'art du taupier réside, du reste, presque uniquement dans la mise en pratique de ces quelques indications.

G. PEYRAS.

Culture de la pomme de terre. — Moyens d'obtenir de forts rendements.

Le moment de traiter cette question ne semblera peut-être pas propice de prime abord à tous les lecteurs.

Cependant il est de toute nécessité, malgré que nous soyons plongés dans la mauvaise saison, de songer dès à présent à la prochaine culture de pommes de terre ainsi que, d'ailleurs, à celle de toutes les racines fourragères.

C'est, en effet, à cette époque de l'année que les attelages ont le plus de répit, c'est donc le moment le plus favorable pour entreprendre les défoncements, opération que l'on doit considérer comme indispensable si on est soucieux d'obtenir des rendements élevés.

A notre époque de progrès où les expériences et les démonstrations de toute nature se multiplient à l'infini sur toutes nos plantes agricoles, soit céréales, soit fourragères, soit industrielles ; il y a toujours quelque chose de nouveau à apprendre et à retenir pour le cultivateur.

Ces recherches portent généralement sur les trois points suivants :

1° Le choix des meilleurs variétés à cultiver dans telle ou telle nature de terre ;

2° Le mode de culture le plus avantageux ;

3° Les fumures les plus convenables.

En ce qui concerne la culture de la pomme de terre qui fera l'objet de cet article, ce ne sont pas les études qui manquent. De nombreuses publications ont déjà fait connaître à beaucoup de cultivateurs les résultats obtenus. Les plus autorisées que nous devons citer ont été entreprises par M. Aimé Girard, le savant professeur du conservatoire des arts et métiers. Il s'est principalement occupé de la pomme de terre industrielle.

Des nombreux essais qui ont été faits, il n'en résulte pas des règles absolues et invariables, évidemment non, personne ne songera jamais à les présenter comme telles, car, en agriculture, il n'y a pas d'absolu ; mais ils mettent en évidence et confirment certains faits que l'on ne doit pas ignorer.

M. Aimé Girard démontre que nous pourrions en France, aussi bien qu'en Allemagne, arriver à obtenir des rendements de 40.000 k. à l'hectare au lieu de 14 à 15.000 k. qui sont les rendements les plus communs.

Que faut-il donc faire pour arriver à ce résultat ? C'est ce que nous allons examiner :

Variétés à cultiver. — Toutes les variétés de pommes de terre sont loin d'offrir les mêmes avantages, tant pour la culture de tous les sols que pour l'usage auquel on destine leurs produits.

A-t-on un sol léger, sableux, plus ou moins argileux, une terre franche, suivant ces cas particuliers, il s'agit d'y approprier les variétés qui s'y trouveront le mieux.

Veut-on faire de la pomme terre pour la consommation des villes, pour la distillerie, pour l'alimentation des animaux, ou enfin la variété qui est bonne à tous les usages de la ferme, cas le plus fréquent, lorsqu'on est éloigné des grands centres de consommation et des centres industriels, autant sera variable le choix à faire.

Sans entrer dans une étude aussi approfondie et pour rester concis nous nous bornerons à l'étude, et surtout à la culture des variétés qui offrent le plus d'avantages pour leur utilisation directe dans la ferme.

Les bonnes variétés commencent à se vulgariser un peu partout, il suffira d'indiquer celles qui sont nouvelles pour beaucoup de cultivateurs et qui ont donné les meilleurs rendements dans les mêmes conditions de bonne culture.

Voici des essais entrepris par M. A. Girard. La plantation a été faite avec des tubercules moyens.

NOMS DES VARIÉTÉS	RENDEMENT A L'HECTARE	
	EN POIDS	EN VOLUME
Richter's Imperator	46.000 k.	707 hect.
Institut de Beauvais	37.120 k.	571 hect.
Canada	36.720 k.	565 hect.
Gelbe rose	30.720 k.	565 hect.
Merveille d'Amérique . . .	30.700 k.	564 hect.

Richter's Imperator, variété préconisée par M. Aimé Girard, extrêmement productive, jaune pâle, demi-longue, très farineuse et résiste bien à la maladie (phytophtora infestans). Les gros tubercules arrivent à 700 et 800 gr.

Institut de Beauvais, variété également très productive, ses tubercules jaunes légèrement rosés sont oblongs aplatis, chair blanche.

Canada, variété jaune, ronde, très grosse, demi-tardive, très productive, réussissant bien dans les terres fortes.

Gelbe rose, hâtive, rosée oblongue, farineuse, très productive.

Merveille d'Amérique, rouge ronde, très grosse, très productive, mais sujette à la maladie.

Early rose, rose hâtive, rosée oblongue, farineuse très hâtive, productive, assez sujette à la maladie.

Champion, jaune forme arrondie, un peu irrégulière, tardive, très productive.

Magnum bonum, jaune oblongue ; demi tardive, très productive.

Voici la liste des variétés de grande culture qui donnent le plus de rendement, le choix de l'une d'elle pourra varier suivant la nature du sol, cependant, en terrains ordinaires, bien préparés et profondément ameublis, comme nous l'indiquerons ci-après, toutes peuvent donner d'excellents résultats.

Mode de culture le plus avantageux. — Les causes qui influent sur l'abondance ou la médiocrité des récoltes de pommes de terres, en dehors des fumures et des conditions météorologiques, sont : la préparation du sol et notamment la profondeur des labours, la date de la plantation, sa régularité, l'espacement et le choix du plant, etc.

Labours. — En ce qui concerne la profondeur des labours, c'est un préjugé assez répandu, que sous le rapport de la préparation du sol, la pomme de terre n'est pas une plante exigeante ; habitués à voir les tubercules se présenter en général, à fleur de terre, beaucoup de cultivateurs considèrent que, pour sa culture, il suffit de recourir à de légers labours auxquels le buttage servira d'auxiliaire.

Une semblable supposition est une grosse erreur, attendu que les tubercules formés plus ou moins superficiellement, suivant les variétés, sont alimentés par les racines de la plante et que ces dernières ne demandent qu'à avoir le plus d'étendue possible en profondeur pour assurer une végétation régulière et partant une bonne récolte.

Des chiffres fournis par M. Aimé Girard confirment ce fait. Avec un sol labouré à 0^m15 et un autre labouré et défoncé à 0^m40 il arrive à des différences de rendements considérables, en faveur des défoncements.

En outre, l'analyse démontre toujours que la richesse des pommes de terre, en fécule, augmente au fur et à mesure qu'augmente la profondeur à laquelle le sol a été ameubli ; l'abondance des radicelles, la profondeur à laquelle elles peuvent descendre, sont les causes de ce résultat.

L'avantage que présente, pour la culture de la pomme de terre, les labours suivis d'un défoncement, peut donc être considéré comme certain et il serait à souhaiter qu'on ne se contentât plus de labours ordinaires pour cette culture.

Les labours de défoncement sont généralement opérés avec le brabant, cette question a déjà été traitée dans ce bulletin, il est donc inutile d'insister.

Cependant, les cultivateurs qui ne possèdent pas encore de brabant pourraient faire des défoncements, du moins des défoncements partiels, et voici, à mon avis, comment ils devraient procéder, sans être obligés de déplacer les attelages de la charrue à la fouilleuse, à tout bout de champ.

Lorsque le sol est labouré en petits sillons comme on le fait ordinairement, dans la Mayenne, la fouilleuse[1] pourrait être passée successivement dans le fond de toutes les raies ouvertes, au deuxième labour le sillon étant reformé sur cette raie défoncée, il serait possible de défoncer les nouvelles raies ouvertes qui formaient le milieu de l'ancien sillon. De cette façon le terrain serait défoncé à peu près partout, sans aucune perte de temps.

(*A suivre*). P. MASSERON.

1. Il suffirait d'avoir une fouilleuse simple, instrument peu coûteux qui peut même être fait par le charron du village : Trois tiges de fer recourbées et fixées sur un bâti solide appelé (age) à l'un des bouts un support à glissière terminé par une petite roue, à l'autre bout deux manchons, composent cet instrument de mérite.

Les abreuvoirs à la campagne

Assurément, tout le monde est frappé du laisser-aller avec lequel on entretient les abreuvoirs et les mares d'eaux croupissantes destinés à désaltérer nos animaux domestiques, le cheval et les vaches laitières principalement

Ici, c'est une mare communale qui reçoit toutes les eaux sales du village, quand il ne tombe pas d'eau, — et tous les égouts des cours et des fumiers et l'eau de lavage des rues, quant tombe une averse. A voir cette eau qui n'est que du purin, on pourrait croire qu'un régiment de nègres est venu s'y déteindre ; quant à l'odeur qui s'en dégage, c'est du sulfydrate d'ammoniaque tout pur. (Lisez extrait de fosses d'aisances).

Là, c'est une mare spéciale à la ferme dans laquelle

chats crevés, poussins morts, poules et canards barbottent à leur aise. Nous en avons même vu une qui occupait le centre d'une cour en cuvette, les bords étant garnis de fumier tout autour.

Cette eau de lessive, des fumiers de l'exploitation, un jour qu'on l'avait remuée plus que de coutume, causa l'empoisonnement de 6 chevaux qui avaient bu de cette saleté. Pendant plusieurs jours, ces animaux furent gravement malades, atteints d'une diarrhée à odeur infecte qui, heureusement n'en fit périr aucun. Les fumiers ainsi lessivés n'ayant plus aucune propriété fertilisante, amenèrent, vous n'en doutez point, la déconfiture du fermier qui se lamenta alors en répétant, après tant d'autres, qu'il y a des gens nés sous une mauvaise étoile, qui n'ont jamais de chance, etc.

Mais ce que je trouve d'absolument renversant, c'est l'affirmation de certains ruraux qui prétendent que cette eau est plus douce et qu'elle convient mieux aux animaux domestiques, que ceux-ci la préfèrent à l'eau pure du puits ou de la rivière, pour la raison bien simple qu'on ne leur en présente jamais d'autre et que, dès que par hasard on leur tend un verre d'eau pure, les pauvres bêtes se demandent si on ne se moque pas d'elles et si l'eau qui laisse voir le fond du sceau... est bien réellement de l'eau.

Quoi qu'il en soit, il n'en est pas moins vrai que toutes ces eaux sales et empuantées sont la cause de nombreuses maladies : pour n'en citer qu'une, nous ne parlerons que de la fièvre typhoïde qui, l'hiver dernier, apparut brusquement sur 80 chevaux d'un régiment en garnison à Versailles. Par suite des grands froids survenus brusquement, on fut obligé de donner en boisson des eaux de mauvaise qualité ; en moins de trois semaines, 80 chevaux tombèrent malades en présentant tous les symptômes alarmants du typhus ou maladie typhoïde : gonflement des paupières, larmoiement, fièvre intense, perte de force et perte d'appétit, inflammation douloureuse de l'intestin, diarrhée, etc., etc. Cette affection à caractère typhoïde et contagieux n'était, en somme, qu'un empoisonnement qui cessa dès que l'eau potable fut réintroduite dans les boissons.

Aug. Eloire,
Médecin-Vétérinaire,

(Extrait du Progrès agricole).

Les pommes pourries

Nous arrivons à la fin de la saison du broyage des pommes, les dernières livraisons que l'on voit circuler contiennent souvent bon nombre de pommes pourries, aussi serait-il quelque peu intéressant d'examiner la question :

Doit-on mélanger les pommes pourries ?

Question fort controversée et sur laquelle les opinions sont absolument opposées.

Les uns prétendent que quelques pommes pourries ne font pas mauvais effet dans le cidre, qu'elles lui donnent de la force et du montant et qu'il suffit de les pressurer rapidement pour ne laisser le jus macérer dans le marc que le moins longtemps possible.

Toutes les opinions que l'on peut émettre à ce sujet sont faciles à détruire par la raison suivante :

La matière sucrée renfermée dans les pommes, est la source de l'alcool qui se développe dans le cidre. C'est à cette matière sucrée, après sa fermentation alcoolique, que le cidre doit son plus ou moins de force. Pas de matière sucrée partant, pas de fermentation alcoolique, pas de cidre, mais une eau jaunâtre, fade, sans saveur.

Il en résulte donc que le point capital dans la fabrication du cidre, est de saisir le moment où la pomme contient la plus forte quantité de sucre. Eh bien, voici ce que répond l'analyse chimique.

On prend trois pommes dans le même pommier : l'une est analisée avant qu'elle ne soit mûre, l'autre à son état de maturité complète, la troisième lorsqu'elle est pourrie :

Sucre fourni par la pomme verte 6 p. 0/0.
Sucre fourni par la pomme bien mûre 12 p. 0/0.
Sucre fourni par la pomme pourrie, à peine des traces.

Or, la balance du chimiste n'a pas de complaisance, elle n'a pas de parti pris, son langage est celui de la stricte exactitude.

On peut donc dire aux partisans de pommes pourries.
— Pressurez vos pommes en pleine maturité, coupez votre cidre de moitié d'eau si vous voulez, et il contiendra encore autant d'alcool, il sera aussi fort que le cidre pur extrait de vos pommes vertes. Quant à votre cidre de pommes pourries, ce n'est guère que de l'eau jaunâtre,

parce que la pourriture est une décomposition qui a amené la disparition du sucre.

Les pommes pourries sont non seulement une non valeur, mais encore et surtout une cause de détérioration du cidre.

Supprimons donc les pommes pourries avec soin : « Elles ne servent qu'à nuire ».

P. M.

SYNDICAT DES AGRICULTEURS DE LA MAYENNE

AVIS IMPORTANT

Engrais. — Au moment où va s'ouvrir la campagne agricole du printemps, afin d'éviter les ennuis des années précédentes et les pertes de temps subies par un certain nombre de syndiqués, le bureau du syndicat a décidé qu'à l'avenir les entrepositaires ne seront pas tenus de livrer immédiatement les engrais qui leur seraient demandés par quantités de *1000 kilos et au-dessus.*

MM. les membres du Syndicat qui désireront faire prendre dans un entrepôt quelconque, y compris celui de Laval, 1000 kilos ou plus d'un même engrais, devront en avertir l'entrepositaire au moins **huit jours à l'avance.**

Les entrepôts ne peuvent contenir que des quantités limitées des diverses natures d'engrais et lorsqu'ils sont obligés de faire de grosses livraisons inopinément, ils restent ensuite dépourvus, au grand détriment des agriculteurs qui, n'ayant besoin que de petites quantités, sont en droit de les réclamer immédiatement, puisque c'est surtout pour eux que les entrepôts ont été institués.

Graines. — Nous rappelons également aux membres du Syndicat, que pour être assurés d'obtenir des graines ils doivent en faire la demande d'avance, soit directement à M. Peyras, agent principal du Syndicat, à Laval, soit à l'entrepositaire de leur localité.

Le Syndicat n'aura de graines en entrepôt, jusqu'à nouvel ordre, qu'à *Laval, à l'entrepôt Central, Craon, chez M. Goussé, Mayenne, chez MM. Lebroc frères, Château-Gontier, M. Ferré-Chauvet et Ambrières, chez M. Ravé.* Il ne garantit en rien les graines vendues par les autres entrepositaires, mais les membres du Syndicat peuvent se servir de leur intermédiaire pour faire leurs

218

commandes à M. Peyras, qui leur enverra directement
ce qu'ils demanderont.

Le Syndicat ne gardant jamais de graines d'une année
à l'autre, ne peut pas faire de gros approvisionnements.
Il ne faut donc pas attendre au dernier moment pour lui
en demander, si l'on veut être servi.

Hte LÉIZOUR.

Le Syndicat des Agriculteurs de la Mayenne va prochainement renouveler ses marchés, pour les fournitures ci-
après :

1° *Nitrate de soude, sulfate d'ammoniaque et noir
animal*, pour le 1er semestre 1892, du 1er janvier au 30
juin ;

2° Pour les graines fourragères diverses, pendant l'année 1892.

Les personnes qui désireraient prendre part à ces fournitures, sont invitées à adresser leurs offres conformément au cahier des charges, à M. LÉIZOUR, président du
Syndicat, à Laval, avant le 28 courant, délai de rigueur.

Pour le nitrate de soude, il devra être spécifié pour
livraisons en sacs d'origine et en sacs réglés à 100 kilos,
double enveloppe.

Le cahier des charges sera adressé aux personnes qui
en feront la demande.

Laval, le 7 Décembre 1891.

L'Agent principal,
G. PEYRAS.

En outre du tourteau de lin dont les prix ont été indiqués dans
un précédent N° du bulletin, l'Entrepôt de Laval s'est approvisionné de tourteau de Coprah, spécial pour les vaches laitières.

Ce tourteau est livré aux prix ci-après :

1° En pains et en vrac, à . . . .   1-f. 30 les 100 k.
2° Concassé dans les toiles de l'acheteur, à.   18 60   —
3° Concassé et logé, à . . . .   19 10   —

Agenda agricole et viticole

Nous venons de recevoir l'Agenda Vermorel pour l'année 1892.

Cet élégant carnet de poche, rédigé avec le concours de nombreux
professeurs d'agriculture et de praticiens, contient, sous un petit
volume, tous les renseignements utiles aux agriculteurs et viticulteurs.

En mathématiques : intérêts, cubes, surfaces, etc., la mécanique,
la physique, la chimie, la géologie une quinzaine de pages ; les
terrains, les engrais, les amendements en occupent 20. Une partie
est également consacrée au bétail et aux maladies des animaux.

L'ampélographie européenne et américaine, le greffage, les maladies de la vigne, la vinification, le sucrage, les maladies des vins,
leur classification, etc., occupent une large place.

La troisième partie est consacrée aux renseignement généraux sur les postes, les télégraphes, chemins de fer, les secours en cas d'accident.

La quatrième partie contient l'Agenda proprement dit, les dates, mois, et jours, à raison de 3 journées par page, pour l'inscription des notes, comptes, etc. Une pochette accolée à la couverture permet de loger les notes.

Nous remarquons que la revue de fin d'année a été développée, et de nombreux renseignements ajoutés; la reliure elle-même a été améliorée en vue d'assurer à cette édition le succès de ses devancières.

L'Agenda est en vente, au prix de 2 fr. 50 (2 fr. 75 franco), à Montpellier, chez M. Coulet; à Villefranche (Rhône), au bureau du *Progrès agricole et viticole*.

L'agenda du « Progrès Agricole »
(3me *Édition*)

Ainsi que nous l'avions prévu, la faveur avec laquelle notre Agenda a été accueilli par le monde agricole nous a fait arriver rapidement à l'épuisement des deux premières éditions.

Nous venons de mettre sous presse la troisième édition: ce sera *irrévocablement* la dernière, le temps nous faisant matériellement défaut pour faire une quatrième édition.

Nous engageons donc nos abonnés, — auxquels nous réservons cette publication, — à utiliser sans aucun retard la feuille de souscription qu'ils trouveront encartée dans le présent numéro. Nous règlerons l'importance du nouveau tirage que nous faisons de l'Agenda, sur les demandes que nous recevrons d'ici huit jours, et nous aurons le regret de ne pas pouvoir répondre aux demandes qui nous seront adressées trop tardivement.

Avis donc à ceux de nos abonnés qui n'ont pas encore demandé l'Agenda du *Progrès Agricole*, que nous expédions franco contre 2 fr 25 en timbres ou mandat-poste.

S'adresser à M. Raquet, 1, rue Le Mattre (Amiens).

AVIS

A vendre, un fort taureau breton-gersiais, 3/4 sang, né le 19 juin 1890. La mère (Niniche) pur sang, de Plougastel (Finistère), mentionnée au dernier concours de Laval (1886).

S'adresser pour le voir au château de la Haute-Foucherie, Saint-Berthevin-lès-Laval et pour traiter, à M. Colson, 54, rue Solférino, Laval.

SYNDICAT DE CHARTRES
SAISON DE PRINTEMPS DE 1892
VINS

Le Syndicat donne avis qu'il peut, pendant la prochaine saison, fournir aux prix ci-dessous les vins naturels, garantis purs raisins frais, des provenances ci-après :

1° Vins d'Algérie

1° Vin rouge de Bône, à 43 fr. l'hectolitre.
2° Vin blanc de Bône, à 43 fr. l'hectolitre.

3° Vin rouge d'Aïn-Beda d'Oran, à 115 fr. la pièce de 220 à 225 litres. Recommandé. (Pour cette espèce, il n'y a pas de demi-pièce).

Nota. — Tous ces prix s'entendent franco gare de l'acheteur, fût perdu, paiement à 90 jours de l'expédition.

Les vins d'Algérie seront livrés jusqu'au 1er avril seulement, à cause des chaleurs, sauf épuisement avant cette date.

Les commandes sont reçues dès maintenant.

2° Vins Français

VINS ROUGES DU GARD

	Récolte 1890		Récolte 1891	
	la pièce	la demi-pièce	la pièce	la demi-pièce
1° Montagne.....	102 fr.	53 fr. 50	100 fr.	52 fr. 50
2° Bon ordinaire.	92	48 50	90	47 50
3° Saint Gilles . .	102	53 50	100	52 50
4° Costière extra.	115	60 »	115	60 »

VIN BLANC DU GARD

Vin blanc sec nouveau (1891), la pièce 100 fr., la demi-pièce 52 fr. 50

Contenance de la pièce 220 à 225 litres, de la demi-pièce 110 à 112 litres, le tout franco gare de l'acheteur, fût perdu, paiement à 90 jours.

VINS ROUGES DE BORDEAUX

1° Bonnes côtes de Bordeaux, 1er choix, 1891 140-160 fr., 1890 180-200 fr. la pièce de 225 à 228 litres.

(Prière de bien indiquer le prix qu'on a choisi).

2° Fronsac, 1er crû....... .... 1890, 230 fr.

3° Côte St-Christophe de St-Emilion. 1890, 250; 1889, 300 fr.

4° Sables de Saint-Emilion......... 1890, 300; 1889, 350

5° Saint-Estèphe........ .... 1890, 350; 1889, 400

6° Saint-Emilion et Haut Pomerol.. 1889, 400; 1887, 500

        id.   1884, 600; 1881, 700

VINS BLANCS DE BORDEAUX

1° Petites Graves, la barrique de 225 à 228 litres,   1891, 120-140

        id.   1890, 160

        id.   1889, 180

2° Graves, 1er crû................. 1890, 200; 1889, 230

3° Preignac-Sauternes 1890, 250; 1889, 300

4° Barsac-Sauternes 1890, 350; 1890, 400

5° Ht-Sauternes. 1890, 450; 1889, 500; 1887, 600; 1884, 700

Le tout franco gare de l'acheteur, paiement à 30 jours 3 0/0 ou à 90 jours sans escompte. — Par 1/2 pièce et 1/4 de pièce, 5 fr. en sus pour logement.

3° Eaux-de-vie du Gard

Eaux-de-vie, type Béziers, 50 degrés........ 0 fr. 80 le litre.

    —   de Marc,   — .... 1 » —

    —   pur vin, extra,   — .... 1 20 —

Le tout pris sur place, logé en bonbonnes d'au moins 10 litres ou en fûts d'au moins 20 à 25 litres.

Nota. — Les droits et le transport, environ 90 centimes par litre, sont à la charge de l'acheteur.

AU PROGRÈS

Maison MOTTE

TAILLEUR CIVIL ET MILITAIRE

12, rue du Grand-Faubourg, 12

A L'ENTRÉE DE LA PLACE DES ÉPARS

CHARTRES

Spécialité de Dolmans pour Officiers, de Tuniques et Livrées pour Pensions et Maisons particulières. — Grand choix de Draperie Française et Anglaise. — Complet confection depuis 20 fr. — Complet sur mesure depuis 55 fr.

Il sera délivré à tout acheteur de costume complet UN SUPERBE PLASTRON.

Remise de 5 %, à tout membre du Syndicat agrico'e, et sur la présentation de sa cart de syndiqué.

RATS souris, loirs, mulots, etc... Contre mandat ou 10 timbres-poste de 0 fr. 15, j'adresse franco le moyen infaillible et très pratique de les détruire tous en quelques heures.

LECLERC, à Beaulieu, par Châtellerault (Vienne). — *Envoi gratis et franco du prospectus destruction des taupes.*

VINS DE BORDEAUX

Rouge (1888) à 125 francs et Blanc (1887) à 200 francs les 225 litres logés sur wagon départ.

S'adresser à M. G. BORD, secrétaire général du syndicat agricole à Cadillac-sur-Garonne (Gironde).

VACHERIE A CÉDER

Aux portes de Paris, après fortune,

20 bonnes vaches, 2 chevaux 3 voitures et tout le matériel.

Vente journalière, 300 litres de lait à 40 et 50 centimes le litre.

Bénéfice net par an, 10,000 fr. prouvés. — Grande habitation.

On traitera avec 10.000 fr., ou sans argent avec garanties sérieuses.

Ecrire à *M. Dagory* 149, rue Lafayette, Paris. Renseignements gratuits.

VINS DE BORDEAUX

rouge 1888 à 125 fr. ┐ les 225 litres logés sur wagon départ.
blanc 1887 à 200 fr. ┘ paiement 30 jours.

Vins plus vieux à des prix supérieurs, des vignobles de M. Numa **Médeville**, vice-président du Syndicat agricole de Cadillac (Gironde), qui a obtenu médaille d'or, grande culture, pour le département de la Gironde, médaille vermeil de la Société des agriculteurs de France.

A vendre, graine de trèfle garantie sans cuscute. S'adresser à M Th. Fouassier, rue des Platanes, à Château-Gontier.

On demande un charretier, à la ferme-école de la Pilletière, par Jupilles (Sarthe). La femme serait cuisinière. Ecrire.

La plus ancienne fabrique de Semoirs français

Maison **JACQUET-ROBILLARD**, *fondée en* 1836

J. MARÉCHAL ✽

Constructeur, 4, rue de Turenne et rue du Vent de Bise, à ARRAS

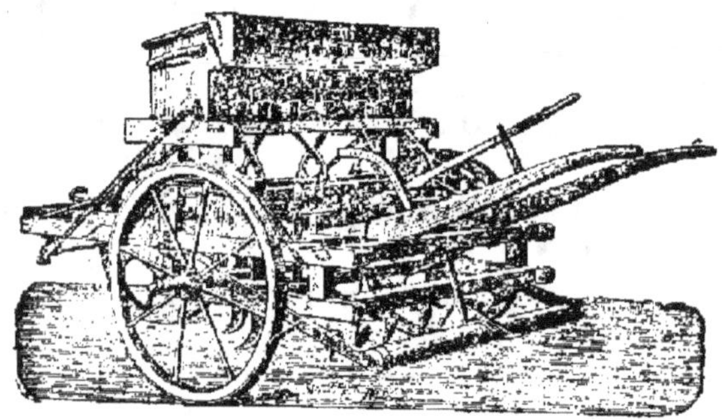

Fabrique spéciale de SEMOIRS à socs rigides et à socs articulés
Médaille d'argent à l'exposition universelle de 1889.
SEMOIRS à BETTERAVES et ENGRAIS et DISTRIBUTEURS D'ENGRAIS
Envoi franco du Catalogue
Près de 500 médailles
Plus de 6.000 semoirs livrés
**40 premiers prix en 1889,
1890 et 1891**

AVOINE FOUDROYANTE
Pour détruire les rats, souris, taupes, mulots, etc.

Destruction générale et complète dans les **24** *heures*, sans danger pour les animaux domestiques.

Prix du paquet : **1 franc**. — 6 paquets : **5 francs**.

Envoi franco à domicile contre mandat ou timbres-poste adressés à *H. PIGOT, rue des Amandiers, 89, à Paris*. On demande des dépositaires.

Avis

Les membres du Syndicat des Agriculteurs de la Mayenne, sont informés que M. FERRÉ-CHAUVET, marchand de matériaux, entrepositaire du Syndicat à Château-Gontier, représente depuis le 1er avril 1891, la maison Louis Bouhé et Sankey de Saint-Nazaire, importateur direct des charbons anglais pour le port de Saint-Nazaire.

En conséquence, MM. les Syndiqués qui peuvent avoir besoin de charbons de terre Cardiff, Gaillettes, charbon de forges, flambant d'Ecosse et briquettes de Cardiff, etc., etc., pourront se les procurer aux meilleures conditions possibles, comme bon marché et qualité supérieure.

Adresser les commandes à M. Ferré Chauvet, entrepositaire du Syndicat à Château-Gontier.

Envoi des prix courant et conditions de vente sur demande.

Le Gérant, **E. MOREAU.**

Laval, Imp. L. Moreau.

TABLE DES MATIÈRES

ANNÉE 1891

Supplément au n° 35 (Août 1891) du B-lletin agricole de l'Ouest

REPUBLIQUE FRANÇAISE

CHAIRE D'AGRICULTURE DE LA MAYENNE

CHAMPS DE DÉMONSTRATIONS ET D'EXPÉRIENCES

COMPTE-RENDU

des cultures entreprises pendant la campagne agricole 1889-1890

PAR H. LÉIZOUR, O, M. A.

Professeur départemental d'agriculture
Directeur du laboratoire agronomique de la Mayenne

4me ANNÉE

LAVAL

TYPOGRAPHIE DE LÉON MOREAU, RUE DU LIEUTENANT, 2.

1891

COMPTE-RENDU

des expériences et des démonstrations
entreprises pendant la campagne agricole 1889-1890

4ᵐᵉ ANNÉE

Iʳᵉ PARTIE

CONTRIBUTION A L'ÉTUDE DES SOLS DE LA MAYENNE

L'usage de plus en plus répandu des engrais chimiques, joint aux quelques échecs subis par ceux qui ne savent pas encore les appliquer avec discernement, amène une demande très active d'analyses de terre. Chaque cultivateur intelligent et désireux d'augmenter la production de son exploitation veut savoir la composition de la terre qu'il cultive, afin d'en déduire la composition des fumures complémentaires qu'il doit lui appliquer.

C'est là un très heureux résultat des champs de démonstration qui, tout en montrant aux cultivateurs qu'ils peuvent mieux faire, donnent fréquemment l'occasion de leur parler des connaissances nécessaires pour tirer de leur sol les plus abondantes récoltes.

Nous donnons dans le tableau suivant le relevé des analyses de terre que nous avons exécutées pendant l'année 1891. Comme celles qui ont été déjà publiées, ces analyses indiquent combien nos terres ont besoin d'engrais phosphatés.

Relevé des analyses de terre faites en 1890

Numéros d'ordre	DÉSIGNATION des COMMUNES	EXPLOITATIONS	ÉTAT du sol	ANALYSE PHYSIQUE				ANALYSE CHIMIQUE DE LA TERRE FINE					
				Pierres	Gravier	Sable fin	Terre fine	Eau	Matières organiques et volatiles	Azote	Acide phospho-rique	Carbonate de Chaux	Potasse
141	Laval	Clouard	Champ.	4 20	2 »	2 40	91 40	1 82	3 68	0 125	0 045	1 568	0 153
142	Evron	Foucher	Pré.	1 »	0 60	0 40	98 »	9 20	10 81	0 350	0 6125	0 219	0 215
143		Baril	Pré-mouil.	0 40	0 80	1 60	97 20	1 50	5 06	0 175	Traces.	0 294	0 100
144		Bidault, A.	Champ	7 40	1 60	2 40	88 60	1 98	5 02	0 175	0 638	0 616	0 100
145		id.	id.	1 »	0 60	1 20	97 20	2 64	5 72	0 200	0 658	1 417	0 119
146	Jublains	Chevalier	Terre.	—	—		—	6 50	1 50	—	=	Néant.	—
147	Evron	Bruand	id.	3 60	1 »	2 50	92 90	6 70	9 30	0 325	0 019	0 117	0 143
148	Laval	Pommerais	id.	1 »	1 80	4 20	93 »	1 50	5 »	0 125	0 034	2 770	0 311
149	Landivy	Prairie de St-Mars sur-la-Futaie. (champ de démonstration)	Tourbeux.	» »	1 »	2 »	97 »	2 30	30 90	0 975	0 925	0 274	0 180
150	St-Aignan-sur-Roë	Arthuy	id.	—	—	—	—	—	—	2 800	Traces.	—	—
151	Château-Gontier	Prairie de la Chevallerie. Duboys-Fresnay	Pré.	27 »	1 40	8 60	60 »	4 18	7 12	0 167	0 064	0 274	0 425
152	id.	Champ de la Chevallerie. Duboys-Fresnay	Champ.	10 »	4 »	5 40	86 60	1 30	5 60	0 130	0 057	0 513	0 622
153	Livré	J. Pasquier	Terre.	0 95	1 60	5 20	92 25	1 42	3 60	0 125	0 019	1 006	0 564
154	Villiers-Charlemagne	Houdayer, à la Pironnière	id.	0 80	1 10	3 10	94 40	1 60	1 »	0 112	0 048	1 164	0 478
155	Laval (	Terre du Champ Tiénot. Perrot	id.	1 05	0 50	4 10	94 05	1 70	3 10	0 100	Traces.	0 445	0 454
156	id. (Sainte-Gemmes-le-Robert	Terre de la Verrerie. Moreau	Champ.	Néant.	0 80	9 20	90 »	3 »	8 35	0 225	0 032	0 239	0 512
157	id.	id. id.	id.	2 60	5 65	25 15	66 60	1 96	6 10	0 175	0 096	0 771	0 415
158	Mayenne	Sauvé	Terre.	10 »	5 »	11 10	74 »	2 82	7 78	0 225	0 051	1 048	0 620
159	id.	id.	id.	1 »	0 70	3 30	95 »	2 80	6 50	0 200	0 032	0 520	0 542
160	St-Pierre-sur-Erve	Terre de la Hemelaie. De Lorière	id.	2 20	1 35	2 85	93 60	1 50	7 35	0 150	Traces.	1 623	0 206
161	id.	id. id.	id.	11 15	1 05	5 80	79 »	4 64	4 56	0 125	0 025	0 682	0 406
162	id.	id. id.	id.	2 »	2 40	3 15	92 15	3 60	4 20	0 113	0 012	0 719	0 215
163	Mayenne	Sauvé	id.	1 90	0 10	1 »	97 »	2 81	5 56	0 125	0 057	0 171	0 430
164	id.	id.	id.	5 »	2 80	6 »	86 20	3 20	6 95	0 135	0 070	0 054	0 253
165	Moutsûrs	Petit, Vital	id.	0 30	2 »	10 05	87 65	2 38	3 82	0 150	0 051	2 171	0 669
166	Ste Gemmes-le-Robert	Terre de la Verrerie. Moreau	Champ.	1 »	1 40	26 80	67 80	2 36	5 60	0 250	0 041	0 910	0 589
167	id.	id. id.	id.	2 05	1 95	23 80	72 20	2 50	5 86	0 225	0 051	1 006	0 469
168	id.	id. id.	id.	4 40	4 30	20 40	72 90	2 56	6 16	0 250	0 069	1 575	0 556
169	id.	id. id.	id.	8 15	4 70	21 40	65 75	2 89	7 77	0 262	0 180	0 890	0 465
170	Gennes	Couillabin	id.	24 40	6 40	16 10	53 10	1 20	5 36	0 225	0 115	1 205	0 674
171	id.	id.	id.	2 »	6 40	11 »	59 60	3 30	4 50	0 175	0 096	1 013	0 622
172	Port-Brillet	Bidault, E.	Prairie.	Néant.	0 40	0 50	99 30	7 »	7 20	0 275	0 057	0 018	0 167
173	id.	id.	id.	id.	2 50	Néant.	97 50	11 47	20 73	0 880	0 182	0 161	0 148
174	Jublains	Chevalier	Vase.	id.	Néant.	10 »	100 »	13 52	11 67	0 625	0 115	0 685	0 358
175	id.	id.	Tourbeux.	id.	id.	10 »	90 »	13 95	13 37	0 550	0 310	Traces.	0 071
176	Château-Gontier	Boisseau	Terre.	—	—	6 »	94 »	2 36	8 80	0 250	0 061	0 774	0 645
177	Laval	Félix Marchais	id.	0 80	0 50	2 50	96 20	10 17	7 13	0 180	0 051	0 822	0 406
178	id.	id.	id.	2 40	2 »	3 05	92 55	3 76	4 11	0 125	0 096	2 568	0 669
179	Laubrières	Bernard	id.	3 »	1 40	2 »	93 60	2 80	3 80	0 154	0 096	0 479	0 358

2ᵐᵉ PARTIE

CHAMPS DE DÉMONSTRATION

Cinquante champs de démonstration ont été organisés dans le département en 1889-1890. Ils avaient pour but, comme ceux des années précédentes, de montrer l'avantage qu'il y a à compléter la fumure au fumier et à la chaux, par l'emploi judicieux des engrais du commerce. Partout où le sol le comportait, l'essai d'une variété à grand rendement a été joint à la démonstration. Dans ce cas, le champ comportait trois parties de 0 h. 50 chacune, deux servant à la démonstration proprement dite et ensemencées à l'aide de la variété du pays, et la troisième servant pour l'essai d'une nouvelle variété. Une des parcelles ensemencées à l'aide de la variété du pays, ainsi que celle qui servait à l'essai de la variété à grand rendement ont reçu une fumure complémentaire, de telle façon qu'il a été possible de comparer les produits des deux parcelles fumées à ceux de la parcelle cultivée d'après le procédé ordinaire de la localité. Nous avons réduit ainsi le problème à sa plus simple expression, afin d'être mieux suivi par le cultivateur, auquel on ne saurait demander de modifier à la fois toutes les parties de son système de production. Même lorsqu'ils sont convaincus de l'utilité de plusieurs réformes, la situation souvent précaire de nos petits cultivateurs, ne leur permet de les entreprendre que successivement.

L'effet produit par ces démonstrations est d'ailleurs considérable et l'usage des fumures complémentaires s'étend d'année en année avec une rapidité à laquelle la routine d'antan ne nous avait guère habitué. Il n'est que juste d'ajouter que cet effet eut été certainement moins prompt, si l'établissement des champs de démonstration n'avait coïncidé avec l'organisation des syndicats agricoles qui, en assurant le cultivateur contre les tromperies du commerce des engrais, lui permettent de croire qu'il obtiendra chez lui les résultats qu'il constate ailleurs.

La récolte de 1890 a été effectuée dans des conditions extrêmement défavorables aux fortes fumures. Le printemps et l'été ont été tellement pluvieux, que les fortes récoltes ont beaucoup plus souffert que les autres et leur rentrée a été beaucoup plus difficile. En ce qui concerne les champs de démonstration, les difficultés ont été telles, que dans un certain nombre de cas, il a été absolument impossible d'opérer le pesage des produits dans des conditions identiques et par suite, on ne saurait traduire les résultats par des chiffres.

Nous ne donnons ci-après que les résultats qui ont pu être constatés d'une façon à peu près normale.

Les engrais qui ont été employés sont :

Le superphosphate minéral, dosant 14 0/0 d'acide phosphorique soluble au citrate d'ammoniaque et coûtant (prix de la fourniture du Syndicat) 9 fr. 15 les cent kilogrammes.

Le phosphate fossile des Ardennes, dosant de 18 à 20 0/0 d'acide phosphorique total et coûtant 6 fr. 30 les cent kilogrammes.

Le chlorure de potassium, dosant 50 0/0 de potasse et coûtant 23 fr. 20 les cent kilogrammes.

Le nitrate de soude, dosant de 15,5 à 16 0/0 d'azote et coûtant 25 fr. les 100 kilogrammes.

Les scories de déphosphoration, dosant 16 0/0 d'acide phosphorique et coûtant 5 fr. 30 les 100 kilogrammes.

CANTON DE COUPTRAIN

La prairie humide de Mᵐᵉ veuve de Robillard, à Saint-Aignan, sur laquelle une démonstration a été faite depuis trois ans a reçu comme fumure complémentaire de la 4ᵉ année, 600 kilos de superphosphate, 200 kilos de nitrate de soude, 200 kilos de chlorure de potassium et 400 kilos de plâtre, à l'hectare.

Les produits en foin, obtenus en une seule coupe, ont été :

Parcelle fumée . .	5.714 kilos.
Parcelle témoin. .	2.092
Différence . . .	3.622 k.

On voit que, malgré l'importance de la fumure qui a coûté 160 fr. par hectare, la dépense a été largement couverte puisque l'excédant de produit de la première coupe n'a pas valu moins de 180 fr.

Les quatre démonstrations faites sur cette prairie ont coûté 725 fr. 80 et la valeur des exédants obtenus s'est élevée à plus de 920 fr. et il faut remarquer que ces excédants n'ont été évalués qu'au même prix que le produit de la parcelle témoin alors que la qualité du fourrage était bien supérieure et qu'il n'a été tenu aucun compte du regain. De plus, la flore de la parcelle fumée a été complètement transformée et les produits qu'on en obtiendra pendant longtemps seront bien meilleurs.

Prairie de la Hussonnière de Javron. — Une seconde démonstration a été tentée sur une prairie naturelle sèche, située sur la route de Pré-en-Pail à Javron.

Elle a reçu 800 kilos de phosphate fossile, à l'automne, 300 kilos de nitrate de soude et 600 kilos de plâtre, au printemps, à l'hectare.

L'effet du phosphate, aidé sans doute par celui du plâtre, a été tel, que le foin était presque exclusivement composé de légumineuses. (Trèfle blanc et lupuline).

C'est ce qui explique la faible augmentation du rendement, qui a été :

Parcelle fumée . .	5.436 kilos.
Parcelle témoin. .	4.900
Différence . . .	536 k.

Cette différence est insuffisante pour couvrir la dépense, mais s'il avait été possible d'évaluer le regain, et surtout l'amélioration de la prairie pour l'avenir, il est hors de doute que l'opération a laissé encore un beau bénéfice.

Culture de Méteil. — Une troisième démonstration a été faite sur une culture de méteil, dans un champ situé sur la route des Chapelles à Javron. Ce sol, peu profond et reposant sur un sol schisteux, avait reçu une fumure au fumier très abondante, aussi bien dans la parcelle témoin que dans celle qui a reçu la fumure complémentaire, qui n'a été composée, en conséquence, que de 600 kilos de superphosphate à l'hectare. Les produits ont été :

	GRAIN.	PAILLE.
Parcelle fumée au superphosphate.	2.246 k.	5.910 k.
Parcelle témoin	2.128 k.	5.840 k.
Différence. . .	118 k.	70 k.

Au moment de la moisson, on supposait que la différence devait être beaucoup plus élevée que ne l'a indiqué le pesage. La paille de la parcelle qui avait reçu le superphosphate avait beaucoup mieux résisté à la verse, et les épis paraissaient mieux garnis. On ne peut expliquer le résultat définitif que par la différence de profondeur du sol et peut-être aussi par l'effet des vers blancs, qui étaient fort nombreux dans le champ.

CANTON D'ERNÉE

Deux parcelles de 0 h. 50 ont été délimitées dans une prairie humide appartenant à Mlle Lemaître, située sur la route de Saint-Denis-de-Gastines à Ernée. Sur l'une de ces parcelles on a appliqué 400 kilos de phosphate fossile et 200 kilos de scories de déphosphoration, en automne, et 100 kilos de nitrate de soude, 50 kilos de chlorure de potassium et 300 kilos de plâtre, au printemps.

Les produits à l'hectare ont été, pour la 1re coupe :

Parcelle fumée	6.250 kilos.
Parcelle témoin	3.840
Différence	2.410 kilos.

CANTON DE LASSAY

A la ferme de Chatenay, la parcelle cultivée en orge la troisième année a donné en foin de trèfle, les produits suivants à l'hectare, 1re coupe seule :

Parcelle fumée . . . . 5.338 k.
Parcelle témoin . . . . 4 150 k.

Différence. . . . . . 1.188 k.

Cette différence est due exclusivement aux engrais phosphatés qui avaient été appliqués au froment et à l'orge les années précédentes, car aucun engrais n'a été employé directement sur le trèfle.

Culture de Froment. — A la ferme de La Touche, exploitée par M. Mottin, une démonstration et un essai de culture de blé rouge de Bordeaux ont été tentés. Cette dernière variété a été presque totalement détruite par l'hiver et les vers blancs. M. Mottin trouvant que le plant qui restait était insuffisant, a semé de l'orge dans la parcelle, de sorte que le produit obtenu ne peut être comparé à celui des autres parcelles.

Les engrais appliqués aux deux parties fumées étaient : pour l'automne, 500 kilogr. de scories de déphosphoration et 300 kilos de superphosphate ; et pour le printemps, 200 kilos de nitrate de soude et 600 kilos de plâtre. En raison des pluies fréquentes du printemps et de l'été, la fumure en nitrate de soude a été trop abondante et a déterminé la verse. Le produit s'en est nécessairement ressenti.

Les rendements en blé du pays ont été :

	GRAIN.	PAILLE.
Parcelle fumée. . . .	741 k.	2.000 kil.
Parcelle témoin . . .	702 k.	1.333 kil.
Différence . . .	39 k.	667 kil.

En dehors de la verse de la parcelle fumée, les ravages des vers blancs ont contribué à la faiblesse de ces rendements.

Prairie humide de la Boissière. — Une troisième démonstration a été faite sur une prairie située sur la route de Lassay à Sainte-Marie-du-Bois.

Cette prairie, mal assainie, est plus ou moins tourbeuse et très pauvre. La fumure complémentaire était composée de 1.000 k. de scories de déphosphoration employés en automne et de 200 kilos de nitrate de soude, 100 kilos de chlorure de potassium et 600 kilos de plâtre, employés au printemps, le tout à l'hectare.

Les rendements ont été :

Parcelle fumée . . . . 4.928 k.
Parcelle témoin . . . . 3.360 k.

Différence. . . . . . 1.568 k.

Comme dans toutes les prairies de cette nature, les engrais phosphatés et potassiques ont profondément modifié la flore de la prairie et amélioré la qualité des produits.

CANTON DE VILLAINES-LA-JUHEL

Les parcelles qui, dans la prairie de la Sourderie, avaient reçu des engrais chimiques en 1889 en ont encore reçu en 1890. Celle sur laquelle le chlorure de potassium avait été appliqué la première année a donné un rendement légèrement supérieur, mais l'excédant est insuffisant pour couvrir les dépenses et ce résultat indique bien que les engrais potassiques ne sont pas aussi régulièrement utiles qu'on le croit généralement, aux prairies naturelles.

Voici les rendements constatés à l'hectare :

Parcelle fumée aux engrais potassiques. 5.344 k.
Parcelle n'ayant pas reçu d'engrais potassiques. . . . . 4.758 k.
Parcelle témoin . . . . 3.268 k.

La différence en faveur des parcelles fumées en 1889 et en 1890 est donc de 1.800 kilos environ à l'hectare.

Les engrais qui leur ont été appliqués en 1890 sont les suivants :

1.000 kilos de scories de déphosphoration, à l'hect.
100 kilos de nitrate de soude à l'hectare.

Il importe de remarquer que le fermier, suffisamment renseigné par les résultats de la première année et impatient d'en faire son profit, a appliqué

400 kilos de phosphate fossile aux cinquante ares de la parcelle témoin, ce qui a nécessairement réduit la différence entre les rendements.

CANTON DE LANDIVY

Prairie humide de Herbonne, en Montaudin. — Deux parcelles de 0 h. 50 chacune ont été prises dans cette prairie, de façon que chacune comprenne une partie marécageuse et une partie saine.

La fumure complémentaire se composait de :

1.000 kilos de scories de déphosphoration.

300 k. de nitrate de soude.

100 k. de chlorure de potassium, à l'hectare.

Les rendements de la première coupe seule ont été :

Parcelle fumée . . . . 5.904 k.

Parcelle témoin . . . . 4.350 k.

Différence. . . . . . . 1.554 k.

Mais il y a lieu d'observer que le poids relativement élevé du produit de la parcelle témoin est dû surtout au jonc qui a poussé dans la partie marécageuse, tandis qu'il était remplacé par de bonnes plantes dans la partie correspondante de la parcelle fumée.

Prairie humide de la Loirie, en Saint-Mars-sur-la-Futaie. — La fumure appliquée à cette prairie était la même que la précédente.

Les rendements obtenus à l'hectare ont été les suivants, pour la première coupe seule :

Parcelle fumée . . . . 5.876 k.

Parcelle témoin . . . . 4.068 k.

Différence. . . . . . . 1.808 k.

Bien que les chiffres ne l'indiquent pas, l'effet des engrais a été plus considérable dans cette prairie que dans la précédente. Le foin de la parcelle témoin était, en effet, presque exclusivement composé de jonc et de fétuque flottante, tandis que celui de la parcelle fumée, sans avoir encore acquis toutes les qualités désirables, était composé en majeure partie de bonnes plantes. Le lotier uligineux, en particulier, y avait acquis un développement considérable.

Culture de Froment. — A la ferme du Bourg, en Saint-Ellier, dans un champ situé sur la route de Pontmain, une démonstration et un essai de blé rouge de Bordeaux ont été tentés.

Le sol étant fertile et la fumure au fumier ayant été abondante, la fumure complémentaire a été réduite à l'emploi de 500 kilogr. de phosphate de scories et 300 kil. de superphosphate, répartis également sur l'hectare dont la moitié a été ensemencée en blé rouge de Bordeaux et l'autre moitié en blé du pays, comme la parcelle témoin. Les rendements ont été les suivants :

	GRAIN.	PAILLE.
Blé de Bordeaux	579 k.	1.600 k.
Blé du pays fumé	667 k.	2.275 k.
Parcelle témoin (blé du pays, sans engrais complémentaire)	476 k.	1.174 k.

La fumure complémentaire a donc produit un effet plus considérable sur le blé du pays que sur le blé de Bordeaux.

Ce résultat s'explique d'autant moins, que la verse était moins accentuée dans cette parcelle que dans les deux autres. Il confirme, néanmoins, les appréciations déjà formulées contre le blé de Bordeaux dans l'arrondissement de Mayenne, où il est très sujet à la rouille et où son rendement est souvent inférieur à celui de la variété locale, même lorsqu'on lui applique de fortes fumures.

Prairie sèche de Paresse, commune de Landivy. — Cette prairie, totalement envahie par la mousse, est située sur la route de Landivy à Louvigné-du-Désert.

La fumure à l'hectare a été composée de 1.000 kilos de phosphate fossile, appliqués en automne, et de 200 kilos de nitrate de soude, 100 kilos de chlorure de potassium et 400 kilos de plâtre, appliqués au printemps.

Les rendements obtenus ont été :

Parcelle fumée . . . . 7.500 k.

Parcelle témoin . . . . 3.770 k.

Différence. . . . . . . 3.730 k.

Le produit a donc doublé en poids, mais ce qui a le plus surpris l'exploitant du sol, c'est la différence de composition du foin. Il a voulu continuer la démonstration en mettant à part le produit de la parcelle fumée, pour le faire consommer par deux des bœufs qu'il préparait à la vente pendant l'hiver. Il en a obtenu, dit-il, un meilleur résultat que de l'alimentation à l'aide du produit de l'autre parcelle additionné d'une ration journalière de son de froment.

CANTON DE GORRON

Les deux parcelles de la prairie humide de la Gauberdière de Colombiers, qui avaient reçu, en 1889, une fumure complémentaire, ont reçu à nouveau, au printemps 1890, une fumure composée de 100 kilos de chlorure de potassium, 600 kilos de plâtre et 400 kilos de sulfate de fer à l'hectare.

Les produits obtenus ont été, pour la première coupe :

Parcelle fumée	4.685 k.
Parcelle témoin	2.230 k.
Différence.	2.455 k.

Le rendement a donc plus que doublé, sans tenir compte du regain et de l'amélioration de la prairie pour les années à venir.

Les intempéries de l'été n'ont pas permis de constater les résultats donnés par les autres démonstrations du canton.

CANTONS DE MAYENNE

Prairie sèche de Moulay. — La prairie de la Bretonnière, située sur la route de Mayenne à Laval, n'a reçu aucune fumure en 1890. Le rendement obtenu sur la parcelle fumée l'année précédente démontre la continuité de l'effet du superphosphate en même temps qu'il montre que l'emploi du nitrate de soude, tout en activant énergiquement la végé-

tation l'année de son emploi, n'épuise pas le sol, contrairement à ce que disent encore les ennemis des engrais chimiques.

Les rendements à l'hectare ont été les suivants :

Parcelle fumée en 1889	5.500 k.
Parcelle témoin	3.600 k.
Différence	1.900 k.

L'engrais phosphaté ayant été seul à agir sur la récolte, le fourrage obtenu avait une qualité bien supérieure à celui obtenu dans la parcelle témoin.

Culture de froment. — Une démonstration et un essai de variété à grand rendement ont été tentés au Chêne-Coudé, commune de Martigné. Deux parcelles de 0ʰ 50, dont une avec fumure complémentaire, ont été ensemencées en blé du pays (Blanc doré) et une troisième, qui a également reçu une fumure complémentaire, a été ensemencée en Dattel.

Les engrais employés sur l'hectare fumé étaient :

En automne, 1.000 kilos de scories phosphatées ;

Au printemps 200 kilos de nitrate de soude.

Les rendements à l'hectare ont donné :

	Grain	Paille
Blé Dattel fumé. . .	1.752 k.	7.200 k.
Blé du pays fumé . .	1.500	7.200
Blé du pays témoin. .	1.480	5.600

L'effet des engrais complémentaires s'est fait sentir surtout sur le produit en paille qui a été beaucoup plus élevé que dans la parcelle non fumée. Ce résultat est dû à la nature granitique du sol qui favorise l'action des engrais azotés. Mais cela n'explique pas d'une façon suffisante l'insignifiante augmentation du rendement en grain de la variété du pays, car généralement le rapport du grain à la paille est très-élevé dans ces sortes de terres, même lorsqu'on ne fait pas usage d'engrais phosphatés.

Prairie humide de la Doinerie de Saint-Germain-d'Anxure. — Cette prairie, à sol et sous-sol imperméables, est très-froide et la végétation y est très tardive.

La fumure complémentaire était composée de :

1.000 kilos de phosphate de scories employés en automne ;

300 kilos de nitrate de soude, 100 kilos de chlorure de potassium et 400 kilos de plâtre, employés au printemps.

Les rendements ont été, pour la 1re coupe seule :

Parcelle fumée	4.000 k.
Parcelle témoin	2.500 k.
Différence	1.500 k.

En l'absence des opérations destinées à augmenter la perméabilité du sol et à faciliter l'écoulement des eaux surabondantes, l'amélioration de ces prairies est nécessairement fort longue et l'emploi des engrais chimiques doit y être accompagné de l'emploi de grandes quantités de matières organiques, sous forme de fumier ou de terreau.

Culture de froment. — Dans un champ contigu à la prairie dont il vient d'être question, mais dont le sol granitique est absolument différent, il a été organisé une démonstration sur froment d'automne.

Les cinquante ares fumés ont reçu :

300 kilos de superphosphate en automne, et 75 kilos de nitrate de soude mélangés à 200 kilos de plâtre, au printemps.

Les rendements à l'hectare ont été :

	Grain	Paille
Parcelle fumée	1.760 k.	4.680 k.
Parcelle témoin	1.376 k.	4.500 k.
Différence	384 k.	180 k.

Contrairement à ce qui s'est passé au Chêne-Coudé, dans un sol de même nature, mais moins consistant, le rendement en grain a été à la Doinerie relativement élevé, tandis que celui de la paille est resté faible. La fumure azotée différait bien un peu, mais la différence ne semble pas suffisante pour justifier un tel écart dans la production.

CANTON D'ÉVRON

Prairie sèche de la Louvardière de Livet. — La prairie de la Louvardière, située sur la route de Saint-Christophe-du-Luat à Saint-Léger et Vaiges, dans une ancienne terre de lande, est très pauvre et mal plantée.

La fumure complémentaire qui lui a été appliquée était ainsi composée :

En novembre 800 kilos de scories phosphatées à l'hectare ;

En mars 200 kilos de nitrate de soude mélangés à 400 kilos de plâtre.

Les rendements suivants ont été constatés à la 1re coupe :

Parcelle fumée	6.136 k.
Parcelle témoin	3.758 k.
Différence	2.378 k.

Bien que la modification de la flore soit moins prompte avec les scories qu'avec le superphosphate, la qualité du foin de la parcelle fumée était bien supérieure et continuera à l'être pendant plusieurs années sans autre apport d'engrais phosphaté.

Culture de froment. — Une démonstration sur froment a été faite à la même ferme, dans un champ situé sur la route de Montsûrs à Sainte-Suzanne. Le sol de ce champ est très irrégulièrement composé et de mauvaise nature.

La fumure a été composée comme suit :

En automne 1.000 kilos de scories à l'hectare ;

Au printemps 200 kilos de nitrate de soude et 400 kilos de plâtre.

Produits à l'hectare :

	Grain	Paille
Parcelle fumée	1.767 k.	4.754 k.
Parcelle témoin	1.302 k.	3.540 k.
Différence	465 k.	1.214 k.

Le rendement de la parcelle fumée aurait été beaucoup plus élevé si le froment n'avait pas été en partie détruit par l'hiver dans une partie trop humide de la parcelle.

CANTON DE LOIRON

Culture d'avoine de printemps. — Le champ de la ferme des Basses-Minotières, en Saint-Cyr-le-Gravelais, sur lequel une démonstration avait été faite en 1889, sur le froment, a servi en 1890 à une démonstration sur avoine de printemps avec trèfle.

La fumure complémentaire était la suivante à l'hectare :

À l'automne 1.000 kilos de scories phosphatées ;

Au printemps 200 kilos de nitrate de soude.

Produits à l'hectare :

	Grain	Paille
Parcelle fumée	1.477 k.	1.409 k.
Parcelle témoin	880 k.	3.214 k.
Différence	597 k.	1.195 k.

La fumure azotée un peu forte et l'humidité du printemps avaient occasionné la verse et le rendement s'en est ressenti.

CANTON DE CHAILLAND

Prairie sèche de la Bourgonnière de la Baconnière. — La démonstration entreprise dans cette prairie a été transformée en expérience par le cultivateur qui, ne voulant sans doute pas donner raison aux engrais chimiques, a mis une abondante couche de fumier sur la parcelle témoin.

La fumure aux engrais chimiques comprenait à l'hectare :

800 kilos de phosphate fossile. 200 kilos de nitrate de soude et 400 kilos de plâtre.

Aucune évaluation n'a pu être faite de la quantité de fumier appliqué à la parcelle témoin.

RENDEMENTS DE LA 1re COUPE

RENDEMENTS DE LA 1re COUPE

Parcelle fumée aux engrais chimiques 6.080 k.

Parcelle fumée au fumier de ferme 5.340

La récolte a donc été plus abondante et de bien meilleure qualité dans la parcelle fumée aux engrais chimiques. Il ne faudrait cependant pas en conclure que le fumier n'est pas un bon engrais pour les prairies, car avec les phosphates, il suffit amplement et les engrais chimiques azotés ne doivent être employés que lorsqu'il fait défaut et que, comme cela se passe encore trop régulièrement dans nos fermes, on ne recueille pas les purins avec soin pour les utiliser en arrosages sur les prairies. Nul engrais azoté ne serait plus économique et ne produirait plus d'effet sur les prairies naturelles que le purin, si nos cultivateurs savaient l'employer.

Culture de froment, à Farais, commune de la Baconnière. — Par suite d'un malentendu, les engrais phosphatés n'ont été employés sur cette culture qu'au printemps, en même temps que le nitrate de soude.

La parcelle fumée a reçu, en mars, 600 kilos de superphosphate et 200 kilos de nitrate de soude à l'hectare.

RENDEMENTS

	Grain	Paille
Parcelle fumée	1.590 k.	4.090 k.
Parcelle témoin	1.150 k.	3.376 k.
Différence	340 k.	714 k.

Contrairement à ce qui se passe généralement dans ce cas, c'est le superphosphate qui a produit le plus d'effet, malgré son emploi tardif.

Prairie humide de la Germillonnière, commune de Juvigné. — La prairie de la Germillonnière, située sur la route de Laval à Juvigné, est composée d'une partie mouillée et d'une partie saine. Les parcelles ont été délimitées de manière que chacune soit composée d'une partie mouillée et d'une partie saine d'égale étendue. Les engrais complémentaires ont été épandus en tenant compte de cette dissemblance du terrain, c'est-à-dire que la dose d'engrais phosphatés a été plus élevée dans la partie mouillée et celle *des engrais azotés plus* forte dans la partie sèche.

La fumure à l'hectare était composée de :

600 kilos de phosphate fossile employés en automne.

300 kilos de nitrate de soude et 500 kilos de plâtre employés au printemps.

RENDEMENTS DE LA PREMIÈRE COUPE

Parcelle fumée . .	4.000 kilos.
Parcelle témoin. .	2.268 —
Différence. . .	1.732 k.

Il y a donc eu une amélioration très sensible dans la quantité de fourrage obtenu. Il en a été de même en ce qui concerne la qualité. Mais le rendement indique néanmoins que la mauvaise partie de la parcelle fumée est encore loin de produire ce qu'on serait en droit d'en attendre si elle était convenablement asséchée.

Culture de froment. — Sur la même exploitation, une démonstration a été tentée sur froment après trèfle, dans une terre granitique peu profonde.

La fumure complémentaire employée à l'hectare a été :

En automne, 600 kilos de phosphate fossile.

Au printemps, 200 kilos de nitrate de soude et 600 kilos de plâtre.

RENDEMENTS

	Grain	Paille
Parcelle fumée . .	1.180 k.	4.000 k.
Parcelle témoin. .	948	2.668
Différence. . .	232 k.	1.332 k.

Les pluies fréquentes du printemps et les orages ont déterminé la verse, même dans la parcelle té-

moin et c'est ce qui explique la faiblesse du rendement.

CANTON DE CRAON

Prairie sèche de Gugé, commune de Niafles. — Cette prairie avait déjà servi à une démonstration en 1889, mais malgré l'abondante récolte qu'elle avait donnée l'amélioration de la parcelle fumée était insuffisante pour une démonstration définitive, et la fumure complémentaire suivante lui a été appliquée en 1890.

800 kilos de scories phosphatées à l'hectare, appliqués en automne.

200 kilos de nitrate de soude appliqués au printemps.

RENDEMENTS DE LA PREMIÈRE COUPE

Parcelle fumée . .	6.400 kilos.
Parcelle témoin .	3.000 —
Différence . . .	3.400 k.

Le rendement de la parcelle témoin indique que cette prairie est peu fertile.

Culture d'orge avec trèfle. — Cette démonstrations faisait suite à celle qui avait été entreprise l'année précédente sur une culture de froment.

Les engrais ont été appliqués en vue des deux récoltes d'orge et de trèfle. Mais en raison de l'humidité du printemps et des orages de l'été les résultats ont été déplorables, la récolte a été saccagée à un point tel que le trèfle même en a souffert et sera clairsemé.

La fumure à l'hectare était ainsi composée :

800 kilos de phosphate de scories 100 kilos de nitrate de soude et 200 kilos de chlorure de potassium.

RENDEMENTS A L'HECTARE

	Grain	*Paille*
Orge Chevalier fumée	1.800 k.	7.230 k.
Orge du pays fumée	2.200	5.420
Orge du pays sans engrais chimiques	2.400	4.800

L'augmentation du produit en grain à mesure que la paille diminue indique que la fumure azotée a été trop forte pour les conditions atmosphériques de l'année.

CANTON DE GREZ-EN-BOUÈRE

Culture d'orge avec trèfle du Grand Bois Morin. — Cette démonstration faisait suite à celle qui avait été faite sur le blé en 1889.

La fumure appliquée à l'hectare se composait de 1.000 kilos de phosphate fossile et 150 kilos de nitrate de soude.

RENDEMENTS A L'HECTARE

	Grain
Orge Chevalier fumée	1.725 kilos
Orge du pays fumée	1.750
Orge du pays sans engrais	2.220

Le poids de la paille n'a pas été constaté, mais il était dans les mêmes proportions que dans la culture d'orge du canton de Craon. La fumure azotée a été trop forte pour un printemps aussi humide et a déterminé la verse.

Prairie humide de la Corie. — Cette prairie, située sur la route de Meslay à Grez-en-Bouère, est peu fertile, repose sur un sol et un sous-sol imperméables et est envahie par la mousse et le rhinanthe.

La fumure à l'hectare se composait de 600 kilos de superphosphate et 300 kilos de nitrate de soude.

RENDEMENTS DE LA PREMIÈRE COUPE

Parcelle fumée	2.204 kilos.
Parcelle témoin	912
Différence	1.292 k.

Un essai de destruction de la mousse par le sulfate de fer, exécuté sur une autre parcelle de la même prairie, n'a donné aucun résultat.

Prairie du Carrefour, commune de St-Charles. — La commune de Saint-Charles est située en grande partie sur un banc siliceux rendu imperméable par la ténuité du sable et son mélange avec une petite quantité d'argile grise. Ce sol est remarquablement pauvre et entièrement dépourvu d'acide phosphorique, ce qui fait que les animaux qui y vivent sont presque tous atteints du « *Petit train* », maladie due à la faiblesse des os.

La fumure à l'hectare était composée de 1.000 kilos de scories phosphatées, 200 kilos de nitrate de soude et 600 kilos de plâtre. Les scories ont été employées en automne.

PRODUITS DE LA PREMIÈRE COUPE

Parcelle fumée	1.526 kilos.
Parcelle témoin	2.156
Différence	2.070 k.

Le produit de la parcelle fumée est encore faible, mais la nature de l'herbe s'est modifiée sensiblement et permet d'espérer un meilleur résultat pour l'avenir.

D'ailleurs, cette partie de la prairie est plus humide que celle qui a servi de témoin.

CANTON DE PRÉ-EN-PAIL

Les trois démonstrations organisées dans ce canton ont donné des résultats insignifiants au pesage des récoltes, les vers blancs ayant fait de grands

14

ravages dans toutes les cultures. Cependant l'effet produit par ces démonstrations a été bon, car avant la montée des vers les parcelles fumées présentaient une puissance de végétation qui a frappé les cultivateurs et leur a permis d'évaluer approximativement ce que les produits eussent été en l'absence de ce fléau.

CANTON DE BAIS

Prairie humide de la ferme du Pommier en Jublains. — Cette prairie, située sur la route de Mayenne à Evron, est si mauvaise que dans les années défavorables le foin y est à peine fauchable.

La fumure employée à l'hectare était composée de 800 kilos de superphosphate, 400 kilos de nitrate de soude et 200 kilos de chlorure de potassium.

PRODUITS OBTENUS A L'HECTARE EN UNE COUPE

Parcelle fumée	6.552 kilos.
Parcelle témoin	1.470
Différence	5.082 k.

Ainsi, malgré l'énorme fumure employée dans cette prairie, l'excédant de produits obtenus est encore largement suffisant pour couvrir les frais et l'effet des engrais phosphatés et potassiques se fera sentir pendant plusieurs années consécutives. Avec une avance de fonds, pendant quelques mois seulement, on a transformé en prairie à rendement ordinaire, ce sol à peu près improductif.

COLLECTION DE MM.	Nᵒˢ	NOMS DES FRUITS	POIDS moyen des fruits.	POIDS du jus obtenu p. 0/0.	DENSITÉ du jus	ACIDITÉ par litre	TANNIN par litre	SUCRE par litre
TRILLON au grand Coudray près Andouillé (Mayenne).		Doux vert.	75 gr.	72.63	1063	1.96	1.33	126
		Dousauvais.	68.75	62.60	1081	0.98	2.71	174
		Gros-Doux.	160	56.31	1060	0.49	1.33	120
		Doux-Frais.	125	74.20	1060	1.17	1.33	106.80
		Gros-Mousset.	157.50	81.37	1068	1.47	1.08	111
		Doux-Normand.	63.33	81.51	1076	1.22	3.33	165.60
		Fréquin à queue nouée.	50	83.23	1071	1.71	0.70	132
		Amer court pendu.	31.25	90	1082	3.43	2.99	156
		Petit fréquin rouge.	28.73	61.38	1086	1.47	4.99	162
		Variété non désignée.	46	54	1073	1.71	1.08	144
		Mousset-bec de lièvre.	48.75	77.20	1076	1.47	2.91	134.40
		Fréquin barré.	57.50	67.61	1073	2.94	1.74	138
		Le Bossu.	68.75	44.74	1070	1.17	1.65	133.20
		Pomme de semis Inconnu.	50	82.92	1070	2.45	2.08	142.80
		Petit Mousset à Côtes.	47.50	70.39	1070	1.47	2.16	144
		Fréquin à longue queue.	56.25	82.67	1063	1.71	2.49	110.40
		Mousset roux.	62.50	75.39	1077	2.94	3.41	145.20
		Cardinal.	66.25	52	1060	3.43	1.49	108
ANQUETIL-DELISLE à Cossé-le-Vivien.	18	Doux Auvique blanc.	60	62.47	1071	0.73	0.99	156
	4	Doux Méral.	92.50	69.31	1089	1.71	1.08	130.80
	11	Doux rouge.	46.66	86.41	1052	0.73	0.10	82.80
		Damelot.	16	54	1080	1.47	1.74	168
	16	Philomen.	50.57	82	1064	3.67	1.49	120
	10	Doux Roux.	50	78.98	1077	2.45	1.41	138
	13	Bédange.	56.66	82.51	1079	1.96	1.16	146.40
	9	Doux-Noir.	77	64.28	1100	1.71	1.33	192
	8	Petit-Mousset.	75	71.76	1068	1.22	0.60	144
	6	Gros Fréquin.	125	85.24	1055	1.22	1.99	115.20
	23	Doux chapelle de Quelaines.	105	85.80	1060	1.22	1.99	120
	15	Petit Fréquin.	33.75	88	1080	1.71	2.99	146.40
	11	Doux-Auvèque Quelaines.	48.33	91.63	1063	0.98	2.33	114
	2	Doux Amer.	70	80	1063	[illegible]	[illegible]	111.60
	7	Doux-Vert.	81.66	66.12	1080	3.18	1.08	142.80
	17	Pomme de Morvuise.	137.50	79.24	1063	0.73	3.58	118.80
	21	Fréquin-Précoce.	81.50	79.73	1056	1.71	2.16	99.60
	3	Ange.	115	71.13	1075	1.96	1.91	121.20
	12	Petit-Gautier.	56.25	71.66	1075	0.73	3.16	112.80
	5	Sucrin.	98.33	54.10	1063	1.47	1.24	122.40
	22	Innommée.	105	67.11	1057	2.20	0.83	131
		Doux-Amer.	191.66	83.10	1060	1.96	4.41	90
		Damelot.	35	61.18	1076	2.20	2.91	138
	19	Chérubine.	55	61.31	1065	0.98	1.11	124.80
	21	Innommée.	38.38	71.57	1072	1.22	0.99	138
GRUERRE maître d'hôtel à Pré-en-Pail		Amer frangé.	60	79.65	1062	1.22	3.33	134.40
		Saint-Gilbert.	61.50	80	1061	0.49	2.24	127.20
		Frinquin.	57.50	82.95	1060	1.22	2.41	110.60
		Pomme de Rousse	47.50	75.89	1068	0.98	1.08	134.40
		Amer vert.	46.25	61.06	1075	1.96	2.99	128.40
		Ravet.	46.60	57.58	1075	1.47	1.24	114
		Doux-Amer.	32.50	38.25	1063	1.22	1.49	114
		Atro ou Atroche.	32.50	51.75	1070	1.47	1.33	127.20
HUNEAU au Chesnay Maisoncelles.		Dousauvais.	61.25	86.65	1051	2.69	1.49	98.10
		Pomme d'écreux.	67.50	76.77	1063	1.47	1.16	122.40
		Doux rouge.	69	72.87	1060	2.15	2.49	105.60
		Damelot.	52.50	76.57	1072	1.47	1.71	138
PERROT à Sainte-Suzanne.		Pomme de Romani.	55	71.73	1076	2.20	1.11	130.80
		Pomme de Romani rousse	77.50	49.03	1093	2.49	1.83	150
		Pommes blanches précoces.	53.75	59.72	1073	1.22	1.83	121.60
		Pomme de fréquin rouge.	38.25	67.03	1080	1.41	1.91	154.80

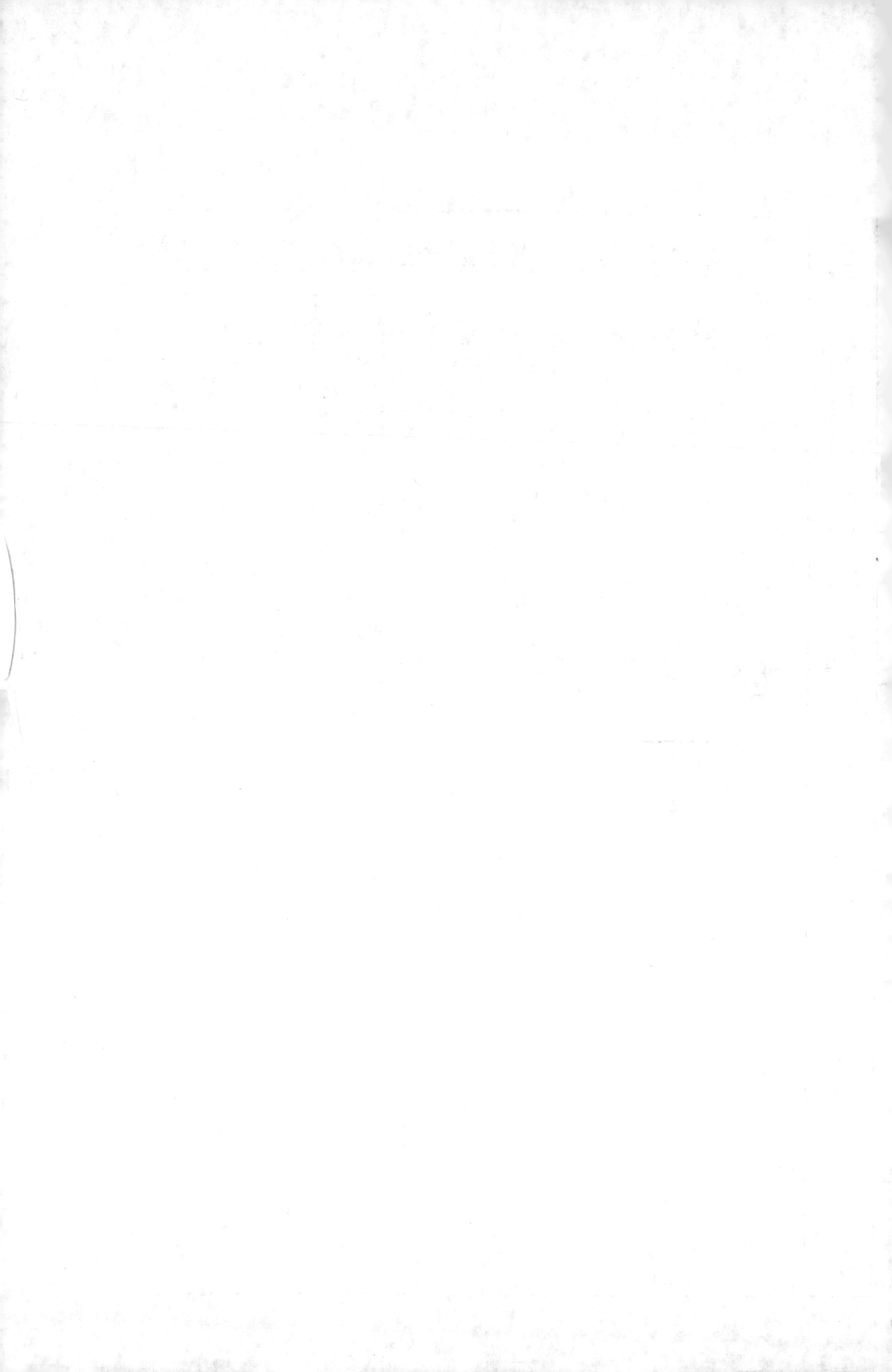